PRINCIPLES OF NAVAL WEAPON SYSTEMS

CRAIG M. PAYNE

Principles of Naval Weapon Systems by Craig M. Payne

해군 무기체계의 원리

PRINCIPLES OF
NAVAL WEAPON SYSTEMS

Craig M. Payne 지음

강정석 · 김정규 · 김석곤 · 홍우영 옮김

안티미디어

저자

강정석 · 해군사관학교(45기) 해양학과(1991, 이학사)
· 연세대학교 대학원 물리학과(1997, 이학석사)
· 연세대학교 대학원 전기전자공학과(2004, 공학박사)
· 현 해군본부 유도탄약과장

김정규 · 해군사관학교(48기) 해양학과(1994, 이학사)
· 포항공과대학교 정보통신대학원 정보통신학과(2000, 공학석사)
· 포항공과대학교 대학원 컴퓨터공학과(2010, 공학박사)
· 현 해군본부 무장계획담당

김석곤 · 해군사관학교(39기) 경영과학과(1985, 이학사)
· 연세대학교 대학원 화학공학과(1993, 공학석사)
· 광운대학교 대학원 방위사업학과(2012, 공학박사)
· 현 해군본부 군수2차장(병기병과장)

홍우영 · 해군사관학교(36기) 전자공학과(1982, 공학사)
· 연세대학교 대학원 전자공학과(1985, 공학석사)
· University of Minnesota 전기공학과(1991, 공학박사)
· 미국 해군사관학교 교환교수(1997-2000)
· 현 세종대학교 국방시스템공학과 교수 및 국방무기체계 연구소장
※ 내용문의: wyhong@sejong.ac.kr

해군 무기체계의 원리

PRINCIPLES OF NAVAL WEAPON SYSTEMS

발행일 2015년 6월 30일 1쇄
2016년 3월 22일 2쇄
2019년 2월 15일 3쇄
지은이 Craig M. Payne
옮긴이 강정석, 김정규, 김석곤, 홍우영
펴낸이 김준호
펴낸곳 한티미디어 | **주 소** 서울시 마포구 연남로 1길 67 1층
등 록 제15-571호 2006년 5월 15일
전 화 02)332-7993~4 | **팩 스** 02)332-7995
마케팅 박재인 최상욱 김원국 | **관 리** 김지영
편 집 김은수 유채원 | **표 지** 김주영
ISBN 978-89-6421-229-5 (93390)
정 가 39,000원

이 책에 대한 의견이나 잘못된 내용에 대한 수정정보는 한티미디어 홈페이지나 이메일로 알려주십시오.
독자님의 의견을 충분히 반영하도록 늘 노력하겠습니다.
홈페이지 www.hanteemedia.co.kr | 이메일 hantee@empal.com

역자 머리말

과학기술의 발전은 무기체계의 첨단화를 통해 전쟁의 양상을 근원적으로 바꾸고 있으며, 현대 및 미래전은 해상·해중·공중상황이 통합된 입체전 양상이 될 것이다. 첨단 무기체계를 이용하여 적보다 먼저 보고, 먼저 공격할 때만이 승리를 보장할 수 있을 것이다.

해군 함정은 선체, 추진기관을 기반으로 다수의 탐지센서와 다양한 전략·전술 무기로 구성된 복합 무기체계로 전기전자, 컴퓨터, 기계조선, 물리학, 화학 등 이 접목된 첨단과학기술의 집합체라고 말할 수 있으며, 이런 함정을 운용하기에 해군을 "과학기술군"이라고 한다. 그러므로 해군은 무기체계에 적용된 과학기술을 이해하고, 관련 지식을 바탕으로 장비들을 운용할 때 함정 전투력을 극대화할 수 있을 것이다.

지금까지 무기체계 관련 서적들이 다수 출판되었으나, 해군 무기체계 관련 이론 및 공학적 지식을 종합적으로 다루는 책은 많지 않았다. 본 역서는 미해군 Craig Payne 소령이 편저하고, 미국 해군사관학교 사관생도와 NROTC 장교후보생 교육을 위해 교재로 활용되고 있는 'Principles of Naval Weapon Systems(2nd edition, U.S. Naval Institute, 2010)'를 번역한 것으로 해군에서 사용하는 무기체계에 적용된 기초 이론과 공학 지식을 종합적으로 다루고 있다. 무기체계 분야에 관심을 가지고 공부하는 대학생과 일반인, 무기체계 개발 및 연구에 종사하는 군 및 방위산업체 실무자들, 실무부대에서 무기를 운용하는 이들에게 해군과 해군 무기체계를 이해하는 데 좋은 참고 서적이 되리라 판단된다.

아직 명확하게 통일되지 않은 용어와 오역 및 문장의 어색함 등은 우리 역자의 부족함에 기인한 것으로 무기체계가 발전하듯 본 역서도 이해하기 쉽게 개정판으로 만날 것을 약속드리며, 좋은 의견이 있으면 기탄없이 제시하여 주기 바란다. 또한, 번역판을 발간하는데 많은 도움과 격려를 주신 해군 전우들에게 감사드리며, 대한민국 해군의 무궁한 발전을 기원한다.

역자일동

차례

CHAPTER 05   추적시스템

CHAPTER 06   전자전투

CHAPTER 07   전자광학 센서의 동작원리

CHAPTER 12   자동제어 체계 소개

CHAPTER 13   탄도 및 사격통제

서론

본 교재에서는 해군에서 운용중인 무기체계(weapon system)의 기본원리를 대략적으로 살펴볼 것이다. 기술이 발전되고 새로운 무기체계가 개발되더라도 실전에 효율적으로 운용되기 위해 무기체계는 궁극적으로 환경의 제약 하에서 무기와 표적을 서로 연결시켜야 한다. 따라서 특정 무기체계를 소개하기보다는 무기체계가 환경의 물리적 제약 하에서 표적과 어떻게 상호작용하는지 소개할 것이다. 이러한 관점에서 무기와 표적의 실제 상호연결성을 보여주기 위해 특정 무기체계가 소개 될 것이다.

본 교재에서 소개된 원리들은 현재 및 미래 장교들이 무기체계에 대한 기본적인 소양을 함양할 수 있도록 다양한 분야의 실제 경험과 교육훈련에서 선별한 것으로 원리와 관련된 모든 세부사항을 모두 소개하기보다는 무기체계와 체계의 응용과 관련된 공학 및 과학적 학습을 지속하고 실무에서 직무교육을 위한 기초를 제공하고자 한다.

탐지-교전 절차

국제정세가 악화되어 미국과 미지의 국가 "X"는 외교관계를 중단하였다. "X"의 통치자는 자국과 국경을 접하고 있는 약소국가를 합병하려하며 이를 저지하려는 모든 국가를 적으로 간주한다고 협박한다. 당신은 전투전단 "Zulu" 의 일원인 미사일 탑재 순양함에 배속되었으며, 순양함은 현재 "X"의 해변으로부터 약 300해리에 위치하고 있다. 전투전단의 사령관은 전단에 모든 전투지역에서 경계태세를 "황색"으로 격상하였으며 이는 교전이 발생할 수 있음을 의미한다.

당신은 함 무기체계의 신경중추인 전투정보실(CIC ; Combat Information Center)에서 전술장교(TAO ; Tactical Action Officer)로 당직근무 중이다. 수십 개의 화면이 전투전단 주변의 함정 및 항공기의 상황을 전시하고 있다. 당신은 전술장교로 함장부재 시 함의 무기체계의 사용 권한을 가진다. 현 시각 새벽 2시이며 당신은 수백만 달러짜리 무기체계를 담당하고 있으며 전우들의 생사를 책임져야 한다.

정적이 흐르는 전투정보실에 자함으로 접근하는 잠재적 위협을 전자전지원(ES ; Electronic Support) 장비가 인지하여 전자전투(EC ; Electronic Combat) 장비 상에 최초 탐지(detection) 및 식별(identification) 신호가 전시되었다. 광대역의 전자전지원 수신기가 국가 "X" 방위에서 방사되는 전자기파를 수신하였다. 이와 동시에 전자기파 방사원의 파라미터가 전자전지원 장비 메모리에 저장되어 있는 레이더 파라미터와 비교된다. 전시화면 상의 심벌은 방사원의 방위선 상에 자함이 위치함을 나타낸다. 당신이 현 상황을 함장에게 보고하는 동안 이 정보는 라디오 데이터 링크(data link)를 통해 전투전단 전체에 전송된다.

잠시 후, 전투정보실의 다른 구역에서는 장거리 2차원 대공탐색레이더가 최대 탐지거리에서 희미한 반사파를 수신하기 시작한다. 대공탐색레이더로부터의 정보와 당신이 담당하는 전자전지원 장비가 수집한 방사파의 정보를 결합하여 접촉(contact)의 위치를 추정하고 정확한 방위 및 거리를 확인한다. 지속적으로 정보가 수신되고, 전자전지원 장비가 해당 방사파를 국가 "X" 보유 대함순항미사일을 탑재가능한 공격기에 해당하는 J-밴드 전자기파로 식별하였다.

접촉은 전투전단을 향해 계속 접근하여 수분 내에 자함의 3차원 탐색 및 추적레이더 탐지범위 내로 진입할 것이다. 접촉의 정확한 침로(course) 및 속력(speed)을 산출하기 위해 방위, 거리 및 고도가 기점된다. 펄스-압축 레이더의 거리 분해능을 참고하여 표적이 잠정적으로 한대의 항공기임을 확인하고, 이후 조치할 사항을 심사숙고하며 추적을 계속한다.

항공기가 항공기 발사 순항미사일(ALCM ; Air Launched Cruise Missile)의 최대 발사가능거리로 접근하면서 전자전지원 장비 운용자는 항공기 레이더의 방사형태가 탐색 모드에서 단일표적-추적 모드로 변경되어, 미사일 발사가 임박함을 보고한다. 교전규칙(ROE ; Rules of Engagement)에 따라 이러한 행위가 교전의도가 있다고 판단하여 긴급공격에 대해 자함을 방어해야 한다고 결심한다. 당신은 전투정보실의 팀원들에게 이러한 의도를 알리고 무기를 선택하는데 이 경우에 적합한 무기는 함대공미사일(surface-to-air missile)이다. 또한 이 사실을 대공전 지휘관(Air Defence Commander)에게 보고하며, 대공전 지휘관은 모든 함정에 대공 적색경보(Air Warning Red)를 발령하고 교전을 허가할 것이다.

표적이 자함 무기의 최대사거리에 접근함에 따라 사격통제 또는 전술 컴퓨터 프로그램은 함대공미사일의 교전범위 내에 예상 요격 점(PIP ; predicted Intercept Point)을 계산할 것이다. 당신의 통제콘솔 전시기 화면상에 예상 요격 점이 교전범위 내에 위치하며 무기체계가 표적을 "포착

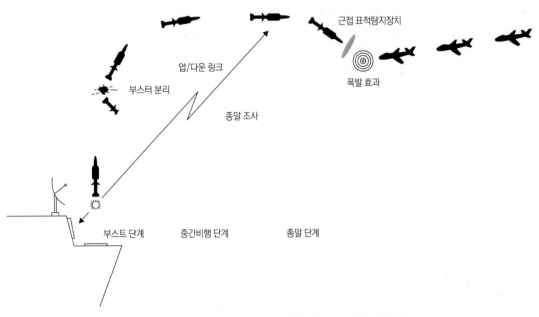

그림 1-1 일반적인 함정 무기체계의 탐지에서 교전까지의 절차

(lock-on)" 하였음이 전시된다. 당신이 발사를 허가하고 미사일이 예상 요격 점(intercept point)으로 발사된다. 미사일은 표적을 향해 마하 2 이상으로 비행하며 자함의 센서는 항공기와 미사일 모두를 추적하며 침로를 유지하기 위해 미사일에 유도명령을 송신한다.

적 항공기 조종사가 항공기 발사 순항미사일 발사를 준비하면 자함의 전자전지원 장비는 발사가 임박했음을 알려 준다. 미사일 공격경보가 있은 지 수초 내에 자함에서 발사한 함대공미사일은 종말 단계(terminal phase)에 진입한다. 항공기 조종사는 미사일의 포착(lock-on)을 해제하려 회피기동을 시도하나, 너무 늦어 미사일은 이미 "살상반경(kill radius)" 이내로 접근하여 근접신관(proximity fuze)이 미사일의 탄두를 기폭시켜, 모든 방향으로 파편을 비산시킴으로써 표적을 파괴 또는 무력화한다. 자함의 센서를 이용하여 교전평가를 수행한다. 레이더가 표적을 계속 추적하여 표적이 해면으로 추락하는 것을 확인하며 전자전지원 장비는 접촉을 소실할 것이다.

사격통제문제

앞에서 설명한 내용은 전쟁소설 속에 나오는 이야기가 아니며 적대세력(적 공격기)과 해군 무기체계(함정)와의 가능한 교전 시나리오이다. 이 시나리오는 탐지-교전 절차에 대한 개념을 보여주며, 이 절차는 그림 1-1에서 보듯이 현대의 전체적인 사격통제문제가 된다. 이 시나리오가 대공 표적에 대한 수상함의 한 가지 시나리오이긴 하나 모든 무기체계는 다음과 같은 동일한 기능을 수행한다. 그 기능은 표적 탐지(detection), 위치 확인(localization), 식별(classification), 추적(tracking), 무기선택(weapon selection), 최종 무력화(neutralization)이다. 전투에서 이 기능들은 잠수함, 항공기, 탱크, 해병 보병에 의해 수행된다. 표적은 정지하였거나 기동성을 보유할 것이며 우주공간, 공중, 지상, 해상 또는 해중에 위치하거나 이 속에서 움직일 것이다. 또한 유인 또는 무인, 유도 또는 는 비유도, 고정 경로로 이동 또는 이동 중 경로 변경이 가능할 것이며 수 노트(knot)에서 음속의 수배에 이르는 속도로 이동할 것이다.

무기체계(weapon system)라는 용어는 다양한 종류의 구성부(component)와 하부시스템을 포괄하는 개괄적 표현으로 구성부에는 한 사람에 의해 수동으로 작동하는 단순 장치에서 여러 기능을 동시에 수행하거나 다수의 표적과 동시에 교전할 수 있는 컴퓨터와 데이터 통신에 의해 상호 연결된 하부시스템들의 복잡한 배열 등이 포함된다. 개개의 하부시스템이 사격통제문제의 고유한 특정 기능만을 수행하도록 설계되었더라도 무기체계는 전체 체계가 최종 목적인 표적 무력화를 달성할 수 있도록 여러 구성부들로 설계된다.

구성부

모든 현대 해군 무기체계는 사용되는 매질이나 사용하는 무기와 상관없이 체계가 표적 탐지, 추적, 교전할 수 있도록 하는 기본 구성부 또는 구성품으로 구성된다. 센서 구성부은 무기체계 및 표적이 운용되는 환경을 고려하여 설계되어 하면, 표적 방위, 거리, 속력, 침로, 크기, 자세 각(aspect)을 포함하여 폭 넓게 변화하는 표적특성에 대응할 수 있어야 한다.

표적 탐지

무기체계가 표적을 탐지하는 데는 세 가지 국면이 있다. 첫 번째 국면은 감시 및 탐지로 표적이 존재할 수 있는 사전에 설정된 구역을 탐색하여 표적의 존재를 탐지하는 것이다. 첫 번째 국면은 레이더처럼 능동적으로 에너지를 매질 내로 내보내고 반사에너지가 되돌아오기를 기다리거나 앞의 시나리오처럼 표적에서 방사되는 에너지를 수신하는 수동적인 방법으로 수행된다.

두 번째 국면은 표적의 위치를 확인하는 것으로 일련의 측정을 통해 탐지를 수행하는 플랫폼을 기준으로 표적의 거동이나 운동을 예측한다. 이는 표적 방위, 거리, 깊이 또는 고도를 반복적으로 측정하여 수행된다.

마지막 세 번째 국면에서 표적이 식별된다. 여기서 식별이라 함은 표적의 유형(type), 수량, 크기, 적이나 아 세력이냐를 예측하는 것과 같이 표적의 거동이 설명되어지는 것이다. 무기체계 센서의 성능은 표적을 탐지할 수 있는 최대거리와 집단 표적에서 개개의 표적을 분해할 수 있는 능력으로 평가된다. 추가로 센서의 하부시스템은 표적외의 다른 것에서 기인한 에너지를 감지한 형태인 잡음(noise) 하에서 표적을 탐지할 수 있어야만 한다. 이러한 잡음 또는 클러터(clutter)는 환경 내에서 표적 이외의 물체에 의한 에너지 반사, 고의적인 간섭발생, 전파방해(jamming)에 의해 항시 존재한다. 또한 잡음은 자체적으로 생성될 수 있는데 예를 들면 탐지장치 내의 전자회로에서도 발생된다.

표적 추적

표적의 존재여부를 감지하는 것은 사격통제문제를 해결하는 데 첫 번째 단계이다. 성공적으로 표적과 교전준비를 하고 사격문제 해결을 위해서는 표적위치가 갱신되어야 하며 무기체계에 대한 상대속도가 지속적으로 예측되어야 한다. 이 정보는 표적이 가진 위협을 평가하는 데 사용될 뿐만 아니라 무기의 요격 점을 산출을 위해 표적의 미래위치를 예측하는 데 사용된다. 사격통제문제 해결은 표적의 예측위치와 무기의 요격 점을 수렴(convergence)하는 것이다.

표적 이동경로 정보를 얻기 위해서는 센서가 표적을 따라가거나 추적할 수 있는 방법이 고안되어야 한다. 이러한 표적으로의 조준은 피드백 루프(feedback loop)와 연관된 서보(servo)라 불리는 모터와 위치감지장치의 결합체에 의해 수행된다. 또 다른 방법으로 파동의 간섭(interference) 특성을 이용하여 표적방향으로 전자기적으로 표적을 따라가는 움직이지 않는 감지장치(sensing device)를 사용하기도 한다.

앞의 시나리오는 단일 표적에 대한 대응을 보여주었으나 실제는 드문 경우로 현대의 전장에서는 센서가 우군, 중립, 적군의 다수 접촉을 탐지하며 모든 접촉에 대한 정보가 지속적으로 수집된다. 처리속도가 빠르고, 정확하며 유연성을 가진 최신의 컴퓨터가 무기체계와 운용자가 자료를 수집하고, 정보를 평가하며, 적절한 반응을 개시하도록 할 수 있다. 컴퓨터는 무기체계가 표적을 탐지, 추적하고 표적운동을 자동적으로 예측하게 한다. 이를 통해 표적 존재여부를 확인하고 어떤 무기로 언제, 어떻게 표적과 교전할 것인가를 판단한다.

표적과의 교전

표적과 효과적인 교전과 무력화에는 탄두가 표적주변으로 접근하여 표적에 충격을 가하는 파괴 메커니즘이 필요하다. 탄두가 얼마나 표적까지 접근할지는 탄두와 표적의 유형에 따라 달라진다. 탄두를 표적에 접근시키는 데는 조준, 발사, 추진체계의 유형, 표적으로 접근 중 무기가 받는 힘을 고려하여야 한다. 무기가 발사이후 유도(guidance)되거나 통제(control)되면 정확성 및 "살상확률(kill probability)"이 크게 증가한다. 유도장치의 사용으로 무기 설계의 복잡성이 매우 증가되었다. 유도장치뿐만 아니라 폭약, 신관장치, 탄두설계는 현대 무기의 효과와 설계에 영향을 주는 주요 요소이다.

결언

사격통제문제 해결은 표적탐지에서 무력화까지 목표를 달성하기 위해 함께 동작하여야 하는 다수 구성부의 복잡한 통합을 필요로 한다. 각각의 무기체계의 기능중심(functional center)은 체계를 사용하는 사람이다. 따라서 무기체계는 무기체계 설계 및 운용에 기초가 되는 과학 및 공학원리를 잘 알고 있는 해군 및 해병 장교들을 필요로 한다. 무기체계 성능을 평가하거나 예측하는 기본 법칙을 이해하여야만 체계의 제한점 및 성능을 파악하여 전투에서 이를 적절히 사용할 수 있으며 관련된 전술을 개발할 수 있다. 각각의 무기체계 운용자가 장비성능과 관계된 물리적 과정에 대한 완벽한 이해를 가지지 않더라도 적정 수준의 이해를 통해 적의 약점 및 제한점을 이용하여 자신의 자산을 최대한 이용할 수 있는 운용능력을 가져야 할 것이다.

전자기 기본원리

서론

무기체계의 주요 요구조건은 표적을 탐지하는 수단을 가져야 한다는 것이다. 탐지를 위해서 무기체계는 배경으로부터 표적을 구분해 내어 식별할 수 있는 표적의 고유 특성을 감지할 수 있는 능력을 반드시 갖추어야 한다. 이러한 특성 중에 하나가 표적에서 방출되거나 반사되는 에너지이며, 이 에너지는 전자기파, 음파, 열 또는 가시광선 등 여러 형태를 가진다. 앞에서 언급한 모든 에너지 형태의 공통적인 특성은 전파(propagation)형태로, 이 에너지들은 진행파(traveling wave) 형태로 전파되며 파장 및 주파수에 의해 구분되어지고 정의된다. 센서체계의 기능은 적절한 에너지 형태를 탐지하고 획득된 탐지정보를 무기체계의 다른 구성부에 전달하는 것이다.

본장에서는 레이더 에너지의 특성을 주로 다룰 것이나 본장에서 제공되는 원리들은 라디오, 적외선, 가시광선 및 X-선과 같은 다른 전자기파 에너지 형태에도 적용된다. 다양한 형태의 현대 무기체계 센서에 대한 설계 및 운용에 관한 완전한 이해를 위해서는 에너지 전송(transmission) 및 전파 원리에 대한 확고한 기초가 필요하다.

진행파의 특성

에너지는 파동(wave)의 형태로 그 발생지점으로부터 이동하는데 수면에 떨어진 조약돌의 충격이 그 낙하위치로부터 동심원 형태로 퍼져나가는 것과 같다. 이와 같이 우리에게 친숙한 형태의 파동은 2차원 파동인 반면 진공 내의 한 점에서 방사되는 전자기파 에너지는 3차원적, 즉 동심의 구형태의 파동이다.

에너지 방사에 대한 학습에 있어 파동이 공간을 진행할 때 파동의 동심원적 구형태의 퍼짐을 묘사하는데 다소의 어려움이 있어 이를 파동보다는 선(ray)으로 이동경로를 표현하는 것이 보다 편리하다. 이때 선은 파동이 매질을 통해 이동하는 것처럼 파동 면(wavefront) 위의 가상적인 점을 연결함여 얻을 수 있다.

주파수

주파수는 방사되는 에너지를 구분할 수 있는 주요 특성으로 단위는 초당 사이클(cycle) 수 또는 헤르츠(Hz)를 사용한다. 소리(음파)의 경우 주파수는 진동하는 매질에서, 라디오, 레이더 및 빛과 같이 전자기파의 경우는 진행하는 파동의 확장과 붕괴가 발생하는 전기 및 자기장에서의 초당 사이클 수로 나타낸다. 방사되는 에너지는 주기성을 가진 파동으로 사인파(sine wave) 형태로 표현할 수 있다. 주파수가 중요한 이유는 에너지가 주파수에 따라 열, 빛, 전(자기)파 등 여러 형태로 나타나기 때문이다.

그림 2-1은 가청 주파수에서 감마선까지의 전자기 스펙트럼을 나타낸다. 레이더 에너지는 일반적으로 1 GHz에서 10 GHz의 주파수를 가지나 일부 예외를 가지는데 예를 들면 장거리 대공탐색 레이더(air-search radar)의 경우 200 MHz에서 900 MHz까지의 주파수를 사용하며 초수평선 레이더(over-the-horizon radar)의 경우 이보다 낮은 주파수를 사용한다.

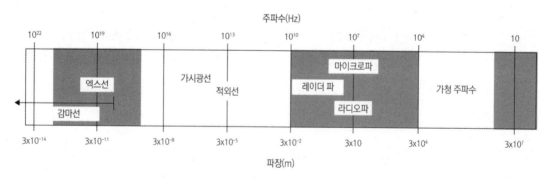

그림 2-1 전자기파의 주파수 스펙트럼

파장

파동의 움직임은 파장(λ)에 의해 더 잘 묘사될 수 있다. 파장이란 파동에서 위상(뒤에서 설명)이 동일한 인접한 두 점 사이의 거리이다. 진행파의 경우 하나의 완전한 주기가 진행한 거리로 정의되기도 하는데 이로부터 주파수와 파장의 관계를 아래와 같이 표현할 수 있다.

$$\lambda = \frac{v}{f}$$

(2-1)

여기서, $\lambda =$ 파장(m)

$v =$ 매질에서 파동의 전파속도(m/s)

$f =$ 주파수(Hz)

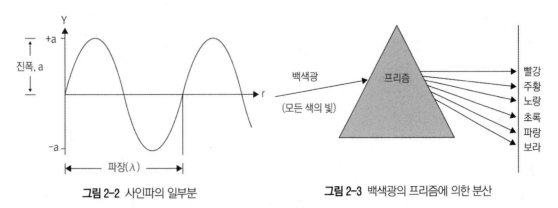

그림 2-2 사인파의 일부분   **그림 2-3** 백색광의 프리즘에 의한 분산

식 2-1으로부터 주파수 변화에 따른 파동의 전파속도 변화를 알 수 있다. 예를 들어, 프리즘에 입사한 백색광(white color)은 이를 이루는 여러 색의 빛의 속력이 서로 다르기 때문에 각각의 색 (주파수)으로 분산(dispersion)된다. 보다 낮은 속력의 색을 가지는 빛은 나중에 소개할 스넬의 법칙에 따라 새로운 매질을 만났을 때 더 많이 휘어지는데 이 때문에 그림 2-3과 같이 프리즘에 입사한 백색광은 주파수(색)에 따라 분리, 즉 분산된다.

다음 장에서 자세히 소개하겠지만 파장은 라디오 및 레이더 안테나 설계에 있어 중요한 요소인데, 그 이유는 주어진 신호 지향도(directivity)에서 안테나 크기는 지향되는 에너지의 파장에 정비례하기 때문이다.

가간섭성(Coherency)

단일 주파수를 가지는 임의의 에너지는 사인곡선의 파동 형태를 가지는데 이를 가간섭성이라 한다. 한 가지 이상의 주파수로 구성된 에너지는 사인곡선과 다른 파동 형태를 가지는데 이를 불간섭성(noncoherncy) 에너지라 한다.

가간섭성 에너지는 레이더에의 적용에 있어 두 가지 이점을 가지는데 이동하는 표적의 도플러 변이를 측정 가능하며 우수한 신호 대 잡음 비를 가지는 레이더 수신기 사용이 가능하다. 과거 레이더의 설계에 있어 고출력의 가간섭성 신호 생성이 어려워 불간섭성 신호를 사용하였으나, 현재는 대부분 가간섭성 신호를 사용하는 레이더를 생산하고 있다.

속도

전자기파는 진공에서 빛의 속도인 3×10^8 m/s로 전파된다. 이는 6.81 μs 당 1해리(nm)의 속도에 해당되며, 다른 매질에서의 속도는 이보다 낮다.

진공 대비 다른 매질에서 전자기파 에너지의 전파속도의 비를 굴절률이라 한다. 물 또는 유리와 같은 매질을 만나면 전파속도는 느려진다. 진공에서의 빛의 속력을 c 라 하고 다른 매질에서의 속력을 v 라 하면 굴절률, n 은 다음과 같이 정의된다.

$$n = \frac{c}{v} \qquad\qquad (2\text{-}2)$$

일반적으로 표 2-1과 같이 굴절률은 항상 1 보다 큰데 이는 다른 매질에서의 전파속력이 진공에서의 속력보다 낮음을 의미한다. 레이더 주파수나 그 이상의 주파수에서 공기에서의 굴절률은 1.0에 매우 가까움으로 공기에서의 속력 차이는 무시할 수 있다.

표 2-1 일반적인 매질에서의 표절률

매질	굴절률
진공	1
공기	1.0003
물	1.33
유리	1.55

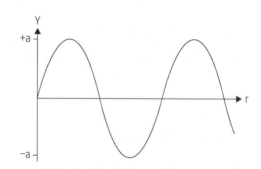

그림 2-4 정지 사인파(standing sine wave)

진폭

파동 전파에 있어 또 다른 특성인 진폭(amplitude)은 일정(상수) 기준 값으로부터 파동 상의 임의의 점까지의 최대 변위(displacement)로 정의된다. 변위는 전파하는 파동의 임의의 점에서의 에너지 크기를 직접적으로 보여준다. 변위를 시간과 거리의 항으로 정의하기 위해 그림 2-4를 참조하여 일정 시간에 정지된 사인 파동(standing sine wave)의 단순화된 형태를 살펴보자.

r 축을 따라 주어진 임의의 점에서 파동의 변위 y 는 아래와 같다.

$$y = a sin \frac{2\pi r}{\lambda} \qquad\qquad (2\text{-}3)$$

파형이 시간과 무관하기 때문에, 변위 y 는 원점으로부터 측면 방향의 변위(r)의 단순함수로 표

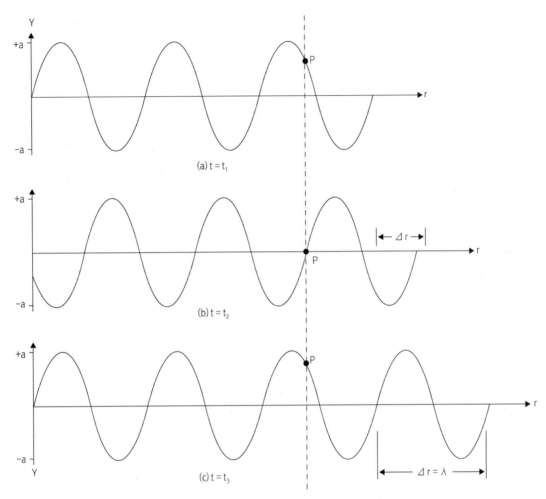

그림 2-5 진행파(propagating wave)

현된다.

이제 오른쪽으로 진행하는 파동을 보면, 그림 2-4의 파형이 일정한 속도로 오른쪽으로 진행한다고 할 때 r 축 상의 임의의 고정된 위치에서 변위의 변화를 살펴보자. 그림 2-5는 r 축 상의 고정점(P)에서 연속된 세 개의 일정시간 간격을 가지고 관찰된 변위의 변화를 보여준다.

그림 2-5의 맨 위 그림은 시간이 t_1 일 때, 점(P)에서의 파동의 변위를 나타낸다. 변위는 파동의 주파수에 비례하여 파동이 진행하면서 변화한다. 가운데 그림은 t_2 일 때 변위를, 아래 그림은 파동이 $t_3 - t_1$ 만큼 지나는 동안 이동거리 Δr 이 파장(λ)과 같을 때 변위를 나타내는데 점(P)에서의 변위가 한 사이클이 지나 같은 값을 가짐을 알 수 있다. 이와 같이 하나의 완전한 사이클이 진행하

는데 필요한 시간을 주기, T 라고 하며 수식으로는 주파수의 역수로 아래와 같이 표현된다.

$$T = \frac{1}{f} \tag{2-4}$$

여기서, T = 주기(s)

경과시간(t) 동안 임의의 점을 통과한 사이클 수는 주파수와 경과시간의 곱($f \cdot t$)과 같다. 완전한 하나의 사이클은 $360°$ 또는 2π 라디안이므로 경과시간(t)에서 임의의 점에서 위상은 $2\pi ft$ 로 표현할 수 있다.

따라서 임의의 점에서 진행파의 변위는 원점, 경과시간 및 진폭의 함수로 아래와 같이 나타낼 수 있다.

$$y = a \sin\left(\frac{2\pi r}{\lambda} - 2\pi ft\right) \tag{2-5}$$

$$\lambda = \frac{v}{f} \quad 또는 \quad f = \frac{v}{\lambda} \tag{2-6}$$

이므로

$$y = a \sin\left[\frac{2\pi r}{\lambda} - 2\pi\frac{v}{\lambda}t\right]$$
$$\tag{2-7}$$
$$y = a \sin\left[\frac{2\pi}{\lambda}(r - vt)\right]$$

여기서,　y = y 방향에서의 변위

　　　　a = 진폭

　　　　λ = 파장(m)

　　　　r = 원점으로부터의 거리(m)

　　　　v = 전파속도(m/s)

　　　　t = 경과시간(s)

위상

파동을 완전하게 묘사하기 위한 마지막 파라미터는 파동의 위상(phase)이다. 위상이란 사인파가 시작하는 임의의 시작점에서 도(degree) 또는 라디안으로 표현되는 각의 양으로, 기호로 ϕ 또는 θ를 사용하며 위상변이(phase shift)는 문자 $\triangle\phi$ 또는 $\triangle\theta$로 나타내는데 여기서 $\triangle$ (delta)는 그리스 문자로 양의 변화를 나타낸다.

그림 2-6에서 두 개의 파동은 동일 파장과 진폭을 가지며 기본 형태 또한 동일한데 시작점이 다르다. 이 차이를 위상변이라 하며 단일 파동의 경우 시작점이 하나로 위상변이를 정의할 수 없다. 이와 달리 둘 또는 그 이상의 파동에서 시작점은 중요한데 그 이유는 둘 또는 그 이상의 파동사이에 관계를 설명하는 데 필요하기 때문이다.

위상변이의 개념은 중요하기 때문에 이를 정량화할 필요가 있다. 양과 음의 위상변이 방향이 정의 되어야 한다. 그림 2-6에서 파동 2는 파동 1에 비해 앞선 것처럼 보이는데 이를 약속에 따라 양의 위상변이(positive phase shift)라 한다. 양의 위상변이를 확인할 수 있는 다른 방법은 파동 2의 그림 전체를 양의 위상변이만큼 이동하면 파동 1과 동일한 위상이 된다. 혼란을 방지하기 위해 아래의 관계를 만들었다.

양의 위상변이 ⇔ 앞선 파동
음의 위상변이 ⇔ 뒤쳐진 파동

다른 물리량과 마찬가지로 위상변이 또한 단위를 가져야 하며 이 단위는 기준 파동에 대한 특정 파동의 위상변이로 표현되어야 한다. 위상변이는 각의 단위를 가지는데 그 이유는 사인파는 원(circle)에 기초하며 360° 마다 반복되기 때문이다. 따라서 위상변이는 0°에서 360°의 범위를 가지

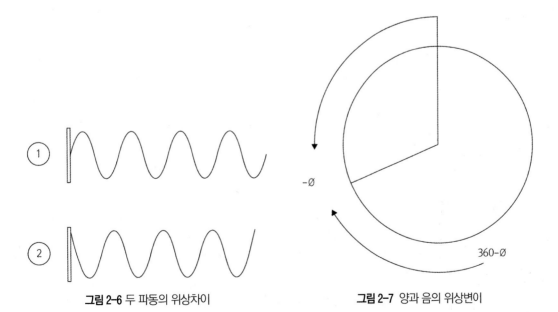

그림 2-6 두 파동의 위상차이   **그림 2-7** 양과 음의 위상변이

며 위상변이가 0°이면 위상변이가 없으며, 360°이면 정확히 한 파장만큼의 변이에 해당하기 때문에 이 또한 위상변위가 없는 것이 된다.

또한 $-\phi°$의 음의 위상변이는 $360-\phi°$의 양의 위상변이에 해당된다. 따라서 그림 2-7과 같이 하나는 반시계 방향으로 나머지 하나는 시계 방향으로 동일한 위상변이를 표현하는 방법이다. 위상은 라디안 단위를 사용하기도 하는데 360° 인 원은 2π 라디안임으로 아래 식을 이용하여 상호 변환할 수 있다.

라디안 $= (2\pi/360°) \times$ 도

도 $= (360°/2\pi) \times$ 라디안

1 라디안은 대략 57.3° 이다. 위상변이 개념은 안테나와 소나 배열(array)에 매우 중요하게 사용된다.

주파수 대 시간 영역

파동의 진폭을 시간의 함수로 묘사할 때 시간 영역(domain)이 사용되는데 이는 수평축이 시간 단위를 가짐을 의미한다. 파동은 진폭, 주기, 위상의 파라미터를 가지며 동일 파동을 진폭과 주파수로 나타낼 수 있다.

특정 시간과 위치에서 파동은 시간 영역에서 표현되며, 특정 주파수에서 파동은 주파수 영역에서 표현된다. 이는 동일 파동을 나타내는 서로 다른 방법이다. 그림 2-8은 단일 사인파를 시간 및

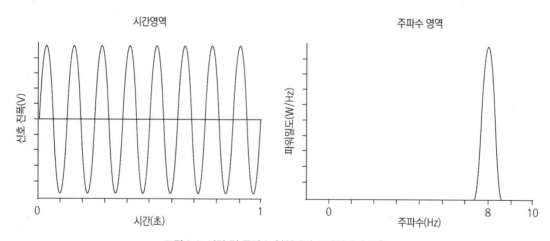

그림 2-8 시간 및 주파수 영역에서 코사인파의 표현

주파수 두 영역에서 나타낸 것이다. 시간 영역에서 사인파는 초당 8사이클로 표현되어 있으며, 주파수 영역에서는 8 Hz의 단일 값으로 표현된다.

파동의 전파

기본 현상

에너지는 파동의 형태로 그 발생지점으로부터 이동하는데 수면에 떨어진 조약돌의 충격이 그 낙하위치로부터 동심원 형태로 퍼져 나가는 것과 같다. 이와 같이 우리에게 친숙한 형태의 파동은 2차원 파동인 반면 진공 내의 한 점에서 방사되는 전자기파 에너지는 그림 2-9와 같이 3차원적, 즉 동심의 구형태의 파동이다.

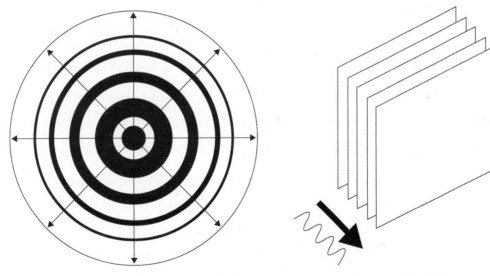

그림 2-9 단면으로 본 구면파(spherical wave)의 퍼짐   **그림 2-10** 평면파의 퍼짐

에너지 방사에 대한 학습에 있어 파동이 공간을 진행할 때 파동의 동심원적 구형태의 퍼짐을 묘사하는데 다소의 어려움이 있어 파동이 발생지점으로부터 아주 멀리 퍼져나가 진행방향과 수직인 면에서는 위상이 동일한 것으로 간주하는 것이 편리하다. 이러한 형태의 파동을 평면파(plane wave)라하며 그림 2-10과 같이 파동이 구 형태 아니라 전체 파동이 단일 방향으로 퍼져 나가는 것으로 이상화 한 것이다.

반사

전자기파가 전도체 표면에 도달했을 때 표면에서 에너지 반사(reflection)가 일어난다. 반사는 그림 2-12와 같이 "입사선(IO)과 반사선(OR)이 반사면에 수직인 선(법선)과 이루는 각이 같게 일어나며, 입사선 및 반사선과 법선은 동일한 평면상에 있다"라는 반사법칙의 적용을 받는다. 입사선과 법선(N)이 이루는 각(ϕ_1)을 입사각, 반사선과 법선이 이루는 각(ϕ_2)을 반사각이라 한다. 거울과 같이 매끄러운 표면에서의 반사를 정반사(specular reflection), 울퉁불퉁한 표면에서 여러 방향으로의 반사를 확산반사(diffuse reflection)라 한다.

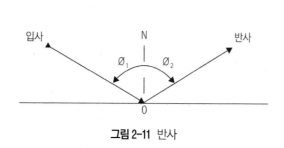

그림 2-11 반사

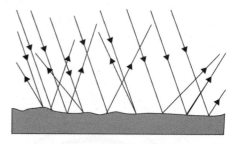

그림 2-12 울퉁불퉁한 표면에서의 확산반사

반사정도는 표면의 반사계수(reflection coefficient)를 이용하여 나타내는데 반사계수란 입사된 전자기파의 장(field)과 반사된 전자기파의 장의 세기 비이다. 종종 입사되는 파동은 먼지, 눈, 수증기 등의 자연 장애물에 의해 에너지를 잃어버리는데, 이는 확산반사를 발생시켜 원하는 방향에서의 에너지 손실을 발생시킨다. 반사과정에 있어 장의 세기손실을 가장 크게 가져오는 원인은 그림 2-12와 같이 거칠고 불규칙한 전도체 표면에서의 확산(diffusion)이다.

반사가 일어날 때 그림 2-13과 같이 위상변이가 발생한다. 그림은 거울과 같이 매끄러운 지표에서 반사되는 두 개의 파동을 나타낸다. 장의 세기가 양의 값에서 음의 값으로 변하는 두 개의 라디오파가 동일 위상으로 지표로 입사된다. 두 개의 파동이 각각이 지표에 도달하여 반사가 일어나면 180°의 위상변이가 발생한다.

위상변이의 양은 일정하지 않으며 파동의 방향, 표면에 부딪칠 때의 각 그리고 파동의 발생원(source)과 반사표면의 상대운동에 따라 변화한다. 반사파의 위상변이가 일정하지 않기 때문에 페이딩(fading)이 발생한다. 일반적으로 위상이 같게 반사되는 라디오파는 그 신호가 강해지고 반사파들의 위상이 같지 않을 때는 신호가 약해지거나 페이딩이 일어난다.

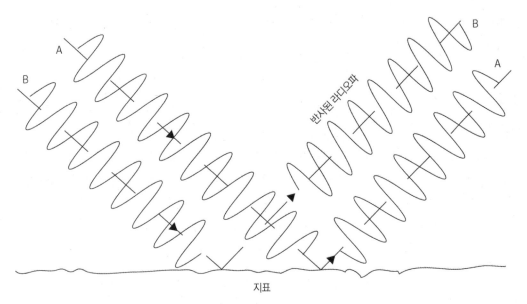

그림 2-13 반사시 위상변이

굴절

전자기파가 대기 중으로 전파될 때 굴절(refraction)현상이 발생한다. 파동이 진행속도가 다른, 즉 굴절률이 다른 투명한 두 매질사의 경계에 도달하면 반사선(reflected ray)과 굴절선(refracted ray) 으로 분리된다. 예를 들어 새롭게 만난 매질의 굴절률이 기존 매질보다 높으면 파장은 보다 짧아진 다. 이때 주파수는 경계조건(boundary condition) 때문에 변화하지 않는다. 새로운 매질에서 전파 방향은 법선(N)에 더욱 근접하게 되어 그림 2-14와 같이 굴절각(ϕ_2)이 입사각(ϕ_1)보다 작아진다. 아래의 스넬의 법칙(Snell's law)을 통해 입사 및 굴절각의 굴절률과의 관계를 알 수 있다.

$$n_1 \sin\phi_1 = n_2 \sin\phi_2 \qquad\qquad (2\text{-}8)$$

여기서, n_1, n_2 = 매질 1, 2에서의 굴절률

ϕ_1 = 매질 1에서 입사각

ϕ_2 = 매질 2에서 굴절각

대기권에는 매질간의 정확한 경계가 없기 때문에 전자기파는 공기 밀도에 따른 여러 굴절율의 변화에 직면한다. 공기의 굴절률은 밀도가 증가할수록 증가하기 때문에 전자기파의 진행방향이

아래로 휘어진다. 이러한 아래로의 휘어짐에 의해 레이더 조준선이 기하학적 조준선(LOS ; line-of-sight)보다 멀리 확장된다.

회절

회절은 직선으로 진행하는 평면파를 경계 또는 장애물 부근에서 휘어지게 한다. 이러한 현상은 방파제 또는 부두의 끝단에 구조물과 예각의 파도가 밀려올 때 관찰된다. 이때 파동의 휘어짐은 그림 1-14와 같이 안전한 구역까지 파동이 도달하게 함으로써 해안지역의 안전구역이 감소된다.

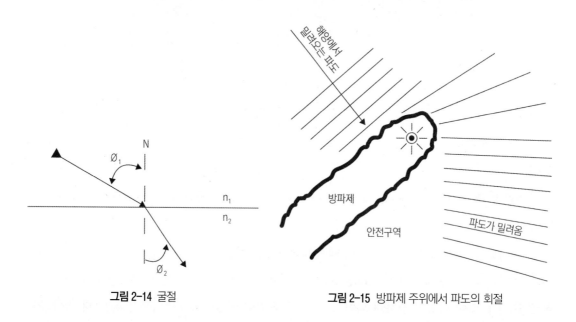

그림 2-14 굴절　　　　　　**그림 2-15** 방파제 주위에서 파도의 회절

　이러한 회절현상은 전자기파가 안테나의 가장자리나 파장에 따라 다르겠지만 산, 섬과 같은 커다란 장애물을 만났을 때도 관찰된다. 회절은 안테나에서의 손실(loss)을 발생시키거나 그림 2-16과 같이 기하학적으로는 전파가 도달할 수 없는 장애물의 뒤에서 레이더가 물체를 접촉하거나 통신이 가능하게 한다.

　회절은 또한 파동이 개구(aperture)라 불리는 구멍을 통과할 때 구멍으로부터 퍼져 나가며 발생하는데 이 현상은 안테나 빔 이론(antenna beam theory)의 기초가 되며 다음 장에서 다룰 예정이다. 파동이 개구를 통과한 후 퍼짐의 정도는 파장과 연관된 개구의 크기에 의존한다. 개구가 파장에 비해 클 경우, 파동에 영향을 주지 않아 회절이 일어나지 않는다. 이 경우 파동은 똑바로 구멍을 통과하여 구멍의 크기에 해당하는 크기로 진행한다. 구멍이 파장에 비해 매우 작은 경우에는 파동은 구멍에 또 다른 파원이 있는 것처럼 거동하여 그림 2-17과 같이 파동이 모든 방향으로 균일하게 퍼진다.

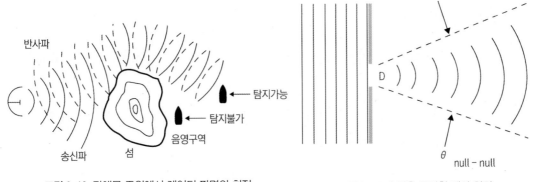

그림 2-16 장애물 주위에서 레이더 파면의 회절   그림 2-17 슬릿을 통과할 때의 회절

회절의 정도를 계산할 수 있는데, 원형 개구를 예로 들면 파장이 λ 인 파동이 직경이 D 인 구멍을 만났을 때 회절, 퍼짐이 일어나는 정도는 구멍에서 최대로 퍼짐이 발생하는 두 가장자리의 선 사이 각(라디안)으로 표현할 수 있는데 사이 각을 θ 라 하면 $\theta = 2.4\lambda/D$ 이다. 구멍이 수직한 슬릿(slit) 형태이면 상수 2.4대신 2.0을 사용하며 θ값은 개구의 형태에 따라 2차수(order) 정도의 범위를 가진다.

간섭

모든 전자기 파동은 제한 없이 상호 겹쳐질 수 있다. 이때 전기 및 자기장이 각 점에서 더해진다. 동일 주파수를 가지는 두 파동이 동일 시간과 공간상에서 만나면 겹쳐짐에 의해 일정한 간섭 패턴이 만들어 지는데 전기 및 자기장의 세기가 증가하는 보강간섭(constructive interference)이나 장의 세기가 감소하는 소멸간섭(destructive interference)이 일어난다. 보강 또는 소멸의 간섭 형태는 각각의 점에서 두 파동의 위상 차이에 의해 결정된다.

그림 2-18은 동일 주파수를 발생시키지만 한 안테나가 나머지 기준 점에 위치한 안테나로부터 파장의 1/4 에 해당하는 거리만큼 이격되어 있는 두 개의 파동 원(source)에서 발생하는 파동의 위상 차이를 나타낸다. 한 파장의 위상 차이는 2π 라디안에 해당되며, 이해를 돕기 위해 단순화하여 각기 안테나에서 발생한 파동의 전기장만을 나타내었다.

①번 그림에서 점 A 에서의 장의 세기는 아래와 같이 주어진다.

$$E_1 = E_0 \sin\left[\frac{2\pi}{\lambda}(r - ct)\right] \qquad (2\text{-}9)$$

②번 그림에서 점 B에서의 장의세기는 안테나 ②가 안테나 1보다 1/4 파장만큼 이격되어 있으므로 아래와 같이 주어진다.

$$E_2 = E_0 \sin\left[\frac{2\pi}{\lambda}\left((r + \frac{\lambda}{4}) - ct\right)\right] \qquad (2\text{-}10)$$

정리하면,

$$E_2 = E_0 \sin\left[\frac{2\pi}{\lambda}(r - ct) + \frac{\pi}{2}\right] \qquad (2\text{-}11)$$

여기서, $\pi/2$는 파동발생 원이 1/4 파장만큼 이격되어 발생하는 위상각 변이(phase angle shift) 이다.

그림 2-19와 같이 두 발생원을 동일 위치에 놓고 하나의 안테나에서 발생하는 파동의 최초 위상을 $\pi/2$만큼 변화시키면 동일한 효과를 얻을 수 있는데 이는 안테나 ②의 최초 여기(excitation) 를 1/4 주기만큼 빠르게 하면 된다.

일반적으로 최초 위상각 ϕ을 가지는 파동으로 식 2-9를 아래와 같이 나타낼 수 있다.

$$E_2 = E_0 \sin\left[\frac{2\pi}{\lambda}(r - ct) + \phi\right] \qquad (2\text{-}12)$$

그림 2-18과 2-19를 참조하여 점 A에서의 장의 총세기(total field strength)에 대해 살펴보면 장

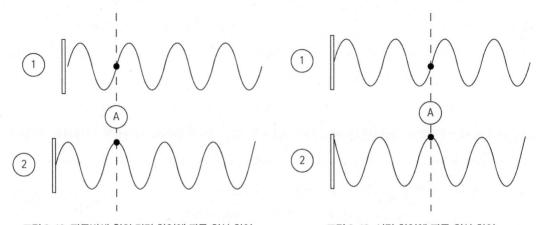

그림 2-18 파동발생 원의 거리 차이에 따른 위상 차이   **그림 2-19** 시간 차이에 따른 위상 차이

의 총세기는 매 순간에서 두 파동 개개의 전기장의 단순 합, $E_{1,2} = E_1 + E_2$ 로 얻을 수 있다. 이 합의 공식은 임의 수의 파동에도 확대 적용이 가능하며 합해진 장의 세기가 개개의 장의 세기보다 클 때 보강간섭이라 한다. 반대로 장의 총세기가 개개의 장의 세기보다 작을 때 소멸간섭이라 한다.

예를 들어 그림 2-19에서 안테나 ①과 ②는 완전하게 동일위상을 가지기 때문에 장의 총세기는 단일 안테나 장의 세기에 두 배가 되어 보강간섭이 된다. 만일 두 안테나에서 발생한 전자기파의 위상 차이가 π 라디안(180°)이면 장의 총세기는 "0"이 되어 소멸간섭이 된다. 다른 위상 차이를 가지는 경우 총 장의 세기는 이 둘의 중간 값을 가진다.

동일한 파동발생 원을 가지는 두 개의 안테나에 의해 전자기파가 발생하는 경우를 살펴보자. 단, 안테나 2는 안테나 1에 비해 π/2라디안(90°)의 위상 차이가 나도록 전압이 공급된다. 그림 2-20과 같이 점 P 가 안테나 1 및 2로부터 동일 거리에 위치할 때 점 P 에서 전기장의 세기는 얼마일까?

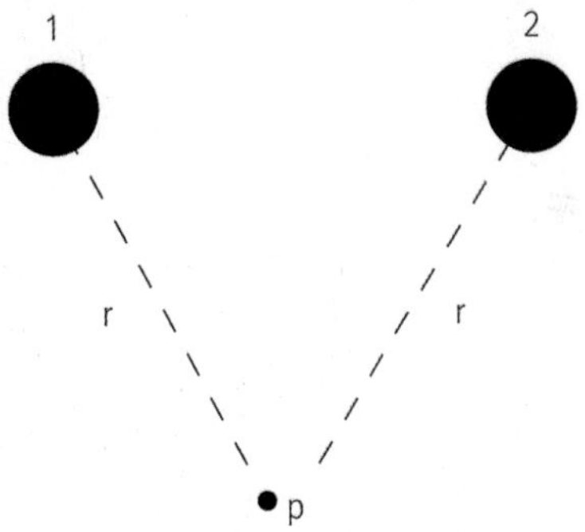

두 안테나 모두 같은 장치에 의해 구동되기 때문에 동일 파장 및 진폭을 가진다. 두 안테나로부터 동일거리(r)에 점 P 가 위치한다 하면 안테나 1에서의 방사에 의한 점 P 에서의 전기장은 아래아 같이 나타낼 수 있다.

그림 2-20 점 P 로부터 동일 거리 r 에 위치한 두 파동발생 원

$$E_1 = E_0 \sin\left[\frac{2\pi}{\lambda}(r - ct)\right] \tag{2-13}$$

안테나 2에 의해 방사되어 점 P 에 도달하는 전기장은 90°의 위상 차이를 가지기 때문에 안테나 2에서의 방사에 의한 점 P 에서의 전기장은 아래와 같이 나타낼 수 있다.

$$E_2 = E_0 \sin\left[\frac{2\pi}{\lambda}(r - ct) + 90°\right] \tag{2-14}$$

점 P 에서 장의 총세기인 E_P 는 두 파동의 간섭 때문에 둘 각각의 장의 세기의 합이 된다.

$$E_P = E_1 + E_2 \text{ 또는 } E_P = E_0 \sin\left[\frac{2\pi}{\lambda}(r - ct)\right] + E_0 \sin\left[\frac{2\pi}{\lambda}(r - ct) + 90°\right]$$

$$\tag{2-15}$$

아래의 삼각함수 공식을 적용하면

$$\sin A + \sin B = 2\sin\frac{1}{2}(A+B)\cos\frac{1}{2}(A-B) \qquad (2\text{-}16)$$

$$E_P = 2E_0 \sin\frac{1}{2}\left[\frac{2\pi}{\lambda}(r-ct) + \frac{2\pi}{\lambda}(r-ct) + 90°\right] \qquad (2\text{-}17)$$

$$\times \cos\frac{1}{2}\left[\frac{2\pi}{\lambda}(r-ct) - \frac{2\pi}{\lambda}(r-ct) - 90°\right]$$

또는

$$E_P = 2E_0 \cos(-45°)\sin\left[\frac{2\pi}{\lambda}(r-ct) + 45°\right] \qquad (2\text{-}18)$$

$$= 1.414\,E_0 \sin\left[\frac{2\pi}{\lambda}(r-ct) + 45°\right]$$

보강 또는 소멸간섭을 판단하기 위해 간섭이 일어난 파동 E_P 의 진폭의 절댓값을 살펴보아야 한다. E_P 의 진폭은 일반적으로 아래와 같이 쓸 수 있다.

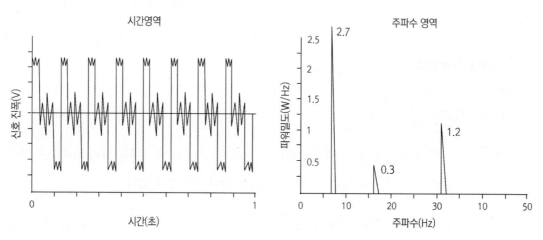

그림 2-21 다중 주파수의 조합(combination)

$$E_P = \left| 2E_0 \cos\left(\frac{\phi}{2}\right) \right| \qquad (2\text{-}19)$$

여기서 ϕ 는 방사하는 소자 사이의 위상 차이이다. 코사인은 "우함수(even function)" 임으로 음 및 양의 부호는 위상각(phase angle)에 따라 바뀜에 유의하라.

두 파동의 위상 차이는 파동발생 원의 위상 차이, 두 파동의 경로 차이 또는 이 둘의 모두의 차이로 인해 발생할 수 있다. 경로 차이($\triangle x$)에 의해 발생하는 위상 차이는 아래와 같이 나타낼 수 있다.

$$\phi = \frac{2\pi \triangle x}{\lambda} \qquad\qquad (2\text{-}20)$$

하나의 파동발생 원으로부터 수신한 진폭을 비교하기 위해 아래의 식을 이용하여 간섭의 유형을 판단하여야 한다.

$$\left| 2E_0 \cos\left(\frac{\phi}{2}\right) \right| > E_0 \quad (\text{보강간섭}) \qquad\qquad (2\text{-}21)$$

$$\left| 2E_0 \cos\left(\frac{\phi}{2}\right) \right| < E_0 \quad (\text{소멸간섭})$$

위 식으로부터 보강간섭은 위상 차이가 $0° \sim 120°$ 또는 $240° \sim 360°$일 때 발생하며, 소멸간섭은 위상 차이가 $120° \sim 240°$일 때 발생함을 알 수 있다.

푸리에 분석(원리)

실제 파동은 매우 복잡한 모양이며 대부분의 주기성 파동은 다른 주파수를 가지는 여러 사인 및 코사인파의 결합으로 형성된다. 파동의 형성을 확인하기 위해서는 관련된 각 파동의 주파수 성분을 반드시 알아야한다. 다시 말해 각기 주파수의 크기는 파형(waveform) 형성을 위한 조리법 상의 재료와 같다. 역으로 파형을 형성하는 특정 파동의 주파수 성분을 알아내는 과정을 주파수 분석(frequency analysis)이라 한다.

시간 영역에서 복잡한 신호는 주파수 영역에서 사인파들의 단순 신호로 나타낼 수 있다. 그림 2-21의 시간 영역에서의 신호를 살펴보면 매끄러운 사인파 함수가 아님을 알 수 있는데 이는 여러 주파수가 혼재하기 때문이다. 복잡한 시간 영역에서 신호는 주파수 영역에서 그림 2-21의 오른편 그림처럼 세 개 주파수의 단순조합으로 나타낼 수 있다.

8 Hz에서 가장 강한 신호를 그 외 16 Hz 및 32 Hz에서도 신호를 관찰할 수 있는데 16 Hz 및 32 Hz는 가장 강한 신호의 배수가 되는데 이를 고조파(harmonic)라 한다. 16 Hz 고조파의 진폭은 8 Hz 진폭의 1/3이며, 32 Hz 고조파의 진폭은 8 Hz 진폭의 2/3이 되는데, 파동간의 파워 수준의 비는 파동간의 진폭에 비에 제곱임으로 아래와 같이 진폭의 비는 파워 수준(power level)의 제곱근의 비

로 구할 수 있다.

$$8 \text{ Hz와 } 32 \text{ Hz의 파워 수준 비} = 2.7 : 1.2 = 2.25 : 1$$

$$2.25\text{의 제곱근} = 1.5 : 1 \text{ 또는 } 3 : 2$$

$$8 \text{ Hz와 } 16 \text{ Hz의 파워 수준 비} = 2.7 : 0.3 = 9 : 1$$

$$9\text{의 제곱근} = 3 : 1$$

3개 파동의 진폭 비는 3 : 1 : 2 임을 알 수 있다.

손실

에너지 손실(loss)은 주로 퍼짐(spreading), 흡수(absorption) 및 산란(scattering)에 의해 발생한다. 퍼짐은 파동이 그 발생원으로부터 외부로 진행할 때 발생하는데 이때 에너지가 넓은 영역으로 퍼지게 된다. 파면(wavefront)의 단위 면적당 에너지는 $1/R^2$ 에 비례하는데, 여기서 R 은 발생원으로부터의 거리이다.

파동의 진행이 자유공간이 아닌 매질에서 이루어질 때 파동이 지나가는 매질 내의 분자에 의해 에너지 흡수가 발생한다. 이때 흡수에 의한 에너지 손실 정도는 매질의 종류뿐만 아니라 파동의 주파수에 따라 변화한다. 대기 중에서 감쇠는 낮은 주파수에서는 무시할 수 있으나 높은 주파수에서는 상당히 중요하다.

산란은 매질 내의 입자에 의한 반사로 인해 발생되는데 이 또한 파동 에너지의 손실을 발생시킨다. 퍼짐, 흡수, 산란은 전자기파, 음파, 폭약에 의한 압력형태의 파동(explosive pressure-type wave) 등 매질을 통해 진행하는 모든 유형의 파동에서 발생한다.

안테나

맥스웰 이론(Maxwell's theory)

맥스웰 이론의 핵심은 시간에 따른 전기장의 변화는 시간에 따라 변화하는 자기장의 변화를 발생시키며, 역으로 시간에 따른 자기장의 변화는 시간에 따라 변화하는 전기장의 변화를 발생시킨다는 것이다. 이렇게 함으로써 전기장의 변화는 자기장의 변화를 유발하며 번갈아 가며 자기장의 변화는 전기장의 변화를 유발한다. 이는 일종의 에너지 전송이 전기장에서 자기장으로, 자기장에서 전기장으로 무한히 일어날 수 있음을 의미한다.

이러한 에너지 전송은 공간을 통해 전파(propagation)되는데 이때 전파는 전기장의 변화가 자기장을 형성할 때 정확히 같은 위치로 제한되는 것이 아니라 전기장의 한계를 넘어 확장되며 이 자기장에 의해 형성된 전기장 또한 그 자기장보다 조금 먼 곳까지 공간상 확장이 일어남으로 전자기파 에너지는 진행파(traveling wave)가 된다.

전자기파 생성

기초적인 다이폴(dipole) 안테나는 전도체를 적절한 선형으로 배치하여 제작된다. 이 선형 안테나는 교호로 전기력이 공급될 때 다이폴이 되며, 이때 여러 현상이 발생하는데 이를 통해 전자기파가 방사된다.

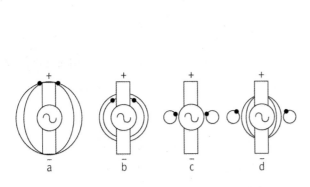

그림 2-22 다이폴 안테나 주변에서 전기장의 생성

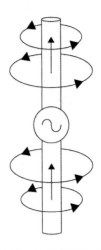

그림 2-23 다이폴 안테나 주변의 자기장

그림 2-22(a)는 순간 최대 전압에서 최대 세기를 가지는 전도체의 면상에서 생성된 전기장의 전기력선을 나타낸다. 그림에서 외부의 전기력선의 경우 내부의 것으로부터 이격되어 휘어지는데 이는 동일 방향의 전기력선 사이의 자연적 반발력 때문이다.

그림 2-22(b)에서는 전압이 다소 내려가 분리된 전하들이 전기력선과 함께 안테나의 중간부근으로 이동함을 나타낸다. 전압이 계속 내려감에 따라 그림 2-22(c)와 같이 전기력선은 안테나 내부로 붕괴되는데 가장 외각 전기력선의 경우 붕괴되지 않고 겹쳐져 닫힌 루프를 형성하는데 이때

전압은 "0"이다.

전압이 반대 방향으로 올라감에 따라 그림 2-22(d)와 같이 전기력선이 다시 형성되며 새로운 전기력선과 닫힌 루프 간에 상호작용으로 척력이 작용하여 루프들을 안테나로부터 빛의 속력으로 외부로 밀어 낸다.

앞에서 언급하였듯이 전기장의 변화는 자기장의 변화를 생성하기 때문에 앞의 설명한 대로 안테나는 전기장뿐만 아니라 자기장에 의해 둘러싸여 진다. 그림 2-23은 다이폴 안테나 주변에 형성된 자기장을 나타낸다. 다이폴 안테나의 중심에서 전류가 최대이기 때문에 중심에서 자기장의 세기 또한 최대가 된다. 그림 2-22와 2-23을 비교하여 보면 자기장은 전기장 면의 수직방향으로 발생됨을 알 수 있다. 그림 2-23은 오른손법칙을 이용한 자기장의 방향을 나타낸다.

기본 다이폴 안테나는 전자기파를 방사하는 기초적인 장치로 앞에서 설명하였듯이 전기장의 계속적인 변화는 자기장의 변화를 유발하며 번갈아 가며 자기장의 계속적인 변화는 전기장의 지속적인 변화를 유발한다. 같은 방향의 전기 및 자기력선들 간에는 반발력이 작용하기 때문에 생성된 전기 및 자기장의 변화는 전자기파로 공간속으로 전파된다.

전자기파

전자기파 방사에 대한 심도 있는 이해를 위해 전자기장의 도식적 표현을 이용하여 두 가지 접근을 하려 한다.

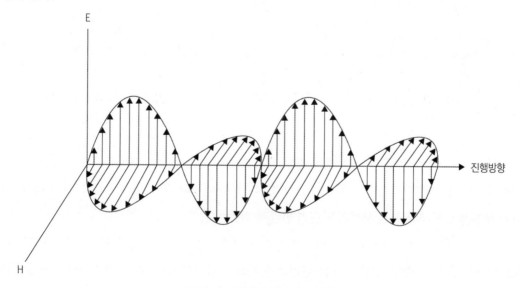

그림 2-24 전자기파에서 장의 방향

그림 2-24는 전기장(E) 및 자기장(H)의 파형을 나타내며 두 장이 공간상에서 상호 간에 어떤 방향성을 가지는지 보여준다. 이 파동의 주파수는 다이폴에 인가된 전압의 주파수와 동일할 것이다. 앞에서 전개한 관계식으로부터 임의의 위치 및 시간에서 두 장의 세기는 아래와 같이 나타낼 수 있다.

$$E \;=\; E_0 \sin\left[\frac{2\pi}{\lambda}(r \,-\, ct)\right] \tag{2-22}$$

$$H \;=\; H_0 \sin\left[\frac{2\pi}{\lambda}(r \,-\, ct)\right] \tag{2-23}$$

여기서, E_0, H_0 = 전기장, 자기장의 최대세기

       c = 빛의 속력(3×10^8m/s)

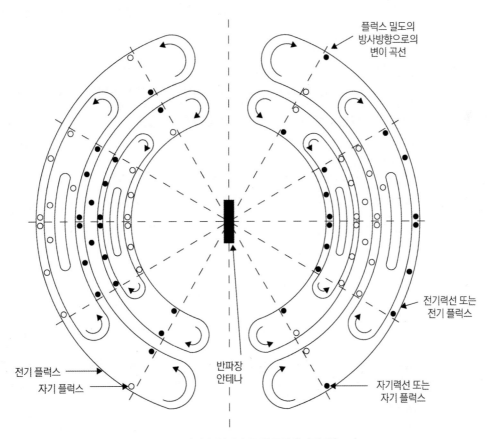

플럭스 밀도의 방사방향으로의 변이 곡선

전기력선 또는 전기 플럭스

전기 플럭스

자기 플럭스

반파장 안테나

자기력선 또는 자기 플럭스

그림 2-25 다이폴 안테나 주변 공간에서의 장(field)

그림 2-25는 다이폴 안테나 주변에서 전자기장 성분의 방향을 나타낸다. 전기력(또는 플럭스) 선들은 닫힌 형태이며, 안테나 양 측면에 수직 루프를 형성한다. 자기 플럭스 선은 플럭스가 도면의 위아래를 가리킬 수 있도록 그림에서 흰색 점과 검정색 점으로 표현된다. "플럭스 밀도의 방사 방향으로의 변이 곡선"이라 표시된 진한 실선은 안테나로부터 여러 방사방향에서의 전기장의 세기를 나타내며 그림 2-24의 전기장 곡선과 일치한다.

그림 2-25에서 플럭스 밀도의 방사방향으로의 변이 곡선의 진폭을 고려 시 전기장 및 자기장 모두 안테나 축의 수직방향에서 최대가 됨을 알 수 있다. 반대로 안테나의 양 끝단부에서 전기장 및 자기장의 세기가 약함을 알 수 있는데 이로부터 안테나 방향이 전자기파 전송(transmission)에 주요 요소임을 알 수 있다.

편파

등방성 안테나에서 생성된 에너지는 팽창하는 구(sphere) 형태로 방사된다. 이 구의 작은 단면적을 파면(wave front)이라 하며 방사되는 에너지의 전파방향과 수직을 이룬다. 그림 2-26에서 동일 파면 내에서 모든 에너지는 같은 위상을 가진다. 일반적으로 파면의 모든 점은 안테나로부터 같은 거리에 위치하며 안테나로부터 거리가 멀어질수록 파면이 덜 구부러지게 된다. 따라서 충분히 먼 거리에서는 파면을 전파방향에 수직인 평면으로 간주할 수 있다.

앞에서 살펴보았듯이 전자기파의 전기력선과 자기력선은 항상 상호간에 수직이다. 이 두 개의 장(field) 중에서 전기장의 방향을 편파(polarization)로 하기로 약속하였다. 즉, 전기장의 방향이 편파를 나타낸다. 대부분의 전자기파들은 선형 편파(linear polarization)이며 일부가 원형 편파(circular polarization)을 가진다. 따라서 전기력선의 방향이 수평일 때 수평 편파라 하며 전기력

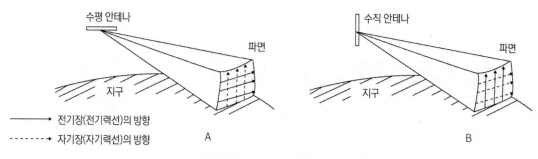

그림 2-26 수평 및 수직편파

선의 방향이 수직일 때 이 전자기파는 수직 편파되었다 한다. 다이폴의 축은 전기장과 평행하기 때문에 다이폴 안테나는 편파 면(plane) 내에 위치한다.

일반적으로 파동의 편파는 짧은 거리 내에서는 변하지 않음으로 송신 및 수신 안테나가 동일한 방향성을 가질 때 최대의 감도를 가질 수 있다. 특히 송신 안테나가 지표면 부근에 위치할 때 수직방향으로 선형 편파 전자기파를 사용하는 데, 이는 수직 편파된 전자기파가 지표를 따라 진행하면서 보다 큰 신호 세기를 얻을 수 있기 때문이다. 이와 달리 지표로부터 매우 높은 곳에 위치한 안테나는 수평 편파 전자기파를 방사하는데 이는 지표에서 가능한 최대의 신호세기를 얻기 위해서이다.

전자기파가 먼 거리를 진행하면 편파가 변화되는데, 일반적으로 낮은 주파수에서는 변화가 적으며 높은 주파수에서는 변화가 많이 발생한다. 게다가 레이더 파 전송의 경우 수신 신호는 실제 물체에 반사되는 파동임으로 수신 안테나가 되돌아오는 모든 신호를 수신할 수 있는 적정 위치 (set position)는 존재하지 않는다.

편파의 유형에는 앞에서 설명한 선형 편파 외에 원형 편파가 존재하는데 이를 시각화하면 나선 모양 또는 타래송곳(corkscrew) 모양이다. 전자기파가 진행함에 따라 전기장이 회전한다. 전자 기파의 진행방향으로 바라보았을 때 시계방향으로 회전하면 "우원 편파(RHCP ; Righ-Hand Circular Polarization)"이라 하면 시계반대방향으로 회전하면 "좌원 편파(LHCP ; Left-Hand Circular Polarization)"이라 한다. 원형 편파용 안테나는 그림 2-27과 같이 타래송곳이나 수직으로 배열된 다이폴 쌍들처럼 보인다. 원형 편파는 종종 위성통신에 사용되는데 그 이유는 수신 안테나를 위성 안테나 방향으로 맞출 필요가 없기 때문이다.

일부 전자기파는 전혀 편파되지 않는데 그 예가 태양광이다. 태양광은 모든 방향을 가지는 파동이 균일하게 혼합된 형태이다. 단 필터를 사용하거나 평평한 면에서 반사시키면 편파된 빛을 얻을 수 있다.

그림 2-27 원형 편파 안테나

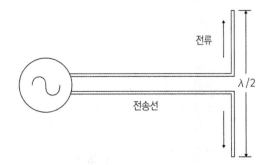

그림 2-28 반파장 다이폴 안테나

안테나 빔 형성

대부분의 레이더 시스템은 방사되는 전자기파 에너지를 손전등처럼 지향성 빔(beam)으로 집중시킨다. 이를 통해 공간상 특정 지역으로 조사(illumination)를 가능케 하고, 반사된 에너지로부터 정확한 위치 식별을 할 수 있다. 추가로, 빔을 집중시킴으로써 원하는 지역에서 파워를 증가시킬 수 있다.

전자기파 안테나의 가장 단순한 형태는 반파장(half-wave) 다이폴 안테나로 형상은 그림 2-28과 같다. 이 안테나는 송신선의 끝을 밖으로 90° 휘어 만든다. 최적의 방사를 위해 접지되지 않은 안테나의 경우 다이폴 안테나의 물리적 길이는 반드시 전송하고자 하는 파장의 절반이어야 한다. 접지된 안테나의 경우 최적의 안테나 길이는 지표에서의 반사 때문에 파장의 1/4 이다. 위의 조건에서 여기전압과 공진하며 안테나로부터 방사가 이루어진다.

다이폴 안테나는 안테나 축에 수직인 모든 방향으로 에너지를 방사한다. 안테나의 끝단에서는 신호가 없으므로 단일 다이폴 안테나에서 방사되는 전자기파 에너지는 장(field)은 그림 2-29와 같이 가운데 구멍이 뚫린 커다란 도넛 형태와 유사하다. 따라서 다이폴 안테나는 지향성 (directionality)을 가진다. 높은 감도(sensitivity)가 요구되거나 불필요한 방향에서의 발신 및 수신을 차단할 필요가 있을 때 안테나는 보다 높은 지향성을 가지도록 제작될 수 있다.

이렇게 안테나의 지향성을 생성하고 제어하는 과정을 빔 형성(beamforming)이라 한다. 빔 형성은 통신, 레이더 및 소나 등에 널리 응용되고 있다.

이상적인 점 발생원(point source)에서의 방사패턴은 균일한, 즉 어느 위치에서나 같은 파워분포(power distribution)를 가지는 안테나 주위를 둘러싸는 구(sphere) 형태이다. 그림 2-29 반파장 다이폴 안테나의 방사패턴으로부터 파워가 균일하게 분포하지 않음을 알 수 있다. 파워는 X축이 최대가 되며 Y축으로 갈수록 줄어들어 "0"이 된다. 관찰자가 파워 측정기를 가지고 $X - Z$

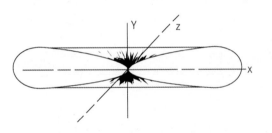

그림 2-29 반파장 다이폴 안테나 방사패턴

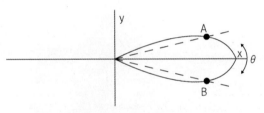

그림 2-30 빔의 방사패턴
($X - Y$ 평면을 위에서 내려다 보았을 때)

평면 위에서 일정거리를 Y 축 주위로 걸어가면 동일한 측정값을 얻을 것이다. 또한 동일 평면상 임의의 점에서 사다리를 타고 위로 올라가면, 즉 Y 축과 평행하게 위로 이동하면 처음에는 파워가 서서히 감소하다가 높이 올라갈수록 더욱 빠르게 감소하여 수평면으로부터 $30°\sim40°$ 근처에서 거의 "0"이 될 것이다. 따라서 다이폴 안테나로부터 임의의 거리에서 높이 방향의 파워분포 ($watt/m^2$)는 균일하지 않다.

에너지를 특정 방향, 예를 들면 X 축을 따라 집중하여 축 주위의 작은 각 안으로 에너지를 제한하는 것이 요구되는데 이를 통해 빔이 형성된다. 따라서 빔의 파워분포는 그림 2-30과 같이 일정하지 않은데 높이뿐 아니라 폭에 따라 변화한다.

따라서 관찰자가 일정거리로 Y 축 주위로 걸어가면서 파워를 측정하면 X 축 상에서 최댓값을 측정할 것이며 오른쪽 또는 왼쪽으로 이동할수록 파워는 줄어들어 "0"이 될 것이다. 이때 파워가 최댓값의 절반이 되는 두 지점(그림 2-30에서 점 A와 B) 사이의 각을 빔폭(beam width)이라 하며, 3 dB 강하점(down point)라 부르기도 한다. 빔폭은 레이더의 각 분해능을 측정하는 데 사용된다.

안테나 시스템은 일반적으로 송신기에서 생성된 라디오 주파수의 에너지를 방사하고 이 에너지를 좁은 빔 형태로 제한하며 이후에는 발생원으로부터 신호를 수신하여 수신기에 공급한다. 따라서 안테나 시스템은 방사되는 에너지를 빔 형태로 만들거나 수신되는 에너지를 모으기 위해 반드시 일종의 리플렉터(reflector) 또는 굴절기(refractor)를 사용한다. 이러한 에너지의 모음은 리플렉터를 이용하거나 안테나 배열을 통해 얻을 수 있다.

준광학식(Quasi-Optical) 리플렉터

이장의 초반부에 설명한 전자기파의 반사 특성이 전자기파의 빔폭을 좁게 하여 지향성을 높이는 한 방법으로 사용된다. 다양한 유형 및 모양의 리플렉터가 지향성을 높이고 단 방향 방사패턴을 얻기 위해 구동장치 및 급전기와 함께 사용된다. 레이더에 사용되는 마이크로파 주파수에는 단면이 포물선 모양인 리플

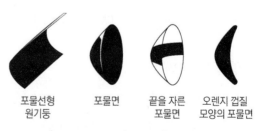

포물선형   포물면   끝을 자른   오렌지 껍질
원기둥   포물면   모양의 포물면

그림 2-31 리플렉터(reflector) 형상

렉터가 주로 사용되는데 여기에는 그림 2-31과 같이 완전한 포물면(full paraboloid), 포물선형 원기둥(parabolic cylinder), 끝을 자른 포물면(truncated parabolic) 및 오렌지 껍질 모양의 포물면

(orange-peel paraboloid) 등이 있다. 그림 2-32는 포물면 안테나와 관련된 급전시스템(feed system)의 구조를 나타낸다.

포물면 모양은 급전 혼(feed horn) 이나 소형의 보조 백업 리플렉터를 가지는 다이폴 안테나와 같은 점 방사 발생원을 사용하여, 날카로운 펜슬 빔(pencil beam)을 만들어 낸다. 포물선형 원기둥 모양은 다이폴 배열과 같은 선 발생원(line source)을 사용하여 보다 넓은 체적 탐지할 수 있는 부채 형상의 빔을 만들어 낸다. 일반적으로 동일 주파수에서 리플렉터가 커질수록 빔은 더욱 날카로워진다.

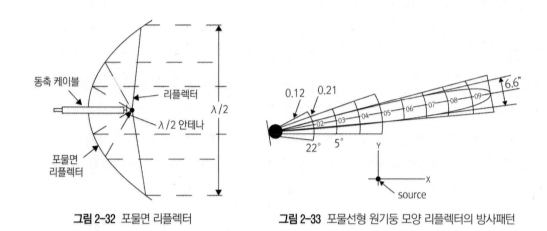

그림 2-32 포물면 리플렉터   **그림 2-33** 포물선형 원기둥 모양 리플렉터의 방사패턴

리플렉터는 금속판 또는 그물형태의 금속선으로 제작된다. 그림 2-33은 포물선형 원기둥 모양 리플렉터의 방사패턴을 나타내며 패턴의 중앙에 사이드 로브(side lobe)와 주 로브(main lobe) 길이의 비, 즉 주 로브의 길이를 1로 했을 때 사이드 로브의 길이가 나타나 있다.

선형 안테나 배열

지향성을 얻기 위해 레이더 에너지를 모으는 또 다른 방법은 선형 안테나의 배열을 이용하는 것이다. 이 방법은 두 개 또는 그 이상의 반파장 안테나들을 개개의 안테나에 의해 생성되는 전기 및 자기장이 특정 방향으로 더해지고 그 외의 방향으로는 상쇄되는 방식으로 배열하는 것이다. 전기장 및 자기장의 보강과 상쇄에 대해서는 본장의 전반부에서 간섭과 관련하여 살펴보았다. 이러한 안테나와 같은 소자들의 일반적인 선형배열에는 "횡형 어레이(broadside array)"과 "종형 어레이(endfire)" 두 가지 형태가 있다.

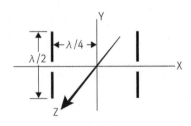

그림 2-34 두 반파장 안테나의 선형 배열

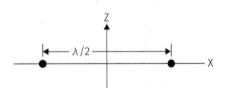

그림 2-35 두 반파장 안테나의 선형
배열(안테나의 끝에서 바라본)

먼저 그림 2-34와 같이 반파장($\lambda/2$)의 거리만큼 이격되어 잇는 두 개의 반파장 다이폴 안테나를 살펴보자. 같은 위상의 전압을 제공함으로써 여기상태가 같은 개개 안테나의 X, Y, Z 축 방향으로 방사패턴을 살펴보자. 이해를 돕기 위해 Z 축 방향을 먼저 살펴보자. 그림 2-35는 그림 2-34의 좌표계를 X 축 주위로 90° 회전시킨 것으로, 두 개의 다이폴 안테나가 Z 축으로부터 동일 거리에 위치하기 때문에 점 ① (또는 Z 축 상의 다른 임의의 점)에서 안테나 A 와 B 로부터 방사되는 파동의 위상은 동일하다. 즉 전자기파는 동일한 거리를 이동함으로 점 ①에서 전자기장의 세기(진폭)는 보강되어 개개 안테나에서 방사되는 장의 세기의 두 배가 된다. Y 축에 대해서도 유사한 분석이 가능하다. 단, 앞에서 살펴보았듯이 다이폴 안테나는 자신의 수직축을 따라 많은 양의 에너지를 방사하지 않기 때문에 장의 세기 또한 Y 축에서 거리가 증가할수록 줄어든다.

안테나 배열의 중요 특성은 X 축 방향으로 조사를 통해 보다 분명히 알 수 있다. 안테나가 반파장만큼 이격되어 있기 때문에 안테나 A 로부터 발생하는 전자기파는 안테나 B 로부터 발생하는 전자기파와 X 축 상의 임의의 점에서 정확히 180°의 위상차를 가지므로 두 파는 상쇄간섭 되어 장의 세기는 "0"이 된다.

여러 개의 다이폴 안테나를 적절하게 배열하여 전자기파를 원하는 패턴으로 조향하는 두 가지 방법이 있다. 첫 번째는 원하는 방향으로 장의 세기를 강화하는 것이고 두 번째는 원하지 않는 방향에서 장의 세기를 상쇄시키거나 감소시키는 것이다. 그림 2-36은 두 개의 안테나를 선형으로 배열했을 때 전자기파의 방사패턴을 나타낸다.

Z 축 양방향을 따라 주 로브가 있고 여러 개의 사이드 로브가 나타남을 알 수 있다.

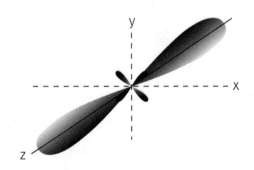

그림 2-36 두 안테나 선형 배열에 의한 방사 패턴

레이더는 주 로브를 통해 정보를 송신하고 수신한다. 따라서 대부분의 에너지를 주 로브에 집중시켜야 한다. 또한 레이더의 방위 정보는 주 로브가 가리키는 방향에 의해 결정되기 때문에 잘못된 방위 정보를 제공할 수 있는 사이드 로브의 반사는 피해야하며, 이를 방지하기 위해 가능한 사이드 로브의 강도(strength)를 감소시켜야 한다.

횡형 어레이(broadside array) 그림 2-37은 16-다이폴 안테나를 이용한 횡형 어레이로 앞에서 설명한 반파장 다이폴 안테나의 선형 배열 원리에 기초하여 동작하여 $+Z$ 및 $-Z$ 방향(지면에 수직인 방향)의 지향패턴을 가지며 "브로드사이드 어레이"라고도 한다. 이 배열에서 안테나들은 동일위상으로 여기되기 때문에 $\pm Z$ 방향으로는 보강간섭이 발생하며, $\pm Y$ 와 $\pm X$ 방향으로는 상쇄간섭이 발생한다.

이 배열의 안테나 방사패턴은 선형 배열된 두 다이폴 안테나의 방사패턴과 유사한데 물론, $\pm Z$ 축 방향으로 장의 세기는 안테나가 두 개 일 때 보다 그 수가 증가할수록 증가한다.

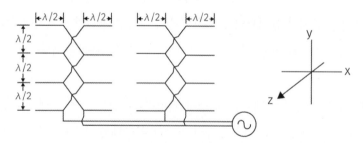

그림 2-37 횡형 어레이(broadside array)

종형 어레이(endside array) 지금까지 살펴본 여러 안테나의 배열은 배열 내 모든 안테나들이 동시에 같은 입력을 가지는 형태였다. 즉, 모든 다이폴 안테나에 동일 위상의 교류전압이 인가되어 동일 위상의 전자기파가 생성되었다. 그럼 그림 2-37과 같은 안테나 배열에서 인접한 안테나와 180°의 위상차이가 나도록 전압을 인가했을 때 이 배열에 어떤 방사패턴이 발생하는지 살펴보자. 보강간섭의 방향이 $\pm Z$ 축에서 $\pm Y$ 축으로 변화되는데 이를 통해 안테나로 공급되는 전압의 위상변화는 레이더 빔의 지향방향을 변화시킴을 알 수 있다. 인접한 안테나의 여기 위상을 180° 변화시킴으로써 주빔(main beam)의 방향이 90° 회전되어 $\pm Z$ 축에서 $\pm Y$ 축으로 변화하였다. 이론적으로 적절한 배열 내 안테나의 여기위상 변화로 빔의 지향성을 조정할 수 있으며 이 원리는 실재

사용되고 있으며 세부내용은 다른 장에서 다룰 것이다.

기생 소자(parasite element) 앞에서 살펴본 횡형 및 종형 어레이는 주빔이 양방향으로 지향되기 때문에 최적의 패턴은 아니며, 주빔이 한 방향으로만 지향되는 것이 바람직하다. 이를 위해 기생 소자가 사용되는데 이 소자는 적절한 길이를 가지는 단순 전도체로 전자기파를 방사하는 안테나 주위에 같은 방향으로 정렬된다. 안테나에서 방사되는 전자기파의 장은 기생 소자에 전압을 유도하며, 이 전압은 전류를 발생시키고 기생 소자의 길이가 안테나에서 반사되는 전자기파 파장의 절반에 가까우면 이 소자는 전자기파를 방사한다. 이때 기생 소자에 유도되는 전압의 위상에 의해 안테나로부터 방사되는 빔의 세기를 한 방향으로는 증가시키고 그 반대 방향으로는 빔의 세기를 감소시킨다. 그림 2-38은 기생 소자(리플렉터)를 장착했을 때와 하지 않았을 때의 방사패턴을 나타낸다. 근본적으로 기생 소자는 리플렉터의 역할을 하여 방사패턴을 특정방향으로 변화시킨다.

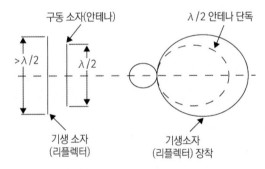

그림 2-38 기생 소자(리플렉터)를 장착했을 때와 하지 않았을 때의 방사패턴

대기에서 전자기파의 전파모드

전자기파는 대기에서 진행하며 신호의 전달거리에 영향을 미치는 많은 요소들과 직면한다. 전자기파는 대지, 산, 빌딩과 같은 대형 장애물로부터 반사되며 대기를 진행할 때 굴절률이 다른 다수의 층을 지나기 때문에 휘어져서 신호의 전달거리에 영양을 받는다. 또한 빌딩, 산 같은 높은 물체를 만날 때 회절이 발생하는데 이는 산이나 빌딩 뒤에서 신호를 수신할 수 있게 한다. 반사, 굴절, 회절 모두 전자기파의 주파수에 의존하기 때문에 이 현상들은 각기 파동의 진행에 영향을 미친다.

표 2-2 통신 대역(communication band)

주파수 범위	지정대역	전파모드
30 ~ 3,000 Hz	ELF	지상파
3 ~ 30 KHz	VLF	(ground wave)
30 ~ 300 KHz	LF	
300 ~ 3,000 KHz	MF	상공파
3 ~ 30 MHz	HF	(sky wave)
30 ~ 300 MHz	VHF	공간파
300 ~ 3,000 MHz	UHF	(space wave)
3 ~ 30 GHz	SHF	
30 ~ 300 GHz	ELF	

지상파(Ground Wave)

수직으로 편파된 주파수가 낮은 전자기파는 지표면을 따라 그림 2-39와 같이 진행한다. 지상파 파면의 양끝은 각기 지표면 및 전리층(ionosphere)과 맞닿는다. 전리층은 대류권 위 구역으로 지표상 50에서 250 마일에 위치한다.

전리층은 이온들이 모여 있는데 이온은 원자가 전자를 잃어버린 상태로 전기적으로 전하를 띤다. 태양광에 의해 이러한 이온들이 형성되며 느리게 재결합한다. 이온이 있는 곳에서의 라디오파는 공기에서와 매우 다르게 전파한다. 전리층 내의 이온이나 소금물처럼 높은 전도도를 가지는 전도체의 경계면과 맞닿아 있을 때는 전자기파의 감쇠가 최소화되

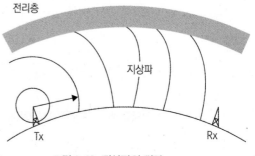

그림 2-39 지상파의 전파

어 도달거리가 건조한 대지 위에서의 거리 보다 확장된다. 지상파는 이 두 층 사이로 진행할 수 있으며 이때 이 두 층은 도관(duct)처럼 작용한다.

수평선을 초과하는 도달거리의 증가는 낮은 주파수의 전자기파가 지구 곡률을 따라 지표 쪽으로 굽어지는 현상에 의해 발생되는데 5 ~ 10 MHz 이상의 주파수에서는 회절에 의한 과도한 굽어짐 때문에 전기장이 붕괴되어 완전히 감쇠된다. 지상파 전파에 요구되는 파장은 함정과 항공기 통신 외에는 너무 길어 사용할 수 없지만 고정된 지상배치 레이더에 사용될 수 있어야 한다.

상공파(Sky Wave)

저주파(LF ; Low Frequency) 및 중파(MF ; Medium Frequency) 대역의 라디오파는 지상파처럼 전파하나 이보다 높은 주파수에서는 심한 손실(loss)이 발생하거나 감쇠된다. 고도가 올라가면서 지상파의 모드가 사라지고 새로운 모드인 상공파가 전개된다. 그림 2-40과 같이 50~500km 고도의 전리층 내의 층들이 전자기파 에너지를 지표 방향으로 굴절시키며 지표에 도달한 전자기파는 지표에서 다시 전리층으로 반사된다. 이러한 연속적인 굴절과 반사과정을 통해 수백 마일까지 장거리 통신이 가능하나 신뢰성은 떨어진다.

또한 전리층은 신호를 감쇠시키는 경향이 있기 때문에 일반적으로 저주파 및 중파 대역 상공파는 이온의 농도가 상대적 높지 않은 밤에만 가용하다. 그러나 밤에도 전자기파를 반사시키는 충분한 이온들이 존재하여 전자기파의 파워를 지나치게 감소시키지는 않는다. 고주파(HF ; High Frequency) 대역은 중파 영역과 비교하여 주파수가 높을수록 전리층에서 감쇠가 적게 일어나며 굴절 또한 적게 일어난다. 고주파 대역에서 높은 주파수를 가지는 전자기파는 전리층을 투과하여 공간파(space wave)가 된다. 고주파 대역에서 낮은 주파수를 가지는 전자기파는 항상 지표 쪽으로 반사된다. 고주파 대역은 거의 항상 이 두 효과 모두를 나타내며 전파 특성은 태양 활동에 따라 변화되는 전리층의 상태에 의존한다.

상공파가 원하는 층에서 굴절이 발생하여 지표상의 원하는 지역으로 되돌아오게 하기 위해서는 전송하고자 하는 파의 주파수 및 고각과 굴절이 발생하는 층을 신중하게 고려하여야 한다. 주파수가 너무 낮으면 함정, 항공기 또는 지상용 초수평선 표적탐지 외에는 사용할 수 없다.

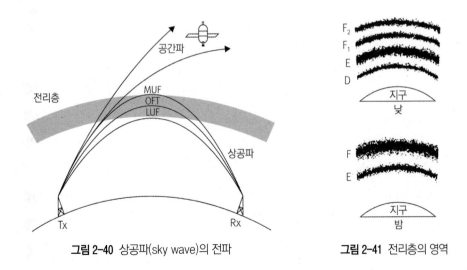

그림 2-40 상공파(sky wave)의 전파   그림 2-41 전리층의 영역

전리층은 그림 4-41과 같이 공중파 통신을 위한 여러 영역을 가진다.

- D 영역(약 75 ~ 95 ㎞) : 상대적으로 이온화가 약한 영역으로 장거리 통신에 사용되는 초장파(VLF ; Very Low Frequency)를 반사하며 중파 및 저주파(LF ; Low Frequency)는 굴절시킨다. 초단파(VHF ; Very High Frequency) 및 그 이상의 주파수에서는 거의 영향을 받지 않는다. 밤이 되면 사라진다.

- E 영역(약 95 ~ 150 ㎞) : 태양의 각에 의존하며 주간에 20 MHz까지의 HF 파를 거리 1,200 마일까지 굴절시킨다. 밤에는 급격하게 감소되며 VHF 통신이 전리층 산란에 의해 영향을 많이 받는다.

- F 영역(약 150 ~ 400 ㎞) : 주간에는 F_1과 F_2 층으로 분리된다. F_1 층의 밀도는 태양의 각에 의존하며 HF 파를 흡수한다. F_2 층은 장거리 HF 통신을 가능하게 하는데 매우 가변적이어서 고도 및 밀도가 시간, 계절변화 및 태양흑점의 활동에 따라 수시로 변화한다. HF 라디오파의 반사에 주로 영향을 미친다.

전파 특성은 주파수에 의존하기 때문에 주요 주파수를 다음과 같이 정의한다.

임계 주파수(critical frequency) 수직으로 입사했을 때 전리층을 투과할 수 있는 최소 주파수로 주간에는 증가하고 야간에는 감소한다. 수직 이외의 다른 각도로 입사했을 때는 굴절이 발생한다. 임계 주파수 이상의 일부 대역에서는 수직으로 입사되었을 때 공간파(space wave)가 되어 지상에 "스킵존(skip zone)"이라 불리는 파가 도달하지 못하는 지역을 발생시킨다.

최대 사용 주파수(MUF ; Maximum Usable Frequency) 라디오파에서 주파수가 높을수록 전리층에 의한 굴절률이 낮아지는데, 이로 인해 그림 2-40과 같이 주간에 특정 입사각에서 두 곳 사이의 통신에 이용할 수 있는 최대 주파수가 존재한다.

최저 유효 주파수(LUF ; Lowest Usable Frequency) 라디오파의 주파수가 낮아질수록 굴절률이 증가함으로 그림 2-40과 같이 최저 유효 주파수 이하의 주파수를 가지는 파는 원하는 곳보다 짧게 지표로 굴절된다. 낮은 주파수에서는 대기잡음(atmosphere noise) 또한 크기 때문에 신호 대 잡음비가 낮아진다.

최적 사용 주파수(OWF ; Optimum Working Frequency) 지정된 두 지점 사이를 전리층을 이용하여 전파할 때 최소한의 문제가 발생되어 최적이라 생각되는 주파수로, 낮은 주파수에서 직면하는 페이딩 및 잡음 등의 문제를 피할 수 있는 높은 주파수이다. 그러나 주파수가 지나치게 높으면 전리층의 빠른 변화에 의한 역효과에 직면할 수 있는데 이러한 문제가 최소로 발생하는 최적으로 사용할 수 있는 주파수이다.

공간파(Space Wave)

전리층은 30 MHz 이상의 주파수를 가지는 전자기파를 지표로 굴절시키지 못하기 때문에 기본적으로 지상에서의 전파(propagation)는 이루어지지 않는다. 이 주파수의 전자기파는 진공에서 직선경로로 진행하나 대기 중에서는 대기 밀도의 변화에 따라 지표로 굴절이 발생하는데 이때 경로가 지구의 곡률을 충분히 따르지 않는다. 그럼에도 주파수가 충분히 낮으면 여러 효과로 인해 전파거리에 영향을 줄 수 있다.

전리층 산란(ionosphere scatter) 그림 2-42와 같이 전리층의 전 방향 산란에 의해 E 영역에서 발생하며 전파거리에 영향을 준다. 이 때 지표를 향해 산란된 에너지를 사용할 수 있으며 도달거리가 600 ~ 1,000 마일에 이른다.

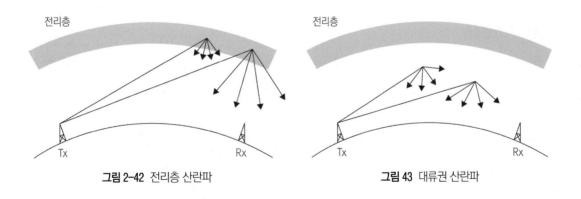

그림 2-42 전리층 산란파   그림 43 대류권 산란파

대류권 산란(tropospheric scatter) 이온과 같은 대류권 내의 입자의 산란에 의해 발생하며 여러 방향으로 신호가 전달되는데 그림 2-43과 같이 일부는 지표로 반사되어 400 마일의 거리에서 수신할 수도 있다. 이 효과의 예로 안개 속에서의 자동차 전조등이 있다.

대류권 덕팅(tropospheric ducting) 일반적으로 전자기파 에너지를 장거리 전송할 때 관찰된다. 덕팅은 지표 위 수 마일에 비정상적인 대기조건이 존재할 때 발생한다. 일반적으로 해수 표면부근에서 공기의 온도가 높고, 고도가 증가할수록 온도가 점진적으로 내려가는데, 비정상적인 상황에서는 저온층 위에 고온층이 존재하며 이 대기조건을 온도반전(temperature inversion)이라 한다. 전자기파는 따듯한 공기에서보다 차갑고 밀한 공기에서 느리게 진행하기 때문에 지상으로 굽어진다. 온도반전에 의한 전자기파의 굴절이 지국의 곡률반경과 일치할 때 먼 거리까지 도달할 수 있다. 이때 전자기파는 해표면 바로 위의 도관(duct)에 갇힌 것처럼 거동하여 도달거리를 조준선(line-of-sight)보다 약 10% 확정시킬 수 있다.

예외는 존재하나 아래와 같은 조건에서 해상에서 도관이 형성되며 아래의 조건은 해상에 위치함 함상에서 관찰된 것이다.

1. 육상에서 불어오는 바람
2. 정적인 공기층의 존재
3. 고기압, 맑은 하늘, 약한 바람
4. 개방된 따듯한 바다너머로 불어오는 차가운 바람
5. 스모그, 안개 또는 먼지가 솟아오르지 못함
6. 수신된 신호의 급격한 페이딩

레이더 조준선

일반적으로 고주파 대역이 레이더에 사용되며 공간파(space wave) 전파가 이루어지기 때문에 레이더파의 송수신은 조준선(LOS ; Line-Of-Sight)을 따라 이루어지며 굴절 및 다른 효과에 의해 휘어지면서 전파한다.

지표에서 레이더 조준 수평선(LOS horizon)은 송신 및 수신기 사이의 최대 허용간격으로 아래의 경험식으로 쉽게 계산할 수 있다.

$$R(km) = \sqrt{17H_T} + \sqrt{17H_R} \qquad (2\text{-}24)$$

여기서, R 은 km 단위의 최대 간격이며 H_T 및 H_R 은 m 단위의 표적 및 수신기의 높이이다. 위의 식은 그림 2-44와 같이 전자기파 방사선(ray)의 굴절에 의한 휘어짐을 고려한 것으로 기하학적으로 직진하는 것으로 설정된 직선의 조준선을 넘어 약 16%의 거리 증가가 발생하며, 기하학적 조준선은 아래의 식으로 계산할 수 있다.

$$\text{기하학적 } R(km) = \sqrt{13H_T} + \sqrt{13H_R} \qquad\qquad (2\text{-}25)$$

레이더 조준선 관계식의 풀이

왜 안테나 높이를 m 단위로 입력하며 그 해는 km 단위로 나오는 걸까? 이에 대한 간단한 답변은 단위변환 계수가 식에 포함되어 있다는 것이고, 완전한 답변은 다음 두 개의 문제를 해결하면서 알 수 있다. 첫 번째는 지구 곡률을 따라 라디오파의 굴절에 대한 문제이며 두 번째 단순한 기하학적 문제이다.

굴절에 대한 설명을 위해 지표를 따라 휘어지며 진행하는 굴절된 방사선을 측정하여 보자. 그림 2-45 및 2-46과 같이 두 점 사이의 곡선거리를 "곡선 D", 직선거리를 "직선 D"라 하고 굴절이 일어나지 않고 동일한 두 점을 연결하는 원의 반경을 계산하여 보자. 이 새로운 원의 반경을 R_e 라 하면 R_e 는 지구 유효 반지름으로 실제 지구반경의 4/3배가 된다. 지구반경이 약 $6{,}375\ km$이므로 R_e 는 $8{,}500\ km$가 된다.

두 번째 단계는 삼각형과 관계된 기하학 문제로 피타고라스 정리를 이용하여 거리 $d = d_1 + d_2$을 구하는 것으로, d_1 및 d_2 는 아래와 같이 주어진다.

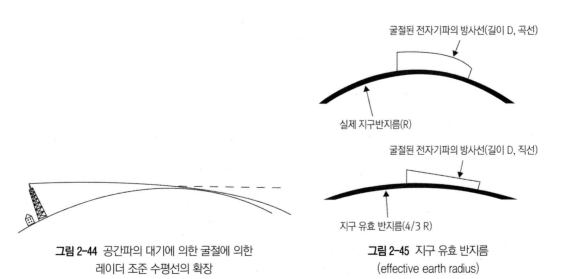

그림 2-44 공간파의 대기에 의한 굴절에 의한
레이더 조준 수평선의 확장

그림 2-45 지구 유효 반지름
(effective earth radius)

$$(d_1)^2 = (R_e + h_t)^2 - R_e^2 = h_t^2 + 2R_e h_t$$

$$(d_2)^2 = (R_e + h_r)^2 - R_e^2 = h_r^2 + 2R_e h_r$$

송신기 또는 수신기 높이의 제곱은 지구 유효반지름 보다 매우 작기 때문에(h_t 및 $h_r \ll R_e$) 아래와 같이 간단하게 정리할 수 있다.

$$(d_1)^2 = 2R_e h_t \ \text{및} \ (d_2)^2 = 2R_e h_r$$

$$d = \sqrt{2R_e h_t} + \sqrt{2R_e h_r}$$

여기서, $R_e = 8,500,000\,m$

$$d = \sqrt{2(8,500,000m)(h_t)} + \sqrt{2(8,500,000m)(h_r)}$$

$$d = \sqrt{17,000,000m(h_t)} + \sqrt{17,000,000m(h_r)}$$

$$d = \sqrt{17h_t}(1,000m) + \sqrt{17h_r}(1,000m)$$

$$d = \sqrt{17h_t}\,km + \sqrt{17h_r}\,km$$

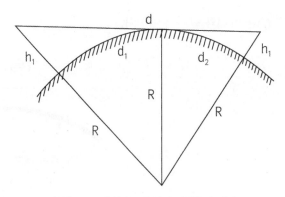

그림 2-46 레이더 조준선의 기하학적 해석

레이더 공학 기초

서론

레이더(radar)란 "radio detection and ranging"의 약어이다. 헤르츠(Hertz)는 1886년 라디오파가 금속물체 표면에서 반사될 수 있음을 증명하였고, 1904년 독일의 공학자 C. Hulsmeyer는 장애물 탐지 및 항해장비 특허를 출원하였으며 1922년 미 해군연구소(NRL) 소속 공학자 A. H. Taylor와 L. C. Young은 연속파 레이더를 이용하여 목선을 탐지하였다. 또한 최초 항공기 탐지가 1930년 미 해군연구소 소속 L. A. Hyland에 의해 이루어졌으며, 1932년 영국 해군은 Robert Watson-Watt 경에게 적 항공기에 대항하는 무기로써 라디오파 활용 가능성을 문의한 결과 "어렵지만 항공기의 위치는 확실히 파악할 수 있다" 는 답을 얻기도 했다.

전자기파를 응용하면 육안보다는 원거리에서 특정 물체를 탐지하고 위치확인도 가능하다. 레이더를 활용한 탐지 및 위치확인은 야간, 안개, 구름, 스모그 등 여러 제한 하에서도 그 성능에 크게 영향을 받지 않으며 광학장비와는 다른 방식으로 물체를 탐지하기 때문에 신속하고 편리하게 물체의 정확한 거리를 측정할 수 있다. 또한 단순한 방법으로 물체의 상대속도 또한 측정할 수 있다. 거리와 거리 변화율 정보는 인간에 의해서는 얻을 수 없는 정확도로 사격통제 장치에 직접 제공된다.

한편 레이더 성능은 영상의 명확성에 있어 인간의 눈보다 확실히 열등한데, 영상(scene) 레이더의 물체의 세부 윤곽을 식별하는 능력은 인간의 눈에 비해 매우 열등하여 가장 진보된 레이더도 함정 또는 해안선과 같은 큰 물체의 총체적 윤곽만을 나타낼 수 있다. 또한 두 대의 근접한 항공기와 같은 물체는 레이더 상에 하나의 물체로 나타날 수 있다. 따라서 레이더는 해상의 함정, 항공기, 섬 또는 임의의 다른 거대한 지형과 같이 상대적으로 특성이 약한 배경으로부터 분리되기 쉬운 목표를 다루는 데 적합하다.

레이더 시스템은 펄스(pulse)와 연속파(CW ; Continuos Wave), 두 가지의 에너지 전송형태를 사용한다. 펄스 레이더는 에너지를 전송하지 않는 간격 또는 시간에 의해 분리되어지는 일련의 짧은 펄스형태의 라디오 주파수 대역 에너지를 전파(propagation)한다. 전송되지 않는 간격동안 레이더 파는 표적에 의해 반사되어 되돌아오며 펄스 형태의 에너지가 되돌아오는 전체 진행시간을 이용하여 거리가 산출된다.

연속파 레이더에서는 펄스 레이더와 달리 송신기가 연속적인 신호를 보낸다. 정지한 표적의 경우 레이더 파의 송신 및 물체에 반사되어 되돌아오는 전체 경로 상에 주파수 변화가 없다. 표적이 이동할 경우에는 반사되는 레이더 파의 주파수가 송신신호 주파수와 차이가 발생하는데 이 차이를 이용하여 이동표적을 나타낼 수 있다. 따라서 기본적인 연속파 레이더의 경우 표적의 존재여부를 확인하기 위해서는 표적 또는 레이더가 이동하여야 한다.

동작원리

펄스 송신

탐지를 위해 펄스-에코(pulse-echo) 시스템이 대부분의 레이더에 사용된다. 이 체계에서 송신기는 짧은 시간 동안만 동작하며 나머지 긴 시간동안은 동작하지 않아, 짧은 동작시간 동안에만 펄스 형태의 에너지를 송신한다. 펄스가 표적에 도달했을 때 표적에 반사된 일부 에너지가 수신기로 되돌아오며 신호처리를 통해 전시기 화면에 전시된다. 펄스 레이더 송신기는 개개의 펄스 송신 후에 동작이 정지되기 때문에 연속파 레이더와 달리 수신기와 간섭이 발생하지 않는다. 그림 3-1과 같이 하나의 펄스 송신 시작부터 다음 펄스 송신 시작까지의 경과시간을 펄스반복시간(PRT ; Pulse Repetition Time)이라 한다.

펄스 레이더는 최대 탐지거리로부터 반사펄스가 되돌아올 수 있는 충분한 시간을 가져야하는데, 그렇지 않으면 반사파의 수신이 연속, 즉 다음으로 송신되는 펄스에 의해 제한된다. 일반적으로 펄스반복시간 대신 펄스반복주파수(PRF ; Pulse Repetition Frequency)를 사용하는데 단위는 헤르츠(Hz)이고, $PRF = 1/PRT$ 의 관계를 가진다.

최소탐지거리는 펄스폭(pulse width), P_w에 의해 결정된다. 표적이 너무 근접하여 있으면 송신기가 동작을 멈추기 전에 수신기에 반사파가

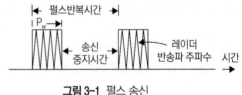

그림 3-1 펄스 송신

도달하게 된다. 최소탐지거리를 증가시키기 위해서는 펄스지속시간이 짧아야하나 최대탐지거리로부터 되돌아오는 반사파의 충분한 세기를 보장하기 위해서는 충분한 출력이 필요하기 때문에 충분한 에너지를 가지는 펄스를 생성하기 위해서는 매우 큰 송신파워(transmission power)가 필요하다. 송신기의 유용한 파워는 방사되는 펄스에 포함되며, 이를 시스템의 최대파워(peak power)라 한다.

아래의 정의 및 약어는 펄스 레이더 시스템에서 자주 사용된다.

- 라디오 주파수(RF ; Radio Frequency) / 반송파 주파수 (f) – 반송파의 주파수는 펄스 트레인(pulse train) 형성을 위해 변조된다. 단위는 Hz 이며 대역은 GHz 또는 MHz 이다.
- 펄스반복주파수(PRF) – 초당 전송된 펄스 수로 단위는 Hz 이다.
- 펄스폭(PW) – 전자기파 펄스의 실재 전송시간 또는 기간으로 단위는 μs 이다.
- 송신중지시간(RT ; Resting Time) – 펄스 송신을 중단시키는 시간이나 전자기 펄스 간에 간격으로 단위는 μs 이다.
- 펄스반복시간(PRT) – 하나의 전송 사이클에 소요되는 전체 시간으로 $PTR = PW + RT$ 또는 $PRT = 1/PRF$ 이며 단위는 μs 이다.

펄스 레이더는 레이더 전체 사이클 동안 장시간 송신을 중지하기 때문에 평균파워는 펄스송신시간 중 최대 파워보다 낮다. 한 사이클 동안 평균파워와 펄스송신시간 중 최대파워와의 관계는 아래와 같이 나타낼 수 있다.

$$\frac{평균파워\,(average\ power)}{최대파워\,(peak\ power)} = \frac{펄스폭\,(P_w)}{펄스반복시간\,(PRT)} \qquad (3\text{-}1)$$

$PRF = 1/PRT$ 이므로, 위 식은 아래와 같이 표현할 수 있다.

$$\frac{평균파워\,(average\ power)}{최대파워\,(peak\ power)} = (P_w)(PRF) \qquad (3\text{-}2)$$

펄스폭과 펄스반복시간 및 평균파워와 최대파워와의 관계는 듀티사이클(DC ; Duty Cycle)로 나타내는데 이는 송신기가 작동되는 시간과 송신기 전체 사이클에 소요되는 시간의 비이다.

$$\frac{PW}{PRT} = \frac{\text{평균파워}}{\text{최대파워}} = \text{듀티사이클} \tag{3-3}$$

예제 3-1 : PRF가 5,000 Hz이고, 펄스폭이 2 μs 인 펄스의 듀티사이클을 구하라. 그리고 평균파워가 20 kw 일 때 시스템의 최대파워를 구하라.

풀이 :

$$\frac{1}{PRF} = \frac{1}{5,000}\text{sec 또는 } 200\mu\text{sec}$$

$$\frac{PW}{PRT} = \frac{2}{200} = 0.01 = \text{듀티사이클}$$

$$\text{최대파워} = \frac{\text{평균파워}}{\text{듀티사이클}} = \frac{20kw}{0.01} = 2,000kw$$

이 관계를 그림으로 표현하면 그림 3-2와 같다.

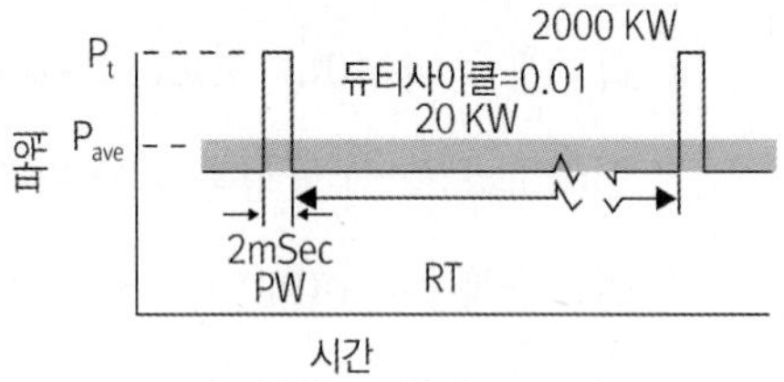

그림 3-2 송신파워 분포

거리식별

거리식별의 유효성은 시간의 항으로 거리를 측정하는 체계의 능력에 좌우된다. 전자기파는 공간상에서 $3 \times 10^8 m/s$ 의 일정한 속도로 진행한다. 전자기파가 반사될 때 속도의 손실은 없으며 단지 방향을 수정할 뿐이다. 그래서 거리는 양방향의 에너지 전송에 필요한 시간에 의해 결정된다. 따라서 아래의 식을 이용하여 거리를 식별할 수 있다.

$$R = \frac{ct}{2} \tag{3-4}$$

여기서, R = 레이더에서 표적까지의 거리

c = 전자기파의 전파속도

t = 양방향 진행에 소요되는 시간

거리식별은 펄스가 표적에 도달하여 되돌아오는 시간측정에 의해 이루어진다. 라디오파의 속력이 $3 \times 10^8\ m/s$ 이므로, μsec 당 300 m 을 진행한다. 그림 3-3에서 항공기가 레이더로부터 1 km의 거리에 위치한다면 반사파는 송신하고 6.7 μsec 가 경과된 후 수신기에 도달할 것이다. 이러한 왕복시간은 식 3-4를 이용하여 선형적인 거리측정으로 변활 될 수 있다.

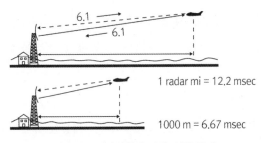

그림 3-3 레이더에서 거리-시간 관계

기계화(Mechanization)

레이더는 사용목적에 따라 기능뿐만 아니라 세
부 구성부(품)가 매우 다양하다. 그러나 기본 동
작원리는 같으며, 각각의 레이더는 기능상 요구
조건에 따라 제작된다.

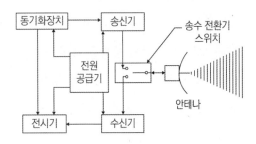

그림 3-4 기초적 레이더의 구성품

전형적인 펄스-에코 레이더는 그림 3-4와 같
이 송신기(transmitter), 수신기(receiver), 전원공
급기(power supply), 동기화장치(synchronizer),
송수 전환기(duplexer), 안테나(antenna), 전시기(display) 등 7개의 기본 구성부로 제작된다.

송신기(Transmitter)

송신기는 타이머의 제어를 받아 고출력의 펄스를 생성한다. 반송파(carrier wave)는 대부분의 레
이더 시스템에서 마그네트론(magnetron)이라 불리는 RF 발진기에 의해 생성된다. 마그네트론은
연속파형을 생성하기 때문에 변조기(modulator) 또는 펄스 생성기를 이용하여 출력을 변조한다.
변조기란 마그네트론으로 들어가는 고전압을 제어하여 정해진 시간에 및 일정 시간만큼 펄스를
생성하는 장치이다.

수신기(Receiver)

수신기는 표적에서 반사되어 돌아오는 전자기파를 전기적 신호로 변환하여 신호처리기에 제공한
다. 수신기의 주파수 및 대역폭 특성이 송신된 펄스와 잘 어울려야 되돌아오는 신호를 최대한 탐

지할 수 있다. 신호처리기는 수신기에 내장되어 잡음으로부터 신호를 구분한다. 동시에 더 많은 잡음이 유입되지 않는 다면 감도가 높은 수신기일수록 보다 먼 거리를 탐지할 수 있다.

전원공급기(Power Supply)

시스템 구성품의 동작과 상호작용에 필요한 모든 교류 및 직류를 공급한다. 송신기에 의해 생성되는 펄스 파워는 공급되는 평균파워에 비해 매우 커서 펄스 파워공급을 위해 펄스와 펄스 사이의 송신중단 시간 동안의 에너지를 축전기(capacitor)와 같은 장치 등에 저장한다.

동기화장치(Synchronizer)

동기화장치는 타이머(timer)라고도 하며 펄스 송신 타이밍 조절을 위한 제어신호를 제공하며 시스템 내 모든 회로 간의 동작을 조정한다. 이 장치는 레이더 시스템의 펄스반복주파수를 제어하고, 변조기 및 전시기가 상호 관련된 정해진 시간에 동작하도록 하며, 송신기가 RF 펄스를 생성해야 하는 순간에 변조기와 전시기의 기능을 개시토록 한다.

송수 전환기(Duplexer)

대부분의 레이더는 송신과 수신에 하나의 안테나를 사용한다. 송수 전환기는 일반적으로 송신/수신 전환 스위치(T/R switch)라 불리며 안테나에 송신기와 수신기를 순차적으로 연결시키는 장치이다. 주요 기능은 송신하는 동안 송신기 출력이 수신기에 인입되는 것을 차단하여 손상으로부터 보호하는 것이다.

안테나(Antenna)

안테나 시스템은 송신기로부터 라디오 주파수의 에너지를 공급받아 높은 지향성을 가지는 빔(beam) 형태로 방사한다. 되돌아오는 반사파는 안테나로 수신되어 수신기로 넘겨진다. 회전하는 안테나는 동기화송신기(syncrotransmitter)를 이용하여 공간상에서 안테나의 방향을 측정할 수 있으며 회전하지 않는 안테나는 신호처리 기술에 의해 빔을 형성하고 표적의 방향을 식별할 수 있는데 세부 내용은 4장에서 전자기적 주사에 관한 절을 참조하기 바란다.

전시기(Display)

전시기는 수신된 펄스를 운용자가 식별할 수 있는 시각정보로 제공한다. 일반적으로 제공되는 정보에는 펄스의 방위, 거리, 고각 등이 포함된다. 앞에서 설명한 대로 표적까지의 거리는 펄스를 송신하여 수신하는 데까지 소요되는 시간을 측정하여 식별된다. 표적의 방위 및 고각은 안테나 방위와 고각의 함수이다.

가장 단순한 유형의 전시기는 그림 3-5의 A-스캔(scan) 전시기로 거리 또는 시간을 수평축에 전시하고 되돌아오는 신호의 진폭을 수직축에 전시한다. 방위 및 거리를 전시하는 일반적인 전시기 유형은 그림 3-6의 평면 위치 전시기(PPI ; Plan Position display)로 거리는 전시기의 중앙을 중심으로 바깥 방향으로 표현되며 방위는 상대 또는 절대방위가 시계방향으로 표시된다.

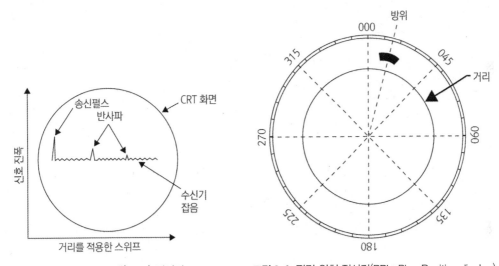

그림 3-5 A-스캔(scan) 전시기   **그림 3-6** 평면 위치 전시기(PPI ; Plan Position display)

주의 : 방위를 나타내는 두 표현인 상대방위(bearing) 및 절대방위(azimuth)는 종종 잘못 사용된다. 상대방위는 일반적으로 함정의 헤딩(heading)으로부터 각을 나타내는 데 사용되며 절대방위는 진북으로부터 방위를 나타내는 데 사용된다.

도파관(Wave Guide)

초저주파 레이더를 제외한 레이더에 사용되는 선 형태의 전도체, 동축선(coaxial line) 등도 초고주파에서는 송신기에서 단락회로(short circuit)를 형성할 수 있다. 따라서 그림 3-7과 같이 속이 빈 단순한 금속관이나 질소 또는 건조한 공기 등의 유전 기체(dielectric gas)를 포함하는 도파관은 송신기와 안테나를 연결하는 가장 효과적인 수단을 제공할 수 있다.

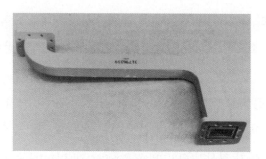

그림 3-7 도파관(wave guide)

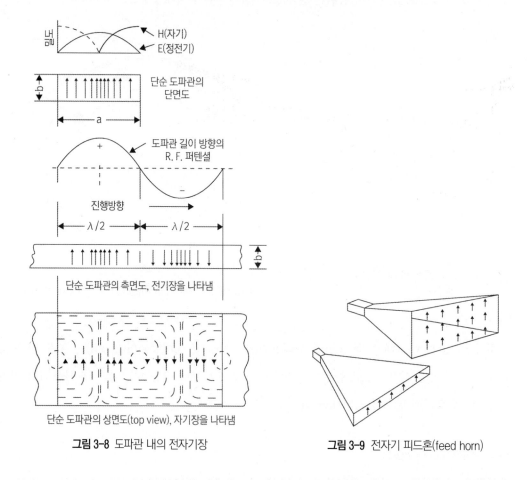

그림 3-8 도파관 내의 전자기장

그림 3-9 전자기 피드혼(feed horn)

도파관은 사각, 원 또는 타원형의 단면을 가지며 크기는 송신 파장의 대략 절반으로 제작한다. 감쇠가 필요하거나 파워 조정이 필요시 이보다 작게 제작하기도 한다. 설계된 것 보다 매우 낮은 주파수가 사용될 경우 차단(cutoff)이 발생하고 전송이 중단된다. 높은 파워에서 도파관 내 기체의 유전상수 또는 절연능력 손실은 반대 전하(charge) 사이에서 전호(arc)를 유발하여 시스템이 파괴될 수 있다.

도파관의 사용은 전기회로를 완성할 도파관 이외의 전도체가 없기 때문에 전류 및 전압의 전송에 다른 개념을 필요로 한다. 즉, 전기 및 자기력선은 그림 3-8과 같이 도파관의 작은 면적을 가로지르는 방향의 전기력선을 가진 채 관의 길이 방향으로 전파되어 도파관의 큰 면적을 가로질러 진행한다. 도파관의 끝이 개방될 때 그림 3-9와 같이 적절하게 급전(feed)되고 전자기 혼(electro-magnetic horn)이 생성된다. 이 급전 혼은 공간상에 전자기파를 방사한다. 투명한 RF 덮개가 개방단 끝에 위치하여 기체압력을 유지한다.

성능 요소(Performance Factor)

레이더의 성능에 영향을 주는 요소에는 펄스 파형, 펄스폭, 펄스반복주파수, 반송파 주파수, 빔폭, 주사 속도, 안테나 디자인, 수신기 요구사항, 대역폭(bandwidth), 최대 및 평균파워 사이의 관계 등이 있다. 임의 시스템에서 이러한 요소들은 요구되는 정확도, 탐지거리, 물리적 크기의 제한, 신호 생성 및 수신과 같은 전술적 용도에 의해 선택된다.

펄스 파형 및 폭

펄스 파형(pulse shape)은 거리 정확도, 최소탐지거리와 표적 분해능을 결정한다. 펄스 파형은 수신기에서 탐지가능한 반사파를 발생시킬 수 있는 반사 펄스의 충분한 에너지가 있는 한 표적 탐지에 있어 그리 중요하지 않으나 탐지거리 및 도플러 속도측정에 있어 매우 중요하다.

이상적인 펄스는 완전 수직인 앞 가장자리(leading edge) 및 뒤 가장자리(tail edge)를 가져야 한다. 그러나 사각형 형태의 펄스는 모드 기수의 고조파(odd harmonic)를 더한 반송파 주파수를 포함하여야 하기 때문에 실제 이러한 모양을 가지기 위해서는 무한의 대역폭을 가져야 한다. 실제 펄스가 최대 진폭에 도달하는 데 걸리는 시간인 상승시간(rise time)은 일반적으로 0.05초이며 앞 가장자리의 기울기는 거리 정확도에 있어 주요 요소가 된다. 뒤 가장자리의 기울기는 수신기가 필요이상으로 오래 맹목상태로 유지되도록 하여 최소탐지거리($R_{\min}$)를 증가시키고 표적 분해능(target resolution)을 감소시킨다.

잡음 또한 펄스 파형에 영향을 줄 수 있는데 거리측정의 정확도에 영향을 미친다. 그림 3-10은 잡음(점선으로 표시)이 첨가된 전형적인 펄스 파형을 나타내는데 펄스 송신으로부터 수신까지의 시간이 $\triangle t$ 만큼 감소되어 표적이 보다 가깝게 나타난다.

펄스폭(pulse width)은 레이더의 거리 분해능, 최대 및 최소 탐지거리 거리를 결정한다. 양호한 거리 분해능-거의 동일 거리에서 근접한 두 표적을 분리할 수 있는 능력-을 가지기 위해서는 좁은 펄스폭이 필요하다. 레이더의 거리 분해능을 계산하기 위해 아래의 레이더 거리 공식을 이용한다.

$$R_{res} \;=\; R_{\min} \;=\; \frac{c\,(PW)}{2} \qquad\qquad (3\text{-}5)$$

여기서, $R_{\min}$ = 최소 탐지거리

$\qquad\quad R_{res}$ = 거리 분해능(4장의 펄스 압축기술을 사용하지 않음)

$\qquad\quad PW$ = 펄스폭

식 3-5로부터 매질을 통해 진행하는 펄스의 앞 가장자리부터 뒤 가장자리까지의 실제 길이를 알 수 있다. 그림 3-11은 두 표적이 거리 분해능 이하의 거리로 이격되어 있을 때 실제 펄스 길이를 나타낸다. 앞 가장자리가 먼 표적에 부딪칠 때 뒤 가장자리는 가까운 표적에 접근하고 있다. 두 펄스가 레이더로 되돌아올 때 펄스 B의 앞 가장자리가 펄스 A에 가려진다.

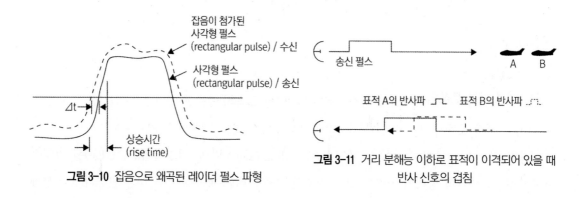

그림 3-10 잡음으로 왜곡된 레이더 펄스 파형

그림 3-11 거리 분해능 이하로 표적이 이격되어 있을 때 반사 신호의 겹침

레이더 타이머는 반사파의 앞 가장자리가 감지되면 정지되며, 두 펄스가 겹쳐졌기 때문에 하나의 표적만이 레이더 화면상에 전시될 것이다. 5 μs의 펄스폭은 750 m의 거리 분해능에 해당되며, 펄스폭을 0.1 μs로 줄이면 15 m의 거리 분해능을 얻을 수 있다. 따라서 펄스폭이 작을수록 양호한 거리 분해능을 가진다.

분해능 측면에서는 매우 작은 펄스폭이 바람직하지만 항상 그런 것만은 아니다. 표적을 탐지하기 위해서는 레이더 화면상에 전시할 수 있을 만큼의 충분한 세기를 가지는 반사파가 되돌아와야 하는데, 이는 최대 송신파워를 증가시키거나 펄스폭을 증가시킴으로써 얻을 수 있다. 최대 파워는 전원공급기, 파워 증폭기 및 다른 구성부(품)의 크기 및 수량에 의해 제한을 받기 때문에 일반적으로 레이더가 낮은 파워를 가지고 충분한 에너지를 유지하기 위해 펄스폭을 증가시키는 것이 더욱 실용적이다. 반사파 탐지에 있어 중요한 기준은 방사된 펄스의 에너지양이다.

펄스폭에 영향을 받는 또 다른 레이더 요소는 최소탐지거리로 앞에서 살펴보았듯이 표적이 송신기로부터 너무 가까이 위치하여 송신기가 완전히 동작을 멈추기 전에 반사파가 수신되면 반사파 수신이 진행되지 않는다. 근접한 표적 탐지를 위해서는 작은 펄스폭이 필요하나 앞에서 언급한 제한점들이 발생한다.

펄스반복주파수(PRF)

펄스반복시간(PRT)은 레이더의 최대탐지거리를 결정한다. 펄스 사이의 간격이 너무 짧으면 표적으로부터 반사파는 송신기가 또 다른 펄스를 송신한 후 돌아올 것이다. 이는 관찰된 펄스가 방금 송신된 펄스의 반사파인지 이전에 송신된 펄스의 반사파인지 분간할 수 없게 만든다. 이러한 상황을 거리 모호성(range ambiguity)이라 한다.

펄스반복주파수는 원하는 최대탐지거리를 얻을 수 있게 충분히 낮게 유지되어야 하나 지나치게 낮으면 단일 펄스가 가지는 일련의 오류에 직면할 수 있다. 하나의 단일 펄스가 송신기에 의해 외부로 보내져 대기조건에 따라 감쇄된다면 표적이 이를 적절히 반사할 수 없거나 프로펠러와 같은 표적의 움직이는 부분이 펄스의 위상이나 형태를 변화시킬 수 있다. 따라서 하나의 펄스로부터 얻은 정보는 매우 신뢰도가 낮아 연속적으로 다수의 펄스를 송신하여 탐지확률을 증가시키는데 통상 레이더는 단일 물체에서 10개 이상의 많은 펄스를 수신하도록 설계된다. 이를 통해 송신 이상이나 펄스 파형변화는 평준화된다.

레이더의 전술적 사용에 있어 장거리 탐색레이더는 송신기가 다음 펄스를 송신하기 전에 최대탐지거리에 위치한 표적으로부터의 반사파가 수신기에 되돌아오게 하기 위해 펄스반복주파수를 낮추며 높은 펄스반복주파수는 파워가 제한되어 최대 탐지거리가 비교적 짧은 항공기요격용 레이더에 사용된다.

아래 식을 이용하면 펄스반복주파수나 정확한 최대 탐지거리(R_{unamb}) 중 하나를 알고 있을 때 나머지 하나를 구할 수 있다.

$$R_{unamb} = \frac{c\,(PRT)}{2} = \frac{c}{2\,(PRF)} \qquad (3\text{-}6)$$

예를 들어 PRF가 800 Hz인 레이더는 거리 모호성이 없이 정확한 187.5 ㎞의 최대 탐지거리를 가진다.

이론상 PRF가 높을수록 주어진 주사(scan) 동안 가능한 많은 펄스가 표적에 부딪칠 수 있으므로 유리하다. 좁은 펄스와 높은 PRF를 가지는 레이더는 표적 위치를 자주 측정함으로써 각 분해능 및 거리 정확도를 향상시킬 수 있으며 단, 최대탐지거리는 줄어든다. 이러한 문제를 절충하기 위해 단거리에서 원하는 측정 정확도를 얻기 위해 선택적으로 PRF를 증가시킨다.

반송파 주파수(Carrier Frequency)

반송파 주파수는 지향도(directivity), 분해능, 전기장비 설계상의 제한점 등 여러 요소를 고려하여 적절하게 선택된다. 반송파 주파수 선택 시 우선 고려사항은 가간섭성 즉, 결맞음이 양호한 파형을 송신기가 송신할 수 있어야 한다. 결맞음이 양호한 파는 그렇지 않은 파에 비해 레이더 시스템 사용에 있어 두 가지 주요 이점을 가진다. 첫째, 표적의 움직임에 의한 도플러 변이 측정이 가능하고 둘째, 신호 대 잡음 비(SNR)가 우수한 수신기를 사용할 수 있다. 과거의 레이더는 고출력의 결맞음이 양호한 신호를 생성할 수 있는 기술이 없어 결맞음이 좋지 않은 신호를 사용하였으나 현대 대부분의 레이더는 결맞음이 양호한 신호를 사용하는 레이더를 설계 및 제작하고 있다.

반송파 주파수 선택 시 또 다른 고려 요소는 지향성이다. "준광학식(quasi-optical)" 안테나(리플렉터)의 경우 주파수가 증가할수록 파장은 짧아져 보다 작은 안테나가 필요하다. 역으로 크기가 고정된 안테나에서는 높은 주파수를 사용함으로써 지향성이 증가될 수 있다. 주파수가 높아지면 파장이 짧아져 분해능이 향상되고 보다 작은 표적을 탐지할 수 있다.

반송파 주파수 선택 시 대기감쇠(atmospheric loss) 또한 고려하여야 한다. 주파

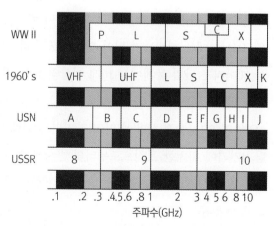

그림 3-12 레이더 주파수 대역(frequency band) 명칭

수가 높아지면 대기 중을 전파(propagation)할 때 손실이 증가하고 RF 에너지의 생성 및 증폭이 어려워진다. 일반적으로 100 ~ 20,000 MHz의 주파수가 사용되며 대부분의 높은 주파수 영역은

항공기 및 유도탄 사격통제레이더에 사용된다. 과거와 현재 레이더 주파수 대역에 대한 명칭은 그림 3-12를 참조 바란다.

빔폭(Beam Width)

레이더의 전술적 용도에 따라 빔의 요구조건이 결정된다. 표적 탐색에 필요한 빔의 형태는 추적 및 근접 요격에 사용되는 빔의 형태와 다르다. 조기 탐지레이더 목적은 최대탐지거리에서 표적을 탐지하는 것이기 때문에 높은 송신파워, 넓은 빔 패턴과 감시상황 하에서 탐지 면적에 적합한 주사 속도(scan rate)가 주요 요구조건이 된다. 원거리 탐지 가능성이 높아질수록 출력정보의 정확성은 떨어진다.

극도의 정확도가 요구되는 추적 또는 유도에 사용되는 레이더는 빔이 높은 주파수에서 좁은 빔폭으로 진행하여야 하며 전체 탐색구역 내 주어진 부분에서만 회전된다. 안테나 빔의 넓고 좁음이 선회 및 고각 측정의 정확도를 결정하며 각 분해능 또한 결정한다.

방위 각 측정 시 최대 정밀도를 얻기 위해서는 빔폭이 가능한 좁아야 한다. 상대신호세기(relative signal strength)는 그림 3-13과 같이 로브 축으로부터 표적 사이의 각의 함수이다. 로브 축이 표적 전체를 통과할 때 최대신호가 수신된다.

레이더 시스템에서 측정된 표적방위는 각 위치(angular position)로 주어진다. 각(방위)은 진북 또는 레이더를 탑재한 함정 또는 항공기의 헤딩(heading)을 기준으로 레이더 안테나 시스템의 지향성 특성을 이용하여 반사 신호가 되돌아오는 방위가 측정된다.

방위를 측정하는 가장 단순한 안테나 형태는 단일 로브(single lobe) 패턴을 형성한다. 이 안테나는 회전가능토록 장착되어 안테나 에너지가 탐색영역을 가로지르는 방향으로 조향되며 빔은 반사 신호가 수집될 때까지 일정 방위에서 주사(scan) 된다.

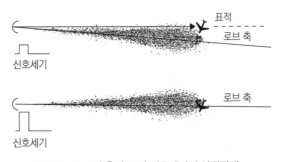

그림 3-13 빔 축과 표적 신호세기의 상관관계

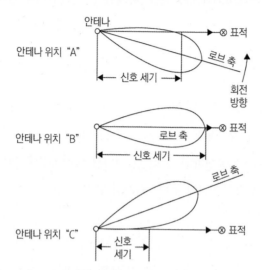

그림 3-14 신호 세기와 빔 내 표적위치와의 관계. (A 에서 C 로 빔 스위프에 따라 신호세기가 빔 내 표적위치에 따라 변화됨)

그림 3-14는 전형적인 레이더 안테나의 수신패턴을 나타내며 신호세기가 표적에 대한 안테나의 방위에 따라 표현되었다. 최대 신호는 로브 축이 표적을 완전히 통과할 때만 수신됨을 알 수 있다.

앞에서 언급하였듯이 단일 로브 레이더의 방위 분해능은 안테나 빔폭에 따라 결정된다. 고전적인 전자기 회절이론으로부터 안테나 개구(aperture)의 물리적 크기와 그림 3-15에서와 같이 파워가 절반이 되는(3dB 줄어드는) 점, 즉 빔폭(ϕ_{-3dB}) 과의 관계를 아래와 같이 구할 수 있다.

$$\Phi_{-3dB} = \frac{k\lambda}{l} \tag{3-7}$$

여기서, l = 빔폭이 측정된 평면에서 안테나 크기

　　　　λ = 파장

　　　　k = 개구를 가로지는 전자기 에너지 분포와 관련된 비례상수

$4/\pi$ 의 k 값이 전형적이 패턴에 사용된다. 선형 또는 직사각형 안테나에 대한 k 값은 대략 0.88 을 사용하며 원형 개구의 경우 1.02를 사용한다.

이때 상반되는 특성이 존재하는데 높은 방위 분해능을 가지기 위해서는 빔폭을 줄여야 한다. 그러나 작동수가 주 안테나 빔을 집중시키면 사이드 로브가 형성되는데, 사이드 로브의 형성은 안테나 설계 및 출력 파워의 함수이다. 일반적으로 빔폭을 줄이기 위해서는 k 값의 감소가 필요하다.

그러나 k 값을 감소시키면 사이드 로브가 증가하기 때문에 문제가 발생한다. 이에 대해 자세히 논의하지는 않겠지만 이는 특정 안테나에 빔폭의 한계가 존재함을 의미한다. 일반적으로 모든 안테나는 사이드 로브를 가지며, 적절한 안테나 설계를 통해 이를 제한한다.

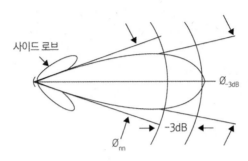

그림 3-15 빔폭(ϕ_{-3dB})은 파워가 절반이 되는 점 사이를 측정, Φ_{nn} 은 파워가 "0" 이 되는 점 사이를 측정

주사 속도(Scan Rate)

레이더 PRF와 관계있는 또 다른 레이더 성능요소는 넓은 영역을 탐색하는 레이더 안테나의 각 속도이다. 안테나가 펄스 송신 사이에 너무 큰 각으로 움직이면 특정 위치에서 표적에 도달하는 펄스 수가 너무 낮아 표적을 탐지하지 못할 수도 있다. 안테나 운동에 따른 각 속도와 표적 탐지에 관계에 있어 고려하여야 할 또 다른 요소는 안테나 빔의 날카로운 정도(sharpness)이다. 날카로운 빔은 표적을 탐지하지 못한 채 지나치지 않도록 보다 자주 펄스를 송신해야한다.

아래 식은 안테나 빔폭, PRF, 안테나 주사 속도와의 관계를 나타낸다.

$$N = \frac{\phi_{-3dB} PRF}{\Omega_s} \tag{3-8}$$

여기서, ϕ_{-3dB} = 안테나 빔폭(라디안)

Ω_s = 안테나 주사 속도(라디안/초)

N = 안테나가 해당 빔폭으로 주사할 때 점표적에서 되돌아오는 펄스의 수

(일반적으로 신뢰할 만한 탐지확률을 얻기 위해서는 점표적으로부터 최소 10개

이상의 펄스가 되돌아와야 함)

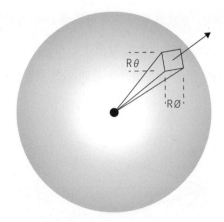

그림 3-16 점원(point source)로부터의 구형 퍼짐

안테나 이득(Antenna Gain)

안테나 이득은 레이더 시스템에서 매우 중요한 성능요소로 특정 방향으로 안테나가 에너지를 집중시킬 수 있는 능력을 나타내는 척도이다. 안테나 이득과 관련된 두 개의 정의가 있는데 지향성 이득(directive gain)과 파워 이득(power gain)이다. 지향성 이득은 지향도(directivity)라 불리며 파워 이득은 단순히 이득이라고도 한다. 파워 이득은 안테나의 효율(efficiency)을 나타내며 지향성 이득은 안테나 방사 패턴을 나타낸다.

송신 안테나의 지향성 이득은 아래와 같이 표현된다.

$$G_D = \frac{\text{최대 방사세기}(\mathrm{max}imum\ radiation\ intensity)}{\text{평균 방사세기}(average\ radiation\ intensity)} \tag{3-9}$$

$$= \frac{\text{스테라이안 당 최대 파워}(\mathrm{max}imum\ power\ per\ steradian)}{\text{등방성으로 방사될 때 총 파워}(total\ power\ per\ is otropic)}$$

이로부터 지향성 이득과 빔폭은 상호 반비례 관계가 있음을 알 수 있다. θ_{-3dB} 와 ϕ_{-3dB} 을 파워가 절반으로 떨어지는 방위와 고각의 빔폭이라 하면 지향성 이득과의 관계를 아래와 같이 정리할 수 있다.

$$G_D = \frac{\dfrac{P}{R\theta_{-3dB}R\phi_{-3dB}}}{\dfrac{P}{4\pi R^2}} = \frac{4\pi}{\theta_{-3dB}\phi_{-3dB}} \tag{3-10}$$

여기서, θ_{-3dB} 및 ϕ_{-3dB} = 방위 및 고각 빔폭(radian)

$$P = \text{방사 파워(watt)}$$

$$R = \text{반경(m)}$$

예제 3-2 : 방위 및 고각의 빔폭이 3°(0.052 radian)일 때 지향성 이득을 구하라.

풀이 :

$$G_d = \frac{4\pi}{(0.052)^2} \cong 4,600$$

지향성 이득의 정의는 주로 방사패턴의 모양에 기초하였고 파워 이득, G 는 안테나 효율을 저하시키는 안테나 손실 및 다른 손실을 포함하며 아래와 같이 정의된다.

$$G = \frac{\text{해당 안테나로부터의 최대 방사 세기}}{\text{같은 입력파워를 가지는 전방향성의 방사원으로부터의 방사 세기}} \quad (3\text{-}11)$$

손실(loss) 때문에 파워 이득은 항상 지향성 이득보다 작으며 손실이 없다면 두 이득은 일치한다.

안테나의 파워 이득은 "1" 보다 상당히 큰 값을 가질 수 있으나 그 정의로부터 안테나 효율은 항상 100% 보다 적다.

안테나 개구의 크기 또한 에너지 수집 장치로써 안테나 효율을 결정한다. 수신기에서 사용할 수 있는 파워의 양은 되돌아오는 반사파 에너지 밀도(watt/㎡) 와 안테나 유효면적(㎡)의 함수이다. 안테나 유효면적 또는 개구(A_e)는 레이더의 반송파 주파수, 안테나 구조, 안테나의 물리적 크기와 관련이 있다. 안테나의 물리적 크기와 개구의 차이는 안테나 효율에 따라 정해지는데, 일반적으로 65% ~ 85%이다.

$$A_e = \rho_a A \quad (3\text{-}12)$$

여기서, ρ_a = 안테나 효율

$$A = \text{안테나의 물리적 크기(㎡)}$$

$$A_e = \text{안테나 개구(㎡)}$$

안테나 개구와 파워 이득(G)와의 관계는 식 3-7을 3-10에 대입하고, 수직과 수평 빔폭이 같은 정사각형 안테나의 경우 $l^2 = A$ 임으로, 식 3-12를 적용하면 아래 식을 얻을 수 있다.

$$G = \frac{4\pi \rho_a A}{k^2 \lambda^2}$$

$$\text{또는 } G = \frac{4\pi A_e}{k^2 \lambda^2} \tag{3-13}$$

위 식으로부터 크기가 고정된 안테나에서 파장이 감소하면 안테나 이득 즉, 지향도(directivity)는 증가함을 알 수 있다. 달리 표현하면 특정 주파수에서 지향도를 증기시키기 위해서는, 즉 좁은 빔폭을 만들기 위해서는 큰 안테나가 필요하다.

수신기(Receiver)

레이더 안테나가 지향성 전자기 에너지의 강력한 펄스를 전송하더라도 실제로 이 에너지 중 일부만이 원거리에 위치한 표적에 부딪친다. 게다가 표적으로부터 되돌아오는 에너지가 넓은 각으로 반사되기 때문에 에너지의 소량만이 안테나로 되돌아온다. 따라서 레이더 수신기의 기능은 안테나로부터 약한 표적 반사파를 수신하여 원하는 표적정보를 제공할 수 있을 만큼 충분히 증폭하는 것이다. 수신기가 사용할 수 있는 신호가 약해질수록 레이더의 유효 탐지거리는 증가된다.

수신기 설계는 다른 분야보다 레이더 유용성에 크게 영향을 미치므로 지속적으로 개선되어 왔다. 현재 수신기는 매우 민감하여 피코(10^{-12}) watt 정도의 신호를 분간할 수 있을 정도이며, 여러 방식으로 이를 증폭하여 스코프 상에 전시한다.

수신기 감도(sensitivity)의 한계는 잡음(noise)이라 불리는 현상에 의해 결정된다. 잡음은 표적에서 되돌아오는 미약한 정상 신호를 가리는 원치 않는 수신기로의 여러 전압 입력으로 이루어진다. 잡음은 대기교란으로부터 적 세력에 의한 계획적인 전파방해(jamming)에 이르기까지 많은 외부 원인에 의해 발생되는데 이는 일시적이며 시스템 자체회로에 의해 생성되는 자체 잡음에 비해 시스템의 성능을 심하게 저하시키지 않는다.

절대온도 0 °K(-273℃) 이상 에서는 전자 구성품 내에 임의의 전자운동이 존재하며, 전류를 형성하여 저항을 통해 잡음 전압을 생성한다. 따라서 모든 전자기 시스템 내부에는 자체 잡음이 존재한다. 외부 잡음과 자체 잡음이 합쳐져 시스템의 전체 잡음수준(noise level)을 생성한다.

배경잡음은 NEP(noise-equivalent-power)라 불리는 평균값으로 나타내는데, NEP는 신호와 잡음이 같아지는 신호의 파워 수준으로 성공적인 표적탐지를 위해서는 아래 식을 만족하여야 한다.

$$P_r \; > \; (\frac{S}{N})NEP \tag{3-14}$$

여기서, P_r 은 표적에 반사되어 되돌아오는 신호의 파워이다. 식의 우측 항이 레이더 시스템의 성능을 결정하기 때문에 별도로 S_{min} 이라 지정하여 표적탐지를 위한 최소 탐지가능 신호라 하며, 수신기가 잡음으로부터 분해할 수 있는 가장 작은 반사 신호의 파워이다.

$$S_{min} \; = \; (\frac{S}{N})NEP \tag{3-15}$$

S_{min} 은 watt 단위로 표현되는데 일반적으로 그 수가 적어 아래 식과 같이 데시벨로 표현되는 최소 분간 신호(MDS ; minimum discernible signal)를 사용한다.

$$MDS \; = \; 10\log(\frac{S_{min}}{1\,mW}) \tag{3-16}$$

위의 식과 같이 데시벨로 표현하면 로그 가로 안 수치 $S_{min}/1\,mW$ 는 단위가 필요치 않게 되어, 최소 분간 신호는 ㏈m 단위를 사용하는데 여기서 m 은 1 ㎽를 의미한다. ㏈m 은 1 ㎽를 기준으로 하는 데시벨을 의미하며 ㏈/1㎽ 로 쓰기도 한다.

레이더 수신기는 신호가 전시기 상에 전시되거나 다른 방식으로 사용되기 위해 반드시 초과해야 할 문턱수준(threshold level)을 설정할 수 있도록 설계된다. 불행히도 잡음신호의 수준은 그림 3-17과 같이 일정하지 않고 변화하다. 만일 문턱수준이 어떠한 잡음신호도 나타나지 못할 만큼 높게 설정된다면 레이더의 감도는 상당히 감소할 것이

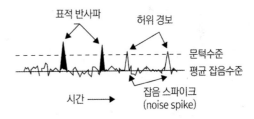

그림 3-17 수신신호의 진폭과 문턱수준 비교

다. 반대로 문턱수준이 너무 낮게 설정되면 매우 많은 허위 물표(표적)가 나타나게 되어 잡음신호는 원하는 물표의 탐지를 어렵게 할 것이다. 따라서 동작조건에 따라 수동 또는 자동으로 조정함으로써 양자가 절충된 문턱수준이 선택되어야 한다. 그리고 문턱수준은 레이더의 일정 시간 동안 나타나는 허위경보 신호의 수를 의미하는 허위-경보율(false-alarm rate) 결정한다. 즉, 허위-경보가 발생하는 확률은 문턱수준의 설정에 따라 변화한다.

되돌아오는 레이더 신호입력 대 잡음 전압의 비를 "신호 대 잡음 비(SNR)"라 한다. 일부 수신기는 연속적으로 배경잡음을 모니터링하여 일정한 허위-경보율을 유지할 수 있도록 문턱수준을 자

동으로 조절하는데 이러한 모니터를 CFAR(Constant False-Alarm Rate) 수신기라 한다. 이와 달리 대부분의 일반 수신기에서는 잡음으로부터 신호를 식별하기 위해 아래의 방법을 이용한다.

1. STC(Sensitivity Time Control)은 해상상태에 따라 발생하는 근거리 해면반사영향을 최소화하기 위한 신호처리 기술이다. 펄스를 송신한 뒤 시스템의 SNR을 증가시켜 해면으로부터 반사되는 허위신호가 전시되지 않게 하며, 이후에는 잡음한계에 도달할 때까지 SNR을 점진적으로 감소시킨다. STC를 이용하면 송신기 주위의 클러터를 감소시키고 원거리에서 되돌아오는 약한 신호를 탐지할 때 수신기에 최대 감도를 제공한다.

2. 펄스적산(pulse integration)은 신호탐지를 위해 잡음신호는 그 세기가 임으로 변화하고 표적신호는 일정한 성질을 이용하는 기술이다. 표적이 매우 원거리에 위치하여 되돌아오는 신호가 약하다고 가정하면 신호는 매우 미약해서 SNR 문턱수준 이하일 것이다. 수신기 이득을 조절하여 이 문제를 해결할 수 없는데 그 이유는 잡음이 신호만큼 증폭되어 SNR은 변화가 없기 때문이다. 펄스적산은 동일방위의 연속적인 펄스를 더함으로써 이 문제를 해결한다. 이렇게 적산하면 잡음은 임의로 변하기 때문에 잡음 파워는 평균 수준으로 평준화되며 표적 신호수준은 증가하여 표적 방향에서 증가하게 된다.

3. FTC(Fast Time Constant)는 기상에 의해 발생되는 오랜 시간동안 지속하여 수신되는 반사파의 효과를 감소시키는 신호처리 기술이다. 비가 내리는 기상상태의 경우 천천히 진폭이 증가하는데. FTC 처리기는 신호의 변화를 판별하여 천천히 증가하는 반사파를 제거할 수 있는 미분회로를 사용한다. 이와 달리 표적에서 되돌아오는 반사파 신호는 스파이크(spike)처럼 빠르게 증가하였다가 감소된다.

대역폭(Bandwidth)

앞에서 설명하였듯이 펄스-변조(pulse-modulated) 반송파 파형은 송신기에 의해 증폭되어 거의 사각형 모양의 펄스를 형성하기 위해 결합되는 기수 고조파(odd harmonic) 관계의 여러 사인파로 구성된다. 따라서 레이더에 의해 전송되는 에너지의 대부분의 의도된 주파수에 있다 하더라도 거의 수직의 앞 가장자리(leading edge)와 뒤 가장자리(tailing edge)를 얻는 과정은 반송파 주파수 이외의 추가 펄스가 포함된다. 따라서 수신기는 전송된 주파수의 상부 및 하부 주파수 밴드 또는 대역을 탐지하여 증폭한다. 대역폭은 반드시 전송된 펄스에 포함된 모든 주파수를 수용할 수 있을 만큼 충분히 커야한다. 그렇지 않으면 펄스 모양은 수신기에 의해 왜곡되어 성능이 저하될 것이다. 되돌아오는 반사파에 도플러 변이가 존재하면 레이더가 도플러 처리능력을 보유하던 못하던 대역폭에 대한 요구를 더욱 증가시킬 것이다.

레이더 수신기의 일반적인 대역폭은 1 MHz ~ 5 MHz이며 수신기의 이득은 전체 대역폭에서 가능한 일정해야 한다. 만일 수신기 대역폭이 너무 넓으면 많은 잡음이 증폭되어 최소 분간 신호(MDS)가 증가할 것이다. 수신기가 원거리 표적으로부터 약한 반사 신호를 탐지가능하게 하고 수신기에서 증폭되는 잡음을 무효로 하기 위해서는 높은 신호 대 잡음 비(SNR)가 요구된다. 수신기를 통해 흐르는 잡음의 양은 수신기 대역폭의 함수이다. 일반적으로 수신기

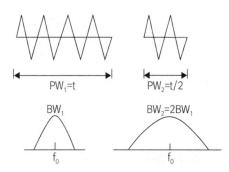

그림 3-18 폭이 좁은 펄스가 폭이 큰 펄스보다 넓은 중심 주파수 대역폭을 가짐

대역폭을 감소시키면 출력잡음을 줄일 수 있으나 펄스모양의 왜곡을 감수하여야 한다. 묵인할 수 있는 수준의 펄스모양 왜곡정도는 대역폭을 감소시켜 신호 대 잡음 비를 증가시키는 데 있어 제한 요소이다.

푸리에 분석(fourier analysis)으로부터 대역폭(BW_{nn})과 펄스폭(PW)은 상호 반비례 관계에 있음을 아래 식으로부터 알 수 있다.

$$BW_{nn} = \frac{2}{PW} \tag{3-17}$$

여기서, BW_{nn} = 주파수 대역(null-to-null)

PW = 송신기가 동작하는 시간

즉, PW 가 증가하면 펄스 내의 송신되어 되돌아오는 대역폭은 감소한다. 이해를 돕기 위해 그림 3-18은 다른 PW 을 가지는 두 신호의 BW_{nn} 을 시간 및 주파수 영역에서 나타낸다.

-3dB 대역폭은 BW_{nn} 의 약 절반임으로 아래와 같이 나타낼 수 있다.

$$BW_{-3dB} = \frac{1}{PW} \tag{3-18}$$

송신기 파워

송신기 파워가 증가될수록 일정 수준까지 탐지거리가 증가한다. 레이더가 송신하는 에너지는 송신기 파워와 레이더가 송신되는 시간의 곱이다. 송신 에너지가 증가될수록 반사되어 되돌아오는 신호세기 또한 증가되어 탐지확률이 높아진다.

그러나 송신신호 세기의 최대한계가 존재하는데 최대 파워는 송신경로(transmission path)을 통과하는 전자기장의 세기를 결정한다. 만일 전자기장이 너무 강하면 파워의 수용 불가한 손실(loss)과 장비손상이 발생할 수 있다.

강한 전자기장은 코로나(corona)와 아크방전(arcing) 두 가지 효과를 야기한다. 코로나는 전기장이 지나치게 강해 공기를 이온화하여 발생되며, 이온화된 공기가 전도경로를 형성하여 아크방전이 발행된다. 이 두 효과가 최대 송신 파워의 최대치를 제한한다.

송신기 부피와 무게뿐만 아니라 구성품의 가열은 송신기 파워를 제한하는 또 다른 요소이다. 평균 송신파워가 클수록 구성품에서 보다 많은 열이 발생한다. 이 열은 장비로 전달되어 파워가 증가함에 따라 보다 복잡하고 광범위의 냉각시스템을 요구한다.

표적의 레이더 단면적(Radar Cross Section)

표적의 레이더 단면적은 파워가 모든 방향으로 동일하게 산란될 때 레이더에서 반사파를 생성하는 파워의 양만큼을 차단하는 면적으로, 표적에서 반사되는 레이더 파의 세기정도를 면적으로 정의한 것이다.

물론 레이더 단면적은 표적의 특성이지 레이더의 성능요소는 아니나, 레이더 반사파의 강도에 영향을 주는 주요 요소 중 하나이다. 항공기, 함정, 육지 등 일반적 표적의 레이더 단면적은 표적의 크기가 커질수록 단면적이 커지는 경향을 제외하고는 물리적 면적과 단순한 상관관계를 가지지 않는다.

표적에 전자기파가 조사될 때 입사되는 에너지의 일부는 열로 흡수되고 나머지는 다양한 방향으로 다시 방사(산란)된다. 입사되는 에너지가 레이더로 다시 향하는 백분율은 표적 외형의 변화에 따라 100배 또는 그 이상으로 크게 변화한다. 레이더 단면적을 결정하는 주요 요소에는 표적의 크기, 모양, 표면 물질, 자세각(aspect angle), 레이더 반송파 주파수가 있다. 함정 또는 항공기와 같은 실제 표적의 단면적을 구할 수 있는 단순한 공식은 없다. 따라서 단면적 자료는 실험적으로 얻어지며 그 결과 또한 해당 반송파 주파수에 대해서만 타당하다.

파장이 줄어들어 표적의 크기와 비슷해지거나 더욱 작아지면 표적에서 보다 많이 반사되기 시작한다. 그 예로 일부 레이더는 빗방울을 통과하여 물체를 탐지할 수 있는가 하면, 기상 레이더는 파장을 조절하여 빗방울을 탐지할 수 있다. 파장, 주파수 그리고 표적 크기와의 관계를 살펴보면 아래와 같이 단순하게 나타낼 수 있다.

- 레일리(Rayleigh) 영역 : 표적이 레이더 시스템의 파장보다 작을 때 표적은 레일리 영역에 있다하며, 표적이 레일리 영역에 있으면 표적의 레이더 단면적은 표적의 물리적 크기보다 작아지는 경향이 있다.
- 공진(resonance) 영역 : 표적이 레이더 시스템의 파장과 비슷할 때 공진 영역에 있다 하며, 표적이 공진 영역에 있으면 표적의 레이더 단면적은 매우 많이 변하며 표적의 물리적 크기보다 커지는 경향을 보인다.
- 광파(optical) 영역 : 표적이 레이더 파장보다 훨씬 클 때 광파영역에 있다 하는데, 이때 레이더 시스템의 파장은 센티미터 수준이다. 이 영역에서 표적의 레이더 단면적은 표적의 물리적 크기와 유사하며, 표적의 물리적 크기보다는 모양이 레이더 단면적에 많은 영향을 미친다.

위 세 영역에서 살펴보았듯이 레이더 시스템의 파장 선택 시 표적을 고려하여야한다.

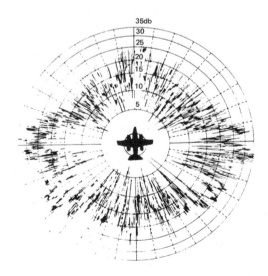

그림 3-19 실험으로 구한 전술 폭격기 수준 항공기의 방위각별 레이더 단면적

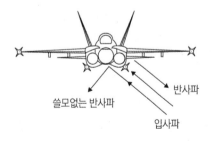

그림 3-20 날개와 동체의 접합부분과 항공기 곡선 표면에서의 반사 패턴이 레이더 단면적을 변화시킴

그림 3-19는 전형적인 항공기의 레이더 단면적을 극좌표로 나타낸 것이다. 관찰각의 작은 변화에 따라 레이더 단면적이 크게 변화하는 것을 알 수 있다. 그림에서 최소와 최댓값이 매우 근접한 것처럼 보이는 것 같지만 ㎅ 단위를 고려하면 전체변화가 33 ㎅로 3㎅가 두 배의 파워변화에 해당함으로 33 ㎅는 2,000배의 파워변화에 해당함을 알 수 있다. 또한, 표적의 옆면에서 보았을 때의 레이더 단면적이 다른 각으로 보았을 때의 값보다 매우 크다는 것을 알 수 있다. 아래 두 요소를 통해 90°로 보았을 때 단면적의 상대적 크기증가를 설명할 수 있다.

1. 항공기가 물리적으로 즉, 실제로 크게 보인다.
2. 그림 3-20과 같이 날개와 동체의 접합부분이 다수의 코너 리플렉터(conner reflector)로 작용한다.

표 3-1은 최적의 레이더 주파수에서 표적 유형별 레이더 단면적 대략 값을 나타낸다.

표 3-1 표적별 레이더 단면적

표적	레이더 단면적($㎡$)
재래식 미사일	0.1
소형 단발 항공기	1
소형 전투기 또는 4인용 제트 여객기	2
대형 전투기	6
중형 폭격기 또는 중형 제트 여객기	20
대형 폭격기 또는 대형 제트 여객기	40
초대형 여객기(jumbo jet)	100
헬리콥터	3
갑판이 없는 소형 보트(open boat)	0.02
소형 플리저 보트(pleasure boat)/20~30ft	2
유람용 보트(cabin cruiser)	10
함(ship)	$㎡$ 단위의 배수톤수

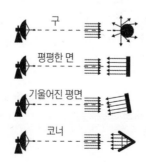

그림 3-21 물체 모양별 후방산란(backscatter)

표 3-2 레이더 성능요소 요약

성능요소	영향을 받는 레이더의 특성
펄스 모양(shape)	거리 정확도; 거리 분해능; 최대 탐지거리
펄스폭(pw)	거리 분해능; 최소 탐지거리; 최대 탐지거리
펄스반복주파수(PRF)	모호하지 않은 최대 탐지거리(maximum unambiguous range);
	거리 변화율 정확도; 각 분해능; 탐지확률
반송파 주파수	지향도; 표적 분해능; 전파손실; 장치의 크기
주사속도 및 빔폭	탐지확률; 각 분해능
수신기 감도	최대 탐지거리
송신파워	최대 탐지거리; 장치의 크기
안테나 이득(gain)	최대 탐지거리
레이더 단면적(RCS)	최대 탐지거리

단순 레이더 거리 공식

앞에서 설명한 레이더 성능에 영향을 주는 여러 요소들이 기초적인 레이더 거리 공식을 전개하기 위해 사용된다.

P_{peak} 로 표현된 레이더 최대 출력 파워가 모든 방향으로 균일하게 방사된다면 레이더로부터 임의의 거리 R 에서 파워밀도(단위면적 당 밀도)는 아래와 같이 전송된 파워를 반지름이 R 인 가상 구의 표면적으로 나누어 얻을 수 있다.

$$\text{전방위 안테나의 파워밀도} \ = \ \frac{P_{peak}}{4\pi R^2} \tag{3-19}$$

앞에서 전 방위 안테나와 비교하여 지향성 안테나를 설명하였듯이 지향성 안테나의 출력은 파워 이득을 이용하여 P_{peak} 와의 관계를 아래와 같이 표현할 수 있다.

$$\text{지향성 안테나의 파워밀도} \ = \ \frac{P_{peak}G}{4\pi R^2} \tag{3-20}$$

위 식은 레이더로부터 거리 R 에 위치한 표적에 도달하는 파워를 정의하며 표적에 의해 다시 방사되는 파워는 표적의 레이더 단면적, σ 의 함수로 아래 식으로 나타낼 수 있다.

$$\text{표적에 의해 재방사되는 파워} \ = \ \frac{P_{peak}G\sigma}{4\pi R^2} \tag{3-21}$$

표적에 의해 재방사되어 레이더로 되돌아오는 파워는 또 다시 반경이 R 인 구의 표면적의 함수이다.

$$\text{레이더에서 표적 반사파의 파워밀도} \ = \ \frac{P_{peak} \, G \sigma}{(4 \pi R^2)^2} \tag{3-22}$$

결국, 반사파 파워의 일부만이 안테나에 포획되는데 안테나 유효면적이 A_e 이므로 레이더에 수신되는 반사파의 실제 파워를 P_r 이라하면 아래와 같이 나타낼 수 있다.

$$P_r \ = \ \frac{P_{peak} \, G \sigma A_e}{(4 \pi R^2)^2} \tag{3-23}$$

여기서, P_r = 레이더로 되돌아온 파워

$\qquad P_{peak}$ = 레이더에서 송신된 파워

$\qquad G$ = 안테나 파워 이득

$\qquad A_e$ = 안테나 유효 면적

$\qquad \sigma$ = 표적의 레이더 단면적

$\qquad R$ = 레이더로부터 표적까지 거리

수신기가 입력 잡음으로부터 분해할 수 있는 가장 작은 반사파 파워($S_{\min}$)는 레이더 수신기에서의 파워밀도와 같으므로 아래와 같이 나타낼 수 있다.

$$S_{\min} \ = \ P_r \ = \ \frac{P_{peak} \, G \sigma A_e}{(4 \pi R^2)^2} \tag{3-24}$$

위식을 거리에 대해 풀고 최대 거리를 $R_{\max}$ 라 하면;

$$R_{\max} \ = \ [\frac{P_{peak} \, G \sigma A_e}{(4 \pi)^2 \, S_{\min}}]^{1/4} \tag{3-25}$$

따라서 아래의 레이더의 최대 탐지거리를 구할 수 있는 단순한 공식을 얻을 수 있다.

$$R_{\max} \ = \ \sqrt[4]{\frac{P_{peak} \, G A_e \sigma}{(4 \pi)^2 \, S_{\min}}} \tag{3-26}$$

식 3-26은 최대 송신 파워만을 고려하여 유도된 단순 레이더 공식이다. 레이더 탐지거리를 결정하는 요소에 대한 보다 자세한 분석을 통해 펄스 레이더의 최대 탐지거리는 펄스 내에 포함된 에너지양에 의존함을 알 수 있는데, 직관적으로 레이더가 많은 에너지를 송신한다면 최대 탐지거리가 증가함을 알 수 있다. 레이더 신호는 구 형태로 퍼지는 전자기파의 자유공간에서 송신을 지

배하는 역 좌승의 법칙을 두 번 따르기 때문에 1/4 승의 파워관계가 생성된다. 즉, 역 좌승의 법칙은 먼저 전 방위로 전송되는 레이더 신호의 파워에 적용된 후 다시 되돌아오는 전송경로를 지나는 신호의 파워에 다시 적용된다. 파워와 최대탐지거리 사이의 1/4 승 관계로부터 왜 장거리 레이더가 그토록 높은 파워의 송신기를 필요로 하는지 알 수 있다. 다음의 예제는 이를 잘 설명해 준다.

예제 3-3 : 파워 100-㎾의 레이더가 거리 100 km에서 특정 표적을 탐지가능하다. 동일 표적을 500 km에서 탐지하려면 어느 정도의 송신기 파워가 요구되는가?(지구 곡률에 의한 효과는 무시한다)

풀이 :

$$\frac{R_2}{R_1} = \sqrt[4]{\frac{P_2}{P_1}}$$

$$P_2 = \left(\frac{R_2}{R_1}\right)^4 P_1 = \left(\frac{500km}{100km}\right) \times 100\,kW = 62.5\,MW$$

파워 62.5 MW의 송신기는 존재하지 않는데 이를 실현하기 위해서는 송신기 및 도파관 구성품의 심각한 손실을 피하기 위한 구성품의 획기적인 개량이 필요하다. 실용적인 0.5 MW ~ 2 MW 송신기로 레이더 최대 탐지거리를 500㎞까지 확장하기 위해서는 수신기 이득 또는 안테나 이득 및/또는 유효면적의 큰 폭의 증가가 필요할 것이다. 수신기 이득 증가를 위해서는 최대한 잡음의 감소가 필요하다. 이로부터 기술적으로 가능한 수준으로 잡음을 낮추는 것이 얼마나 중요한지 알 수 있다. 또한 레이더의 가격은 요구되는 탐지거리에 기하급수적으로 비례함을 알 수 있다.

단순 레이더 거리공식의 활용

레이더 거리공식에는 특정 장비와 관련된 다양한 손실(loss)을 포함하지 않았으며 탐지와 관련된 적용가능한 통계적 이론에 대해 완전한 설명을 하지 못한다. $S_{\min}$ 항은 수신기(첫째 전치 증폭기)에서 되돌아오는 반사파 파워가 정확히 잡음 수준과 같을 때 0.5의 탐지확률을 부여한다. 본장에서 공학적 목적의 충분한 거리예측 정확도를 제공하고자 하는 의도는 없으며, 다만 전술장교에게 레이더 단면적(σ)을 알고 있는 표적에 대해 실험적으로 실제 탐지거리를 확인할 수 있는 센서 성능과 관련된 데이터를 제공할 수 있다. 실제 탐지거리가 확인된 조건 하에서 새로운 탐지거리는 표적의 크기, 이득, 안테나 크기, 파워, $S_{\min}$ 의 변화에 따라 결정되며, 포함되지 않는 변수의 항은 문제해결을 위한 비례법을 이용하여 생략할 수 있다. 권위 있는 장비 제작사의 사용설명서나 지침서에 등장하는 레이더일지라도 이러한 방식으로 결정된 거리의 추정 정확도는 개략적인 전략적 결정을 하는 데 있어 충분하다.

예제 3-4 : 최근 함대 훈련에서 AEW(Airborne Early Warning) 항공기 레이더가 거리 75 km에서 σ 이 1㎡ 인 무인비행기 표적을 탐지할 수 있었다. 동일 레이더로 레이더 단면적이 0.5 ㎡인 순항 유도탄을 탐지할 수 있는 거리를 구하라.

풀이 :

$$R_{unamb} = \frac{C(PRT)}{2}$$

$$R_2 \;=\; \sqrt[4]{\frac{\sigma_2}{\sigma_1}} \times R_1 \;=\; \sqrt[4]{\frac{0.5\,m^2}{1\,m^2}} \times 75\,km \;=\; 63\,km$$

예제 3-5 : 지중해 작전에 배치 중인 E-2C기가 최대 파워가 1 MW인 AN/APS 125 레이더로 북쪽 방위 400 km에서 표적을 접촉하였다. 파워 동요에 의해 저전압 보호회로가 작동하여 레이더를 차단하였다. 동작이 복귀되었을 때 최소 분간 신호가 3 dBm 만큼 증가되고 최대파워가 750 kW로 감소되었다. 이때 표적의 탐지거리는 얼마인가?

풀이 :

$$R_2 \;=\; \sqrt[4]{\frac{\dfrac{P_{paek2}}{S_{\min 2}}}{\dfrac{P_{paek1}}{S_{\min 1}}}} \times R_1$$

최소 분간 신호(MDS)가 3 dBm 만큼 증가하였으므로 $S_{\min 2} \;=\; 2 \times S_{\min 1}$ 이고, $P_{peak\,2} = 0.75 P_{peak\,1}$ 이므로

$$R_2 \;=\; \sqrt[4]{\frac{\dfrac{0.75}{2}}{\dfrac{1}{1}}} \times 400\,km \;=\; 313.02\,km$$

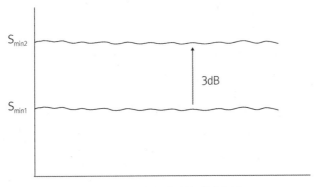

그림 3-22 S_{min} 3dB 증가와 레이더 성능

환경적 고려사항

높은 에너지의 RF 방사원(source)을 동작할 때 송신기와 수신기 사이에 존재하는 다양한 상호 영향 가능성 때문에 반드시 충분한 주의를 기울여야 한다. 다른 유사 시스템에서부터 발생되는 신호는 대부분의 경우 해당 시스템에 간섭에 의한 심각한 위험을 발생시킬 수 있다. 이러한 간섭에는 Antenna-to-Antenna 커플링과 Non-Antenna 커플링 두 종류가 있다.

Antenna-to-Antenna 커플링

수신 안테나로 커플링(coupling)되는 높은 에너지는 심한 간섭을 발생시킨다. 게다가 이러한 높은 에너지 신호의 수신은 성능저하나 크리스털 탐지기(crystal detector)의 소손을 일으킬 수 있다.

Non-Antenna 커플링

탐지이상(anomalous detection) RF 신호의 탐지이상은 확성장치(public address system), 영화음향 시스템(motion picture sound system) 등 다양한 장비에서 발생할 수 있다. 게다가, 함정의 라이프라인(lifeline)나 함정에 설치된 다른 금속성 의장품은 수신 안테나로 동작할 수 있다. 적절히 접지되지 않았거나 금속과 금속 사이에 접촉 불량을 일으키는 부식이 발생하면 전호가 발생할 수 있으며, 이는 라디오 통신성능을 저하시키고 전기충격에 의한 위험을 유발할 수 있다.

무기에 위험(HERO, Hazard to ordnance) RF 에너지가 전기적으로 발사되는 무장의 회로 내 도선으로 커플링되면 로켓모터(rocket motor)의 조기점화나 불발탄을 발생시키기에 충분한 전자기장이 형성될 수 있다. 따라서 대부분의 경우 RF 송신기와 무기 간의 이격거리가 지정되어 있다.

인체에 위험(RADHAZ, Hazard to personnel) 인간의 피부조직은 RF 에너지를 흡수하면 체온이 상승된다. 1 GHz ~ 3 GHz의 주파수는 거의 100% 흡수되며 1 GHz 이하에서는 40% 이하가 흡수되지만, 또 다른 위험이 존재한다. 파장이 길수록 몸속 깊이 침투가 가능하기 때문에 외견상 확인 가능한 피부온도 상승과 달리 내부 장기의 온도가 상승된다. 고에너지 장치를 작동할 때는 송신기 근처 사람에 대한 우발적 방사를 방지해야 한다. 3 GHz 이상에서는 많은 에너지가 반사되지만 여전히 약 40%의 에너지는 흡수된다.

요약

일반적으로 펄스-반사파(pulse-echo) 레이더는 송신기, 수신기, 전원공급기, 동기화장치, 송수 전환기, 안테나, 전시기 등 7개의 기본 구성부(품)로 제작된다. 모든 구성부가 레이더 전체 효율에 있어 동등하게 중요하지만 안테나 시스템은 여러 능력을 가진다는 점에서 독특하다. 첫 번째로 안테나는 에너지를 내보내고 받아들이는 송신기와 수신기 모두의 역할을 하는데, 펄스 레이더 시스템에서는 송신 사이클 동안 수신기 동작을 중지시키는 송수 전환기를 사용하여 두 가지 역할을 수행할 수 있다.

둘째로 안테나 설계는 레이더 빔 모양을 직접적으로 결정하여 표적위치의 정확도를 결정한다. 이러한 빔 모양 형성은 전자기파의 반사, 굴절, 간섭 등을 활용하는 설계를 통해 수행된다.

펄스 레이더에서 거리식별은 송신된 레이더 펄스가 빛의 속력으로 진행하기 때문에 거리는 펄스 왕복시간의 함수라는 단순 사실에 기초한다. 표적 방위정보의 정확도는 되돌아오는 신호의 강도변화에 따른 감도에 기초한다. 이들 변화가 보다 정확하게 교정(calibration)될수록 보다 정확한 방위정보를 얻을 수 있다.

되돌아오는 최소신호 탐지에 실질적인 제한은 잡음에 의해 정해진다. 잡음에는 환경적 방사, 시스템 잡음, 수신기 입력회로 내부의 열에 의해 발생되는 전기적 동요(fluctuation)가 있다.

레이더 성능은 여러 요소에 의해 결정되는데 그중 일부인 펄스 모양, 폭, 반복주파수, 안테나 이득, 표적 반사율(reflectivity) 등은 매우 밀접하게 서로 연관되어 있다. 레이더의 최대탐지거리는 송신파워, 안테나 이득과 수신면적, 표적의 레이더 단면적에 의해 결정된다. 이 요소들의 변화는 1/4승 파워관계에 따라 최대탐지거리를 변화시킨다.

CHAPTER

레이더 시스템

4

서론

앞장에서 레이더 기본 동작원리에 대해 살펴보았다. 또한 기본적인 펄스 레이더가 반사 신호의 세기에 영향을 주는 요소와 함께 소개되었다. 본장에서는 연속파 레이더(continuous-wave radar), 펄스 도플러 레이더(pulse-doppler radar), MTI 레이더, 위상배열(phased-array-type) 레이더 시스템 등 다른 유형의 레이더를 소개하고자 한다.

연속파(CW) 및 주파수 변조 연속파(FMCW) 레이더

연속파 레이더

1904년 5월 독일의 공학자 Christian Hulsmeyer는 라디오파로 물체를 최초로 탐지하였다. 이 실험은 강배(riverboat)가 라디오 연속파 빔 내에 있을 때 라디오파가 강배에 반사되어 탐지될 수 있음을 증명하였다.

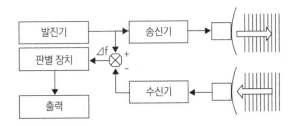

그림 4-1 연속파 레이더 블록 다이어그램

그림 4-1은 최소한의 기본 구성부(품)를 가지는 기초적인 연속파 레이더를 나타낸다. 이 레이더는 고정 주파수에서 에너지를 연속적으로 방사한다. 연속파 레이더에는 펄스신호가 없기 때문에 펄스-반사파 레이더에 있는 타이밍 회로(timing circuit)가 없으며 연속적으로 동작하므로 최대 파

위는 평균 파워와 같다. 따라서 듀티사이클(duty cycle)이 "1"이다.

$$\frac{P_{평균}}{P_{최대}} = 1 \tag{4-1}$$

빔 내에서 물체에 에너지가 반사되어 수신 안테나로 되돌아온다. 연속파 레이더는 수신기와 송신기가 동시에 동작해야 하기 때문에 별도의 수신용 안테나를 사용한다. 이때 송신 에너지가 수신 안테나로 직접 인입되는 위험이 존재하는데 이를 방지하기 위해 안테나를 일정거리로 이격시킨다. 이격이 불가능하면 안테나 지향도를 높이거나 흡수물질을 이용한 금속성 차폐(baffle)를 이용하여 에너지를 격리시킨다.

송신기에서 발진된 약한 RF 기준신호(reference signal)가 혼합기(mixer)로 보내져 반사파와 혼합된다. 움직이는 표적에 의한 반사파는 도플러 변이 때문에 기준신호와 다르다. 혼합기의 출력은 이 차이의 함수이며 증폭되어 지시기로 보내진다.

송신기가 작동하는 동안 수신기를 차단하지 않기 때문에 최소 탐지거리는 존재하지 않는다. 그러나 시간기준이 없기 때문에 기존의 방법으로는 거리를 측정할 수 없다.

도플러 변이에 의한 수신 주파수의 변화는 표적 조준선(LOS ; line-of-sight) 방향의 속도에 비례한다. 도플러 레이더는 접근하거나 멀어지는 방향, 즉 방사방향의 속도만을 측정한다.

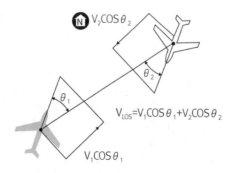

그림 4-2 조준선 방향으로의 상대속도 계산

방사상 또는 조준선 방향의 속도, v_{LOS} 는 송/수신기 속도(v_1)와 표적 속도(v_2)로 계산할 수 있으며, 이들의 운동방향과 조준선 사이의 각을 각각 θ_1 과 θ_2 라 하면 그림 4-2에서와 같이 조준선 방향으로의 속도는 아래와 같이 나타낼 수 있다.

$$v_{LOS} = v_1\cos\theta_1 + v_2\cos\theta_2 \tag{4-2}$$

여기서, v_{LOS} = 조준선 방향의 속도

v_1 = 플랫폼 1 의 속도

v_2 = 플랫폼 2 의 속도

θ_1 = 플랫폼 1 에서 플랫폼 2 방향으로의 상대방위

θ_2 = 플랫폼 2 에서 플랫폼 1 방향으로의 상대방위, 표적 각이라고도 함

또한, LOS 속도는 거리의 순간적인 변화율로 설명될 수 있다. 문제를 2차원으로 한정하면 각 또한 단순하게 설명이 가능하다. 코사인은 우함수(even function)이기 때문에 양의 각을 사용하든 음의 각을 사용하던 차이가 없다. 엄밀하게 말하면 해군에서 상대방위는 항상 $0° \sim 359°$ 의 양의 값만을 사용한다. θ_1 은 표적의 상대방위로 송/수신기의 침로와 표적 진방위 사이의 차이다. 상대방위와 진방위 사이의 관계를 이용하여 아래와 같이 나타낼 수 있다.

상대방위 = 진방위 − 헤딩(heading)

θ_1 = 플랫폼 2 의 진방위 − 플랫폼 1 의 진방위 헤딩

θ_2 는 표적 각(target angle)으로 표적으로부터 송/수신기로의 상대방위이다. θ_2 을 결정하기 위해서는 플랫폼 2로부터 플랫폼 1 의 진방위를 반드시 확인하여야 한다. 이 진방위는 단순히 플랫폼 1 으로부터 플랫폼 2의 진방위의 상호방위(reciprocal bearing) 이다.

상호방위 = 진방위 $\pm 180°$

θ_2 = 플랫폼 1 의 진방위 − 플랫폼 2 의 진방위 헤딩

다시 강조하지만, 실제 세계에서는 결과 값이 $0° \sim 359°$ 이어야 하나, 수학적으로는 결과 값이 양의 값이든 음의 값이든, 심지어 360°를 초과하는 값이든 문제가 되지 않는다.

거리변화율을 알고 있다 가정하면 되돌아오는 신호의 주파수 변이, f_D 는 아래와 같이 나타낼 수 있다.

$$f_D = \frac{2v_{LOS}}{\lambda} \tag{4-3}$$

여기서, f_D = 도플러 변이(Hz)

λ = 원 신호의 파장(m)

v_{LOS} = 조준선 방향의 속도

혼합기는 표적에 대한 조준선 방향의 속도로부터 도플러 변이를 직접 측정하기 때문에 식 4-3을 이에 대해 아래와 같이 다시 정리할 수 있다.

$$v_{LOS} = \frac{\lambda f_D}{2} \tag{4-4}$$

동작 주파수와 항공기 속력에 기초한 도플러 주파수는 일반적으로 50 ㎑ 이하이다. 이 범위에서 연속파(CW) 레이더가 양 또는 음의 주파수 변이를 얻기 위해서는 100 ㎑의 대역폭(±50 ㎑)이 필요하다. 이 부분이 일반적으로 수 MHz의 대역폭을 가지는 펄스 레이더와 대비되는데, 이렇게 대역폭에 대한 요구가 줄어들어 펄스 레이더에 비해 CW 레이더는 일반적으로 잡음에 의한 제한이 적으므로 높은 신호 대 잡음 비(SNR)를 가진다.

그러나 두 개의 안테나가 필요한 구조적 특성 때문에 일반적으로 파워가 제한된다. 추가로 잡음을 감소시키기 위해 해면이나 육지에 의한 반사파나 원치 않는 표적에 의한 잡음을 필터링(filtering)하기도 하며 증폭기가 도플러 변이 대역 내의 원하는 주파수에서 선택적으로 동작하게 함으로써 특정 거리 변화율을 가지는 표적에서의 신호만을 선택적으로 증폭하게 한다.

예를 들어, 특정 변화율로 접근하는 표적 도플러 변이에 해당하는 주파수만을 수용하도록 증폭기를 조정하면 레이더는 이러한 특성을 가지는 표적의 신호만을 검출할 수 있다. 이를 통해 레이더가 표적을 선택할 수 있으며 식별할 수 있는 능력을 가져 일부 운용환경에서 확실한 이점으로 활용할 수 있다.

기초적인 CW 레이더는 여러 고유의 단점을 가진다. 대표적인 단점으로 도플러 변이가 없는 표적, 즉 f_D = 0인 표적을 탐지할 수 없다. 도플러 변이가 없는 표적은 레이더 송신기에 대해 움직임이 없어 레이더는 방사상 상대 운동을 전혀 감지할 수 없게 되어 맹목(blind) 상태가 된다. 또한 표적이 송신기와 동일 침로와 속력을 가질 경우와 표적이 송신기 주변을 빙글빙글 돌 경우에도 맹목상태가 된다. 이러한 상황의 예로 두 항공기간에 하나의 항공기가 다른 항공기의 뒤를 쫓을 경우 맹목상태가 될 수 있다.

연속파 레이더의 또 다른 단점은 거리를 측정할 수 없다는 것이다. 정지한 표적으로부터 움직이는 표적을 분리해 낼 수 있는 능력은 매우 유용하므로, 표적 분리식별을 위해 도플러 효과를 사용할 수 있도록 펄스 레이더를 보다 유용한 형태로 개조하는 방식이 사용될 수 있으며 이를 위한 연속파와 펄스 레이더의 결합은 본장의 후반부에서 다룰 것이다.

변조(modulation)

레이더 및 통신에서 송신파(transmission wave)는 정보를 전달하고 수신기에서 신호처리를 쉽게 하거나 다양한 형태의 대응책(countermeasure)을 수행하기 위해 변조된다. 반송파의 진폭 변조(AM ; Amplitude Modulation), 주파수 변조(FM ; Frequency Modulation), 위상 변조(PM ; Phase Modulation)가 연속파 레이더에 사용되거나, 개별적으로 또는 함께 펄스 레이더 시스템의 송신기 출력에 첨가(superimposition)된다.

송신기 출력의 펄스화 자체가 변조의 한 방법으로 정보보호 또는 전자전 대응책에 필요한 코딩(coding)을 제공하기 위해 여러 방식으로 변환된다. 펄스 레이더에서는 반송파 주파수, 진폭뿐만 아니라 펄스지속시간도 변화 가능하다.

여러 유형의 레이더가 그림 4-3과 같이 무기의 비행경로를 지시하거나, 표적 획득에 있어 유도장치를 돕거나 신관 시스템(fuze system) 활성화를 위해 아날로그나 디지털 통신으로 위의 여러 변조방법을 결합하여 사용한다.

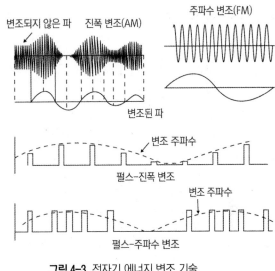

그림 4-3 전자기 에너지 변조 기술

주파수-변조 연속파 레이더(FMCW)

레이더 시스템은 기존의 펄스 레이더와 유사하게 연속파 레이더의 개량을 통해 직접 표적의 거리를 측정할 수 있다. 이때 일반적으로 사용되는 기술이 주파수 변조이다. 그림 4-4는 주파수 변조 차트(chart)로 시간변화에 따른 주파수가 변조된 출력신호를 나타낸다. 그림에서 출력신호의 주파수가 420 MHz에서 460 MHz까지 선형적으로 증가한 후 빠르게 420 MHz로 되돌아오며, 이러한 주파수 변화가 계속하여 반복된다.

주파수가 시간의 함수로 40 MHz의 범위 내에서 규칙적으로 변화하기 때문에 사이클 내 임의의 순간에서 주파수 값은 반복되는 사이클의 시작 후 경과시간을 계산하기 위한 토대로 사용될 수 있다. 예를 들어, 시간 t_0 에서 송신기가 물체를 향해 420 MHz의 신호를 내보내고 이 신호가 물체에 부딪친 후 시간 t_1 에서 수신기로 되돌아온다 하자, 이때 송신기는 440 MHz의 새로운 신호를 내보낸다. 그

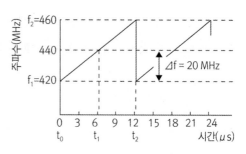

그림 4-4 주파수 변조 차트
(frequency modulation chart)

러면 12초의 시간 동안 주파수, f 가 420 MHz에서 460 MHz로 변했으므로 420 MHz의 신호가 460 MHz까지 변화하는데 필요한 시간은 아래 식으로 구할 수 있으며, 12 μs의 20/40으로 6.0 μs가 된다.

$$\triangle t \;=\; \frac{T \triangle f}{f_2 - f_1} \;=\; \frac{12 \mu s \,(20 MHz)}{460 MHz \;-\; 420 MHz} \;=\; 6.0 \,\mu \mathrm{sec} \tag{4-5}$$

주파수 변조 시스템에서 반사파가 수신될 때 440 MHz의 송신 신호와 420 MHz의 반사 신호 모두가 수신기에 공급된다. 두 신호가 판별장치(discriminator)에서 결합되어 맥놀이 주파수(beat frequency)가 생성된다. 이때 맥놀이 신호(beat note)의 주파수가 거리에 따라 변화하는데 그림 4-5와 같이 거리가 증가할수록 주파수가 증가한다.

주파수를 측정하는 장치는 이를 거리로 나타낼 수 있도록 교정된다. 양방향 전송에 대해 식 4-5와 기본 거리방정식을 함께 이용하면 거리는 아래와 같이 표현된다.

$$R \;=\; \frac{c \, T \triangle f}{2(f_2 - f_1)} \tag{4-6}$$

FMCW 시스템은 종종 레이더 고도계나 탄두의 레이더 근접신관에 사용된다. 항공기나 순항미사일에 장착된 주파수-변조 레이더 고도계는 이 기술을 사용하는데 항공기의 절대고도를 측정하는, 즉 항공기로부터 지표까지의 거리를 측정하는 기능을 수행한다. 일반적인 레이더 고도계의 간단한 블록 다이어그램을 그림 4-6a에 나타내었다. 그림 4-6b는 톱니바퀴 형태의 변조된 신호를 보여준다.

그림 4-6에서 송신 주파수는 f_1 에서 f_2 로 선형적으로 증가하였다가, f_2 에서 f_1 로 선형적으로 감소한다. 지표상의 한 점에서 반사되는 파는 시간지연 및 고도에 따른 주파수 차이를 제외하곤 송신된 파와 동일하다. 레이더의 내부에서 송신 및 수신 주파수는 섞여져 주파수 차이, $\triangle f$ 을

생성한다. 이 출력 데이터를 전시하기 위한 여러 방법이 있는데 이중 하나가 주파수 차이에 비례하는 출력 직류전압을 생성하는 것으로 출력전압이 레이더 고도계에서 직접 읽혀진다.

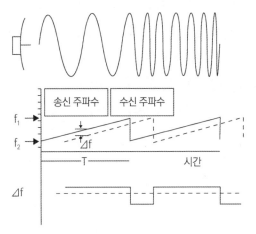

그림 4-5 FMCW 이론, $\triangle f = f_2 - f_1$는 점선으로 표시된 맥놀이 주파수를 생성함

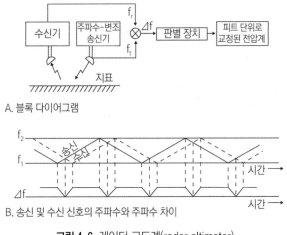

A. 블록 다이어그램

B. 송신 및 수신 신호의 주파수와 주파수 차이

그림 4-6 레이더 고도계(radar altimeter)

FMCW 시스템을 구성하는 또 다른 방법은 스위프(sweep) 정보로 회복하기 위해 송신과 수신 신호를 복조(demodulation)한 후 송신 신호와 수신 신호 사이의 위상차를 비교하는 것이다. 이 시스템은 음의 $\triangle f$ 을 판별할 필요가 없다. 어떠한 경우이든 모호하지 않은 최대 탐지거리, R_{unamb} 는 f_1 에서 f_2 로의 스위프 주기(sweep period)에 의해 결정된다.

$$R_{unamb} = \frac{cT}{2} \tag{4-7}$$

FWCM 시스템은 펄스 시스템과 달리 최소탐지거리를 가지지 않으며, 연속파의 파워가 펄스 시스템의 최대 파워(peak power)보다 상당히 낮기 때문에 장거리 탐지에 적합하지 못하다. 또한 두 안테나가 매우 근접하여 있기 때문에 출력 최대파워에 제한을 받는다. 최대와 평균 파워(average power) 사이의 관계는 앞에서 살펴보았듯이 듀티사이클(duty cycle), $P_{최대} = DC \times P_{평균}$로 나타낼 수 있다. 연속파 시스템에서 듀티사이클은 "1"임으로 최대 파워와 평균 파워는 같다. 이와 비교하여 펄스 레이더 시스템에서는 최대 파워가 평균 파워보다 크다.

복합 레이더 시스템

탐색레이더와 펄스 레이더의 성능을 심각하게 저하시키는 요소는 클러터(clutter)이다. 클러터는 나무, 파도, 빌딩, 지형적 특성 등과 같이 정지하였거나 낮은 속력을 가지는 물체로부터의 반사파에 의해 생성된다. 클러터란 육지, 바다, 비, 수증기의 응결 등에 의한 원치 않는 반사파 이다. 정지표적은 전시기 상에 클러터를 형성하여 함정 및 항공기 표적의 탐지를 어렵게 한다. 따라서 클러터는 배제하고 움직이는 표적만을 탐지하는 시스템이 종종 요구된다.

예를 들어 탐지되지 않기 위해 육지에 근접하여 비행하는 항공 표적을 고려하여 보자. 표적 및 인근 지형으로부터 반사파가 동시에 도달할 것이다. 재래식 레이더가 사용된다면 표적으로부터 되돌아오는 반사파는 더 큰 육지에서 되돌아오는 반사파에 의해 가려질 것이다. 그러나 레이더 시스템이 움직이는 표적에 대해서만 감도가 우수하다면 육지로부터 되돌아오는 반사파를 거부하여 표적을 두드러지게 할 수 있다.

본 절에서는 펄스 레이더가 정지 표적을 거부하는 방법에 대해 살펴볼 것이다. 레이더 동작의 기본원리는 움직임이 없는 표적으로부터의 반사파는 정해진 시간간격 후에 레이더로 되돌아온다는 것이다. 반면 움직이는 표적과 연관된 시간간격을 펄스와 펄스 사이에 변화할 것이다. 이 시간간격은 표적거리의 증가와 감소에 따라 증가하거나 감소할 것이다.

속도를 판별할 수 있는 레이더 시스템은 표적의 움직임을 감지할 수 있도록 변조된 펄스 시스템을 사용하는데, 이러한 레이더 시스템을 펄스-도플러(PD ; Pulse-Doppler) 레이더 또는 MTI(Moving Target Indication) 레이더라 한다. 두 레이더 모두 같은 원리에 의해 동작하며 PRF에 따라 구분된다. 펄스-도플러 레이더는 일반적으로 100 kHz 이상의 높은 펄스반복주파수에서 동작하고 보다 양호한 속도 판별과 클러터 제거 능력을 가진다. MTI 레이더는 4 kHz 이하의 낮은 펄스반복주파수를 가지며 보다 정확한 거리 분해능을 가진다.

속도 판별

기초적인 연속파 레이더 시스템이 연속적 에너지를 전송하는 대신 펄스 형태의 에너지를 전송하도록 개조된다면 움직이는 표적을 감지할 수 있는 시스템이 될 수 있다. 그림 4-7은 이러한 시스템을 나타낸다. 근본적으로 이 시스템은 수신기가 반사파 펄스 내의 주파수 변화에 민감하다

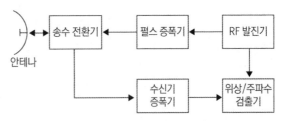

그림 4-7 기초적인 펄스-변조 도플러 레이더 시스템

는 것을 제외하면 펄스-반사파 시스템과 같다. 이 시스템에서는 연속파 레이더와 같이 송신기로부터 송신되는 주파수와 수신되는 펄스의 주파수, 둘이 비교된다. 여기서 차이점은 펄스 레이더의 경우 송신을 연속적으로 하지 않는다는 것이다. 따라서 각각의 펄스에서 송신 반송파 주파수와 되돌아오는 반송파의 주파수가 비교되며 이는 도플러 변이를 확인하는 데 사용된다.

연속파 레이더에서처럼, 도플러 변이는 방사상 속도, v_{LOS} 에 비례하므로 아래와 같이 나타낼 수 있다.

$$v_{LOS} = \frac{\lambda f_D}{2} \text{ 또는 } f_D = \frac{2v_{LOS}}{\lambda} \tag{4-8}$$

펄스-도플러(Pulse-Doppler) 레이더 모드

속도의 불확실성을 없애기 위해 펄스-도플러 레이더는 높은 펄스반복주파수를 사용한다. 주파수-필터링(frequency-filtering) 장치를 통해 도플러 변이를 순서를 정하여 정리함(routing)으로써 정지표적에서 되돌아오는 원치 않는 신호를 선택적으로 제거한다. 이 장치를 대역 통과 필터(band pass filter)라 하며, 이 장치는 필터가 설계된 좁은 대역 내의 주파수를 가지는 신호만을 통과시킨다. 필터는 3 m/s 정도의 속도 변화를 감지하므로 정지표적으로 되돌아오는 신호가 전시기에 전해지지 않도록 차단한다.

일련의 대역 통과 필터가 그림 4-8과 같이 다른 속도를 가지는 표적을 구분하는데 사용될 수 있다. 필터를 항공기에 장착 시 정지표적은 항공기의 속도와 같은 상대속도를 가지는 것처럼 보이는데 이는 이 속력에 대응하는 적절한 대역 통과 필터를 선택적으로 끔으로써 이 문제를 단순하게 해결될 수 있다.

이러한 방식으로 표적속도 정보를 도출하는 레이더 시스템을 펄스-도플러 레이더라 한다. 이 레이더는 연속파 시스템에 비해 두 가지 장점을 가진다. 펄스-도플러 레이더는 변조된 펄스를 사용하기 때문 속도뿐만 아니라 거리도 측정할 수 있다. 두 번째로 펄스-도플러 시스템은 하나의 안테나만 있으면 되며, 일반적으로 전송파워가 크다.

도플러 필터 뱅크 실제로, 펄스-도플러 레이더는 필터의 출력이 지시기(indicator)와 링크된 여러 개의 대역 통과 필터를 사용한다. 레이더는 많은 발생원(source)으로부터 동시에 신호를 수신하며, 도플러 필터 뱅크에서 도플러 주파수에 따라 분류된다.

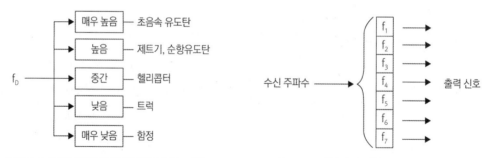

그림 4-8 표적분리를 위한 도플러 주파수 게이트 **그림 4-9** 표적분리를 위한 도플러 주파수 게이트

뱅크 내의 각각의 필터는 그림 4-9와 같이 좁은 주파수 대역을 통과하도록 설계된다. 이론적으로 필터의 사이드 로브(side lobe)를 제거함으로써 반사된 신호가 필터의 통과대역(passband)이라 불리는 특정범위의 주파수를 만족할 때에만 출력을 생성하게 한다. 그림 4-10과 같이 수신 신호가 통과대역의 중심 주파수에 근접할수록 보다 큰 출력을 생성한다. 뱅크 내의 개개의 필터는 그림 4-11과 같이 고유의 중심 주파수에 맞추어지며 각각의 통과대역이 겹쳐지게 설계된다.

필터 대역폭(filter bandwidth) 필터는 정해진 시간 동안 신호를 적분(integration)함으로써 선택감도(selectivity)을 얻는데 이 시간을 필터 대역폭이라 하며 이는 최소로 분해 가능한 도플러 변이를 결정한다. 필터에 의해 통과된 주파수 대역의 폭은 주로 밀리 초 수준의 적분시간, t_{int} 의 길이에 의존하며 그림 4-12와 같이 반사 신호에 적용된다. 통과대역 필터(passband filter)의 경우 최적 3

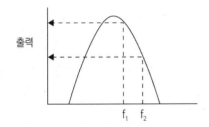

그림 4-10 하나의 도플러 필터에서 통과 밴드; f_1 이 중심 주파수에 가까워 f_2 보다 많은 출력을 생성함

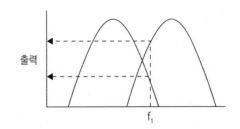

그림 4-11 표적의 이동으로 도플러 주파수가 변화함에 따라 출력이 하나의 필터에서 다음 필터로 이동하면서 생성됨

dB 대역폭은 대략 $1/t_{int}$ 로 아래와 같이 나타낼 수 있다.

$$BW_{3dB} \cong \frac{1}{t_{int}} \tag{4-9}$$

도플러 필터링(doppler filtering)의 수학적 풀이는 별도의 교재를 참고바라며, 일반적으로 필터링은 이산푸리에변환(DFT ; Discrete Fourier Transform)을 이용 반사 신호정보를 샘플링(sampling)하여, 고속푸리에변환(FFT ; Fast Fourier Transform)의 형태로 수행된다.

가장 일반적인 예로는 반사 신호정보를 PPI 전시기 상에 컬러 코드(color code)화하는 것이다. 도플러 변이는 예를 들어 양, 음, 제로의 범주로 분류되며 색과 연관지어 표현된다. 표적의 상대방위 및 속도가 같은 방법으로 펄스-반사파 유형의 레이더에 전시된다.

펄스-도플러 레이더 시스템은 군사적으로 다양하게 이용된다. 또한 표준 기상 레이더로 사용되기도 하는데 그림 4-13은 기상 레이더 시스템으로 스톰 셀(storm cell) 내의 바람의 상대운동에 관한 정보를 그래픽으로 전시할 수 있고 토네이도(tornado)를 탐지하는 데 유용성이 증명되었다. 예를 들어, 토네이도의 도플러 속도를 서로 반대되는 운동방향에 해당하는 두 가지 색으로 함께 나타낸다.

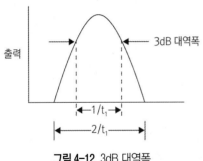

그림 4-12 3dB 대역폭

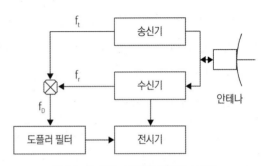

그림 4-13 펄스-도플러 레이더 시스템

MTI 모드

현재 MTI 모드로 동작하는 레이더는 일반적으로 4 ㎑ 보다 낮은 펄스반복주파수에서 동작한다. 낮은 펄스반복주파수를 사용하면 차량, 함정, 잠수함 잠망경과 같이 저속으로 이동하는 표적을 추적하는데 적합하다. 단, 낮은 펄스반복주파수를 사용하면 속도의 모호성이 증가한다.

MTI를 위한 기존 기술로 표적의 움직임을 탐지하기 위해 "delay line canceller"와 위상 비교기(phase comparator)를 사용하였으며 현대에도 MTI 레이더는 여전히 정확하게 속도를 측정할 수 없다. 그림 4-14는 위상 비교기를 사용하는 MTI 레이더를 나타낸다.

연속하여 되돌아오는 반사 펄스가 수신기에서 위상 검출기(phase detector)로 보내지고, 여기에서 표본 송신신호와 비교된다. 고정 표적과 움직이는 표적에 대한 위상 검출기의 출력은 그림 4-15와 같다.

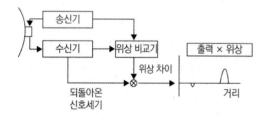

그림 4-14 MTI 위상 비교기 레이더 시스템

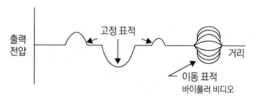

그림 4-15 고정 및 이동 표적에 대한 A-스코프 상의 위상 검출기 출력

표적거리 변화량에 따라 위상 비교기 출력이 허용 범위 내에서 변화한다. 레이더 반송파 주파수의 1/2 파장만큼의 거리변화가 있을 때 위상변이의 완전한 한 사이클이 완성되는데 이는 레이더 신호가 표적을 향해 이동하였다가 표적으로부터 되돌아오기 때문이다. 따라서 레이더 펄스의 전체 진행거리는 2배가 된다. 파장이 3 ㎝ 정도인 일반 레이더의 경우 위상 비교기의 출력이 표적거리의 변화에 따라 빠르게 변하는 것을 확인할 수 있다.

이 시스템은 위상 비교기의 출력을 펄스반복시간(PRT) 만큼 지연시켜 다음 펄스에서 감하여 표적의 운동정도를 결정한다. 이때 정지표적으로부터의 신호는 모든 펄스에 대해 같으므로 제거된다. 이동표적의 신호는 제거되지 않고 강화될 것이다. "delay line canceller"와 위상 비교기의 출력이 그림 4-16과 4-17에 비교되어 있다.

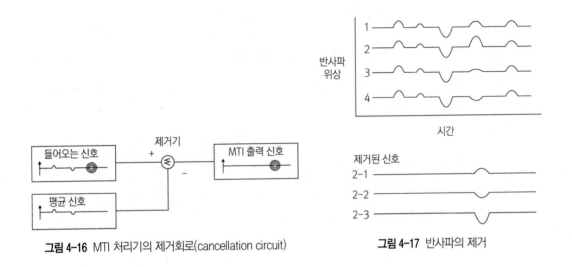

그림 4-16 MTI 처리기의 제거회로(cancellation circuit)

그림 4-17 반사파의 제거

정지표적은 고정된 위상 차이 값을 가진다는 사실을 이용하면 정지된 송신기로 표적을 탐지할 경우 전시기에 표적이 전시되지 않도록 할 수 있다. 그림 4-17에서와 같이 제거회로(cancellation circuit)가 이러한 기능을 수행한다. MTI처리기가 위상 비교기 출력으로부터 표본을 취하고 수 사이클 동안 평균한다. 이동표적은 "0"의 평균값을 가지는 반면 정지표적은 "0"이 아닌 값을 가진다. 평균화된 신호는 전시기로 보내기전에 표적신호 출력에서 감해져서 정지표적 신호를 제거할 수 있다.

주의: 정지표적은 거리 변화가 없는 반사파를 생성한다. 물론, 송신기가 이동할 경우에는 지상의 고정물체에서 되돌아오는 반사파는 거리변화를 포함할 것이며 전시기에 나타난다. 송신기가 이동하는 MTI 시스템은 위상 비교기에 수정된 입력을 제공하여 송신기 운동과 관련된 위상변화를 감안하여여한다.

또한, MTI 레이더는 클러터 제거에도 사용할 수 있으나 탐색임무 수행에 더욱 적합하다. 이 이유는 모호하지 않은 속도 측정에 있어 제한 때문인데, MTI 레이더는 일반적으로 운동 또는 이동 탐지장치이다. 예를 들어 항공기가 저고도로 비행하여 접근하는 항공기를 탐색하기 위해 MTI 레이더를 사용할 수 있다. MIT가 일부 클러터를 제거할 수 있다고는 하나 속도 모호성(ambiguity)을 가진다. 이를 극복하기 위해서 레이더는 보도 높은 펄스반복주파수, 펄스-도플러 모드로 전환이 필요하다.

1. 속도 제한

앞 절의 펄스-도플러와 MTI 모드와 관련된 내용을 설명 시 속도 모호성(velocity ambiguity)에 대해 언급하였다. 이러한 속도 모호성을 맹목속력(blind speed) 및 모호하지 않은 최대 속력(maximum unambiguous speed)이라 한다. 도플러 레이더는 또 다른 제한점으로 대역폭 때문에 측정할 수 있는 속도의 하한 값을 가진다.

MTI 및 펄스-도플러 레이더 시스템의 속도 제한은 특정 펄스반복주파수에서 속도를 측정할 수 없으며 펄스의 성질 때문에 특정 값을 넘어서는 속도를 모호하지 않게 측정할 수 없기 때문이다. 만일 일정 속도로 표적이 이동한다면 연속적인 펄스에서의 위상변화(phase change)는 360°이거나 360°의 정확한 배수가 되며, 이때 표적에서 되돌아오는 반사 신호는 변동이 없을 것이다. 이러한 현상은 도플러 주파수, f_D 가 펄스반복주파수 또는 펄스반복주파수의 배수와 정확하게 일치할 때 발생한다. 표적의 진행거리를 $\triangle R$ 이라 하고, 조준선 방향의 주어진 표적속도를 v_{LOS} 라 하면 연속한 두 개의 레이더 펄스에서 표적의 진행거리는 아래 식으로 나타낼 수 있다.

$$\triangle R = 2\,(v_{LOS})\,(PRT) \tag{4-10}$$

$\triangle R = \lambda/2$ 또는 $n(\lambda/2)$ 일 때, 위상변화가 없거나 레이더 수신기에서 외견상의 주파수 변화가 관찰되지 않는다. 이를 수학적으로 나타내면 아래 식과 같다.

$$v_{LOS}\,PRT = n\,(\lambda/2)\ \text{또는}\ v_{LOS} = \frac{n\lambda}{2PRT} = \frac{nPRF}{2}\lambda \tag{4-11}$$

"delay line canceller"에서 연속 펄스 사이의 위상변화도 감지할 수 없기 때문에 이 표적 속력을 맹목속력이라 한다. 추가로 식 4-3을 이용하고 정지 발생원(source)이라 가정하면 도플러 주파수와의 관계를 나타낼 수 있다.

$$f_{D-blind} = nPRF \tag{4-12}$$

예제 4-1 : 아래의 사양을 가지는 레이의 맹목속력을 구하라.

$$\text{파장} = 0.1\ m \quad PRF = 200\ Hz$$

풀이 :

$$v_{LOS} = \frac{n}{2} \times \frac{200}{s} \times 0.1\,m = 10\,n\,\frac{m}{s}$$

따라서, 이 레이더는 $n = 10, 20, 30 \ldots m/s$의 방사방향의 상대속도를 가지는 모든 표적에 맹목상태 상태가 될 것이다. 노트(knot)로 환산하면 0 노트에서 600 노트의 표적속력 범위 내에서 19.3노트의 정수배에 해당하는 총 31개의 맹목속력을 가진다.

탐색 레이더의 경우 맹목속력의 정수배는 좁은 범위 내에서 발생하며 명확하게 경계가 정해지기 때문에 그리 큰 문제가 되지 않는다. 정상 경로 상에 있는 표적이 맹목속력 중 하나의 속력으로 수 초 이상의 긴 시간동안 접근하는 상황은 쉽게 발생하지 않는다. 실제 이러한 상황의 발생 가능성이 매우 낮기 때문에 이러한 속력을 가지는 표적을 탐지할 확률은 상당히 높다. 그러나 맹목속력을 특정한 범위 내에서 최소화하는 것이 필요하면 펄스 반복률(pulse repetition rate)을 변화시킴으로써 가능하다. 반복률을 변화시키는 한 방법은 매 두 번째 펄스를 짧은 시간 동안 지연시키면 그림 4-18과 같이 펄스반복주파수(PRF)의 변화가 발생한다.

그림 4-18에서 짧은 시간간격, t_1 은 긴 시간간격, $t_1 + \triangle t$ 과 관련된 맹목속력보다 높은 맹목속력을 생성한다. 이를 이용하여 둘 중 하나의 시간간격에 의해 생성되는 맹목속력이 나머지 하나의 시간간격에 의해 생성되는 시간간격에 맹목되지 않게 t_1 과 $\triangle t$ 를 선택하면 맹목속력을 최소화할 수 있다.

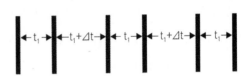

그림 4-18 펄스반복주파수(PRF)의 변화

대부분의 도플러 시스템은 첫 번째 맹목속력을 탐지가 예상되는 표적의 최고속력보다 높도록 펄스반복주파수를 충분히 높게 함으로써 맹목속력 문제를 해결한다.

예제 4-2 : 파장이 10 ㎝인 레이더가 600 노트 이하의 맹목속력을 가지지 않기 위해서는 얼마의 PRF가 필요한가?

풀이 : 600 노트를 m-k-s 단위로 환산하면, 304.8 m/s 이므로

$$PRF = \frac{2v_{LOS}}{\lambda} = \frac{609.6 m/s}{0.1m} = 6,096 \, Hz$$

그러나, 이렇게 높은 펄스 반복률은 거리 모호성 문제를 야기한다. 예를 들어, 6,000 Hz의 PRF를 가지는 펄스-도플러 레이더는 대략 25 km의 모호하지 않은 최대 탐지거리(maximum unambiguous range)를 가질 것이다. 거리 모호성 또한 그림 4-18과 같이 펄스반복주파수에 변화를 주어 해결할 수 있다. 따라서 일부 장거리 유도탄 사격통제 레이더는 매우 다양한 펄스 반복률을 가지고 동작한다. 이를 해결할 수 있는 또 다른 방법은 주파수를 빠르게 변하시키는 주파수 가변 능력(frequency agility) 가지는 것이다. 이 방법에서 각각의 반사파가 특정 송신 펄스와 동일한 것임을 확인하기 위해 일련의 주파수가 펄스에서 펄스로 변화한다.

맹목속력과 유사한 개념이 모호하지 않은 최대 속도, v_{unamb}에도 적용된다. 펄스 도플러 모드에서 방사상 속도는 첫 번째 맹목속력 이상에서는 모호하게 측정될 수 있다. 이는 모호하지 않은 최대 탐지거리와 매우 유사하다. 이 속력보다 큰 임의의 속력은 모호하게 측정될 수 있다.

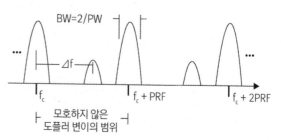

그림 4-19 펄스 도플러 레이더 스펙트럼(spectrum)

최대 모호하지 않은 탐지거리 조건은 도플러 변이가 PRF와 같을 때 발생한다. 그림 4-19의 펄스 도플러 레이더 시스템 스펙트럼을 고려하면 레이더 반송파 주파수의 중심에 주 로브(main lobe)가 위치할 것이다. 3장에서 살펴보았듯이, 주 로브의 대역폭(bandwidth)은 아래 식과 같이 펄스폭(pulse width)에 의해 결정된다.

$$BW \cong \frac{2}{PW} \tag{4-13}$$

펄스반복주파수와 같은 주파수에서 사이클이 반복되기 때문에 반송파 주파수의 양쪽에 펄스반복주파수의 정수배 간격에 주 로브의 추가적 복사본이 위치한다. 반사파의 모든 정보는 도플러 변이된 반사파를 포함하여, 펄스반복주파수의 간격을 가지고 반복될 것이다.

이로부터 최대 모호하지 않은 속력은 아래와 같이 나타낼 수 있다.

$$v_{umamb} = \frac{\lambda PRF}{2} \tag{4-14}$$

따라서 높은 모호하지 않은 최대 속력을 얻기 위해서는 높은 펄스반복주파수가 필요한데, 이는 보다 긴 모호하지 않은 최대 탐지거리, R_{unamb}을 위해서는 낮은 펄스반복주파수가 필요한 것과 상충된다.

 또한 도플러 레이더는 측정 가능한 최소속도가 제한된다. 그림 4-19의 스펙트럼으로부터 탐지를 위해서는 도플러 변이가 주 로브 대역폭의 절반보다 커야 함을 알 수 있다.

$$f_D = \frac{1}{2}BW \tag{4-15}$$

식 4-15를 식 4-3에 대입하여 풀면, 조준선(LOS)에서 탐지가능 최소 속력(minimum detectable speed)은 아래와 같이 나타낼 수 있다.

$$v_{\min} = \frac{BW\lambda}{4} \quad \text{또는} \quad v_{\min} = \frac{\lambda}{2PW} \tag{4-16}$$

 표 4-1은 펄스반복주파수(PRF), 모호하지 않은 탐지거리, 모호하지 않은 속도와의 관계를 보여준다. 스펙트럼의 양 끝에 이점을 가짐에 유의하라.

표 4-1 10 GHz 레이더의 R_{unamb} 및 v_{unamb}

PRF(KHz)	R_{unamb}(km)	v_{unamb}(m/s)
0.1	1,500	1.5
0.5	300	7.5
1	150	15
4	37.5	60
10	15	150
50	3	750
100	1.5	1,500

고-분해능 레이더

펄스압축(Pulse Compression)

사각형의 펄스 내 에너지양은 최대파워(peak power)와 펄스폭(pulse width)의 곱이다. 따라서 파워가 제한되는 레이더 시스템의 경우 펄스폭을 증가시켜 탐지성능을 향상시킬 수 있다. 단, 앞장에서 펄스폭을 증가시키면 거리 분해능이 감소함을 학습하였다. 펄스압축이란 짧은 펄스 송신으로 높은 거리 분해능을 유지하면서 탐지성능을 강화시키기 위해 넓은 펄스의 고 에너지를 사용 가능케 하는 신호처리 기술이다.

펄스압축의 한 방법은 그림 4-20과 같이 펄스 지속 기간 동안 주파수를 변조시켜 펄스를 송신하는 것이다. FMCW 송신과 매우 유사하게 주파수를 선형적으로 증가시킴으로써 겹쳐지는 반사파에서 표적을 보다 잘 분해할 수 있는 방법을 찾을 수 있다. 펄스의 각 부분이 고유의 주파수를 가지기 때문에 두 개의 반사파를 완전하게 분리할 수 있다.

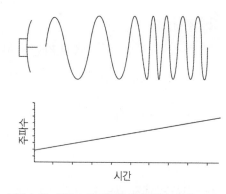

그림 4-20 주파수 변조를 이용한 펄스 압축

반사된 펄스가 수신되면 펄스는 펄스압축 필터를 통과하는데 이때 낮은 주파수는 높은 주파수보다 느리게 통과한다. 따라서 되돌아오는 펄스의 주파수 변이는 펄스의 뒤 가장자리가 앞 가장자리보다 빠르게 필터를 통과하게 한다. 이렇게 되면 필터를 통과한 펄스가 "piling up"되는데, "piling up" 펄스란 필터를 통과하여 파워 진폭이 보다 크고 폭이 좁은 펄스이다.

그림 4-21은 신호처리에서 펄스압축 효과를 나타낸다. 펄스 내에 포함된 에너지 또는 면적이 두 경우 모드 같음에 유의하라. 수신기에서 펄스압축 회로는 두 반사파의 앞 가장자리를 동시에 지연시키며, 펄스의 뒤 가장자리로 갈수록 지연을 감소시킴으로써 각각의 반사파는 보다 짧아지고 진폭이 효과적으로 증가된다.

이러한 방식으로 펄스의 주파수가 변조되어 주파수에 기초하여 표적을

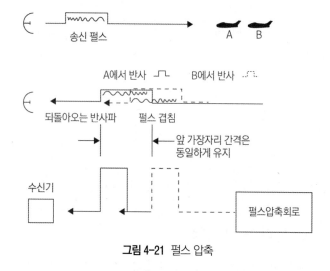

그림 4-21 펄스 압축

분해하는 과정을 "PDPC(post-detection pulse compression)"이라 한다. 재래식 시스템에서 거리 분해능을 향상시키는 수신기의 능력을 펄스 압축률(pulse compression ratio)이라 하는데, 예를 들면 20 : 1의 펄스 압축률은 재래식 시스템에서 거리 분해능이 1/20 으로 감소됨을 의미한다. 현대의 일부 레이더는 7,000 : 1의 높은 펄스 압축률을 가진다. 분해능의 향상은 펄스 압축률(PCR)을 사용하여 아래의 거리 분해능 공식으로 나타낼 수 있다.

$$R_{res} = \frac{cPW}{2PCR} \tag{4-17}$$

여기서, 위의 과정에서 최소 탐지거리는 향상시킬 수 없음을 알아야 한다. 전체 펄스폭이 여전히 전송에 사용되어 송수 전환기(duplexer)는 펄스 전체 시간 동안 송신기에 정렬되어 유지되어야 한다. 따라서 최소 탐지거리 $R_{\min}$ 은 영향을 받지 않는다.

합성 개구 레이더(SAR)

펄스압축이 거리 분해능을 향상시킬 수 있지만 각 분해능(angular resolution)의 향상은 또 다른 영역의 문제이다. 레이더 빔의 각 분해능은 거리, R 및 안테나 빔폭(beam width)의 함수이다. 주어진 거리에서 조준 축과 수직인 방향(cross-range direction)에서 물체를 분해할 수 있는 능력을 크로스-레인지 분해능(cross-range resolution), R_{cross} 라 하며, 아래와 같이 나타낸다.

$$R_{cross} = R\theta \tag{4-18}$$

여기서, θ 는 라디안(radian) 단위의 빔폭이다.

R_{cross} 는 반경 R 에서 라디안 단위의 각 θ 에 의해 스위프(sweep)되는 단순 호의 길이(arc length)이다

예제 4-3 : 10 km에서 빔폭이 1° 일 때, 크로스 레인지(cross range)에서 분해능은?

풀이 :

$$R_{cross} = 10,000\,m \times \frac{1^{\circ}}{57.3^{\circ}/rad} = 174m$$

위 값은 표적을 식별함에 있어 매우 좋지 않은 분해능이다. 따라서 매우 좁은 빔폭이 요구된다. 빔폭, θ_{-3dB} 는 식 3-7에 의해 아래와 같이 주어진다.

$$\theta_{-3dB} = \frac{k\lambda}{l} \tag{4-19}$$

식 4-19에서 빔폭을 작게 하기 위해서는 파장이 작아져야한다. 그러나 주파수가 높아지면 대기에 의한 감쇠가 증가함으로 거리를 제한할 수 있다. 따라서 보다 좁은 빔폭을 얻기 위해서는 안테나 크기 l 이 커져야 한다.

예제 4-4 : 주파수가 3 GHz(λ = 0.1 m)인 레이더를 사용하려는데 100 km에서 1 m의 분해능이 요구된다면 정사각형 안테나의 한 변의 길이는 얼마여야 하는가?

식 4-18로부터,

$$\theta = \frac{R_{cross}}{R} = \frac{1m}{100,000m} = 10 \times 10^{-6} radian$$

풀이 : 빔폭과 관련된 식 4-19를 이용하여 길이, l 에 대해 풀면,

$$l = \frac{k\lambda}{\theta} = \frac{1.02(0.1m)}{10 \times 10^{-6} rad} = 10 \times 10^3 m \text{ 또는 } 10 \, km$$

이 정도 크기의 안테나를 제작하는 것을 불가능함을 알 수 있다.

합성 개구 레이더(SAR)는 송/수신기의 이동을 이용하여 커다란 유효 개구(effective aperture)를 생성함으로써 위 문제의 해답을 제공한다. 이를 위해서는 시스템은 안테나가 이동하는 동안 되돌아오는 여러 개의 반사파를 저장하였다가 이 반사파들이 동시에 돌아온 것처럼 신호를 재구성한다.

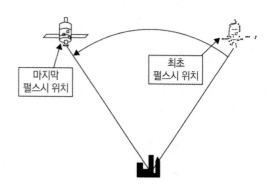

그림 4-22 합성 개구(synthetic aperture)

이 시스템이 실제 수행하는 것은 정경(scene)의 다양한 부분에 의한 도플러 변이를 측정하는 것이다. 송신기가 이동함에 따라 표적 지역은 회전하는 것처럼 나타날 것이다. 연속파(CW) 레이더에서 이는 상대운동의 문제이다. 데이터 수집 기간 동안 송/수신기가 총 거리 S 을 이동하였고 여러 개의 되돌아오는 펄스가 저장되었다면, 그림 4-22와 같이 재구성되는 유효 개구 또한 S 가 된다.

이렇게 커다란 합성 개구는 매우 좁은 빔폭을 생성한다. 식 4-19에서 합성 개구(S)를 물리적인 안테나 개구(l)로 대치하고 합성 개구의 k 값 0.5를 이용하면 크로스-레인지 분해능(cross-range resolution)은 아래와 같이 예측할 수 있다.

$$R_{cross} = \frac{R\lambda}{2S} (SAR) \tag{4-20}$$

여기서, R = 표적거리

S = 자료 수집 동안 송/수신기에 의한 진행거리

λ = 레이더의 파장

합성 개구 레이더는 위성 레이더 시스템에 사용될 수 있다. 위성이 고속으로 이동하기 때문에 이 시스템의 정확도를 매우 높게 할 수 있다. 추가로, 고정표적의 경우 데이터 수집 기간을 매우 길게 가질 수 있다. 따라서 위성 SAR는 지형, 도시, 군사기지 등의 고정 물표 이미지화(imaging)에 사용된다. 또한, 합성 개구-유형 레이더는 전술 및 정찰 항공기에 이미지 처리 및 항법성능 강화를 위해 많이 사용되는 추세이다.

역합성 개구 레이더(ISAR)

역합성 개구 레이더 신호처리 기술은 합성 개구 레이더와 매우 유사하다. 합성 개구 레이더가 송신기의 이동을 이용하는 반면, 역합성 개구 레이더는 표적의 이동을 이용한다. 표적의 이동은 이동 중심점(pivot point) 주위로의 각속도(angular velocity)에 비례하는 도플러 변이를 생성한다.

레이더의 조준선(LOS) 내에서 각 Ψ로 흔들리는 보트를 고려하여 보자. 회전률(rotation rate)은 $\Delta\Psi/\Delta t$ 이고 마스트(mast) 정상에서 도플러 변이는 $v_{LOS} = (\Delta\Psi/\Delta t)L$ 을 식 4-3을 대입하여 구할 수 있다.

$$f_D = \frac{2\frac{\Delta\psi}{\Delta t}L}{\lambda} \tag{4-21}$$

마스트 길이를 작은 조각(ΔL)들로 나누면, 한 조각의 도플러 변이 Δf_D 는 아래와 같이 나타낼 수 있다.

$$\Delta f_D = \frac{2\frac{\Delta\psi}{\Delta t}\Delta L}{\lambda} \tag{4-22}$$

기하학적 문제 때문에 마스트를 크로스-레인지 분해능, R_{cross} 보다 작은 조각(ΔL)들로 나눌 수 없으므로 ΔL 을 R_{cross}로 치환하여 식 4-22를 R_{cross} 에 대해 다시 정리하면 아래와 같다.

$$R_{cross} = \frac{\lambda}{2\frac{\Delta\psi}{\Delta t}}\Delta f_D \tag{4-23}$$

레이더 시스템이 도플러 차이를 구분할 수 있는 능력은 신호 적분 시간(integration time), t_{int}이라 불리는 들어오는 신호의 샘플링 레이트(sampling rate)에 의존한다. 필터링(filtering) 방법이 사용되기 때문에 시스템은 $1/t_{int}$ 이상으로 $\triangle f_D$ 을 분해할 수 없다. 따라서 식 4-23은 아래와 같이 다시 쓸 수 있다.

$$R_{cross} = \frac{\lambda}{2 \dfrac{\triangle \psi}{\triangle t} t_{int}} \qquad (4\text{-}24)$$

위 식으로부터 R_{cross} 는 조준선(LOS)에서 각 회전율 및 도플러 주파수 분해능 f_D 에 의존함을 알 수 있다.

역합성 개구 레이더의 또 다른 특성을 보트 마스트를 통해 자세히 살펴보면, 레이더는 마스트 정상과 갑판에서 서로 다른 도플러 변이를 측정한다. 도플러 변이는 그림 4-23과 같이 보트의 흔들림에 의해 마스트 길이에 따라 연속적으로 변화한다. 각 조각(segment)의 도플러 변이를 거리에 따라 기점(plotting)하여 그림 4-24와 같이 보트의 이미지를 얻을 수 있다. 이 이미지는 느리게 줄어들어 보트의 흔들림이 도플러 변이를 양에서 음으로 연속적으로 변화시키는 것과 반대로 전환된다.

역합성 개구 레이더는 일반적으로 장거리 표적 이미지화(imaging) 및 식별을 위해 사용된다. 역합성 개구 레이더는 표적을 자세하게 식별할 수는 없어도 군함과 상선을 식별할 수 있으며 자세 각

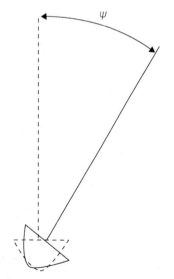

그림 4-23 호의 길이를 따라 움직이는
보트 마스트

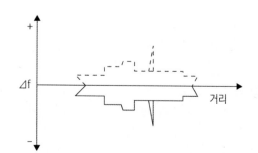

그림 4-24 양과 음의 이미지를 보여주는 거리에 따른
도플러 변이

(aspect angle)에 따라 표적의 급(class)까지 식별할 수 있다. 역합성 개구 레이더의 플랫폼은 고정 또는 이동이 가능하며, 최적의 표적은 해상상태(sea state)에 따라 주기적으로 움직이는 함정(ship)이다.

전자 주사(Electronic Scanning) 및 위상 배열(Phase Array)

표적 취급(target handling) 능력의 향상은 기계적으로 레이더 안테나를 위치시키는데 필요한 요구조건에 의해 제한된다. 현존하는 기계적 주사(mechanical scanning) 방법은 원천적으로 느리며 다수의 고속 기동하는 표적을 다룰 만큼 충분히 빠르게 응답하기 위해서는 대규모의 파워가 요구된다. 추가로, 기계적 주사 시스템을 이용 시에는 안테나가 관성(inertia)을 가지며 빔 위치잡기(beam positioning)에 있어 유연성이 부족하여 반응시간(reaction time)이 증가하게 된다. 전자 주사를 이용하면 관성, 시간 지연, 기계 시스템의 진동 없이 레이더 빔을 원하는 위치에 순간적으로 완벽하게 형성할 수 있다. 적의 수적 우세가 주요 이점으로 생각되던 시기에 전자 주사는 이러한 이점을 상쇄시킬 수 있었으며 전자 주사는 아래와 같은 이점을 가진다.

1. 데이터율(data rate)이 향상되고 시스템 반응시간이 감소된다.
2. 설정된 구역 내 임의의 위치에 레이더 빔을 순간적으로 위치시킬 수 있다.
3. 기계적 주사 안테나와 관련된 기계적 에러 및 오류가 발생하지 않는다.
4. 레이더 운용의 유연성이 크게 증가된다. 예를 들면, 다중-모드 운용이 가능하고, 자동으로 다중-표적을 추적할 수 있으며, 유도탄에 높은 지향성을 가지는 유도(guidance) 및 제어(control) 명령을 전송할 수 있고, 단일 레이더로 거의 동시에 요격기 및 일반 항공기를 통제할 수 있다.

동작 원리

전자 빔 조향(electronic beam steering) 개념의 기초원리는 전자기 방사 이론(electromagnetic radiation theory)에서 다루는 보강(constructive) 및 소멸간섭(destructive interference)을 활용하며, 이 기초원리는 다음과 같다.

공간상 임의의 점에서 수신되는 전자기파 에너지는 인접한 둘 또는 그 이상의 개별 소자(element)로부터 방사되는 에너지가 그 점에서 위상이 일치할 때 최대가 된다.

그림 4-25를 이용하여 이 원리를 보다 자세히 살펴보자. 모든 소자는 위상이 일치한 상태로 전자기파를 방사하며, 그 결과로 형성되는 파면(wave front)은 배열된 소자의 조준 축(boresight axis)에 수직하다. 그림 4-26 이후 그림에서는 제한된 수의 소자만을 나타내었으나 실제 레이더 안테나 설계 시에는 수천 개의 소자가 2° 이하의 빔폭을 가지는 고이득(high-gain) 안테나를 얻기 위해 사용될 수 있다.

파면은 조준 축에 수직을 유지하며 공간상의 점표적(point target)에 도착하는 것으로 간주한다. 그림 4-26과 같이 소자로부터 점 P 까지의 경로에 해당하는 길이는 P 가 무한대로 접근하면 모두 같은 것으로 간주할 수 있다. 따라서 표적거리가 소자 간의 이격거리보다 상당히 큰 상황에서는 소자들로부터 점 P 까지의 경로는 거의 평행하다. 이런 조건에서 앞의 소자배열에서와 동일한 위상관계(phase relationship)를 가지고 에너지가 점 P 에 도달할 것이다.

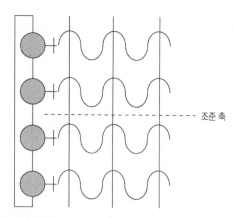

그림 4-25 동일 위상의 전자기파를 방사하는 소자들에 의해 생성되는 파면(wave front). 최대 에너지는 배열된 소자의 조준 축(boresight axis)을 따라 집중된다

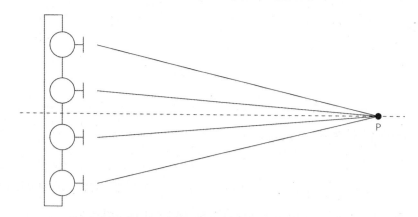

그림 4-26 위상이 일치하는 전자기파를 방사하는 소자의 배열

조준 축에서 이탈하여 빔을 위치시키기 위해서는 안테나 소자들 상호 간에 위상이 일치하지 않는 상태로 전자기파 방사가 필요하다. 그림 4-27a는 임의의 점 P 와 소자배열의 중심을 연결하는 선을 따라 보강간섭을 일으키는 데 필요한 위상변이(phase shift)를 나타낸다. 점 P 에서 보강간섭을 얻기 위해서는 반드시 모든 방사 소자들로부터 도달하는 에너지가 동시에 동일한 위상을 가져야 한다. 즉, e_2 로부터 에너지가 r_1 보다 긴 경로 r_2 를 진행하는 반면, 소자 e_1 로부터 에너지는 경로 r_1 을 진행하여야 한다.

점 P 에서 두 소자에서 발생되는 전지장의 크기는 식 2-12에 따라 아래와 같이 주어진다.

$$E_1 \ = \ E_0 \sin\left[\frac{2\pi}{\lambda}(r_1 - ct) + \phi_1\right] \text{ 이고 } E_2 \ = \ E_0 \sin\left[\frac{2\pi}{\lambda}(r_2 - ct) + \phi_2\right] \quad (4\text{-}25)$$

위의 두 전기장이 점 P 에서 보강간섭이 발생하기 위해 반드시 위상이 일치해야 하기 때문에 사인 함수의 값이 반드시 일치하여야 한다.

$$\frac{2\pi}{\lambda}(r_1 - ct) + \phi_1 \ = \ \frac{2\pi}{\lambda}(r_2 - ct) + \phi_2$$

$$\phi_1 - \phi_2 \ = \ \frac{2\pi}{\lambda}(r_2 - ct) - \frac{2\pi}{\lambda}(r_1 - ct) \qquad (4\text{-}26)$$

따라서

$$\phi_1 - \phi_2 \ = \ \triangle\phi \ = \ \frac{2\pi}{\lambda}(r_2 - r_1) \qquad (4\text{-}27)$$

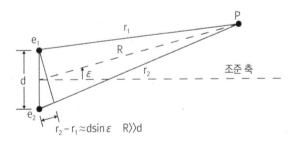

그림 4-27a 두 발생원으로부터 점 P 에 도착하는 방사 에너지의 경로 차이

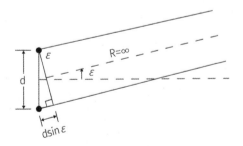

그림 4-27b 두 발생원으로부터 무한대의 한 점에 도착하는 방사 에너지의 경로 차이

경로차이(path length difference), $r_2 - r_1$ 은 그림 4-27에서 거리 R 이 증가함에 따라 $d\sin\theta$ 로 접근한다. 점 P 가 발생원(source)으로부터 무한대로 이동한 그림 4-27b에서 두 발생원으로부

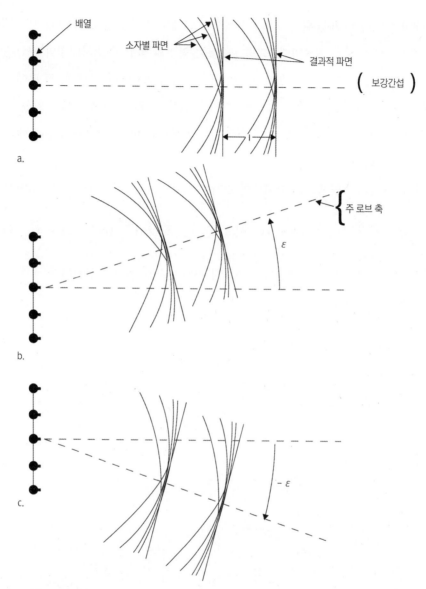

그림 4-28 (a) 조준 축을 따르는 빔의 위치선정; 모든 소자가 위상이 일치한 상태로 방사된다. (b) 조준 축 상부에 빔의 위치선정; 가장 상부에 위치한 소자가 가장 큰 위상변이를 수신하며 소자들은 $\triangle \phi$ 만큼 위상이 처진다. (c) 조준 축 하부에 빔의 위치선정; 가장 하부에 위치한 소자가 가장 큰 위상변이를 수신하며 소자들은 $\triangle \phi$ 만큼 위상이 처진다.

터 경로는 평행해지며 경로간의 길이 차이는 정확하게 $dsin\theta$ 가 된다. R 이 소자간의 간격 d 에 비해 큰 값을 가지는 한 $dsin\theta$ 는 무한대보다 작은 거리에서의 경로 차이 $r_2 - r_1$ 에 대해 여전히 양호한 근사 값이 된다. 따라서 이 거리근사(distance approximation)를 적용하면 아래와 같이 나타낼 수 있다.

$$r_2 - r_1 \cong d\sin\epsilon, \quad R \gg d \, \text{이면} \tag{4-28}$$

실제 레이더에 R 이 km 정도의 값을 가지는 반면, d(소자 간의 간격) 수 cm 정도의 값을 가진다. 따라서 거리근사는 원거리(1 km 이상) 운영구역 내의 레이더 사용에 있어 타당하다.

두 방사소자 사이에 요구되는 위상 차이에 대해 이미 구해진 식에 거리근사를 적용하면 아래의 식을 얻을 수 있다.

$$\triangle\phi = \frac{2\pi d}{\lambda}\sin\epsilon \tag{4-29}$$

여기서, $\triangle$ = 인접한 소자 간의 위상변이(radian)

λ = 자유공간에서 파장(m)

d = 소자 사이의 선형 거리(m)

ϵ = 원하는 각 오프셋(angle offset), (°)

빔 조향(Beam Steering) 방법

앞에서 조준 축으로부터 특정 이탈 각으로 배열-유형의 안테나 빔을 위치시키기 위해 인접한 방사 소자 사이의 상대적 위상변이(phase shift)를 계산하는 데 필요한 이론에 대해 살펴보았다. 실제 이러한 위상 차이(phase difference)를 형성하는 세 가지 방법이 있는데, 첫째 시간-지연 주사(time-delay scanning) 방법, 둘째 주파수 주사(frequency scanning) 방법, 셋째 위상 주사(phase scanning) 방법이 있다.

시간-지연 주사(Time-Delay Scanning)

소자 간에 원하는 위상 관계를 얻기 위해 시간-지연 방법의 사용은 다른 방법보다 주파수 사용에 있어 보다 나은 유연성(flexibility)을 가진다. 그러나 실제로 동축 지연선(coaxial delay line)이나 고출력에서 시간을 맞추는(timing) 다른 방법의 사용은 비용, 복잡성 및 중량 증가 때문에 실용적이지 못하다.

시간-지연 주사를 수행하기 위해 그림 4-29와 같이 가변 (시간)지연 네트워크(variable delay network)가 개개의 방사 소자 전면에 삽입된다. 가변 시간 지연기(variable time delay)를 적절히 선택하여 위상변이가 효과적으로 각 소자에 적용되도록 할 수 있다. 이때 빔을 각 ϵ 으로 주사하는데 필요한 인접 소자들 간의 시간지연은 아래와 같이 주어진다.

$$t = \frac{d}{c}\sin\epsilon \tag{4-30}$$

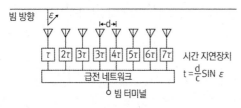

그림 4-29 시간-지연 주사(time-delay scanning)

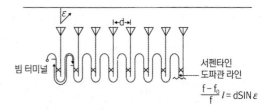

그림 4-30 주파수 주사(frequency scanning)

주파수 주사(Frequency Scanning)

위상-배열 레이더에서 사용되는 가장 단순한 방법 중 하나인 주파수 주사는 상대적으로 가격이 저렴하다. 그림 4-30은 주파수 주사가 선회 또는 고각에서 빔 위치선정에 사용될 때 개략적 배열 상태를 나타낸다. 서펜타인 도파관 라인(serpentine waveguide line)의 길이 l 을 특정 중심 주파수, f_0 에 대해 소자 사이 신호진행 길이가 파장의 정수배가 되도록 선택한다.

$$l = n\lambda_0 \ (n은 0보다 큰 정수) \tag{4-31}$$

여기서, λ_0 = 주파수 f_0 에서 서펜타인 라인(serpentine line)에서의 파장

이렇게 하면, 여기 주파수(excitation frequency)가 f_0 일 때 서펜타인 라인은 모든 소자들이 동일 위상으로 전자기파를 방사하도록 할 것이며, 빔은 조준 축을 따라 형성될 것이다. 만일 여기 주파수가 중심 주파수 f_0 에서 f 로 증가되거나 감소되면, 라인 길이 l 은 더 이상 파장의 정수배가 아니다.

여기 에너지가 서펜타인 라인을 따라 진행함에 따라 양 또는 음으로 일정하게 증가하는 위상변이를 가지고 잇따른 방사 소자에 도착할 것이다. 이 결과 조준 축으로부터 각 ϵ 으로 편향될 것이다. 따라서 해당 기본 주파수 주변 값으로 레이더 송신기 주파수를 변경함으로써 빔이 하나의 축 내로 위치할 수 있다.

$$\epsilon = \sin^{-1}\left[\frac{l(f - f_0)}{fd}\right] \tag{4-32}$$

그림 4-31에서 주파수-주사 배열을 소자 면에 수직인 조준 축을 가지는 두 개의 소자 시스템으로 단순화 시켜 나타내었다. 급전장치(feed)가 소자 사이에 요구되는 라인 길이(l)을 유지하며 소자 간격을 좁게 유지할 수 있도록 서펜타인 형태 내부로 접혀진다.

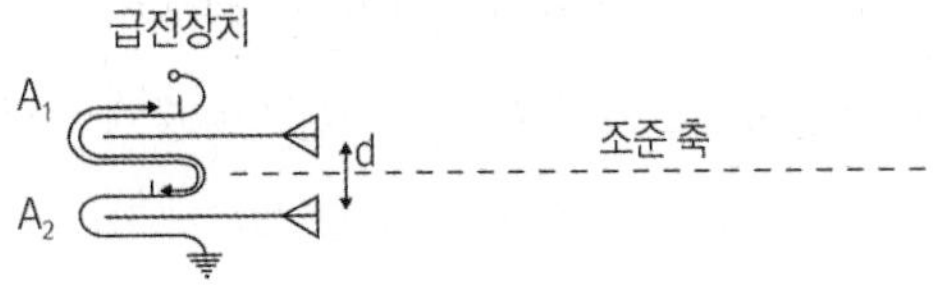

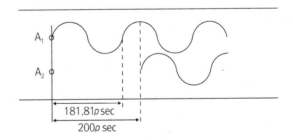

그림 4-31 두 소자를 이용한 주파수-주사 배열

5,000 MHz의 RF 에너지가 배열 상부에 공급되며 소자들이 거리 d (0.03m) 만큼 이격되어 있다. $t = 0$ 에서 에너지가 서펜타인 급전라인(feed line)에 인입되면 안테나 A_1 은 즉시 "0" 위상에서 방사를 개시한다. RF 파의 주기(T)는 $T = 1/f$ 이기 때문에 $T = 1/5,000$ MHz 또는 200 피코초(picosecond)가 된다. 따라서 A_1 로부터 한 파장이 진행하는 데는 200 피코초가 걸린다. 만일 에너지가 A_1 과 A_2 사이의 서펜타인 급전 라인을 진행한 거리 l 이 한 파장 또는 임의의 정수배 파장($l = n\lambda$, 여기서 $n = 1, 2, 3, \dots$) 에 해당한다면 경과시간(elapsed time) t 는 아래 식으로 나타낼 수 있다.

$$t = \frac{l}{c} = \frac{n\lambda_0}{c} = \frac{n(\frac{c}{f_0})}{c} = \frac{n}{f_0} = nT \qquad (4\text{-}33)$$

여기서, t = 경과시간

$\quad\quad T$ = 파형(waveform)의 주기

따라서 A_2 로부터 에너지는 항상 A_1 과 위상이 일치할 것이며, 이러한 소자 배열에 의해 형성되는 빔은 조준 축 상에 위치할 것이다. 이 배열은 소자들이 위상이 일치하는 전자기파를 방사하기 때문에 "횡형 어레이(broadside array)배열이 된다. 주파수가 5,500 MHz로 변경되었다면 주기 T 는 181.81 피코 초가 된다. 그러나 그림

그림 4-32 위상 지연을 가지는 파의 형태

4-32에서 RF 파가 스펜타인 라인으로 인입될 때 A_1에서 A_2 에 도달하는 데 소요되는 시간은 A_1 에서 한 파장이 진행하는 데 소요되는 시간보다 긴 $t = l/c$, 즉 200 피코 초가 걸릴 것이다.

이때 A_2 로부터 방사되는 파의 형태가 더 이상 A_1 과 동일한 위상관계에 있지 않음에 주의하라. A_2 로부터의 에너지는 A_1 과 $200 - 181.81$ 피코 초, 즉 18.19 피코 초만큼 위상 차이가 난다. 위상 변이의 양은 아래 식에 의해 결정된다.

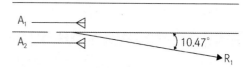

그림 4-33 위상지연(phase lag)에 의한 빔의 조향

$$\frac{t}{T} = \frac{\triangle \phi}{2\pi}$$

$$\frac{18.19 psec}{181.81 psec} = \frac{\triangle \phi}{2\pi}$$

$$\triangle \phi = (0.1)(2\pi) = 0.6286 \text{ 라디안 또는 } 36°$$

$\triangle \phi$ 의 위상 차이 때문에 빔 축이 식 4-29에 따라 아래와 같이 위치할 수 있다.

$$\triangle \phi = \frac{2\pi d}{\lambda} sin \epsilon$$

$$0.6286 = \frac{2\pi (0.03m) sin \epsilon}{(0.0545m)}$$

$$sin \epsilon = 0.1817$$

$$\epsilon = 10.47°$$

A_2 로부터의 에너지 위상이 $36°$ 지연되기 때문에 빔은 그림 4-33과 같이 조준 축보다 $10.47°$ 아래에 형성될 것이다.

이 그림에서 A_1 로부터 공간상의 점(R_1)까지의 거리는 A_2 로부터 공간상의 점(R_1)까지의 거리보다 큼을 알 수 있다. 에너지가 전송될 때 A_2 와 A_1 의 위상지연 때문에 점(R_1)에서 두 파(wave)는 위상이 일치한 형태로 도달할 수 있게 된다.

따라서, 주파수가 변화함에 따라 빔 축이 변화하여 고각 또는 방위 상 하나의 축 내로 주사될 수 있다. 이 원리는 현대의 AN-SPS-48 계열의 레이더에 사용된다. 주파수 변화는 고정된 주파수에서 운용될 때 보다 레이더를 전파방해(jamming)에 잘 대응할 수 있게 하며 MTI 시스템에서 맹목 속력(blind speed)을 최소화 할 수 있는 해결책을 제공한다.

주파수 주사(frequency scanning)는 일부 제한점도 가지는데, 가용 주파수 대역의 대부분을 표적의 분해능을 최적화하기 보다는 주사(scanning)에 사용한다. 추가로, 이 제한점으로 인해 수신기

대역폭(bandwidth)을 매우 넓게 하거나 수신기가 송신 주파수에 따라 좁은 대역폭의 중심으로 이동할 수 있어야 한다. 아래 식 4-34는 "wrap-up ratio"라 불리는 주파수 변화(frequency variation) 백분율과 주사 각(scan angle) 사이의 관계를 나타낸다.

$$\frac{l}{d} = \frac{\sin\epsilon_{\max}}{\triangle\%f} \tag{4-34}$$

여기서,

$$\triangle\%f = \left|\frac{100(f-f_0)}{f}\right|$$

wrap-up ratio는 최대 주사 각의 사인 값과 주사에 필요한 주파수 변화 백분율의 비(ratio)이다.

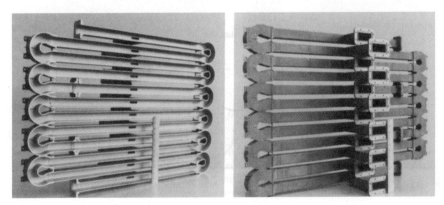

그림 4-34 주파수-주사 레이더용 스펜타인 급전단(serpentine feed assembly), 절개도로 내부 확인 가능

위상 주사(phase scanning)

위상 주사 레이더에서 방사 소자는 레이더 송신기로부터 위상-변이 네트워크(phase-shifting network) 또는 "페이저(phaser)"를 통해 급전된다. 이 위상변화 시스템은 그림 4-35, 4-36, 4-37에 잘 나타나 있으며, 임의의 시간에 임의의 각, θ로 빔을 위치시키기 위해 사용된다. 이 경우 각 소자에서 위상을 변이시키는 방법은 단순히 개별 소자로 급전되는 파의 위상을 변화시키는 것이다. 이 시스템은 각 소자에 필요한 위상변이를 계산하여 원하는 빔의 치우침(offset)을 얻을 수 있도록 각각의 페이저를 설정한다. 이때 페이저는 0에서 $\pm2\pi$ 라디안까지의 범위 내에서 조정가능하다.

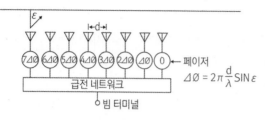

그림 4-35 위상 주사(phase scanning)

그림 4-36 페라이트 위상변이기 또는 페이저(phaser)

그림 4-37 위상배열 레이더의 안테나 단면, 조립체 후부의 위상변이기 위치에 유의

위상 주사는 주파수 주사에 비해 비용이 많이 드는 반면, 시간지연 조향(time delay steering) 보다는 저렴하고, 경량이며 파워 또한 적게 소모한다. 첫 번째 근사를 이용하면 f_0 의 백분율(%)로 표현되는 위상-주사 안테나의 대역폭을 도(°) 단위의 빔폭과 동일하게 간주할 수 있다. 따라서 10 GHz에서 동작하는 1°의 빔폭을 가지는 안테나는 왜곡이 없다면 100 MHz, 즉 ±50 MHz 대역폭 내에서 방사할 수 있다.

에너지 수신(Energy Reception)

앞에서 소개한 세 가지 주사방법 중 하나를 이용하여 조향된 빔 내로 전송된 에너지를 수신하기 위해서는 적용된 주파수, 시간, 위상관계를 각 소자에서 유지함으로써 전송방향에서 되돌아오는 에너지에 대해 양호한 감도를 가지도록 하여야 한다. 따라서 각각의 주사방법은 완전하게 가역적이며 전송 시와 같이 에너지 수신에 있어서도 동일하게 동작하여야 한다.

불행히도 일부 빔 위치는 역방향에 있어 같은 위상변이를 가지지 못한다. 양방향 동일하게 작용하지 않는 위상변이기가 사용될 때는 수신 시에도 송신 시에 사용된 것과 동일한 위상변이를 유지하기 위해 송신 및 수신 간에 위상변이기 설정의 변화가 필요하다.

요구되는 위상관계의 계산

세 가지의 위상변이 방법 중 어떤 방법이 사용되던 간에 본 방법의 목적은 배열된 개개의 소자에 의해 방사되는 에너지의 위상을 상대적으로 변이시키는 것이다. 두 개의 인접한 소자 간에 요구되는 증가되는 위상변이는 식 4-29로 주어진다. 이 식을 사용할 때 일관성 유지를 위해 $\triangle\phi$ 는 선택된 기준 소자의 방향에서 이와 인접한 각각의 소자에 주어지는 위상 앞지름(phase lead)을 나타내는 것으로 가정한다. 따라서 빔을 기준 소자와 같은 조준 축으로 형성시킬 때 반드시 배열 내 각각의 소자는 기준에 보다 인접하여 있는 바로 옆 소자보다 동일한 양, $\triangle\phi > 0$ 만큼 위상이 앞서야 한다.

빔을 기준으로부터 조준 축과 반대로 형성시킬 때 배열 내 각각의 소자는 기준에 보다 인접하여 있는 바로 옆 소자보다 동일한 양, $\triangle\phi < 0$ 만큼 위상이 지연되어야 한다. 이 관례는 방위각 및 고각에 대한 부호를 정하는 규칙을 포함하도록 확장되었다. 조준 축을 따라 안테나에서 바라볼 때 가장 상부 및 오른쪽에 위치한 소자를 기준소자로 정한다. 고각(α)에서는 조준 축보다 위를 양의 값으로 조준 축보다 아래를 음의 값으로 정한다. 방위각(ϵ)에서는 시계 방향(오른쪽으로 주사)을 양의 값으로 시계반대 방향을 음의 값으로 정한다. 위의 정의에서 공간 영역(spatial domain)에서 앞지름(lead)/지연(lag)의 정의와 라디안 영역(radian domain)에서의 앞지름/지연의 정의를 혼돈하지 않도록 주의하여야 한다.

그림 4-38은 이 관례를 나타낸다. 빔을 조준 축 상부에 위치시키기 위해 각 ϵ 는 양의 값이어야 하므로 $\sin\epsilon$ 또한 양의 값이다. 이는 소자들 사이에 양의 $\triangle\phi$ 을 생성한다. 각각의 소자에 적용된 위상 ϕ_e 는 아래 식을 이용하여 간단하게 얻을 수 있다.

$$\phi_e = e\triangle\phi, \quad e = 0, 1, 2, \ldots$$

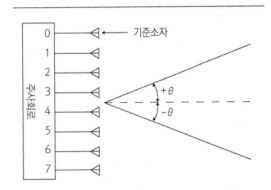

그림 4-38 기준소자와 고각으로 주사할 때 부호 지정

이와 같은 방법으로 빔을 조준 축 아래로 위치시키기 위해서는 음의 값을 가지는 각 (ϵ)의 사용이 필요하다. 이는 음의 값을 가지는 $\triangle\phi$ 을 생성하고 식 4-29를 이용하여 각 소자에 적용된 위상을 구할 수 있다.

예제 4-5 : 고각으로 위상조사. 기준 소자의 위상이 "0"이라면 빔이 조준 축 상부의 40°로 주사될 때 다섯 번째 소자에 적용된 위상을 구하라.

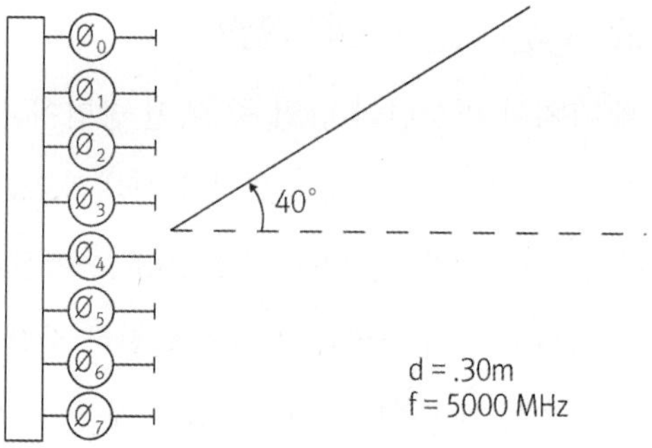

풀이 :

λ 을 구하면 : $\lambda = \dfrac{c}{f} = 0.06\,m$

$\triangle\phi$ 을 구하면 :

$$\triangle\phi = \frac{2\pi d}{\lambda}\sin\epsilon = \frac{2\pi(0.03)}{0.06}\sin 40° = 2.02 \text{ 라디안}$$

$\triangle\phi_5$ 을 구하면 : $\phi_e = e\phi = 5(2.02) = 10.10 \text{ 라디안}$

그림 4-39 예제 4-5

d = .30m
f = 5000 MHz

풀이 결과가 2π 라디안보다 큰 값임에 주의하라. 실제로 페이저(phaser)는 -2π에서 $+2\pi$ 사이의 값만큼만 소자로부터 방사하는 에너지의 위상을 변이시킬 수 있는데, 수식으로는 아래와 같이 나타낼 수 있다.

$$-2\pi \leq \phi_i \leq 2\pi$$

따라서, 다섯 번째 소자에 적용되는 위상변이는 아래와 같이 다시 나타낼 수 있다.

$$\phi_5 = 10.10 \text{ 라디안} - 2\pi \text{ 라디안} = 3.82 \text{ 라디안}$$

즉, 다섯 번째 소자는 기준 소자보다 3.82 라디안만큼 위상이 앞선다.

예제 4-6 : 가상의 3차원 탐색 레이더. 이 예에서 방위정보(azimuth information)는 그림 4-40과 같이 연속적인 완전한 원형 탐색패턴으로 안테나를 기계적으로 회전시킴으로써 얻어진다. 거리정보는 펄스가 표적으로부터/까지 진행하는 시간에 의해 표준방식으로 구해진다. 위상변이기(phase shifter) (0), (1), (2), (3)은 빔의 고각방향 위치를 제어한다. 빔 고각을 수평선으로부터 +0.2627 라디안(15°)에 위치한 안테나 조준 축에 대해 +0.1047 라디안(60°)에서 −2.2617 라디안(15°)까지 0.0872(5°) 단계로 제어를 원한다 하자. 이때 시스템 동작 파라미터는 아래와 같다.

안테나 회전속도 – 10rpm,   펄스 반복율(PRR) – 400pps

고각 빔 위치 수 – 16,   빔 위치당 펄스 수 – 2

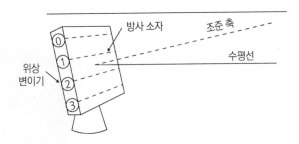

그림 4-40 고도에서 위상배열 기술을 사용하는 3차원 탐색 레이더

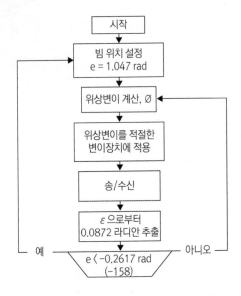

그림 4-41 고각 빔 위치잡기 논리(positioning logic)(편향되지 않은 빔 중심을 수평선으로부터 상부 15°에 가지는 안테나의 경우)

풀이 : 각각의 빔 위치에 대한 위상변이 양은 각각의 방사소자에 대해 계산된다. 최종 위상변이가 적용되며 두 개의 펄스가 송신 및 수신된다. 고각 주사 논리(scan logic)를 그림 4-11에 흐름도로 나타내었으며, 최종 주사 패턴은 그림 4-42와 같다.

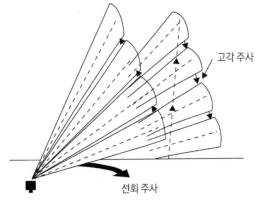

그림 4-42 3차원 레이더 주사 패턴. 이해를 돕기 위해 모든 빔의 위치를 나타내지는 않았으며 주사 각은 과장되게 표현되었다.

물론 이 예제는 가상의 레이더에 해당하며, 미
해병대 AN/TPS-59와 같은 일부 운용 중인 3차
원 레이더가 유사한 기능을 보유하고 있다. 방사
소자의 상대적 위상을 변화시킴으로써 빔의 위
치를 제어하는 개념이 주파수-주사(frequency-
scanned), 위상-주사(phase-scanned), 시간-지
연 주사(time-delay-scanned) 배열에 공통적으
로 적용됨에 유의하라. 방사 소자 간에 적절한
위상관계를 얻기 위해 사용되는 방법에는 차이
가 있다.

그림 4-43 미 해병대 AN/TPS-59 3차원 레이더. 선
회에는 기계적 주사를 이용하며 고각에는
위상변이기를 사용

예제 4-7 : 예 4-6에서 다루었던 단순한 시스
템의 논리적 확장을 통해 고각 및 방위에서 레이
더 빔을 직접적으로 계산할 수 있는 완전한 3차원 위상-배열 레이더(phased array radar) 시스템
이 실현되었다. 이 시스템은 이지스(Aegis) 시스템, 패트리엇미사일(Patriot missile) 시스템의 표
적획득/유도 레이더 등에 사용된다.

3차원 위상 배열 레이더는 전자기적 방법으로 고각 및 선회 모두에서 빔을 위치시킨다. 이를 위
해 2차원의 경우와 같이 배열 내의 각 소자의 위상변이가 계산되어 레이더 에너지 펄스를 송신하
기 전에 적용되어야 한다.

풀이 : 많은 독립 소자들이 모여 배열(array)을 형성한다. a 번째 열(column) 및 e 번째 행(row)
에 위치한 특정 소자는 아래첨자(a, e)를 이용하여 지정될 수 있다. 빔 위치형성은 다음 식을 이용
하여 얻을 수 있다.

조준 축 좌우 방위로 빔 형성(방위 주사)

$$\phi_a = a \frac{2\pi}{\lambda} d_a \sin\alpha \qquad (4\text{-}35)$$

조준 축 위 또는 아래 고각으로 빔 형성(고각 주사)

$$\phi_e = e \frac{2\pi}{\lambda} d_e \sin\epsilon \qquad (4\text{-}36)$$

특정 소자에 대한 위상변이는 식 4-37과 같이 위 식을 단순하게 더함으로써 얻을 수 있다. 그림 4-44는 사분면(+AZ, +EL) 상의 빔 위치형성을 나타낸다.

$$\phi_{a,e} = \phi_a + \phi_e$$

$$\phi_{a,e} = a\frac{2\pi}{\lambda}d_a\sin\alpha + e\frac{2\pi}{\lambda}d_e\sin\epsilon \tag{4-37}$$

$$\phi_{a,e} = \frac{2\pi}{\lambda}[ad_a\sin\alpha + ed_e\sin\epsilon]$$

여기서, $\phi_{a,e}$ = 소자 a, e의 위상각(phase angle), (radian)

$\quad\quad\lambda$ = 반송파 파장(m)

$\quad\quad d_a$, d_e = 소자 a와 e 사이의 간격

$\quad\quad\alpha$ = 방위각

$\quad\quad\epsilon$ = 고각

그림 4-44의 레이더는 방위, 고각 모두에서 위상주사를 사용하는 레이더의 빔 형성 패턴을 나타낸다. 이와 다른 시스템은 여러 주사 시스템을 조합하여 설계되는데, 예를 들면 AN/SPS- 33 레이더는 고각에서는 주파수 주사를, 선회에서는 위상주사를 이용한다.

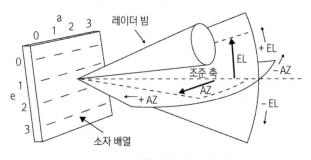

그림 4-44 3차원 위상 배열 레이더

능동 전자기 주사 배열(AESA ; Active Electronically Scanned Array)

본장의 앞부분에서 설명하였듯이, 안테나는 전송신호를 통과시키는 콘딧(conduit)의 역할을 수행한다. 안테나는 크기나 모양에 따라 신호를 집중시켜 증폭시키거나 방향을 조절하지만 신호를 변경시키지는 않는다. 현재 널리 사용되는 AN/SPY-1 위상 배열 레이더와 같이 전자기적으로 주사되

는 레이더의 경우에도 신호 발생원(source)은 여전히 송신기(transmitter)이다. 물론 다수의 위상변이기(phase shifter)나 페이저(phaser)가 신호의 위상을 변경시키지만 안테나 배열은 여전히 단순 신호 통로이다. 이러한 형태의 안테나를 수동 안테나(passive antenna)라 하며, 일부 현대 시스템이 능동 배열(active array)이라 불리는 시스템을 사용한다.

실제, 능동 배열 안테나는 안테나에서 신호를 생성한다. 이 시스템에서는 그림 4-45와 같이 재래식 위상 배열 레이더에서 확인할 수 있는 다수의 급전 혼(feed horn)과 유사한 형태로

그림 4-45 Northrop Grumman Electronic System에서 제공한 AESA 송/수신 모듈 사진

안테나 면 상에 송수신 모듈이 위치한다. 모듈은 빔을 조향하는 데 필요한 위상변이를 지시하는 "빔 조향 제어단(BSC ; beam steering control unit)"에 의해 통제된다.

하나의 특정 소자에서 출력은 작지만 수백 또는 수천 소자가 합해져 충분한 출력을 얻을 수 있다. 능동 배열 구조는 기존의 기계적 주사 안테나 및 수동 전자기 주사 배열보다 여러 이점을 갖는데 세부 내용은 표 4-2와 같다.

표 4-2 능동 전자기 주사 배열의 장점

중량감소	도파관 및 구동부(moving part)를 제거할 수 있음
신뢰성 향상	한 개소의 고장으로 전체가 고장 나는 것을 최소화할 수 있음
성능저하 최소화	하나 또는 몇몇 소자의 손실 시 성능저하가 크기 않음
주파수 가변 능력 (Frequency agile) 향상	도파관 및 물리적 제한사항을 제거할 수 있음
효율 향상	송신기와 안테나 사이에 손실이 없음
파워 향상	유사 크기의 기계적 주사 안테나와 비교하여 파워가 높음
빠른 빔 스위칭	air-air 모드, air-ground 모드 또는 다른 모드로 거의 실시간 스위칭(switching) 가능
RCS 감소	안테나가 경사진 형태로 설치 가능

기타 고려사항

앞에서 전자기 주사와 위상 배열 안테나에 대해 매우 단순화하여 설명하였다. 이 시스템에서 에너지의 주 로브(main lobe)를 위치시키는 것 외에도 아래의 사항을 추가로 고려하여야 한다.

1. 사이드 로브(side lobe)의 간섭(interference) 억제

2. 다양한 빔 패턴을 얻기 위한 배열소자 여기(excitation) 진폭 및 배치(geometry)

3. 추적시스템과 위상 배열의 결합

4. 정보 전송을 위한 방사 에너지의 변조 – 예를 들면, 미사일 유도 명령 등

실제, 전자기적으로 주사되는 레이더 빔의 유용한 각 변위(angular displacement)에는 제한이 따른다. 제한사항 중 하나는 소자 패턴에 의해 야기되는데, 배열 안테나 패턴은 배열(array) 패턴과 소자(element) 패턴에 따라 생성된다. 앞에서 주어진 단순 예에서 소자 패턴은 전방향성이라 가정하였으나 실제 소자 패턴은 전방향성이 아니어서 소자들은 주사 각(scan angle)에 제한을 가진다.

또 다른 제한사항은 소자 간격(element spacing)에 의해 야기된다. 보다 큰 주사 각을 위해서는 보다 가까운 소자 간격이 요구된다. 만일 주사 각이 소자 간격이 수용할 수 있는 값을 초과하면 다른 방향에 그레이팅 로브(grating lobe)가 형성될 것이다.

주파수 변화의 효과

밀리미터파 레이더(Millimeter Wave Radar)

최근 밀리미터파 레이더에 대한 관심이 증가하고, 레이더에서 하나의 파라미터, 여기서는 주파수가 시스템 성능에 얼마만큼 영향을 줄 수 있는지 소개하기 위해 밀리미터파를 소개하고자 한다.

밀리미터파(millimeter wave)란 일반적으로 1 ㎜ ~ 10 ㎜의 파장 또는 300 GHz ~ 30 GHz의 주파수를 가지는 파를 말한다. 밀리미터파를 사용하는 고주파수 레이더는 정확한 이미지 식별, 원격 계측(remote measurement), 차량 충돌회피 시스템 등에 사용될 수 있다.

밀리미터파 레이더의 극도로 짧은 파장은 특정 성능을 극대화시킬 수 있다. 예를 들어, 실제 밀리미터파 레이더는 마이크로파 레이더보다 좁은 안테나 빔폭(beamwidth)을 가져 상대적으로 소형의 장비로 보다 나은 각 분해능을 가질 수 있다. 빔폭이 작으면 높은 정확도뿐만 아니라 전방방해

(jamming)에 보다 잘 대처할 수 있으며 지표 반사파에 의한 다중경로 간섭(multipath interference) 없이 저고도 추적이 가능하다.

이 주파수 영역(domain)에서 레이더 성능에 영향을 미치는 것에는 이동 표적에서 발생하는 도 플러 변이(Doppler shift)이다. 앞의 식 4-3으로부터 파장이 감소하면 도플러 주파수 변이가 증가 함을 알 수 있다. 이를 통해 낮은 상대속력의 표적을 쉽게 탐지할 수 있다.

단, 밀리미터파 레이더는 주요 단점으로 밀리미터파의 높은 주파수가 대기에 보다 쉽게 흡수되어 낮은 주파수의 레이더와 비교 시 짧은 탐지거리를 가진다. 실제로 흡수가 너무 심각해서 대략 20 km의 전파거리(propagation range)를 얻기 위해서는 대역의 중심 주파수를 35, 95, 140, 220 GHz로 선택하여야 한다. 이 영역은 "전파 창(propagation window)"이라 하며 7장에서 자세히 살펴볼 예정이다.

이 창에 주파수 대역의 전자기파가 먼지 및 스모그와 같은 건조한 오염물질을 통과하는 경우가 적외선 시스템이 사용하는 전자기파가 동일 오염물질을 통과하는 경우보다 양호한 전파(propagation) 특성을 가진다. 이렇게 흡수에 의해 발생하는 제한이 장점으로 활용될 수 있는데, 단거리 작전에서 적에 의한 탐지를 회피하기 위해 전송 창 외부의 주파수를 이용하면 효과적일 것이다.

밀리미터파 레이더를 소개한 목적은 하나의 레이더 파라미터가 레이더의 성능을 얼마나 변화시킬 수 있는지 이해를 돕기 위함이며, 따라서 보다 심도 있는 설명은 생략하기로 한다.

초수평선(OTH ; Over-the-Horizon) 레이더

레이더 스펙트럼에서 주파가 낮은 쪽의 끝에는 파장이 100 m 정도인 HF 영역이 있다. 주파수가 1.8 ~ 40 MHz인 대역은 높은 잡음 수준과 장거리 통신 시 간섭을 일으키기 쉽더라도 상공파(sky wave) 전파 시에는 수천 km를, 지상파(ground wave) 전파 시에는 수백 km까지 탐지거리를 확장시킬 수 있다.

상공파(sky wave) 레이더 전리층 내의 굴절 층(refraction layer)들을 이용하여 한 번에 레이더 탐지 거리를 4,000 km까지 확장할 수 있으나, 이러한 파장을 생성하기 위해서는 길이가 300 m 또는 그 이상의 안테나가 필요하다. 전자기 스펙트럼의 온전한 HF 부분을 사용하려면 초수평선 레이더는 지상에 배치되어야 한다.

실제 탐지거리는 송신되는 빔의 주파수 및 고각에 의해 결정된다. 대기에서 이온층(ionizing

layer)들은 날짜, 계절 그리고 태양의 위치에 따라 변화하므로 다중전파경로(multi propagation path)를 생성하거나 굴절이 전혀 발생하지 않게 하여 이 모드에서 레이더 사용을 어렵게 하거나 불가능하게 한다. 고각 빔폭은 다중경로전파를 피하기 위해 매우 좁아야 한다. 그러나 이러한 요구조건 때문에 안테나의 수직 크기를 매우 크게 해야 한다.

세밀한 주파수 선택은 작동수가 원하는 특정한 굴절 층을 선택하도록 할 수 있다. 큰 입사각 때문에 빔이 지상으로 돌아올 때 상당한 후방산란(backscatter)이 발생한다. 이에 의한 클러터(clutter)는 모든 항공기 및 대부분의 함정 표적으로부터 되돌아오는 신호보다 강하다. 따라서 초수평선 레이더는 표적을 속도 별로 분해하고 움직임이 없는 육지 또는 해상 클러터를 제거하기 위해 반드시 MTI, 펄스-도플러, CW, FM-CW 방법을 사용한다.

함정을 탐지하기 위해서는 함정의 속도가 해상 반사면 또는 기상조건의 속도와 비슷하기 때문에 보다 정교한 처리기술과 보다 긴 관찰 시간을 필요로 한다. 다중 반사로(multi-hop) 전파(propagation)는 클러터를 증가시켜 성능을 저하시키지만, 전파거리는 각각의 반사로(hop)에서 100% 증가한다.

지상파(ground wave) 레이더 앞에서 설명한 상공파 레이더를 약간 개조하면 지상파 전파에 사용되는 주파수에서 사용할 수 있다. 빔이 고각 "0°"에서 방사되면 저고도로 비행하는 항공기를 200 ~ 400 km에서 탐지할 수 있다. 또한 긴 파장의 사용은 해안 시설에서의 사용을 제한하나, 육지 및 해상 클러터 제거 특성이 상공파 레이더의 특성과 유사하다고 가정하면 육상 및 해상 감시용으로 사용할 수 있다. 지상파 레이더는 상공파 레이더보다 지표에 부딪치는 각이 작아 후방산란이 적기 때문에 실제 탐지는 상공파 레이더보다 쉽다.

요약

레이더가 표적-센싱(target-sensing) 및 탐지문제의 궁극적인 해답은 아니지만 첨단 무기체계를 개발하는데 있어 필수요소가 되었다. 레이더는 표적탐지뿐만 아니라 표적추적 및 무기유도(weapon guidance)에도 광범위하게 사용된다. 레이더는 환경에 제한이 적고 육상, 해상, 공중 무기체계에 공히 효과적이다.

현재 사용 중인 레이더 시스템에는 펄스, 연속파, 펄스-도플러/MTI 등 세 가지의 기본 유형이 있다. 펄스 시스템은 표적거리를 측정할 수 있는 반면 연속파 시스템은 표적속도를 식별할 수 있다. 펄스-도플러 시스템은 반사파의 도플러 변이를 감지할 수 있도록 개조된 펄스 시스템이다. 또 다른 시스템 유형에서는 주파수 변조 기술을 이용하는데 현대 항공기에 고도계(altimeter)로 널리 사용된다.

연속파 레이더 시스템은 특정 속도를 만족하는 표적을 선택적으로 전시기(display)에 나타낼 수 있는 원리적 장점을 가진다. 이러한 선택은 연속파 레이더 구성품이 송신 및 반사 신호를 비교하고, 증폭기가 관심 있는 특정 도플러 주파수만을 받아들일 수 있도록 조정될 수 있기 때문에 가능하다.

펄스-도플러 및 MTI 레이더는 거리와 속도를 식별할 수 있다. 두 레이더는 모두 되돌아오는 펄스 내의 도플러 변이를 감지하며 상대속도가 없는 표적에서 되돌아오는 펄스의 진폭은 시간변화에 따라 일정하다는 사실을 이용한다. 따라서 펄스-위상 탐지기(pulse-phase detector) 출력의 동요는 표적이 이동 중임을 나타낸다.

펄스-도플러 레이더는 위상 탐지기 출력을 처리하기 위한 일련의 주파수 게이트(frequency gate)를 사용하며 재래식 MTI 레이더는 "delay-line canceler"를 사용한다. MTI 레이더는 일반적으로 펄스반복주파수(PRF)가 낮아 탐색레이더로 사용되는 반면, 펄스반복주파수가 높은 펄스-도플러 레이더는 사격통제에 보다 적합하다. 일반적으로 펄스-도플러 레이더는 10% 이상의 듀티사이클(duty cycle)을 가지며 MTI 레이더의 듀티사이클은 10% 보다 상당히 작은 값을 가진다.

이 시스템들이 가지는 두 가지의 본질적인 문제는 맹목속력(blind speed)과 거리 모호성(range ambiguity)이다. 가장 느린 맹목속력을 전시해야할 표적속력보다 높게 할 수 있도록 펄스반복주파수를 높게 하여 맹목속력은 제거할 수 있지만 PRF를 높게 할수록 거리 모호성이 증가한다. 이 문제는 거리측정에 사용되는 특정 펄스의 "tagging(주파수를 변경시켜 송신)"을 가능케 하는 송신 펄스 내의 주파수 가변 능력(frequency agility)에 의해 해결될 수 있다. 펄스반복주파수의 변화(staggered PRF) 방법을 사용하여 맹목속력과 거리 모호성 모두를 해결할 수 있다.

전자기 주사 및 이를 응용한 위상-배열(phase-array) 시스템을 빔 위치잡기(beam positioning) 개념을 중심으로 소개하였다. 다수의 방사 소자 사이에 위상 차이에 따라 레이더 빔을 조향(steering)하는 기본개념을 최종 빔(resultant beam)의 방향을 결정하는 식을 전개하며 소개하였다. 시스템이 복잡하더라도 위상-배열 레이더는 표적의 위치를 찾는다는 점에서 다른 기초적 센서와 같다. 전자기 주사 시스템의 가장 큰 이점은 단일 레이더로 앞에서 설명한 레이더의 다수의 기능을 수행할 수 있다는 것이다. 또한 위상-배열 기술은 IFF, 통신, 전자전투(electronic combat), 소나와 같은 레이더 이외의 시스템에 사용될 수 있다.

추적시스템

서론

추적시스템(tracking system)은 지속적으로 표적의 위치 또는 방향을 식별하기 위해 사용된다. 이상적인 추적시스템은 접촉(contact)을 유지하며 빈번히 표적의 방위, 거리, 고각을 업데이트한다. 그리고 추적시스템의 출력은 사격통제시스템(fire control system)에 보내지며, 사격통제시스템은 정보를 저장하고 표적운동을 도출하여, 표적의 미래위치를 도출할 수 있게 한다. 추적시스템은 자동으로 표적을 따라가는 특성뿐만 아니라 무기를 목표지점에 도달시키기에 충분한 정확도로 표적의 위치를 식별한다.

그림 5-1 기본적인 점 방어(point defense) 미사일 시스템; 사격통제시스템이 작동수에 의해 통제됨

과거에는 인간의 판단에만 의존하였는데, 함정의 사수(gunner)는 일반적으로 사격 문제를 해결하기 위해 "켄터키식 조준(Kentucky Windage)"이라는 것을 사용하였는데 이 방법으로 실제 사격 조준기(gun sight)를 사전 계산된 해당 표적의 앞지름 각(lead angle)으로 맞추거나 조정할 수 있다.

지금 보기에는 투박한 아날로그 사격통제컴퓨터를 미 해군이 사용하면서 조준 정확도에 있어 크게 발전하였으나, 여전히 인간의 참여가 많이 필요하였다. 이후 미사일 시대에서도 기초적 점 방어 미사일시스템과 같은 수동 유도시스템의 미사일 조사기(illuminator)가 그림 5-1과 같이 작동수에 의해 조준되었다.

최적의 해답인지 확실치 않지만 이후 추적시스템은 기계 또는 서보 메커니즘(servomechanism)의 도움을 받는 형태로 발전되었는데, 이 메커니즘은 사격통제컴퓨터로부터 입력을 받아 함포, 미사일 발사대, 레이더 안테나 등을 전기 기계적으로 제어한다.

서보시스템(Servo System)

현재에는 전자기적으로 주사되는 배열이 보다 일반화되고 있지만 아직까지 다수의 시스템이 안테나를 센서와 표적을 연결하는 조준선(LOS)으로 유지시키기 위해 기계적으로 선회되는 안테나 시스템을 사용하며 예들 들면, 함대공미사일 조사기(surface-to-air missile illuminator), 근접방어무기체계(CIWS ; Close-In Weapon System), 자동항모착륙시스템(Automatic Carrier Landing System) 등이 있다.

기계적 선회시스템의 주요 문제는 에러의 수정이다. 추적소자(tracking element)가 항시 조준선 따라 직접 조준된다면, 추적이 완벽하게 이루어져 에러가 발생하지 않을 것이다. 그러나 실제로는 에러가 항상 존재하며 이로 인해 그림 5-2와 같이 또 다른 선인 추적선(tracking line)이 존재하는데 이는 레이더 조준 축(boresight axis)이라고도 하며, 방사 에너지의 대칭축을 형성하는 선으로 정의된다.

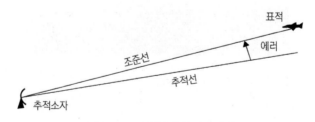

그림 5-2 조준선과 추적선의 관계

에러가 존재할 때 조준선과 추적선은 일치하지 않는다. 표적운동을 예상하는 기계적 추적시스템의 일반적 제약 때문에 통상적으로 추적선이 일정량만큼 조준선보다 뒤떨어진다. 이 에러는 추적시스템의 핵심문제로 어떻게 하면 조준선과 추적선 사이의 에러를 수용 가능한 평균값으로 감소시킬 수 있을까?

에러를 최소화하는 문제는 일반적으로 무기 플랫폼(weapon platform)이 불안정하기 때문에 보다 복잡해진다. 무기 플랫폼의 롤(roll), 피치(pitch), 요(yaw)에 의한 흔들림 효과는 표적의 운동과 무관하게 추적시스템에 교란을 일으킨다.

이러한 무기 플랫폼의 움직임은 추적소자가 표적을 유지하는 능력에 영향을 줄뿐만 아니라 에러가 포함된 출력 데이터를 생성한다. 표적 상대속도 계산의 기본은 추적시간 동안 표적의 위치를 정확하게 측정하는 것이기 때문에 무기 플랫폼의 보상되지 않는 움직임은 잘못된 표적속도를 생성할 것이다. 본장의 후반부에서 다루겠지만 표적속도 데이터는 무기 발사 시 앞지름 각 계산에 필요한 주요 입력사항이다.

가장 기초적인 추적레이더 디자인 중의 하나가 서보 추적시스템(servo tracking system)이다. 서보 추적시스템은 특정 표적의 거리와 각을 추적하기 위한 별도의 구성품(component)을 필요로 한다. 초기 레이더에서 이 기능들은 작동수가 표적에서의 반사 신호를 관찰하며 방위, 고각, 거리 스코프용 스코프(scope) 상의 원하는 표적의 반사 "blip" 위에 마커(marker)를 유지하기 위해 핸들바퀴(hand wheel)들를 위치시킴으로써 수동으로 수행되었다.

핸들바퀴는 전위차계(potentiometer)를 적절하게 위치시키며, 전위차계는 사격통제컴퓨터 및 앞지름 계산 포 조준기(lead-computing gun sight)에 입력되는 표적방위, 고각, 거리에 해당하는 전압을 조정한다. 표적속력 및 작동수의 작업량이 증가함에 따라, 지속적으로 추적을 효과적으로 유지할 수 있고 훗날 무인 호밍-유형(unmaned homing-type) 무기체계의 개발을 가능케 한 자동 추적회로(automatic tracking circuitry)가 개발되었다.

그림 5-3은 단순 서보 추적 메커니즘을 나타낸다. 여기서 레이더 안테나는 최초에 표적을 가리키며, 이후에 안테나는 자동으로 표적의 운동을 따른다. 추가하여, 시스템은 작동수 및 사격통제 시스템에 연속적인 위치정보를 제공한다. 안테나는 제어기(controller)에 연속적인 음의 피드백 신호를 보내는 모터에 의해 물리적으로 회전한다. 그림 5-4와 같이 안테나 방향을 제어하는 서브시스템을 서보 메커니즘이라 한다.

서보 메커니즘으로의 입력신호는 원하는 안테나 방위이다. 위치 피드백이 안테나가 원하는 방위에 위치함을 가리킬 때까지 에러신호는 안테나를 다시 위치시키도록 모터를 구동하며, 원하는 방위에 위치하면 에러신호가 "0"이 되며 모터가 정지한다. 이 서보 메커니즘은 트래커(tracker)와 함께 사용되는데, 트래커는 표적으로의 방위를 식별하여 새로운 시스템 입력이 된다.

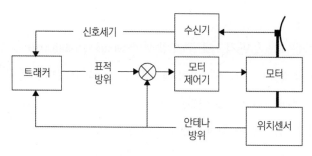

그림 5-3 서보 추적시스템

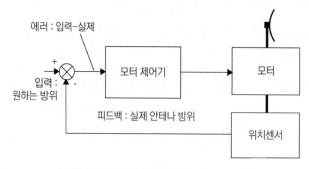

그림 5-4 서보 메커니즘(servomechanism)

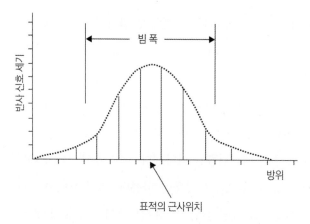

그림 5-5 빔이 표적을 스위프(sweep)할 때 반사 신호 세기

위 다이어그램은 방위만을 나타내었는데 고각에도 이와 동등한 구성품이 있다. 이 시스템의 핵심은 트래커로, 트래커는 반사 신호와 위치정보를 이용하여 표적위치를 식별한다. 이를 수행하는 여러 방법이 있는데 방법별로 복잡성 및 정확도가 변화한다. 그림 5-5는 원형 스위프 레이더(circular sweep radar)가 표적을 가로질러 움직일 때 얻을 수 있는 반사 신호세기를 나타낸다.

각각의 반사 신호가 수직선으로 나타나 있다. 빔이 표적을 가로질러 스위프함에 따라 8개의 반사 신호가 생성되며 표적이 빔의 센터로 위치할 때까지는 신호 세기가 증가하다, 빔이 표적 중앙을 지난 이후에는 감소한다. 표적위치는 최대의 반사 신호 점(point)으로 식별할 수 있다.

그러나 최대 반사파가 수신되는 영역이 넓으면 높은 정밀도로 정확한 표적위치를 식별할 수 없다. 확실하게 빔폭의 특정 부분 내로 표적을 위치시킬 수 있지만 이 시스템도 추적 정확도가 빔폭의 1/4 보다 좋을 수는 없다. 이 정도의 정확도는 무기를 표적에 도달시키기에는 불충분하여 보다 높은 정확도가 요구된다.

여기서 소개할 개념은 함정탑재 사격통제 모노트랙 시스템(shipboard fire control monotrack system), 호밍 미사일(homing missile), 음향 호밍 어뢰(acoustic homing torpedo), 항공기 탑재 사격통제 추적시스템(aviation fire control tracking system)을 포함하는 다양한 시스템에 적용할 수 있다. 일반적으로 모든 추적서보 시스템은 개념적으로 같은 방식으로 다음의 기능을 수행한다.

1. 위치에러의 크기와 방향 감지

2. 위치 피드백 제공

3. 데이터 스무딩(smoothing)/안정화(stabilization) 제공

4. 매끄러운 추적(smooth track)을 수행하기 위해 속도 피드백 제공

5. 전력구동장치(power driving device) 제공

그림 5-6의 서보 시스템이 어떻게 1에서 5까지의 기능을 만족시키는가의 관점에서 살펴보고자 한다.

안정화(Stabilization)

회전운동(rotational movement)을 보상하는 단일 방법은 존재하지 않는다. 그럼에도 불구하고 모든 시스템은 자이로스코프 장치를 한 방향에서 사용하거나 여러 방향의 장치를 통합하여 사용한다. 추적시스템은 안정화 기준에 따라 아래의 세 가지 급(class)으로 구분된다.

1. **불안정(unstabilized)** : 추적 하부시스템이 완전히 불안정한 환경에서 동작한다. 따라서 하부시스템 출력은 회전운동 성분을 포함한다. 회전운동에 대한 보상은 추적 하부시스템의 외부에서 이루어진다.

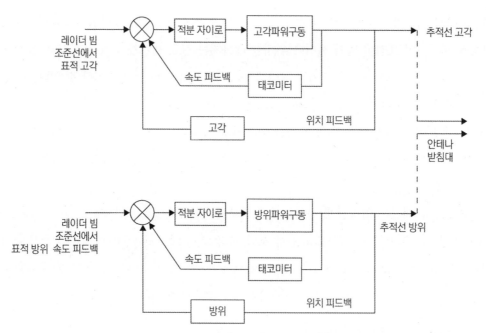

그림 5-6 방위 및 고각용 자동-추적 시스템의 블록다이어그램. 레이더 센서 시스템에 사용

2. **부분 안정화(partially stabilized)** : 추적 하부시스템이 하나의 축을 따라 안정화되며 출력에는 보상되지 않은 축에 관련된 회전 교란(rotational disturbance)을 포함한다. 나머지 보상은 추적 하부시스템의 외부에서 이루어진다.

3. **완전 안정화(fully stabilized)** : 추적 하부시스템이 짐벌(gimbal)에 장착되어 회전운동에 완전히 영향을 받지 않는다. 시스템 출력은 회전 교란(rotational disturbance)이 전혀 포함되지 않아 계산 전에 어떠한 추가적 보상도 필요치 않다.

무기체계가 자체 기준 자이로스코프(reference gyroscope)를 가지거나 모든 무기 또는 센서가 하나의 기준 자이로에서 신호를 제공받을 수 있다. 자이로는 외력이 작용하지 않는 한 공간상에서 고정된 면을 유지하며 외력이 작용되면 수직으로 방향을 틀려는 성질 때문에 안정화 기준으로 사용된다. 13장에서 자이로의 기능 및 특성에 대해 살펴볼 예정이다.

위치 에러의 크기 및 방향

위치 에러의 크기 및 방향 식별기능은 대상 레이더 유형에 맞게 설계된 전기회로와 레이더에 의해 수행된다. 일반적으로 센서출력은 표적위치 데이터이며 이 데이터는 센서가 표적 상에 위치할 때만 가용하다. 그리고 표적위치 데이터를 항상 무기통제시스템(weapons control system)에서 사용할 수 있어야 하기 때문에 센서가 표적을 추적하려면 표적운동을 탐지하는 여러 수단이 필요하다.

또한, 표적정보는 에너지 빔 축을 따라 집중되는 에너지로 센서에 입력된다. 예를 들어 레이더 센서를 이용 시 표적정보의 사용은 표적이 레이더 에너지 빔 내에 있을 때 가능하며, 이때 에너지는 표적이 빔 축 상에 있을 때 가장 강하다. 표적이 빔의 가장자리로 이동하면 되돌아오는 신호수준(signal level)이 감소하기 시작한다. 따라서 감소된 신호양은 표적이 빔 축으로부터 얼마나 떨어져 있는지를 측정하는데 사용되며 궁극적으로는 자동으로 레이더 안테나를 표적 상에 다시 위치시키는데 사용될 수 있다.

그러나 되돌아오는 신호의 수준은 표적이 빔 축과 이루는 방향에 관계없이 같은 양으로 감소한다. 따라서 신호의 크기에 추가하여 방향을 감지(direction sensing)할 수 있는 수단이 필요하다. 표적이 정확히 레이더 빔의 중심에 있지 않다면 레이더 안테나가 가리키는 방향과 실제 표적 조준선(LOS) 사이에는 에러가 존재한다.

방위 추적(Azimuth Tracking)

레이더 빔 내의 표적의 위치에 기초하여 표적을 추적하는 많은 방법이 있는데, 이중에서 가장 일반적으로 사용되는 방법은 아래와 같다.

시퀀셜 로빙(sequential lobing) – 로브 스위칭(lobe switching) 또는 시퀀셜 로빙은 초기에 개발된 추적방법 중 하나로 일부 국가에서는 지금도 제한적으로 사용되고 있다. 이 추적방법은 최초 한 방향으로 빔을 위치시킨 후 이전 빔보다 약간 이격시켜 다음 빔을 위치시킨다. 하나의 축으로의 방향이 더블-로브 시스템(double-lobe system)에 의해 매우 빠르게 식별될 수 있다. 직교좌표계에서 각 에러(angular error)를 동시에 얻으려면, 그림 5-7과 같이 시퀀셜 로빙 과정에서는 신

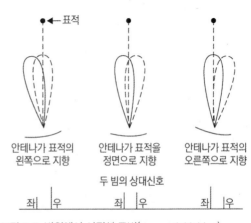

그림 5-7 방위에서 시퀀셜 로빙(sequential lobing)

호비교를 위해 적어도 세 위치, 일반적으로는 네 위치로 단계적 이동이 필요하다.

이러한 단계적 이동과정은 시스템의 펄스반복주파수(PRF)에 의해 제한되는데, 그 이유는 다음 위치로 스위칭되기 이전에 최소 한 번의 송신 및 반사파 수신이 가능하도록 충분한 시간 동안 빔의 위치가 고정되어야 하기 때문이다. 이를 위해서는 매우 복잡한 도파관 작업(wave guide plumbing) 및 스위칭 기술에 추가하여 네 개의 분리된 안테나 또는 네 개의 분리된 급전 혼(feed horn)이 필요하다. 시스템 동작 시 세 개의 급전 혼 또는 안테나는 특정 시간동안 꺼지기 때문에 상당한 주사 손실(scan loss)이 발생하며 정교한 로빙 시스템이 사용되지 않는 한 데이터 율(data rate)이 매우 낮다.

원추 주사(conical scan) - 시퀀셜 로빙에서 네 위치로의 빔의 단계적 이동(beam-stepping) 과정은 원 형태로 빔을 이동시키는 과정으로 자연스럽게 확장될 수 있다. 추적 축(tracking axis)과 조준선(LOS) 사이의 에러는 레이더가 그림 5-8과 같이 빔을 안테나 축 주위로 빠르게 회전시켜 공간상에 좁은 원뿔형태의 에너지를 생성함으로써 그 크기 및 방향을 감지할 수 있다.

원추 주사는 고정된 포물면(paraboloid) 형태의 안테나 초점 주위의 작은 원 상으로 급전 혼을 회전시켜 얻을 수 있다. 이때 급전 점은 회전하는 팽이의 상체운동처럼 끄덕(nutation)인다. 이렇게 하면 안테나 빔은 리플렉터(reflector)의 축 주위에 놓이게 되며, 급전 점이 초점에서 약간 횡으

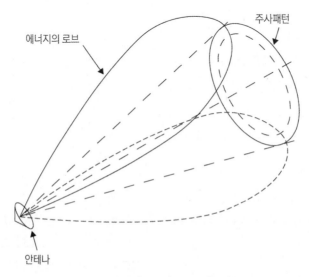

그림 5-8 원추 주사(conical scan)

로 이탈하면 빔은 축과 각을 형성할 것이다. 만일 급전 점이 왔다 갔다 하면 빔은 좌우로 흔들리며, 급전 점이 축 주위로 원운동하면 원뿔형 형태의 원추 주사가 이루어진다.

그림 5-9을 이용하여 좀 더 자세히 살펴보자. 이 경우 안테나 축은 표적을 직접 가리키고 있어 끄덕임(nutation) 사이클 내에 송신된 로브가 어디에 위치하던 상관없이 레이더에 수신되는 반사파는 항상 같은 진폭을 가진다. 비록 최대의 반사 에너지를 수신하지는 못하지만 일정한 강도를 가져 표적을 매우 정확하게 추적한다.

빔의 회전률은 빔 회전의 각 주기 동안 에너지를 방사하는 여러 개의 펄스가 표적에 도달하여 되돌아 올 수 있도록 정해져야 한다. 실제 응용에 있어 PRF/f_s 는 대략 40에서 1이며 여기서 f_s 는 주사 주파수(scan frequency)이고 PRF 는 펄스반복주파수 이다.

조준선(LOS)과 추적선이 일치할 때, 즉 표적이 정확히 추적선 상에 있을 때 각 주기 동안 빔의 중심은 표적으로부터 항상 같은 거리에 위치하기 때문에 시스템에 수신되는 연속적인 표적 반사파는 같은 진폭을 가진다. 그러나 표적이 안테나 축 상에 정확히 위치하지 않으면 조준선과 추적선 사이에 에러가 존재한다. 빔이 회전하기 때문에 이 에러는 즉시 탐지할 수 있으며 되돌아오는 펄스는 표적과 빔 중심의 거리 변화에 의해 진폭이 변조된다. 변조 주파수는 시스템의 주사 주파수, f_s 이다.

센서 입력신호 진폭변조 개념의 적용은 능동레이더에만 한정되지 않고, 에너지원(energy source)

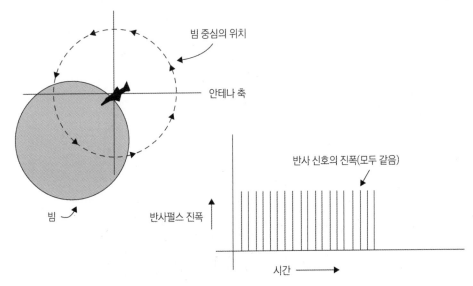

그림 5-9 표적이 추적선 상에 있을 때 표적위치와 반사펄스 진폭 사이의 관계

을 추적하는 시스템인 레이저, 적외선, 음향센서에도 적용할 수 있다.

그림 5-10과 같이 진폭 변조 입력신호로부터 생성되는 에러 신호를 이용하여 그림 5-9와 같이 되돌아오는 입력신호가 다시 같게 되도록 레이더가 다시 위치될 수 있다.

원추 주사 기술을 사용하는 시스템에서 공간을 통과하는 빔의 실제 움직임은 표적에 의해 쉽게 탐지된다. 그리고 에러 신호가 표적에서 되돌아오는 에너지의 진폭 변화로부터 직접 계산되기 때문에 표적은 들어오는 샘플신호를 수집하여 이를 다시 내보내는 트랜스폰더(transponder)를 사용할 수 있다.

표적이 최대의 입사 에너지를 감지했을 때 트랜스폰더는 감지된 것과 동일한 양이나 이보다 약간 큰 에너지를 내보낸다. 빔이 표적에서 멀어짐에 따라 표적에서 되돌아오는 에너지, 진폭이 감소되면, 트랜스폰더는 그림 5-11과 같이 진폭 감소에 비례하는 더 큰 진폭의 신호를 내보낸다.

다시 빔 축이 표적에 접근함에 따라 입사 에너지가 증가하면, 레이더 반사파와 진폭이 같거나 약간 큰 진폭의 신호를 보낼 때까지 트랜스폰더는 레이더 신호보다 진폭이 작은 신호를 내보낸다.

결국, 레이더 추적시스템은 레이더를 표적으로부터 멀어지도록 구동하게 되는데 이 기술을 역

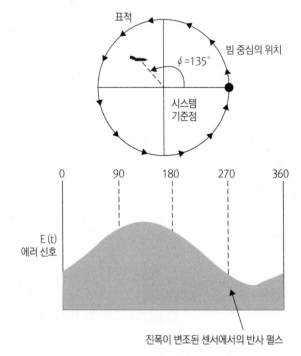

그림 5-10 표적이 추적선으로부터 변위가 발생했을 때 표적위치와 되돌아오는 펄스 진폭 사이의 관계

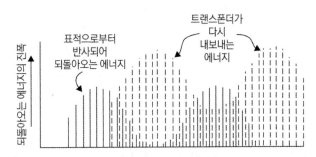

그림 5-11 전파방해(jamming) 신호가 첨가되었을 때 반사파의 진폭 변화

원추형 주사(inverse conical scan)이라 하며, 일반적으로 원추 주사 추적시스템을 기만하는 수단으로 사용된다.

COSRO - 역원추형 주사의 전파방해를 이용한 기만(deception)에 대응하기 위해 COSRO가 개발되었다. COSRO(Conical Scan on Receive Only)는 수신 시에만 원추 주사를 사용함을 의미하며, 무주사형(non-scanning) 송신 빔과 고각 및 선회 각 에러를 추출하기 위한 송수 전환기(duplexer)와 수신기 사이의 도파관 내에 회전형 주사장치(rotary scanner)를 사용한다. COSRO 유형의 레이더에 의해 추적되는 표적의 수신기는 일정하고 무주사형의 펄스 레이더의 빔을 수신할 것이다. 이때 표적 레이더 수신기가 수신한 빔에는 앞의 3장에서 살펴본 레이더 성능 파라미터 이외에 기만 기술을 사용하는데 도움이 되는 어떠한 정보도 포함되어 있지 않을 것이다.

펄스 사이의 송신중지시간(rest time) 동안 송수 전환기는 안테나를 COSRO 주사장치와 수신기로 전환하며 COSRO 주사장치는 급전 혼(feed horn)의 회전에 의해 원추 주사 레이더에서 송신된 빔의 방향변화와 유사하게, 수신되는 반사파의 최대 감도(sensitivity)에 따라 축을 변화시킨다.

레이더 조준 축 주위로 회전하는 송신 빔과 유사한 모양의 수신 빔을 상상할 수 있다. COSRO 주사장치는 모터 태코미터에 의해 회전되는 RF 신호 탐지기(signal detector)를 사용하여 수신되는 에너지의 신호강도 분포를 식별한다. 수신되는 에너지가 가장 큰 위치가 식별되면 표적의 중심에 안테나를 다시 위치시키기 위해 고각 및 선회 구동부로 신호가 보내진다. 표적이 중앙에 위치할 때 COSRO 주사기는 RF 신호 탐지기가 회전하는 동안 같은 신호강도를 감지할 것이다.

이 개념은 시퀀셜 로빙(sequential lobing)에서도 사용되어 LORO(Lobe on Receiver Only)로 사용된다. 이 유형의 레이더를 기만하는 여러 기술이 있으나 정교하고 복잡한 기술이 필요하고 비용이 많이 든다.

모노펄스(monopulse) - 원추 주사 및 시퀀셜 로빙 기술은 레이더의 메인 빔 축(main beam axis)으로부터 표적의 위치를 식별한다. 표적이 메인 빔 축 상에 위치하면 되돌아오는 펄스의 진폭은 최대가 된다. 이와 달리 표적이 메인 빔 축에 이탈하여 있을 경우 진폭은 축 상에 있을 때의 진폭보다 작다. 진폭의 감소 정도는 표적이 축으로부터 얼마나 떨어져 있느냐에 의존한다.

위의 개념을 이용하기 위해 일련의 펄스 행렬(pulse train)이 내보내진 후 수신기로 되돌아오는 레이더 파의 진폭이 측정된다. 에러 신호가 펄스 간에 추출되어 레이더를 다시 위치시키기 위해 사용된다.

표적에 반사되어 되돌아오는 임의의 펄스 진폭을 펄스 행렬 내의 다음 펄스와 비교하여 크게 증가하거나 감소된다면 시스템에 심각한 추적 에러가 발생할 수 있다. 이러한 동요는 표적 레이더 단면적(RCS)의 갑작스런 변화 등이 발생하면 쉽게 발생할 수 있다.

이러한 에러를 피하기 위해 1943년 미 해군연구소(NRL)에서 그림 5-12의 모노펄스 시스템을 개발하였다. 모노펄스 기술은 Nike-Ajax 미사일시스템에 최초로 적용되었다. 또한, 1958년에 이 유형의 레이더가 미 케이프커내버럴(Cape Canaveral)에서 미국의 첫 번째 우주위성 발사를 유도하는 데 사용되었다. 모노펄스 레이더는 높은 정확도와 다른 추적방법에 비해 전자전 대응책(electronic countermeasure)에 잘 대처할 수 있어, 현재 최신의 추적레이더 및 서보-제어(servo-controlled) 미사일 추적레이더에 근간이 되었다.

모노펄스 추적시스템은 일련의 펄스 행렬 대신에 단 하나의 펄스만을 이용하여 진폭변조(amplitude modulation)를 식별한다.

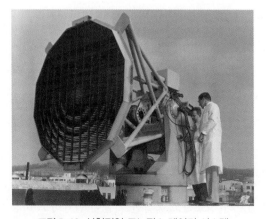

그림 5-12 실험적인 모노펄스 레이더 시스템

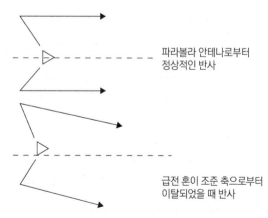

파라볼라 안테나로부터 정상적인 반사

급전 혼이 조준 축으로부터 이탈되었을 때 반사

그림 5-13 급전 혼이 조준 축으로부터 이탈정도에 따른 빔 방향

하나의 펄스를 이용하여 진폭변조를 식별하기 위해서는 표적이 반드시 둘 또는 그 이상의 빔 내에 동시에 위치해야하며 각 빔에서 되돌아오는 펄스 사이에 비교가 이루어진다. 추적 에러 신호가 단일 펄스로부터 산출되기 때문에 이 기술을 모노펄스라 한다. 각 빔 내에서 되돌아오는 반사파의 비교는 진폭 또는 위상 중 하나로 수행되는데 여기서는 진폭 비교를 집중적으로 살펴보고자 한다.

2-빔 시스템에서 송신기가 두 개의 인접한 급전 혼에 신호를 공급하면 하나의 리플렉터(reflector)에 의해 두개의 빔이 공간상에 동시에 생성된다. 빔이 리플렉터에서 반사될 때 급전 축(feed axis)에서 오프셋되어 그림 5-13과 같이 조준 축에 대해 각을 형성하여 반사된다.

그림 5-14는 이 두 빔이 약간 겹쳐있는 것을 보여준다. 관찰자가 실제로 파워미터(power meter)를 가지고 그림 5-14의 빔 경로를 가로질러 움직인다면, 파워미터는 두 빔에 의해 생성된 전자기파 에너지의 대수학적 합을 감지할 것이다. 만일 파워미터가 반사기 전방의 다양한 위치에서 이동하며 파워수준을 측정하여 그래프로 나타낸다면 그림 5-15와 같이 기점될 것이다. 이 그림에서 방사패턴은 실제로는 두 개의 분리된 로브의 합이지만 하나의 로브로 나타남에 주의하라.

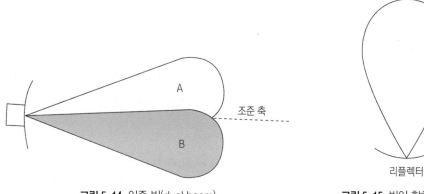

그림 5-14 이중 빔(dual beam)   **그림 5-15** 빔이 합하여진 패턴

모노펄스 레이더는 빔 간에 서로 다른 편파(polarization) 또는 신호에 표시를 하는 과정(tagging process)을 이용하여 각 빔을 분리하여 식별할 수 있다. 빔을 더함으로써 모노펄스 레이더는 마치 강한 단일 빔의 중심에서 표적이 추적되는 것처럼 두 빔 사이 중심에 있는 표적으로부터 큰 되돌아오는 반사파 신호를 수신할 수 있다. 모노펄스 레이더는 표적탐지 및 거리식별에 빔이 합하여진 특성을 이용한다. 각 추적에 대해서는 레이더 수신기가 하나의 빔으로부터 에너지 값의 부호를 "–"로 변경하고(그림 5-16 참조) 이를 다른 빔의 양의 값과 합산한다. 만일 표적이 조준 축 상에 위치한다면 두 빔에서 동일한 반사 에너지를 수신하므로 이 두 에너지의 대수학적 합은

그림 5-16 이중-빔 각 출력(dual-beam angular output)

"0"이 되고, 트래커(tracker)가 표적을 포착(lock-on)한 것으로 간주된다. 만일 표적이 조준 축의 오른쪽에 위치한다면 합은 양의 값이 되고 표적이 왼쪽에 존재한다면 합은 음의 값이 된다.

하나의 축에 대한 각 에러(angular error)의 방향 및 크기가 에러신호의 크기로 주어진다. 표적이 중심선에서 멀리 위치할수록 에러신호의 크기가 증가한다. 이 신호가 안테나가 표적을 가리키도록 서보모터를 구동하는 에러신호로 사용되어 에러를 매우 작은 값으로 감소시킬 수 있다.

그림 5-17은 모노펄스 시스템의 단순한 마이크로파 비교기(microwave comparator) 회로를 나타낸다. 이 비교기 회로는 도파관(wave guide) 및 "매직트리(magic tree)"라 불리는 하이브리드 접합(hybrid junction)들로 구성된다. 하이브리드 접합은 두 개의 입력과 출력을 가지는데, 하나의 출력은 두 입력의 합이고 다른 하나는 두 입력의 차이다. 네 개의 하이브리드가 방위 및 고각 에러를 제공하기 위해 그림 5-17과 같이 연결되는데 이 경우 네 개의 빔을 생성하는 각각 A, B, C, D로 지정된 내게의 급전 혼 덩어리(cluster)가 사용되었다.

방위를 결정하기 위해 급전 혼 C 와 D 출력의 합이 급전 혼 A 와 B 출력의 합에서 감하여 진다. 이 결과가 양의 값이면 그림에서 맨 위에 위치한 급전 혼이 독자를 향한다고 할 때 표적이 조준 축의 오른쪽에 위치한다.

고각 에러는 급전 혼 A 와 C 출력의 합에서 급전 혼 B 와 D 출력의 합을 감하여 결정되며 그 값이 양의 값이면 표적이 조준 축 위쪽에, 그 값이 음의 값이면 표적이 조준 축 아래에 있음을 가리킨다. 추적회로(tracking circuit)와 파워 구동장치(power drive)는 표적이 조준 축 상에 위치하여 네 개의 급전 혼에서 형성되는 표적 반사파의 진폭이 동일한 상태를 만들도록 구동된다.

모노펄스 트래커의 신호 대 잡음 비는 표적이 가장자리보다 더해진 빔의 축 상에서 추적되기 때문에 일반적으로 원추 주사 시스템의 신호 대 잡음 비보다 높다. 그리고 표적은 자신이 모노펄스 레이더로 추적되는지 COSRO 레이더로 추적되는지 알 수 없어 기만 전파방해(deception jamming) 기술을 사용하기가 어렵게 된다.

모노펄스 레이더의 각을 기만하는 것은 매우 어려우나 거리를 기만하는 것은 다른 레이더와 유사하다. 다른 기술에 비해 모포펄스 레이더의 높은 복잡성 및 비용 등의 단점은 기술발전에 의해 극복되고 있어 현대의 모든 서보추적(servo tracking) 및 호밍시스템(homing system)은 일종의 모노펄스 레이더 시스템을 포함한다.

위치 피드백(Position Feedback)

시스템이 에러신호에 반응하여 구동될 때 시스템은 반드시 언제 에러를 "0"으로 감소시킬 수 있을지 알아야 한다. 위치 피드백은 레이더로부터 에러신호를 생성하는 주요 부분으로 레이더 시스템이 최초 에러에 반응하여 추적선을 조준선과 일치하도록 시스템을 움직이게 할 것이다. 이를 통해 위치에러

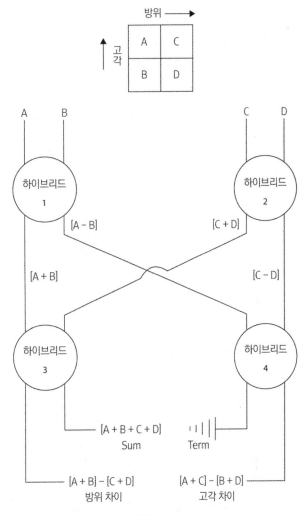

그림 5-17 모노펄스 레이더 신호 비교기 회로

신호가 "0"으로 감소되는데, 이는 레이더의 의해 최초에 측정된 에러에 시스템이 정확하게 반응하였음을 나타낸다.

이 과정은 순간적이며 센서가 시스템에 표적정보를 제공하는 전체 시간동안 연속적 과정이다. 따라서 추적시스템의 평형상태(equilibrium state)에서는 합성에러(composite error) 출력이 "0"이 되어 구동시스템에 "0"의 출력이 발생한다. 시스템이 실제 추적중일 때는 진정한 정적상태는 얻을 수 없으나 원활히 동작한다면 시스템은 항상 이 상태에 도달하려 한다는 사실을 반드시 이해해야 한다.

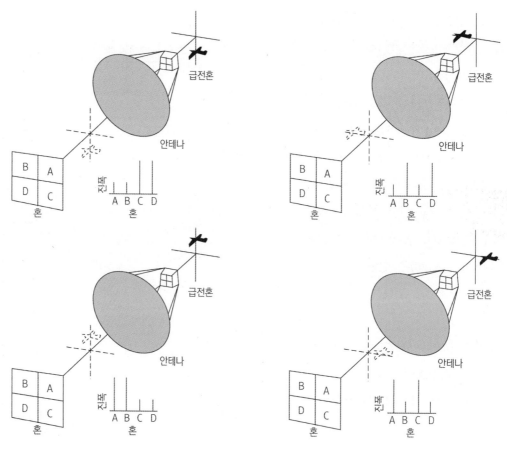

그림 5-18 표적위치에 따른 수신 에너지의 진폭변화

파워 구동장치(Power Driving Device)

해군 무기체계는 일반적으로 전기모터와 전기적으로 제어되는 유압모터 등 두 범주의 원동 장치 (motive device)를 사용한다. 이 장치들은 실제 시스템의 구동부(driven element)를 움직이는데 사용된다. 두 종류의 모터 중 어느 것을 사용할지는 구동될 부하(load)의 물리적 크기에 의존한다. 미사일 조향 제어면(steering control surface)과 소형 사격통제디렉터(fire control director)와 같 이 부하가 적을 경우에는 전기모터가 사용된다. 전기유압모터(eletrohydraulic motor)는 미사일 발사대와 포대 같이 부하가 클 경우에 사용된다.

속도 피드백(Velocity Feedback)

속도 피드백의 주 목적은 동적 지나침(dynamic overshoot)이 일어나지 않도록 돕는 것이다. 속도 피드백 신호는 감하는 방식(degenerative manner), 즉 피드백 전압이 자이로의 구동신호 출력으로부터 감해지는 것이다. 이 감해짐(subtraction)은 평형수준(equilibrium level)에서 출력 모터의 속력을 제한하는데 사용된다. 평형수준은 피드백 전압과 입력구동전압의 비에 의해 통제된다.

거리추적(Range Tracking)

자동거리추적(automatic range tracking)은 초기 레이더 개발 이후 레이더 개발의 중요한 목표가 가 되어왔다. 최초의 거리-추적단(range-tracking unit)은 2차 세계대전 중에 개발된 "Mechan Range Unit"와 같은 전기 기계적(electromechanical) 장치였다. 접근하는 표적속력이 증가함에 따라 새로운 위협에 대응하기 위해 전자기적 아날로그, 디지털, 하이브리드 거리측정기(ranger)가 기계적 장치를 대체하였다.

거리-추적단은 표적을 따르며 표적까지의 연속적인 거리정보를 제공한다. 거리게이트(range gate)를 제공하고 각 추적시스템이 표적 반사펄스가 수신될 수 있는 하나의 특정 거리간격(실제로는 시간간격)만을 바라볼 수 있게끔 시간측정이 된 펄스(timing pulse)들이 수신기 및 전시단(display unit)으로 보내진다. 거리게이트의 위치와 표적의 위치가 검사되며, 게이트의 센터와 표적사이의 에러 크기와 방향이 식별되어 에러 전압이 생성되고 회로단은 게이트를 움직여 게이트 중앙을 표적 상에 위치시키도록 반응한다. 이 동작은 앞에서 설명한 각 추적 서보시스템과 유사하게 "폐쇄루프(closed-loop)" 피드백 시스템에 의해 수행된다.

거리추적 에러를 감지하는 데는 여러 방법이 있지만, 모든 방법은 거리간격(range interval)의 특정 부분만을 사용하여 탐지거리를 레이더 최대탐지거리까지 증가시키는 특정 방식을 사용한다. 여러 방법 중 하나인 레인지 게이팅(range gating) 시스템에 대해 살펴보자.

이 방법에서 거리추적은 이중-빔(dual-beam) 각 추적과 유사한 방법으로 수행된다. 일단 거리가 측정되면 추적시스템은 다음 펄스 상 거리 예측을 시도한다. 이 예측 값이 다음 측정값과 비교를 위한 기준 값이 된다. "이른 거리 게이트(early range gate)" 및 "늦은 거리 게이트(late range gate)"라 불리는 두 개의 거리 창(range window)을 이용하여 그림 5-19와 같이 비교를 수행한다. 각 게이트 내에서 반사 신호면적(return area)이 적분에 의해 계산된다. 이른 게이트와 늦은 게이트 사이의 면적 차이는 거리 예측 에러와 비례할 것이다. 두 면적이 같게 되면 반사 신호가 거리 예측치 중심에 위치하여 에러가 없어진다. 만일 반사 신호가 이른 게이트에서 보다 넓은 면적을 가지면 거리 예측치가 지나치게 크게 되어 거리 에러가 양의 값이 된다. 거리 예측치의 근방에서 거리 에러와 면적의 차이 사이에는 그림 5-20과 같은 선형관계가 존재할 것이다.

　거리 예측치가 너무 많이 이격되어 있지 않는 한 추적에러를 식별할 수 있으며, 표적거리가 업데이트된다. 또한 이중-빔 추적시스템과 같이 거리-추적시스템은 시스템의 거리 분해능, R_{res} 보다 정확하게 표적거리를 측정할 수 있으며, 이때 거리 분해능은 펄스폭(pulse width)과 펄스 압축률에 의해 결정된다.

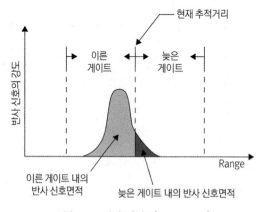

그림 5-19 거리 게이트(range gate)

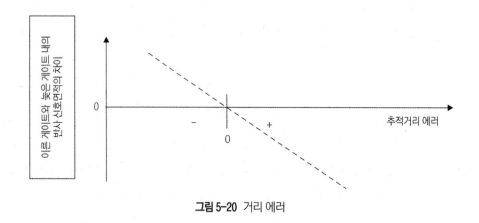

그림 5-20 거리 에러

TWS(Track-While-Scan) 개념

다양한 지상배치, 함정 및 항공기 탑재 레이더는 전산화된 지휘 및 통제 시스템에 주요 센서로써 입력 데이터를 제공한다. 이 시스템은 해상, 해중, 공중 감시; 식별; 위협평가; 무기통제 등 여러 기능을 수행한다. 현대 전장 환경에서 지휘 및 통제 시스템은 무기체계에 양질의 사격통제 데이터를 생성하기 위한 거의 실시간의 표적위치 및 속도 데이터를 필요로 한다. 최근까지는 센서에서 제공되는 원 데이터(raw data)와 지휘통제 시스템 간의 인터페이스는 인간 작동수였으며 이로 인해 데이터 속도와 표적 처리능력이 제한되었다. 이 문제를 부분적으로 해결하기 위해 인원이 추가로 배치되었으나 훈련, 동기부여, 휴식의 이상적인 조건하에서도 작동수는 2초마다 한 번씩 최대 6개의 항적(track)만을 갱신할 수 있었으며 그 지속시간 또한 짧았다.

양질의 사격통제 데이터를 공급하기 위하여 고전적인 해결책으로 앞장에서 논의된 각각의 정밀 추적센서(tracking senor) 시스템을 사용하였다. 이 시스템은 널리 사용되고 있지만 하나의 표적에 대한 고각 및 방위를 추적하는 제한점을 가진다. 사격통제문제 해결과 발사대와 무기에 전달될 명령을 계산하기 위해 데이터가 이 시스템으로부터 아날로그 컴퓨터에 제공되었다. 고속 디지털 컴퓨터의 출현으로 계산능력이 사격통제 센서의 데이터 수집능력을 초과하였으나 표적처리는 비주사형 추적방법(non-scanning tracking method)에 제한되어 계속 사용되어 왔다.

앞의 두 문제에 대한 해답은 고속의 주사율(15 - 20 rpm)을 가지는 탐색레이더와 전자식 디지털 컴퓨터를 수신된 반사파의 패턴을 유용한 이진법의 정보로 전환하는 장비를 통해 인터페이스(interface)시키는 것이다. 추가로 위상-배열 주사(phase-array scanning)와 같이 레이더 빔 패턴을 조향하여 형성하는 디지털 컴퓨터를 이용하여 탐지(search), 지정(designation), 추적(track), 무기통제(weapon control)의 다중동작을 동시에 수행할 수 있는 유연성 있는 시스템을 제작할 수 있다.

다중표적 추적과 미래 표적위치 예측 그리고 항공기용 지형회피 항법장치와 같은 기능을 수행하는 능력은 이전의 개별화된 센서와 제어능력을 동적이며 강력한 센싱(sensing), 지휘통제, 무기사용(weapon employment) 시스템으로 변화시켰다. 이렇게 탐지레이더와 자동탐지 및 추적(ADT ; Auto Detection and Tracking) 기능의 결합을 TWS(Track-While-Scan)이라 한다. ADT는 대부분의 신형장비에 내장되어 있으며, 구형 레이더의 개조에 사용된다. TWS 주요 개념은 주사되는 레이더로부터 주기적 정보갱신을 통해 컴퓨터에서 표적의 항적(target track)을 유지하는 것이다.

자동탐지 및 추적(ADT) 기초

추적시스템은 반드시 위치 및 운동의 변화에 대한 기본 표적 파라미터를 제공하여야 한다. 앞에서 설명한 시스템들은 위치 및 속도 데이터 모두가 추적 레이더를 항상 표적 상에 유지시키는 데만 사용되어 단일 표적상황에만 시스템 사용이 가능하였다.

TWS 시스템에서는 레이더가 계속해서 주사되는 동안 다수의 표적에 대해 그 위치가 추출되고 속도가 계산된다. 따라서 이 시스템에서는 각각의 표적에 대한 표적 데이터를 연속적으로 사용할 수 없다. 안테나가 계속해서 주사되기 때문에 하나의 갱신에서 다음 갱신까지 그리고 그 다음의 갱신까지 계속하여 표적 데이터를 저장하고 분석하는 수단이 필요하다. TWS 시스템에서는 디지털 컴퓨터가 이 기능을 위해 사용되어 앞에서 설명한 추적 서보시스템을 대체한다.

추적 알고리듬(Tracking Algorithm)

TWS 문제 해결을 위한 다음의 알고리듬은 레이더가 각각 한 번의 주사마다 표적정보를 제공한다는 가정에 기초한다. 이 개념은 소프트웨어 단독으로 수행되거나 레이더 특별 회로와 소프트웨어가 결합되어 수행된다. 또한 현존하는 시스템은 작동수가 시스템 추적 파라미터를 수정 가능하다.

임의의 TWS 시스템은 반드시 아래의 기능을 제공하여야 한다.

1. 표적 탐지
2. 추적 게이트(tracking gate) 생성
3. 표적 추적 상관관계(correlation) 형성 및 연합(association) 수행
4. 표적 추적개시 및 항적파일(track file) 생성(어떠한 상관관계도 없다면)
5. 추적 게이트 예측, 매끄럽게 하기(smoothing)/필터링, 위치지정(positioning)
6. 전시(display) 및 표적 미래위치 계산

표적 탐지(Target Detection)

표적 탐지는 TWS 시스템으로 설계된 레이더 수신기 내의 특별 회로 또는 별도의 캐비닛 내의 신호처리 장비에 의해 수행된다. 모든 ADT 처리장치의 기능은 유사하여 여기서는 일반용어로 표현된다.

ADT 처리기(processor)는 일부 메모리를 가지더라도 컴퓨터는 아니다. ADT의 주요 기능은 데이터를 별도의 디지털 컴퓨터에 사용될 수 있는 형태로 변환하는 것이며, 이 컴퓨터는 매끄러운 추적(smoothing tracking), 속도와 가속도율 생성, TWS 시스템의 예측기능 등을 실제로 수행한다.

ADT 처리기의 메모리는 3차원 레이더 탐색체적을 구성하는 각각의 공간상의 셀(cell)에 주소가

부여된 공간을 할당한다. 이 셀들의 크기는 종종 레이더의 수평 및 수직 각 분해능뿐만 아니라 필스압축 거리 분해능과 동등한 거리로도 정의된다. 여러 번의 주사 후에 ADT 처리기는 레이더의 전체 탐색체적에 해당하는 양을 나타내는 3차원적 이진행렬(binary matrix)을 포함한다. 이 행렬 또는 배열(array)은 그림 5-21과 같이 반사파가 되돌아온 셀을 "1"로 반사파가 되돌아오지 않은 셀을 "0"으로 표현한다.

일부 시스템에서는 대부분의 표적에 대해 임의의 레이더 거리에서 하나 이상의 빔이 위치할 수 있도록 레이더 각각의 빔(beam)이 겹쳐진다. 빔 분할(splitting)이라 불리는 이 과정은 레이더의 빔폭 보다 작은 각 분해능을 가능하게 한다. 또한 탐색영역 간의 간격을 제거하며 클러터나 허위 표적(false target)을 제거하는 수단으로 여러 개의 빔 사이에 빔의 충돌 패턴(hit pattern)의 검사를 가능하게 한다.

추적개시를 위한 심도 깊은 고려에 앞서 레이더는 방위 및 고각에 있어 겹쳐지는 모든 빔의 충돌에서 같은 거리 간격을 가지는 M 개의 빔 중에서 N 개의 충돌을 필요로 한다. N 과 M 은 작동수가 선택 가능하거나 설계과정에서 사전 설정된다. 대부분의 시스템은 클러터(clutter) 또는 허위로 되돌아오는 신호를 피하기 위한 추가적인 방법을 사용하는데 이 방법들은 재래식 레이더 수신기 항재밍(anti-jamming) 회로와 관련된 방법과 ADT에만 사용되는 방법으로 분류된다. 효과적인 TWS 레이더는 반드시 CFAR(Constant False-Alarm Rate), MTI, 자동 이득-제어 회로(automatic gain-control circuitry)와 같은 재래식 레이더가 가지는 특징을 보유해야 한다. 이 특징들은 확실하게 반사 신호가 허위로 되돌아옴(false return)을 방지하는데 도움이 되며, ADT 시스템이 유효 및 무효 표적에 대한 보다 정교한 결정을 하게 한다.

ADT 처리기는 여러 번의 레이더 주사 동안 모든 반사파의 되돌아옴에 대한 시간별 기록을 생성할 것이다. 다수의 주사 동안 주어진 분해능 셀(resolution cell) 내에 머무르는 정지 표적은 클러터 셀(clutter cell)로 확인될 것이다. 레이더 탐색 체적 내의 모든 클러터 셀의 집합적인 정보를 클러터 지도(clutter map)이라 한다. 클러터 셀 내에서 머무른 채 되돌아온 신호들은 허위 표적으로 제거된다. 이동 표적은 제거될 만큼 충분한 시간동안 주어진 셀에 머무르지 않는다. 높은 풍속 상황의 구름과 채프(chaff)와 같이 강도와 질량중심의 위치가 급격하게 변화하는 반사파는 움직이는 형태로 나타나고 추적이 개시될 것이다. 이러한 되돌아오는 신호들은 속도필터(velocity filter)에 의해 유효 표적에 해당하는 속도를 가졌는지 검사되어 위와 같은 허위 표적의 수를 줄일 수 있다.

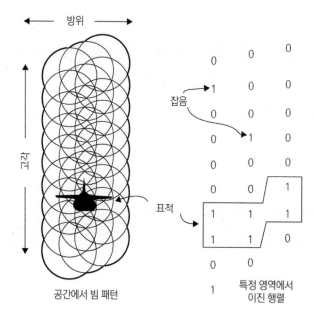

그림 5-21 ADT 처리기는 되돌아오는 반사파 패턴을 레이더 빔의 연속위치에서 3차원의 이진 행렬로 변환한다.(여기서는 방위와 고각만이 묘사됨)

표적획득, 추적과 회전탐지 게이트

게이트(gate)란 앞에서 설명한 다수의 셀(cell)로 구성된 공간상의 작은 체적으로, 초기에는 표적의 중심에 위치하며 표적정보 확인을 위해 각각의 주사를 통해 모니터링(monitoring)된다. 게이트의 위치 및 크기정보는 일반 디지털 컴퓨터에서 생성되어 응용을 위해 ADT 처리기로 보내진다. 클러터 지도(clutter map) 기능은 유효한 추적에 의해 클러터 셀이 생성되는 것을 방지하기 위해 이 게이트들 내에서는 제한된다.

표적이 최초로 탐지되었을 때 알고리듬은 순간적인 표적위치인 초기 위치자료만을 수신한 후 획득 게이트(acquisition gate)가 아래 방식으로 생성된다.

표 5-1 그림 5-22에 표시된 게이트의 크기 예(단순 예로 수치는 실제시스템에 따라 변화됨)

	획득 게이트	추적 게이트
거리 게이트	R 2,000yds(1,829.25m)	R 120yds(109.59m)
방위 게이트	B 10° (0.1745 라디안)	B 1.5° (0.0262 라디안)
고각 게이트	E 10° (0.1745 라디안)	B 1.5° (0.0262 라디안)

획득 게이트는 레이더가 주사하는 동안 표적운동을 허용하기 위해 크기가 크다. 만일 표적이 다음 주사 시에 획득 게이트 내에 위치하면 보다 작은 추적 게이트(tracking gate)가 생성되며 이후의 주사에서 새롭게 예상되는 표적위치로 이동한다. 그림 5-22에 추적 게이트가 매우 작은데, 실제로는 매끄러운 추적(항적)이 얻어지기까지 중간크기 게이트가 생성된다.

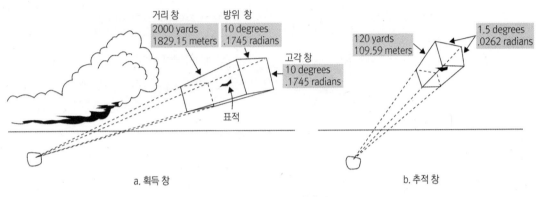

그림 5-22 TWS 추적 및 획득 게이트

이후 주사 시 추적 게이트 내에 유효 반사 신호가 되돌아오지 않으면 ADT는 일종의 회전-탐지 과정(turn-detection routine)으로 들어간다.

표적의 회전 또는 선형 가속도를 다루는 일반적 수단으로 회전-탐지 게이트(turn-detection gate)가 사용되는데, 회전-탐지 게이트는 추적 게이트보다 크며 초기에는 추적 게이트와 같은 곳에 위치한다. 회전-탐지 게이트의 크기는 그림 5-23과 5-24와 같이 유효 항적(track)의 최대 가속도와 회전특성에 의해 결정된다.

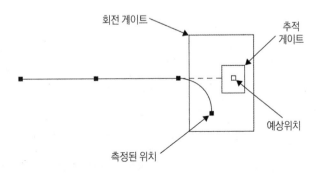

그림 5-23 기동표적 상에 추적을 유지하기 위해 회전 게이트(turning gate)의 사용

일부 시스템은 신호가 유효 표적위치 확인에 앞서 부정확한 관측, 클러터, 디코이(decoy) 등의 가능성을 확인하기 위해 최초의 회전-탐지 이후 한번 또는 그 이상의 주사 동안 해당 항적을 원래의 추적 게이트와 회전-탐지 게이트에 유지시킨다. 이 항적중 하나만이 작동수에게 전시되는데 이렇게 전시되는 항적은 프로그램된 타당성 검증과정(validity routine)에 의해 결정된다.

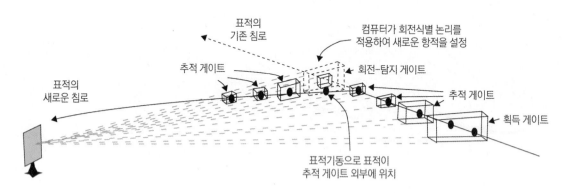

그림 5-24 TWS 처리과정

항적 상관관계(Correlation) 및 연합(Association)

명중-패턴 확인 및 클러터 제거 기능을 가지는 레이더의 각각의 주사에서 관측된 표적은 최초에는 이전에 보유한 데이터와 비교에 앞서 새로운 데이터로 취급된다. 현재 유지하고 있는 항적들과 되돌아오는 신호와의 상관관계 형성 및 연합을 수행하는 디지털 컴퓨터 프로그램에 설정되어 있는 논리 규칙(logic rule)은 고밀도 환경에서 시스템의 포화를 방지하는 데 중요한 역할을 한다.

일반적으로 추적 게이트의 경계 내에 위치하는 표적 관측결과는 그 항적과 상관관계에 있다 할 수 있다. 각 관측결과는 컴퓨터 기억장치 내의 모든 항적들과 비교되며 하나 또는 여러 항적과 상관관계가 있거나 아무런 상관관계가 없을 수도 있다. 역으로 하나의 추적 게이트는

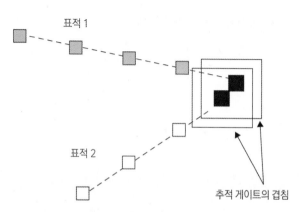

그림 5-25 교차되는 항적이 모호성을 발생시킴

하나 또는 여러 관측결과와 상관관계가 있거나 아무런 상관관계도 없을 수 있다. 추적 게이트와 관측결과 사이의 1:1 이상의 상관관계가 존재할 때 그림 5-25와 같이 추적 모호성(tracking ambiguity)이 발생한다.

추적 모호성의 해결 추적 모호함은 여러 표적이 단일 추적 창(track window) 내에 나타나거나 둘 이상의 게이트가 단일 표적 상에 겹쳐질 때 발생한다. 이러한 추적 모호성의 발생은 시스템이 오류가 있는 추적 데이터를 생성하게 하여 결국, 의미 있는 표적의 항적을 유지하는 능력을 상실하게 된다.

만일 작동수가 추적을 개시하여 추적 진행사항을 모니터링하도록 시스템이 설계되었다면 작동수는 오류가 있는 추적을 취소하고 새로운 추적을 개시할 것이다. 자동 시스템의 경우에는 소프트웨어 결심 규칙(decision rule)이 프로그램으로 하여금 정확한 항적파일을 유지하고 모호성을 해결하게 하여 허위표적에 의한 포화를 방지한다.

용도에 따라 다른 많은 규칙들이 모호성을 해결하기 위해 사용되는데 규칙의 개요는 예를 들면 아래와 같다.

1. 만일 여러 비디오 관측결과(video observation)가 하나의 추적 게이트 내에 존재하면 게이트 중심에 가장 근접한 비디오가 타당한 것으로 수락된다.

2. 만일 여러 추적 게이트들이 하나의 비디오 관측결과에 겹쳐져 있으면 비디오는 중심에 가장 근접한 게이트와 연관될 것이다.

3. 만일 두 접촉(contact)의 경로가 교차되면 추적 게이트는 서로를 통해 진행할 것이며 재상관관계(re-correlation)가 발생할 것이다.

4. 만일 하나의 비디오 관측결과가 두 개 또는 그 이상으로 분리되면 속도 및 위치의 명확한 분리가 발생하여 새로운 추적 게이트가 상관관계가 없는 비디오로 생성될 때까지 앞의 규칙 1이 적용될 것이다. 그리고 규칙 2는 게이트가 더 이상 겹쳐지지 않을 때까지 적용될 것이다.

추적개시 및 항적파일 생성

획득 게이트의 생성과 동시에 각각의 항적에 대한 위치 및 게이트 데이터를 저장하기 위해 항적파일이 생성된다. 위치 및 창(window) 기본 데이터에 추가하여 계산된 표적 속도 및 가속도 또한 각각의 항적파일(track file)에 저장된다. 계산 및 다른 시스템과의 정보교환을 쉽게 하기위해 모든 데이터가 컴퓨터에 의해 극좌표에서 직교좌표로 변환된다. 항적파일은 직교좌표로 컴퓨터 기억장치 내에 저장되며 데이터는 추적을 유지하는데 필요한 다양한 계산에 사용된다.

표 5-2는 가상 표적의 항적파일 구조를 나타낸다. 컴퓨터 내에 위치 자료는 극좌표에서 직교좌표로 변환됨에 주의하라. 각각의 항적파일은 디지털 컴퓨터 기억장치 내에 별개의 위치를 점유한다. 데이터가 계산에 필요하거나 새로운 데이터가 저장되면 요구된 데이터를 위해 할당된 기억장치 부분에 접근이 시스템 소프트웨어에 의해 허용될 것이다.

이러한 방식으로 항적 데이터에 추가하여 전술자료가 항적파일 내에 저장되는데, 그 예로 ESM 데이터, 교전상태(engagement status), IFF 정보 등이 있다. 여기서 아군 세력을 추적하는 것은 적 세력을 추적하는 것만큼의 중요함을 유념하여야 한다. 항적파일의 생성은 획득 창이 설정되었음을 나타내는 코드(code)와 함께 위치 데이터의 최초 저장으로 개시된다.

만일 표적 위치 데이터가 레이더의 다음 주사에서 얻어진다면 파일은 좌표가 갱신되고, 속도 및 가속도는 계산되어 저장되며, 획득 창 코드는 취소될 것이다. 그러면 획득 창은 추적 창의 크기로 줄어들며 추적 코드(track code)가 저장되며 추적 코드는 활성(active) 항적파일임을 나타낸다.

표 5-2 항적파일 구조

항적 번호(식별자)		
위치 이력(position history)		
X_n	Y_n	Z_n
X_{n-1}	Y_{n-1}	Z_{n-1}
X_{n-2}	Y_{n-2}	Z_{n-2}
속도 이력(velocity history)		
$\dot{X}_n$	$\dot{Y}_n$	$\dot{Z}_n$
$\dot{X}_{n-1}$	$\dot{Y}_{n-1}$	$\dot{Z}_{n-1}$
$\dot{X}_{n-2}$	$\dot{Y}_{n-2}$	$\dot{Z}_{n-2}$
가속도(acceleration)		
$\ddot{X}_n$	$\ddot{Y}_n$	$\ddot{Z}_n$
$\ddot{X}_{n-1}$	$\ddot{Y}_{n-1}$	$\ddot{Z}_{n-1}$
$\ddot{X}_{n-2}$	$\ddot{Y}_{n-2}$	$\ddot{Z}_{n-2}$
창(window)		
획득코드(acquisition code) 게이트 중심의 위치		추적 코드(track code) 게이트 중심의 위치

레이더가 주사를 계속함에 따라 적절한 파일이 발견되어 갱신될 때까지 각각의 데이터 입력은 활성 항적파일들의 게이트 위치와 비교된다. 컴퓨터 데이터 파일 분류(file sorting) 및 탐색 기술에 대해서는 본 책에서는 다루지 않지만 적절한 항적파일의 탐색은 일반적으로 순차적 1:1 비교가 아님에 유의하여야 한다. 왜냐하면, 이 방법은 동작속도가 중요시되는 시스템에 사용하기에는 너무 느리기 때문이다.

추적 게이트 예측, 스무딩(Smoothing) 및 위치잡기(Positioning)

서보-제어 추적시스템에 대해 앞에서 살펴본 바와 같이 추적 에러는 안테나 축을 이탈하는 표적 움직임에 의해 생성된다. 그리고 안테나 축을 표적 상으로 재위치 시키는 것이 에러 탐지기 및 서보 시스템의 역할이다. 안테나를 다시 위치시키는 과정 동안 시스템 응답 동작(response motion)은 속도와 위치 피드백(position feedback)을 이용하여 매끄럽게(smoothing) 이루어진다. 위치 피드백은 서보시스템 내의 전기 및 기계적 수단에 의해 수행되고, 또한 일반적으로 표적이 먼저 움직이고 시스템이 이 움직임에 응답한다는 것을 다시 한번 유념하라.

TWS 시스템에도 표적운동 때문에 추적 에러가 존재한다. 추적 게이트는 추적안테나 대신에 사용되며 반드시 추적안테나와 유사한 방식으로 표적에 동적으로 위치된다.

단, 추적 게이트는 추적 게이트를 다시 위치시키고 게이트의 운동을 매끄럽게 하는 서보 시스템이 없다. 따라서 다시 위치시키기와 스무딩(매끄럽게 하기)은 TWS 알고리듬 내에서 수학적으로 이루어진다. 매끄럽게 하기와 위치잡기 공식이 추적 창의 변화하는 위치를 계산하기 위해 사용된다.

표적의 운동에 응답하는 서보-제어 추적시스템 대신 추적 게이트는 표적을 앞질러 만들어지는데, 관측된 파라미터와 비교하여 얻은 에러에 기초하여 예측된 파라미터를 조절함으로써 스무딩이 수행된다.

추적 데이터를 매끄럽게 하는 고전적 방법은 다음에서 설명할 $\alpha - \beta$ 트래커(tracker) 또는 $\alpha - \beta$ 필터에 의해 수행된다. 단순한 형태의 이 필터는 극단적인 표적기동에는 적절하지 않으며 현재 사용 중인 대부분의 시스템은 칼만 필터(Kalman filter) 수준으로 복잡성이 증가되었는데 칼만 필터는 표적운동보다 높은 차수의 미분, 즉 가속도를 넘어서는 도함수를 다룰 수 있다.

일부 시스템에서 TWS 컴퓨터는 위치자료, 속도, 가속도만을 보관한 채 완전한 항적파일 정보는 별도의 지휘통제시스템 컴퓨터 내부에 보관한다.

추적 알고리듬 시스템 공식

매끄러운 위치(smooth position) $P_{sn} = P_{pn} + \alpha(P_n - P_{pn})$ (5-1)

매끄러운 속도(smooth velocity) $V_n = V_{n-1} + A_{n-1}T + \dfrac{\beta}{T}(P_n - P_{pn})$ (5-2)

매끄러운 가속도(smooth acceleration) $A_n = A_{n-1} + \dfrac{\gamma}{T^2}(P_n - P_{pn})$ (5-3)

예측위치(미래위치) $P_{pn+1} = P_{sn} + V_n T + \dfrac{1}{2}A_n T^2$ (5-4)

여기서, P_n = 레이더의 n 번째 주사(scan)에서 측정된 표적위치

P_{sn} = n 번째 주사 이후에 매끄러운 위치(smoothed position)

V_n = n 번째 주사 이후에 매끄러운 속도(smoothed velocity)

A_n = n 번째 주사 이후에 매끄러운 가속도(smoothed acceleration)

P_{pn} = n 번째 주사에서 예상되는 표적위치

T = 주사 시간(이 경우에는 1초)

P_n 은 세 개의 직교좌표로 표현됨에 주의하라

5-1에서 5-4까지의 식을 보다 진행과정에 맞춰 자세히 살펴보며 TWS 기능을 앞에서 설명한 서보-추적 시스템의 기능과 서로 연관시켜 보자.

식 5-1

$$P_{sn} = P_{pn} + \alpha(P_n - P_{pn})$$

식 5-1은 서보-추적시스템에서 레이더 에러신호 출력에 의해 수행되는 위치 피드백과 유사하다. 아래첨자 n 은 현재가 레이더의 몇 번째 주사인지를 나타낸다. 현재의 주사 P_{pn} 에 대한 예측위치는 관측위치와 예측위치 사이의 에러($P_n - P_{pn}$) 로 수정되어, 새롭게 갱신된 위치 P_{sn} 을 생성한다. 그러면 갱신된 위치는 다음 번째의 주사($n+1$)에 대한 미래 표적위치계산을 위해 식 5-4를 이용한다.

식 5-2

$$V_n \;=\; V_{n-1} + A_{n-1}\,T + \frac{\beta}{T}(P_n - P_{pn})$$

식 5-2는 서보-추적시스템에서 태코미터(tachometer)에 의해 얻어지는 거리변화율(속도) 피드백과 유사하다. 식 5-2에서 표적속도는 관측위치와 예측위치를 비교하여 갱신되고 수정되며 그리고 나서 속도 에러, $(P_n - P_{pn})/T$ 을 얻기 위해 위치에러가 주사 시간(scan time)으로 나누어진다.

속도는 가속도 A_{n-1}에 주사 시간(T)를 곱한 속력성분에 의해 보다 정확하게 수정된다.

식 5-3

$$A_n \;=\; A_{n-1} + \frac{\gamma}{T^2}(P_n - P_{pn})$$

식 5-3은 다음번 주사에서 속도를 매끄럽게 하고 표적위치를 예측하는 데 사용하기 위해 갱신된 가속도를 사용한다. 이전의 가속도 값이 $(P_n - P_{n-1})/T^2$ 항으로부터 구해진 추적에러에 의해 수정된다.

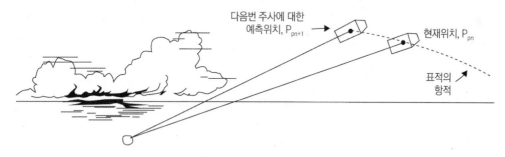

다음번 주사에 대한 예측위치, P$_{pn+1}$

현재위치, P$_{pn}$

표적의 항적

그림 5-26 부피 측정 게이트를 동적으로 위치잡기

식 5-4

$$P_{pn+1} \;=\; P_{sn} + V_n\,T + \frac{1}{2}A_n\,T^2$$

식 5-4는 고전 물리학에서 사용되는 단순한 변위 방정식으로 다음번 주사에 대한 미래 표적위

치를 예측하는 데 사용된다. 다음번 주사 P_{n+1} 에 대한 예측위치는 매끄러운 현재위치 P_{sn} 을 식 5-2와 5-3에서 구한 속도와 가속도로 수정함으로써 얻을 수 있다.

이 식들을 시스템에 연속적으로 사용함으로써 서보-추적시스템에서 추적안테나를 다시 위치시키는 것과 유사한 방식으로 추적 에러를 최소화 한다. 서보-추적시스템과 TWS 시스템은 추적기술은 다르지만 추적 기능과 개념은 직접적인 상관관계를 가진다.

TWS 시스템 동작

이제, TWS 알고리듬의 논리적 구성에 대해 살펴보고 전체 추적 알고리듬을 구성하여 보자. 단순 예의 알고리듬이 주석이 달린 흐름도, 그림 5-27을 이용하여 설명되어 있다. 시스템 동역학(system dynamics)을 충분히 이해하기 위해서는 최소한 세 번의 레이더 주사 흐름을 따라가야 한다.

이 그림의 목적상 시스템은 새로운 탐지에 의해 개시되며 추적은 두 번째 주사에서 개시될 수 있고, 일반적으로 셋 또는 그 이상의 주사가 유효한 추적이 개시되는 데 필요하다. 전제 알고리듬이 각각의 주사 시마다 모든 표적에 대해 반복된다.

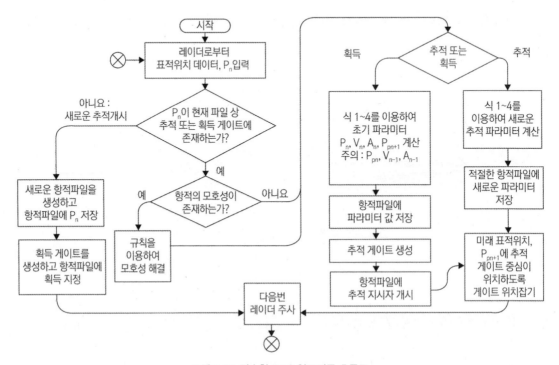

그림 5-27 단순한 TWS 알고리듬 흐름도

능동추적 레이더(Active Tracking Radar)

기계적으로 주사되는 레이더 시스템에 적용되는 재래식 TWS 절차는 모든 축으로 조향 가능한 위상배열 빔을 사용하는 위상배열 레이더의 성능에는 미치지 못한다. 사실상 순간적으로 빔을 위치시키고 동시에 많은 유형의 주사(scan)를 수행하는 위상배열 레이더 시스템의 능력은 추적을 계획하는데 매우 큰 유연성(flexibility)을 제공한다.

또한 이 레이더는 상황에 맞게 임의 탐색(random search)이 가능하며 다양한 펄스폭(pulse width)과 펄스반복시간(PRT)을 사용할 수 있으며, 요구된 파라미터를 만족하는 반사신호가 관측되었을 때 감시영역의 나머지 부분에 대한 탐색을 계속하면서 즉시 표적주위에 여러 개의 빔을 전송한다. 이를 통해 기계적으로 주사되는 안테나의 경우에 표적 상으로 다음 주사 시까지 소요되는 시간(0.4초 ~ 4초)이 불필요하게 되어 즉시 추적을 개시할 수 있다. 이 기술을 능동추적(active tracking)이라 하며 이 방식은 반응시간(reaction time)을 크게 단축시키고 시스템의 효율성을 증가시킨다.

통합 자동탐지 및 추적(IADT)

본장에서 설명된 개념을 확장하고 추가로 컴퓨터 능력을 더함으로써 함정 또는 해안에 설치된 지휘통제시스템과 같이 같은 장소에 배치된 여러 레이더의 출력을 결합하는 것이 가능하다. AN/SYS-2 IADT(Integrated Automatic Detection and Tracking)와 같은 시스템은 여러 레이더의 출력에 기초하여 단일 항적파일을 생성하도록 개발되었다. 여러 레이더가 상이한 주사 속도(scan rate)로 운용될 때에는 별도의 외부 기준 시간 맞추기(timing reference)가 사용되어, IADT 및 합성 비디오 전시에 대한 주사 속도가 된다.

항적갱신(track updating) 및 스무딩(smoothing)은 TWS 시스템과 유사하게 일어난다. 이 시스템에서 관측은 합성 주사(synthetic scan)가 수행될 때 가장 오래 처리되지 않은 위치 데이터 섹터를 갖는 레이더로부터 일어난다. 이를 통해 데이터를 생성하는 레이더와 무관하게 가용한 최초 위치를 제공할 수 있다. 따라서 위치보고는 실시간으로 이루어지며 규칙에 위배되는 위치보고는 받아들여지지 않는다.

IADT의 이점은 공급원(source)에 따른 데이터 질(quality)을 판단하며 개별 레이더 전파(propagation) 및 빔 특성에 기인하는 손실을 감소시킬 수 있다는 것이다.

IADT 시스템은 IFF 트랜스폰더(transponder) 출력뿐만 아니라 TWS 또는 TWS가 아닌 레이더 출력도 받아들일 수 있다.

요약

본장에서는 자동추적시스템(automatic tracking system)에 대해 살펴보았다. 추적기능은 위치에러를 찾아내어 이를 감소시키기 위해 안테나를 다시 위치시키는 것이다. 위치에러를 생성하는 두 가지 방법은 원추(conical) 및 모노펄스에서 자세히 설명하였다.

원추 주사는 센서의 에너지 빔을 센서 안테나 축 주위로 빠르게 회전시켜 에러신호를 생성한다.

모노펄스 시스템은 네 개의 분리된 사분면(quadrant)으로 방사 에너지를 전자기적으로 분할하여 빔을 형성시켜 에러신호를 생성한다. 사분면상으로 되돌아오는 에너지의 상대적 진폭이 비교되어 신호강도에 불균형이 존재할 때 에러가 발생한다.

다중 표적을 추적할 수 있는 능력을 향상시키고 안테나가 표적을 뒤따라야 하는 문제를 해결하기 위해 TWS 개념이 개발되었다. TWS 시스템의 기초가 되는 개념은 시스템의 나머지 부분이 표적추적 기능을 수행하는 동안 센서는 탐색(주사) 및 데이터 입력의 주요 기능을 계속하여 수행하는 것이다. 센서의 역할은 단순히 표적 위치정보를 표적속도와 예측위치가 계산되는 컴퓨터 하부시스템에 제공하는 것이다.

군사적 응용에 있어 TWS 시스템의 주요 이점은 탐색레이더로부터 사격통제레이더로의 표적지정(target designation) 과정이 필요치 않다는 것이다. TWS 시스템에서 생성된 추적정보는 사격통제문제의 해를 구하는 컴퓨터 계산에 입력 데이터로 직접 사용된다. 따라서 표적이 탐지되자마자 사격통제 해(fire control solution)가 지정절차(designation process)에 의해 발생하는 시간지연 없이 바로 사용가능하다. 사격통제 해를 구하기 위해 최초 탐지로부터 요구되는 시간이 별도의 탐지 및 사격통제 센서를 사용하는 수동 지정시스템(designation system)에서는 수십 초 또는 수 분이 걸리는 것에 반해, TWS 시스템에서는 수 초면 가능하다.

전자전투

소개

전자전투(EC)는 1차 세계대전 초 독일이 전신선(telegraph wire)의 전자기장 변이를 탐지할 수 있는 장비를 생산하면서 시작되었다. 이 장비로 독일은 연합국의 통신을 도청하고 전자기 스펙트럼을 사용하는 능력을 가지게 되었다.

지난 세기 동안 기술적 진보는 현대전 양상을 전체 전자기 스펙트럼(electromagnetic spectrum)을 사용하도록 빠르게 발전시켰다. 전자전투는 전술 및 전략적 결심에 있어 결정적인 영향을 주고 있으며 적의 의도를 판단하거나 적의 유효성을 감소시키는 수단으로서 적의 자체활동을 활용하는 모든 수단이 포함한다. 여기에는 적 무기체계과 플랫폼의 탐지 및 식별 수단으로 적의 존재 또는 활동의 결과로 발생하는 방사 에너지(radiation energy)의 활용이 포함되며 추가로 센서, 신관 및 컴퓨터 처리장치의 약점과 인적 훈련이 실제 전술 상황에서 적을 기만하거나 적 장비의 기능불량을 야기하기 위해 사용된다.

전자전투는 음파에서 전자기파까지 전체 스펙트럼에 적용된다. 무기, 센서, 통신에 가장 널리 사용되는 전자기파 스펙트럼은 수 kHz에서 수십 GHz까지의 라디오 주파수이기 때문에 대부분의 전자전투는 이 영역에 집중되어 있다. 적외선(IR) 및 일부 음향 대역의 전자전투 또한 관심 있는 영역으로 이 대역에서의 대응책은 8장 및 11장에서 자세히 다룰 것이다.

적 센서 및 무기에 의한 탐지 및 식별을 거부하는 것 또한 전자전투의 한 부분이다. 여기에는 적의 유효성을 감소시키는 수동적 방어조치와 파괴시스템 방해 등이 포함된다.

대응책(countermeasure)에는 비밀자료가 포함되어 학습하는데 어려움이 있다. 탐지(detection)는 센서에 의존하는데 센서는 결국 접촉(contact)의 존재 유무를 결정하는 수신기에 의존한다. 따라서 수신기를 파괴하거나 기만하는 기술을 보유함으로써 탐지를 거부할 수 있다. 본장에서는 대응책에 대해 포괄적으로 살펴보고 원리를 중점적으로 다룰 예정이다.

전자전투

전자전투는 적의 전자기 스펙트럼 사용을 식별, 이용, 감소 또는 방지하기 위해 전자기 에너지의 사용을 수반하는 모든 군사적 활동과 전자기 스펙트럼의 아군 사용을 지속하기 위한 활동이다. 전자전투는 아래의 세 가지로 분류된다.

1. 전자지원(ES ; Electronic Support) – 적 위치, 세력, 의도를 탐지하고 표적화(targeting) 및 호밍(homing)을 경고하기 위한 전자기 스펙트럼의 수동적 감시

2. 전자공격(EA ; Electronic Attack) – 적의 전자기 스펙트럼 사용을 방지 또는 감소시키고 불확실성을 증가시킴

3. 전자보호(EP ; Electronic Protection) – 적의 전자공격으로부터 아군의 전투능력을 보장하는 것으로 레이더 동작 파라미터, 신호처리 기술 및 설계 철학을 고려하여 수행됨

기초적 전자전투 수신기

전자전투의 목적은 적 위협인지 결정하기 위해 분석되는 원 데이터(raw data)를 얻는 것이다. 이 데이터를 획득하기 위해 수집소(collection station)는 이를 전담할 수 있는 수신 장치가 필요하다. 전자지원(ES) 수신기는 통상의 라디오파 수신기와 본질적으로 설계와 관련 보조 장치에 있어 다르다. 전자지원 수신기의 요구조건은 아래와 같다.

광대역 스펙트럼 감시(넓은 대역폭) 적 레이더 주파수는 사전에 알 수 없다. 따라서 대략 30 KHz에서 50 GHz까지 스펙트럼이 탐색되는데 하나의 수신기가 감당하기에는 탐색범위가 너무 넓어 튜너(tuner)라 불리는 다수의 상이한 주파수를 감지할 수 있는 회로를 메인 증폭기의 공통체인(common chain)에 연결하여 사용한다.

넓은 수신범위 레이더 탐지거리는 좀처럼 알 수 없기 때문에 수신기는 분석을 위해 신호특성의 변화 없이 매우 약한 신호와 매우 강한 신호를 수신할 수 있어야 한다.

원치 않는 신호 거부(좁은 밴드패스) 관심 있는 신호에 근접한 주파수를 가지는 많은 다른 신호들이

존재하기 때문에 수신기는 원하는 동조 주파수 신호와 다른 주파수 신호를 구별할 수 있어야 한다.

수신 각(angle of arrival) 측정 능력 정확한 방위측정은 송신기의 방위를 상이한 수신 위치에서 해도 상에 기점하여 삼각측량(triangulation)을 이용하여 얻을 수 있다. 또한 항공기 장착 또는 지상 배치 디지털 컴퓨터에 특정 표적운동 분석(TMA ; Target Motion Analysis) 기술을 사용하여 동일 기능을 수행하도록 프로그램할 수 있다.

신호분석 능력 신호변조(signal modulation), 사이드밴드(sideband), 펄스 폭, 펄스반복주파수(PRF)를 식별할 수 있는 방법을 제공한다. 이 정보로부터 신호는 식별되어 특정 위협 또는 플랫폼으로 연관될 수 있다. 신호분석은 디지털 컴퓨터를 이용하여 가장 효율적으로 수행될 수 있으나 운용요원에 의해 관련 서적을 참고하여 수동으로 분석되기도 한다.

전시(display) 전시 유형은 사용되는 수신기의 방식에 따라 결정된다. 전시 장치에는 베트남전에서 전투기 탐지 시스템에 사용된 "Fuzzbuster"-형 경보등(warning light)과 음향장치에서 극도로 복잡한 신호-분석 스코프와 컴퓨터-제어 숫자와 문자를 사용하는 장치까지 다양한 형태가 있다.

기록시스템(recording system) 상업적 TV, 라디오, 컴퓨터 데이터를 포함하는 모든 유형의 전자기 방사에는 엄청난 정보가치가 존재한다. 따라서 함정, 항공기, 잠수함, 해양장비에는 정보센터에서 심도 깊은 분석을 위해 방사를 기록하는 자기 테이프와 다른 장치들이 장착된다.
특정 유형의 수신기에 대해 살펴보기에 앞서 아래와 같이 전자지원 수신기에 많이 사용되는 용어를 미리 확인해 두면 유용하다.

- 밴드패스(bandpass) - 수신기가 탐지할 수 있는 주파수 범위

- 수신기 감도(receiver sensitivity) - 수신기가 탐지할 수 있는 신호의 최소 파워

- 밴드패스(대역 통과) 필터 - 일정범위의 주파수만을 통과하도록 설치된 전자장치

- POI(Probability of Intercept) - 신호가 탐지될 확률로 일반적으로 수신기 감도 및 밴드패스의 함수이다.

- 신호분석(signal analysis) - 수동 또는 전자적 수단을 통해 수신신호를 검사하여 분류하는

과정

- 오 경보율(false-alarm rate) – 수신기가 신호를 잘못 확인하는 율

- 파라메트릭 데이터(parametric data) – RF, 펄스폭(PW), 펄스반복주파수(PRF), 펄스반복
  시간(PRT), 주사율, 주사유형(scan type) 등 수신신호의 특성

직접탐지 수신기(Direct Detection Receiver)

직접탐지 수신기는 가장 단순한 형태의 전자지원 수신기로 해당 감도 및 밴드패스 내에 신호의 존재를 표시하도록 설계된다. 이 수신기는 그림 6-1과 같이 탐지신호의 주파수를 측정하기 위해 하나 또는 여러 개의 밴드패스 필터를 사용한다. 직접탐지 수신기는 신뢰성이 매우 높고 소형이고 경량이며 상대적으로 저가이다.

그림 6-1 직접탐지 수신기

직접수신 수신기는 무기통제레이더의 동작 주파수 범위처럼 상당히 좁은 밴드(대역) 내에 신호의 존재를 표시하도록 설계되기 때문에 전술적으로 중요하다.

가장 단순한 형태의 직접수신 레이더는 밴드패스 내에 주파수를 가지는 신호를 탐지했을 때 경보를 발한다. 실제 이 수신기들은 주파수 이외에 다른 수신신호의 파라미터를 분석할 수 있는 기본적인 신호분석 회로를 가진다. 또한, 보다 세부적인 신호분석을 통해 수신기의 오 경보율을 줄일 수 있다. 때문에 직접탐지 수신기는 매우 높은 POI(Probability of Interception)를 가진다.

전술항공기에 사용되는 레이더경보 수신기(RWR ; Radar Warning Receiver)가 직접탐지 수신기의 대표적인 예로, 이 수신기는 수신신호의 어떠한 파라메트릭 데이터도 전시하지 않으며 단지 파라메트릭 데이터를 기반으로 하여 사전에 입력된 적에 의한 방사(emission)의 존재와 상대방위를 표시한다.

직접탐지 수신기의 원리상 문제점은 복잡한 전자기 환경에서의 성능저하이다. 넓은 주파수 범위에서 신호 탐지를 위해 같은 범위의 밴드패스를 사용하면 밴드패스 내에 신호들을 구별할 수 없으며 과도한 양의 신호가 수신될 수 있다.

주파수 구별능력을 향상시키고 수신기 잡음을 감소시키는 방법은 밴드패스를 좁게 하는 것이다. 불행히도 밴드패스를 좁게 하면 수신기가 탐지할 수 있는 주파수 범위도 좁아진다. 일부 직접탐지 수신기는 성능향상을 위해 좁은 범위의 여러 밴드패스 필터들의 뱅크(bank)를 사용하는데 IFM(Instantaneous Frequency Measurement) 수신기가 이 기술을 사용한다.

슈퍼헤테로다인(Superheterodyne) 수신기

슈퍼헤테로다인 수신기는 신호정보(signal intelligence)를 수신하는 가장 일반적인 수신기이다. 그림 6-2와 같이 단순 형태의 슈퍼헤테로다인 수신기에서 장치에 들어간 신호는 조정 가능한 국부 발진기(LO ; local oscillator)의 출력과 혼합된다. 이 혼합과정을 헤테로다인(heterodyning)이라 하며, 두 주파수의 합과 차를 만들어 낸다. 두 입력 주파수의 차를 만들어 내는 과정을 슈퍼헤테로다인(superheterodyning)이라 한다.

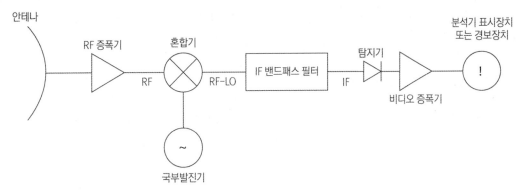

그림 6-2 슈퍼헤테로다인 수신기

특정 중간주파수(IF ; intermediate frequency)로 동조된 좁은 범위의 밴드패스 필터가 수신기 내의 혼합기(mixer) 다음에 위치한다. 국부 발진기가 신호 주파수와 국부 발진기 주파수 사이의 차이가 중간주파수와 같아지도록 조정될 때 신호는 밴드패스 필터를 통과하여 탐지기에 도달하기 전에 증폭된다. 그러면 신호는 분석을 위해 전시되며, 중간주파수를 얻은 순간의 국부 발진기의 위치에 의해 신호 주파수가 식별된다.

실제 사용되는 슈퍼헤테로다인 수신기는 다소 복잡하다. 수신기들은 여러 개의 국부 발진기와 중간주파수 부분을 이용하여 채널들로 분리될 수 있으며 병렬 또는 직렬로 연결된다. 이 기술을 사용하면 수신기의 밴드패스를 보다 빠르고 정확하게 스캔할 수 있다.

슈퍼헤테로다인 수신기가 고정된 밴드패스의 백분율보다 작은 범위의 주파수만을 통과시키는 것을 산술 선택감도(arithmetic selectivity)라 하며 이는 재래식 수신기와 다른 매우 유효한 장점이 된다. 이를 통해 슈퍼헤테로다인 수신기는 보다 선택감도가 양호하고 작은 주파수 범위를 가진다.

국부 발진기의 주파수 범위가 수신기의 밴드패스를 결정하며 중간 주파수 밴드패스 필터의 폭이 자신의 주파수 정확도를 결정한다. 마이크로파 스펙트럼의 넓은 영역이 스캔될 수 있으며 신호 주파수가 보다 높은 정확도로 결정될 수 있다. 추가로 좁은 중간주파수 필터와 증폭기는 보다 작은 잡음을 가지는 양호한 신호의 증폭 및 탐지를 가능케 하여 수신기의 감도 및 성능을 향상시킬 수 있다.

불행이도 슈퍼헤테로다인 수신기는 단점도 가지는데 높은 오 경보율을 가지며 강한 신호가 들어오면 신호의 고조파(harmonic) 때문에 오 경보율이 더욱 높아진다. 또한 슈퍼헤테로다인 수신기는 전체 밴드패스를 스캔하기 때문에 직접탐지 수신기보다 수신 확률이 낮다. 이러한 단점에도 불구하고 대부분의 운용중인 주요 전자정보 시스템은 슈퍼헤테로다인 수신기를 사용한다.

전자공격(Electronic Attack)

전자전투의 두 번째 주요 범주는 전자공격(EA)으로 전자공격이란 적의 전자기 스펙트럼 사용을 방지하거나 감소시키는 것이다. 전자공격은 전파방해나 적을 기만하는 "블랙박스(black box)"처럼 가시화될 수 있기 때문에 전자전투의 세 가지 범주 중 가장 잘 알려져 있다.

독자가 블랙박스를 이해한다면 전자공격을 이해하는 것처럼 생각할 수 있으나 이는 전파방해(jamming)와 기만(deception)을 제외한 다른 유형의 전자공격을 무시하는 것으로 매우 편협한 생각이다. 따라서 본 절에서는 보다 일반적인 접근을 통해 블랙박스 기능의 구조(framework)보다는 다른 유형의 전자공격에 대해 살펴보고자 한다.

전자공격은 적 센서와 통신시스템을 대상으로 사용될 수 있다. 본 절에서는 적 센서에 대한 전자공격의 사용에 대해 보다 자세히 살펴보고자 하는데 그 이유는 적 센서시스템은 통신시스템과 달리 즉각적인 위협을 발생시키기 때문이다. 그러나 현대 해군은 다양한 컴퓨터 데이터 링크를 포함하여 통신에 크게 의존하기 때문에 적 통신시스템에 대한 전자공격에 사용되는 일부 이론 및 실행방법 또한 다룰 것이다.

전략적 관점에서 적 통신시스템에 대한 전자공격은 동일 통신을 도청하여 얻을 수 있는 귀중한 정보를 잃는 것임으로 신중하게 고려하여야 한다. 그러나 전술적으로는 적 전투계획의 와해를 위해 적 통신시스템을 방해하는 것은 아군을 매우 유리한 위치에 놓이게 할 수 있다.

이는 1973년 중동전에서 이집트 군이 이스라엘 UHF/VHF 라디오 주파수를 성공적으로 방해하여 이스라엘 군의 공대지 통신을 완전하게 교란함으로써 근접항공기 지원의 매우 어렵게 한 사례로부터 충분히 예증되었다.

일반적으로 전자공격은 장거리 수동 탐지기; 레이더 경보 감시함정; 공중조기경보기(AWACS); 장거리 조기경보 레이더; 지상-관제 요격레이더, 레이더에 의해 유도되는 미사일; 라디오 및 레이더 항해장비; 전자기 폭탄장치; 적아식별장치(IFF); 지형추종 레이더; 대공포대(AAA); 사격통제 레이더; 함대공미사일(SAM) 통제레이더 등 다양한 종류의 신호 발생원(emitter)에 사용된다. 그리고 전자공격 중 특정 방법의 사용은 전술적 상황에 의존한다.

전자공격 유효성의 기초 원리

전자공격의 근본적인 목적은 신호의 정보 만족도를 감소시키거나 신호에 에러를 유발시키기 위해 공중 및 해상 방어시스템 센서의 동작을 방해하는 것이다. 전자공격을 수행할 때 어떤 전파방해(재밍) 기술이 효과적일지 판단하는 것은 종종 어려운 문제이다. 이 어려움을 이해하기 위해 모노트랙(monotrack)과 TWS(Track-While-Scan) 두 가지 유형의 레이더에 대해 살펴보자.

모노트랙 시스템은 한 번에 하나의 표적에 대해서만 위치를 추적하여 기록할 수 있으며 추적을 위해서는 안테나가 반드시 표적을 지향해야 한다. 전자공격은 레이더가 거리측정을 못하게 할 수 있으나 레이더 안테나는 수신되는 전자공격의 방향을 찾아내어 표적의 방향을 식별할 수 있게 된다. 그러나 특정 역이득(inverse gain) 기술은 적 레이더에 허위 정보를 제공하여 안테나가 표적을 지향하지 못하게 할 수 있다. 이 방법은 레이더 안테나가 더 이상 표적을 지향하지 않기 때문에 전자공격 수행자는 전자공격의 유효성을 바로 확인할 수 있다.

이제 하나 이상의 표적을 추적할 수 있는 TWS 시스템에 대해 살펴보자. 여러 표적의 추적은 관심 영역 전체를 커버하여 레이더가 표적을 탐지한 위치를 차례대로 기록하여 수행된다. 이 시스템은 레이더가 정상적으로 주사되는 동안 탐지된 표적의 위치를 기억하였다가 이를 다음 주사 시 찾은 위치와 비교한다. 두 번 또는 세 번의 주사 후에 각각의 표적위치를 알려 주며 정확한 추적 또한 가능하다. 결국 TWS 시스템이 전자공격을 수행하는 플랫폼을 주기적으로 관찰이 가능하기 때문에 전자공격 수행자는 적 레이더가 전자공격 플랫폼을 추적하고 있는지 허위로 생성된 플랫폼을 추적하고 있는지 아니면 이 둘 모두를 추적하고 있는지 직접적으로 확인할 수 없다.

전자공격은 완벽하게 적 센서에 의한 추적을 방해할 수 없음을 명심하여야 한다. 그러나 빠른 반응이 생존의 결정적 요소인 시대에 표적의 확실한 추적(solid track)을 지연시킨다든지 순간적 혼란을 유발시키거나 결심권자가 적절한 반응을 하기 전에 수초 동안 머뭇거리게 함으로써 아군의 무기가 적의 방어망을 뚫고 들어가게 할 수 있다.

전자공격의 네 가지 방법

일반적으로 전자공격에는 네 가지의 기초적 방법이 있다. 첫 번째 방법은 능동 방사체(radiator)를 사용하며 전파방해(jamming)라 한다. 전자기파 스펙트럼의 마이크로파에 해당하는 전자기 에너지를 방사하는 임의의 레이더, 데이터 링크, 통신시스템 등을 전파방해할 수 있다. 적의 전자기 방사 신호를 방해하기 위해 많은 기술들이 사용되는데 본 교재에서는 이 여러 기술들을 거부 전파방해(denial jamming)와 기만 전파방해(deception jamming)의 두 범주로 나누어 설명하고자 한다.

두 번째 방법은 레이더 에너지를 반사시키는 기술을 포함하여 플랫폼과 레이더 사이의 매질의 전기적 특성 변경시키는 방법이다.

세 번째 방법에는 플랫폼을 숨기기 위한 레이더 흡수물질의 사용과 유인을 위한 전자기적 또는 기계적 반향증폭장치(echo enhancer) 사용 등이 포함된다.

네 번째 방법은 폭풍 또는 파편 탄두를 이용하여 장비를 물리적으로 파괴시키는 것이다.

송신기

전파방해에 대해 살펴보기 전에 전자공격 송신기의 특성을 반드시 숙지하여야 한다. 전자공격 송신기(jammer)의 유효성은 송신기의 파워 출력, 전송 손실(transmission loss), 안테나 이득 및 송신기 대역폭 등에 의존한다. 또한 전자공격의 성공여부는 피해를 가할 수신기에 의존하며 피해 수신기 대역폭, 안테나 이득 및 숨겨야할 표적의 레이더 단면적의 함수이다. 효과적인 전자공격을 위해 전자공격 송신기는 공격할 수신기의 대역폭 내에서 의도된 신호를 감추거나 기만신호를 사실적으로 가장할 만큼의 충분한 파워를 방출할 수 있어야 한다.

이러한 요구조건을 충족시키기 위해 대부분의 전자공격 송신기들은 동작 면에서 융통성을 가지도록 설계되었다. 전자공격 송신기가 하나의 미사일, 레이더 또는 통신장치에 대해서만 사용되거나 주파수가 근접한 이와 같은 몇몇 장치들에 대해 사용될 때 송신기는 가용한 파워 출력을 가능한 좁은 스펙트럼 내로 집중시켜야 한다.

이와 달리 전자공격 송신기가 주파수가 다른 여러 개의 장치에 대해 동작해야 한다면 송신기는 자신의 가용한 파워를 증가된 스펙트럼에 맞도록 펼쳐야 한다. 예들 들어, 10 MHz 스펙트럼에서 1,000 와트의 송신기는 MHz 당 100 와트의 파워밀도를 가진다. 만일 동일한 수신기가 100 MHz의 스펙트럼을 커버하기 위해 에너지를 펼쳐야 한다면 이 송신기의 파워밀도는 MHz 당 10 와트가 된다.

앞에서 살펴보았듯이 전자공격 송신기의 유효성은 안테나 계수(factor)와 전파경로 상 손실을 고려한 후 수신기의 대역폭 내의 송신기의 파워밀도에 의존한다.

거부 전파방해(Denial Jamming)

거부 전파방해의 목적은 적 수신기에 과부하를 발생시켜 적이 수신기를 사용하지 못하게 하는 것이다. 전파방해 장치(재머)는 수신기가 탐지하고자하는 신호를 충분히 가릴 수 있는 파워를 가진 잡음신호를 생성한다. 잡음 대 신호 비(SNR) 항에서 신호의 파워가 탐지에 요구되는 최소 신호 보다 작아지는 점까지 재머는 잡음 파워를 증가시킨다. 그림 6-3과 같이 재머는 순수 파워와 적이 신호를 제대로 수신하기 못하게 하는 무작위 세력에 의존한다.

거부 전파방해 장치(denial jammer)는 근본적으로 잡음재머(noise jammer)이다. 잡음 전파방해(noise jamming)는 개념적으로 매우 단순하다. 모든 레이더는 대기 내에 백색 가우스 잡음신호인 자연 방사원에 반응한다. 잡음재머는 높은 파워를 가지는 반송파 변조를 위해 잡음 다이오드(noise diode) 또는 다른 임의의 잡음 방사원을 이용한다. 그리고 잡음-변조된 반송파는 높은 파워수준으로 증폭되며 고 이득(high-gain) 안테나로 보내진다.

표적의 레이더가 송신기와 수신기 모두를 가질 때 재머, 특히 거부 전파방해 장치는 피해를 주고자 하는 수신기에 비해 파워 면에서 이점을 가지는데 그 이유는 방해전파는 양방향이 아닌 한 방향으로만 전파되기 때문이다. 이를 통해 재머에서 생성되는 잡음 파워는 표적 레이더 신호가 경험하는 대기에 의한 감쇠와 확산 손실(spreading loss)의 절반만을 경험한다.

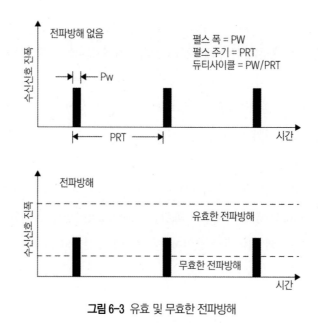

그림 6-3 유효 및 무효한 전파방해

거부 전파방해 장치는 주로 획득 레이더에 사용되지만 통신시스템, 항해시스템, 신관시스템 등에 사용될 수 있다.

다른 무기체계와 유사하게 거부 전파방해 장치는 기만기술과 관련된 장단점을 가진다. 이 장치의 장점은 장비가 단순하다는 것이며 단점에는 유효성이 최대 방사파워에 의해 제한되며 대응책(countermeasure)이 상대적으로 단순하고 많이 사용되며 재머로 호밍하는 미사일에 취약하다는 것 등이 있다.

"burnthrough"는 거부 전파방해 장치의 전술적 활용에 있어 가장 중요한 개념으로 레이더 반사파의 강도가 전자공격 신호와 같거나 이보다 크게 되는 거리로 정의된다. 달리 표현하면 burnthrough란 그림 6-4와 같이 재머가 숨기려는 신호 파워를 극복하기에 충분한 파워를 더 이상 가지지 못하는 거리이다.

이해를 돕기 위해 수신기 이득과 재머의 파워 출력이 고정되었다 가정하면 적 수신기가 거부 전파방해를 극복(burnthrough)하는 거리는 다음의 두 가지 시나리오로 계산될 수 있다.

자체-방호(self-screening) 또는 호위(escort) 전파방해 이 시나리오에서 재머는 일반적으로 자신을 탑재한 플랫폼을 숨기기 위해 장착되거나 재머의 빔폭(beam width)내에 위치한 인접 플랫폼을 숨기기 위해 특정 플랫폼에 장착된다. 이와 같은 재머 탑재 시 전자공격 장비 탑재를 위한 중량증

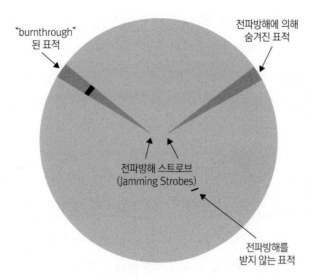

그림 6-4 전파방해를 받는 레이더 PPI 스코프

가 및 공간 확보와 센서, 무기, 연료 탑재를 위한 증량증가 및 공간 확보 사이에 타협을 통한 균형이 필요한데 항공기의 경우 함정에 비해 양자의 균형이 매우 중요하다. 자체–방호 방법은 재머와 피해를 줄 레이더가 항시 동일 선상에 위치해야 하기 때문에 피해를 줄 레이더와 재머 사이의 효과적인 배치가 요구된다.

이 유형의 전파방해에 대한 burnthrough는 아래 식을 이용하여 계산할 수 있다.

$$R_{burnthrough} = \sqrt{\frac{P_{peak}\,G_r\,C\,\sigma}{4\pi\,P_{BW}\,G_j\,B}} \tag{6-1}$$

여기서, P_{peak} = 레이더 파워 출력(w)

G_r = 레이더 지향성 이득

R = 레이더에서 표적까지의 거리(m)

P_{BW} = 잡음 대역폭 당 재머 파워(w/MHz)

G_j = 재머 안테나 이득

B = 레이더 수신기 잡음 대역폭(MHz)

C = 표적 모호성에 대한 최소 J/S 비

원격전파방해(stand-off jamming) 이 시나리오에서 재머는 공격 축을 따라 위치하며 공격단대 (strike package) 내의 다른 세력을 호위하지 않는다. 원격전파방해를 수행하는 세력은 적 무기 사거리 외곽에 위치한 채 적 공격을 수행하는 세력에 대한 방호를 수행한다.

원격전파방해의 이점은 전파방해 세력이 거의 모든 RF 호밍무기의 일종인 적의 방해전파 호밍 (HOJ ; home-on-jam) 무기로부터 안전하다는 것이다. 단점은 공격세력이 적에 매우 가까이 접근하는 동안 전파방해 세력이 매우 먼 거리에 위치해야 하기 때문에 공격세력의 burnthrough가 상대적으로 일찍 발생한다는 것이다.

스탠드포워드 전파방해(stand-forward)는 위 방법보다 일반적이지 않은 또 다른 원격전파방해 방법이다. 이 방법은 전파방해 세력이 적 센서와 아군 공격세력 사이에 위치한다. 피해를 줄 센서, 공격 세력, 재머 사이에 적절한 배치를 유지하기가 어려운 반면 퍼짐과 감쇠 손실을 적게 함으로써 재머 파워의 가장 효율적 사용이 가능하다. 이 상황에서는 전파방해 세력이 모든 무기체계에 주요 표적이 되며 HOJ 및 대방사 미사일(ARM ; antiradiation missile)의 사거리 내에 위치하기 때문에 전파방해 시 가장 위험하다.

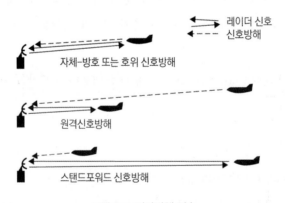

그림 6-5 전파방해 전술

원격전파방해에 대한 플랫폼의 burnthrough 거리는 아래 식을 이용하여 계산할 수 있다.

$$R_{burnthrough} = \sqrt[4]{\frac{P_{peak}\,G_r\,C\,\sigma\,R_j^2}{4\pi\,P_{BW}\,B\,G_j}} \tag{6-2}$$

여기서, R_j = 레이더에서 재머까지의 거리

거부 전파방해(denial jamming)에 대응하기 위해 많은 기술들이 개발되어 왔다. 또한 거부 전파방해는 계속하여 방사가 이루어지기 때문에 HOJ 또는 전파방해원 추적(track-on jam) 기술을 사용하는 미사일시스템에 이를 사용하는 것은 특히 위험한데 그 이유는 방해신호가 이 미사일시스템들에게 비콘(beacon)처럼 작용하기 때문이다.

전파방해의 일반적 분류에서 잡음 신호를 생성하는 세 가지 기술이 있다. 첫 번째 기술로 점 전파방해(spot jamming)는 전파방해기(재머)의 모든 파워가 매우 좁은 대역폭으로 집중되는데 이론적으로는 레이더의 대역폭과 동일하다. 두 번째로 광대역 전파방해(barrage jamming)와 스윕 전파방해(sweep jamming)는 레이더 신호의 대역폭보다 훨씬 넓은 폭의 에너지를 퍼뜨린다.

따라서 점 전파방해는 일반적으로 하나의 특정 레이더에 대해 사용되며 전파방해 신호를 레이더에 맞추기 위해 파노라마식의 수신기를 필요로 한다. 그러나 두 번째 기술은 다수의 레이더에 사용될 수 있으며 레이더가 존재한다는 사실을 알려 주는 하나의 수신기만을 필요로 한다.

광대역 전파방해와 스윕 전파방해의 차이점은 변조기술과 커버되는 주파수 대역의 크기에 있다. 광대역 전파방해는 주로 주파수 대역의 10%(대역폭이 중심 주파수의 10%에 해당)을 커버하는 진폭-변조 신호를 사용한다. 스윕 전파방해는 주로 주파수-변조 신호를 사용하며 주파수는 매우 넓은 대역폭으로 앞뒤로 스윕한다. 그림 6-6은 이 세 가지 유형의 전파방해를 나타낸다.

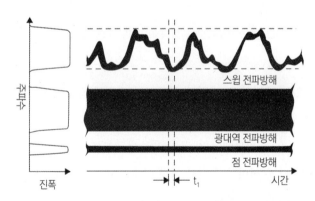

그림 6-6 점, 광대역 및 스윕 거부 전파방해(denial jamming)

재머 주파수를 정확하게 레이더의 방사 주파수에 맞추는 것은 거의 불가능하다. 따라서 일반적으로는 잡음의 대역폭을 넓게 하여 레이더의 대역폭보다 크게 하여야 한다. 광대역 전파방해는 자신의 대역폭 내의 주파수를 가지는 모든 레이더를 커버하기 위해 매우 넓은 대역폭을 가지는 반면 점 전파방해기(spot jammer)는 특정 레이더 주파수에 가능한 근접하게 맞추려 노력한다.

특정 레이더에 해당하는 파워는 이 레이더 수신기에 수신되는 파워이기 때문에 재머 대역폭을 확대하려면 한 레이더를 재밍하는데 소요되는 것보다 큰 파워를 필요로 한다. 이 사실은 일반적으로 재머가 레이더를 반드시 전파방해하여야 하는 분광학적 파워밀도를 상술함으로써 설명될 수 있다. 파워밀도는 대역폭에 의해 나누어지는 재머 출력 스펙트럼 내에 포함된 파워이다. 그림 6-7 에서 총 파워가 주어진 재머는 자신의 대역폭이 감소되면 보다 효과적임을 알 수 있다. 재머 파워 밀도를 나타내는 일반적 단위는 메가헤르츠 당 와트(w/MHz)이다.

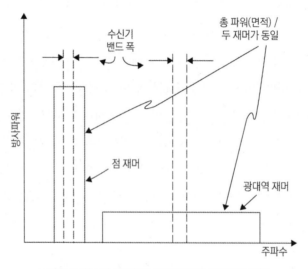

그림 6-7 재머의 분광학적 파워밀도에 대역폭의 영향

항공기는 탑재할 수 있는 재머의 총 파워가 제한되기 때문에 방공망은 가능한 광대역의 상이한 레이더 주파수를 사용하는 것이 유리하다. 이 개념을 일반적으로 주파수 다양성(frequency diversity)이라 하며 이는 전파방해를 위해 침투하는 세력으로 하여금 많은 수의 점 재머(spot jammer)를 탑재하도록 하거나 모든 레이더를 커버하기 위해 광대역재머 또는 스윕재머를 사용하게 한다. 또한 주파수 다양성은 대규모 작전에서 통합 세력 간의 상호간섭을 방지할 수도 있다. 여기서 점 재머에 대응하기 위해 주파수를 변경하는 단일 레이더의 능력을 주파수 가변 능력(frequency agility)이라 한다.

기만 전파방해(deception jamming)

사격통제문제의 해를 얻기 위해서는 표적의 방위, 고각, 거리로 표적을 추적할 수 있어야 한다. 앞의 세 파라미터를 관찰함으로써 시간 경과에 따른 표적위치를 추적함으로써 미래의 표적 위치를 예상하여 무기를 충돌 점으로 지향시키는데 매우 유용한 것들을 할 수 있다.

앞에서 살펴보았듯이 거부 전파방해(denial jamming)는 피해를 주고자 하는 레이더 시스템에 이러한 거리정보 제공을 거부한다. 불행하게도 현대 자동 이득 제어(AGC; Automatic Gain Control)와 같은 전자전 대응책(ECCM)은 방위 예측의 정확성 면에서 잡음 전파방해의 유효성을 감소시킨다. 거리정보를 사용할 수 없더라도 발사된 미사일이 표적에 대한 충분한 거리와 속도를 가지면 최적의 요격 프로파일(intercept profile)은 아니더라도 표적을 타격할 수 있다.

거부 전파방해가 잡음으로 표적위치를 숨기는 것에 반해, 기만 전파방해는 표적의 허위 위치정보를 제공하여 레이더를 그릇되게 인도하거나 속인다. 기만 전파방해는 일반적으로 리피터(repeater)와 트랜스폰더(transponder)라 불리는 장비에 의해 수행되며 종종 리피터 전파방해라 불리기도 한다.

리피터의 동작원리는 본질적으로 단순하지만, 실제 제작을 위해서는 복잡한 회로를 필요로 한다. 기본적으로 레이더 신호가 수신되고, 지연되며, 증폭되고, 변조되어 레이더로 다시 재전송된다.

트랜스폰더는 레이더에 의해 동작된 후 레이더 신호의 저장된 복사본을 재생하는 데 있어 조금 다르다. 전송되는 신호는 가능한 레이더 신호를 닮도록 만들어진다. 지연이 사용될 수도 있으나 증폭은 일반적으로 사용되지 않는다. 기만-유형 리피터(deception-type repeater)는 자신의 에너지를 레이더 펄스와 유사한 펄스형태로 방출하기 때문에 기만 리피터의 파워 요구조건은 잡음재머보다 훨씬 낮다. 그리고 듀티사이클은 레이더와 유사하다.

전자전지원(ES)을 통해 피해를 줄 레이더의 동작 파라미터를 충분히 알아냄으로써 피해 시스템의 약점을 파악할 수 있다. 대부분의 기만 전파방해 기술은 하나 또는 두 개 파라미터에 이점을 가진다. 기만 전파방해는 획득유형의 레이더 시스템에 대해서는 피해를 줄 레이더의 펄스반복주파수(PRF)를 기만하며 추적유형의 레이더 시스템에 대해서는 피해를 줄 레이더의 주사율(scan rate)을 기만한다.

앞의 3장에서 논의하였듯이 9 GHz의 주파수에서 동작하는 레이더는 단순히 9 GHz만을 송신하지 않는다. 송신된 펄스는 유한한 대역폭을 가지는데 그 대역폭은 아래 식으로 예측할 수 있다.

$$BW_{-3dB} = \frac{1}{PW} \tag{6-3}$$

여기서, BW_{-3dB} = 파워가 절반이 되는 수신기의 대역폭

PW = 송신된 펄스의 폭

거부 재머(denial jammer) 작동수는 다른 것보다도 이 파라미터에 관심이 있다. 피해를 줄 레이더가 5 MHz의 대역폭을 가졌다면 효과적인 점 전파방해를 위해 최소한 5 MHz의 폭을 반드시 가져야 한다.

기만 재머(deception jammer)의 작동수 또한 이 파라미터에 관심을 가지는데 그 이유는 이 파라미터가 송신해야 할 전파방해 펄스(jamming pulse)의 스펙트럼을 한정하기 때문이다.

따라서 피해를 줄 레이더가 송신하는 펄스에 이어 재머에서 송신되는 전파신호는 원 신호의 펄스반복주파수 또는 이의 배수에 해당하는 주파수를 주의 깊게 선택하여 허위표적이 생성되도록 하여야한다. 이렇게 하면 피해를 줄 레이더는 자신의 밴드패스 내의 주파수에 해당하는 되돌아옴 신호를 탐지할 것이고, 피해를 줄 레이더에는 표적이 나타난 것처럼 보일 것이다.

피해를 줄 레이더의 펄스반복주기를 가지는 전파방해 펄스를 송신함으로써 실제 표적과 거의 같은 거리에 허위표적을 생성할 수 있다. 피해를 줄 레이더 펄스반복주기의 배수에 해당하는 펄스를 송신하도록 재머의 펄스반복주파수를 변경하면 실제표적 주위에 짧은 거리와 먼 거리에 허위표적이 생성될 것이다.

추적레이더는 표적을 자신의 조준 축(boresight)에 유지하기 위해 정교한 주사기술(scanning technique)을 사용한다. 표적을 조준 축에 유지하기 위해 추적레이더는 주사를 계속하여 표적위치와 되돌아온 신호의 강도를 특정 기준 값과 비교한다.

그림 6-8 함정 탑재 전자지원(ES) 및 전자공격(EA) 안테나

이때 기준 값은 일반적으로 레이더의 주사 주파수(scan frequency)이다. 추적시스템은 이 값을 표적이 자신의 시야각(field of view) 내에 나타났을 때의 주파수와 비교할 것이다. 시스템 내의 추적논리(tracking logic)는 조준명령(aiming command)을 생성하는 알고리듬을 사용하며, 조준명령은 5장에서 설명한 대로 고각 및 선회 서보모터를 구동한다. 알고리듬 내의 논리는 일반적으로 기준과 되돌아온 신호 주파수(return frequency) 사이의 차이가 "0"이 되도록 하며 이 둘의 차이가 "0"이 되었을 때 표적은 안테나의 조준 축에 위치할 것이다. 또한 보다 복잡한 시스템은 신호강도와 위상도 고려한다.

거리기만(range deception) 리피터가 펄스를 수신하자마자 수신된 펄스를 단순하게 재전송한다면 리피터는 레이더로 되돌아가는 반사파를 강화시킬 것이며 레이더를 무력화시키기는커녕 레이더에 도움이 될 것이다. 그러나 수신되는 펄스를 리피터가 잠시 저장하여 짧은 시간간격을 두고 전송한다면 레이더는 먼저 약한 자연적인 반사파─되돌아옴을 수신할 것이며 이에 뒤따르는 동일하지만 보다 강한 펄스를 수신할 것이다. 만일 리피터가 레이더 펄스와 동일한 일련의 시간이 바뀌어 진 펄스를 송신한다면 다른 거리상에 일련의 허위표적을 생성할 수 있다.

자동추적 레이더에서 표적을 포착(locking)하는 첫 번째 단계는 작동수가 표적 비디오 위로 거리추적 게이트를 위치시킴으로써 관심 있는 표적을 지정하는 것이다. 일단 이렇게 하면 레이더 수신기는 사실상 지정된 표적의 대략적인 거리에서 반사파가 되돌아오는 시간까지는 꺼짐 상태가 되는데 이때 표적 속도를 고려한다.

이는 리피터가 "거리-게이트(range-gate)" 또는 "추적-파괴(tracking-breaking)" 모드에서 동작하도록 한다. 초기에 리피터는 레이더의 자동 이득제어가 표적으로 지정된 것으로 추정되는 보다 강한 신호로 조정될 수 있도록 수신되는 레이더 펄스를 지연 없이 반복하여 단순하게 되돌려보낸다.

그 이후 기만리피터(deception repeater)는 수신된 레이더 펄스를 재송신하기 전에 그림 6-9와 같이 시간지연의 양을 증가시키기 시작한다. 그러면 레이더의 거리-게이트 회로는 보다 강한 펄스를 추적하여 점진적으로 실제 표적거리로부터 멀어져 표적이 실제보다 먼 거리에 있는 것처럼 나타나게 한다.

이와 유사하게 다음 레이더 펄스가 수신되기 전에 수신된 레이더 펄스를 재송신할 수 있을 만큼 충분히 수신되는 레이더 펄스를 장시간 지연시킴으로써 표적이 실제보다 가깝게 위치한 것처럼 보이게 할 수 있다. 이렇게 하면 실제 반사파 펄스가 레이더에 도달하기 전에 기만 펄스가 먼저 도달하여 보다 가까운 거리에 허위표적을 생성할 수 있다.

이러한 허위표적 거리정보는 지상배치 레이더로부터 지령유도(command guidance)를 필요로 하는 대공포 및 미사일에 대해 중대한 조준 및 유도 에러를 발생시킬 수 있다.

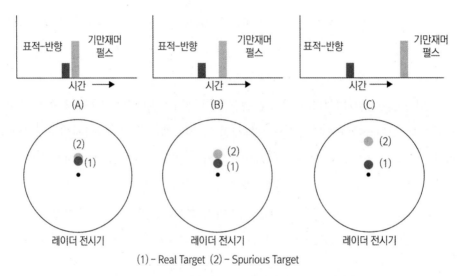

그림 6-9 대공감시 레이더 스코프에 나타날 수 있는 거리기만

거리기만 시 추적레이더가 사용할 수 있는 가장 단순한 대처방법은 레이더 작동수가 수동모드로 스위치를 전환하는 것이다. 이 대처방법은 레이더 스코프를 관찰하는 작동사가 겹쳐져 있던 펄스가 실제 항공기로부터 되돌아오는 신호로부터 멀어지는 것을 볼 수가 있어 항공기를 추적할 수 있기 때문에 효과적이다.

수동추적이 리피터에 대응할 수 있지만 자동추적처럼 매끄럽지 못하다. 따라서 수동추적은 무기의 거리오차를 증가시켜 항공기의 생존가능성을 증가시킨다.

각기만(angle deception) 레이더에 부정확한 표적 방위 및 고각정보를 발생시켜 레이더 및 지휘통제시스템을 혼란시킬 수 있다. 이를 성공적으로 수행하기 위해서는 반드시 레이더가 표적 방위 및 고각에 있지 않는 시간에 기만장치는 레이더로 하여금 표적의 존재를 표시토록 하여야한다. 다음에는 이를 수행하는 두 가지 방법에 대해 설명하고자 한다.

첫 번째 방법은 사이드 로브 각기만(sidelobe angle deception)이다. 전자공격 세력은 안테나 방사패턴에서 사이드 로브를 확인하여 레이더의 부엽 방위로 허위펄스를 송신한다. 레이더 회로는 주 로브(main lobe)에 대해서만 표적의 각 위치를 기록하기 때문에 주 로브에서 사이드 로브 사이의 각 변위(angular displacement)와 동일한 각 에러를 가지는 표적 비디오가 레이더에 전시된다. 이 기술은 사이드 로브 억제 또는 제거 능력을 가지지 않는 레이더에 사용할 수 있다. 이 방법을 거리기만과 함께 사용하면 다양한 거리 및 방위상에 많은 허위표적을 생성할 수 있으며 이는 기만하고자하는 레이더 전체 탐색체적(search volume) 도처에 잡음 전파방해에 필요한 평균파워 보다 훨씬 적은 평균파워를 가지고 혼란을 야기한다.

각 추적회로(angle tracking circuit) 기만에는 각각의 각 추적 기술에 맞추어 제작된 특정장치가 포함된다. 예를 들어 역원추형 주사(inverse conical scan) 방법은 원추형 주사 추적 장치에만 효과적이며 위에서 언급한 다른 장치들에 대해서는 효과가 없다.

전자공격 세력은 피해를 줄 레이더의 주사(scanning) 및 추적 기술에 대해 알고 있어야 한다. 원추형 주사 및 로브-스위칭(lobe-switching) 레이더의 경우 주사 및 추적 기술에 관한 정보는 전자전지원 수신기(ES receiver)를 가지는 레이더를 모니터링하여 얻을 수 있다. 모노펄스(monopulse), COSRO, LORO, TWS 및 능동 추적레이더는 전자지원(ES) 작동수에게 추적방법에 관한 어떤 정보도 제공하지 않는다.

따라서 기만장치를 제작하고 이 장치들을 위의 시스템들에 적절하게 사용하기 위해서는 유효한 첩보데이터가 필요하다. 충분한 첩보정보가 있다면 이들 시스템에 다음의 두 가지 기술이 사용될 수 있다.

1. **블링킹(blinking).** 잡음이나 기만대상 레이더의 펄스의 샘플이 증폭되어 전자공격 세력(또는 여러 개의 근접하게 배치된 협동 세력) 상에 다양하게 넓게 이격되어 있는 점으로부터 임의의 방식으로 재전송된다. 매끄러운 추적 및 정확한 사격통제문제의 해를 구하기 위해서는 레이더가 표적의 중심을 추적하여야 한다. 이 기술의 사용은 심한 추적에러를 발생시킨다.

2. **위상 면 왜곡(crosseye).** 전자공격 세력 상에 넓은 간격을 가지는 두 개의 위치(항공기의 머리와 꼬리 또는 양 날개 끝)가 선택되어 상호 간에 연결된 트랜스폰더가 설치된다. 각각의 이러한 위치 쌍은 기만대상 레이더의 방향과 수직으로 배치되어 기만대상 레이더의 펄스를 수신하면, 장치의 반대편에 있는 트랜스폰더를 작동시켜 180°의 위상차를 가지고 기만대상 레이더 펄스의 복사본을 전송한다.

이렇게 하면 기만대상 레이더에서 측정되는 각 에러의 부호가 반전(reversal)되는데 이는 레이더의 위치잡기 메커니즘(positioning mechanism)을 엉뚱한 방향으로 구동하게 만든다. TWS 또는 능동추적 레이더의 경우 이 기술은 방위 및 고각에서 추적 게이트의 위치잡기에 에러를 발생시켜 매끄러운 추적을 막거나 획득 게이트, 추적 게이트 및 회전-탐지 게이트 선택논리(selection logic)에 문제를 일으킬 수 있다.

연속파 도플러 및 펄스 도플러 기만 연속파 도플러와 펄스 도플러 레이더는 지상 클러터(clutter)가 존재하는 상황에서 고속 저고도 항공기를 추적하기 위해 개발되었다. 표적추적이 가능한 이 레이더로부터 반사파-되돌아옴은 표적속도 때문에 도플러 변이를 가진다.

연속파 도플러 기만은 리피터가 수신되는 연속파 신호를 거짓의 도플러 변이를 가지고 재전송하여 속도추적 단절을 일으킬 수 있도록 변이의 크기를 점진적으로 증가시킨다. 이는 사격통제문제 해결에 있어 오류를 발생시킬 뿐만 아니라 속도 게이트가 멀어지기 때문에 표적추적에 실패하게 된다.

펄스 레이더의 기만은 많은 부분에서 연속파 레이더 기만과 같다. 리피터는 수신된 펄스를 재전송할 때 유사한 허위의 도플러 변이를 발생시킨다.

확장형 디코이(Expandable Decoy)

전자공격의 다음 구성요소는 확장형 디코이의 사용이다. 명칭에서 알 수 있듯이 이 디코이는 실제 표적을 모방하기 위해 설계된 멀리 던져서 사용하는 장치이다. 사실상 미 해군의 모든 플랫폼은 소모성 확장형 디코이를 탑재하여 전개시킬 수 있는 능력을 보유한다; 그림 6-10 참조. 이 디코이는 두 가지의 전술 시나리오로 사용될 수 있는데 하나는 공격작전 동안 실제표적을 숨기는 것이고 다른 하나는 종말 유도단계인 무기를 표적이 된 플랫폼이 회피해야 하는 상황에서 디코이를 이용하여 위협이 되는 적 방사체(emitter)를 속이는 것이다.

채프(chaff), 플레어(flare), 리플렉터(reflector), 동적 또

그림 6-10 미 해군 전투함에 탑재된 Super RBOC

는 정적 오프보드 능동 송신기(offboard active transmitter) 등이 이 유형의 전자공격의 예이다. 항공기용 채프탄은 기본적으로 수백 개의 소형 다이폴 안테나가 장전된 매우 큰 산탄(shotgun shell)이다. 알루미늄(aluminum) 또는 아연(zinc)이 코팅된 가는 실 모양의 유리섬유로 만들어 지며 이 다이폴(dipole)들은 대략 파장에 해당하는 방사(radiation)에 노출되었을 때 공진이 발생한다. 기본적인 소형 안테나인 이 가는 실 모양의 유리섬유는 위협에 따라 그 길이를 맞추어 절단하는데 유리섬유의 길이(l)는 이상적인 다이폴 안테나 식을 이용하여 쉽게 구할 수 있다.

$$l = \frac{\lambda}{2} \tag{6-4}$$

주파수가 10 GHz인 레이더에 사용하는 다이폴의 일반적인 크기는 길이 1.5 ㎜, 폭 0.02 ㎜, 두께 0.002 ㎜이다. 단지 0.05 kg의 다이폴이 대형폭격기에 해당하는 반사파를 발생시킨다.

수천 개의 이러한 다이폴들이 소형 용기 내에 충전된다. 채프 용기가 공기 중으로 주입되면 파열되어 개방되고 다이폴들이 산개되어 "채프회랑(chaff corridor)"라 불리는 레이더 반사운(radar-reflective cloud)을 형성한다. 채프회랑은 공기의 흐름에 따라 이동하여 시간경과에 따라 점진적으로 흩어진다. 이 채프회랑은 발사 플랫폼에 비해 느리게 이동하기 때문에 속도식별 방해 방어책(counter countermeasure)에 의해 제거될 수 있다.

수상함은 큰 레이더 단면적을 모방하기 위해 보다 큰 채프탄을 탑재한다. 일반적으로 RBOC 및 Super RBOC(super rapid blooming offboard countermeasure)에 충전되는 다이폴의 길이는 대함미사일의 예상 주파수에 맞추어 진다.

채프만을 전개하면 효과가 떨어지며 플랫폼이 반드시 기동하여야 한다. 일단 채프를 전개하면 플랫폼은 자신을 공격하는 무기 센서가 디코이에 고정되어 있는 동안 센서의 시야각 밖으로 반드시 기동하여야 한다.

리플렉터 또한 방공망을 혼란스럽게 하거나 대함미사일 탐색기를 혼란스럽게 하기 위해 공중 또는 해상 플랫폼에서 사용될 수 있다. 수상함에 사용되는 가장 일반적 유형은 "Rubber Duck"이라 알려져 있다. Duck은 팽창형 레이더 리플렉터로 레이더가 바라볼 때 함정 크기에 해당하는 반사파를 레이더에 제공한다.

ADM-141 TALD(tactical air-launched decoy)는 Rubber Duck의 항공기 탑재 버전이다. F/A-18에 탑재된 TALD는 특정 프로파일로 활공하여 대지공격하는 항공기를 모사하도록 프로그램할 수 있는 능/수동 디코이이다.

마지막으로 echo 또는 "blip enhancer"라 불리는 능동기만 리피터(active deception repeator)에 대해 살펴보자. 이 리피터는 구축함과 같은 소형 레이더 표적을 대형 항공모함처럼 보이도록 재송신되는 펄스를 증대시킨다. 이는 또한 소형 표적을 대형 표적처럼 보이게 만드는 적절하게 설계된 리플렉터를 이용하여 기계적으로 수행되기도 한다.

그림 6-11 확장형 부유식 디코이(courtesy Irvin-GQ System)

표적 숨기기 및 변형하기(스텔스)

최근 무기분야에서 다시 강조되는 개념은 당신이 볼 수 없는 것을 당신은 때릴 수 없다는 것이다. 종말단계까지 탐지되지 않은 상태를 유지하는 접촉(contact)은 자신의 임무를 완벽하게 완수할 가능성이 가장 크다. 미래 무기체계와 플랫폼들은 이를 위해 구분하기 쉽고 탐지하기 쉬운 특성을 매우 감소시켜야 한다.

이렇게 제작된 무기들은 낮은 피탐율을 갖기 위해 최신 기술과 물질을 사용한다. 스텔스 기술의 주된 관심은 레이더 탐지를 피하는 것으로 이 기술들은 레이더 파 이외의 다른 부분의 전자기파 스펙트럼뿐만 아니라 음향학적 탐지에도 적용할 수 있다.

항공기, 수상함 및 잠수함의 레이더 단면적을 조정하는 기술은 2차 세계대전부터 존재하였다. 3장에서 살펴보았듯이 레이더 단면적은 주파수, 표적크기(size), 형상(shape), 자세각(aspect) 및 표적성분(composition)의 함수이다. 레이더 단면적은 다음의 여러 방법으로 감소될 수 있다.

플랫폼 형상의 변경 큰 반사파를 중요하지 않은 공간영역으로 향하도록 즉, 레이더로 되돌아가지 않도록 기하광학적(geometrical optics) 원리에 따라 플랫폼의 형태가 반드시 조정되어야 한다. 설계자는 레이더 조사방향에 수직인 평평하거나 원통형, 포물선형 또는 원추형 면을 반드시 피해야 한다. 이러한 모양은 에너지를 집중시켜 큰 레이더 반사파를 제공하는 경향을 가진다. 또한 플랫폼 디자인은 레이더 단면적을 줄이기 위해 이중 곡선 면(doubly curved surface)을 사용하여야 한다. 불행히도 대부분의 경우 이러한 원리들은 항공기 및 함정 디자인 적용에 있어 다른 중요한 공학적 요구와 상충되어 비용을 증가시키고 빠르게 발전되기 어렵다.

소멸간섭(destructive interference) 이 경우에 보호하고자 하는 물체의 표면을 입사하는 레이더 에너지를 부분반사 시키는 물질로 도장(coating)한다. 만일 도장 두께가 $\lambda/4$ 이면 도장표면과 물체표면 사이 차이에 의한 총 추가진행 거리는 $\lambda/2$ 또는 위상으로 $180°$가 된다. 이러한 방식으로 도장표면으로부터 반사되는 레이더 파와 물체표면으로부터 반사되는 레이더파 사이에 소멸간섭을 발생시킬 수 있다. 도장의 두께가 단파장에서는 그리 문제가 되지 않으나 장파장 탐색레이더에서 소멸간섭을 일으키도록 도장 두께를 증가시키는 것은 실제 어렵다.

레이더 흡수물질(RAM) 이 경우에는 입사되는 RF 에너지의 95%를 열로 전환시킬 수 있는 유전성을 가지는 샌드위치 모양의 Ni-Mn-Zn와 같은 자기성분 물질의 연속적인 층으로 보호하고자하는 물체를 도장한다. 이 물질은 실제로 항공기에 사용 시 1.75 ㎝ 정도로 얇게 만들 수 있으나 무게가 24.9 kg/㎡으로 많이 나간다. 따라서 이 물질의 함정 및 지상시설에의 사용은 가능할 것이다. 또다른 방법은 phenolic-fiberglass 샌드위치 물질을 이용한다. 이 구조 또한 카본블랙(carbon black)과 은가루(silver powder)로 구성된 저항성 물질을 이용하여 입사되는 RF 에너지의 95%를 열로 변환시킨다. 이 물질의 효과범위는 대부분의 사격통제 및 무기-유도(weapon-guidance) 레이더가 사용하는 주파수 범위인 2.5에서 13 GHz이다. 이 방법은 경량이고 상대적으로 얇은 반면 고온에서 물질을 다루기가 어렵고 초음속에서 부식이 일어나는 단점을 가진다. 이러한 방법들은 잠재력을 가지고 있으나 일부 낮은 레이더 주파수를 다룰 수 없다.

대방사 무기(Antiradiation Weapon)

전자공격의 마지막 방법은 대방사 무기를 사용하는 것이다. 현재 사용 중인 이 유형의 무기에는 항공기-발사(air-launched) AGM-88 HARM(high-speed antiradiation missile)이 있다. HARM은 적 레이더에서 방출되는 전자기 방사를 추적하기 위해 수동 호밍유도(passive homing guidance)를 사용한다. 미사일은 교전 전에 표적의 파라미터 데이터(parametric data)로 사전에 프로그램된다.

일단 레이더가 탐지되면 미사일은 약 80 nm에서 발사되어 자신의 유도부(guidance section)에 프로그램된 특정 파라미터에 따라 방사 레이더로 호밍된다. 파편탄두는 표적의 안테나나 도파관을 갈가리 찢기 위해 약 10,000개 이상의 텅스텐 스틸 입방체(cube)를 담고 있다. 종종 HARM 발사 위협을 통해 적으로 하여금 자신의 획득, 추적, 유도 레이더의 손상을 방지하기 위해 이들 레이더의 동작을 중단하게 수 있다.

표 6-1 전자공격(EA) 기술의 분류

급(class)	기술(technique)	설명(descrption)
1. 능동방사체(active radiator) 레이더와 간섭을 위해 능동신호를 방사	거부 전파방해(denial jamming) • 광대역(barrage) • 점(spot) • 스윕(sweep) 기만전파방해(deception jamming) • 거리(range) • 각(angle) • 주파수(frequency)	 넓은 대역폭을 커버 좁은 대역폭을 커버 넓은 대역폭으로 신호 스윕 표적거리 변화 표적의 각 위치 변화 표적의 속도 변화
2. 매질 변화(medium modifier) 항공기/함정과 레이더 사이 매질의 전기적 특성을 변화	채프(chaff) 확장형 디코이(expandable decoy)	다수의 신호 되돌아옴 제공 큰 신호의 되돌아옴 제공
3. 반사율 변화(reflectivity modifier) 항공기 또는 함정의 반사특성을 변화	레이더 흡수물질(RAM) 플랫폼 설계 반사파 증대기(echo enhancer)	레이더 에너지 흡수 레이더 에너지를 흩어버림
4. 물리적 파괴(physical destruction) 무기를 이용하여 레이더를 손상(하드킬)	대방사 미사일 (antiradiation missile)	안테나-송신 장비 파괴

전자보호(Electronic Protection)

전자보호란 적이 매우 높은 전자전투(EC) 비용을 감수하도록 적의 전자전투 위협을 감소시키는 기술이다. 전자공격에서와 같이 전자보호에는 레이더 설계 및 작동수 훈련이 포함된다. 전자보호 설계자는 레이더가 대적하기 쉬운 다양한 형태의 전자공격을 반드시 이해해야 한다. 그러므로 전자공격 위협에 관한 첩보가 매우 중요하다. 따라서 설계자는 예상되는 위협에 대해 사용할 수 있는 다양한 옵션을 반드시 제공해야 한다.

또한 작동수는 사용될 수 있는 다양한 대응책을 인식하고 이들 각각에 대응할 수 있는 적절한 옵션의 결합을 선택하도록 훈련되어야 한다.

전자공격을 방지하는 가장 효과적인 수단은 잘 훈련된 작동수에 의해 동작하는 최신의 전자보호 장비이다.

전자보호를 위한 레이더 설계는 레이더 파라미터 관리, 신호처리 기술, 레이더 디자인 철학 등의 세 가지 영역으로 나눌 수 있다.

또한 전자보호에는 수동탐지 및 HOJ(home-on jam) 기술을 포함하는데 이 기술은 레이더를 송신하지 않은 채 둘 또는 그 이상의 격리된 위치로부터 삼각측량법으로 적의 위치를 식별하기 위해 적에서 방출되는 전자공격 에너지를 이용한다.

레이더 파라미터 관리

관리되어야할 기본적인 레이더 파라미터들은 레이더 성능에 영향을 미치는 특성들이다. 여기에는 파워, 주파수, 펄스반복주파수(PRF), 펄스길이, 안테나 이득, 안테나 편파(polarization), 안테나 주사(scan) 및 안테나 부엽(사이드 로브) 특성이 해당된다. 이들의 값과 이 특성들을 조정할 수 있는 방법들은 설계국면에서 정해진다.

파워(power) 지상 또는 해상 레이더에서 파워는 종종 필수 전자보호 파라미터로 고려된다. 이 관점에서 보면 전자공격은 파워 전쟁이 되며 강한 파워를 가지는 자가 보다 강력한 상대가 된다. 항공기 장착 전파방해(jamming) 장비는 크기와 중량이 제한되어 파워에 있어 제한을 가진다. 이에 비해 지상 및 해상 레이더는 파워에 상대적 이점을 가진다. 한 해상 레이더가 또 다른 레이더와 대치할 때 두 레이더는 동일 제약 하에서 동작하기 때문에 결과는 분명치 않다.

주파수(frequency) 주파수 가변 능력(frequency agility)은 중요한 전자보호 설계 특성이다. 재래식 결정-제어 발진기(crystal-controlled oscillator) 대신에 라디오 스캐너에 사용되는 것과 유사한 주파수 합성기(frequency synthesizer)와 같은 구성품을 이용하여 일부 레이더는 하나의 펄스반복시간(PRT) 내에서 주파수를 변화시킬 수 있는데 이는 기만(deception)과 전파방해를 매우 어렵게 한다.

전자보호 기술로 주파수를 이용하는 두 번째 방법은 MTI 신호처리를 위해 설계된 레이더를 포함하는 도플러 레이더 이다. 실제 전자보호의 이점은 수신기에서의 신호처리로부터 얻어지나 도플러 주파수 변이를 사용하고자 하는 의도는 반드시 송신기 설계에 반영되어야 한다. 예를 들어 펄스-도플러 레이더에서 송신기는 반드시 매우 안정된 주파수를 방사하도록 대부분 설계된다. 펄스압축 레이더에서 송신기는 반드시 펄스가 송신될 때 톤(tone)의 변화 때문에 chirp pulse라 불리는 FM slide를 가지는 펄스를 방사해야 한다.

펄스반복주파수(PRF) 일반적으로 높은 펄스반복주파수를 가지는 레이더는 평균파워가 보다 크기 때문에 전자공격에 보다 잘 견딜 수 있다. 임의 방식으로 펄스반복주파수의 변화는 전자공격이 레

이더의 예측성에 의존하기 때문에 기만에 대해 효과적인 대응책이다. 그러나 펄스반복주파수는 레이더의 시간 맞추기(timing)와 관련되어 있기 때문에 이 기술은 추가의 복잡성과 비용을 필요로 한다. 임의의 펄스반복주파수 변화는 수년 동안 일부 레이더에서 매우 효과적인 전자보호 특성으로 사용되어 왔으며 4장에서 살펴보았던 MTI 레이더의 맹목속력(blind speed)을 제거하는 부가적인 이점도 가진다.

펄스길이(pulse length) 펄스길이의 증가는 평균파워를 증가시켜 탐지 가능성을 증가시킨다. 또한 최소탐지거리가 증가되고 레이더 거리 분해능이 감소된다. 여기서 분해능이란 동일 방위에 존재하는 거리상 매우 근접한 표적을 구분할 수 있는 능력이다. 이 문제는 펄스압축을 통해 보상될 수 있으나 송신 사이클 동안 수신기가 차단되기 때문에 최소탐지거리가 상대적으로 길게 유지된다. 일부 최신 레이더는 펄스압축의 사용 및 작동모드와 예상 표적거리에 따라 펄스폭을 변화시켜 이러한 문제점을 보상한다.

안테나 디자인(antenna design) 낮은 부엽 수준(sidelobe level)을 가지도록 안테나를 디자인하는 것도 재머(jammer) 또는 기만장치(deceiver)가 여러 방위에서 레이더에 영향을 주는 것을 방지하기 때문에 전자보호 디자인 기술이 된다. 낮은 부엽 수준은 또한 대방사 미사일의 임무수행을 매우 어렵게 하는데 그 이유는 레이더가 미사일을 가리키지 않는 한 레이더 상으로 미사일이 호밍될 기회가 보다 적어지기 때문이다. 부엽 패턴 조정을 위해 부엽 제거(sidelobe cancellation)나 부엽 억제(sidelobe suppression) 기술을 사용한다.

주사패턴(scan pattern) 레이더 주사패턴은 레이더가 표적을 향해 지향되는 에너지의 양에 영향을 주기 때문에 전자보호 능력에 영향을 줄 수 있다. 능동추적 위상-배열 레이더는 재래식 레이더의 규칙적인 원형 또는 구역주사(sector scan) 패턴보다 빠르게 레이더 빔을 임의의 방식으로 주사할 수 있기 때문에 전자공격에 매우 잘 견딜 수 있다. 이와 같은 불규칙적인 빔의 위치잡기는 적 전자공격 시스템에 레이더의 위치를 거의 노출되지 않도록 하기 때문에 상대가 언제 어디로 허위신호(false signal)를 송신해야할 지 어렵게 만든다.

이절의 각기만(angle deception)에서 설명한 바와 같이 주사(scan)가 송신 빔보다는 수신기에서 수행되는 시스템에서의 전자공격은 레이더 주사패턴에 직접적인 접근이 불가능하여 레이더 동작을 방해하는 필요한 정보를 이용하는데 어려움이 따른다.

신호처리 기술(signal-processing technique)

이 기술은 일반적으로 레이더 수신기에 내포된 기능이다. 비록 특정 신호처리 기술이 송신기에 부여되더라도 이들 중 대부분은 레이더가 제작된 후 수신기에 더해진다. 이 기술들은 초기에 현존하는 장비를 개조하여 개발되었기 때문에 전자보호 또는 antijamming fix라 불린다. 현재의 레이더는 항재밍(antijamming) 장치가 기본 레이더 시스템에 포함되는 보다 정교한 설계 개념으로 발전하고 있다.

이동표적지시기(MTI)를 가지는 레이더를 포함하여 도플러 레이더는 전자보호 목적으로 특별하게 설계되지 않았더라도 일부 전자공격에 견딜 수 있다. 펄스 및 연속파 도플러 레이더는 움직이는 표적에 의해 변이되는 주파수로 동작하기 때문에 정지 표적으로부터 반사파를 자동으로 걸러내어 결국 채프로부터의 반사파와 같은 원치 않는 신호를 제거할 수 있다. 심지어 이 레이더는 채프구름 내의 항공기와 같이 속력 차이를 가지는 물체 간의 반사파를 식별할 수 있다. 또한 이 기술은 기만기가 반드시 적절한 주파수 변이를 모사해야 하기 때문에 기만을 더욱 어렵게 만든다.

수신기 출력이 사전 설정된 문턱을 넘었을 때 표적을 전시하는 자동문턱탐지(automatic threshold detection) 기술을 가지는 레이더에서 방해신호(jamming signal)의 존재가 허위경보 율을 수용할 수 없을 정도까지 증가할 수 있다. 만일 레이더의 출력데이터가 컴퓨터와 같은 자동화장치에 의해 처리된다면 장치는 전파방해에 의한 허위경보의 추가로 과부하 상태가 될 것이다.

따라서 수신기가 일정한 허위경보 율을 제시하는 것이 중요하다. 이를 수행하도록 설계된 수신기를 CFAR(constant-false-alarm-rate) 수신기라 한다. 이 수신기는 문턱보다 약한 출력의 표적은 소실될 수 있는 단점이 있다.

만일 작동수가 레이더 출력을 모니터링하고 있다면 전파방해가 존재하는 동안 수신기 이득을 낮추거나 전자공격을 포함하는 구역을 무시하도록 하여 추가적인 허위경보 효과는 감소될 수 있다.

작동수가 수동으로 이득제어를 조절할 수 있으나 자동화문턱탐지기에서 자동화 이득제어를 제공하기 위한 평균 잡음수준을 이용하여 동일 효과를 얻을 수 있다. 자동화 CFAR 회로가 보다 빠르게 동작하기 때문에 작동수가 허위경보 율을 일정하게 유지하는 것보다 우수하며 특히 레이더가 소수의 방위구역으로부터만 잡음방해를 당하기 쉬울 때 우수하다.

CFAR 수신기는 자동화장치든 작동수가 수신기 이득을 제어하든 탐지 가능성을 감소시킴으로써 허위 경보율을 일정하게 유지한다. 문턱수준이 일정 펄스경보 율을 유지하기 위해 높여지면 일반적으로 탐지되는 가장자리에 해당하는 반사파 신호는 보다 높은 문턱을 넘지 못하고 소실될 것이다. 따라서 CFAR은 전파방해가 존재하는 작전을 편리하게 만든다. 만일 방해가 매우 심각하다면 CFAR은 모든 의도 및 목적에 대해 수신기를 끄는 것과 같은 효과를 생성할 수 있다.

다른 전자보호 신호처리 기술은 5장에서 TWS 레이더와 관련하여 설명한 대로 허위 반사파를 거부하기 위해 추적이력(track history)을 사용한다. 레이더 비디오의 전산처리(computerized processing)는 이 기능뿐만 아니라 기만재머(deception jammer)에 대응수단으로 여러 개의 연속적으로 송신되어 되돌아오는 레이더 반사 신호를 상관(correlation)시키는 기능을 수행한다.

레이더 디자인 철학

전자보호 레이더 디자인에 있어 최상의 일반규칙은 예상하기 어려운 동작 파라미터들을 통합하는 것이다. 동작에 있어 보다 순서가 잘 정돈된 레이더일수록 레이더가 무엇을 할 것인지 어떻게 동작할 것인지를 쉽게 예측할 수 있다. 결국 전자공격 기술을 적용하는 일은 보다 쉬워진다.

그러나 만일 상대 레이더의 특성이 계속적으로 변화한다면 전자공격은 보다 어려워진다. 전자공격 작동수를 혼란시키기 위해 가장 쉽게 변화할 수 있는 파라미터는 주파수이다.

전자공격을 어렵게 만들기 위해 펄스길이, 펄스반복주파수, 변조 및 안테나 특성 등을 작동수가 변화시킬 수 있는 기능이 일반적으로 레이더에 포함된다.

레이더에 예측불가능성을 도입하는 가장 흔한 방법은 주파수 다양성(frequency diversity)을 이용하는 것이다. 초기 레이더는 좁은 대역의 방해만으로 레이더 기능을 상실하게 할 수 있게 끔 일부 특정 주파수 대역에서 동작하도록 설계되었다. 새로운 레이더 시스템은 유형에 따라 상이한 주파수 대역에서 동작하도록 설계되었다. VHF에서 SHF(A – J밴드)까지의 스펙트럼보다 많은 부분의 사용으로 전자공격 작동수는 효과적인 공격을 위해서는 전체 레이더 스펙트럼을 커버해야만 한다. 이는 항공기의 경우 전체 파워용량에 제한이 있기 때문에 단일 레이더에 대해 보다 낮은 전자공격 파워를 할당하게 한다.

전자보호 설계철학의 또 다른 측면은 자동화장비와 작동수와의 관계이다. 숙련된 레이더 작동수는 대응책 환경(countermeasure environment)에서도 유용하고 요구되는 역할을 완수할 수 있어 자동화된 탐지 및 자료처리기에 그 역할을 완전히 넘겨줄 필요는 없다.

자동화 처리기는 사전에 알려진 방해신호에만 동작하도록 설계될 수 있다. 즉, 특정신호에 대한 능력이 반드시 사전에 장비에 프로그램 되어야한다. 자료처리기에 프로그램되지 않은 새로운 방해 신호는 쉽게 처리되지 않을 수 있다. 달리 말하면 인간은 새롭고 변화하는 상황에 적응할 수 있는 능력을 가져 기계보다 이에 적절하게 대응하여 새로운 형태의 방해를 적절하게 해석할 수 있다. 따라서 숙련된 작동수는 신중하고 영리한 대응책(countermeasure) 환경에서 레이더 동작을 유지할 수 있는 가장 중요한 방해방어책(counter-countermeasure)이다.

대전자전지원 대응책(Anti-ES countermeasure)

레이더, 사격통제장치, 무기 센서는 전자방해방어책(ECCM) 영역에 집중하여 제작되는 경향이 있다. 그러나 RF 방사통제(EMCON) 및 적 전자전지원(ES) 또는 능동센서의 회피와 같은 적의 전자전투(EC)에 대응할 때 전술적 접근을 고려해야 한다. 전술적 접근이 정보의 포기 및 가능한 동작의 유연성을 필요로 하기 때문에 이러한 전술의 응용은 임무의 목적에 따라 이루어져야 한다.

방사통제는 어떠한 방사도 이루어지지 않는 상태이다. 통신의 부재와 전술적 데이터의 부족 측면에서 완전한 방사통제는 임무완수에 상당한 제약이 된다. 감시 센서의 제한적 사용은 아 세력의 크기와 능력을 적에 노출시키지 않고 적절한 정보를 얻을 수 있다.

수동 적외선(passive IR)이나 심지어 수동 음향청취(passive acoustic)와 같은 전자기 스펙트럼에 다른 부분에서 센서의 사용하여 능동 RF를 이용한 센서를 대체할 수 있다. 수동 RF의 장거리 탐지능력과 수동 적외선 센서의 높은 정확도를 결합하여 관심 있는 플랫폼에 대한 조기경보, 식별, 정확한 각 위치 데이터를 얻을 수 있다.

가시거리 내 통신(line-of-sight communication) 즉, VHF와 UHF는 지구의 곡률을 따르는 HF 통신보다 가로채기가 훨씬 어렵다. 지향성 통신이 가능하면 도청을 더욱 어렵게 할 수 있다. 심지어 플랫폼의 위치가 적에게 알려져 있더라도 사격통제 센서의 방사를 제한하고 방사가 꼭 필요할 때까지 통신량을 최소화하여 아측의 의도를 숨길 수 있다.

또한 방사통제는 주요 능동센서의 동작 시간 및 규칙성을 제한하여 시행될 수 있다. 방사의 규칙적인 반복은 전자전지원(ES) 식별과정 및 기만 대응책(deceptive countermeasure)에 매우 유리하게 작용한다. 도청 확률을 낮추기 위해서 통신은 예외를 두기보다는 규정을 준수하여야한다.

임무특성상 제한이 따르더라도 회피(evasion)는 여전히 임무계획 시 고려사항이다. 항공기는 지형이나 레이더 수평선을 차폐물로 이용한다. 적의 경계를 피하기 위해 항공기의 돌아가는 비행경로는 비행시간 및 연료소모를 증가시키고 무기탑재 능력을 감소시킨다. 레이더 수평선을 이용한 방어는 수상 전투원에게 유용한 방법이다.

전자공격(EA)/전자방어(EP)의 효과

우군과 적군의 전자전투 사이의 상호작용은 양자 간에 번갈아 가며 기술능력이 순차적으로 증가하는 사다리와 유사하다. 한쪽에서 전자 시스템(electronic system)을 야전에 배치하면 반대쪽은 이 시스템에 대응하기 위한 시스템(countering system)을 개발하고 이는 상대(원래의 한쪽)로 하여금 대응책에 대한 대응책(counter-countermeasure)을 개발하게 한다. 이 과정은 일련의 대응책(countermeasure)과 방해방어책(counter-countermeasure) 사다리를 통해 단계적으로 강화된다. 이 과정이 그림 6-12에 잘 나타나 있다.

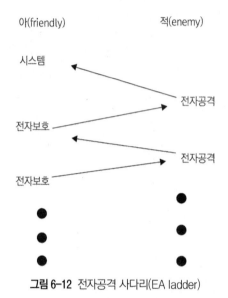

그림 6-12 전자공격 사다리(EA ladder)

위 분석은 전자공격을 통해 확실한 우세가 결코 달성될 수 없음을 보여준다. 불행히도 이 분석은 전자공격의 참과 거짓 즉, 이가의 가치평가(two-valued evaluation)를 조장한다. 우리의 전자공격이 적에게 효과적으로 작용할지 그렇지 않을지는 현재 우리의 기술이 사다리의 어떤 가로장에 위치해 있는지에 따라 결정된다. 그러나 이 사슬(chain)의 보다 사실적인 평가를 통해 아래와 같은 결론을 얻을 수 있다.

1. 전자공격의 실제 효과는 완전효과 있음에서 완전효과 없음까지의 스펙트럼 상 어딘가에 위치한다. 실제적 평가는 사다리의 위치와 많은 다른 요소, 일부는 훈련 및 사기와 관련된 것과 나머지는 전투의 불확실성과 관련된 것에 의존한다.

2. 전자공격 기술은 일반적으로 유한한 시간적 우위만을 가진다. 결국 적은 이에 대한 대응기술(counter-technique)을 개발하여 우세는 적으로 넘어갈 것이다. 따라서 무한한 우위를 가질 수 있는 특정 전자공격 기술을 가지기는 어려울 것이다.

3. 전자공격의 실제 이점은 적이 대응책을 개발하여 전개하기 까지 상대적 우위를 가지는 것이다. 이러한 상대적 이점은 사다리의 연이은 두 단계(발판)의 작전적 사용 사이의 시간 지연에 의해 측정되어질 수 있다. 이 시간 동안 계속되어 아이디어가 개발되며 필요한 장비들이 제작될 것이다. 따라서 이러한 상대적 이점을 보존하기 위해서는 보안(security)이 필요하다.

4. 지속적으로 적의 진보에 대응하기 위해서는 전자공격 분야에서 기술적 우위와 부단한 개발이 필요하다.

5. 특정 기술은 무조건 이에 대한 대응기술을 가지기 때문에 이를 폐기해서는 안 된다. 적이 아군이 특정 기술을 사용되고 있음을 확신하고 대응책을 운용할 수 있게 될 때까지 일정 시간이 필요함으로 아군은 이 시간적 이점을 가질 수 있다.

요약

장교에게 전자전투 영역에 기본적인 이해는 필수적이다. 이 장에서는 독자들의 전자전투에 대한 이해를 증진하고자 전자전투의 성능, 한계, 응용 등에 대해 살펴보았다. 이장에서는 전자전투를 센서시스템과 함께 다루었는데, 그 이유는 전자전투가 센서들과 직접적으로 상관관계를 가지며 어떤 의미에서는 그 자체가 매우 귀중한 센서이고 종종 지휘관에게 적의 최초 탐지를 제공하기 때문이다. 현대의 매우 복잡하고 전자(공학)적으로 심하게 의존하는 전투서열(order of battle)에서 전자전투의 중요성은 아무리 강조해도 지나침이 없다.

전자광학 센서의 동작원리

서론

해군에서 사용한 최초의 광학센서는 인간의 눈이었다. 1609년 이탈리아 물리학자이자 천문학자인 갈릴레오에 의해 망원경이 획기적으로 개선된 이후, 광학은 해군 전략 및 전술에 있어 중요한 역할을 하고 있다. 실제로 갈릴레오가 제공한 8배율 망원경으로 많은 베네치아 의원들이 베니스에 위치한 가장 높은 종루(bell tower)에 올라 바다 먼 곳의 배를 볼 수 있게 되면서 군 및 민간분야에 망원경 가치가 인정되었다.

수 세기동안 광학시스템은 조명 원(illumination source)을 필요로 하기 때문에 전술적 응용에 제한을 받아왔다. 역사를 통해 전술가들은 어둠 하에서 효과적으로 기동할 수 있음을 알고 있었지만, 야간에 대규모 세력의 기동은 위험하기 때문에 좀처럼 시도되지 않았다.

어둠의 위험을 제거하기 위해 초기에는 횃불, 조명탄(flare), 로켓 등을 사용하였는데 이를 통해 전자광학 기술이 군에 왜 필요한지 간접적으로 알 수 있다. 적외선 방사(IR; infrared radiation)는 인간의 눈으로 감지할 수 없기 때문에 표적이 자체적으로 방사하는 전자기파(적외선)를 이용하여 인간의 눈으로 볼 수 없는 환경에서 표적을 볼 수 있는 즉, 표적을 탐지할 수 가능성을 제시하였다.

2차 세계대전 이전에 해군의 광학시스템은 사격통제, 무기전달(weapon delivery), 감시 및 정찰 등에 중요하게 사용되었다. 이와 같은 여러 기능들 중 많은 부분이 라디오 주파수를 사용하는 전자기적 센싱(electromagnetic sensing)으로 넘어가고 광학시스템은 일부에서만 사용되고 있다. 실제 미국, 영국, 독일 군에서는 1900년 이후 적외선 장비에 대한 실험을 개시하였다.

1차 세계대전 동안 야시(night vision) 분야에 대한 연구가 시작되었으나 주로 탐조등(searchlight) 분야에 집중되어 이루어졌으며, 실험적인 "blinker" 신호방법 및 탐지장비가 개발되어 성능이 확인되었다. 1차 대전이 끝나기 전에 적외선 장비가 생산되지는 못하였지만 적외선 기술의 군사적 활용 가능성을 확인하였다.

2차 세계대전 전날 적외선 이미지 변환 관(infrared image converter tube)의 개발로 독일은 적외선 장치를 처음으로 개발한 나라가 되었다. 전쟁 초기 독일은 연합국이 나치의 U-보트와 항공기를 탐지하기 위해 적외선 장비를 사용하고 있다고 생각했는데 이와 같은 잘못된 판단으로 독일은 적외선 분야 연구와 연합국의 적외선 장비에 대응하기 위한 수단 개발에 더욱 집중하였다.

2차 세계대전 동안 미국에서는 OSDR(Office of Scientific Research Development)이 전자광학에 대한 연구를 감독하였다. 1930년대에 RCA(Radio Corporation of America)가 수행한 텔레비전에 관한 연구에서 적외선 이미지를 인간의 눈이 볼 수 있도록 전환시키는 이미지 튜브가 개발되었다.

이 야시장비의 개발은 "sniperscope"라 불리는 휴대용 병기(small arm)에 장착할 수 있는 적외선 조준장치의 배치로 이어졌다. 최초의 적외선 sniperscope 형상은 그림 7-1 및 7-2와 같으며 근적외선 음극(near-infrared cathode)을 사용하여 근적외선 이미지를 제공하였다. 오키나와 전투에서 sniperscope 야시 성능은 야간침투 전술에 효과적임을 증명하였다.

이 시절 적외선 탐지장비에 대한 정보는 비밀로 분류되었고 전투에서의 효과 또한 전쟁 이후 까지 공개되지 않았다. 특히 방어선 돌파를 시도하는 병력을 전멸시켰다는 전투보고에 의해 야시장비의 유효성이 더욱 강조되었다.

그림 7-1 2차 세계대전에 사용된 구경 30 카빈
TM3에 장착된 적외선 M1 sniperscope

그림 7-2 제 1해병연대, 제 1대대 해병대원이
개량된 M3 sniperscope를 시험 중

최초의 적외선 sniperscope는 경계용으로 사용 시 심각한 문제를 가지고 있었는데 유효탐지거리가 일반적으로 100야드 이내로 짧고, 라이플총에 장착된 스코프(scope)는 배터리가 필요하였다. 또한 능동 적외선 서치라이트와 함께 사용해야 하기 때문에 적외선 탐지장치를 보유한 적에게 발각될 수 있었다. 그러나 지휘관들은 이 기술이 단순히 어둠속에 숨어서 적을 저격하는 것을 넘어 여러 분야에 사용할 수 있음을 직시하였다. 야시장비 기술의 다음 목표는 적외선 서치라이트가 필요치 않아 적에게 아군의 위치가 발각되지 않는 수동시스템을 개발하는 것이었다.

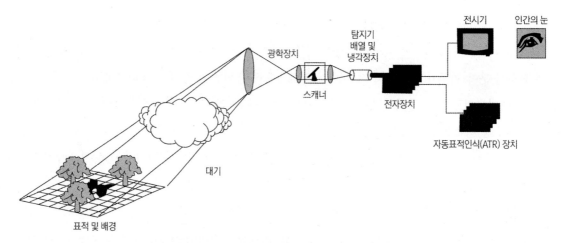

전시기

인간의 눈

탐지기
배열 및
냉각장치

광학장치

스캐너

전자장치

자동표적인식(ATR) 장치

대기

표적 및 배경

그림 7-3 일반적 전자광학 또는 열 영상 시스템

전자광학 센서시스템이 현재 해전(naval warfare)에서 많이 사용되고 있다. 전자광학 기술 개발에는 장비제작 기술과 표적으로부터 방사되는 가시광선(visible light) 및 적외선(IR) 에너지를 수동으로 센싱하는 기술이 포함되며, 레이더 관련 기술과 성능을 가시광선 및 적외선까지 확장할 수있다. 추가로 다량의 에너지를 표적에 전달할 수 있는 레이저 무기가 현재 실현 가능한 단계에 있다. 가시광선 및 적외선 주파수를 사용하면 정밀한 이미지화(imaging), 추적, 위치 및 거리 측정이가능하나 대기에 의한 흡수와 산란 때문에 탐지거리가 제한된다.

본장에서는 전자광학 에너지가 생성되어 전송되고 탐지센서에 수신되는 과정을 통해 전자광학시스템에 대해 체계적으로 살펴보고자 한다. 일반적으로 전자광학 시스템은 그림 7-3과 같이 방사원(radiation source), 표적, 배경, 대기, 센서 등으로 구성된다. 센서는 광학장치(optics), 스캐너(scanner), 탐지기(detector), 전자장치(electronics), 전시기(display)와 인간의 지각작용으로 구성되며, 자동표적인식(ATR; Automated Target Recognition) 장치가 사용되면 전시기와 인간의 지각작용은 필요치 않다.

전자광학 스펙트럼

전자기파 스펙트럼에서 X-선과 마이크로파 사이에 해당하는 부분을 전자광학 스펙트럼이라 한다. 이 좁은 대역(band)에는 자외선 영역, 가시광선 영역, 적외선 영역이 포함된다. 가시광선 영역은 일반적으로 약 5.4×10^{14} Hz의 녹황색 영역에 중심을 둔 가시광선 주파수의 10배 내의 주파수를 다룰 것이다.

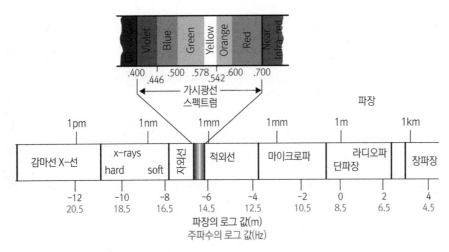

그림 7-4 전자광학 스펙트럼

이보다 10배 이하의 주파수는 눈에 보이지 않는 "적외선(infrared)"으로 일반적으로 열복사(heat radiation)로 생각할 수 있으며 이보다 10배 이상의 주파수는 비가시 영역의 "자외선(ultraviolet)"이다.

전자광학 영역의 주파수가 백만 메가헤르츠(MHz) 정도이기 때문에 이 파동(wave)을 묘사할 때 전통적으로 주파수보다는 파장을 사용한다. 가시광선 및 적외선의 파장을 묘사하는 데 사용되는 가장 일반적인 단위는 10^{-6} m인 마이크론 미터(㎛)이다. 전자기 스펙트럼의 부분별 명확한 경계가 없어 관련서적마다 조금씩 차이가 있을 수 있다.

가시광선의 파장은 대략 0.4 ㎛에서 0.7 ㎛ 범위인 반면 적외선의 파장은 0.76 ㎛에서 1,000 ㎛까지이다. 여기서 가시광선은 색(color)에 따라 보다 자세하게 세부 영역으로 나눠지며 적외선 대역은 근적외선(NIR 또는 SWIR), 중적외선(MIR 또는 MWIR), 원적외선(FIR 또는 LWIR), 극원적외선(XIR)로 나눠진다. 아래의 표 7-1은 가시광선 및 적외선의 대역별 파장을 나타낸다.

표 7-1 가시광선 및 적외선의 파장

가시광선 영역(λ = 0.4 - 0.7 ㎛)	
적외선 영역(λ = 0.7 - 1,000 ㎛)	
• 근적외선(NIR 또는 SWIR)	0.7 - 3 ㎛
• 중적외선(MIR 또는 MWIR)	3 - 6 ㎛
• 원적외선(FIR 또는 LWIR)	6 - 15 ㎛
• 극원적외선(XIR)	15 - 1,000 ㎛

적외선의 네 가지 영역 중 어느 영역을 선택할지는 유용한 대기 전송 창(transmission window)이나 쉽게 사용가능한 탐지기의 감응 대역폭 등을 비교하여 판단된다. 예를 들어 앞의 세 영역은 지구 대기에서 비교적 적외선이 잘 통과하는 부분이며 나머지 한 영역은 수 미터 진행만이 가능한 영역이다.

본 교재에서 가시 영상 시스템(visible imaging system) 또는 영상증폭 시스템(image intensification system)은 0.4 μm – 2 μm 대역의 파장을 가지는 에너지를 탐지할 수 있는 시스템으로, 적외선 영상 시스템(infrared imaging system)은 3 μm – 14 μm의 파장을 가지는 에너지를 탐지할 수 있는 시스템으로 간주한다. 또한 이 시스템들은 두 범주의 센서시스템으로 나눌 수 있는데 첫 번째는 정경(scene)에서 반사되는 가시광선 에너지를 탐지하여 증폭하는 야간관측장비(night vision device)이며, 두 번째 범주는 표적에서 복사(radiation) 또는 방출되는 에너지를 탐지하는 적외선 또는 열 영상장비이다.

방사측정(Radiometry) 대 측광(Photometry)

빛은 별도의 완전체가 아니라 단지 전자기파 스펙트럼의 좁은 영역에 불과하나는 사실이 알려진 이후 빛을 측정하는 원리가 오랜 세월동안 발전되어 왔다. 방사측정이란 3×10^{11} Hz에서 3×10^{16} Hz까지의 주파수 범위를 가지는 전자기파에 해당하는 전자광학 복사를 측정하는 것이다. 이 주파수 범위는 파장으로는 0.01 μm에서 1,000 μm 범위로 일반적으로 자외선, 가시광선, 적외선 영역을 포함한다.

측광은 인간의 눈으로 탐지할 수 있는 전자기파 복사로 정의되는 빛(light)을 측정하는 것으로 파장으로는 약 0.36 μm에서 0.83 μm까지의 파장에 해당한다. 방사측정과 측광의 차이는 방사측정은 전체의 광학 복사(optical radiation) 스펙트럼을 측정하는 반면 측광은 인간의 눈이 반응할 수 있는 가시광선 스펙트럼만을 측정한다는 것이다.

인간에 의한 측광은 탐지기에 해당하는 눈에 의해 이루어지며 기계적인 측광은 인간 눈의 분광학적 반응을 흉내 내는 광 복사 탐지기(optical radiation detector)를 사용하거나 눈의 반응을 대략 계산할 수 있는 분광복사기(spectroradiometry)를 사용한다. 일반적인 측광 단위에는 루멘(lumen), 럭스(lux), 칸델라(candela) 등이 사용된다.

표 7-2는 측광에 사용되는 물리 양을 나타낸다. 군에서는 영상증폭기라고도 불리는 야시장비(NVD)에 대한 달, 별 또는 강한 세기의 조명용 플레어와 같은 조명 원(source)을 정의할 때 측광 단위를 사용한다.

표 7-2 측광 단위

주의: sr이란 스테라디안(steradian)을 의미.

항	기호	단위
광속(luminous flux)	Φ	Lumens, (L)
광도(luminous intensity)	I	(L/sr)
광속 발산도(luminous exitance)	M	(L/m^2)
조도(illuminance)	E	(L/m^2) 또는 lux
휘도(luminance)	L	(L/m^2 · sr)

평면 기하학 대 입체기하학

라디안

라디안은 평면각의 국제단위(SI unit)이다. 라디안이란 원의 반지름과 같은 호에 대한 중심각으로 1 라디안은 약 57.3°가 되며 완전한 원은 2π 또는 약 6.28 라디안이 된다. 그림 7-5에서 점 P 는 원의 중심이며 각 θ 는 1 라디안으로 이때 호의 길이는 원의 반지름 r 과 같다.

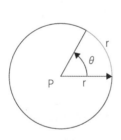

그림 7-5 라디안의 정의

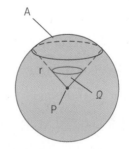

그림 7-6 스테라디안의 정의

스테라디안

스테라디안은 입체각의 국제단위(SI unit)로 기호 "sr"로 나타낸다. 완전한 구는 4π 또는 약 12.57 스테라디안이 된다. 라디안이 2차원 평면 내 위치한 원점에 대한 1차원 선에 대한 각의 단위인 반면 스테라디안은 3차원 공간 내에 위치한 원점에 대한 2차원 면에 대한 각 면적의 단위이다.

스테라디안은 그림 7-6과 같이 원추형 모양으로 1 스테라디안에 해당하는 입체각은 구의 반지름을 r 이라 할 때 r^2 에 해당하는 면적 A 을 가지는 원추모양에서 각 Ω 이다.

입체각의 수치는 구 표면상에 주어진 면을 구 반경의 제곱으로 나누어 구할 수 있는데 식으로 나타내면 아래와 같다.

$$\Omega = \frac{A}{r^2} \tag{7-1}$$

여기서, Ω = 입체각(sr)

A = 구의 곡면 표면적

r = 구의 반지름

그림 7-6을 다시 살펴보면 구 표면상에서 스테라디안의 최댓값은 $4\pi r^2/r^2 = 4\pi$ 가 된다. 만일 구의 반경이 표면적 보다 매우 크다면 구상의 면을 평평한 것으로 간주할 수 있다. 그러면 평면 모양과 평면까지의 거리가 주어지면 식 7-1을 이용하여 입체각을 계산할 수 있다. 스테라디안은 차원이 없음에 유의하라.

많은 방사측정 단위가 입체각에 대해 주어지기 때문에 스테라디안 및 입체각에 대한 이해가 반드시 필요하다.

방사측정 양

방사원의 양적 특성을 나타내기 위해서는 정교한 단위 시스템이 필요하다. 역사적으로 많은 상이한 방사측정 단위들이 소개되었고 사용되었다. 그러나 본 교재에서는 국제단위만을 사용하며 이 단위들이 표 7-3에 요약되어 있다.

표 7-3에 포함된 방사측정 단위는 에너지에 기초한 항을 사용하였고 에너지는 많이 사용되는 단위인 주울(J)을 이용하여 나타내었다. 방사측정의 양을 나타내는 또 다른 단위에는 광자(photon)에 기초한 항을 사용하기도 한다. 광자에 기초한 양은 일반적으로 아래첨자 q 을 사용한다. 에너지에 기초한 항은 광자에 기초한 단위와 구분이 필요할 때만 아래첨자 e 을 사용한다. 일반적으로 방사측정 양들은 적외선 스펙트럼에 해당하는 에너지를 센싱하는 데 사용되며 광자에 기초한 방사측정 양들은 가시광선 스펙트럼용 센서를 다룰 때 사용된다.

방사 에너지 - Q

방사 에너지는 발생원으로부터 전자기파 형태로 운반된다. 방사 에너지 항은 주어진 시간 내에 발생원으로부터 방사되는 에너지의 총량을 나타내는 데 사용된다. 방사 에너지는 일반적으로 주울(J)을 단위로 사용한다.

표 7-3 방사측정 단위

구분	기호	단위	공식	의미	응용 예
방사 에너지 (radiant energy)	Q	J, Joule (w · s)			
방사(복사)속 (radiant flux)	Φ	watt=J/s photons/sec	$\Phi = \dfrac{dQ}{dt}$		탐지기 상 파워
방사 강도 (radiant intensity)	I	w/sr	$I = \dfrac{d\Phi}{d\Omega} \Rightarrow \dfrac{\Phi}{\Omega}$	점광원	비영상탐색기에 대한 표적특성
방사 발산도 (radiant exitance)	M	w/㎡ w/㎠	$M = \dfrac{d\Phi}{dA} \Rightarrow \dfrac{\Phi_{180°}}{A}$		방사냉각
방사 조도 (irradiance)	E	w/㎡ w/㎠	$E = \dfrac{d\Phi}{da} \Rightarrow \dfrac{\Phi}{A}$		대부분의 IR 수신기: 열전이 분석
방사 휘도 (radiance)	L	w/(㎡ · sr) w/(㎠ · sr)	$L = \dfrac{dI}{dA} \Rightarrow \dfrac{\Phi}{A\Omega}$		영상센서에 대한 표적특성

방사속(파워) – Φ

방사속은 방사파워라고도 하며 방사되는 전자기파 에너지의 흐름을 나타낸다. 이 항은 방사되는 전자기파가 단위시간당 운반하는 에너지를 나타내며 단위로 와트(w)를 사용한다. 따라서 방사속을 시간으로 적분하면 발생원으로부터 나오는 총 방사 에너지(Q)를 얻을 수 있다.

방사 발산도 – M

방사 발산도 및 방사 조도(irradiance)는 동일한 단위를 가지나 해석은 다르다. 방사 발산도는 방사 면에서 방출되어 반구형태로 방사되는 단위면적당 파워의 양으로, w/㎡ 또는 w/㎠의 단위를 가진다. 따라서 방사 발산도는 에너지를 자체적으로 발산하는 방사원의 특성으로 $M = \dfrac{\partial \Phi}{\partial A}$ 의 미분형태로 나타낼 수 있으며, 면적이 작을 경우 아래와 같이 근사할 수 있다.

$$M = \frac{\Phi}{A} \tag{7-2}$$

예제 7-1 : 크기가 1㎟인 방사 면이 3 w/㎠의 방사 발산도를 가질 때 총 방사파워를 구하라.

풀이 : $\Phi = A_s \times M$

$\qquad = (0.1cm)^2 \times 3\,w/cm^2$

$\qquad = 30\,mw$

여기서, Φ = 방사속 또는 방사파워(w)

$\qquad A_s$ = 표면적(㎠)

$\qquad M$ = 방사 발산도(w/㎠)

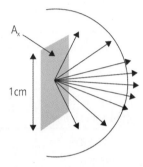

그림 7-7 방사원의 방사 발산도

이때 방사파워는 방사원(source) 전방의 반구 내로 방사되며 방사원이 점 방사원이 아니기 때문에 그림 7-7과 같이 방사 각에 따라 균일하지 않게 방사된다.

방사 조도 – E

방사 조도는 도착 방향과 무관하게 표면에 입사되는 단위면적당 방사 파워로 일반적으로 단위는 w/㎡ 또는 w/㎠ 이다. 방사 발산도가 자체 에너지를 방사하는 방사원의 특성을 나타내는데 반해 방사 조도는 방사 에너지를 수신하는 표면의 특성을 나타낸다.

예제 7-2 : 크기가 1㎠ 인 표면에서의 방사 조도가 4 w/㎠ 이고 표면에 균일하게 분포한다고 가정하면 그림 7-8에서 1 ㎜ × 1 ㎜ 크기에 해당하는 수신면의 일부분에서 수신되는 방사 파워를 구하라.

풀이 : $\Phi = A_s \times E$

$\qquad = (0.1cm)^2 \times 4\,w/cm^2$

$\qquad = 40\,mw$

여기서, Φ = 표면에 입사되는 방사속 또는 방사파워(w)

$\qquad A_s$ = 표면적(㎠)

$\qquad E$ = 방사 조도(w/㎠)

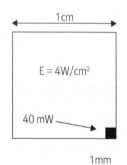

그림 7-8 수신면의 방사 조도

점 방사원(Point Source) 대 확장된 방사원(Extended Source)

방사 강도와 방사 휘도(radiance) 등의 방사측정 양에 대해 살펴보기 전에 점 방사원과 확장된 방사원의 차이에 대한 이해가 필요하다. 정확한 점 방사원은 물리적으로 실현 불가능하며 별과 같이 매우 먼 거리에 작은 방사원이 위치한 것으로 근사할 수 있다. 점 방사원은 종종 등방성 방사체(radiator)라 불리며 3차원 공간상에서 모든 방향으로 균일하게 방사한다. 이와 달리 확장된 방사원은 탐지기 광학계(optics)에 탐지기 자체보다 큰 이미지를 생성하는 물체이다.

중요한 것은 방사원의 물리적 크기가 아니라 탐지기에 대한 각으로 동일 방사원이 상황에 따라 점 방사원이나 확장된 방사원이 될 수 있다. 예를 들어 제트 항공기의 배기관의 경우 거리 10 ㎞에서는 사실상 점 방사원이나 거리 50 m에서는 확장된 방사원이 될 수 있다.

방사측정을 위해 광학계를 사용한다면 기준은 탐지기의 크기와 방사원 이미지 크기 사이의 관계이다. 이미지가 탐지기보다 작으면 이 방사원은 점 방사원으로 간주되며 반대로 이미지가 탐지기보다 크면 이 방사원은 확장된 방사원으로 간주된다. 방사원에서 방출되는 파워의 양을 측정하는 방법이 방사원 유형에 따른 구분되어 있으며 서로 다른 항이 각각의 방사원의 특성을 나타내기 위해 사용된다.

방사 강도-I

방사 강도는 전체 전자기 스펙트럼에 걸치는 전자기 에너지 방사원의 휘도(brilliance)를 나타낸다. 이 양은 등방성 방사원으로부터 방출되는 단위 스테라디안 당 방사속 또는 방사파워로 측정된다. 방사 강도는 정확한 점 방사원에서의 방사를 나타낼 수 있는 유일한 양이다. 점 방사원은 거리의 좌승에 비해 무시할 수 있는 적은 면적을 가지기 때문에 분모에 방사원의 면적을 가지는 양은 사용될 수 없다.

또한, 방사 강도는 확장된 방사원에서 방출되는 단위 입체각 당 방사속 또는 방사파워를 나타내는데 사용될 수 있다. 그러나 이 경우에는 그림 7-7과 같이 탐지기의 관측 각(viewing angle)에 따라 방사 강도가 변화한다. 방사 강도의 표준 단위는 w/sr이며 이는 방사속을 측정하여 방사원에서 탐지기에 대한 입체각으로 나누어 구할 수 있다.

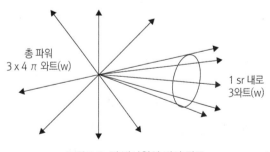

총 파워
3 x 4 π 와트(w)

1 sr 내로
3와트(w)

그림 7-9 점 방사원의 방사 강도

예제 7-3 : 3 w/s 의 균일한 방사 강도를 가지는 점 방사원에서 전체 방사 파워는 얼마인가?

풀이 : 점 방사원이 전 방위로 방사하는 입체각은 4π sr에 해당함으로

$$\Phi = I \times \Omega$$

$$= 3\,w/sr \times 4\pi\,sr$$

$$= 12\pi\,w$$

여기서, Φ = 방사속 또는 방사파워(w)

I = 점 방사원의 방사 강도(w/sr)

Ω = 입체각(sr)

방사 휘도 - L

방사원이 확장된 방사원이면 즉, 방사원이 거리의 자승과 비교할 수 있는 정도의 면적을 가지면 방사원에서 탐지기에 대한 입체각을 정의하기가 불가능한데 이러한 문제점은 확장된 방사원을 방사 휘도로 나타냄으로써 해결할 수 있다. 방사 휘도란 주어진 방위에서 단위 입체각당 투영된 방사원의 단위 면적당 방사 파워이다.

방사 휘도의 단위는 일반적으로 w/sr · ㎡ 또는 w/sr · ㎠ 이다. 방사 휘도를 측정하기 위해서는 확장된 방사원의 작은 영역으로 제한하여 측정이 필요한데 이는 확장된 방사원의 작지만 알려진 일부분의 방사 강도를 측정하는 것이다.

방사속은 일정 거리에서 측정되기 때문에 측정된 면적과 방향 식별에 어려움이 있으나 방사원의 면적을 방사원에 위치한 평면상에 투영된 면적으로 정의하고 측정방향(시야방향)이 이 평면에 수직이라 하면 거리가 있더라도 쉽게 측정할 수 있다. 투영 면적은 실제 표면적과 표면에 수직방향과 시야방향 사이 각의 코사인 값의 곱에 해당된다.

방사 휘도의 중요성에 대해 살펴보자. 평면 방사체가 모든 방향으로 균일하게 방사한다고 가정하면 방사 강도는 그림 7-10과 같이 방사 표면으로부터 임의의 거리 r 에서 고정된 입체각 θ 에서 고정된 개구 A_p 에 의해 측정될 수 있다.

개구는 탐지기로 들어오는 모든 방사속을 측정하는 입력 개구로 간주할 수 있다. $\theta = 0$ 으로 반사 표면에 수직하면 최대 방사 휘도 $I_{(0)}$ 가 관찰된다. 개구가 반지름 r 의 원을 따라 움직여 θ 가 증가하면 방사 단면적이 감소되어 방사 강도는 아래 식과 같이 변화한다.

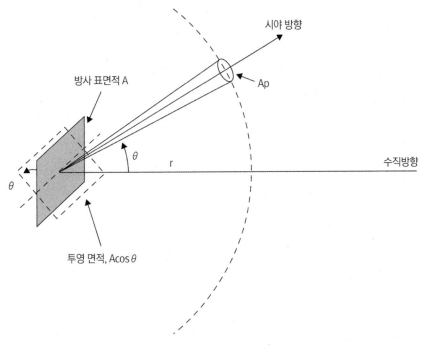

시야 방향

방사 표면적 A

Ap

수직방향

θ

r

θ

투영 면적, Acos θ

그림 7-10 방향 θ 을 따라 수집된 방사 강도

$$I_{(\theta)} = I_{(0)} \cos\theta \tag{7-3}$$

여기서, I = 개구에 의한 방사 강도(w/sr)

θ = 수직방향과 방사 표면 사이의 각(rad)

$I_{(0)}$ = $\theta = 0$ 에서 측정된 방사 강도

모든 방향으로 균일하게 에너지를 산란시키는 완전 확산 반사체(diffuse reflector)의 경우 반사된 단위 입체각 당 방사속은 수직방향과 방사면 사이 각의 코사인 값에 비례한다. 이 관계를 람베르트 코사인 법칙이라 한다. 이 법칙은 완전 확산 표면에서 반사되거나 방출되는 방사 강도는 방사 방향과 표면의 법선 벡터 사이 각의 코사인 값에 따라 변화함을 나타낸다.

비록 람베르트 코사인 법칙이 이상적인 개념이긴 하나 많은 방사원들이 이 법칙을 매우 근접하게 따른다. 이후에 논의할 흑체(blackbody)의 경우는 이 법칙을 정확하게 따른다. 전기적으로 절연체에 해당하는 대부분의 물질은 시야각이 수직에서 60°를 초과할 때까지 이 법칙을 따른다. 전도체의 경우 시야각이 50°를 초과할 때 까지 공학적 계산에 있어 이 법칙이 유용하다.

따라서 임의의 시야각 θ 에서 측정한 방사 휘도가 일정하면 그 표면은 람베르트 표면이라 하며,

이는 방사 강도를 투영 면적 $A\cos\theta$ 로 나눌 때 코사인 성분이 상쇄되기 때문이다.

$$L = \frac{I_{(0)}\cos\theta}{A\cos\theta} = \frac{I_{(0)}}{A} = \text{상수} \tag{7-4}$$

여기서, L = 표면의 방사 휘도$(w/(cm^2 \cdot sr))$

　　　　 $I_{(0)}$ = 방사 표면의 방사 강도(w/sr)

　　　　 A = 표면적(cm^2)

　　　　 θ = 표면의 수직방향(법선)과 방사표면이 이루는 각(rad)

람베르트 표면(Lambertian Surface)

입사되는 방사 빔이 거울에서와 같이 한 방향으로 강하게 반사되면 이러한 반사를 정반사라하며 매끄러운 광택이 있는 표면에서 발생한다. 이 경우에는 반사되는 방사속을 모의거나 측정하기가 상대적으로 쉽다. 만일 방사 빔이 불균일한 분포를 가지며 모든 방향으로 반사되면 이러한 반사를 확산 반사라 하며 광택이 없는 표면에서 발생한다. 이때 반사된 방사속이 그림 7-11과 같이 넓은 입체각으로 퍼지기 때문에 모든 방사를 모의거나 수집하기가 쉽지 않다. 대부분의 실제 표면은 두 유형의 중간에 해당하는 특성을 가진다.

　이상적인 확산 표면이란 물체표면의 각에 따른 반사되는 방사 강도가 물체표면의 수직방향(법선)으로부터 시야각의 코사인 함수 값으로 변화하는 즉, 람베르트 코사인 법칙을 따르는 표면이

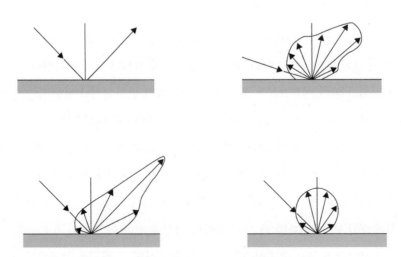

그림 7-11 방향에 따른 반사율(reflectivity)의 변화

다. 많은 물질이 람베르트 표면을 가지는 것처럼 보이나 실제로는 일부만이 람베르트 표면을 가진다. 거친 표면을 가지는 페이트, 의복, 돌과 번들거리지 않는 나무 등 대부분의 자연 또는 인공 물질의 표면을 람베르트 표면으로 간주할 수 있다. 여기서 중요한 점은 거칠기(roughness)가 방출 또는 반사되는 방사 에너지의 파장과 관련이 있다는 것이다. 정반사가 일어나는 물질이나 번들거리는 물질, 거울 면 등은 일반적으로 람베르트 표면이 아니다.

람베르트 표면에서는 보는 각에 따라 일정한 방사 휘도 값을 가진다. 그러나 식 7-4와 같이 경사에 의한 방사 강도의 감소는 관측자가 인지하는 면적의 증가로 보상되어 일정한 밝기(brightness)를 가진다. 따라서 람베르트 표면은 완전한 확산체(diffuser)로 보는 각과 상관없이 관측자는 일정한 방사 휘도를 관측할 수 있다. 추가로 람베르트 표면은 표면의 방사 발산도와 정비례하는 방사 휘도를 가진다.

$$L = \frac{M}{\pi} \tag{7-5}$$

여기서, L = 방사 휘도(w/(㎠ · sr))

M = 방사 발산도(w/㎠)

열원(thermal source)의 특성이 종종 방사 발산도에 의해 정의되기 때문에 앞의 특성은 열원 조작에 편리하다.

완전 확산 방사원이 반구로 방사할 경우 아래의 관계가 성립한다.

$$M = \pi L = \frac{\pi I}{A} \tag{7-6}$$

$$I = \frac{MA}{\pi} = LA \tag{7-7}$$

$$L = \frac{M}{\pi} = \frac{I}{A} \tag{7-8}$$

여기서, M = 방사 발산도(w/㎠)

L = 방사 휘도(w(㎠ · sr))

I = 방사 강도(w/sr)

A = 방사원 면적(㎠)

위 식에서 람베르트 평면의 방사 휘도, L 은 그 평면이 반구로 방사로 하기 때문에 2π로 나누어

저야 하고 람베르트 표면은 방향에 따라 균일하게 방출하지 않으며 방사 강도가 코사인 값에 따라 감소함을 상기하면 반구는 표변에 수직인 방향(법선)에서 멀어질수록 보다 적은 파워를 수집함을 알 수 있다. 람베르트 표면의 특성을 그림 7-12a와 7-12b에 나타내었다.

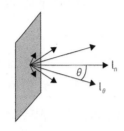

그림 7-12a 반구로 방사하는 람베르트 표면;
방사 강도가 코사인 값에 따라 감소

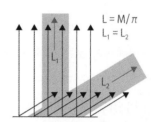

그림 7-12b 람베르트 표면에서 방사 휘도

방사속 수집(Flux Collection)

방사원에서 방사되는 총 파워는 일반적으로 무기체계의 관심사가 아닌데 그 이유는 광학 시스템 또는 탐지기가 제한된 입체각 내의 파워만 수집하기 때문이다. 따라서 방사속 수집은 일반적으로 탐지센서에 보이는 물체의 제한된 입체각과 관련이 있다.

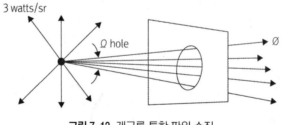

그림 7-13 개구를 통한 파워 수집

예제 7-4 : 방사 강도가 3 w/sr 인 점 방사원으로부터 3 m에 위치한 스크린상에 반경 1 ㎜의 원형 구멍을 통해 얼마의 파워가 방사되는가?

풀이 : 점 방사원이 구멍을 통과함으로

$$\Omega = \frac{A}{r^2} = \frac{\pi(1 \times 10^{-3}m)^2}{(3m)^2}$$

$$= 3.5 \times 10^{-7} sr$$

방사속(파워)을 계산하면,

$$\Phi = I \times \Omega$$

$$= (3\,w/sr) \times (3.5 \times 10^{-7}\,sr)$$

$$= 1.05 \times 10^{-6}\,w$$

예제 7-3에서 다룬 방사원에서 방사하는 총 파워인 12 w와 예제 7-4의 탐지 개구가 수집한 파워를 비교해 보기 바란다.

역제곱 법칙(Inverse Square Law)

센서상의 방사 조도(irradiance)를 계산하는 가장 일반적인 법칙은 점 방사원으로부터 방사의 역제곱 법칙이다. 방사원이 충분히 작다하면 원거리에 위치한 표적에 대해 방사원을 대략 점으로 고려할 수 있으며 이 방사원이 모든 방향으로 균일하게 방사한다고 고려할 수 있다(이와 같지 않은 대부분의 표적도 일정 각 내에서는 방향과 상관없이 균일하게 방사한다고 가정할 수 있다).

역제곱 법칙에서 방사 조도는 표적 방사 강도(w/sr)를 거리의 좌승으로 나누어 구한다. 여기서 이 법칙은 엄격하게 말하면 점 방사원에 대해서만 적용할 수 있음에 유의하라. 이 규칙의 전개과정이 그림 7-14에 나타나 있다.

그림 7-15 참조하여 점 방사원으로부터 임의의 입체각 내로 발산하는 방사속은 증가되는 면적에 고루 분포되어 방사 조도가 거리의 제곱에 따라 감소함에 유의하라.

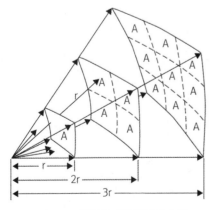

그림 7-14 역제곱 법칙(퍼짐)의 도해

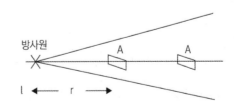

그림 7-15 역제곱의 법칙 도해: 동일 개구(A)에서 방사 조도는 방사원으로부터 멀어질수록 감소

다음의 관계식은 점 방사원을 둘러싸는 구 표면에서 방사조도를 계산하는 데 사용된다.

$$E = \frac{\Phi}{A} = \frac{4\pi I}{4\pi r^2} = \frac{I}{r^2} \tag{7-9}$$

여기서, E = 방사 조도(w/cm²)

Φ = 방사속 또는 파워(w)

A = 구의 표면적(cm²)

r = 점 방사원을 둘러싼 구의 반경(cm)

방사원의 배치

공학적 단순화를 위해 전자광학 방사원은 크기, 탐지로부터의 거리 및 탐지기 개구의 크기 사이의 관계에 따라 람베르트 방사원이나 점 방사원으로 분류된다. 앞에서 설명한 대로 람베르트 방사원은 탐지기 광학계(optic)에서 이미지가 탐지기 자체보다 크거나 탐지기의 시야각에 비해 큰 방사원이다. 이론적으로 점 방사원은 방사원까지의 거리가 방사원의 가장 큰 크기보다 10배 이상인 방사원으로 가정한다. 따라서 점 방사원은 탐지기 시야각 내에서 작게 나타난다.

전자광학 방사원-표적 및 배경

전자광학 방사원

우주상의 모든 물체는 항상 전자광학(EO) 방사를 수신하고 방출한다. 물체 간의 방사교환(radiation exchange)율은 물체의 온도와 물질특성, 특히 물체표면의 방사율(emissivity) 및 흡수율(absorptivity)에 의존한다. 무기로의 응용측면에서 주된 관심은 표적 및 표적이 관측될 수 있는 배경 등의 방사원들이다. 전자광학 방사원은 다음의 다양한 방식에 있어 전술적으로 중요하다.

1. 터보제트 배기가스, 탱크엔진 또는 사람과 같은 방사원(source)은 온도나 물질특성의 차이를 이용하여 배경에서 표적을 식별할 수 있도록 충분한 에너지를 방사한다.

2. 레이저는 IR 무장유도 시스템, 통신이나 거리측정 시스템의 운반자(carrier), 파괴목적의 에너지 운반자로서 역할을 한다.

3. 인간이 만든 인공조명(artificial illumination) – 도시, 수송수단, 무기, 플레어 등에서 나오는 불빛은 전장(tactical scene)의 조명으로써 역할을 한다. 표적은 이러한 배경으로부터 탐지가 가능할 만큼 뚜렷한 차이를 가져야 한다.

4. 태양, 달, 별과 같은 자연 방사원(natural source)은 상(imagery)을 생성하기 위해 증폭 가능한 전자기 스펙트럼 내에서 동작하는 표적이나 배경으로부터 탐지가 가능할 만큼 뚜렷한 차이를 가지는 표적을 조명할 수 있다.

5. 역으로, 태양, 다른 천체, 플레어, 디코이와 같이 자연 및 인간이 만든 방사원은 표적을 식별해야 하는 탐지기에 대해 배경잡음이 될 수도 있다.

전자광학 신호는 일반적으로 전자광학 센서 대역폭 내에서 표적 대 배경의 대조(contrast)로 나타내어진다. 표적과 배경과의 온도차, ΔT는 적외선 신호의 주된 특성이다. 비록 이 양이 측정된 온도처럼 들리지만 실재로 이 양은 측정된 방사 파워의 양이다. ΔT는 적외선 센서가 수집하고 있는 방출된 열방사 대조(thermal radiation contrast)이다.

　탐지 목적상 가시광선 전자광학(visible EO) 탐지는 주로 표적에서 반사되어 나온 가시광선 및 근적외선(near-IR)을 포함하는 에너지 대역으로 집중된다. 심도 있는 이해를 위해 방사원을 에너지 방사체(emitter)와 에너지 반사체(reflector)의 두 개의 범주로 구분하자. 하지만 전자광학 신호의 시그너처(signature)는 반사 및 방출된 에너지의 결합이며 이 분류에서 방사체와 반사체는 정도에 따라 나누어짐에 유의하라.

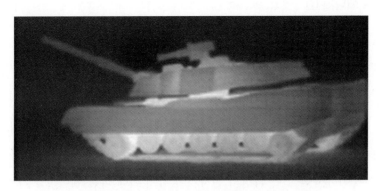

그림 7-16 반사와 방사가 결합된 전자광학 시그너처(signature)

열복사(Thermal Radiation)

이론

물체가 열을 받으며 왜 빛나기 시작하는 걸까? 전기난로의 발열체를 예를 들어 살펴보자. 이 발열체는 가열되면 왜 가시광선 대역의 빛을 내는 걸까? 그 답은 흑체복사 개념에서 찾을 수 있다. 모든 물체는 절대온도 "0" 이상의 온도를 가지며 적외선 영역의 전자기파를 생성한다. 물체가 가열되면 물체내의 분자들이 진동하기 시작하고 이 진동은 매우 짧은 파장의 전자기파를 생성하는데 그 이유는 분자 사이의 간격 때문이며 종종 가시광선을 방사한다.

전자기 스펙트럼의 일부인 빛(light)은 전자장과 자기장이 그 진행방향과 수직으로 오르내리는 횡파(transverse wave)이다. 레이더에서와 같이 전기장은 편파(polarization) 방향으로 정의되며 사진 필름과 인간의 눈과 같은 광학센서를 활성화시킨다.

광학 방사 이론(optical radiation theory)에서는 물체로부터 방출되는 방사(radiation)를 광자(photon)라 불리는 양자(quantum) 또는 불연속적 다발(discrete packet)의 형태로 생각한다. 막스 플랑크가 1990년 최초로 양자론(quantum theory)의 기초법칙을 소개하였으며 이 법칙은 전자기파를 앞장에서 설명한 것과는 매우 다른 방식을 묘사한다. 모든 전자기파는 양자와 되어 있으며 즉, 광자에 의해 운반되는 에너지이며 각각의 광자는 $h\nu$ 에 해당하는 에너지만을 가진다. 여기서, h 는 플랑크 상수(6.63×10^{-34} J · s)이며 ν 는 주파수이다.

$$E = h\nu \qquad (7-10)$$

여기서, E = 에너지 (J)

h = 플랑크 상수 (6.63×10^{-34} J · s)

ν = 주파수 (1/s)

특정 파장의 빛은 이에 해당하는 특정 에너지를 가진다. 그림 7-7은 원자주위의 고준위에서 저준위로 전자가 이동할 때 특정파장에 해당하는 광자가 방출된다는 플랑크 법칙의 고전적인 화학적 설명을 나타낸다. 위의 프랑크 식으로부터 전자기 방사의 파동성과 입자성 사이의 관계를 알 수 있다. 또한 파장이 길수록 짧은 파장의 전자기 방사에 비해 작은 에너지를 가짐을 알 수 있다. RF 영역의 전자기파는 상대적으로 낮은 에너지와 주파수를 가지기 때문에 입자적 특성(particle nature)은 그리 중요치 않다.

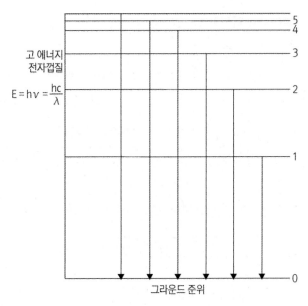

그림 7-17 광자를 방출하는 전자의 준위(state)간에 전이(transition)

따라서, RF 영역의 경우 파동적 특성이 우세하며 광자로 고려할 필요가 없다. 광학 방사의 경우 파동의 양자적 특성이 전자광학(EO) 방사와 탐지에 관한 이론을 이해하는 데 매우 중요하다.

아래 예제는 RF 주파수 대역의 전자기파와 적외선 주파수 대역의 전자기파 사이에 어느 정도의 에너지양 차이가 있는지 잘 보여준다.

예제 7-5 : UHF 파에서 에너지는

$$E_{RF} = h\nu$$

$$= 6.63 \times 10^{-34}(w \cdot s^2) \cdot 1 \times 10^6 (Hz)$$

$$= 6.63 \times 10^{-28}(w \cdot s) = 4.14 \times 10^{-9} eV$$

적외선 파에서 에너지는

$$E_{IR} = h\nu$$

$$= 6.63 \times 10^{-34}(w \cdot s^2) \cdot 1 \times 10^{13} (Hz)$$

$$= 6.63 \times 10^{-21}(w \cdot s) = 0.041 eV$$

주의 : eV 는 전자볼트(electron volt)를 의미한다.

$$1\,eV\ =\ 1.602 \times 10^{-19}\,J$$

위에서 에너지양이 그리 중요치 않게 생각될 수 있으나 그 크기가 매우 크게 변화할 수 있음에 유의하라. 원자 스케일에서 적외선 영역의 에너지양이 비교적 큰데 이는 전자광학 탐지기와 그 동작원리를 이해하는 데 매우 중요하다.

열복사체(Thermal Radiator) 대 선택 복사체(Selective Radiator)

열복사체와 선택 복사체 등 두 가지 유형의 일반적인 방사(복사)원이 존재한다. 그림 7-18은 두 방사체의 분광학적 특성을 나타낸다.

열원(thermal source)은 특정 파장에서 최대 복사가 발생하는 파장의 연속적인 스펙트럼을 나타낸다. 대표적인 열복사체에는 엔진 배기관(배기가스가 아님), 공기역학적으로 가열된 표면, 지형, 인간, 함정, 장비 등이 있다.

선택 복사원(selective source)은 개별 원자 또는 분자의 다양한 방법으로의 여기(excitation)에 의해 생성되는 선 스펙트럼(line spectrum)이라 불리는 좁은 파장대역에 집중되는 출력을 가진다. 특히 독특한 선택 복사체는 레이저로 레이저는 거의 단일 주파수를 방사한다. 따라서 레이저의 방사 스펙트럼은 거의 하나의 좁은 선으로 나타난다. 전술적으로 중요한 선택 복사체에는 고온의 엔진 배기가스, 대기권으로 재진입 물체(reentry body) 주위에서 충격으로 들뜬 층, 반사된 레이저 에너지 등이 있다.

흑체(Blackbody)

1960년 Gustav Kirchhoff는 양호한 에너지 흡수물질은 또한 주어진 파장에서 양호한 복사체임을 관찰하였다. 그는 모든 입사되는 복사를 흡수하여 흡수된 에너지를 완전한 효율로 재복사하는 물질을 묘사하기 위해 흑체(blackbody)라는 용어를 사용하였다. 흑체라는 용어는 그 물질이 어떠한 빛도 반사하지 않아 관찰자에게 흑색으로 보이기 때문에 착상하게 되었다. 따라서 흑체는 이론상 물질로 완전한 복사체이며 흡수체이다.

Kirchhoff는 물체가 자신의 에너지를 전자기 스펙트럼 내에서 재복사할 때 물체의 온도에만 의존하며 구성물질의 성분 등과 상관없음을 증명하였다. 어떠한 물체도 자신이 흡수하는 에너지를 완벽하게 재복사하지 않기 때문에 흑체가 될 수 없다. 그러나 많은 물체를 거의 흑체로 생각하는 것은 가능한데 대표적인 예가 별(star)로 별은 거의 흑체와 같이 거동한다. 따라서 흑체는 다른 복사원과 비교 시 기준이 된다.

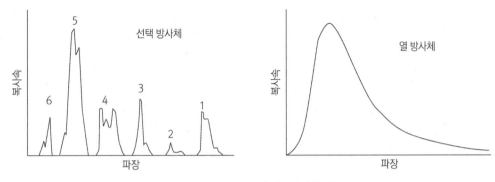

그림 7-18 열 및 선택 방사체의 출력

흑체복사의 플랑크 법칙

아래의 흑체복사의 플랑크 법칙은 특정 파장과 온도에서 흑체로부터 발산도(excitance)를 나타낸다.

$$M(\lambda,\ T)\ =\ \frac{2\pi hc^2}{\lambda^5}\frac{1}{[e^{ch/\lambda kT}-1]} \tag{7-11}$$

여기서, $M(\lambda,\ T)$ = 흑체의 특정 발산도 (w/m²-μm)

T = 절대온도 (K)

λ = 파장 (μm)

h = 플랑크 상수 (6.63×10^{-34} w/sec²)

c = 빛의 속도 (3×10^8 m/s)

k = 볼츠만 상수 (1.38×10^{-23} w · sec/K)

발산도(M)은 파장(λ)과 온도(T)에 의존한다. 흑체의 발산도는 그림 7-19에서와 같이 곡선으로 기점된다. 총 복사능(emissive power) 즉, 곡선의 하부면적은 온도가 감소함에 따라 빠르게 감소한다.

흑체복사 강도의 분광학적 분포에 관한 실험적 연구에서 두 가지 중요한 사실을 알아내었는데 이를 슈테판-볼츠만 법칙(Stefan-Boltzmann law)과 빈의 변위법칙(Wien's Displacement law)으로 공식화되었다.

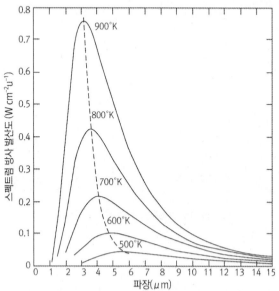

그림 7-19 여러 온도에서 흑체의 스펙트럼 방사 발산도(spectrum radiant exitance)

슈테판-볼츠만 법칙 - 단위면적 당 총 복사능

플랑크 법칙은 전 파장범위에 걸쳐 적분하면 흑체의 총 복사능(emission power)을 알 수 있으며 그 결과는 슈테판-볼츠만 법칙이 된다. 이 법칙은 전체 파장에 걸쳐 적분된 이상적인 흑체의 총 방사능은 물체 절대온도의 4승에 비례함을 의미하는데, 이 관계는 아래 식을 나타낼 수 있다.

$$M = \sigma T^4 \tag{7-12}$$

여기서, M = 발산도(exitance, w/㎠)

σ = 슈테판-볼츠만 상수 (5.67×10^{-8} w/m²㎠K⁴)

T = 흑체의 온도(K)

슈테판-볼츠만 법칙으로부터 흑체가 절대온도 "0"이상의 온도를 가지면 에너지를 방사함을 알 수 있다. 그러나 배경이 존재하는 환경에서 표적을 탐지하기 위해서는 복사된 파워의 차이 또는 대조(contrast)에 대한 고려가 반드시 이루어져야 한다. 슈테판-볼츠만 법칙을 이용하여 표적 및 배경(background)로부터 발산도의 차이를 온도 차이를 비교하여 아래와 같이 등식화할 수 있다.

$$M = \sigma(T^4 - T_e^4)$$

여기서, M = 발산도

σ = 슈테판-볼츠만 상수 $(5.67 \times 10^{-8} \text{ w/m}^2 \text{K}^4)$

T = 흑체의 온도(K)

T_e = 환경의 온도(K)

위 식으로부터 자신을 둘러싸고 있는 환경과 열적 평형상태에 있는 물체는 "0"의 대조에 해당하는 순 방사파워를 가져 센서가 물체를 둘러싼 환경으로부터 표적을 구분할 수 없게 된다.

흡수율(Absorptivity), 반사율(Reflectivity), 투과율(Transmissivity)

배경 내에서 표적을 탐색할 때 물체의 표면에서 발생할 수 있는 네 가지의 광자적 거동(photonic action)을 이해하는 것이 중요하다. 이 거동의 특징을 나타내는 양에는 흡수율(α), 반사율(ρ), 투과율(τ), 방사율(ϵ) 등이다. 처음 세 가지 양에 대한 정의에는 입사되는 에너지의 흡수, 반사, 투과 비를 나타내며, 마지막 방사율은 흑체 복사에너지 대비 물체의 방출되는 에너지의 비를 나타낸다. 이 양들에 대해서는 후반부에서 좀 더 자세히 다룰 예정이다. 이 양들의 관계는 에너지 보존 측면에서 아래 식으로 나타낼 수 있다.

$$\alpha(\lambda) + \rho(\lambda) + \tau(\lambda) = 1 \tag{7-13}$$

식 7-13에서 각 변수는 파장의 함수임에 유의하라. 대부분의 물질은 적외선 파장 대역에서 투과성이 좋지 않다. 그러나 일부 예외가 존재하는데 셀레늄화 아연(zinc selenide)과 게르마늄(germanium) 이다. 유리, 플렉시 유리(plexiglas), 합성수지과 같이 가시광선 파장 대역에서 투과성이 양호한 대부분의 물질은 적외선 영역에서는 투과성이 좋지 않다.

물질이 불투명체라면, $\tau(\lambda) = 0$ 가 되어 위의 식 7-13은 아래와 같이 나타낼 수 있다.

$$\alpha(\lambda) + \rho(\lambda) = 1 \tag{7-14}$$

방사율(Emissivity)

슈테판-볼츠만 법칙은 흑체로부터의 복사를 나타낸다. 그러나 대부분의 복사에너지는 완전하지 못한 복사체로 회색체(greybody)라 한다. 흑체와 회색체 사이의 복사 차이를 설명하기 위해 물체의 방사율(ϵ)을 사용한다. 방사율이란 온도 T의 물체에서 방출되는 총 복사에너지와 동일 온도, 동일 조건에서 이상적인 흑체에서 방출되는 총 복사에너지의 비(ratio)이다.

$$\epsilon = \frac{M_{\text{온도 } T\text{의 방사원}}}{M_{\text{온도 } T\text{의 흑체}}} \tag{7-15}$$

물체의 방사율 값은 전혀 복사가 일어나지 않는 물체에 해당하는 "0"에서 이상적 흑체가 가지는 "1" 사이의 값을 가진다. 모든 물체에서는 자신의 분자나 원자의 열적 동요(thermal agitation)의 결과로 복사가 일어난다.

특정 물체의 방사율은 물체의 구성물질과 표면 상태의 함수이다. 일반적으로 대부분의 일반 물질은 매우 높은 방사율을 가지는 반면 금속 물질은 낮은 방사율을 가진다. 특정 파장에서 방사율(ϵ), 흡수율(α), 반사율(ρ) 사이의 관계는 열평형(thermal equilibrium) 상태에 있는 표적에 대해 아래 식으로 나타낼 수 있다. 여기서 열적 평형상태란 열손실이 전혀 없어 흡수율과 방사율이 같은 상태이다.

$$\alpha(\lambda) = \epsilon(\lambda) \tag{7-16}$$

따라서

$$\epsilon(\lambda) + \rho(\lambda) = 1 \tag{7-17}$$

위 관계로부터 동일 파장 대역에서 방사율이 높은 적외선 표적이 낮은 반사율을 가짐을 알 수 있다.

적외선 영역에서 복사신호는 주로 흑체복사를 하는 표적과 배경에서 나온다. 절도온도 0°K 이상의 모든 물체는 전자기파를 방출한다. 물체 내의 열은 분자 진동을 발생시키며 이 진동은 전자 진동(electron vibration)을 발생시킨다. 이 전자 진동은 전자기파 방사를 위한 전자기적 결합(electromagnetic coupling)을 제공한다.

완전하게 어둡고 복사에 전혀 노출되지 않는 진공 챔버(chamber)에 놓인 물체는 흑체복사로 결국 자신의 열을 모두 잃게 된다. 이때 물체의 복사량은 표적온도와 표면 방사특성에 크게 의존한다. 고온의 물체는 저온의 물체보다 많은 복사량을 가지며 표면이 거친 표적이 매끄러운 표적보다 많은 복사량을 가진다. 배경물질 또한 동일한 특성을 가진다.

금속이나 다른 불투명한 물질에서의 복사는 물질표면의 수 마이크론 이내에서 일어나기 때문에 코팅되거나 도장된 물체의 경우 도장 밑에 있는 물질 보다는 표면물질이 가지는 방사율 특성을 나타낸다. 그러나 적외선 파장 대역에서는 눈으로 보는 물질의 외관으로 물체의 방사율을 판단해서는 안 된다.

예를 들어 새로 내린 눈은 인간의 눈에는 우수한 확산체(diffuser), 람베르트 반사체(Lambertian reflector)로 보인다. 따라서 우리는 이 눈이 낮은 방사율을 가진다고 생각한다. 그러나 눈의 온도를 가지는 물체는 3 ㎛ 이상의 파장에서 엄청난 양의 열복사를 발생시킨다. 0.5 ㎛의 파장에 중심을 둔 물체의 복사를 물체의 겉모습만으로 시각적으로 판단하는 것은 의미 없는 짓이다. 눈은 실제 약 0.85의 방사율을 가진다. 또 다른 예로 약 32℃인 사람 피부의 방사율은 1에 가까운 값으로 피부색깔과 무관하다. 표 7-4는 가시광선 영역에서 일반물질의 방사율과 반사율을 나타낸다.

이상적인 흑체는 단지 이론적인 개념이기 때문에 회색체를 설명하기 위한 슈테판-볼츠만 법칙은 아래와 같이 표현할 수 있다.

$$M = \epsilon\sigma(T^4) \tag{7-18}$$

여기서, M = 발산도(w/m²)

T = 복사체의 온도(K)

ϵ = 회색체의 방사율 $(0 < \epsilon < 1)$

σ = 슈테판-볼츠만 상수$(5.67 \times 10^{-8}$w/m²K⁴)

발산도 대조(Exitance Contrast)

슈테판-볼츠만 법칙은 흑체 및 회색체 복사 모두를 나타낸다. 허나 배경 내에 존재하는 표적을 열 검출기(thermal detector)로 탐지하기 위해서는 표적 자체뿐만 아니라 배경에서 방사되는 에너지도 반드시 고려하여야 한다. 이때 방사 파워(radiated power)의 대조(contrast)를 고려하여야 하는데 표적과 배경 사이의 대조의 차이는 아래 식을 이용하여 구할 수 있다.

$$M_{대조(contrast)} = \sigma(\epsilon_t T_t^4 - \epsilon_e T_e^4) \tag{7-19}$$

여기서, $M_{대조(contrast)}$ = 표적과 배경 사이의 발산도 대조

T_t = 표적 온도(K)

T_e = 배경 온도(K)

σ = 슈테판-볼츠만 상수$(5.67 \times 10^{-8}$w/m²K⁴)

ϵ_t = 표적의 발산도

ϵ_e = 환경의 발산도

발산도 대조는 양 또는 음의 값을 가질 수 있다.

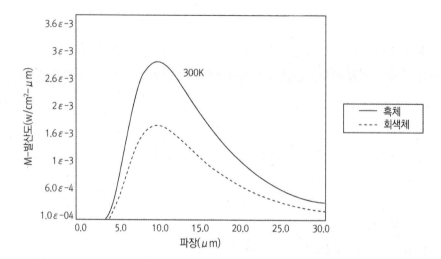

그림 7-20 흑체 및 300°K 회색체(graybody)의 스펙트럼 발산도; 방사율 때문에 발산도(exitance)의 심각한 감소에 유의

표 7-4 일반 물질의 방사율 및 반사율

물질(material)	방사율(emissivity)	반사율(reflectivity)
연마금(polished gold)	0.02	0.98
연마은(polished silver)	0.02	0.98
연마알루미늄(polished aluminum)	0.06	0.94
양극 처리된 알루미늄(anodized aluminum)	0.55	0.45
연마동(polished brass)	0.03	0.97
산화동(oxidized brass)	0.61	0.39
연마(polished copper)	0.15	0.85
연마강철 (polished steel)	0.07	0.93
산화강철(oxidized steel)	0.70	0.30
주석 도금판(tin plate)	0.07	0.93
청동 페인트(bronze paint)	0.80	0.20
모래(sand)	0.90	0.10
석고(gypsum)	0.90	0.10
종이(paper)	0.93	0.07
벽돌(brick)	0.93	0.07
거친 붉은 바위(rough red rock)	0.93	0.07
흰색 래커(white lacquer)	0.95	0.05
녹색 또는 회색 페인트(green or gray paint)	0.95	0.05
유연(lamp black)	0.95	0.05
물(water)	0.96	0.04
인간피부, 피부색과 무관(human skin)	0.98	0.02
흑연(graphite)	0.98	0.02

빈의 변위법칙 – 최대복사와 파장의 관계

플랑크 법칙, 식 7-11의 도함수를 구하면 물체의 주어진 온도에서 최대(복사가 일어나는)파장(peak wavelength)을 구할 수 있는데, 이를 빈의 변위법칙이라 한다. 빈의 변위법칙은 최대 복사가 일어나는 파장과 물체의 절대온도가 반비례하여 변화함을 의미하며 수학적으로는 아래 식으로 나타낸다.

$$\lambda_{max} = \frac{2,898\mu m - K}{T_{Kelvin}} \tag{7-20}$$

여기서, λ_{max} = 최대복사가 일어나는 파장(μm)

T_{Kelvin} = 물체의 절대온도(K)

이 법칙은 최대복사가 발생하는 점에서만 성립하고 스펙트럼의 다른 부분에서는 성립하지 않는다.

보편적인 흑체복사 곡선(Blackbody Curve)

슈테판–볼츠만 법칙과 빈의 변위법칙은 500°K ~ 900°K 범위의 낮은 온도를 가지는 흑체(ϵ=1)에 적용되며 그림 7-21은 이 온도범위에서 흑체와 회색체 복사를 나타낸다. 이 그림에서 회색체는 점선으로 표시되어 있다. 이 온도범위에는 터보제트 항공기의 고온 금속배기관에 해당하는 온도도 포함된다.

그림 7-21의 곡선으로부터 열방사의 여러 특성들을 알 수 있다. 첫째 총 출력 파워(output power)는 곡선의 하부면적에 비례하고 온도증가에 따라 빠르게 증가한다. 둘째 최대복사가 일어나는 파장이 온도가 증가할수록 짧은 파장으로 이동한다. 마지막으로 개별 곡선은 서로 교차되지 않는다. 따라서 온도가 높을수록 보다 높은 출력 파워밀도(output power density)가 모든 파장에서 나타난다.

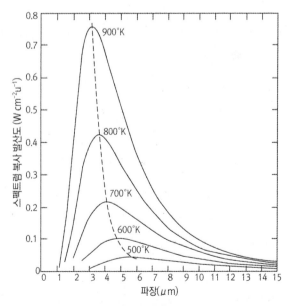

그림 7-21 저온에서 흑체복사 곡선(실선). ϵ = 0.66인 온도 900°K의 회색체복사곡선(점선)

동일한 파워의 스펙트럼 분포가 파장, λ 와 절대온도, T 의 곱에 대해 기점되면 그 결과는 그림 7-22와 같이 나타나며 보편적인 곡선(universal curve), A 는 임의의 온도에서 타당하다. 추가로 곡선 A 의 적분은 곡선 B로 기점되며 이는 주어진 λT 값 아래에서 복사되는 에너지의 부분(fraction)을 나타낸다. 예를 들어 λT = 4,000 μK 이면 이점 아래에서는 복사파워의 48%가 발생한다. 이는 λ = 8μ이고 T = 500°K인 경우와 λ = 4μ

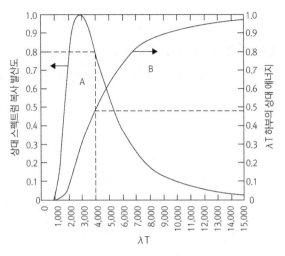

그림 7-22 보편적인 흑체복사 곡선

이고 T = 1,000°K인 경우 등이 동일함을 의미한다. A 곡선의 최대점은 λT=2,898 μK에서의 값으로 빈의 변위법칙 식의 상수와 같은 수치다.

그림 7-22에서 곡선 B는 특정 대역폭 감도(bandwidth sensitivity)의 전자광학 센서에서 탐지할 수 있는 물체에 의해 복사되는 총 파워의 부분을 도표를 이용하여 식별하는데 유용하다. 열복사체에 관한 앞의 설명으로부터 단위 면적당 복사파워, 슈테판-볼츠만 식에서 M(exitance)은 전 파장에 걸친 방사파워라는 것을 알 수 있다. 탐지기는 상대적으로 좁은 파장 대역에 대해서만 반응하기 때문에 주어진 수신기 대역폭에 해당하는 복사파워의 부분만을 반드시 식별하여야한다. 이 부분을 대역폭 요소(band width factor), F 라 하며 이는 센서 탐지거리의 개략적 근사(rough approximation)를 위해 사용되는데 8장에서 자세히 다룰 것이다.

선택 복사체(Selective Radiator)

고온의 고체는 연속적인 방사(emission) 스펙트럼 또는 열복사(thermal radiation)를 생성한다. 개개의 원자 또는 분자 진동은 물질의 밀도 때문에 이웃한 원자 또는 분자에 의해 강하게 영향을 받는다. 그러나 고온 및 낮은 압력의 가스는 선 방사 스펙트럼을 생성하는데 이 경우에는 이웃한 원자 또는 분자에 영향을 받지 않기 때문에 각 원소는 고유의 선 패턴 가진다. 이러한 방사 형태를 선택 복사(selective radiation)라 한다. 예를 들어 백열전구는 열복사체이나 네온 및 수은증발성 전구(mercury vapor bulb)는 선택 복사체이다.

그림 7-23은 선택 복사체가 어떻게 열복사를 좁은 파장의 대역내로 모을 수 있는지를 나타
낸다.

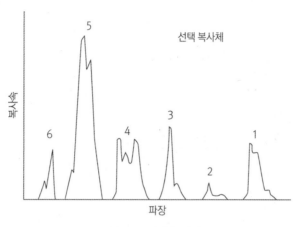

그림 7-23 선택 복사체

수소 전자를 정상 에너지 준위(바닥상태라 불림)에서 이보다 높은 준위로 여기 시키기 위해서
는 원자에 반드시 에너지를 공급하여야 한다. 보다 높은 준위로 여기된 전자는 수명(life time)이라
불리는 약 10^{-8}초 정도의 매우 짧은 시간 안에 기저상태로 돌아온다. 낮은 에너지 상태로의 전이
(transition)에서 원자는 빛 또는 다른 전자기 에너지 형태로 잉여 에너지를 방출한다. 이때 흡수
또는 방출되는 에너지양은 플랑크 법칙에 의해 정해진다.

$$h\nu = E_1 - E_0 \qquad\qquad (7\text{-}21)$$

여기서, E = 광자(photon) 당 에너지의 양(w)

h = 플랑크 상수, 6.63×10^{-34}(w/s^2)

ν = 복사파의 주파수(Hz)

예제 7-6 : 만일 수소원자가 자신의 가장 높은 여기상태에서 바닥상태로 돌아오면 13.6 eV의 에
너지를 잃는다. 이때 방출되는 빛의 파장을 구하라.

풀이 :

$$\lambda = \frac{c}{\nu} = \frac{hc}{h\nu}$$

이 값과 바닥 에너지 상태이므로 $E_0 = 0$을 플랑크 법칙에 대입하면,

$$h\nu \;=\; E_1 \,-\, E_0$$

λ 에 대해 풀면

$$\lambda \;=\; \frac{hc}{E_1}$$

실제 값을 대입하면,

$$\lambda \;=\; \frac{6.63 \times 10^{-34}\, w/\sec^2 \times 3 \times 10^8\, m/s}{13.6\, eV}$$

단위를 변경하면,

$$1.0\, eV \;=\; 1.6 \times 10^{-19}\, J \;=\; 1.6 \times 10^{-19}\, w/s$$

$$\lambda \;=\; \frac{1.99 \times 10^{-25}\, wm/s}{21.8 \times 10^{-19}\, w/s} \;=\; 0.912\, \mu m$$

이 보라색 파장은 수소원자가 방출할 수 있는 가장 높은 광자 에너지에 해당된다.

낮은 에너지 상태로 전이 시 종종 10^{-8}초보다 긴 시간이 소요되기도 한다. 일부 물질에서는 이 물질을 강한 빛에 노출시킨 이후, 이 물질이 형광(fluorescence)을 발하게 하면 전자가 높은 에너지 상태에 머무는 시간 즉, 수명이 수 시간에서 수일이 걸리기도 한다. CRT 스크린, 항공기 계기 조명등, 생물학적 루미네선스(biological luminescence)에 의한 잠수함 시각탐지는 형광의 세 가지 응용 예이다.

복사에너지의 반사(Reflected Radiation)

반사된 전자광학 복사는 군사 작전에 있어 매우 중요하다. 반사된 복사가 가시광선 스펙트럼 내에 해당하면 낮 동안에 물체를 탐지하고 구별할 수 있으며, 주변의 전자광학 복사가 전체적으로 감소하면 인간이 전자광학 도움 없이 야간작전을 수행하기 어렵다.

야간투시경(night vision goggle)과 같은 영상증폭기(image intensifier)는 가시광선 및 근적외선 스펙트럼 내의 주변 전자기 에너지를 증폭하도록 특별히 설계된다. 이 장치는 현재 및 미래의 군사작전에 매우 중요하기 때문에 주요 가시광선 전자광학 복사와 영상 증폭 시 고려사항에 대한 이해가 필요하다(그림 7-24 참조).

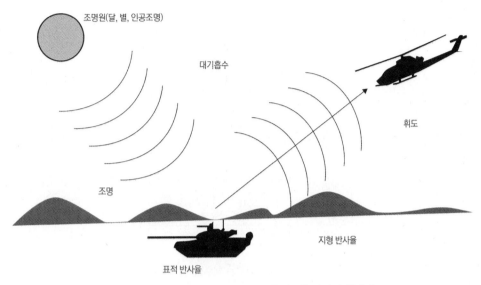

조명원(달, 별, 인공조명)

대기흡수

휘도

조명

지형 반사율

표적 반사율

그림 7-24 야간투시경 동작에 반드시 필요한 반사광 에너지

자연조명(Natural Illumination)

태양조명(solar illumination) 당연히 태양은 가장 중요한 에너지원이다. 실제 대부분의 인류역사에서 태양은 천연센서 시스템인 인간의 눈에 대한 조명 역할을 수행해 왔다. 조명기로서 태양의 주요 제한점은 밤에는 직접 이용할 수 없다는 것이며 설사 이용할 수 있더라도 복사가 급격하게 감쇠한다는 것이다.

태양은 5,900°K의 흑체로 간주될 수 있다. 그러나 지표에 도달하는 복사는 열방사보다는 선택 방사처럼 보인다. 그 이유는 태양의 복사가 반드시 대기를 통과하는데, 이 대기가 다양한 파장을 감쇠시키는 다수의 흡수 대역을 가지는 선택적-전송 매질(selective-transmission medium)이기 때문이다.

태양의 스펙트럼은 의외로 노란색에 해당하는 5 ㎛에서 최대 복사에너지를 가진다. 이 파장의 빛에 사람의 눈은 최대반응을 나타낸다. 또 하나의 중요한 사실은 이 파장은 대기를 통과할 때 높은 투과율을 가진다. 또한 태양은 근적외선 영역 (0.7 ㎛ ~ 3 ㎛)에서 강력한 적외선 방사원이기도 하며 이 영역의 대부분에서 양호한 대기 투과특성을 가진다. 그림 7-25를 참조하라.

달 조명(lunar illumination) 달은 일반적으로 낮은 수준의 영상증폭에 사용되는 주요 자연 조명원이다. 달은 자신이 받는 태양광의 약 7%를 반사한다. 그러나 달에 의해 제공되는 빛의 양은 아래 네 가지 요소에 영향을 받아 매우 심하게 변화한다.

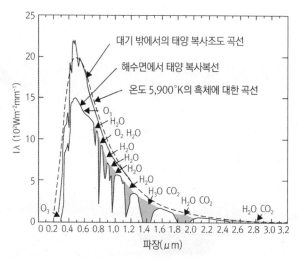

그림 7-25 태양과 관련된 스펙트럼 분포 곡선. 음영부분은 해수면에서의 대기 구성성분에 의한 흡수를 나타냄

1. 월주기(lunar cycle)

2. 달 각(moon angle)

3. 달 알베도(lunar albedo)

4. 지구-달 거리의 변화

달의 주요 조명 요소는 보름 초승 등의 월주기이다. 월주기에 따라 표 7-5와 같이 다른 수준의 달 조명이 제공되며 태음월은 대략 29.5일이다.

표 7-5 태양 및 월주기 조명(태양 및 달에 대한 광도측정 단위가 사용되었음에 유의)

하늘 상태(sky condition)	대략 조도 Lux(lum)
직사 일광(direct sunlight)	$1 - 1.3 \times 10^5$
한 낮(full daylight)	$1 - 2 \times 10^4$
흐린 낮(overcast day)	10^3
매우 어두운 낮(very dark day)	10^2
황혼(twilight)	10
짙은 황혼(deep twilight)	1
보름달(full moon)	10^{-1}
상·하현달(quarter moon)	10^{-2}
달이 없는 청명한 밤하늘	10^{-3}
달이 없는 흐린 밤하늘	10^{-4}

월주기는 또한 연중 시기와 지구 경위도에 따라 영향을 받는다.

달 각(moon angle)이란 지평선에 대한 달의 고각 또는 고도로 달 조명에 영향을 미치는 두 번째로 중요한 요소이다. 달이 머리위에 위치할 때 가장 밝으며 뜰 때와 질 때 이보다 작은 조명을 제공한다. 많은 사람들은 당연히 낮은 달 각으로 보름달을 볼 때 높은 조명을 얻을 수 있다고 생각하지만 사실은 그렇지 않다.

월주기 동안 달 표면에 조명된 부분의 알베도(반사율) 차이가 달 조명에 영향을 미치는 세 번째 요소이다. 예를 들어 달은 표면의 차이 때문에 초승에서 상현(달이 참)까지 기간의 밝기가 하현에서 초승(달이 이지러짐)까지의 밝기보다 약 20% 밝다.

달 조명에 영향을 미치는 네 번째 요소는 타원형태의 지구주위의 달의 공전궤도 때문에 발생하는 지구와 달 사이의 거리 변화이다. 26%에 달하는 거리 변화에 기인하는 조명 변화는 전자광학 이미지화(EO imaging)에 있어 그다지 중요치 않은 것으로 간주된다.

밤하늘 조명(night sky illumination) 달이 없는 밤 또한 야간투시경 운용에 필요한 중요한 광원이 되는데, 그 이유는 밤하늘 조명의 근적외선 성분 때문이다. 이러한 밤하늘 근적외선 에너지는 많은 최신 영상증폭기의 최대 감도(peak intensity)와 잘 맞아떨어진다. 달이 없는 밤에는 빛의 약 40%가 대기광(air glow)라 알려진 상층 대기 내에 위치한 원자 및 분자로부터의 방사(emission)에 의해 제공된다.

별빛 또한 또 다른 중요 광원으로 조도가 약 0.00022 lux(상현달의 약 1/10 수준)이다. 이 외의 다른 밤하늘 조명에는 오로라(aurora), 대일조(gegenschein), 입자상 물질의 반사에 의해 생성되는 태양주변의 희미한 타원형 디스크인 "zodiac light", 야광운(noctilucent cloud) 등이 있다.

인공조명(Artificial Illumination)

도시, 차량, 무기, 플레어 등에서 나오는 불빛인 인공조명원(source) 또한 야간투시경에 조명을 제공한다. 태양과 같이 이 인공조명원은 조명원이 야간투시경의 시계(FOV; Field Of View) 내부 또는 외부에 위치하느냐에 따라 투시경 관측에 도움이 되거나 해가 된다.

반사율(알베도)

지형 반사율(알베도)은 야간투시경 동작에 사용가능한 전체광경의 휘도(overall scene luminance)

에 매우 큰 영향을 미친다. 눈과 같은 물질의 표면이 아스팔트나 어두운 바위의 표면보다 많은 빛을 반사시켜 야간투시경 영상에서 보다 밝게 나타난다. 지형특성을 보는 능력은 오로지 지형에서 반사되는 빛의 양의 함수이다. 표 7-6은 대표적인 지형 및 물체에서 반사되는 반사율을 나타낸다.

표 7-6 지형/물체 반사율(알베도)

토질	마름	젖음	
어두움	0.13	0.05	
밝음	0.18	0.10	
진흙	0.23	0.15	
모래	0.40	0.20	
표면	**마름**	**젖음**	**모름**
바위	0.35	0.20	
비포장 도로	0.25	0.18	
아스팔트			0.10
콘크리트			0.30
사막			0.30
필드	**성장하는**	**성장을 멈춘**	**모름**
긴 잔디	0.18	0.13	0.16
짧은 잔디	0.26	0.19	0.22
쌀	0.12		
밀	0.18		
호밀	0.20		
눈/얼음			**특히 지정하지 않음**
방금 내린 눈			0.85
오래된 눈			0.55
백색 어름			0.75
눈과 얼음			0.65

지형 대조(terrain contrast)는 둘 또는 그 이상의 반사율의 차이에 대한 척도이다. 대조의 차이가 클수록 지형 또는 물체를 보다 쉽게 볼 수 있다. 지형 대조와 조명수준과의 상호작용은 영상증폭기로 이미지를 생성하는데 있어 매우 중요하다. 표 7-7은 일부 지형 대조 비의 예를 나타낸다. 배경으로부터 물체를 구분하는 능력은 이 대조에 크게 의존한다. 전투에서 위장의 주 목적은 물체와 배경 사이의 대조를 줄여 탐지기의 표적획득 능력을 감소시키는 것이다.

표 7-7 표본 지질의 대조(contrast) 비

표본 지형의 대조 비	% 대조(contrast)
아스팔트/눈	73
진흙/잔디	41
모래/나뭇잎	39
아스팔트/잔디	18
잔디/나뭇잎	11

전자광학 감쇠(Attenuation)

도시 스카이라인이 보이는 경치가 비, 진눈깨비, 안개, 오염 등의 날씨에 따라 날마다 엄청나게 달리 보이는 것은 대도시 근처에 거주하는 사람들에게는 일반적인 경험이다. 원거리 물체를 보는 능력에 영향을 미치는 동일 요소들은 전자광학 및 적외선 센서에도 영향을 준다. 이 요소들은 복사강도의 손실을 발생시킨다.

광원의 복사강도와 스펙트럼 분포는 적외선 표적의 경우에는 표면의 열복사 특성이나 알베도에 의해 결정되며 가시광선 표적의 경우에는 주변 환경과의 대조에 의해 결정된다. 그러나 광원을 떠나는 복사가 반드시 매질을 통해 일정거리 진행해야 하기 때문에 탐지기에 도달하기 전에 발생하는 전파손실(propagation loss)이 매우 중요하다. 이 경우 매질은 대기(atmosphere)로 대기는 광 주파수(optical frequency)의 전술적 사용에 심각한 여러 제한요소를 가진다. 전파손실은 퍼짐(spreading), 흡수(absorption), 산란(scattering), 요란현상(turbulence)의 주요 메커니즘에 의해 발생한다.

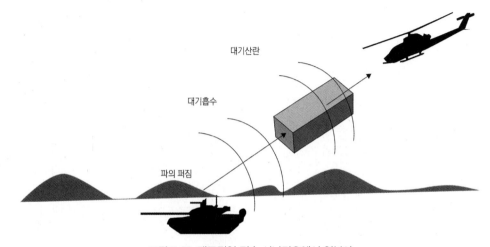

그림 7-26 대표적인 전술 시나리오에서 열복사

퍼짐(Spreading)과 발산(Divergence)

점광원으로부터 확산에 대한 모델링은 구형태의 퍼짐(spherical spreading)을 이용하여 수행될 수 있다. 구형태의 퍼짐에 대한 일반적 개념은 소나나 레이더에서 뿐만 아니라 광학장치에도 적용될 수 있다. 실제적으로 구형파에 대해서는 반자승의 법칙이 적용됨을 유념해야 한다. 즉, 파워밀도 (단위 면적당 파워)가 거리의 자승에 비례하여 감소되는데 이를 식으로 나타내면 식 7-9와 같다.

$$E = \frac{\Phi}{A} = \frac{I\Omega}{A} = \frac{I \times \frac{A}{r^2}}{A}$$

$$= \frac{I}{r^2} = \frac{\Phi}{4\pi r^2}$$

레이저는 발산이 매우 작지만 상당량의 퍼짐은 발생한다. 빔의 발산을 더욱 좁게 하는 것은 파워를 집중시킬 수 있는 매우 유용한 방법이며 이는 레이더시스템의 안테나 이득(gain)을 증가시키는 것과 같다. 레이더 안테나 이론에서와 같이 보다 발산이 좁은 빔은 오로지 광학렌즈나 반사기 (reflector)의 크기를 증가시켜 얻을 수 있다. 따라서 렌즈 또는 반사기는 광학시스템에서 안테나에 해당된다.

대기 구조(Atmospheric structure)

대기는 지표면을 둘러싸고 있는 기체이다. 대기는 그 범위가 지구 상 수백 ㎞에 이르며 그 이상은 태양계의 공기가 희박한 매질이다. 대기를 구성하는 기체는 112가지의 다른 원소와 다수의 화합물로 구성된다. 정확한 구성은 지리적 위치와 고도에 따라 변화하는데 그 이유는 대기 압력과 온도가 대기의 수직구조에 따라 변하기 때문이다.

전형적인 날에 아침의 공기는 차가운 상태에서 시작하여 오후에 최고온도에 이를 때까지 점차적으로 더워진다. 경험상 날씨는 매우 예상하기 어려운데 한랭전선, 온난전선, 고립된 폭풍, 온도 변화 및 많은 다른 기상현황이 존재하기 때문이다.

동일 지역 내 지정학적으로 이격된 두 위치에서도 상당히 다른 대기 조건이 존재한다. 즉, 온도, 압력, 대기구성이 같은 시간에도 서로 다르다. 이와 같은 대기구조의 차이는 각 영역에서 대기투과에 직접적으로 영향을 미친다. 모든 불확실성에도 불구하고 일련의 가정을 통해 대기를 통과하는 복사에너지의 투과에 대한 합리적인 예측이 가능하다.

대기는 원소와 화합물로 구성된다. 대기 중에 가장 일반적인 원소는 질소와 산소로 대기 체적의 98% 이상을 차지한다. 수증기, 이산화탄소, 아산화질소, 일산화탄소, 오존은 주요 복사흡수체이다. 수증기는 적외선 복사의 흡수에 심대한 영향을 주며, 해수 및 습지로부터의 증발과 구름 또는 이슬로 응결현상 때문에 또한 가장 변화가 심하다.

이산화탄소는 수증기와 같이 심하게 변화하지는 않지만 대도시 주변이나 식물이 많은 지역에 집중되는 경향을 가진다. 이산화탄소는 중적외선(MWIR; midwave infrared) 영역에서 강력한 흡수체이다. 하지만 중적외선 대역이 원적외선(LWIR; logn wave infrared) 대역보다 습도가 높은 조건에서 탐지센서에 보다 우수한 신호특성을 나타낸다.

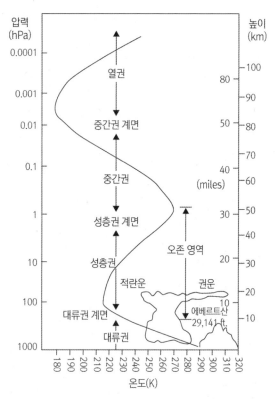

그림 7-27 표준대기의 수직 온도 분포

지구의 대기는 일반적으로 각 층에서의 온도변화를 기반으로 대류권(troposphere), 성층권(stratosphere), 중간권(mesosphere), 열권(thermosphere)의 총 네 개의 층으로 나누어진다. 대류권에서 온도는 고도에 따라 약 6.5 °K/km의 비율로 감소하며 지구 대기 질량의 80% ~ 85%가 존재한다.

대류권 위의 권역은 대류권 계면 바로 위에 위치한 성층권으로 이 층에서는 온도가 초기에는 일정하다. 지표로부터 약 50 km까지 증가한다.

중간권에서는 온도가 대류권과 비슷한 거동을 보인다. 온도가 약 85 km까지 고도에 따라 감소하다 열권에서는 빠르게 증가한다. 고도에 따른 온도변화가 그림 7-27에 종합되어 있다.

온도 이외에도 대기압 및 대기밀도가 고도에 따라 변화하는데 표 7-8은 미국표준대기(U.S. Standard Atmosphere) (1976)에 근거한 고도, 압력, 온도, 밀도 사이의 관계를 나타낸다. 대기투과를 계산할 때 대기온도, 압력, 밀도의 세 변수를 고려해야 한다.

표 **7-8** 고도 함수로의 대기압력, 온도, 밀도 파라미터

주의 : 압력단위 hPa는 헥토파스칼(10^2 PA)을 의미

높이(km)	압력(hPa)	온도(K)	밀도(g/㎥)
0	1.013×10^3	288	1.225×10^3
2	7.950×10^2	275	1.007×10^3
4	6.166×10^2	262	8.194×10^2
6	4.722×10^2	249	6.601×10^2
8	3.555×10^2	236	5.258×10^2
10	2.650×10^2	223	4.135×10^2
12	1.940×10^2	217	3.119×10^2
14	1.417×10^2	217	2.279×10^2
16	1.035×10^2	217	1.665×10^2
18	7.565×10^1	217	1.217×10^2
20	5.529×10^1	217	8.891×10^1

　　배경 내에 위치한 물체를 떠나 탐지기에 도착하기까지 복사에너지에 대한 대기효과의 모델링에 있어 이 변수들의 수와 거동은 매우 복잡하다. 그러나 가정된 조건에서 합리적인 예측이 상부와 하부 에러범위로 결정된다.

흡수(Absorption)

흡수란 복사에 의해 방출되는 광자가 대기 중의 기체분자에서 흡수되는 것이다. 흡수를 통해 광자가 운동에너지로 전환되어 분자 또는 분자를 구성하는 원자의 에너지를 변화시킨다. 가스 분자의 이러한 에너지 변화는 온도변화로 나타난다.

　　흡수를 잘 설명하기 위해 대기분자의 양자적 특성을 고려한다. 그림 7-28은 분자의 에너지구조 (energy structure)를 나타나며, 여기서 E 는 플랑크 공식, $E = h\nu$ (식 7-10) 으로 주어지는 흡수 에너지로 대기분자의 에너지 갭(energy gap), E_g을 초과하는 에너지($E_{광자}$)를 가지는 광자가 입사되면 분자 내 전자(electron)의 에너

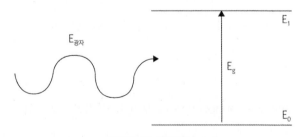

그림 7-28 광자 흡수

지 상태를 변경시킬 수 있다.

분자의 에너지구조 내에는 전자가 위치를 변경할 수 있는 많은 에너지 준위(energy state)가 존재한다. 따라서 분자의 흡수특성은 분광학적 분석을 통해 확인할 수 있다. 광자가 분자에 흡수되기 위해서는 $E_{광자} \geq E_g$ 을 만족하는 광자의 파장이 필요하다.

이러한 에너지 차이는 특정 대기분자의 회전(rotational) 및 진동상태(vibrational state)와 관련이 있다. 만일 적절한 에너지 대역이 존재하지 않으면 특정 파장에 해당하는 광자는 이 분자와 상호작용하지 않는다.

대기가스의 양자역학적 구조 때문에 $0.65 \ \mu m \sim 0.85 \ \mu m$ 범위의 H_2O에 의한 흡

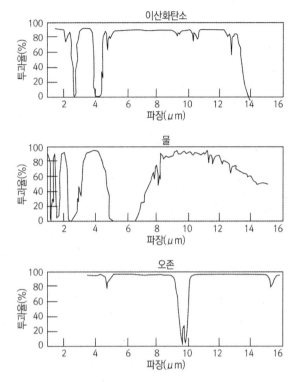

그림 7-29 적외선이 대기를 통해 1 km 진행시 대기 가스에 대한 투과율

수를 제외하고 가시광선 파장에서는 흡수나 복사가 거의 일어나지 않는다. 그러나 적외선 영역에서는 흡수를 많이 하는 분자가 여럿 있다.

예제 7-7 : 특정 분자가 자신의 밴드갭(bandgap) 에너지와 동일하거나 이보다 약간 큰 에너지를 가지는 광자와 반응한다하자. 이보다 낮은 에너지의 광자는 분자를 통과하거나 흡수되지 않는다. 0.18 eV의 밴드갭을 가지는 분자에 가장 반응(흡수)이 많이 일어나는 파장을 구하라.

풀이 : 플랑크 상수 6.63×10^{-34} J/s는 달리 나타내면 4.14×10^{-15} eV 이다. 빛의 속력은 3.00×10^8 m/s 이다. 식 $E_g = h\nu$ 을 이용하여 E_g 와 h 을 대입하여 얻은 주파수(ν)는 4.35×10^{-13} Hz 이다. 식 $\lambda = \dfrac{c}{\nu}$ 이용하여 파장(λ) 구하면 6.9 μm를 얻을 수 있다.

전자광학 에너지를 흡수하는 대기 구성물질에는 오존, 아산화질소, 일산화탄소, 이산화탄소, 이원자 분자인 질소와 산소, 물 등이 있다. 그림 7-29는 주요 대기 구성물질의 파장대별 투과(transmission)

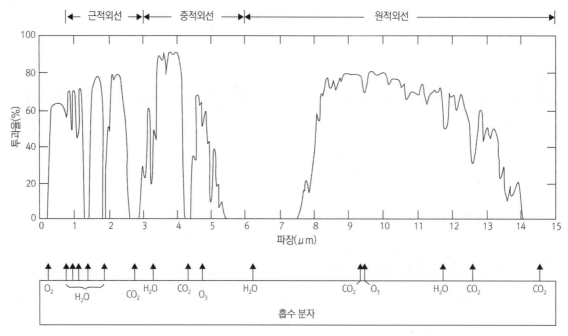

그림 7-30 대기 투과 창 ; 해수면 상에서 1,850 m 수평경로 진행시 대기 투과율(transmittance)

특성을 나타낸다. 여기서 투과는 흡수의 반대 개념임에 유의하라.

흡수선(absorption line) 또는 흡수 밴드는 직접적인 손실 과정으로 주로 흡수되는 광원(light source)보다 차가운 공기, 수증기, 이산화탄소 등에 의해 발생한다. 이 구성물질들은 선택 흡수 (selective absorption) 영역을 가지며 이 영역에서의 복사는 분자에 의해 흡수되어 열운동(thermal motion)으로 전환되어 온도를 증가시킨다. 그림 7-30은 고도가 낮은 대기에서 투과구조를 나타낸다.

따라서 무기 설계자는 선택된 표적특성에 맞게 무기가 최적의 성능을 발휘할 수 있도록 상대적으로 투과가 잘되는 가용한 "창(window)"에 맞게 무기를 설계하여야 한다. 그림 7-30과 잠재적인 표적의 방사특성을 함께 고려하면 해당 표적의 복사 대역에서 양호한 투과 창(transmission window)을 확인할 수 있다.

대략 2.9 ㎛에서 화학 레이저의 4.4 ㎛ 영역 보다 약간 위까지 특히 양호한 투과 창이 존재한다. 또 다른 양호한 투과 창이 4.4 ㎛에서 5.2 ㎛까지의 영역에 위치하고 마지막으로 8 ㎛ 약간 아래에서부터 약 14 ㎛까지 넓은 투과 창이 존재한다.

그림 31-a와 31-b는 하나의 요소, 예를 들면 대기습도가 변화되었을 때 대기투과 특성의 상대적 변화를 나타낸다. 대기습도 증가에 따라 가시광선 대역에서 심각한 감소를 알 수 있다.

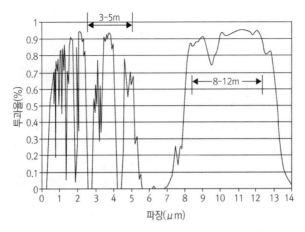

그림 7-31a 습도 5%에서 6 ㎞ 경로를 진행시 투과율

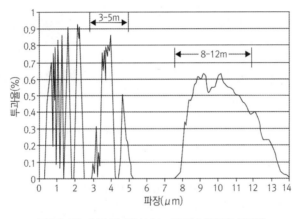

그림 7-31b 습도 85%에서 6 ㎞ 경로를 진행시 투과율

산란(Scattering)

산란이란 공기 중 입자에 의해 복사의 방향이 바뀌는 현상으로 공기 중 입자에는 물방울, 눈송이, 연기, 공기 중의 먼지, 오염 물질, 다른 인공 및 자연의 에어로솔(aerosol) 등이 있다. 산란은 빛의 손실보다는 재분포를 발생시킨다. 그러나 특정 방향, 예를 들면 광원으로부터 탐지기로 빛이 진행할 때 손실이 발생한다. 따라서 이 손실은 직접적 감쇠요소로 중요하다. 조준선(LOS)으로부터 손실된 에너지는 열로 잃어버리기보다는 다른 방향으로 보내진다.

감쇠의 정도에 있어 산란 손실(scattering loss)은 원리상 흡수와 구분하기 어렵다. 산란과 흡수를 별개의 메커니즘으로 고려하는 한 가지 이유는 산란은 흡수처럼 선택적이 아니며 주 빔(main

beam)의 외부에서 신호의 탐지를 가능
하게 한다는 점이다. RF 대역의 센서와
같이 뚜렷한 사이드로브(side lobe)가
광학 대역에서는 나타나지 않기 때문에
에어로솔 산란에 의해 메인로브(main
lobe) 외부에 위치한 광학 대역신호를
볼 수 있다.

파장의 1/10배
이하인 작은 입자
/ 레일리 산란

파장의 대략 1/4배에
해당하는 큰 입자 / 미 산란

파장보다 큰 입자
/ 기하광학

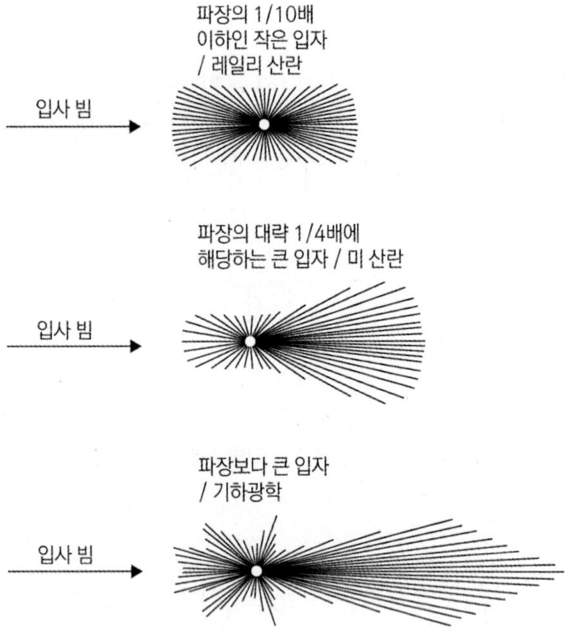

그림 7-32 입자에 의한 산란

산란과정은 광자가 대기입자와 충돌
에 의해 광자의 에너지가 다시 복사되는
과정이다. 이 과정에서 광자 에너지의
일부가 추출되며 이 에너지가 대기입자
와 입사되는 광자 파장의 상대적 크기에
따라 다른 패턴으로 다시 복사된다.

산란의 경우 산란된 복사에너지가 복
사의 형태로 남아 있고 단지 입사되는 복사의 진행방향이 변화하여 다시 분포되기 때문에 흡수와
구별된다. 그림 7-32는 대표적인 각 산란(angular scattering) 패턴을 타나낸다.

산란 패턴은 입자크기와 입사되는 광자의 파장의 비(ratio)를 기준으로 레일리 산란(Rayleigh
scattering), 미 산란(Mie scattering), 기하광학(geometric optics)의 세 가지 범주로 나뉜다. 일부
입자의 크기정보는 표 7-7을 참조하라.

표 7-9 대기 중 입자(particle)

입자 유형	반경(μm)	밀도(g/cm^3)
공기 분자(레일리)	10^{-4}	10^4
안개 입자(레일리)	$1 \times 10^{-2} - 1.0$	$1 - 10^3$
안개 물방울(미)	$1 - 10$	$10 - 100$
빗방울(기하)	$10^2 - 10^4$	$10^{-5} - 10^{-2}$

첫 번째 범주인 레일리 산란은 입자 반경이 파장의 1/10 이하일 때 사용된다. 산란계수는 λ^{-4}
에 비례한다. 그림 7-32와 같이 대칭적인 산란의 각 분포를 가진다. 하늘색이 푸르게 보이는 것은

레일리 산란 때문인데, 파랑색 파장의 빛이 대기와 강한 산란을 일으켜 모든 방향으로 산란되어 하늘이 푸르게 보이게 된다. 반면, 가시광선의 붉은 색 대역은 산란이 적게 일어난다. 레일리 산란에 의한 빛의 감소는 1차 근사에 의해 간단하게 다시 정리하면 아래 식으로 나타낼 수 있다.

$$\Phi(x) \ = \ \Phi_0 e^{-\gamma_r x} \tag{7-22}$$

여기서, $\Phi(x)$ = 거리 x에서 방사속(w)

γ_r = 산란계수(m^{-1})

Φ_0 = 방사원에서 방사속(w)

두 번째 범주의 산란은 미 산란 또는 에어로졸 산란(aerosol scattering)으로 파장이 입자와 거의 같은 크기일 때 발생한다. 자세한 이론은 입자와 입자를 둘러싼 환경 사이의 경계에 대해 연속조건(continuity condition)을 가지는 고전적인 전자기 공식에 기초한다.

대부분의 대기 모델은 이론을 단순화하기 위한 일정한 가정을 취한다. 가정 중 하나는 대기입자를 원통, 타원면, 구와 같은 단순 모양으로 나타내는 것이다. 미 이론(Mie theory)을 유도하는 것은 본 교재의 범위를 넘어서는 것으로 생략한다.

대신에 1차 근사가 제공된다. 이 범주의 산란은 그림 7-32와 같이 앞쪽 방향으로 집중된다. 미 산란에 의한 산란은 레일리 산란과 같은 형태로 아래와 같이 표현된다.

$$\Phi(x) = \Phi_0 e^{-\gamma_m x} \tag{7-23}$$

여기서, γ_m = 에어로졸 감쇠 계수(m^{-1})

세 번째 범주의 산란은 빗방울과 같이 입자가 파장보다 훨씬 클 때 발생한다. 이 경우 빛은 주로 앞쪽 방향으로 산란되며 기하광학으로 근사될 수 있다.

$8 \ \mu m \sim 12 \ \mu m$ FLIR(forward looking infrared)에 의해 탐지되는 파장은 야간투시경(NGV)에 의해 탐지되는 파장보다 약 10 이상 길다. 따라서 연기 또는 안개와 같이 파장에 비해 작은 입자가 FLIR에 미치는 영향은 상대적으로 그리 심하지 않다. $3 \ \mu m \sim 5 \ \mu m$ 시스템에서와 마찬가지로 이 시스템도 파장이 감소할수록 산란에 의한 영향은 증가한다. 따라서 FLIR 시스템은 인간의 눈과 야간투시경이 산란에 의해 잘 볼 수 없는 상황에서 매우 효과적이다.

표 7-10은 여러 대기입자 산란계수를 나타낸다. 복사에너지 파장과 비교한 대기입자의 크기가 감쇠의 정도를 결정한다.

표 7-10 대표적 산란계수

상태(condition)	산란계수(km^{-1})
짖은 안개(dense fog)	78.2
보통 안개(moderate fog)	7.82 – 19.6
얇은 안개(thin fog)	1.96 – 3.92
흐림(haze)	0.98 – 1.96
청명(clear)	0.19 – 0.39
매우 청명(very clear)	0.078 – 0.19

요란현상(Turbulence)

요란현상이란 대기의 시간에 따라 변화하는(time-varying) 온도 불균등성을 나타내는 용어이다. 온도와 압력의 변화는 굴절율의 불균등성을 야기한다. 굴절율의 변화는 빛의 전파 방향을 여러 방향으로 휘어지게 하며 휘어지는 방향은 시간에 따라 변화한다. 요란현상은 신틸레이션(scintillation)이라 불리는 일시적인 빛 세기의 동요 등과 같은 여러 현상의 원인이 된다. 별의 반짝임이 신틸레이션의 한 예로, 별이 반짝거리는 이유는 별빛이 대기에서 매우 긴 경로길이를 가지는 작은 광원이기 때문이다.

요란현상 효과는 가시광선 센서뿐만 아니라 적외선 센서에도 영향을 준다. 한여름에 주차장을 가로질러 원거리 물체를 볼 때 적외선 요란현상을 볼 수 있다. 태양이 포장도로를 달구면 도로 위에 있는 공기가 가열되고, 더워진 공기는 불안정해져 이 공기를 통과하는 복사광을 원래의 경로에서 벗어나게 한다. 이 현상은 이미지의 이동을 발생시켜 이미지를 희미하게 한다. 이 현상은 작고 원거리 물체를 볼 때 두드러지게 나타난다.

요란현상에 대한 완전한 전개(이해)는 본 교재의 범위를 넘어선다. 전자광학 시스템에서 요란현상 효과는 레이저와 같은 간섭성이 우수한(coherent) 시스템에서 가장 두드러지며 광파(optical wave)의 전파에서 가장 심하게 나타난다. 또한 요란현상은 불간섭성(incoherent) 영상시스템에 영향을 주는데 이는 고주파 정보 손실에 의한 블러링(blurring)과 스미어링(smearing)과 같은 번짐 현상 때문이다. 대기 요란현상 모델링에 대한 상당한 진전이 있으나 아직 표준으로 수용된 모델은 없다.

대기투과(Atmospheric Transmission)

물체에서 센서까지 광학적 투과의 계산에는 흡수, 산란, 굴절률 변동(요란현상) 등 복사에 영향을 주는 주요 과정이 포함된다. 앞에서 설명한 대기를 구성하는 단일원소 및 화합물은 흡수 및 산란

과 관련이 있으며 온도, 압력, 밀도의 대기의 구조
적 변화는 요란현상의 원인이 된다. 이 세 가지 요
소는 센서-표적 신호의 진폭감소와 이미지의 블러
링(blurring)에 영향을 준다.

흡수와 산란 두 과정은 일반적으로 소광(extinction)
이란 주제로 함께 다루어진다. 소광이란 대기를 통과
하는 복사량의 감소(reduction) 또는 감쇠(attenuation)
로 정의한다. 소광은 요란현상과 다르며 소광현상에서
의 블러링(blurring)은 불균일하게 나타난다.

종합적으로 소광은 불균일한 방식으로 전체 이미
지에 영향을 준다. 소광이 대기를 통과하는 복사의
투과에 어떤 영향을 미치는지 이해하기 위해 무한

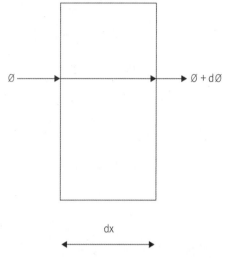

그림 7-33 대기 중으로 매우 짧은 거리를 통과 시
에 투과

소의 거리, dx을 통과하는 단일 파장을 가지는 복사광을 상상해 보자. 복사속의 변화는 아래 식으
로 나타낼 수 있다.

$$dΦ = -βdx \tag{7-24}$$

여기서, $Φ$ = 방사속 (w)

$β$ = 소광계수(extinction coefficient) (km^{-1})

x = 그림 7-33에서 진행거리 (m)

식 7-24에서 음의 부호는 흡수와 산란 과정에 의한 파워 또는 복사의 감소를 나타낸다. 일반적
으로 소광계수(extinction coefficient)는 아래 식과 같이 두 성분으로 구성된다.

$$β = α + γ \tag{7-25}$$

여기서, $α$ = 흡수계수

$γ$ = 산란계수

흡수와 산란 계수 모두는 입사 파장에 의존한다. 입사되는 복사광과 매질을 구성하는 분자와의
상호작용 때문에 복사 출력은 $Φ + dΦ$ 로 변화한다. 균일한 매질을 통과하는 유한한 거리에 대한
감쇠는 식 7-24를 적분하여 얻을 수 있다.

$$Φ = Φ_0 e^{-βR} = Φ_0 τ \tag{7-26}$$

여기서, $\tau = e^{-\beta R}$ 은 거리 R 에 걸친 대기의 투과도이다. 비어-람베르트(Beer-Lambert) 법칙이라 알려진 이 원리는 짧게 비어의 법칙이라고도 한다. 위에서 언급한 대로 소광계수는 파장에 크게 의존하기 때문에 비어의 법칙은 아래와 같이 나타낼 수 있다.

$$\tau(\lambda) = e^{-\beta(\lambda)R} \tag{7-27}$$

공기의 투과도 $\tau_{atm}(\lambda)$ 은 분자 소광 투과도(흡수), τ_t 와 에어로솔 소광 투과도(산란), τ_s 의 곱이므로 위 식에 대입하면 식 7-28을 얻을 수 있다.

$$\tau_{atm}(\lambda) = \tau_a(\lambda)\tau_s(\lambda) \tag{7-28}$$

예제 7-9 : 파장인 10.6 μm인 CO_2 레이저가 2 km의 수평경로를 통해 전파된다. 주어진 파장과 상대습도에서 분자에 소광이 1 km당 0.385로 발생할 때 분자 투과도(molecular transmittance)를 구하라.

풀이 :

$$\tau_m(10.6\mu m) = e^{-(0.383)(2km)} = 0.465 (단위 없음)$$

에어로졸 소광이 무시할 수 있을 정도로 작으면 즉, 에어로솔 소광 투과도가 "1"이면 10 w 레이저는 거리 2 km에서 4.5 w의 복사속을 가진다.

$$\Phi = \Phi_0\tau_m = 10w(0.465) = 4.65\,w$$

해양에서 전파

해양은 그림 7-34와 같이 매우 감쇠가 심한 매질이다. 가시광선 영역(visible spectrum)에서 하나의 "창(window)"이 존재하는데 이를 "청록색(blue-green)" 창이라 한다. 이 창도 상대적으로 투과도가 그리 좋지 않은데, 감쇠가 너무 심해 수중도달 거리는 최적조건에서 약 1,000 미터, 통상 수십 미터로 매우 제한된다. 따라서 광학장치는 공중-수중 및 수중-공중 광통신(optical communication)을 제외하고 수중환경에서 거의 사용되지 않는다.

추가적으로 광학장치는 잠수함 능동 탐지를 위해 사용되는데, 항공기 탑재된 청록색 레이저를 탐색패턴에 따라 아래로 조사하여 천해에 위치한 잠수함으로부터 반사되는 레이저 에너지를 탐지할 수 있다.

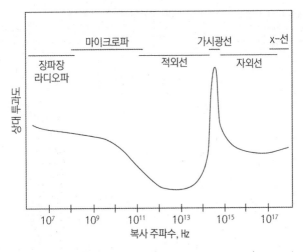

그림 7-34 해양 투과 창(transmission window)

액체 및 고체에서 전파

많은 액체 및 고체들이 광학시스템에서 필터(filter) 및 렌즈(lens)로 사용된다. 각각의 기체상태가 아닌 물질은 앞의 해양에서의 전파에 대해 설명한 것과 유사한 고유의 대역 흡수 스펙트럼을 가진다. 특정 물질을 잡음 필터로 사용하기 위해서는 원하는 파장에서 양호한 투과 창을, 그 이외의 파장에서는 최소한의 투과성을 가져야한다. 이 물질을 사용하면 원하는 파장만을 탐지기로 통과시키고 다른 모든 원치 않는 파장은 차단할 수 있다.

사파이어, 리튬 플루오르화물(lithium fluoride) 및 석영(quartz) 같은 결정성 고체(crystalline solid)가 렌즈로 사용되었을 경우에는 관심 있는 대역폭을 선택할 수 있을 뿐만 아니라 일반적인 광학적 방법으로 탐지기 상에 에너지를 집중시킬 수 있다.

액체 및 고체를 통과할 때 입사 에너지가 이동하는 경로길이(path length)는 표적과 탐지기간의 거리와 비교 시 그리 중요하지 않지만 흡수효과는 중요하다. 그 이유는 에너지가 투과하는 대기환경보다 렌즈와 필터 구성물질의 밀도가 높기 때문이다. 입사되는 에너지의 세기는 대략 침투깊이에 따라 지수 함수적으로 감소하며 사용물질의 유형에 크게 의존한다.

전자광학 표적 및 시스템

서론

7장에서 전자광학 스펙트럼의 다양한 특성 및 성질에 대해 살펴보았다. 이 장에서는 표적과 센서에 관련된 군사적 응용에 대해 다룰 것이다. 표적은 관심 있는 복사를 방출하기 때문에 공급원(source)이라 말할 수 있다. 앞장에서 다루었듯이 복사 공급원은 선택(selective) 및 열(thermal) 유형이 있다.

선택 복사 공급원은 자신의 에너지 대부분을 하나의 파장 대역이나 수개의 파장 대역으로 방출한다. 이러한 특성을 가지는 대표적 유형의 복사체는 제트 또는 로켓 엔진의 배기가스이며 레이저도 포함된다.

열 공급원(열원)은 넓은 스펙트럼 대역의 복사를 방출하며, 빈의 변위법칙(Wien's Displacement law)에서 설명한 대로 최대 파워가 온도에 의존한다.

AIM-9 사이드와인더는 전자광학 센서를 탑재하여 미사일을 표적으로 유도하는 대표적인 무기로 50년이 넘는 수명주기 동안 지속적으로 개량되어 왔다. 초기 버전의 경우 전자광학 센서가 일반적인 제트 엔진 배기가스 파장에 최적화되어, 센서가 표적의 배기관(tailpipe)을 직접 바라보아야 했기 때문에 공격방향이 기체 후미로만 제한되었다.

또한 열 시그너처(heat signature)에만 의존하는 초기 미사일은 플레어와 같은 대응책에 취약하였다. 현대의 사이드와인더 미사일은 센서의 정교함 및 감도를 지속적으로 개량하여, 표적 자세각과 상관없이 표적의 전자광학 시그너처를 탐지하여 진보된 처리기술을 적용함으로써 플레어와 같은 대응책을 거부할 수 있는 모든 면에서 우수한 무기로 간주된다.

표적과 배경

센서의 목적은 배경으로부터 표적 또는 공급원을 구분하는 것이다. 표적에 대한 센서의 응답은 원하는 신호인 반면 배경에 대한 센서의 응답은 잡음이나 클러터(clutter)로 간주된다.

그림 8-1에서 표적은 복사를 방출하고 반사함을 알 수 있다. 표적에는 사람, 건물, 지상차량, 함정, 미사일 동체(case), 미사일 플룸(plume) 등이 포함된다. 7장에서 설명하였듯이 표적 복사는 대기를 진행하며 퍼지고, 산란되며 흡수된다. 따라서 실제 복사된 에너지의 일부만이 탐지기의 개구에 도달한다. 일단 복사가 탐지기에 도달하면 탐지기는 유용한 정보를 얻기 위해 이 신호를 모으고 잡음이나 클러터로부터 걸러 낸다.

잡음이나 클러터는 탐지기에 도달하는 표적이 아닌 또 다른 복사 공급원이다. 잡음은 표적근처 물체에서 도달하는 신호로 이러한 물체에는 표적신호를 구분하는 탐지기의 능력을 저하시키는 지형, 표적 뒤 공간, 구름이나 다른 변화를 포함하는 대기 배경 등이 포함된다.

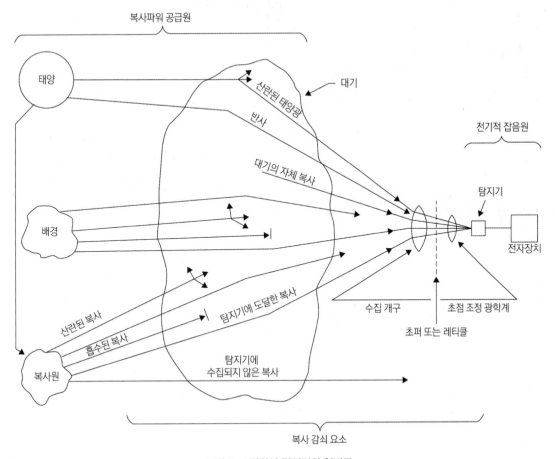

그림 8-1 적외선 탐지기의 일반도

클러터는 일반적으로 표적과 크기 및 형태가 유사하여 표적의 탐색과 식별(discrimination)을 보다 어렵게 만드는 배경 물체이다. 레이더 수신기처럼 센서 자체 또한 잡음 공급원인데 이는 센서 내부의 전자가 내부 또는 열잡음(thermal noise)을 생성하기 때문이다. 또한, 레이더시스템에서와 같이 표적 신호가 잡음에 비해 특정 최소 수준 이상으로 도달하면 탐지가 가능하다.

적외선 전체 영역은 대략 1 ㎛ ~ 12 ㎛의 범위를 가지지만 3 ㎛ ~ 5 ㎛와 8 ㎛ ~ 12 ㎛ 영역만이 군사적 응용을 위해 사용된다. 그 이유는 앞장에서 설명한 대기 창(atmosphere window) 때문이다. 사람이나 차량 같은 열 표적(thermal target)은 일반적으로 약 10 ㎛의 최대파장에 해당되는 27℃ 근방의 온도를 가진다.

이 온도를 가지는 표적은 장파장(8 ㎛ ~ 12 ㎛) 센서에서 가장 잘 보인다. 로켓 플룸, 제트 배기가스, 사출탄(100 ~ 1,000℃)은 4 ㎛ 근처에서 최대 파워를 방출하며 중파장(3 ㎛ ~ 5 ㎛) 적외선 센서에 가장 잘 보인다. 여기서 모든 표적들은 최대 파장에서뿐만 아니라 이를 포함하는 넓은 파장 영역에서 복사를 방출함을 유념하라.

그림 8-2의 민간 정기 여객기 열 영상(thermal image)에서 적외선 이미지 형성에 있어 자체-방사(self-emission)와 반사(reflection)의 중요성을 알 수 있다. 이 이미지에서 흰색은 고온을 검정색은 저온을 나타내는데 이를 "white-hot polarity" 라 한다. 그림에서 따뜻한 타이어는 뜨거운 엔진 노즐의 주변부와 같이 자체-방사를 보여준다. 그러나 항공기 외피부분의 높은 반사율(reflectance)와 낮은 방사율(emissivity) 때문에 탐지되는 복사의 대부분은 표면으로부터 반사에 해당된다.

항공기 하부는 아래의 따뜻한 콘크리트 표면 때문에 따뜻하게 나타난다. 항공기 상부는 차가운 밤하늘의 반사 때문에 지평선 경계에서 보다 차갑게 나타난다. 항공기 표면에 페인트가 칠해진 부분은 낮은 반사율을 가짐을 알 수 있다. 추가로 전경(foreground) 젖어 있고 일부 하늘 반사(sky reflection)를 포함한다.

그림 8-3은 헬리콥터 표적에서 관측된 적외선 시그너처로 이 또한 물체의 반사된 복사와 방사된 복사 모두를 포함하며 추가로 대기 감쇠와 방사효과(emission effect)가 포함된다. 태양에너지의 반사는 장파장 보다는 3 ㎛ ~ 5 ㎛에서 많이 발생한다.

그림에서 태양 조명이 상부 표면의 복사에 더해지며 지상으로부터 열복사와 지표에서 반사되는 태양 복사가 헬리콥터의 측면 시그너처에 더해진다. 고온의 기계부와 플룸 방사라인에서의 열복사의 반사는 헬기 동체 표면에서 확인할 수 있다. 표 8-1은 그림 8-2와 8-3에서 설명된 복사 공급원을 나타낸다.

그림 8-2 정기 여객기의 스프라이트 영상(SPRITE image) – 고온 부분이 흰색으로 나타남

그림 8-3 CH-60 블랙호크의 적외선 시그너처(IR signature)

표 8-1 복사 공급원(radiation source)의 예

반사 공급원(reflection source)	방사 공급원(emission source)
태양	외피(skin)
하늘	플룸(plume)
지면	뜨거운 부분(hot part)
물체에서 떨어져 나가는 뜨거운 부분	
물체에서 떨어져 나가는 플룸(plume)	

항공기와 배기플룸(Exhaust Plume)

엔진 배기가스에는 고온의 수증기와 이산화탄소 분자가 여기된 상태(excited state)로 존재하므로 배기가스는 선택적 복사체가 된다. 그림 8-4와 같이 CO_2는 약 4.3 μm에서 강한 방사선(emission line)을 가진다. 이 방사선은 일반적으로 고온의 배기가스가 가지는 도플러 효과 때문에 폭이 넓게 나타난다.

그리고 대기 중의 CO_2는 흡수효과도 가지는데 폭이 넓은 CO_2 방사선과 대기 중 CO_2에 의한 감쇠효과를 결합하면 두 개의 최고치를 가지는 곡선을 얻을 수 있다. 단, 실제 방사 스펙트럼은 이보다 훨씬 복잡함에 유의하라.

제트-추진 항공기 시그너처는 실제로 가스의 선택 복사와 회색체의 열복사가 결합되어 나타난다. 그림 8-5에서 전면(0°)에서 바라보았을 때 항공기 동체가 고온 엔진부(열복사)와 플룸의 중심(선택복사)을 가리기 때문에 플룸 외부와 일부 작은 회색체 복사 그리고 동체에서의 반사만을 볼 수 있다.

표적을 바라보는 각이 증가할수록 보다 많은 동체의 회색체 복사와 반사가 스펙트럼에 더해진다. 각이 180°에 이르면 엔진 배기 동공이 보인다. 이 스펙트럼에서는 대기 중의 수증기와 이산화탄소에 의한 흡수에 의해 제거된 톱니모양(notch)을 제외하고 열복사체로 보인다.

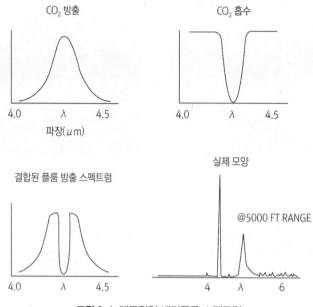

그림 8-4 대표적인 배기플룸 스펙트럼

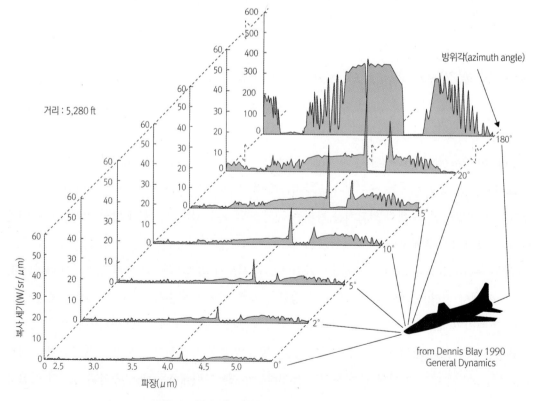

그림 8-5 일반 제트 항공기의 적외선 시그너처의 변화

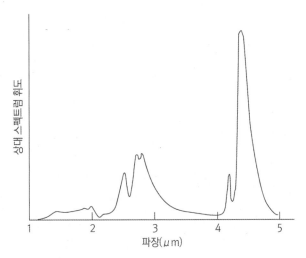

그림 8-6 분젠버너(Bunsen burner) 복사 스펙트럼

이산화탄소, 수증기와 같은 연소 생성물에 대하여 보다 심도 있는 분석이 분젠버너 화염(Bunsen burner flame)의 스펙트럼 조사를 통해 수행될 수 있다. 그림 8-6은 버너 화염 복사(flame radiation)의 스펙트럼을 나타낸다. 파장 2.4 μm와 4.4 μm에서 스파이크 형태를 보면 4.4 μm가 2.4 μm보다 상당히 큰, 약 3배의 값을 가지는데 이 값의 비율은 2.5에서 10까지 사용 연료에 따라 변화한다.

이 예로부터 플룸의 스펙트럼에서 두 스파이크 값의 비를 분석하여 연료를 분석할 수 있음을 알 수 있다. 탐지의 관점에서 4.4 μm의 방사대역(emission band)이 2.4 μm의 방사대역보다 유용하며 태양광과 간섭이 적고 대기흡수에 의한 손실 또한 적기 때문에 더 적합하다.

그림 8-7은 분젠버너 모델에 근거하여 이산화탄소의 4 μm 복사대역을 상세히 나타낸다. 그림에서 실선의 검은 곡선은 4 μm의 좁은 밴드에서 관찰된 복사 휘도(radiance)를 나타낸다. 4.25 μm 근처에서 관찰된 흡수밴드는 대기와 화염을 둘러싸고 있는 가스의 서늘한 층 내의 이산화탄소 때문이다. 점선 곡선은 흡수가 일어나기 이전 복사 방출(radiant emission)의 실제 모양을 나타낸다. 점선 사각형은 플룸의 복사 휘도를 예측하는 데 사용되는 어림셈법(근사)이다.

그림 8-8은 해상에서 민간 보잉 707에 탑재된 최대추력 상태의 터보제트와 터보팬 엔진 배기의 온도 측정 결과이다. 두 엔진은 배기가스의 크기와 모양이 서로 다르다.

터보팬 엔진은 대량의 공기를 압축하여 연소의 뒤쪽 단(stage)으로 우회시키기 위해 대형의 전부 압축기를 가진다. 이 과잉 공기는 배기가스 주변에 서늘한 덮개를 형성하기 위해 엔진 주위로 집중적으로 분출된다. 이렇게 플룸의 직경을 감소시키는 팬 공기(fan air)의 효과는 매우 뚜렷하다.

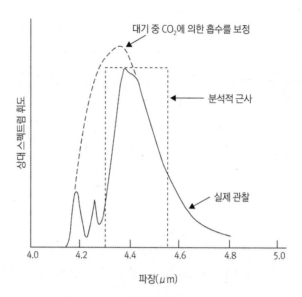

그림 8-7 4.4 ㎛ 방출대역(emission band)

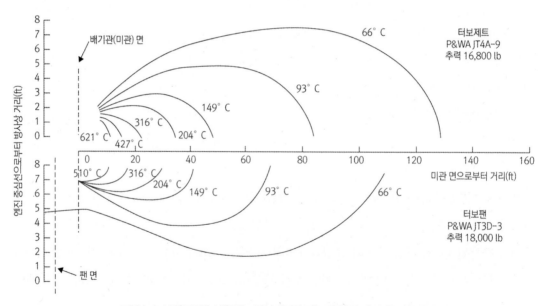

그림 8-8 보잉 707에 사용되는 터보제트와 터보팬 엔진 배기 온도 곡선

또한 이 그림에서 배기가스의 길이가 항공기의 거리와 대략 같다. 따라서 플룸 또는 플룸의 일부를 거의 모든 자세 각(aspect angle)에서 볼 수 있다.

터보제트 엔진의 시그너처는 배기관과 배기가스로 구성된다. 보잉 707 두 모델의 복사 플룸을 열역학적 기체 법칙(thremodynamic gas law)에 의해 예측할 수 있다. 터보제트 배기관에서 방출되는 배기가스 온도는 약 370℃(643°K)로 계산되며 터보팬 배기가스의 경우 계산 값은 약 337℃ (610°K)이다. 표 8-2는 두 엔진 모델에서 플룸과 배기관에 대한 복사 특성을 비교하여 나타낸다.

표 8-2 보잉 707의 고도 5,000 ft, 최대 순항속력 마하 0.8에서 플룸 계산결과

단발엔진의 경우	708-320 (터보제트)	708-320B (터보팬)
미관(tailpipe)을 떠나는 배기가스의 온도, ℃	370	337
플룸의 휘도(4.4μm 대역에서), Wcm^{-2}sr^{-1}	0.56×10^{-2}	0.42×10^{-2}
미관의 유효 휘도(3.2~4.8μm), Wcm^{-2}sr^{-1}	14.4×10^{-2}	10.9×10^{-2}
미관의 유효 휘도와 플룸 휘도의 비	25	26

두 경우에서 중요한 점은, 최대 추력에서 미관은 플룸에 약 25배에 해당하는 휘도를 가진다는 것으로 이 사실은 플룸이 최고온도를 가지는 위치를, 즉 배기가스가 배기노즐에서 막 방출되었을 때를 기준으로 계산하는 것이 타당하다. 그림 8-8에서 플룸의 온도가 배기관으로부터 거리가 증가함에 따라 얼마나 빠르게 감소하는지 알 수 있다.

배기관으로부터 더욱 멀어지면, 항공기 엔진은 더 이상 분해능을 가지는 복사를 방출하지 않으며 전체 항공기가 점 공급원(point source)처럼 거동한다. 플룸은 이처럼 배기관에 비해 소량의 복사만을 방출하기 때문에 항공기를 탐지기가 뒤에서 바라볼 경우 최대탐지거리를 계산할 때에는 플룸을 고려하지 않아도 된다. 그러나 항공기를 전방에서 바라보거나 배기관이 보이지 않는 자세각을 가지는 경우에는 플룸이 센서가 사용할 수 있는 주요 복사원이 된다.

현대 적외선장비는 보잉 707을 30km가 넘는 거리에서 쉽게 탐지할 수 있는 감도를 가진다. 대기에 의한 흡수를 고려하면 항공기의 휘도는 7.6×10^{-10} w/cm² 에 불과하다. 태양의 지구표면에서의 휘도가 대략 0.1 w/cm² 로 이 값과 비교하면 계산된 항공기의 값에 8차수 값에 해당한다.

공기역학적 가열 시그너처(Heating Signature)

고속의 비행체 또한 중요한 적외선 시그너처를 가진다. 비행체의 맨 앞쪽 끝(nose cone)과 날개 앞쪽 가장자리(leading edge)는 일반적으로 막대한 양의 열을 가진다. 그림 8-9에서 이 두 부분과 엔진 덮개(fairing)가 중대한 시그너처를 가짐을 알 수 있다. 오른쪽 이미지에서 왕복선은 착륙하고 있고 열 시그너처가 활주로로부터 반사되고 있다.

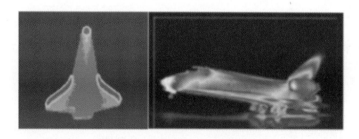

그림 8-9 재진입하는 우주왕복선의 공기역학적 가열

순항미사일 표적

그림 8-10은 또 다른 표적인 순항미사일이다. 순항미사일의 시그너처는 기체(airframe) 크기, 추진 특성, 속도 등에 기초하여 예측가능하다. 미사일의 미관으로부터 플룸, 공기역학적 가열 등 복사 시그너처가 예측될 수 있다. 지표로부터 반사와 같은 다른 공급원이 순항미사일의 시그너처에 더해지나 미사일을 바라보는 각도에 크게 의존하기 때문에 여기서는 다루지 않겠다.

그림 8-10에서 기체는 꼬리를 정면으로 바라보는 각도에서 수평으로 30° 회전시켜 바라본 그림으로 이 각 근방에서 바라볼 때 최대의 총 시그너처를 보인다.

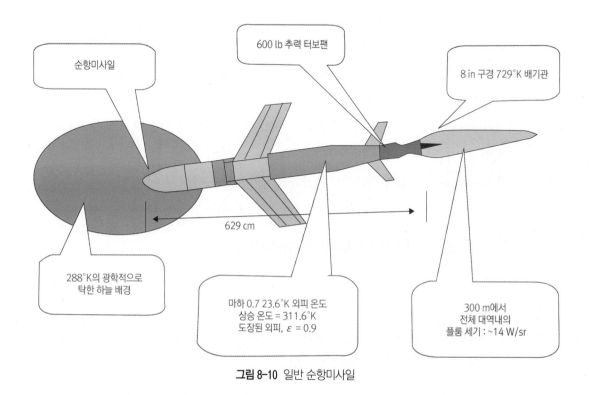

그림 8-10 일반 순항미사일

순항미사일은 대략 마하 0.7의 속력으로 비행하는데 이 속력으로 비행 시 기체 표면의 온도가 공기역학적 가열에 의해 층류 영역의 온도가 약 24°K 상승한다. 층류에 의한 가열이 기체 전체에 걸쳐 균일하다 가정하면 주변 공기온도를 표준 대기조건에 해당하는 288°K(15°C)라 하면 미사일 표면온도는 약 312°K 가 된다.

엔진으로부터 플룸과 미관 시그너처는 다른 크기의 엔진에 해당하는 자료를 이용하여 예측할 수 있다. 기체표면과 고온의 배기관 시그너처는 흑체 복사 계산식(blackbody radiance calculation)을 이용하여 컴퓨터로 계산할 수 있다. 이때 고온 배기관공동(tailpipe cavity)의 방사율은 1.0으로 기체표면의 방사율은 0.9로 가정한다.

미사일 시그너처

그림 8-11은 Atlas 로켓의 3 ㎛ ~ 5 ㎛ 대역 적외선 이미지를 나타낸다. 적외선 스펙트럼에서 이 로켓의 전체 시그너처는 미사일 플룸으로부터 나온다. 공기역학적 가열에 의한 시그너처는 플룸의 시그너처와 비교 시 무시할 수 있다.

다른 이미지와 달리 이 이미지는 선택 방사체이며 플룸의 시그너처를 보다 자세히 살펴보면 사용된 연료의 종류를 확인할 수 있다.

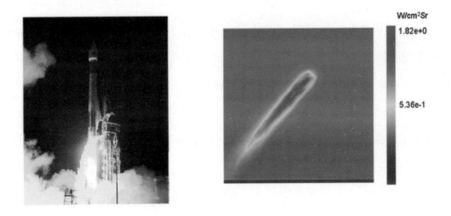

그림 8-11 Atlas ⅡA 로켓의 중적외선 플룸 이미지

장갑차량 표적

일반적인 차량 표적에서 열 (공급)원은 엔진 등의 연료관련 열원(fuel-related source), 마찰관련 열원(friction-related source)과 환경관련 열원(environment-related source)으로 구분할 수 있

다. 연료관련 열원에는 배기구, 폐열이 흩어지는 영역, 엔진 칸막이 커버가 있으며 이 열원들은 엔진이 동작중일 때 현저하게 나타나며 차량의 움직임 여부에 그리 영향을 받지 않는다.

그림 8-12에서 장갑차량의 연료관련 고온 영역인 탱크의 배기관을 명확하게 볼 수 있다. 다른 열원에는 엔진 냉각시스템, 배기 구멍(vent), 엔진 칸막이 커버가 있다. 차량이 움직이거나, 움직이고 얼마 되지 않은 경우 휠(wheel), 쇼크업소버(shock observer), 궤도(track), 변속기 영역 모두가 마찰에 의해 열을 가진다.

그림 8-12 T-62 탱크의 시그너처 - 8 ~ 12 μm 대역, 측면도

T-62 탱크를 뒤에서 바라보면 일부 마찰에 의해 가열된 영역을 볼 수 있는데 휠 구동샤프트가 확실하게 보이고 엔진 변속기 또한 보일 것이다. 쇼크업소버가 외부에 노출된 다른 모델의 탱크는 험악한 지형을 운행하고 난 후에 이 영역에서 고온 특성을 보일 것이다. 그림 8-13은 위 그림의 T-62 탱크를 뒤에서 바라본 이미지이다. 마찰 때문에 트레드(tread)가 몸체보다 따뜻한 것을 알 수 있다.

환경적 열원에는 태양, 바람, 비 등이 포함된다. 이 중에서 태양광과 열용량(thermal mass)이 큰 장갑이 열기와 냉기를 보유하는 것에 따라 그림 8-12와 8-13과 같이 탱크 외피와 포대의 적외선 시그너처를 형성한다.

그림 8-13은 40°F 중반 온도범위에 밤새 냉기에 노출되어 냉기를 보유하고 있는 탱크의 시그너처를 나타낸다. 탱크가 훈련 중이고 내부 열과 트레드 마찰이 분명하게 보임에도 불구하고 탱크 외피와 포대는 음의 대조(contrast)를 보임을 확인할 수 있다. 태양 반사가 음의 대조를 감소시키고 있음에도 외피와 포대에 음의 대조(콘트라스트)가 나타남에 유의하라. 그러나 배경인 풀밭은 열용량이 작아 해가 뜨면 빠르게 가열되기 때문에 햇빛에 가열된 풀밭은 햇빛의 산란 또한 추가되어 높은 휘도를 가져 탱크의 대조(콘트라스트)를 증가시킨다.

거대한 차가운 물체
마찰에 의한 가열
9:00AM, 맑음
훈련 중인 탱크
야간에 냉기에
노출되어 차가워짐

열용량이 작은 풀밭

8:00PM, 밤
대기 중인 탱크
태양열에 의해
낮 동안 가열됨

그림 8-13 장갑차량의 열원 — M-60 탱크 시그너처, 3~5 μm 대역

아래 그림에서 탱크는 하루 종일 햇빛에 노출되어 장갑이 가열되어 있으며, 탱크의 배경이 되는 풀밭은 주변 공기에 의해 빠르게 냉각되므로 열용량이 큰 장갑이 보유한 열 때문에 탱크 전체가 양의 대조(콘트라스트)를 나타내며, 양의 대조(콘트라스트)는 밤에도 수 시간 이상 지속된다. 미사일 탐색기가 이 현상을 이용하면 일몰 후 개방된 방벽 내에 위치한 탱크를 쉽게 찾을 수 있다.

해상에서의 열원(Sea-Based Source)

그림 8-14의 이미지는 해군의 AN/SAY-1 카메라 시스템으로 녹화한 것으로 이 시스템은 가시광과 근적외선 카메라를 함께 사용한다. 그림은 1999년 4월 샌디에이고 해변의 다양한 환경조건에서 함(ship) 외관을 나타낸다.

가시광 대역. 흐림

흐림. 정오

9:00 PM. 태양광에
오래 노출된 이후

정오. 눈부신 태양빛(sun glare)

그림 8-14 3 μm ~ 5 μm 대역에서 함의 시그너처

터빈엔진으로 추진하는 이함은 터빈–추진 항공기와 동일한 플룸과 연돌(stack) 복사를 방출한다. 낮과 밤, 맑음과 흐림 등이 환경조건에 따라 선체의 대조(콘트라스트)가 다양하게 변화함을 알 수 있다. 또한 대조(콘트라스트)는 태양의 각도에 따라 영향을 받는다. 지상차량과 마찬가지로 함정 또한 열용량이 커 햇빛에 노출되어 열을 오래 유지함으로써 고유의 시그너처를 나타낸다.

레이저(Laser)

레이저는 광학적 공급원으로 군에 널리 사용되는 선택 방사체이다. 레이저(LASER)란 Light Amplification by Stimulated Emission of Radiation의 앞글자로 이루어진 용어로, 광학적 방사에 해당하는 자외선, 가시선, 적외선 스펙트럼 영역에서 에너지를 방사한다.

레이저 원리는 20세기 초 덴마크 물리학자 닐스 보어에 의해 제안되었는데 그는 이론에서 원자핵 주위의 궤도를 따라 도는 전자가 높은 에너지 궤도에서 낮은 에너지 궤도로 이동할 때 원자는 에너지를 방출함을 제시하였다. 물론 원자 내 전자는 자발적으로 궤도를 바꾸지만 레이저는 전자의 궤도를 변화시켜 에너지를 방출시키기 위해 외부 에너지 공급원에 의한 자극(stimulation)을 이용한다.

자극방출(stimulated emission)은 1916년 앨버트 아인슈타인에 의해 제안되었고, 1940년 B. A. Fabrikant 에 의해 이론이 확장되었으며 1960년 시어도어 메이먼이 최초로 레이저를 개발하였다.

레이저는 최초로 베트남 전쟁에 사용되었고 사용이 꾸준히 증가하여, 표적지정 도구(targeting tool)로 사용 시 레이저에서 방사되는 에너지는 표적에 흡수되어 열을 발생시켜 표적을 열 복사체(thermal radiator)로 만들거나, 표적으로부터 반사되어 표적을 선택 복사체(selective radiator)로 만든다. 또한 레이저 에너지를 변조하여 같은 주파수를 가지는 다른 레이저 간의 충돌을 피하고 적에 의한 간섭(interference)을 제한할 수 있다.

동작원리

레이저는 빛으로 전자기 방사의 형태를 가진다. 광학 스펙트럼(optical spectrum)에서 전자기 방사는 전하(charged particle)인 전자가 에너지를 잃을 때마다 광자(photon) 형태로 방출된다. 전자는 원자핵 주위의 다양한 궤도에 존재한다. 이론적으로 전자가 높은 에너지 궤도에서 낮은 에너지 궤도로 이동할 때에만 원자는 광자를 방출한다.

특정 원자는 자신만의 전자가 존재할 수 있는 고유한 궤도를 가지며 에너지가 가장 낮은 궤도를 기저상태(ground state)라 한다. 궤도가 커짐에 따라 전자가 보유한 에너지 또한 증가한다. 따라서 전자가 매우 높은 궤도에서 낮은 궤도 또는 기저상태로 이동할 때 가장 큰 에너지를 가지는 광자가 방출된다. 낮은 에너지 상태에 있는 전자를 에너지를 주어 자극하면, 광자 방출을 제어할 수 있어 레이저 무기체계에 응용할 수 있다.

레이저는 자극방출을 이용한 단순 시스템으로 주요 구성품으로 레이저 매질(lasing medium), 레이저 매질에 에너지를 공급하는 펌핑 시스템(pumping system), 광공진기(resonant optical cavity)가 필요하다. 레이저 매질은 고체, 액체 또는 기체 형태로 레이저의 발진 주파수를 결정한다. 그림 8-3은 레이저 매질의 파장과 동작 모드를 타나낸다.

표 8-3 레이저 매질

명칭	파장(nm)	동작 모드
고체상태 레이저(solid state laser)		
알렉산더 보석(alexandrite)	700-830	펄스/연속파(가변 파장)
네오디뮴(neodymium): YAG	1,064.5	펄스/연속파
네오디뮴(neodymium): glass	1,064	펄스
루비(ruby)	694.3	펄스
티타늄-사파이어(titanium-sapphire)	600-1,060	펄스/연속파(가변 파장)
기체 레이저(gas laser)		
헬륨-네온(helium-neon)	543-632.8	연속파
크립톤(krypton)	350-647	연속파
아르곤(argon)	350-514.5	연속파
듀테륨 플루오르화물	3,800-4,200	펄스/연속파
이산화탄소(carbon dioxide)	9,000-12,000	펄스/연속파
색소(액체) 레이저(dye laser)		
질소(nitrogen)	360-650	펄스
아르곤(argon)	560-640	연속파

펌핑 시스템은 광학(광자), 전기, 화학 또는 핵에너지 공급원을 사용한다. 전자가 이 에너지 공급원과 반응하여 소수의 전자들이 높은 에너지 궤도로 올라갔다 자발적으로 아래 에너지 궤도로 내려온다. 이후 자극방출에 의한 연쇄반응(chain reaction)이 시작되면 방출되는 광자는 정확하게 동일한 파장(wavelength), 위상(phase), 방향(direction)을 가진다. 이 연쇄반응은 광공진기(optical cavity) 내에서 일어나는데 거울과 렌즈를 이용하여 방출된 빛을 증폭시킨다. 두 개의 거울중 하나의 거울은 부분반사거울로 일부 에너지를 통과시켜 레이저 빔을 형성한다.

레이저 매질, 펌핑 시스템 그리고 거울 구성물질과 모양의 적절한 선택은 레이저 성능에 중요한 영향을 미친다.

레이더와 같이 레이저는 펄스 또는 연속파 모드로 동작한다. 연속파 레이저의 경우 펌핑 시스템은 연속적으로 에너지를 공급하여 연속적인 레이저 출력을 발생시킨다. 펄스 레이저의 경우 펌핑 시스템은 일반적으로 섬광등(flashlamp)이 고체 매질(고체 레이저), 기체 매질(기체 레이저)에서 펄스 형태로 사용된다.

특성

레이저의 특성은 간섭성(coherency), 발산정도(divergence), 빛의 평행한 정도(collimation), 효율성(efficiency), 레이저 매질 등으로 설명된다. 레이저에서 방출되는 광자는 특정 주파수를 가지므로 레이저 방사 전자기파(빛)는 매우 정확한 파장을 가진다. 결맞음(coherency)이 우수한 빛은 그 특성을 일정 시간동안 또는 일정 거리까지 유지하는데, 특정 시간 및 공간에 레이저 파장의 매우 작은 차이가 발생하면 파장이 변화된다.

레이저 파장이 변화하지 않는 시간을 일시적 가간섭 시간(temporal coherency time)이라 한다. 시간적 가간섭 길이는 빛의 속력(3×10^8 m/s)에 시간적 가간섭 시간을 곱하여 얻을 수 있으며 km 단위를 사용한다. 전자기파의 기원과 특정 공간에서 파장이 변하지 않는 것을 공간적 가간섭성이라 하며 시간적 가간섭성의 차이가 공간적 가간섭성에 영향을 준다. 통상적으로 레이저 빛은 시간 및 공간적 간섭성이 매우 우수하다. 따라서 레이저는 매우 정확한 단일파장의 빛을 방출하기 때문에 단색성(monochromaticity)을 가진다.

레이저에 파장의 작은 변화가 존재하기 때문에 여러 파장의 에너지를 동시에 방출할 수 있도록 레이저를 설계할 수 있다. 또한, 여러 인접 파장의 에너지를 방출하는 레이저들을 단일 파장의 에너지를 방출하도록 하나의 대역으로 맞출 수 있다.

레이저 빛은 매우 높은 평행한 성질(collimation)을 가져 에너지가 거의 발산되지 않는다. 에너지의 발산 각이 매우 작아서 그 크기가 일반적으로 밀리 라디안(milliradian) 정도이다. 표적에 조사되는 레이저 빔의 면적은 이 발산 각을 이용하여 계산할 수 있다.

전자를 높은 에너지 궤도로 여기시켜, 자극방출을 일으킬 수 있을 만큼 많은 전자를 높은 에너지 궤도에 머무르게 하려면 엄청난 양의 파워가 필요하다. 따라서 레이저의 효율은 그리 높지 않다. 그러나 간섭성, 좁은 발산 각, 단색성을 가지기 때문에 레이저는 매우 강력한 무기이다.

광학계(Optics)

그림 8-15와 같이 광원으로부터 방사되는 빛을 모아 탐지기에 초점을 맞추기 위해 광학계가 사용된다. 광학 시스템은 주로 렌즈와 필터로 구성되는데, 렌즈는 원하는 파장에 투명한 하나 또는 여러 조각의 유리나 다른 물질로 만들어진다. 전자광학(EO) 파동은 렌즈를 통과할 때 렌즈 물질의 굴절률에 따라 스넬의 법칙에 의해 진행경로가 바뀐다. 따라서 굴절률을 조정하여 상(image)을 쓸모 있게 조정할 수 있다. 필터는 원치 않는 파장을 차단하기 위해 사용되며, 시스템의 잡음을 감소시킨다. 여기서 유리는 적외선 복사의 경우 불투명체임을 유의하라.

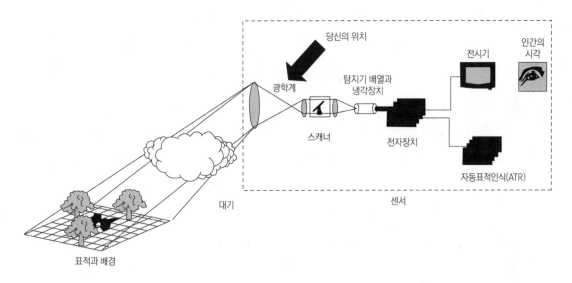

그림 8-15 전자광학 및 적외선 탐지기의 특성

확대(Magnification)

쌍안경 및 망원경과 같은 확대 시스템을 무기체계의 구성품으로 간주할 수 있다. 예를 들어 라이플총에 장착된 관측 장치(scope)나 잠수함에 장착된 잠망경은 높은 정확도의 방위, 고각, 거리 정보를 제공한다.

　그림 8-16과 같이 얇은 렌즈를 이용하여 단순하게 상을 확대시킬 수 있으며 얇은 렌즈에 대한 물체와 상의 배율 관계는 다음 이미지 방정식(image equation)으로 확인할 수 있다.

$$\frac{1}{R_o} + \frac{1}{f} = \frac{1}{R_I} \tag{8-1}$$

여기서, R_0 = 렌즈에서 물체까지 거리

R_I = 렌즈에서 상까지 거리

f = 렌즈의 초점 거리

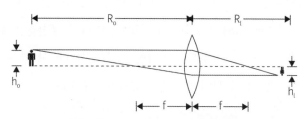

그림 8-16 횡 배율(traverse magnification)

위 식은 부호는 관습에 따라 정해지는데, 렌즈의 왼편에 위치한 R_0 나 R_I 는 음의 값을, 렌즈의 오른편에 위치한 R_0 나 R_I 는 양의 값을 가진다.

횡 배율 즉, 물체의 선형 크기 증가를 나타내는 요소, M_T 는 렌즈에서 상까지의 거리와 렌즈에서 물체까지의 거리의 비 또는 상과 물체 크기의 비가 된다.

$$M_T = \frac{R_I}{R_0} = \frac{h_I}{h_0} \tag{8-2}$$

여기서, R_0 = 렌즈에서 물체까지 거리

R_I = 렌즈에서 상까지 거리

h_o = 물체의 높이

h_I = 상의 높이

식 8-1을 식 8-2에 대입하여 단순하게 정리하면,

$$M_T = \frac{f}{R_0 + f}$$

상대적으로 긴 거리, 즉 $R_0 \gg f$ 이면 이 식은 다음과 같이 단순화된다.

$$M_T = \frac{f}{R_0} \tag{8-3}$$

여기서, M_T = 횡 배율(traverse magnification)

f = 렌즈의 초점 길이

R_0 = 렌즈에서 물체까지 거리

R_I = 렌즈에서 상까지 거리

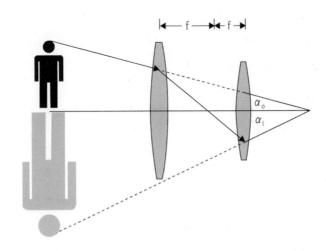

그림 8-17 각 배율(angular magnification)

대부분의 경우 그림 8-17과 같이 둘 또는 그 이상의 렌즈가 멀리 있는 물체를 보기 위해 사용된다. 이 경우 횡 배율을 사용하지 않고 대신 각배율(angular magnification)을 사용한다. 각 배율, M_A 는 원래 물체의 크기와 광학계를 통과한 빛이 만든 상의 크기 비율을 나타내는 요소로 아래 식으로 나타낼 수 있다.

$$M_A = \frac{\alpha_I}{\alpha_0} \tag{8-4}$$

여기서, M_A = 각 배율

α_O = 물체에 접한 선이 이루는 각

α_I = 상에 접한 선이 이루는 각

렌즈의 정확한 조합은 대안렌즈의 초점에 대물렌즈의 초점을 위치시켜 얻을 수 있으며, 이때 대물렌즈와 대안렌즈의 초점길이가 각 배율을 결정한다. 빛이 매우 먼 거리에서 들어온다고 가정하면 이 관계는 그림 8-18과 같이 나타낼 수 있다.

관측 각(viewing angle)이 매우 작다 가정할 경우 각 배율은 일반적으로 아래 식을 나타낼 수 있다.

$$M_A \approx f_o / f_e \tag{8-5}$$

여기서, f_o = 대물렌즈의 초점길이

f_e = 대안렌즈의 초점길이

대물 광학계(objective optics)의 시야 조리개(field stop)를 $D_{F.S}$ 라 하고 시스템을 통과한 물체의 상 크기를 D_e 라 하면, 아래의 관계식을 얻을 수 있다.

$$M_A = f_0 / f_e = D_{F.S.} / D_e \tag{8-6}$$

여기서, $D_{F.S.}$ = 대물렌즈 구경

D_e = 물체의 상 크기

쌍안경 및 망원경 사양은 M_A 와 밀리미터 단위의 $D_{F.S.}$ 두 수의 곱으로 나타낸다. 예를 들면, 7 × 50 쌍안경은 M_A = 7 이고, $D_{F.S.}$ = 50 mm 이다. 대물렌즈의 구경이 클수록 광량이 적은 상황에서도 제 성능을 발휘할 수 있다. 시야각은 시야 가리개에 의해 제어되며 일반적으로 쌍안경의 시야각은 대략 8°이다.

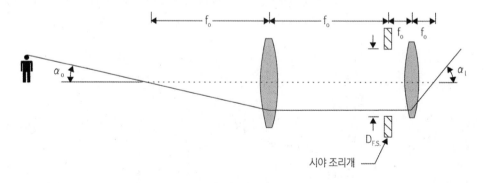

그림 8-18 배율

시야각(FOV; Field of View)

시야각이란 탐지기에 수집되는 즉, 탐지기가 관측할 수 있는 입사광의 각 범위이다. 시야각은 수평과 수직으로 나누어지며 수평 및 수직 시야각은 렌즈의 초점길이, f 와 시야 조리개, $D_{F.S}$ 에 의해 결정된다. 순간 시야각(IFOV ; Instantaneous field of view)이란 그림 8-19와 같이 하나의 검출소자(detecting element) 즉, 1개의 픽셀(pixel)이 초점면 배열(focal plane array) 상에서 관측할 수 있는 입사각의 범위이다.

렌즈의 초점길이는 그림 8-20과 같이 무한 거리로부터 렌즈 중심으로부터 입사되는 복사 또는 빛이 한곳에 모이는 점으로, 광원이 매우 먼 곳에 위치하면 입사광은 거의 평행하기 때문에 평행한 것으로 간주하며 이 빛을 렌즈가 동일점으로 굴절시킨다.

시야 조리개는 그림 8-19와 같이 시야 조기개의 크기를 초과하는 빛을 검출소자에 도달하지 못하도록 하는 장치이다. 초점면(focal plane) 상에 위치한 검출소자는 일반적으로 초점에 따라 범위가 다르며, 초점면의 위치는 어느 범위에 위치한 물체를 초점으로 가지고 올지를 결정한다. 시야 조리개는 초점면 바로 앞에 위치하며 검출소자의 경계에 따라 시야 조리개의 크기가 결정된다.

그림 8-19의 기하학적 배치에서 시야 조리개, $D_{F.S}$ 의 구경이 작아지면 시야각도 작아짐을 알 수 있다. 이와 유사하게 순간 시야각은 개별 검출소자의 크기, d 에 영향을 받는다. 순간 시야각 및 시야각은 다음의 식을 이용하여 계산할 수 있다.

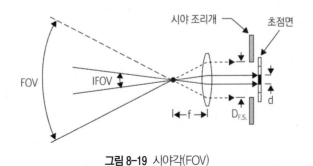

그림 8-19 시야각(FOV)

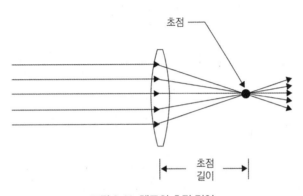

그림 8-20 렌즈의 초점 길이

$$IFOV = 2\tan^{-1}\left(\frac{d}{2f}\right) \tag{8-7}$$

$$FOV = 2\tan^{-1}\left(\frac{D_{F.S.}}{2f}\right) \tag{8-8}$$

예제 8-1 : 50 mm 렌즈를 가지는 분해능이 1,152 × 864인 35 mm 디지털 카메라에 대한 FOV와 IFOV를 구하라.

풀이 : 50 mm 렌즈는 50 mm의 초점 거리를 가지므로 $f = 50$이다. 35 mm는 시야 조리개 구경을 나타내므로 $D_{F.S.} = 35\,mm$ 이다. 필름 카메라에서, 이 값은 필름의 크기를 나타냄에 유의하라.

$$FOV = 2\tan^{-1}[35 / (2 \times 50)] = 38.6\,^\circ$$

순간적인 (수평 및 수직) 시야각은

$$HIFOV = FOV/1,152 = 0.03\,^\circ$$
$$VIFOV = FOV/864 = 0.045\,^\circ$$

초점심도(Depth of Focus)

최적의 성능을 위해서는 원하는 거리의 물체 상을 한곳에 모을 수 있도록 초점면이 위치하여야 한다. 임의의 거리에 위치한 물체의 경우 물체로부터 오는 모든 광선은 렌즈 주변의 고유위치에 모일 것이며, 만일 물체가 매우 먼 거리에 위치하였다면 그림 8-21과 같이 렌즈 뒤편에 초점을 가질 것이다.

물체와의 거리가 가까워지면 초점은 렌즈로부터 먼 곳으로 이동할 것이다. 렌즈 전면에 위치한 물체까지의 거리를 R_o 라 하고, 렌즈 후면에 상이 맺히는 위치를 R_I 라 하면 이 둘의 관계는 식

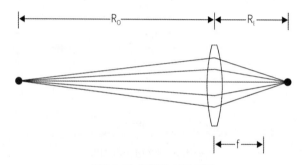

그림 8-21 물체와 상의 거리

8-1의 이미지 방정식으로 알 수 있다.

만일 초점면이 위치되어 물체가 완벽하게 초점을 형성하였다면(물체와 상의 거리가 방정식을 만족하면), 물체를 앞뒤로 움직일 경우 상이 선명하다고 느끼는 물체의 이동 가능범위가 존재하며 이 범위를 초과한 물체의 상은 초점면에서 퍼져 사라진다.

상이 퍼져 인접한 검출소자에 겹쳐지면 전체 상이 왜곡된다. 따라서 검출소자의 크기는 상이 초점을 잘 유지하도록 한계를 두고 제한된다. 이와 같이 초점이 맞추어지는 물체의 거리 범위를 초점심도라 한다.

최초의 초점심도는 검출소자의 크기와 초점길이에 의존하며, 실제로는 시야 조리개를 사용하여 제어될 수 있다. 앞에서 설명하였듯이 시야 조리개는 수집되는 광량을 제한하기 때문에 시야 조리개의 구경이 클수록 유익하다. 그러나 구경이 큰 시야 조리개는 그림 8-22와 같이 작은 초점심도를 가지므로 이에 유의하여야 한다.

조리개 광학계로 들어오는 광선의 각 범위를 작게 하여 초점심도를 크게 할 수 있다. 그러나 탐지소자로 수집되는 광량이 줄어들어 동일 최대 탐지거리를 얻기 위해 탐지소자의 감도(sensitivity)가 증가되어야하는 점을 감수해야 한다. 이 사실을 통해 재래식 작은 렌즈구경(aperture)을 가지는 사진기가 왜 긴 노출시간을 필요로 하는지 알 수 있다.

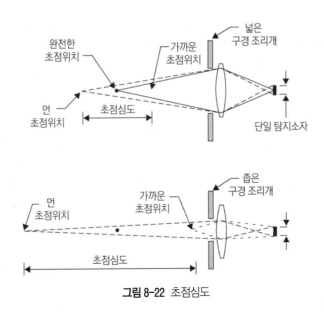

그림 8-22 초점심도

스테디미터 거리측정(Stadimeter Ranging)

수동 광학시스템에서 표적의 크기를 알면 삼각법(trigonometry)을 이용하여 표적의 거리를 구할 수 있다. 물체의 높이를 h을 알고 있고 물체와 이루는 각이 θ 일 때 거리는 아래의 식으로 구할 수 있다.

$$R = h/\tan(\theta) \tag{8-9}$$

θ 가 작을 경우보다 유용한 형태로 아래와 같이 나타낼 수 있다.

$$R = h/\theta \, (\text{라디안}) \tag{8-10}$$

$$R = 60h/\theta \, (\text{라디안}) \tag{8-11}$$

여기서, h = 물체의 높이

θ = 물체와 이루는 각

식 8-11은 식 8-10에서 1 라디안을 약 60°로 근사하여 얻은 경험식이다. 물체의 높이가 100 ft 이고 거리 1 nm에서 물체와 이루는 각은 1° 가 되며, 다른 높이의 물체는 높이 또는 각에 대해서 거리는 비율로 얻을 수 있다.

또 다른 근사방법은 시야각과 망선(reticle) 내에서 상의 크기를 이용하여 구할 수 있는데 다음 예제를 통해 그 방법을 살펴보자.

예제 8-2 : 8° 의 시야각을 가지는 쌍안경을 이용하여 높이 1,200 ft의 탑을 관찰하였더니 시야각 (FOV)의 1/4을 채웠다면 이 탑까지의 거리는 얼마인가.

풀이 : FOV의 1/4는 2° 이다. 100 ft 탑이 1 nm에서 1°에 해당하므로, 0.5 nm에서 2° 가 될 것이다. 1,200 ft 탑은 12 × 0.5 nm에서 2°가 될 것이다. 따라서 $R = 6$ 이 된다.

스캐너와 탐지기

일반적으로 센서 디자인과 분석을 통해 특정 배경조건하에 있는 표적과 관련된 작전요구사항을 해결해야 한다. 군사용 전자광학 시스템의 대표적인 요구사항은 다음과 같다.

중간 위도 지방의 여름 기상조건에서 거리 2km에 위치한 T-62 탱크를 90% 인지(recognition) 하여야한다.

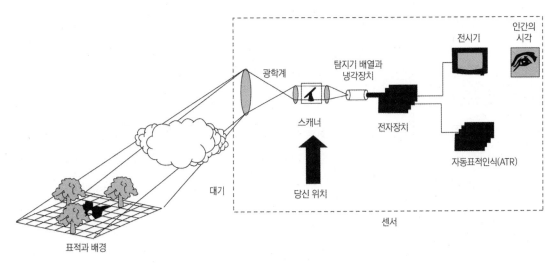

그림 8-23 탐지기와 스캐너 시스템

위 예는 특정표적에 기초한 시스템 요구사항으로, 이 요구사항은 반드시 센서 설계자에게 의미 있는 파라미터로 바뀌어야한다.

검출기(detector)는 센서시스템의 일부분으로 그림 8-23과 같이 광학신호를 전기신호로 변환한다. 검출기 요구사항은 입사되는 광학파워(optical power)에 비례하는 전기적 출력을 공급하는 것이다. 센서에서 검출기 구성품은 동작 스펙트럼 대역(spectral operation band), 감도(sensitivity), 분해능(resolution)과 같은 시스템-수준 파라미터(system-level parameter)를 결정하는데 중요한 역할을 한다. 추가로, 탐지기 물질특성과 작동온도가 파장별 반응(spectral response)을 결정한다.

검출기의 광자를 잘 받아들이는 대역(band) 또한 광에서 전기로의 에너지 전환과정을 위해 제시되어야한다. 검출기 감도는 물질, 파장, 검출기 크기, 대역폭, 차폐(shielding)의 함수이다. 그리고 분해능은 검출기 크기와 피치(중심-중심 사이의 간격) 그리고 광 초점길이(optical focal length)에 의해 결정된다.

전체 상(image)에 걸친 검출기 분포는 상을 단수 검출기나 선형 검출기 배열을 지나도록 스캔하여 얻을 수 있다. 초기 사이드와인더 미사일과 같은 구형 검출기는 단일 검출소자와 시야각(FOV) 전체를 스캐닝하기 위한 회전거울(spinning mirror)이나 망선(reticle)을 사용하였다. 많은 미사일 탐색기(seeker)가 아직도 이 기술을 사용하고 있으나 현재는 다수 개별소자의 배열을 초점면(focal plane)에 위치시키는 방식으로 변화되고 있으며 새로운 방식을 "string array" 또는 초점면 배열이라 한다. 이스라엘 Python과 AIM-9X 미사일에 사용되는 검출기가 새로운 방식을 사용한다.

다음에는 공간영상 표시(spatial image representation)를 위해 필요한 스캐너와 함께 분광 감도 (spectral sensitivity)와 검출기 분해능(detector resolution)에 대해 자세히 살펴보고자한다.

스캐너(Scanner)

광 검출기의 시야각(FOV)은 직렬 스캐닝(serial scanning), 병렬 스캐닝(parallel scanning), 초점 면 배열(focal plane array)의 세 가지 기술로 스캔된다. 광전시스템을 설계할 때 각 기술의 장단점 을 반드시 고려하여야한다.

직렬 스캐닝(Serial Scanning)

직렬 스캐너는 그림 8-24와 같이 광기계적으로 광경(scene)을 가로지르며 검출기 면적을 긴 띠 모양으로 스캔한다. 검출기 영상의 수평축은 회전거울(rotating mirror)을 통해 들어오는 열에너지 를 이용하여 형성되는 반면, 수직축 영상은 진동 프레임 거울(oscillating frame mirror)에 의해 조 정되는 반복적인 스캔에 의해 형성된다.

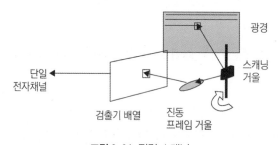

그림 8-24 직렬 스캐닝

검출기 배열은 다수(예들 들면 8개)의 개별 검출기 조각(strip)을 수직선 형태로 배열한 것으로 이 때문에 주사거울(scanning mirror)이 긴 띠 형태로 한 번 지나갈 때 열 영상의 8줄(line)이 스캔 된다. 그리고 이 스캔이 전체 시야각(FOV)에 대해 계속하여 수행된다. 위 방식에서 개개의 검출기 소자는 한 줄씩 그리고 동시에 한 소자씩 광경을 스캔하여 열 영상 1줄을 만들기 때문 이 방식을 직렬-병렬 처리과정(serial-parallel processing)이라 한다.

개개의 검출기 조각 사이에 공간은 광경 정보(scene information)에 간격(gap)을 발생시키고 전 시되는 영상의 분해능을 감소시킬 수 있다. 그러나 간격에 해당되어 놓친 영상은 스캐닝 절차에 통합되는 2 : 1 비월주사 특징(interlace feature)에 의해 확인할 수 있다. 비월주사(interlace scan) 방법은 각각의 필드(field)를 만든 후에 스캐너가 앞에서 놓친 필드의 일부를 포함하는 또 다른 필드를 생성하도록 조정된다.

이 두 개의 필드가 완전한 영상(프레임)을 구성한다. 이 방법은 빠른 스캐닝 속도가 요구되는데 예를 들면 각 필드는 60 Hz 비율로 생성되며 완전한 영상(프레임)은 30 Hz 비율로 갱신된다.

표 8-4 직렬 스캐닝의 장단점 비교

장점	단점
소형 개구 스캐너	높은 스캔속력
최소수의 전자 채널	큰 단일 빔폭
이미지 균일성	신뢰성
출력이 TV와 직접적으로 호환됨	

병렬 스캐닝(Parallel Scanning)

AH-1W 탑재 야간 표적조준시스템(NTS ; Night Targeting System)의 전방 감시 적외선 장치(FLIR)는 병렬 스캐닝의 한 예로 그림 5-25와 같이 광경을 가로지르며 탐지기 배열을 광기계적으로 스캔하기 위해 회전스캐너(rotary scanner)를 사용한다. 스캐너가 한번 회전할 때만다. 8필드(또는 4 프레임)의 열 영상을 제공한다.

하나의 FLIR 필드에 대해 각 면(facet)은 160개의 활성라인(active line)을 제공한다. 다른 면(facet)이 2:1 비월주사 특징을 가지는 320-라인 FLIR 프레임을 형성하기 사용된다. 인접한 활성라인들이 평균하여지고, 프레임당 480 라인의 열 영상을 제공하기 위해 평균라인(average line)이 인접한 활성라인 사이에 삽입된다.

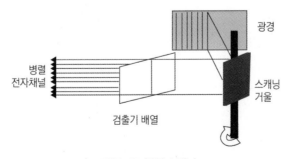

그림 8-25 병렬 스캐닝

표 8-5 병렬 스캐닝의 장단점 비교

장점	단점
낮은 스캔속력 작은 단일 빔폭	다수의 전자채널을 가지는 대형 탐지기 배열 이미지 불균일성 출력이 TV와 직접적으로 호환되지 않음

초점면 배열(Focal Plane Array)

UH-1N Star Safire는 FLIR 영상의 병렬처리(parallel processing)를 위해 320 × 240 초점면 배열을 사용한다. 초점면 배열은 그림 8-26과 같이 시야(visual field)에 대해 정지상태를 유지하는 센서의 체커보드(checkerboard)이다. 초점면 배열 시스템의 시각 분해능(visual resolution)은 77,000개의 센서에 필요한 다수의 전자적 채널을 사용 가능한 크기로 축소시키는 능력에 의존한다.

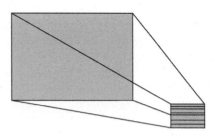

그림 8-26 초점면 배열

마이크로칩-식각(microchip-etching) 기술을 이용하여 배열 내 각각의 검출기를 자신의 데이터 경로(data path)에 부착하여 각각의 개별 픽셀(pixel)에 연속적인 자료갱신이 가능하다. 초점면 배열 기술은 스캐닝과 사실상 시스템의 모든 움직이는 부분이 불필요하여 시스템의 신뢰성을 일반적으로 증가시킨다.

또한 비월주사를 위한 "virtual scanning" 기능을 보유하여 640 × 480 영상을 전시할 수 있다. 초점면 배열 시스템은 가장 널리 사용되는 새로운 시스템이다. 새로운 모든 III 세대 FLIR 시스템도 초점면 배열을 사용한다.

표 8-6 초점면 배열의 장단점 비교

장점	단점
광학적 스캔이 불필요 작은 단일 빔폭(채널 당)	다수의 전자채널을 가지는 대형 탐지기 배열 다수의 병렬 전자채널 출력이 TV와 직접적으로 호환되지 않음

검출기(Detector)

광자(photon) 또는 양자(quantum)와 열 검출기(thermal detector)의 두 가지 유형의 검출기가 있다. 광자 검출기는 흡수된 광자 에너지를 방출되는 전자(electron)로 전이시킨다. 이와 달리 열 검출기는 넓은 파장대역의 에너지를 흡수한다. 열 검출기에 흡수된 에너지는 물질온도를 증가시킨다. 입사된 광학적 파워의 양을 식별하기 위해 전기적 특성의 변화가 측정되는데, 표 8-7은 이 두 유형의 검출기가 전기적 특성 변화를 측정하는 여러 방법을 나타낸다.

표 8-7 전자광학 검출기

광자 검출기(photon detector)	열 검출기(thermal detector)
광전도성(photoconductive)	볼로미터(bolometer)
광기전성(photovoltaic)	초전기성(pyroelectric)
광전자 방출(photoemissive)	

광자 검출기

광자 검출기는 광자를 흡수하여 자유전자를 생성하는데, 흡수 시 검출기의 온도가 상승하지는 않는다. 검출은 광자와 물질의 원자격자(atomic lattice)와의 직접적 상호작용에 의해 발생한다.

그리고 이 상호작용은 인덕턴스(inductance), 전압(voltage), 전류(current) 등의 물질 파라미터를 변화시킨다. 여기서 소개하는 검출기의 개념은 일반적으로 $0.2\ \mu m \sim 1,000\ \mu m$ 범위의 파장을 검출하는 것으로 한정한다. 다양한 밴드 갭(bandgap)을 가지는 물질을 선택하여 검출하고자 하는 파장을 정할 수 있다.

앞에서 설명하였듯이 광자의 에너지는 $E = h\upsilon$ 이고 여기서, $\upsilon = c/\lambda$ 이고 h 는 플랑크 상수 c 는 빛의 속력이다. 흡수가 일어나기 위해서는 광자의 파장이 충분히 짧아, 광자의 에너지가 물질의 밴드 갭보다 커야 한다.

진성 검출기(intrinsic detector)는 불순물(impurity)이 첨가되지 않았거나 격자에 결함(lattice defect)이 없는 반도체 결정(semiconductor crystal)으로 만들어진다. 효과적인 밴드 갭 에너지 조절을 위해 진성 검출기에 불순물이 첨가된다.

일반적으로 적외선 광자 검출기의 경우 광자에 의해 생성되는 신호 이하로 암전류(dark-current) 수준을 낮추기 위해 폐-사이클 냉각기(closed-cycle cooler)나 액체질소를 이용하는 극저온 냉각(cryogenic cooling)이 필요하다. 온도를 낮출수록 암전류 수준이 광자에 의해 생성되는 신호 수준 이하로 내려간다. 광 검출기의 반응도(responsivity)는 종종 양자효율(quantum efficiency)로 표현되는데 양자효율은 흡수된 광자당 전이(transition)가 발생하는 전자의 수를 의미한다.

진성 검출기는 약 69%의 양자효율을 가진다. 광전도성(photoconductive) 검출기의 양자효율은 30% ~ 60%이며 광기전성(photovoltaic) 및 광전자 방출(photoemissive) 검출기의 양자효율은 각각 60% 및 10% 이다. 광자 검출기 여러 유형 중 가장 많이 사용되는 검출 메커니즘은 광전도성, 광기전성, 광전자 방출 등 세 가지가 있다.

광전도체(photoconductor) 광전도성 검출기는 광자를 흡수하여 자유전자를 생성하는 반도체로 만들어진다. 자유전자는 검출기의 전도도와 저항을 변화시킨다. 단순 회로를 이용하면 전도도 변화를 나타내는 바이어스 전류(bias current)을 얻을 수 있다.

광전도체는 컨덕턴스(conductance)의 변화, 역으로의 저항 변화로 광학적 파워를 검출한다. 장파장 대역의 경우 진성 반도체에 불순물을 도핑한 물질을 이용하여 검출한다. P-형 외인성 반도체는 진성 반도체에 비해 전도대역 에너지 레벨(conduction band energy level)이 낮아지고 N-형 외인성 반도체는 원자가 대역(valence band)이 올라간다. 따라서 물질의 밴드갭이 줄어들어 보다 긴 파장을 탐지할 수 있다.

외인성 반도체의 양자효율은 약 30%로 낮은데 그 이유는 도핑된 불순물의 양이 본래 물질보다 적기 때문이다. 광전도체의 경우, 입사되는 광학적 파워가 증가하면 자유전자의 수가 증가하여 검출기의 유효저항이 감소한다. 전하의 미세변화, dq(단위:C) 는 아래와 같이 주어진다.

$$dq = E_p \eta_q w t_q e \, l_d \qquad\qquad (8\text{-}12)$$

여기서, E_p = 단위 면적(㎠) 및 시간 당 광자 내의 입사 복사 조도(irradiance)

$\quad\qquad w$ = 탐지기 폭(cm)

$\quad\qquad l_d$ = 탐지기 길이(cm)

$\quad\qquad \eta_q$ = 양자효율(quantum efficiency)

$\quad\qquad t_q$ = 전하(charge carrier)의 평균수명(초)

$\quad\qquad e$ = 전자의 전하 (1.602×10^{-19} C)

광기전성(photovoltaic) 광기전성 검출기는 P-N 접합에서 광자를 흡수한다. 정공-전자쌍(hole-electron pair)이 생성되어 접합전압(junction voltage)을 변화시킨다. 전압변화로 검출기 상 광학적 파워의 양을 식별한다. P-N 접합의 고유전압(inherent voltage)이 바이어스 없이 변화하며 바로 읽을 수 있다.

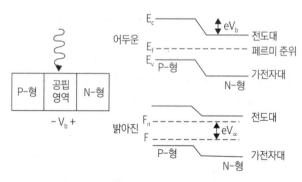

그림 8-27 광기전성 에너지

광전도체와 같이 광기전성 검출기는 물질의 분자 에너지 레벨에 기인하는 분광학적 특성을 가진다. 광기전성 검출기는 P-N 반도체 접합의 형태로 만들어진다. P-N 접합은 태생적으로 생성되는 전압을 가져 바이어스 전압이나 전류가 필요치 않다. 그림 8-27은 전형적인 광기전성 검출기의 에너지를 보여준다.

광자가 P-형과 N-형 물질의 접합부에 흡수되는데 이 부분을 공핍 영역(depletion layer)이라 한다. 여기서 접합은 조명에 의해 전압이 생성된 효과를 가지는 다이오드(diode)와 같다.

그림 8-27은 어두운 상태와 조명상태에 있는 다이오드를 나타낸다. 어두운 상태에서 전압은 공핍 영역을 가로지르는 P-형 및 N-형 물질의 전도대 에너지 레벨의 차이에 의해 생성된다.

광기전성 검출기의 전기적 특성은 다이오드의 특성과 유사하다. 이 유사성 때문에 광기전성 검출기를 광다이오드 검출기라 부르기도 한다. 광기전성 검출기는 광전도성 검출기에 비해 여러 장점을 가지는데, 민감성(responsiveness)이 우수하고, 바이어싱(biasing)이 단순하며, 이론적 신호 대 잡음 비가 우수하다. 광기전성 검출기는 일반적으로 빛에 의해 유도된 전압을 직접 측정하는 개방 회로(open-circuit) 모드로 동작하며, 이 모드는 외부증폭이 필요한 시스템에 비해 신호 대 잡음 비에서 이점을 가진다.

광전자 방출(photoemissive) 광전자 방출 장치는 광자가 흡수되었을 때 검출기 물질에서 물리적으로 방출되는 전자를 이용한다는 점에서 광전도성 및 광기전성 검출기와 다르다. 일반적으로 고전압의 진공관(vacuum tube) 내에 설치된 광전 음극(photocathode)이 광자를 흡수했을 때 그 에너지가 충분하면 즉, 전자의 일함수(work function)보다 높으면 진공 챔버 내로 전자를 방출한다. 전위(electric potential)에 의해 전자는 양극으로 이동한다. 전자가 양극에 도달하면, 광전 음극에

입사되는 광 복사속(optical flux)을 전류로 측정할 수 있다.

광전자 방출 검출기는 검출과정 중 감광성 물질(photosensitive material) 표면에서 방출하는 전자를 검출하는데, hv 의 에너지를 가지고 입사되는 광자는 검출기 물질 표면으로부터 전자를 방출시키는데 필요한 에너지를 공급한다.

그림 8-28은 이 절차를 나타내는데 광자가 광전 음극과 양극을 수용하는 유리싸개(glass envelope)로 입사된다. 일반적으로 유리싸개는 진공관으로 이루어져 있으며 그 표면에 전도성 물질을 증착(deposition)하여 음극을 형성한다. 광자 에너지가 흡수되면 자유전자를 생성하여 진공 내에서 양극으로 가속된다. 이때 광전 음극물질의 일함수를 극복할 만큼 충분한 에너지를 가지는 전자만이 물질로부터 방출된다. 방출된 전자들은 양극에 모여 전류를 생성하며, 그 전류의 양을 측정하여 광전 음극에 들어오는 광량을 식별할 수 있다.

광전 음극은 높은 광 흡수율과 작은 일함수를 가지도록 설계된다. 광전자 증폭관(PMT ; photo-multiplier)은 특별한 형태의 광전자 방출 검출기이다. PMT는 매우 낮은 수준의 빛을 검출하기 위해 큰 이득(gain)이 필요할 때 사용된다. PMT는 그림 8-29와 같이 광전 음극, 전자증폭관(electron multiplier), 수집 양극(collection anode), 진공 유리 또는 금속 싸개로 구성된다. 여기서, 전자증폭관(electron multiplier)은 다이노드(dynode)라고도 한다.

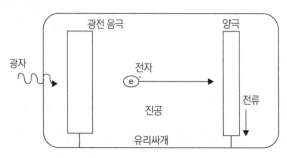

그림 8-28 광전자 방출 탐지기

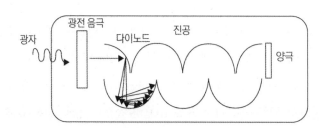

그림 8-29 광전자 증폭관(photomultiplier)

광전 음극에서 방출된 전자는 첫 번째 다이노드로 가속된다. 전자가 충분한 에너지로 첫 번째 다이노드에 부딪치면 이로부터 다수의 전자가 방출되어 다음 다이노드로 가속된다. 이러한 전자 증폭이 전체 다이노드에서 발생하므로 엄청난 수의 전자가 양극에 수집될 수 있다. PMT의 이득은 아래 식으로 예측할 수 있다.

$$G = \chi^n \ (\text{단위 없음}) \tag{8-13}$$

여기서, G = 전류이득(current gain)

χ = 다이노드(dynode)의 이차 방출율

n = 다이노드의 수

8의 이차 방출율을 가지는 9단 PMT는 약 10^8의 이득을 가진다. 이렇게 큰 이득과 낮은 잡음 때문에 PMT는 많은 분야에 관심을 끄는 검출기이다.

열 검출기(Thermal Detector)

열 검출기 물질은 온도에 따라 변화하는 고유의 전기적 특성을 적어도 하나 이상 가진다. 이 온도 관련 특성은 검출기에 입사되는 복사량을 식별하기 위해 전기적으로 측정된다. 열 검출기는 일반적으로 상온에서 동작하기 때문에 극저온 냉각장치가 필요 없다. 온도 변화는 검출기 물질의 전기적 특성에 해당하는 저항(resistance), 전압(voltage), 전기 용량(capacitance)의 변화를 생성한다. 이렇게 전기적 특성이 변하는 그룹을 열 검출기라 한다.

열 검출기에는 볼로미터(bolometer)와 초전기성(pyroelectric) 검출기의 두 유형이 있다. 볼로미터는 온도에 따라 물질의 저항이 변하기 때문에 서미스터(thermistor)라고도 한다. 열 검출기에 사용되는 물질에는 저항에 따라 높은 저항온도계수를 가지는 반도체가 사용된다. 이 물질은 일반적으로 흡수 코팅된 길고 좁은 줄 형태를 가진다. 흡수된 복사의 양을 식별하기 위해 이 줄의 전기 저항이 바이어스 전류로 측정된다.

과거에는 열 검출기가 느린 반응시간을 가졌으나 최근 수년 동안 중대한 발전을 통해 여러 응용분야에 사용 가능한 것으로 평가되고 있으며 오늘날의 열 검출기는 빠른 반응시간(response time), 낮은 잡음, 선형적 동작(linear operation) 특성 등 다수의 양호한 특성을 과시하고 있다. 최근 열 검출기의 감도(sensitivity)가 극적으로 향상되었다고 하나, 아직 광자 검출기의 성능에는 미치지 못하고 있는 실정이다.

볼로미터(bolometer) 볼로미터는 검출기 물질의 저항 변화를 이용하여 신호를 검출한다. 단순 볼로미터 검출기는 그림 8-30과 같이 얇고 검게 만들어진 금속이나 반도체 필라멘트(filament)를 사용한다.

입사되는 복사에 의한 볼로미터 저항의 변화는 아래 식으로 주어진다.

$$\triangle R_b = \triangle R_0 \alpha \triangle T \qquad\qquad (8\text{-}14)$$

여기서, $\triangle R_b$ = 볼로미터 저항 변화

$\quad\triangle T$ = 필라멘트 온도 변화

$\quad R_0$ = $\triangle T = 0$ 일 때 줄의 저항(strip resistance)

$\quad\alpha$ = 저항의 온도계수 $(1 / k)$

온도계수는 금속의 경우 양의 값이고 반도체의 경우 음의 값이다. 입사되는 복사가 없는 경우에도 주변 환경으로부터 전도에 의해 검출기의 변화가 존재한다. 이 변화는 사실상 통계적이며 잡음으로 작용한다. 이러한 이유로 검출기를 환경으로부터 분리시켜 입사되는 복사에 의한 신호만 검출한다. 환경으로부터 분리를 위해 바로미터 검출기를 진공 내부에 위치시키는 특수한 제조기술을 사용한다.

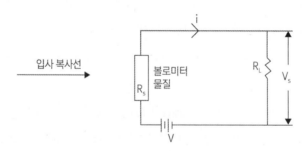

그림 8-30 볼로미터의 구성

초전기성(pyroelectric) 초기전성 검출기 또는 초전 검출기는 가장 많이 사용되는 열 검출기로 두 개의 전극 사이에 강유전성 물질(ferroelectric material)로 구성된다. 이 물질은 온도에 따라 분극(polarization) 값이 변화하고 전하를 외부로 방출한다. 따라서 이 물질은 온도에 민감한 전기 용량을 가지는 축전기(capacitor)라 생각하면 된다.

임의 축전기와 같이 측정을 위해 AC 신호가 필요하기 때문에 대부분의 초전 검출기는 입사되는 복사속(flux)을 변화시키기 위해 복사속을 잘게 자른다. 초전 검출기는 온도변화에 따라 표면 전

하가 변화하는데 이 초전 효과는 온도변화에 비례하는 전류를 발생시킨다.

$$i_p = P_T A_d \frac{dT}{dt} \tag{8-15}$$

여기서, i_p = 전류 (A)

P_T = 절도온도 T 에서 초전(기성) 계수 (C/cm² · K)

A_d = 탐지기의 표면적 (cm²)

dT/dt = 시간 당 온도 변화율 (K/s)

일정한 복사량이 검출기에 입사될 때에는 전류가 검출되지 않는다. 따라서 일정 복사 신호에 대해 온도변화를 전류로 생성할 수 있도록 초퍼(chopper)를 반드시 사용하여야 한다. 초전 검출기는 본질적으로 축전기이다. 초전 검출기의 감응도(responsivity)는 볼로미터의 감응도와 유사하다.

초전물질은 강유전체결정(ferroelectric crystal)으로 하나의 축을 따라 분극의 순간적 변화를 나타낸다. 이 유형의 검출기에는 티탄산 지르콘산 연(PZT)과 BST(barium strontium titanate)의 두 종류의 물질이 사용된다. 이 물질들의 분극은 온도에 따라 변화하며 그 정도는 초전 계수(ferroelectric coefficient)로 나타낸다. 이 종류의 열 검출기 특성은 넓은 스펙트럼에서의 반응시간으로 나타낸다.

전하결합소자(CCD; Charge-Coupled Device)

전하결합소자는 가시광선 대역에서 동작하는 휴대용 비디오카메라로 우리에게 매우 친숙한 장비이다. 물론 적외선 전하결합소자(IRCCD)도 존재한다. 전하결합소자(CCD)란 특정 검출기를 지칭하기보다는 검출기의 정보읽기 아키텍처(readout architecture)를 지칭한다. 전자결합의 기본개념은 일단 광자에 의해 생성된 전하가 퍼텐셜 우물(potential well)에 수집되면, 순차 처리(serial process)에 의해 선택적으로 옮겨지거나, 각각 검출기에 의해 읽혀진다.

전하결합소자는 일반적으로 금속 산화물 구조(MOS ; metal-oxide-structure)를 가지며 기본구조가 그림 8-31에 나타나 있다. 금속 전극과 회로기판(substrate) 사이의 V_g 양의 전압이 인가되면 다수 전하인 정공(hole)이 산화물 층(oxide layer)으로부터 멀어진다. 만일 광자가 이 영역에 흡수되면 전자-정공 쌍이 생성되는데 이때 광자가 흡수되려면 광자의 에너지가 물질의 밴드 갭보다 커야 한다.

전자결합소자는 아날로그 쉬프트 레지스터(shift register)로 클록 전압(V_g)이 인가되면 칩(chip)

표면을 따라 전하 묶음(charge packet)의 전체 순서(sequence)가 일제히 자리이동(shift)된다. 전하가 처음 묶음마다 다른데 이러한 전하 묶음의 순서가 칩과 연결된 출력 전극을 지나 이동한다. 이러한 전하 묶음을 읽기 위해서는 배열 내의 각 구성요소(component)가 주변에 위치한 구성요소와 순차적 쉬프트 레지스터(sequential shift register)로 연결된다. 시간 기록계(clock)는 시간지연을 제어하고 전하 묶음들의 시간을 측정한다.

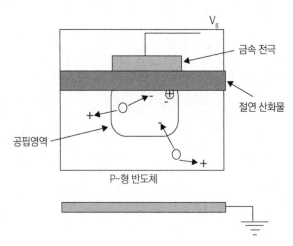

그림 8-31 금속 산화물(metal oxide) 표면

검출기 감응도(Detector Responsivity)

검출기의 기본 목적은 광학 신호를 전류나 전압으로 전환하는 것이다. 감응도란 입사되는 복사속에 대한 전기적 신호의 크기를 나타내기 위해 사용된다. 감응도는 파장과 시간 주파수의 함수로 아래와 같이 나타낼 수 있다.

$$R(\lambda, f) = \frac{V_{out}}{\Phi_{incident}} = \frac{V_{out}}{E(\lambda, f) A_d} \tag{8-16}$$

여기서, $R(\lambda, f)$ = 감응도 (Volt/watt)

V_{out} = 탐지기 출력전압

$\Phi_{incident}$ = 입사 속(watt)

$E(\lambda, f)$ = 입사 복사 조도(watt/cm²)

A_d = 탐지기의 면적(cm²)

전류 감응도는 초당 암페어의 단위를 가지며 그림 8-32는 일반적인 광자 검출기의 감응도를 나타낸다.

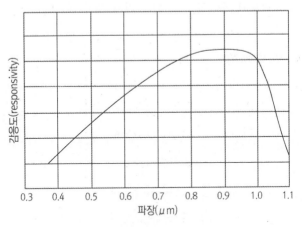

그림 8-32 감응도 곡선

감응도는 일반적으로 사양이나 검출기 제조사에 의해 측정되어 책자로 제공된다. 스펙트럼 대역[λ_1, λ_2]의 대역-평균 감응도(band-averaged responsivity)는 아래 식으로 나타낼 수 있다.

$$R = \frac{\int_{\lambda_l}^{\lambda_2} \Phi(\lambda) R(\lambda) d\lambda}{\int_{\lambda_l}^{\lambda_2} \Phi(\lambda) d\lambda} \tag{8-17}$$

여기서, R = 감응도 (Volt/watt)

이 값은 대부분 입사 복사속과 감응도가 대역 내에서 심각한 변화가 예상되지 않을 때 사용된다. 전자광학 시스템의 경우 감응도는 종종 광도측정 단위의 항으로 아래 식으로 주어진다.

$$R_{photopic} = \frac{\int_{\lambda_l}^{\lambda_2} \Phi(\lambda) R(\lambda) d\lambda}{683 \int_{\lambda_l}^{\lambda_2} V(\lambda) \Phi(\lambda) d\lambda} \tag{8-18}$$

여기서, $R_{photopic}$ = 감응도 (Volt/lumen)

$V(\lambda)$ = 인간 눈의 주간시 효율(photopic efficiency)

683은 최대 시각 효율(visual efficiency)을 나타내며 단위는 lumen/watt 이다.

식 8-18을 사용하여 얻은 광도측정 감응도(photometric responsivity)는 인간의 눈에 대한 반응과 유사하게 비교되는 전자광학 시스템에 대해 유효하다. 그러나 시스템 반응도가 인간의 눈 기준(reference)에서 멀어지면 실제와 예측 값 사이의 차가 크게 발생한다.

센서 대역폭(Sensor Bandwidth)

센서 대역폭은 예상되는 동작조건 범위와 표적 시그너처(signature)를 통해 최적의 감도를 얻을 수 있도록 선택되어야 한다. 센서의 대역폭은 일반적으로 0.5 ㎛ ~ 2.5 ㎛, 3 ㎛ ~ 5 ㎛, 8 ㎛ ~ 11 ㎛ 대기 창(atmospheric window) 대역으로 선택되며, 개구 또는 시야각(FOV) 상에 입사되는 센서가 검출하는 에너지양을 선택한다.

그림 8-33과 같이 센서 대역폭의 상한 및 하한 파장과 표적의 절대온도를 곱하여 일반 흑체 곡선(universal blackbody curve)에 적용하면 총 입사에너지의 백분율을 식별할 수 있는데 이를 대역폭 인수(bandwidth factor)라 한다.

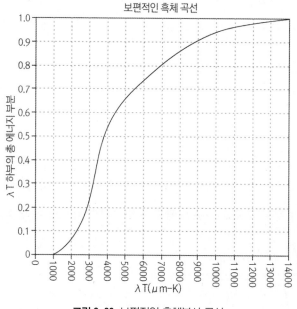

그림 8-33 보편적인 흑체복사 곡선

예제 8-3 : 8 ㎛ ~ 14 ㎛의 대역폭을 가지는 검출기에서, 대역폭의 제한 때문에 500°K의 물체로부터 방출되는 에너지 중 얼마의 에너지를 수신기가 처리할 수 있는가? 즉, 대역폭 인수를 계산하라.

풀이 : 대역폭의 상한 및 하한 파장에 대한 λT 를 구하면

$$\lambda_u T = 14\mu m \times 500\degree K = 7,000 \mu m \degree K$$

$$\lambda_l T = 8\mu m \times 500\degree K = 4,000 \mu m \degree K$$

이 값을 그림 8-33에 대입하면 가로축에서 상한 파장에 대한 $\lambda_u T$ 가 7,000 ㎛°K 인 값을 읽으면 세로축 값, 7,000 ㎛°K 이하의 복사에너지 부분의 값, $f_u = 0.81$ 이므로, 7,000 ㎛°K 이하에서 80%의 발산도(exitance)를 가짐을 알 수 있다.

하한 파장의 경우 $f_l = 0.51$ 이므로, 발산도의 51%가 4,000 ㎛°K의 $\lambda_l T$ 이하에서 복사된다.

따라서 대역폭 인수는

$$F = f_u - f_1$$

$$F = 0.81 - 0.51 = 0.3$$

대역폭 인수의 정의로부터, 단위 면적당 복사 파워, 발산도(exitance)의 30%가 이 수신기의 대역폭 내로 복사된다.

인간의 눈도 이와 유사하게 동작하는데 예를 들면, 약 30℃인 물체의 경우 우리 눈은 입사되는 복사의 10% 이하만 볼 수 있다.

센서 응답(Sensor Response)

센서 응답이란 수신된 에너지를 전기 신호로 변환하는 효율이다. 센서의 출력은 통상적으로 전압으로 측정되지만 입력 복사는 여러 형태로 표현된다. 적외선 복사에서 가장 많이 사용되는 표현은 온도차이(temperature differential)이다. 따라서 이 차이에 의해 생성된 전압이 센서의 응답이 된다.

레이저 검출기의 반응도(responsivity)는 양자 효율(quantum efficiency)로 나타내는데 이는 검출기에 부딪쳐 전자를 제자리에서 벗어나게 만드는 광자의 백분율을 의미한다. 레이저에 감도를 가지는 물질에 광자가 부딪치면 전자는 자유전자가 되어 전류가 된다.

감도(Sensitivity)

센서의 감도는 광학적 투과특성(optical transmission), 대역폭, 개구 크기(aperture size), 온도차이, 센서 응답(sensor response) 등 다수의 요인에 의해 결정되며, 표적에 대한 최소 분간 신호(MDS), S_{min} 으로 나타낸다. 이 항은 3 및 4장의 레이더 성능에서 학습한 것과 동일한 항이다.

감도가 증가할수록, 최소 분간 신호, S_{min} 은 감소한다. 센서 감도는 최대탐지거리를 결정하는데 있어 설계자가 제어할 수 있는 유일한 요소이다. 탐지를 위해 표적에서 입사되는 복사는 반드시 현저한 신호 대 잡음 비를 생성해야 한다.

표적신호 검출(Target Detection)

물체에서 발생하는 복사와 센서 검출기로 전파되는 복사의 정확한 양을 식별하기 위해서는 파장에 따른 대기 투과를 반드시 고려해야 한다. 센서 내의 검출기에 수신되는 복사량은 아래 식으로 나타낼 수 있다.

$$P_{sensor} = \int_{\lambda_l}^{\lambda_u} \frac{M_{source}(\lambda)}{\pi} A_{source} \Omega_{sensor} \tau_{atm}(\lambda) \tau_{sensor}(\lambda) d\lambda \qquad (8\text{-}19)$$

여기서, $\dfrac{M_{source}(\lambda)}{\pi}$ = 복사원의 복사 휘도(W/㎠/sr · ㎛)

A_{source} = 센서의 시야각 내에 위치한 복사원의 면적 (㎠)

Ω_{sensor} = 복사원에서 보는 센서 입사동(entrance pupil)의 입체각 (sr)

$\tau_{atm}(\lambda)$ = 복사원과 센서 사이의 대기투과 (단위 없음)

$\tau_{sensor}(\lambda)$ = 센서의 광학경로에서 투과 (단위 없음)

전자기파 복사를 투과하고 수신하는 모든 시스템은 원치 않는 요소인 잡음을 반드시 고려해야 한다. 적외선 시스템 내부의 잡음원은 검출기 표면 분자구조나 시스템과 관련된 전자회로 내의 열적 동요이다.

검출기의 잡음 등가 파워(NEP ; noise equivalent power)는 검출기 잡음과 등가의 출력신호를 생성하는 입력 복사속(단위 : 와트)이다. 따라서 잡음 등가 파워가 낮을수록 높은 감도를 가진다.

복사원은 온도의 함수로 검출기에 파워를 공급하며 검출기는 자신의 온도에 해당하는 파워를 복사한다. 또 다른 중요 요소는 복사원과 배경의 온도차이이며 배경 온도는 배경잡음(background noise)이라 한다.

다른 모든 검출방식처럼 열 검출은 차이를 식별하는 과정이다. 실제 검출에 있어 문제점은 여기서 설명한 것 보다 더욱 복잡하다. 복사원의 온도이외에도 방사율(emissivity)과 반사율(reflectivity)이 반드시 고려되어야 한다. 또한 주변 환경의 열 수준(thermal level) 및 기울기(gradient)도 고려되어야한다.

복사원의 온도가 검출기의 온도에 접근함에 따라 자체잡음이 표적신호를 가린다. 따라서 자체잡음을 낮추기 위해 검출기를 냉각하는 것이 중요하다. 앞에서 빈의 변위법칙은 최대복사 온도 및 파장과 관계를 나타냄을 확인하였다. 복사원과 검출기 사이의 온도차가 탐지기가 요구하는 최저 탐지 신호(minimum detectable signal)보다 낮으면, 배경에 의한 제한 때문에 시스템이 표적신호를 검출하지 못한다. 표적(복사원)에서 방출되는 복사에너지가 검출기의 자체잡음에 가려져 표적신호를 검출하기 못하는 시스템을 잡음에 의해 제한된(noise limited) 시스템이라 한다.

단순화된 적외선 거리 공식

지금까지 학습하였던 원리를 이용하여 표적의 최대탐지거리를 예측할 수 있다. 레이더 거리공식(radar range equation)와 유사한 논리를 이용하고, 양방향이 아닌 한 방향 진행에 대해서만 고려하면 아래의 적외선 거리공식을 얻을 수 있다.

앞의 식 7-19로부터 표적과 배경 사이의 발산도 대조, $M_{contrast}$를 구할 수 있다.

표적의 발산도(exitance)는

$$M_{contrast} = \sigma(\epsilon_t T_t^{\,4} - \epsilon_e T_e^{\,4}) \tag{8-20}$$

여기서, T_t = 복사원의 절대온도 (K)

T_e = 환경의 절대온도 (K)

ϵ_t = 표적의 방사율 (단위 없음)

ϵ_e = 환경의 방사율 (단위 없음)

σ = 슈테판-볼츠만 상수 (W/m²K⁴)

앞에서 설명하였듯이 발산도 대조는 양이나 음의 값을 가질 수 있으며 부호에 따라 전시기상에 배경보다 밝거나 어둡게 나타난다.

발산도 대조에 표적의 면적을 곱하면 방사속 대조(flux contrast)를 얻을 수 있다.

$$\Phi_{contrast} = \sigma(\epsilon_t T_t^{\,4} - \epsilon_e T_e^{\,4})A_{tgt} = M_{contrast}A_{tgt} \tag{8-21}$$

점 복사원이 구 형태로 퍼진다고 가정하면 특정 거리, R 에서 검출기에서 단위 입체각당 복사속(incidence), E 는

$$E = \frac{\Phi_{contrast}}{4\pi R^2} = \frac{\sigma(\epsilon_t T_t^{\,4} - \epsilon_e T_e^{\,4}) A_{tgt}}{4\pi R^2} \tag{8-22}$$

검출기의 유효면적(A_e)을 곱하면, 검출기에 입사되는 총 복사속(단위 시간당 에너지)은

$$\Phi_{DET} = EA_e = \frac{\sigma(\epsilon_t T_t^{\,4} - \epsilon_e T_e^4) A_{tgt} A_e}{4\pi R^2} \tag{8-23}$$

그러나 검출기가 입사되는 에너지의 일부만을 보기 때문에 대역폭 인수(bandwidth factor), F을 적용하면

$$\Phi_{DET\,Measurable} = \Phi_{DET}\,F = \frac{F\sigma(\epsilon_t T_t^4 - \epsilon_e T_e^4) A_{tgt} A_e}{4\pi R^2} \tag{8-24}$$

입사되는 에너지, $\Phi_{DET\,Measurable}$의 절댓값을 $S_{\min}$ 이라 놓고 거리, R 에 대해 풀면 아래 식을 얻을 수 있다.

$$S_{\min} = \frac{F\sigma(\epsilon_t T_t^4 - \epsilon_e T_e^4) A_{tgt} A_e}{4\pi R^2} \tag{8-25}$$

$$R = \sqrt{\frac{F\sigma\left|(\epsilon_t T_t^4 - \epsilon_e T_e^4)\right| A_{tgt} A_e}{4\pi S_{\min}}} \tag{8-26}$$

예제 8-4 : NASA 서브스테이션(substation)이 재진입 중인 우주선을 추적하라는 지시를 받았다. 아래 자료가 주어질 때 표적의 탐지거리를 구하라

우주선의 표면적 : 125 ㎡

탐지기의 대역폭 : 3 ㎛ ~ 5 ㎛

열-차폐 방사율(heat-shielded emissivity) : 0.7

우주선 표면 온도 : -575℃

재진입 고도에서 Te : -180℃

환경의 방사율 : 1.0

적외선 탐지기 개구 : 1.5 ㎡

적외선 탐지기 $S_{\min}$: 61.1×10^{-7} w/㎡K⁴

$\sigma = 5.67 \times 10^{-8}$ w/㎡K⁴

풀이 : 우주선의 발산도(exitance)는

$$M = \sigma(\epsilon_t T_t^4 - \epsilon_e T_e^4)$$

절대온도로 전환하면

$$T_{skin} = 575\text{℃} + 273° = 848°\text{K}$$

$$T_e = -180\text{℃} + 273° = 93°\text{K}$$

$$M_{contrast} = (5.67 \times 10^8 \text{s/m}^2\text{K}^4)((0.7)(848\text{K})^4 - (1.0)(93\text{K})^4)$$

$$M_{contrast} = 20,500 \text{ w/m}^2$$

총 파워 대조(power contrast)는

$$\begin{aligned}
\Phi_{contrast} &= M \times \text{면적}_{vehicle} \\
&= 20,500 \, w/m^2 \times 125 \, m^2 \\
&= 2.56 \times 10^6 \, w
\end{aligned}$$

탐지기는 3 ㎛ ~ 5 ㎛ 대역폭 내의 에너지만 사용할 수 있으므로, 대역폭을 적용하면

$$\lambda_u T = 5\mu m \times 848°K = 4,240\mu m°K$$

$$\lambda_l T = 3\mu m \times 848°K = 2,544\mu m°K$$

일반 흑체 곡선을 이용하여 4,240 ㎛°K 이하에 전체 복사 에너지의 0.55에 해당되며, 2,544 ㎛°K 이하에서는 전체 에너지의 0.13에 해당됨을 알 수 있다.

이로부터 대역폭 인수, F 을 계산하면

$$F = f_u - f_l$$

$$F = 0.55 - 0.13 = 0.43$$

식 8-26을 이용하여 최대거리를 구하면

$$R = \sqrt{\frac{0.43(2.565 \times 10^6 w)(1.5 \times m^2)}{(4\pi)(61.1 \times 10^{-7} w)}} = 146.6 \, km$$

야간관측장비(NVD; Night Vision Device)

야간 시력(night vision)을 향상시킬 수 있는 두 가지 방법이 있다. 첫 번째는 눈에 도달하는 빛의 양을 증가시키는 것이고, 두 번째 방법은 야간관측영상장비(NVIS ; night vision imaging system)나 전방 감시 적외선(FLIR) 카메라와 같이 일반적으로 감지할 수 없는 미세한 복사를 가시광선으로 스크린에 영상을 생성하는 빛 증폭(light amplification)을 이용한다.

야간 투시경(night vision scope) 또는 쌍안경은 현재 있는 맨 눈으로는 보기 어려운 너무 어두운 조건에서 빛을 증폭하여 우리 눈에 볼 수 있게 한다. 야간 관측 시스템(night vision system)에서 사용가능한 빛(광자)이 대물렌즈에 수집되어 장치의 기능중심인 영상증폭관(image intensifier)에서 초점을 형성한다. 이 증폭관 내에서 광자가 전자로 전환되어 강화된 영상이 전시기로 보내진다.

야간 투시경은 조도가 낮은 밤에 볼 수 있는 능력을 향상시키지만 완전한 어둠 하에서는 증폭할 빛이 없기 때문에 유용한 영상을 생성하지 못한다. 주변에 빛이 없는 아주 어두운 동굴, 창고 등의 장소에서는 부가적인 적외선 조명장치가 장착되는데 조명장치는 야간 투시경이 증폭할 복사원을 제공한다. 조명장치에서 방출되는 빛은 그림 8-34의 근 적외선 영역의 파장을 가지기 때문에 인간의 눈으로 볼 수 없다.

적외선 조명장치는 소량의 빛만 가능한 조건에서도 매우 유용하게 사용되는데 낮은 조도 조건에서 강화된 영상생성 능력을 가지며 조도가 낮은 지역에서 사용자가 이동할 때 보다 일관된 성능을 가진다.

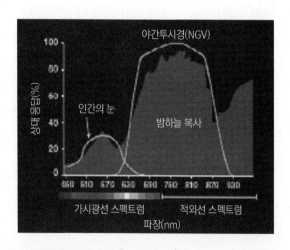

그림 8-34 밤하늘 복사에 대한 사람의 눈과 야간투시경 스펙트럼 반응 비교

영상증폭관(Image Intensifier Tube)

영상증폭관(I2)은 전자기파 스펙트럼 중 가시광선 및 근적외선 영역의 에너지를 검출하여 증폭하는 장치이다. 지형에서 반사되는 에너지는 그림 8-35와 같이 야간관측장비(NVD ; night vision device)로 들어가 대물렌즈에 의해 광전음극 상에 한 점으로 모이며, 광전음극은 가시광선 및 근적외선 에너지 부분에 감도를 가진다.

야간투시경의 전원공급 장치에 의해 생성되는 전기장은 광전음극으로부터 전자를 떼어내어 형광면(phosphor screen)으로 가속시키며, 형광면은 자신에 부딪치는 전자의 수와 속도에 비례하는 빛을 방출한다. 따라서 광전음극과 형광면 사이에 인가된 전기장은 결과적으로 야간투시경 영상의 밝기를 증가시킨다.

야시장비와 관련된 용어 중에 "세대(generation)"란 기술의 주요 진보를 나타내며 세대가 높은 장비일수록 보다 정교한 야시 기술이 적용된다. 다음에는 세대별 기술의 진보에 대해 살펴보자.

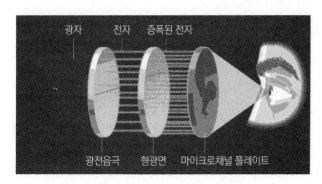

그림 8-35 일반적인 야간 영상 증폭장치의 단(stage)

0 세대 영상전환기(Image Converter)

이 장치는 2차 세계대전 시 최초로 시험적으로 사용되었으며 한국전쟁 시 적외선 탐지기와 함께 대형 적외선 탐조등(IR searchlight)만으로 구성된 장비가 사용되었다. 비록 현재의 야간투시경과 같은 영상증폭기는 아니지만 이 장비는 수동 야간영상 시스템을 개발하는데 많은 기여를 하였다. 0 세대 장치는 크기가 크고, 고장나기 쉽고, 파워가 부족하며, 탐지거리도 짧았으며 능동 적외선 센서로 동작하였다.

오키나와에서 사용된 M1 적외선 조준기(sniperscope), 그림 8-36의 한국에서 사용된 적외선 조준기는 표적에서 반사되는 광량을 미미하나마 증폭하였다. 이 장치들은 적외선 에너지를 보병이 볼 수 있는 가시광선 이미지로 단순 전환하였다.

이 장치들은 센서 장치 위나 근처에 위치한 능동 적외선 광원에 의해 표적지역을 조명하였다. 야간 투시경(night vision scope)은 표적에서 반사되는 적외선 광을 수집하여 사용자에 제공할 영상을 생성하였다. 불행히도 광원을 야시 장비를 가지는 누구나 볼 수 있기 때문에 장비를 운용하는 세력의 위치가 쉽게 노출되었다. 따라서 자신의 위치를 노출시키는 대형 적외선 탐조등은 원치 않는 존재가 되었다.

그림 8-36 구경 30 카빈총에 장착된 0 세대 적외선 조준기(infrared sniperscope)

I 세대 영상증폭기(Image Intensifier)

I 세대 야시 장비는 흐린 달이나 별빛, 심지어 흐린 밤하늘에서도 광원의 도움 없이 야간에 관측할 수 있는 장비이다. 완전하게 수동으로 동작하는 야간 시야 기술은 엄청나게 도약하였으며 야간 전술을 크게 발전시켰다. 기술적 진보에는 양호한 분해능과 높은 이득을 얻기 위한 진공형성(vacuum-tight), 용융 광섬유(fuzed fiber optics); 멀티 알칼리 광전음극(multialkali photocathode); 광섬유 입출력 창 등이 있다.

I 세대 증폭기는 단순한 정전관(electrostatic tube)으로 구성되며, 물체에서 반사된 빛이 알칼리로 여러 번 코팅된 광전음극에 부딪치면 광전음극에서 전자가 생성되어 형광면 상에 전시된다.

0 세대에 비해 놀라운 개량이 이루어졌지만 I 세대 증폭관은 완전 보름달 하에서 관측을 위해서도 감도가 떨어지고 빛의 증폭 또한 부족하였다.

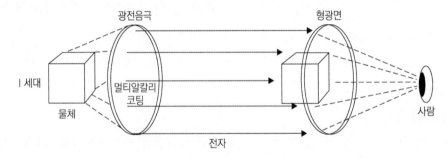

그림 8-37 I 세대 정전관(electrostatic tube) 기술

I 세대 기술의 최초 실전에의 사용은 베트남에서 저격병이 사용하였던 야간투시경(starlight scope)으로, 1960년대 후반 야전에 배치된 이 시스템은 그림 8–37과 8–38과 같이 3단(stage)의 단순 영상증폭관을 사용하여 빛을 증폭하였다. 3개의 영상증폭관은 직렬로 연결되어 주변 빛을 약 1,000배까지 증폭시킨다.

I 세대 장비는 부피가 크고 비효율적으로 사용상 부담이 많았으며, 신뢰성 또한 낮았다. 게다가 "블루밍(blooming)"이 발생하기 쉬웠는데 블루밍이란 장비의 시야각 내에 밝은 광원이 나타나면 증폭관이 동작을 멈추는 현상으로 이 현상은 증폭된 영상의 전체 대조(contrast)를 감소시킨다.

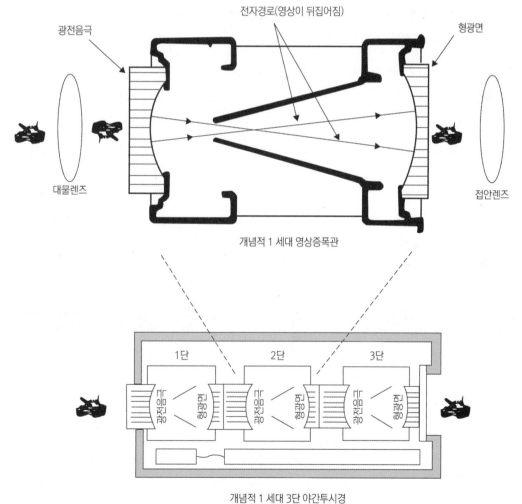

개념적 1 세대 영상증폭관

개념적 1 세대 3단 야간투시경

그림 8-38 I 세대 영상증폭관 기술

빛을 바로 바라보는 것은 영상관에 손상을 일으킬 수 있으며 관 면(tube face) 상에 점 또는 얼룩을 만들고 다른 문제인 스트리킹(streaking)과 왜곡(distortion)을 발생시킨다. 베트남 전쟁 동안 I세대 시스템은 관측, 야간 저격, 야간 지휘/통제 등 다양한 임무에 사용되었다.

II세대 영상증폭기

1960년대 후반에서 1970년대 초반 마이크로채널 플레이트(MCP ; micro channel plate)의 개발로 영상증폭관의 중대한 개량이 이루어져, II세대 영상증폭관이 탄생하였다. II세대 장비는 1/4 정도의 달빛과 같이 극도로 낮은 조도 조건에서 야간 관측이 가능하였다. 이러한 감도의 증가는 영상증폭관에 MCP 전자 증배기(electron multiplier)를 추가하여 이루어졌다.

MCP는 수천 개의 개별 속이 빈 관(hollow glass fiber)을 하나로 묶어서 원형 플레이트에 집어넣어 만든 납작한 규산납(lead-silicate) 유리 웨이퍼(glass wafer)이다. 그림 8-39와 같이 속이 빈 관의 내부는 음극에서 방출되는 전자를 가속시키기 위해 전도층(conduction layer)과 실리카 표면으로 코팅된다.

MCP의 개발로 야간투시경의 크기와 무게가 크게 감소하였다. 초기 충분한 전자 속도를 얻기

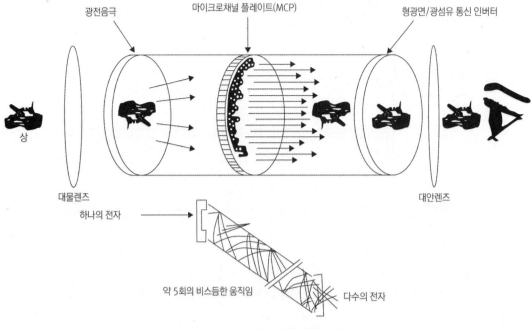

그림 8-39 II세대 영상증폭관 기술

위한 전압공급을 위해 I 세대 증폭관에 적용되었던 크기가 필요하였으나 에너지 효율이 우수한 MCP를 사용하여 크기가 감소되었다. 추가로 MCP에 의해 증폭이 이루어지면서 여러 단(stage)을 연결할 필요가 없어져 이 또한 크기를 줄이고 영상의 질을 향상시키게 되었다.

그러나 MCP 사용에 따른 II 세대 증폭관의 가장 큰 이점은 이득(gain)을 I 세대 장비의 1,000에서 대략 20,000까지 증가시킨 것이다. MCP는 실제 광전음극에서 방출된 전자를 가속시키는 대신 전자의 수를 증가시키기 때문에 이전 세대의 야간투시경에 비해 영상이 훨씬 덜 왜곡되며 더욱 밝다.

II 세대 영상증폭기는 그 크기가 작고 경량으로 그림 8-40의 AN/PVS-5와 같이 최초로 머리에 장착 가능한 시스템으로 개발되었다. II 세대 증폭관 또한 약간의 블루밍이 발생하는데, MCP에 의해 많이 감소되었다. MCP가 개별 채널의 포화(saturation)를 제한하여 대조가 저하되는 범위를 작게 한다. 이러한 대조 저하가 밝은 광원 주변에 "무리(halo)"처럼 나타난다.

또한 II 세대 시스템은 자동 휘도 조절(automatic brightness control)과 밝은 광원으로부터 보호 (bright source protection)의 두 가지 추가적 개량이 이루어졌다. 이 기능은 이득이나 형광면에서 사용자의 눈으로 들어가는 광량을 자동으로 조절하여 수행된다. 추가로 II 세대 장치는 보다 강화된 영상과 대조와 분해능을 가지며 증폭관의 수명도 길다.

그림 8-40 II 세대 AN/PVS-5

III세대 영상증폭기

III 세대 증폭기는 멀티알칼리 광전음극(S-20) 대신에 GaAs(gallium arsenide) 광전음극을 사용하고, 산화알루미늄(aluminum-oxide) 이온-장벽 필름(ion-barrier film)을 MCP에 적용하여 성능을 대폭 향상시켰다. 그림 8-41에서 GaAs 광전음극이 밤하늘 조명 수준(night sky illumination lever)과 환경적 대조 비(environmental contrast level)가 가장 큰 800 ㎚를 초과하는 파장에서도 유일하게 반응함을 알 수 있다.

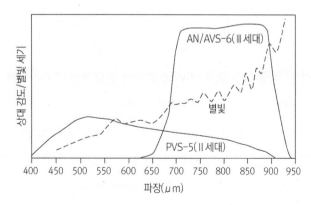

그림 8-41 Ⅱ와 Ⅲ세대 영상 증폭관의 스펙트럼 감도 비교

그림 8-42 Ⅲ세대 ANVIS-6

GaAs 기반 광전음극의 파장별 반응(spectral response)이 밤하늘의 자연조명과 잘 일치하기 때문에 Ⅲ세대 증폭관이 진정한 최초의 야간조준 시스템으로 간주된다. Ⅲ세대 증폭기의 이득은 35 ~ 47㏈이고 적색 영영으로의 반응 파장이 옮겨져 신호 대 잡음 비가 크게 향상되었다. 따라서 시력(visual acuity)이 3배 향상된다.

Ⅲ세대 증폭관에는 그림 8-43과 같이 마이크로채널 플레이트(MCP)와 형광면 사이의 광섬유 다발(fiber-optic bundle)이 추가되었다. 이 광섬유 다발은 마이크로채널 플레이트를 통해 형광면으로 들어오는 전자를 직접 나르기 때문에 보다 선형적으로 전자를 흐르게 하여 보다 높은 해상도와 빛 증폭이 가능하다. 마지막으로 이온-장벽 필름은 증폭관의 수평을 Ⅱ세대의 경우 2,000시간에 비해 Ⅲ세대에서는 10,000시간으로 증가시킨다.

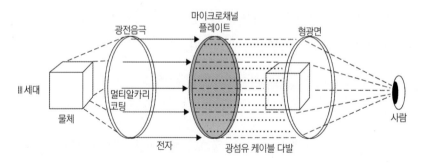

그림 8-43 Ⅲ세대 영상 증폭관 기술

Ⅳ세대 영상증폭기

Ⅳ세대 영상증폭관은 이제 막 출현하는 단계로 구성은 그림 8-45와 같다. Ⅳ세대 증폭관은 Ⅲ세대에서 사용하였던 이온-장벽을 없애 제조공정을 크게 단순화하고 제작비용도 줄였다. 또한 신호 대 잡음 비를 향상시켰으며 고-고 조도 수준의 상황(high-high-level situation)에서 더 나은 성능을 가진다.

	◯ 보름달 0.1lux	◑ 반달 0.05lux	◑ 상·하현달 0.01 lux	★★ 별빛 0.01lux	☁ 흐림 0.001lux
3세대	890 yds	890 yds	850 yds	580 yds	220 yds
2세대	690 yds	690 yds	650 yds	430 yds	160 yds
야시경 미사용	250 yds	150 yds	50 yds	*	*

*측정 불가

그림 8-44 키가 6 ft인 사람의 예상 탐지거리

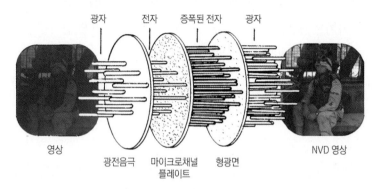

그림 8-45 영상 증폭관은 광자를 전자로, 반대로 전자를 광자로 변화시킴

IV세대 증폭관 기술은 고-고 상황에서 블루밍의 양을 더욱 줄일 것이다. 이 기술의 최초 사용된 장비는 미 해군 특수부대의 주/야 조준경이 될 것이다.

요약

이미징 시스템은 다양한 무기체계에 사용되는 중요한 센서이다. 대부분의 복사원(source)이나 표적은 넓은 파장영역의 스펙트럼을 방출하며 넓은 대역(broad band) 또는 열 복사체(thermal radiator)이다. 특정 표적은 최대 파장(peak wavelength)을 가지는데, 센서는 이 파장에 최적화된다. 예를 들어 고온의 제트 엔진으로 유도되는 공대공 미사일은 3 ㎛ ~ 5 ㎛ 대역에 보다 나은 감도를 가지는 센서를 사용하며, 탱크로 유도되는 공대지 미사일은 탱크몸체의 온도가 엔진보다 차갑기 때문에 8 ㎛ ~ 12 ㎛에 피크 파장을 가지는 센서를 사용할 것이다. 다른 복사원은 선택적 복사체라 불리며 단일 또는 좁은 파장 대역의 에너지를 방출한다. 배기가스와 레이저가 선택적 복사체의 좋은 예이다.

표적에서 방출되는 에너지는 항상 반사된 에너지와 방출된 에너지가 결합된 형태이다. 그러나 주변 조건, 대역폭 그리고 표적자체 특성에 따라 스펙트럼의 특정 부분이 다른 부분보다 쉽게 보인다. 일부 표적은 맨눈에는 거의 보이지 않지만 다른 감도 대역(sensitivity band)을 가지는 센서에는 잘 보인다. 흡수 때문에 일부 파장이 다른 파장보다 더 잘 보일 수 있다.

센서에는 기본적으로 빛 증폭(light amplification)과 열 센서(thermal sensor)의 두 가지 범주가 있다. 빛 증폭 센서는 가시광선 및 근적외선 대역에 주로 사용되며 동작을 위해서는 최소한의 반사된 빛이 필요하다. 열 센서는 표적에서 방출되는 열에너지만을 검출한다.

대부분의 센서는 보다 작은 센서들의 배열로 이루어져 파리의 눈과 유사하다. 각각의 작은 센서는 시야각(FOV)을 가지는 데 이를 순간 시야각(IFOV)이라 한다. 작은 센서들이 결합되어 전체 센서의 시야각을 형성한다. 초점깊이는 또 다른 중요 광학적 용어로 렌즈의 초점 길이 및 시야 조리개(field stop)와 관련이 있다. 이 용어들은 가시광선의 일반 특성이지만 전자광학 스펙트럼 전체에 동일 특성을 적용할 수 있다.

수중음향의 원리

서론

현대 잠수함의 성능은 두 종류의 핵심 속성에 기반을 두고 있다. 지속적인 잠수함의 은폐는 적으로부터 대잠무기 발사를 예방하기 때문에 스텔스가 주 방어적인 속성이 된다. 해양 무기체계들 중에서 유일하게 음향 환경을 활용하기 때문에 음향 센서와 무기를 이용하는 우수한 능력이 잠수함의 주 공격적인 속성이 된다. 음향 환경을 완벽하게 이해하는 것은 대잠수함전 모든 면에서 매우 중요하다.

잠수함을 공격하기 전에 잠수함을 탐지하여야 하고 특정 무기체계의 발사 요구조건 내에서 잠수함의 위치가 결정되어야 한다. 탐지 및 위치확인 두 가지 방법으로 공격이 가능하다. 대잠수함 작전을 수행하는 플랫폼은 에너지를 방사하고 그 에너지는 잠수함에 의해 반사되며 탐지 센서에 의해 탐지된다. 능동 센서로 알려진 센서들은 빛, 레이더파 또는 음파를 방사할 수 있다.

반대로, 대잠수함 작전을 수행하는 플랫폼들은 잠수함에서 방사되는 에너지를 탐지할 수도 있고, 잠수함의 존재에 의해 발생되는 어떤 환경적 변화도 탐지할 수 있다. 환경적 변화의 예로는 생물 발광, 지구자기장의 변화, 음파 방사 등이 포함된다. 이런 환경적 변화를 탐지하는데 적용된 센서가 수동 센서로 알려진 것들이다.

수중 센서에서 사용될 수 있는 에너지의 형태는 다음 세 가지 요인에 의해 결정된다.

1. 전달 거리, 또는 에너지가 얼마나 먼 거리를 이동하는 지

2. 분해능, 또는 여러 물체들 사이에서 차이점을 찾아내는 능력

3. 전달 속도

빛은 우수한 분해능 및 빠른 전달 속도를 가지고 있지만, 수중에서 전달 거리는 수십미터로 매우 제한된다. 그러므로 수중에서 빛을 이용하는 것은 제한되나, 이것은 빛이 수중작전에서 결코 사용

되지 않는다는 것은 아니다. 천해 잠수함 작전에서 종종 시각적으로 유용하기도 하여 광학 및 레이저 기반 탐지체계의 발전은 지속되고 있다. 무선 레이더 파와 같은 다른 전자기파도 빛과 비슷한 특성을 가지고 있다. 즉, 대부분의 주파수 대역에서 본질적으로 수중으로 전달되지 않는다. 전자기 스펙트럼의 저주파 대역에서는 전달거리가 충분하기는 하지만, 매우 긴 파장에 의한 낮은 분해능과 필요한 송신 장치 및 매우 큰 안테나 크기 때문에 탐지장비로써 거의 사용이 제한적이다.

자기장 및 중력장 왜곡은 그 세기가 거의 거리의 제곱에 따라 반비례하기 때문에 매우 짧은 거리에서 탐지가 가능하다. 비록 탐지거리가 빛 또는 레이더 파의 탐지거리보다 클지라도, 탐지거리가 단지 수백미터에 불과하여 넓은 지역의 감시에는 충분하지 않다. 그러나 지자기 왜곡 탐지장치(MAD)는 장거리에서 낮은 분해능 탐지체계에 의해 대략적인 잠수함 위치가 식별되었을 때 위치를 정확하게 식별하는 센서로 널리 이용된다.

화학, 열, 방사 신호 등 다른 비음향 현상들은 지속적으로 연구되고는 있으나, 작전적으로 효율성이 입증되지는 않고 있다.

비록 음향 에너지는 전자기 방사보다 느리게 전달될지라도 그 속도는 여전히 유용하다. 수중에서 음파의 전달 거리는 다른 모든 에너지의 전달거리보다 훨씬 크다. 일반적으로 음파의 분해능이 빛이나 다른 고주파 전자기 방사의 분해능보다 작을지라도, 대부분의 수중 센서들에게 적절한 분해능을 지원한다.

이런 속성들 때문에 음파는 수중작전에서 계속적으로 물리적 매체로 사용되고 있다. 음파 역시 수중에서 효과적인 사용에 제한성을 가지고 있지만, 수중 음파 장치 운용자들은 이런 제한점을 충분히 이해하고 있다.

기본 개념

음파

간단한 종이나, 복잡한 전기장치에 의해 생성된 모든 음파는 지극히 같은 방식으로 전달된다. 소리는 진동원에 의해 파동의 형태로 생성되고 전달되기 위해서는 물 또는 공기와 같은 매질을 필요로 한다. 예를 들면, 이런 매질들 사이에 설치된 피스톤을 생각해 보자. 피스톤이 앞뒤로 움직이면서 공기는 압축되거나 이완된다. 그러므로 파동은 근원지에서 외부로 매질을 통하여 전파되게 된다.

유체에서는 분자의 이동이 피스톤의 움직임 방향에 평행하게 전후부로 일어난다. 유체는 압축이 가능하기 때문에, 이러한 동작은 단위면적당 힘으로 정의되는 압력이 연속적으로 변하는 형태로 나타난다. 피스톤에 의해 생성된 압축과 이완은 연속된 압축파 대열을 생성한다. 그러므로 이런 교란(disturbance) 정도를 측정하는 음파의 계수는 압력이 된다.

음파의 이런 현상을 이해하기 위한 다른 방법은 스프링으로 연결된 무게 추들처럼, 어떤 물체들을 묶어서 연결한 줄을 생각하는 것이다. 그림 9-1에서 보는 바와 같이 줄을 따라서 교란(변위)을 전달하는 두 가지 방법이 있다. 첫 번째 방법은 연결된 줄의 수직 방향으로 힘(weight)을 가하면 된다. 이것은 횡파를 생성하게 될 것이다. 그러면 무게추가 축 방향으로 움직이기 시작하면서 이웃한 추의 스프링은 그 추를 원래 위치로 되돌려 놓는 복원력(restoring force)이 작용하게 된다.

다음 방법은 줄의 축을 따라 추에 힘을 가하는 것이다. 이것은 종파를 형성한다. 여기에서도 이웃한 추의 스프링은 이전 추를 원 위치로 되돌려 놓는 회복력이 작용하게 된다. 음파는 종파와 같이 동작하게 되고 스프링으로 연결된 물체들처럼 모델링될 수 있다.

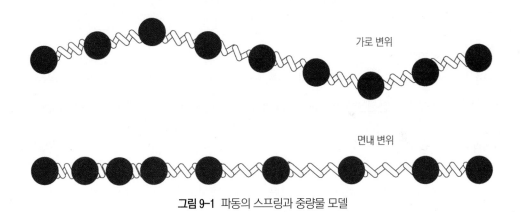

그림 9-1 파동의 스프링과 중량물 모델

전달 속도

그림 9-2의 사인파는 압력파 열을 도식화하여 보여주고 있다. 파가 어떤 주어진 지점을 통과할 때 유체 구성요소들은 압축되어 정지 압력(static pressure) 위 아래로 사인파가 진동하는 것과 같이 묘사되어 퍼져나간다. 압축과 이완 수준이 그래프에 표현되어 있다.

이 그래프에서 주목해야 할 두 가지 중요한 점이 있다. 첫 번째는 P로 표시된 사인파의 최대 진폭으로 파열의 해당 위치에서 유체에 존재하는 정지 또는 유체 정압(hydrostatic pressure) 상하

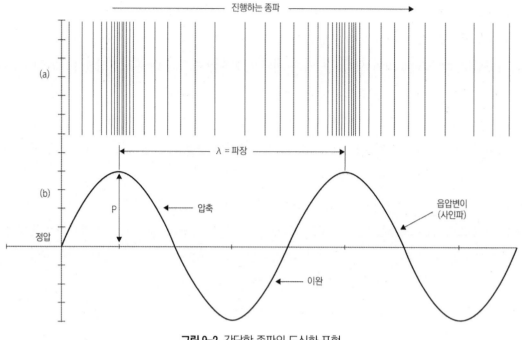

그림 9-2 간단한 종파의 도식화 표현

최대 압력 편위를 나타낸다.

주목할 두 번째 특성은 파열은 매질에서 음속, c로 전달되고 있을 것이다. 음속의 단위는 m/s로 표시한다. 그림 9-2에 표현된 3개의 음파 관련 계수들 사이의 관계는 아래 수식 9-1과 같다.

$$주파수(f) = \frac{속도(c)}{파장(\lambda)} \tag{9-1}$$

이것은 2장에서 보았던 전자기 에너지와 같은 관계를 보여준다.

최종적으로 그림 9-2의 사인파와 같이 표현될 수 있다. 그림으로 표현하고, 생각하기에 약간의 어려움이 있겠지만, 그림 9-2에서 표현된 평행선들이 파열이 통과함에 따라 유체 내에서 구성요소들의 동작을 표현한 것이다. 구성요소들이 압축되었다가 퍼져 나감에 따라 그들의 동작 또한 사인파에 의해 수학적으로 표현될 수 있다. 그러나 그 구성요소들은 정해진 일정 위치에서 전후로 진동하고 있을 것이다. 최대 진폭은 정해진 위치로부터 최대 변위가 될 것이다.

이 변위 값들에 대한 한 예로서, 공기 중에서 인간에 의해 거의 들을 수 없는 미약한 1,000Hz는 대기압의 백억 분의 2정도의 압력 변화를 가지고 있다. 해당하는 입자의 변위는 약 10^{-9}cm가 된다. 비교해서 말하면 원자의 직경이 약 10^{-8}cm이다.

그런 압력 교란이 매질을 통하여 전달됨에 따라 매질 어떤 지점에서의 압력은 전자기 전달에서 와 같이 어떤 특정한 파가 근원지를 출발한 이래로 경과한 시간 t와 근원지로부터의 거리 r에 관한 식으로 아래와 같이 표현할 수 있다.

$$P(r, t) = P(r)\sin\left[\frac{2\pi}{\lambda}(r - ct)\right]$$ (9-2)

최대 진폭 P(r)이 근원지로부터 거리에 따라 어떻게 달라지는지에 주목하기 바란다. 파 간섭 효과를 무시했을 때, 압력 교란의 진폭은 항상 감소할 것이다. 그러므로 수식 9-2는 감소하는 진폭에 대한 사인파를 나타내게 된다. 그러나 만약 거리가 고정된다면, 압력은 단지 시간에 대한 함수가 되어 수식 9-2는 아래와 같이 간략하게 표현될 수 있다.

$$P(t) = P_A\sin\left[2\pi(ft)\right]$$ (9-3)

P_A는 거리 r에서의 최대 진폭을 의미한다.

세기(Intensity)

진행하는 음파는 움직이는 입자들의 운동에너지와 유연한 매질에 형성되는 위치 에너지(potential energy)와 같은 기계적 에너지를 운반한다. 파가 전달되고 있기 때문에 초당 어떤 에너지 량 또는 힘이 어떤 단위 면적을 지나가게 된다. 단위 면적당 미치는 이 힘 또는 출력 밀도를 파의 세기(I) 라고 한다. 뒤에서 설명하겠지만, 파의 세기는 음압의 제곱에 비례한다. 즉, I α P^2 가 된다. 세기에 관한 관계를 정의하기 전에 두 변수들에 대한 설명이 선행되어야 한다.

첫 번째 변수는 압력에 대한 제곱평균 제곱근(rms, root mean square)이 된다. 수식 9-2에서 보여주는 최대 압력값 P는 실질적인 값이 아니고 제곱평균 제곱근(rms) 압력값이 된다. 교류(AC)회로에서 측정되는 전압과 음압 사이에 유사점이 존재한다. 대부분의 전압계는 제곱평균 제곱근 (rms) 전압을 측정한다. 사인파 전압의 제곱평균 제곱근(rms)값은 간단히 첨두전압(peak voltage)를 $\sqrt{2}$로 나눈 값이 된다. 예를 들면, 일반적인 115V 전선 전압은 약 162V의 첨두 전압값을 가지고 있다. 제곱평균 제곱근(rms) 압력값을 구하기 위해서는 앞에서와 같이 P를 $\sqrt{2}$로 나누면 아래와 같이 구할 수 있다.

$$P_e = P_s = \frac{P}{\sqrt{2}}$$ (9-4)

이 교제에서는 수중청음기로 측정된 압력과 같이 실질적인 값과 제곱평균 제곱근(rms) 압력값을 P_e로 표현할 것이다. 압력의 단위에 대한 설명은 추후에 구체적으로 거론할 것이다.

두 번째로 설명해야할 변수는 세기가 실제 압력 제곱과 같게 해주는 비례 인수이다. 비례 인수는 서로 곱해지는 2개 항, 각각 유체 밀도 ρ와 파의 속도 c 으로 구성된다. 서로 곱한 값, ρc는 특성 임피던스로 불리며, 음향 매질의 이 특성이 바로 전류의 세기가 전압의 제곱을 저항으로 나눈 값과 같이 전류회로에서의 저항 또는 임피던스와 동일한 개념이다.

추가적으로 임피던스는 간단한 예로 설명되어질 수 있다. 공기와 물같이 서로 다른 매질이 인접하고 있을 때, 두 매질의 경계면은 불연속면으로 불린다. 음향 에너지가 한 매질을 이동하다가 불연속면을 만나면, 음향 에너지의 어떤 부분은 불연속면을 통과하여 계속 전달되고, 어떤 부분은 기존 매질로 반사되기도 할 것이다. 특성 임피던스들 사이에 차이가 크면 클수록 반사되는 에너지의 비율이 커지게 될 것이다.

공기와 물의 속도 차이는 약 1,100m/s가 된다. 그러므로 음파가 수중에서 전달되다가 표면을 만나면 단지 작은 양만 공기 중으로 전달된다. 음향 에너지의 대부분이 공기와 물의 경계면에서 수중으로 반사된다.

분명히 특성 임피던스를 비교할 때 일정한 단위를 유지하는 것이 중요하며, 음향 정보의 다른 발원지를 평가할 때는 각별한 주의도 요구된다.

이제는 음향 세기에 대하여 수식화하는 것이 가능하다. 일반적인 파 진행방향에 대하여 단위면적당 평균 세기는 아래 수식과 같다.

$$I = \frac{P_e^2}{\rho c} \tag{9-5}$$

음향 세기의 단위는 일반적으로 W/m²을 사용한다. 수식 9-5에서 중요한 점은 음파열의 전송능력인 세기는 압력에 의존적이라는 것을 보여주고 있다. 만약 수중에서 제곱평균 제곱근(rms) 압력을 측정 가능하다면, 그 음향의 세기를 계산할 수 있다.

이것을 수행할 수 있는 한 가지 방법이 수압변화를 전압으로 변환해 주는 마이크로폰과 같은 전기 음향장치인 하이드로폰을 이용하는 것이다. 그러므로 P_e은 적절한 조절을 통하여 하이드로폰의 전압계에서 직접 확인할 수 있다.

음압 수준(Sound Pressure Level)

음향 관련 인자들을 측정하고 논의하기 위해서는 적절한 체계가 필요하다. 압력은 단위면적당 작용하는 힘으로 정의하였다. 많은 사람들이 영국 단위체계인 psi(pound per square inch)에 익숙할 지라도, 음향학에서는 주로 N/m^2 또는 $dyne/cm^2$를 오랫동안 사용하였다.

두 개의 단위 중에서 $dyne/cm^2$가 가장 일반적으로 사용되었고, microbar(μbar)라는 다른 이름으로도 사용되었으며, 이는 표준 대기압의 약 1/1,000,000과 같은 값이 된다. 수중 음향에 대해서는 다른 모든 값을 측정할 때 사용되는 $1\mu bar$의 압력 참조값이 설정되었다. 대기중 음향에 대한 압력 참조값은 사람이 거의 들을 수 없는 1,000Hz에 대한 세기가 되기 때문에 0.0002bar이다.

최근에 더 많이 사용되는 것 중에는 파스칼(Pa)로 알려진 N/m^2 가 있다. 이로부터 나온 표준 참조값은 $10^{-6} N/m^2$ 의 값을 갖는 μP이 있으며, 표 9-1에 관련 값들이 정리되어 있다.

표 9-1 음향 참조 값 전환 인수들

$1\mu bar$	$= 1 dyne/cm^2$
	$= 10^5\ \mu Pa \fallingdotseq 10^{-6}$ 대기압
$1\mu Pa$	$= 10^{-6}\ N/m^2 = 10^{-5}\ \mu bar$
	$= 10^{-5}\ dyne/cm^2 \fallingdotseq 10^{-11}$ 대기압

음향 현상에 대한 이론적 조사에서 음압 단위를 N/m^2 로, 음향의 세기를 W/m^2 로 표현하는 것이 종종 편하기도 하다. 그러나 실질적인 공학적 연구에 있어서는 같은 크기의 값을 음압 수준으로 알려진 로그 스케일을 이용하여 표현하는 것이 통상적이다.

그 이유는 사람 귀의 주관적인 반응과 부분적으로 관련이 있다. 사람의 귀는 최대 $100,000,000\mu P$에서 $10\mu P$ 크기의 압력 교란을 가지고 있는 소리를 들을 수 있다. 매우 광대한 범위에서 변하는 압력을 논할 때, 최소 청취 가능한 교란이 최대치의 1/10,000,000과 같은 경우에 복잡한 문제가 발생하게 된다.

수중음향학에서는 크기에 있어서 훨씬 더 큰 변화량을 가지고 있는 유용한 압력들이 일반적으로 존재한다. 좀 더 처리 가능한 숫자로 만들기 위해서, 크기 및 실질적 처리 측면 모두에서 원래 숫자보다 로그 스케일이 더 잘 이용된다.

예제 9-1: P_e=100,000,000μPa인 음향신호와 P_e=10μPa인 두 음향 신호를 비교하여 보자. 두 신호의 비는 아래와 같다.

$$\frac{P_1}{P_2} = \frac{100,000,000\mu Pa}{10\mu Pa} = 10,000,000 = 10^7$$

그러나, 수중음향학에서는 주 관심을 갖는 특성이 압력보다는 음향세기이다. 압력과 같이 음향세기는 어떤 표준 세기, I_0 에 대한 비로 표현되고, 로그가 취해진다. 그러므로 세기 수준(IL, intensity level)은 아래 수식과 같이 정의된다.

$$IL = 10\log(\frac{I}{I_0}) \tag{9-6}$$

여기서 세기 수준(IL)은 dB단위로 측정된다.

그러나, 단 한 가지의 세기 참조값(공기중에서 10^{-12} W/m²)과 많은 압력 참조값이 있기 때문에, 세기 수준(IL)은 압력에 관한 식으로 표현되어질 수 밖에 없다. 수식 9-6에 수식 9-5를 대입하면, 세기보다 압력을 바탕으로 하는 세기 수준의 새로운 표현식을 구할 수 있다.

$$IL = 10\log(\frac{\frac{P_e^2}{\rho c}}{\frac{P_0^2}{\rho c}}) \text{ 또는 } IL = 10\log(\frac{P_e^2}{P_0^2}) = 20\log(\frac{P_e}{P_0}) \tag{9-7}$$

참조 세기값과 압력이 같은 음파에서 측정되었다고 가정할 때, 음압수준(SPL, sound pressure level)이라고 불리는 새로운 음향 수준이 아래와 같이 정의될 수 있다.

$$SPL = 20\log(\frac{P_e}{P_0}) \tag{9-8}$$

음압수준(SPL)는 매우 작은 dB 단위 값을 가진다. 일반적으로 음향 측정에서 사용되는 마이크로폰과 하이드로폰의 출력 전압은 압력에 비례하기 때문에, 음압은 음향 분야에서 가장 쉽게 측정되는 변수가 된다. 이러한 이유로 음압 수준은 음향수준을 표현하는 데 가장 폭넓게 이용되고 있기 때문에 수중음향학에서 대부분 압력 참조값들이 이용되는지를 말해 주고 있다. 아래 수식에서 보는 바와 같이 세기수준(IL)과 음압수준(SPL)은 수치적으로 동일함을 인식하기 바란다.

$$IL = 10\log(\frac{I_e}{I_0}) = 20\log(\frac{P_e}{P_0}) = SPL \,, \quad I_0 = \frac{P_0^2}{\rho c} \tag{9-9}$$

데시벨(Decibel)

데시벨은 많은 이론적인 이유 때문에 음향학자들이 채택하여 사용하고 있다. 첫째로, 수치적으로 많이 변화하는 값들을 처리하는 데 편리한 로그 단위이다. 로그는 곱하기와 나누기 연산이 더하기와 빼기로 감소되기 때문에 계산을 간단하게 해준다.

두 번째로 인간의 감각은 빛, 소리, 열과 같은 자극에 적당한 로그적인 반응을 가진다. 예를 들면, 사람의 귀는 10과 100의 압력 사이에서 느끼는 시끄러움과 1과 10사이의 압력에서 느끼는 시끄러움의 변화를 거의 같게 느낀다.

그리고, 최종적으로 수중음향학 분야에서 주 관심사는 절대적인 수치적 값보다는 신호 수준과 세기 수준의 비에 있다.

데시벨 계에서는 벨(bel)이 두 힘 크기의 비를 표현하기 위한 로그 스케일의 기본적인 나눗셈이 된다. 그런 비를 표현하기 위해 사용되는 많은 bel 값들은 비율에 밑수가 10인 로그를 취한 값이 된다. 음향학자들은 bel이 그들 분야에 적용하기에는 너무 큰 단위라고 결정했고, 따라서 그들의 기본 로그 단위를 사용하는 것처럼 데시벨(1/10bel)을 채택하였다.

표 9-1의 변환 인수들은 그들 자체적으로 사용하기에 힘든 면이 있지만, dB로 표현 된다면, 단지 더하기, 빼기만 필요하다. 압력 참조값 1bar를 10Pa로 변환할 때는 간단히 100dB를 더하기만 하면 된다. 0.0002bar를 1Pa로 변환할 때는 간단히 26dB를 더하면 된다. 1Pa를 다른 값으로 변환할 때는 단순히 적절한 값만 빼주면 된다.

데시벨 단위, 세기와 압력에 관한 관계를 이해하고 전환하는 데 있어서 아래와 같은 것을 기억하면 유용할 것이다.

세기에서 2의 인자는 +3dB

세기에서 0.5의 인자는 −3dB

세기에서 10의 인자는 +10dB

세기에서 0.1의 인자는 −10dB

압력에서 2의 인자는 +6dB

압력에서 0.5의 인자는 −6dB

압력에서 10의 인자는 +20dB

압력에서 0.1의 인자는 −20dB

세기 수준과 음압 수준을 이해하는 데 있어 비록 크기들은 비교되고 있을지라도 데시벨 단위가 힘 또는 에너지의 비라는 것에 주목해야 한다. 음향 계산에서 일반적으로 발생하는 문제는 적용 가능한 대역폭 내에서 개별 세기가 계산된 후에 전체 세기 수준을 구하는 것이다.

그런 상황은 소나 방정식(뒤에 거론됨)에서 소음수준으로 불리는 값을 계산할 때 직면하게 되며, 소음수준은 실질적으로 환경 소음과 자기 소음의 조합으로 이루어진다. 데시벨 단위를 사용할 때는 비슷한 세기 수준을 단순히 더하고 그들의 합계를 사용하는 것이 불가능하다.

예를 들면, 두 개의 30dB 신호를 더하면 총 세기 수준은 예상했던 대로 60dB가 아니고 33dB가 된다. 이에 대한 이유는 위에서 말했던 것처럼 세기가 두배가 되면 데시벨에서 +3dB의 변화가 일어나기 때문이다.

서로 다른 수준 값들을 처리할 때 그 처리 과정은 더 복잡해진다. 그림 9-3은 dB1과 dB2의 조합에서 예상했던 것처럼, dB1-dB2에서 dB1 수준 이상으로 증가한 dB 값을 결정하기 위해 사용될 수 있다. 이 과정은 여러 개의 세기 수준에도 확장하여 적용할 수 있다.

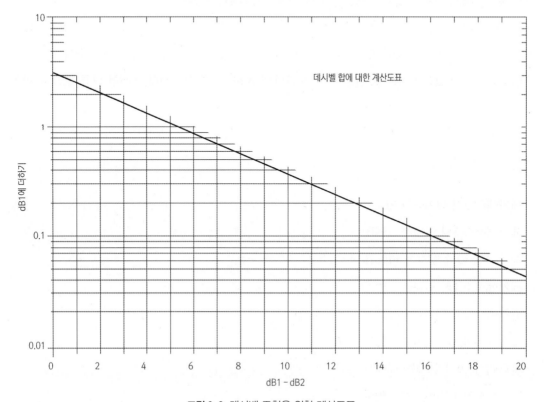

그림 9-3 데시벨 조합을 위한 계산도표

그러나, 두 개 이상의 세기를 조합할 때는 역로그(antilog)를 사용하는 것이 종종 더 쉬울 수 있다. 역로그는 각각의 세기 수준을 세기 단위로 전환하고, 그들의 합을 구한 후 다시 로그로 전환하면 dB 수준을 구할 수 있다. 어느 방법을 사용하더라도 소음 수준에서는 같은 값이 나온다.

예제 9-2: 세 개의 음압수준(SPL) 63, 64, 66dB이 수신되었다. 세 개의 수준이 조합될 때 총 SPL은 어떻게 되나?

풀이: 계산도표 방법

단계 1 :

$$66dB - 64dB = 2dB$$

2dB에 해당하는 값을 계산도표에서 찾으면 2dB가 되고, 그 찾은 2dB를 66dB에 더한다.

$$66dB + 2dB = 68dB$$

단계 2 :

$$68dB - 63dB = 5dB$$

5dB에 해당하는 값을 계산도표에서 찾으면 1.2dB가 되고, 그 찾은 1.2dB를 68dB에 더한다.

$$68dB + 1.2dB = 69.2dB$$

그러므로 최종 값은 아래와 같이 구할 수 있다.

$$63dB + 64dB + 66dB = 69.2dB$$

계산도표 방법을 이용할 때 순서에는 상관이 없음을 보여주고 있으며, 다양한 값을 적용하더라도 결과를 찾을 수 있다.

역로그 방법

이전에 서술한 바와 같이 이 방법은 훨씬 더 정확한 방법이지만 계산기 또는 계산자가 필요하다.

$$총\ SPL = 10\log(10^{\frac{63}{10}} + 10^{\frac{64}{10}} + 10^{\frac{66}{10}}) = 69.28\ dB$$

세기 측정에 있어서 표준화가 이루어지기는 했지만, 다른 크기의 값을 가진 것들에는 적용이 어려운 경우도 있다. 거리는 yds, km, NM로 표현된다. 깊이는 ft, m, 파담으로 주어지기도 한다. 음속은 ft/s 또는 m/s로 표현되고, 함정의 속도는 노트로 표현된다. 온도는 일반적으로 화씨 또는 섭씨로 명시된다. 이 다양한 단위들 때문에 수중음향을 거론할 때 사용자들이 잘못 이해하지 않도록 주의해야 할 것이다. 이 책에서는 가능하면 SI 단위를 사용할 것이다.

바다에서의 음속

물리학에서 우리는 가스가 전송매질일 때 밀도가 높은 가스일수록 음속이 낮아진다는 것을 알고 있다. 그러나 수중에서의 음속은 공기 중에서의 속도보다 약 4배가 빠르다. 이 명백한 모순에 대한 이유는 음속에 영향을 미치는 다른 더 중요한 인자가 있다는 것이다. 앞에서 밝혀진 바와 같이 음속은 주로 밀도보다는 매질의 탄성에 의해 결정되어진다.

탄성은 어떤 물체에 작용하던 변형시키는 힘이 제거되었을 때 원래의 크기, 형태로 회복되거나, 원래 형태를 유지할려고 하는 물체의 특성을 말한다. 주 관심은 용적 탄성 또는 용적 계수(β)로, 단위 용적당 용적 변화량(strain)에 대한 단위 면적당 작용하는 응력(stress)의 비로 구할 수 있다.

$$\beta = \frac{응력(stress)}{단위용적당변화량(strain)} \tag{9-10}$$

액체의 용적을 변경하기 위해서는 같은 용적의 공기를 변경하는 것보다 훨씬 더 큰 힘이 필요하다. 그러므로 가스에 대한 용적 계수가 액체에 대한 용적 계수값보다 훨씬 크다. 음속, c는 밀도에 대한 용적계수에 루트를 취한 값과 같고 수식 9-11과 같이 표현할 수 있다.

$$c = \sqrt{\frac{\beta}{\rho}} \tag{9-11}$$

수식 9-11에서 c는 매질에서의 음속, β는 용적 계수, ρ는 밀도를 의미한다.

해수는 공기보다 거의 수천배 밀도가 높을지라도 물의 매우 큰 용적계수가 음속을 결정하는 데 매우 중요한 요소가 된다. 그러나 중요한 것은 음속의 변화를 유발하는 것은 두 매질의 차이가 아니라 수중에서의 조건이라는 것이다.

대기에서 빛의 속도와 전자기 에너지에 대한 가정과는 반대로 해양은 동일한 매질로 구성되어 있지 않고, 해양에서의 음속은 위치마다 변한다. 음속의 변화는 음향 전송에 영향을 미치는 매우 중요한 특성 중의 하나이다. 해양에서 음속에 영향을 미치는 세 개의 주 요인은 염도, 압력, 온도이다.

평균 염도는 32~38ppt(parts per thousand) 정도가 되고, 대양에서는 어느 정도 일정한 염도값을 갖는다. 염도의 변화는 음속의 변화를 일으키면서 용적계수 변화에 영향을 주는 밀도에도 약간의 변화를 야기한다. 대양에서 염도의 가장 큰 변화는 보통 온도와 염도의 매우 큰 수평적 변화도를 보이고 다른 물리적 특성을 가진 수괴사이 매우 좁은 지역인 해양전선(oceanic front) 인근에 존재한다.

강의 입구, 매우 큰 빙산 주변, 계절풍에 의한 비정상적인 폭우지역 등과 같이 청수층이 해수층 위에 존재하는 지역에서도 매우 큰 염도 변화가 존재할 수 있다. 염도 1ppt의 변화는 음속 약 1.3m/s의 변화를 초래한다.

압력이 대부분의 환경에서 염도보다 중요하지만, 바다에서 압력의 변화는 일정하여 예측이 가능하다. 압력의 변화 역시 용적계수의 변화를 야기하고, 수심이 1m 증가할 때마다 음속은 0.017m/s씩 증가한다. 온도가 일정하게 유지될 때 약간의 압력 변화가 중요하게 작용하여 심해에서 음향을 위쪽으로 굴절시키는 작용을 하게 되는데, 이 내용은 뒤에서 자세하게 다룰 것이다.

음속에 지배적으로 영향을 미치는 온도는 보통 깊이에 따라 내려간다. 1℃당 음속은 약 3m/s의 비율로 수반감소 현상을 보이게 된다. 그러나, 수심 1,000m 아래에서는 수온이 거의 일정하여 음속에 지배적으로 영향을 미치는 요인은 압력이 된다.

언뜻 보기에 온도 감소는 수압 증가에 따라 음속을 증가시키는 것처럼 보이지만, 실제적으로는 그렇지 않다. 매질의 온도가 감소함에 따라 밀도는 증가하지만 용적계수도 감소한다. 수식 9-11의 음속에 관한 식에 이런 효과를 고려해 보면, 온도의 감소는 음속의 수반감소를 일으킨다는 것을 확인할 수 있다.

또한, 온도 변화 효과가 용적계수 및 밀도에 다른 변화율로 영향을 미친다는 것에 주목해야 한다. 그러므로 어떤 한 지점에서의 온도 변화는 다른 지점에서 같은 온도 변화량을 가지고 있을 지라도 음속에는 다른 영향을 미치게 된다.

게다가 온도의 영향은 다른 요인들의 영향과 비교해서 상대적으로 크게 미친다. 수온이 1℃ 변하는 만큼 음속의 같은 변화를 일으키기 위해서는 수심은 약 165m의 변화가 있어야 한다. 나중에 거론되겠지만, 그러므로 작전운용 조건상 일반적으로 수온만이 측정되고, 평가된다.

수식 9-12와 같이 주파수, 파장, 속도 사이의 관계가 아직 남아 있다.

$$f\lambda = c_{(T, p, S)} \tag{9-12}$$

수식 9-12에서 $c_{(T,p,S)}$ = 온도(T), 압력(p), 염도(S)에 관한 전달 속도를 의미한다.

용적계수, 밀도, 그리고 음속에 대한 값으로 표현하기 위해 이 세 개의 인자들(온도, 압력, 염도)을 처리하는 것은 매우 다루기 힘든 문제이다. 이를 위해, 수많은 실증적인 관계들이 세 인자들을 바로 음속으로 전환하기 위해 발전되어 왔다. 전달 속도는 이 인자들에게 매우 복잡하게 관련되어 있고, 실증적으로 결정되어지고 있다.

1981년에 맥캔지(Mackenzie)에 의해 만들어진 음속 방정식의 간단한 버전이 아래 수식 9–13과 같다.

$$c_{(T, p, S)} = 1,448.96 + 4.59\,T - 5.304 \times 10^{-2}\,T^2 \qquad (9\text{–}13)$$
$$+ \; 2.374 \times 10^{-4}\,T^3 + 1.340(S - 35)$$
$$+ \; 1.630 \times 10^{-2}\,D + 1.675 \times 10^{-7}\,D^2$$
$$- \; 1.025 \times 10^{-2}\,T(S - 35) - 7.139 \times 10^{-13}\,T D^3$$

c=m/s, T= 온도(℃), S=염도(ppt), D=수심(m)를 의미한다.

이와 반대로 공기 중에서 음속에 관한 방정식은 대략 아래와 같다.

$$c_{(T)} = 331.6 + 0.6\,T$$

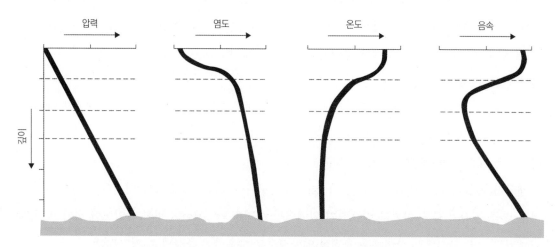

그림 9-4 압력, 염도, 온도에 대한 음속의 관계도

해양에서 음향 전송과 관련된 계산을 수행함에 있어, 수식 9–13에서 구한 정확한 값보다는 표준 속도를 사용하는 것이 때론 적절한 때도 있다. 수중에서 음속 c는 환경에 따라 낮게는 1,420m/s에서 높게는 1,560m/s로 변할 수 있지만, 다른 정해진 값이 없다면 계산 목적상 1,500m/s의 표준 속도를 가정해도 좋다.

음속의 현장 관찰(Field Observation)

음향 굴절에 대한 음속의 다변화성이 가지고 있는 영향 때문에 수중전 관련자와 물리 해양학자들에게는 음속에 관한 지식이 매우 중요하다. 음속을 예측하기 위해 오늘날 사용되는 장치는 크게 두 부류로 분류된다.

첫 번째 장치가 심해자기온도계(BT)로 불리는 장치이다. 이전에 말했듯이 온도는 해양에서 음속에 지배적으로 영향을 미치는 요소이다. 측정하기도 상대적으로 쉬울 뿐만 아니라, 수식 9-13과 같은 실증적 관계식에 적용하여 음속을 계산할 수도 있다.

예전의 BT체계는 케이블에 연결된 기계적 장치를 사용하였고, 온도는 회색유리(smoked piece of glass)에 기록되었다. 이 기계적 장치는 많은 단점들을 가지고 있었지만, 그림 9-5와 같이 회수가 필요 없는 소모성 BT(XBT)의 개발로 극복되었다.

XBT의 개념도가 그림 9-6에서 보여주고 있다. XBT는 온도에 따라 전기 저항치가 달라지는 반도체 회로 소자인 서미스터 프로브가 투하장치에 연결되어 일정한 비율로 침강한다. 가라 앉으면서 서미스터의 전기 저항값이 변하는 온도에 따라 변하게 되고, 수심에 따른 온도를 측정할 수 있다.

서미스터 프로브와 투하장치 양쪽에서 선이 풀리기 때문에 프로브가 해저까지 가라앉는 동안 연결선에 장력이 존재하지 않는다. 해저에 도달하면 연결선 풀림이 멈추게 되고, 온도 기록도 정지하게 된다. 기본 XBT의 다양한 변형 모델들이 잠수함 및 항공기에서 소노부이와 함께 사용되기 위해 개발되었다.

수심에 따른 XBT의 온도가 수심에 따른 음속으로 변환될 때, 대부분의 작전적 요구에 충분하게 정확한 음속 프로파일이 생성된다.

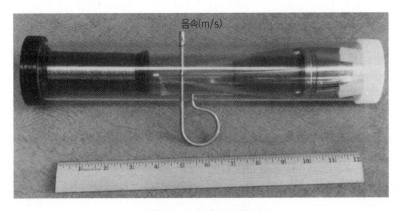

그림 9-5 소모성 BT 프로브

두 번째 가장 정확한 방법은 음속 측정기이다. 이 방법의 근본적인 장점은 별도의 변환 없이 대략 0.5 또는 그보다 작은 매우 짧은 경로에 음향 펄스를 전송함으로써 바로 음속을 측정할 수 있다는 것이다. 펄스가 수신기에 도착했을 때, 송신기에서 다음 펄스가 전송된다.

이 방법은 음속 연속 측정원리로 알려져 있다. 음속 측정기가 설치된 수중에서 음속이 빠르면 빠를수록 펄스는 더 빠르게 이동하고, 연속하는 다음 펄스를 전송하기 위해 수신기에 더 빨리 도착할 것이다. 펄스들 사이의 거의 모든 시간 지연이 수중에서 음파 지연으로 발생하기 때문에 그 펄스 반복 주파수(PRF)는 직접적으로 그곳에서의 음속과 비례하게 된다. 그러므로, 그 경로의 길이를 알고, 펄스 반복 주파수를 관찰하면 바로 음속을 계산할 수 있다.

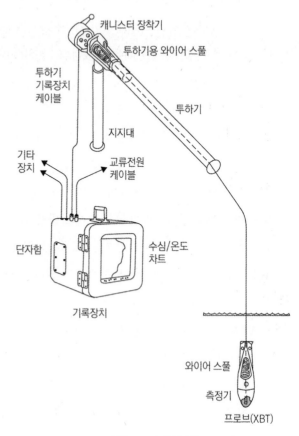

그림 9-6 소모성 BT

최근까지 음속 측정기는 고가여서 사용하기에 곤란하여 전술적으로 사용되지 않고 있다. 최근 소모성 음속 측정기의 개발은 전투단대의 기동에 제한없이 적절한 예산으로 초당 0.25m의 작은 측정 오차로 측정이 가능하게 되었다. 오늘날 정교한 소나 및 음향 항해체계들은 온도 프로파일과 가정된 염도 데이터를 기반으로 한 추론된 음속 값보다 실측 음속 프로파일들을 사용할 때 많은 지역에서 우수한 정보를 제공할 수 있다.

바다에서 시간에 따른 가변성에 기초하여, 음속 프로파일의 규칙적, 주기적인 측정에 관한 정책이 수중작전 기간에 필요로 한다. 일반적으로 한 제대에서 한 척 또는 두 척이 수온 수심측정 임무를 부여 받게 된다. 이 함정들이 주기적으로 수온 또는 음속 프로파일을 측정하여 수중전 단대에 전파한다. 이러한 음속 프로파일들이 유용한 음파 전달 경로를 결정하는 데 매우 중요하다.

전형적인 음속 프로파일

온도가 지배적인 요인일지라도 그림 9-4에서 보여주는 바와 같이 음속 프로파일은 실제적으로 압력, 염도, 온도 프로파일의 복합구성체가 됨을 기억하는 것이 중요하다. 염도가 가정치에서 3ppt까지 변하기도 하는 대양 지역에서 온도 데이터 하나만 이용하는 것은 음속 계산 시 초당 4.2m 정도의 오차를 발생할 수 있다.

전형적인 복합 심해 음속 프로파일이 그림 9-7에서 매우 자세하게 보여주고 있다. 이 프로파일은 서로 다른 온도 특성을 갖는 주요 네 개의 계층으로 구분될 수 있다. 해수면 바로 아래가 표층이고, 표층에서는 음속이 주변 온도 및 바람에 의해 매일 지역적으로 민감하게 변한다. 표층에서는 바람의 영향으로 해수가 혼합되어 등온을 유지할 수도 있다.

표층의 아래에는 계절 수온약층이 존재한다. 수온약층이라는 용어는 수심에 따라 수온이 급격하게 변하는 층을 의미한다. 계절 수온약층은 계절에 따라 변하는 부음속 변화도(negative sound speed gradient) 특성을 가지고 있다. 해수면의 온도가 따뜻하게 유지되는 여름과 가을 동안에는 계절 수온약층이 매우 강하게 형성되고, 겨울과 봄, 그리고 극지방에서는 표층과 구분이 안되거나, 표층과 수반하는 경향을 보인다.

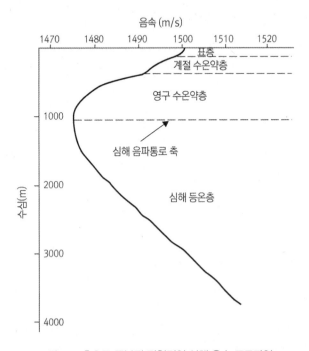

그림 9-7 층으로 구분된 전형적인 심해 음속 프로파일

계절 수온약층 아래는 영구 수온약층이 존재하고, 계절 변화에 약하게 영향을 받는다.

계절 수온약층 아래에서 해저까지는 심해 등온층이라 하고, 거의 일정하게 4℃의 온도를 유지하고며, 음속은 압력의 영향으로 정 음속 변화도(positive sound speed gradient)를 보인다.

영구 수온약층의 부 음속 변화도와 심해 등온층의 정 음속 변화도 사이에 음속이 최소가 되는 지점이 존재하고, 더 깊은 곳에서 전달되는 음파는 이 지점을 향하여 구부러지거나 반사되어 집중하는 경향을 보인다. 이곳이 심해 음파 통로이고, 다음에 자세하게 다룰 것이다.

그러나 음파의 반사는 이 간단한 4계층 해양 모델이 보여주는 것보다 훨씬 복잡하다. 해양에는 해류간에 소용돌이, 경계면, 해령, 해저 산맥들이 존재한다. 예를 들면 라브랄도(Labrado) 해류에서 탐지된 잠수함이 멕시코만류로 들어가는 것은 개활지로 지나가던 사람이 숲속으로 사라지는 것에 비교될 수 있다.

음선 이론(Ray Theory)

탄성 매체에서 소리의 전달은 어떤 특별한 문제에 대한 매체 상태와 적절한 범위를 이용하여 파동방정식의 해를 찾음으로서 수학적으로 표현될 수 있다. 파동방정식은 좌표 x, y, z와 시간 t에서 압력 P와 관련이 있는 편미분방정식이 되고, 수식 9-14와 같이 표현될 수 있다.

$$\frac{\delta^2 P}{\delta t^2} = c^2 \left(\frac{\delta^2 P}{\delta x^2} + \frac{\delta^2 P}{\delta y^2} + \frac{\delta^2 P}{\delta z^2} \right) \tag{9-14}$$

파동방정식의 해를 구하기 위해 두 가지의 이론적인 접근방법이 있다. 정규 모드 이론(normal mode theory)이라는 첫 번째 방법은 방정식의 해 각각이 정규 모드(normal mode)라 불리는 특성방정식으로 표현된다. 정규 모드들은 문제의 범위와 근원지 조건을 만족시키기 위해 추가적으로 조합된다.

그 결과는 디지털 컴퓨터의 적절한 계산을 통하여 공간과 시간에 따른 음원의 에너지 분포에 관한 약간의 정보를 주는 복잡한 수학 방정식이 된다. 음선 이론에 비교하여 정규모드 이론은 천해에서 음향의 전파에 대한 표현으로는 적절하나, 이 교제에서는 사용하지 않을 것이다.

파동방정식에 대한 다른 해법은 음선 이론이다. 음선이론의 핵심은 (1) 파면(wave front)을 따라서 해법의 상태 또는 시간 함수가 상수임을 가정하는 것이고, (2) 공간에 음원에서 발생하는 소리가 전송되고 있는 지점을 표현할 수 있는 선들이 존재한다는 것이다. 광학에서 사용되는 것과 유사하게, 선 음향학은 상당한 직관적인 장점을 가지고 있고, 선 형태로 전달되는 형상을 보여준다.

대부분의 모든 작전적 문제들에 대하여, 소용돌이와 파면 근처를 제외하고 수평적 위치 변화에 대한 음속의 변화도는 0이라고 가정할 수 있다. 주요 변화는 수직변화, dc/dz가 되고, dz는 수심의 총 변화량을 의미한다. 만약 해수면에 있는 음원에서 전 방향으로 음파를 방사한다면, 이음원에서 모든 방향으로 확장하는 파면은 한 입자에서 다른 입자로 에너지를 전달하고, 이로 인해 음파가 전달된다. 만약 이 파면상의 어떤 한점을 선택하고, 그 점으로부터 에너지 전달 방향으로 선을 그리고, 공간적으로 음파가 확장해 나가는 것처럼 그 점들을 연결하면 선(ray)이라 불리는 그림 9-8에서 보여주는 것과 같은 선이 만들어지게 된다.

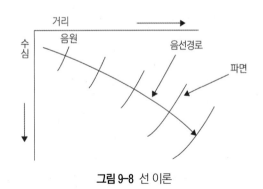

그림 9-8 선 이론

다른 특성 임피던스를 갖는 동일 매질의 다른 층 또는 다른 매질로 진입하는 음파 또는 선(ray)은 속도와 방향에서 갑작스런 변화가 발생한다. ρc에서 변화 정도 및 입사각에 따라 음향 에너지의 일부분은 매질 경계면에서 반사되기도 하고, 일부

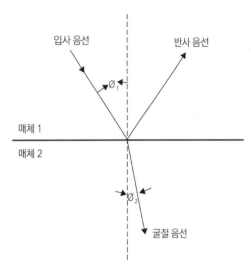

그림 9-9 스넬(Snell)의 법칙

분은 경계면을 통과할 때 굴절하거나 굽어지기도 한다. 좋은 경험법칙은 음선은 항상 더 느린 음속 지역을 향하여 휜다는 것이다.

선 이론의 가장 중요한 실제적인 결과 중의 하나가 스넬(Snell)의 법칙인데 그림 9-9에서 보여주는 것처럼 속도가 변하는 매질에서 음파의 굴절을 표현하고 있다.

스넬(Snell)의 법칙은 어떤 경계면에서 입사각 φ_1과 굴절각 φ_2는 아래 수식 9-15와 같은 연관이 있다.

$$\frac{\sin\phi_1}{\sin\phi_2} = \frac{c_1}{c_2} \tag{9-15}$$

c_1는 매질 1에서의 음속, c_2는 매질 2에서의 음속을 의미한다.

만약 음파가 세 개의 수평적 층을 통과하고, 각 계층의 음속이 상수라고 가정하면, 스넬(Snell)의 법칙은 아래 수식 9-16과 같이 표현할 수 있다.

$$\frac{c_1}{\cos\theta_1} = \frac{c_2}{\cos\theta_2} = \frac{c_3}{\cos\theta_3} = \frac{c_n}{\cos\theta_n} \tag{9-16}$$

c_n는 매질 한 지점에서의 음속, θ_n는 그 지점에서 만들어진 입사각을 의미한다.

수식 9-16에서 각도는 스넬(Snell)의 기본법칙에서 일반적으로 표현되는 여 각이 됨을 알아야 한다. 일반적으로 입 사각의 여각 또는 경사각으로 표현된다. 음속 프로파일이 다른 연속한 계층들을

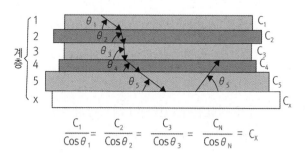

그림 9-10 여러 계층에 적용된 스넬(Snell)의 법칙

따라서 어떤 특정한 음선을 도식화하여 표현하는 것이 가능하기 때문에 이 표현은 대부분의 컴퓨터에 의해 사용되는 선 계산의 기본이 된다. 일정한 음속을 갖는 계층화된 매질에서 음선들은 그림 9-10에서 보여주는 바와 같이 스넬(Snell)의 법칙에 의해 효과적으로 함께 조합된 직선의 선분 시리즈로 구성된다.

그러나 실질적으로 온도는 급격하게 변하지 않는다. 게다가 온도의 변화도는 측정 가능한 범위에서 일반적으로 감소 또는 증가한다. 이와 같은 상황에 대하여 어떤 수심 z에서의 음속은 수식 9-17과 같이 구할 수 있다.

$$c(z) = c_0 + gz \tag{9-17}$$

c_0는 해수면 또는 송신기에서의 음속, g는 해수면과 수심 z사이의 음속 변화도 dc/dz를 의미한다. 실질적인 최종 결론으로 음선들은 직선보다 커브 형태로 나타난다는 것이다.

수식 9-16과 9-17을 종합하면, 수식 9-18과 그림 9-11에서 보여주는 것과 같이 음선 경로를 따라 한 지점에서 음선의 곡률 R의 반지름 R에 대한 수식을 구할 수 있다.

$$R = \left| \frac{c_0}{g} \right| = \left| \frac{c}{g\cos\theta} \right| \tag{9-18}$$

작전운용 조건하에서 R 값은 수십 km의 매우 큰 값을 가진다.

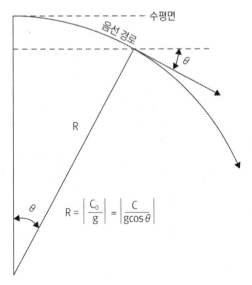

$$R = \left| \frac{C_0}{g} \right| = \left| \frac{C}{g\cos\theta} \right|$$

그림 9-11 곡율의 반지름

전달 경로(Propagation Path)

열구조(Thermal Structure)

주어진 어떤 수괴(water mass)에 대하여 열 구조(thermal structure)는 굴절 조건에 지배적으로 작용한다. 해양에서 무수한 수직적 온도 변화에도 불구하고, 온도 구조는 일반적으로 세 개의 기본 형태, 등음속(isovelocity), 부온도변화도(negative temperature gradient), 정온도변화도(positive temperature gradient)로 구분될 수 있다. 등 온도조건에서는 수온

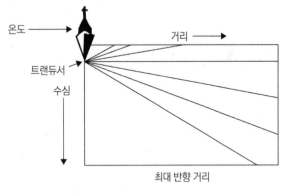

그림 9-12 등온 조건

이 거의 일정하다. 압력 증가에 의해 단지 균형이 유지되는 약간의 온도 저하가 있다면, 그 결과는 등속 조건이 된다. 이는 음원지를 떠나 거의 각도 변화가 없는 직선의 음선이 나타난다. 그림 9-12에서 보는 바와 같이 이런 형태의 구조가 존재할 때 장거리 음파 전달이 가능하다.

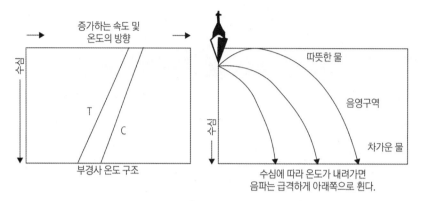

그림 9-13 부 음속 변화도

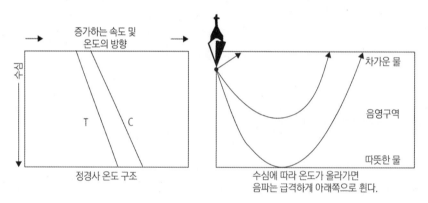

그림 9-14 정 음속 변화도

부온도변화도가 존재하게 되면, 음속은 수심에 따라 감소하고, 음선들은 아래를 향해 급격하게 휜다. 이런 조건은 일반적으로 해수면 근처에서 발생한다. 음원지에서 약간 수평적으로 떨어진 지점, 음선들이 아래 방향으로 휘는 지점 위로 그림 9-13에서 보여주는 것과 같이 음향 강도가 무시할 정도로 약한 구역이 있다. 이 구역이 음영구역으로 불리는 구역이다.

온도변화도의 크기는 음향빔의 휨 정도를 결정하고 그로 인해 음영구역의 범위도 결정된다. 예를 들면, 만약 수심 10m에 따라 온도가 2℃씩 감소한다면, 음향빔의 급격한 곡률 변경에 의해 음영구역은 수평거리 1,000m 지점에서부터 나타날 것이다.

수온이 정온도변화도를 가지고 있을 때는 수심에 따라 음속은 증가하고, 음선들은 그림 9-14에서 보여주는 것과 같이 위쪽으로 굴절하게 된다. 이와 같은 온도 구조에서는 음선들이 위쪽으로 굴절하고, 해수면에서 반사되기 때문에 부온도변화도보다 더 긴 음파 전달거리를 갖는다. 만약 해수면이 매우 거칠지 않다면, 음선들은 매우 반사특성이 좋은 공기와 해수면 경계면에서 반복적으로 반사되어 음파 전달 거리가 커지게 된다.

음파 전달을 거론함에 있어, 온도 프로파일이 음속에 가장 큰 영향을 미치기 때문에 다양한 수심에서 음속 조건의 지시자로 온도 프로파일을 사용하는 것이 일반적이다. 그러나, 온도 뿐만아니라 압력 및 염도에 의해 영향을 받는 음속 프로파일의 변화는 음파의 전달방향에 변화를 일으킨다는 것을 명심하기 바란다.

일반적으로 주변 환경이 수심에 따라 온도 변화도의 조합들이 일어나는 조건들을 만든다. 이들 조합중의 하나가 부온도변화도를 가진 해수층 위에 등온도 해수층이 존재하는 것이다. 전 세계 심해자기온도계 측정 기록의 대략 90%가 이와 같은 형태의 온도 구조를 보여주고 있다. 임계 음선(critical ray)이라고 불리는 음선이 등온층과 부온도변화도층 사이에 평행하게 존재한다. 이 경계면에서 음속이 최대가 된다.

부온도변화도층 위에 정온도변화도층이 존재할때 음파층(sonic layer)이라고 불리는 경계면에서 음선들이 분열되는 특수한 전달 경향을 보인다. 이 음파층에서 발생하는 최대 음속의 수심은 음파층 수심(sonic layer depth, SLD)이라고 불린다. 따라서 계절 수온약층에서 가장 빠른 음속(c)으로 음파층 수심(z)을 정의한다.

임계음선(critical ray)의 절반정도는 속도가 감소되어 위쪽방향으로 휘어져 전달되고, 나머지 절반정도는 감속되어 아랫방향으로 전달된다. 임계음선이 전달되는 지점에서 수평방향과 만들어지는 각도를 임계각이라고 불린다. 임계각보다 작은 각도로 진행하는 모든 음선들은 등온층내에서 전체가 전달 경로를 따르게 되고, 해수면을 향해 위로 휘어질 것이다.

임계각보다 큰 각도로 진행하는 모든 음선들은 경계면을 통과하는 경로를 따라 진행하여 아래방향으로 굴절하게 될 것이다. 두 개의 분리되어 진행하는 임계음선에 의해 구분되어 형성된 지역에는 어떤 음선도 진입하지 못하여 이 역시 음영구역이 발생한다. 이 지역에서는 음향 세기가 매우 낮을 지라도 회절 및 다른 영향 요소들 때문에 뚜렷한 음영구역이 완전히 발생되지는 않는다.

잠수함 함장들은 이런 음역구역이 존재하면 표적이 접근하고 있을 때 탐지되는 것을 방지하기 위해 이런 현상을 의도적으로 이용한다. 피탐될 최소의 확률로 표적에 접근하기 위한 최적의 수심은 대략 수식 9-19과 같이 된다.

$$\text{최 적 수 심} \ = \ 17\sqrt{z} \tag{9-19}$$

z는 미터단위의 층심도이다.

이 수식은 60m이하의 층심도에서 정확하다. 그 이상의 층심도에서는 접근을 위한 최적의 수심은 층심도 아래 60m 지점이 된다.

직경로 전달(Direct Path Propagation)

직경로는 가장 간단한 전달 경로이다. 굴절에 의한 진행방향의 변화와 반사 없이 단지 음원지와 수신기 사이에 거의 직선의 경로가 존재하는 곳에서 발생하며, 그림 9-15에서 보여주고 있다.

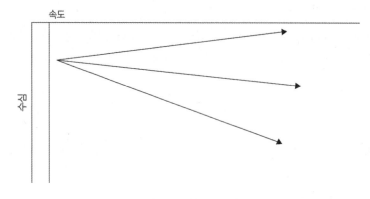

그림 9-15 직경로 전달

표층 통로 전달(Surface Duct Propagation)

표층통로 전달은 음원지가 정음속변화도(positive velocity gradient)를 가진 지역에 존재한다. 이 지역에서는 음선의 대부분이 위쪽방향으로 굴절된다. 해수면이 매우 거칠지 않다면, 대부분의 음선들이 표면에서 반복적으로 반사되어 장거리까지 전달된다. 결론적으로 해수면 바로 아래에 상대적으로 작은 수심층에 음파를 모으는 효과를 가져오게 된다. 이런 효과를 표층 통로라고 부르고, 그림 9-16에서 보여주고 있다.

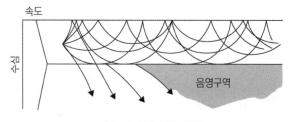

그림 9-16 표층 통로 전달

반 채널 전달(Half Channel Propagation)

해수면에서 해저면까지 정음속변화도가 존재할 때 반 채널로 알려진 조건이 발생한다. 정음속 변화도는 모든 음선 경로를 위쪽 방향으로 굴절되도록 한다. 이것은 근본적으로 해수면에서 해저면까지 존재하는 표층 통로가 된다. 반 채널 전달에서는 음영구역이 없고, 그림 9-17에서 보여주는 바와 같이 최대 직경로 전달 범위가 형성된다.

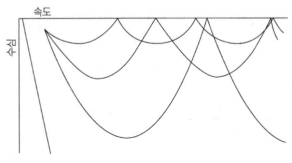

그림 9-17 반 채널 전달

그러나, 표층 통로와 같이 반 채널 전달의 손실은 해상 상태에 달려 있다. 기술적으로 최적의 수심이 존재하지 않을 지라도 가능한 한 천해일수록 잠수함 운용에 약간의 이점이 있다. 이런 상황에서는 다른 순수 굴절된 경로에 표면 반사 손실들을 포함하여 음선 경로들이 근거리에서 반사되는 현상이 발생하게 된다.

음파 채널 전달(Sound Channel Propagation)

심해에서는 일반적으로 온도가 대략 1,000m에 이르기까지 감소한다. 이보다 더 깊은 곳에서는 온도가 4℃ 정도로 일정하게 유지되고 음속은 압력에 의해 증가한다. 더 느린 음속 조건을 가진 두 개의 다른 수심 사이에서 같은 음속을 갖도록 부음속변화도가 정음속변화도 위에 놓여 있다. 부음속변화도를 가진 수층이 정음속변화도층 위에 존재할 때, 그림 9-18에서 보여주는 것과 같은 음파 채널이 생성된다.

이러한 환경하에서는 이 지역에서 전달되는 어떤 음향신호는 전후로 굴절되어 수평적인 채널이 만들어지기도 한다. 초기에 위쪽으로 진행하던 음선들은 아래쪽으로 굴절된다. 이 층에 있는 음원지로부터 나오고 수평면에 대해 작은 각을 형성하며 전달되는

그림 9-18 음파 채널 전달

음선들은 거의 사인파형태로 최저 속도에서 이 계층을 횡단하면서 전달된다.

음파 채널내에서 음선들의 이런 강화현상은 음파가 흡수되거나, 장애물에 의해 산란 또는 차단될 때까지 계속 될 수 있다. 이와 같은 방식으로 전달되는 음파는 때론 음원지로부터 매우 먼 거리에서 수신되기도 한다. 이와 같은 장거리 전달은 다음과 같은 두 가지 주요 요인에 의해 발생된다. (1) 저주파 음파에 대한 흡수가 작을 때 (2) 음원지에서 발생한 대부분의 음향 에너지가 채널 중심축에 집중될 때.

1,000m를 넘는 수심에서는 최소 음속 지역이 심해 음파 채널이 된다. 심해 음파 채널은 음파 도파관처럼 작용하여 상하 어디로 진행을 하든지 음속 변화가 발생하게 되고, 다시 이 심해 음파 채널로 휘어져 들어오게 된다.

심해 음파 채널내에서 음파는 세기가 거리에 따라 감소(1/거리)하는 원통형 확산 손실만 발생하게 된다. 만약 음파가 구형 확산과 같이 전방위로 일정하게 확산된다면 이 손실은 거리의 제곱에 따라 발생하게 된다. 구형 및

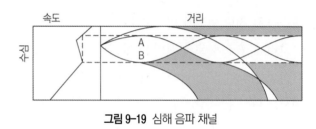

그림 9-19 심해 음파 채널

원통형 확산의 개념과 소나에 미치는 중요성은 다음 장에서 소개한다. 그림 9-19는 심해 음파 채널에 존재하는 음선 경로를 보여주고 있다. 음선 A와 B는 음파 채널에서만 전달되고 있다. 다른 음선들은 해수면과 해저면에서 반사되는 경로를 따라 전달되거나, 해수면 및 해저면으로부터 반사 또는 굴절되기도 한다.

다른 어떤 환경에서는 음파 채널이 해수면 근처에 존재할 수 있다. 강한 정온도변화도(positive temperature gradient)를 가진 표층에서는 위쪽으로 휘는 음선들이 표면으로부터 반사된 음선들과 통합되어 음파 채널을 형성할 것이다. 음파 채널이 존재하는 곳에서는 일반적인 소나 탐지거리보다 훨씬 큰 탐지거리가 관찰되고 있다. 그러나, 해수면 근처에 이와 같은 음파 채널이 형성되는 조건은 매우 드물며, 매우 안정적이지 않다.

수렴대(Convergence Zone)

극심해에서 부온도변화도가 정온도변화도 위에 존재하면 수렴대라고 알려진 현상이 발생하게 된다. 수온약층에서 기원한 음파는 감소하는 온도 때문에 더 깊은 심해를 향해 휘어진다. 그러나, 음

파가 심해로 전달됨에 따라서 최저 음속구역을 통과하게 되고 심해 등온층으로 들어간다. 거기서 음속 변화도는 다른 방향으로 작용하게 되고 음파는 아래쪽 보다는 위쪽으로 휘어지고 그림 9-20 에서 보는 바와 같이 해수면으로 돌아오게 된다.

이런 현상은 마치 음파들이 집중, 종합되는 것과 같은 수렴대를 생성한다. 이것은 전형적으로 음원지로부터 약 50km 떨어진 곳에 나타난다. 이 수렴대 이후 지역은 두 번째 무성역대(zone of silence)가 나타나고, 다시 음파들이 아랫방향으로 회절하여 진행하고, 50km 이후에 다른 수렴대 가 발생하는 것과 같은 방식으로 수렴대가 계속 형성된다.

심해 자기 온도계를 이용 심해 수온을 측정하여 자료를 수집하고, 수집된 자료를 이용 컴퓨터가 신속하게 적절한 음파 경로를 계산하여 이러한 구역들을 도식화하는 것은 잠수함 운용에 있어서 일반적인 업무 영역에 해당 된다.

수렴대 경로는 음원지로부터 방사되는 음선 덩어리 또는 넓은 음향 빔의 개념에 근거하여 마치 깊이가 있는 것처럼 보인다. 정의상 수렴대는 음선 덩어리의 상부 음선들이 수평으로 됐을 때 형 성된다. 이것은 음속이 해수면 또는 표층 바닥에서의 음속 중 가장 큰 음속과 같게 되는 지점에서 의 수심이 된다. 해저면과 상부 음선이 수평으로 되는 지점사이의 수심 차이를 수심 초과(depth excess)라고 부른다.

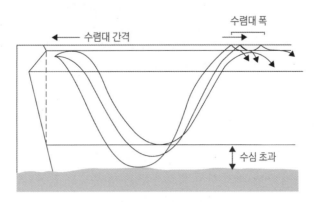

그림 9-20 수렴대 전달

수심 초과는 수렴대 경로를 형성하는 음향 총량 또는 음선 덩어리(bundle of ray)의 수심을 정 의한다. 음향 에너지가 위쪽으로 전파되면서 해수면에 접근함에 따라 경로는 좁아지고, 에너지가 집중되어 수렴 이득이 발생한다. 경험으로 볼 때 작전적으로 유용한 의미 있는 수렴 이득을 가진 수렴대를 형성하기 위해서는 최소 400m의 수심 초과가 필요하다.

해저 반사(Bottom Bounce)

매질에서 다양한 조건에 의해 굴절되는 것에 추가하여, 음파는 빛이 거울에 반사되는 것처럼 반사될 수도 있고 세기가 감소하기도 한다. 이와 같은 반사를 일으키는 두 가지가 해수면과 해저면이다. 거의 발생하지는 않지만, 만약 그런 표면들이 거울과 같은 반사를 할 만큼 충분히 평평하다면, 많은 경우는 아니지만 음파의 대부분이 빔처럼 반사된다. 어떤 소나들은 해저 반사라 불리는 이 현상을 이용하기도 한다.

빔은 수온층 통과를 위해 해저 방향으로 25°보다 큰 각도로 지향되고, 해저에서 해수면 방향으로 다시 반사된다. 그림 9-21에서 보는 바와 같이 해수면에서 다시 해저 쪽으로 반사된다.

그리하여 음선은 에너지가 소멸될 때까지 반사를 반복하거나, 표적에 충돌하여 소나까지 되돌아올 때까지 반사가 반복된다. 반사된 빛에서처럼 음선의 반사각도 입사각과 같다. 그러므로 안정적으로 평평한 해저면에 반사되어 이동하는 음선이 거칠고 굴곡이 있는 해저면에 반사되는 것보다 더 효과적이다. 게다가 해저 반사는 수심과 해저면에 의한 음파의 흡수에 상당한 영향을 받는다.

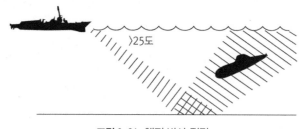

그림 9-21 해저 반사 전달

다중 경로(Multiple Path)

그림 9-22의 복잡한 그림에서 보여주는 바와 같이 많은 유용한 음향 경로가 있음을 알 수 있다. 그림에서 간단히 표현하기 위해 해저 반사 경로가 단일 빔 형태로 표현되었다. 그러나, 현실적으로는 다양한 방향으로 전달되는 음원과 같이 폭 넓은 빔이 사용되는 형태이다. 많은 경로가 유용할지라도, 단지 조심스럽게 환경을 관찰하고, 장비들을 고려하여 운용자는 가장 이득이 되는 다양한 경로들을 사용하게 될 것이다.

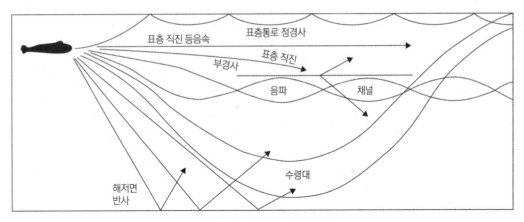

그림 9-22 다중경로 합성 표현

환경적 문제들(Environmental Problems)

이전에 거론하였듯이 환경의 다양성은 수중탐지 문제에 많은 어려움을 초래한다. 그러한 다양성에 대해 그나마 다행인 것은 음속 프로파일 측정이 가능하다는 것이다. 그러나 탐지자나 피탐자모두 측정이 가능하다. 수중 음향 환경을 조사하고 이해하는 것은 탐지자, 피탐자, 서로가 조우했을 때 누가 탐지능력 및 회피능력을 가지고 있느냐를 결정한다. 일반적으로 수중전 상황에서는 먼저 탐지한 사람에게 이득이 있다고 인정된다. 적에 의한 탐지 가능성 및 자신의 탐지 능력에 영향을 미칠 몇 가지 환경적 요인들이 아래에 목록화되어 있다.

- 음파 전달경로 유용성
- 천해인지, 심해인지
- 층심도
- 지역에서 계절적 변화(바람, 온도 등)
- 지역적 일시적 현상들(비, 태양열 등)
- 작전 지역의 해류

유용한 전달 경로를 이해하는 것은 피탐지 상황을 평가하는 데 있어서 중요한 요소이다. 이러한 이해는 측심기술 및 음속 프로파일 측정과 밀접한 관계가 있는 과거 해양 지구물리 조사 데이터에 기반을 두고 있다. 수렴대 존재 여부는 일반적으로 수심과 과거 조사했던 해양 지식을 기반으로 판단할 수 있다. 이전 조사 자료가 없는 경우에 수심은 수렴대의 존재 여부 예측을 위한 유용한 기본 자료가 된다.

표층의 깊이는 표적 잠수함이 표층 아래로 운용할 것이기 때문에 수상함의 선체 부착 소나 성능에 매우 중요한 결정적 요소가 된다. 앞에서 거론하였듯이, 음선들의 굴절 또는 휨 현상 때문에 수온층을 종단하여 탐지하는 데는 일반적으로 제한이 따른다. 수상함의 이런 상황에 대한 전술적 해법은 수온층을 통과하기 위하여 소나의 송신각을 수직으로 변경하거나, 수온층 아래로 가변수심 센서를 전개해야 할 것이다.

바람 및 온도 프로파일에 대한 사전 조사 및 관찰을 기반으로 작전지역에서 계절적 변화의 예측은 작전 계획자에게 기본 자료를 제공한다. 작전지역에 도착하기 전에 다른 함정에서 제공되거나, 측정한 데이터 및 과거 데이터를 이용하여 음향 환경을 예측할 수 있다.

작전구역에 도착해서는 전술 지휘관은 수온 또는 음속 구조의 규칙적, 주기적인 측정을 통하여 예측 값들을 평가 분석하여야 한다. 측정 주기는 바람, 시간 등과 같은 음파 전달 조건에 영향을 미치는 현재 기상 현상에 대한 관찰을 통하여 이루어져야 한다.

태양에 의한 해수면 가열 효과(surface heating effect)와 파도에 의해 해수가 혼합되는 지역에서는 심각하게 수상함 소나의 성능을 저하시킬 수 있는 아침중반과 오후중반 사이에 정온도변화도가 발달될 수 있다는 사실을 인지하는 것이 특히 중요하다. 이러한 상황을 이해하고 주기적인 환경 측정이 순차적으로 이루어져야 한다.

이와 유사하게, 일반적으로 수온 차이가 명확한 멕시코만류 또는 라브랄도(Labrado) 해류 근처 및 인접 구역에서 작전임무를 수행하는 전술 지휘관은 더 자주 환경을 측정하는 것을 고려해야 한다.

일반적으로 수심이 100파담미만인 대륙적 선반 지역(continental shelf region)은 천해 지역으로 알려졌다. 해협, 항구 접근로, 관문과 같이 해상 교통이 집중되는 경향이 있고 전술적으로 많은 의미가 있는 구역들이 천해에 존재한다. 게다가, 냉전 종료는 대양에서 연안 작전으로 변화를 가져왔으며, 천해에서 수행되는 작전의 비율을 많이 증가시켰다.

아래와 같은 이유로 천해구역은 매우 복잡하며, 앞으로 많은 연구가 필요한 음향 환경이다.

1. 해수면과 해저면의 근접은 두 면 사이에 수많은 반사를 수반하면서 복잡한 음파 경로를 생성하며, 음파 산란 및 반향(후방산란 소음)을 증가시킨다. 이러한 근접은 역시 장거리 전달 경로를 최소화하고 대양에서와 비교하여 음향 탐지 거리를 단축시키곤 한다.

2. 증가된 선박 교통량 및 해양활동, 천해에서의 어로, 공사 등의 증가로 소음 수준이 일반적으로 더 높다.

3. 강물의 유입 및 조석효과에 의한 수온 및 염도 변화는 매우 가변적이고 예측 불가한 음파 경로도 이어진다. 해저 잔해 및 물질들에 의한 불규칙적인 측심은 그런 상황을 더 복잡하게 한다.

4. 해저면이 경사면처럼 되어 거리에 따라 수심의 변화(오르막 또는 내리막 음파 전달)를 초래한다. 상황에 따라 그런 효과는 음향 탐지거리를 증가 또는 감소시킬 수 있다.

그림 9-23은 천해지역에서 발견된 극단적으로 복잡한 음향 조건의 한 예를 보여준다. 천해 음향학의 복잡한 특성은 주어진 예측 기법들에게 많은 주의와 음향환경에 대한 증가된 감시를 요구한다.

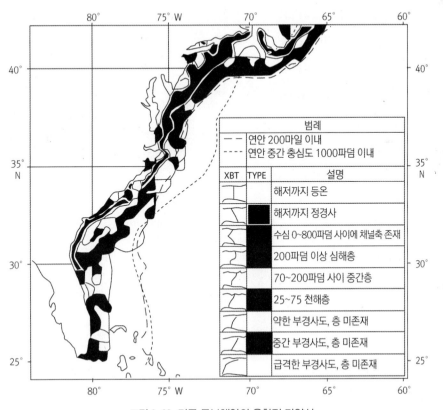

그림 9-23 미국 동부해안의 음향적 다양성

음원과 소음

배경 소음은 우리에게 중요한 수신 음향 신호(acoustic signal)와 간섭현상을 일으킨다. 소음은 다양한 종류의 음원에서 만들어지는데, 일반적으로 자기 소음(self-noise)과 환경 소음 두 가지로 구분된다. 자기 소음은 NL_{self} 로 표현되며, 수중 청음기와 배에 설치된 전자기기 및 기계장비들과 관련되어 있다. 환경 소음(ambient noise)은 $NL_{ambient}$ 로 표현하며, 대부분의 외부 소음원(noise source)을 포함한다.

자기 소음

자기 소음은 수중 청음기의 회로 소자, 트랜스듀서(transducer) 덮개(housing) 주변의 수중 해류, 느슨히 조립된 선체 구조물, 기계적 작동, 공동현상, 그리고 함정의 움직임에 따른 유체 역학적 소음에 의해 발생된다. 다른 음원들과 마찬가지로 자기 소음 역시 광대역(broadband)과 협대역(narrowband)로 구분된다.

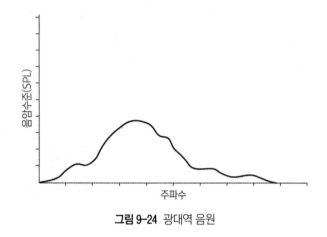

그림 9-24 광대역 음원

광대역은 그 이름에서 알 수 있듯이 넓은 주파수 범위에서 음파 에너지를 생산한다(그림 9-24). 이는 광학분야에서 백광(white light) 혹은 열복사체(thermal radiator)의 구성이 다양한 광대역 전자기파 주파수로 되어있다는 것과 유사하다. 특징적인 광대역 음원으로는 함정의 프로펠러/회전축(shafts), 함정 외부 유속에 따른 소음, 혹은 함정 전체의 추진 체계가 있다. 프로펠러

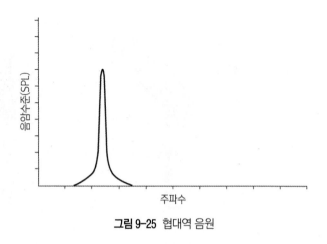

그림 9-25 협대역 음원

와 회전축으로부터 오는 소음은 보통 낮은 주파수를 갖고 있으며, 보통 1,000Hz 이하이다.

협대역 음원은 좁은 범위의 주파수를 발생한다(그림 9-25). 이는 광학분야에서 레이저 광원이나 선택적 방사체(selective radiator)가 기본적으로 매우 좁은 영역에서 하나의 주파수를 갖고 있는 것과 유사하다. 협대역 음원의 예로는 대부분의 잠수함이나 함정에서 보이는 기계적 소음이며, 특히 펌프, 모터, 발전기, 그리고 추진 엔진에서 비롯된다. 협대역 음원을 상세히 관찰하기 위해서는 그 음원이 방출되는 곳의 주파수 역시 세분화하여 살펴봐야 한다.

기계 소음

함정에서 기계 소음의 주요한 음원은 발전기와 함정 내 공기압축기(compressor), 프로펠러와 같은 기계 시설로 전기를 공급하는 배전 시스템이 있다. 기계 소음은 보통 언제나 존재하며, 청각적으로 작동 기계들을 밀폐시킴으로서 최소화할 수 있다.

추진부는 매우 크고 중요한 기계 소음원이다. 왕복엔진(reciprocating engine)의 경우처럼, 상대적으로 낮은 속도에서 엔진이 작동하는 경우, 엔진과 프로펠러 중간의 기어가 불필요하므로 엔진 그 자체가 소음의 원인이 된다. 그러나 증기 터빈 혹은 가스 터빈과 같은 고속 엔진의 경우 프로펠러와 연결을 위해서는 감속기어가 필요하다.

왕복엔진 실린더 내부 폭발반응에 따른 음향 주파수는 초고주파(15kHz 이상) 소음이 아니지만 저주파 음향 소음의 중요한 원천은 될 수 있다. 왕복 엔진에서 보다 더 중요한 소음원은 밸브가 열리고 닫히면서 발생하는 덜그럭거리는 소리이다. 가스 터빈에서 발생되는 소음은 터빈 엔진부의 각속도와 동일한 고주파 영역의 각진동수(radian frequency)에 존재한다.

고주파 영역에서의 소음은 수중 청음기와 청음 어뢰 동작에 매우 중요하다. 함정 내 펌프, 발전기, 각종 보조설비와 같은 비전투용 부분에서 발생되는 소음은 발전시설에 의한 소음보다 더 중요하게 고려된다.

발전기에 포함된 많은 부속들은 보통 낮은 주파수대의 소음을 유지한다. 이러한 이유로 소형 계전기에 의한 어뢰의 작동 간섭이 추진 전기 모터 소음에 의한 간섭보다 그 영향이 더 크다. 반면 소형이지만 고속을 위한 보조 모터가 초고주파 영역 소음의 중요한 원인이라 할 수 있다.

유체 소음(Flow Noise)

유체 소음은 물체와 물 사이의 상대적 움직임에 의해 발생된다. 가장 쉬운 예로 고정된 물체 주변으로 물이 흘러가는 상황을 들 수 있다. 만약 물체의 표면이 이상적으로 매끄러우며 완벽한 곡선

형태를 띤다고 가정했을 때, 그 위를 흐르는 물의 흐름은 고르고 평탄하게 물체 표면을 흘러갈 것이다(그림 9-26A). 이러한 이상적 조건을 층류(laminar flow)라 하며, 이 조건 하에서는 유체 소음이 발생하지 않는다. 이상적인 물체 표면이 아니더라도 물체 표면의 유속이 2노트 이하일 때 층류가 생성되지만 완벽한 형태라고 볼 수 없다.

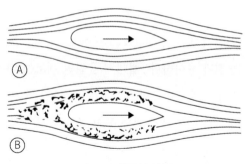

그림 9-26 층류와 와동류

이상적 조건이 아닌 경우 유속이 증가하게 되면, 물체와 물 사이의 마찰력이 증가하게 되고 그림 9-26B와 같이 마찰에 의한 난류가 발생하게 된다. 이로 인해 정압의 동요가 발생하여 급속히 소음이 발생된다. 만약 수중 마이크가 난류 주위에 위치하게 되면 청음기 표면에 압력 동요가 발생되어 이에 따른 소음을 측정할 수 있다.

만약 물체 주변 와동류(eddy)의 어느 한 지점에서 압력의 동요가 격렬하게 발생하게 되면, 와동류 내 다른 지점에서의 압력 변화 역시 격렬히 일어나게 된다. 게다가 어떠한 조건에서도 물체 주변 와동류의 총압은 평형 조건에서의 와동류 총압과 크게 다르지 않으므로, 결국 와동류 밖으로 방출되는 소음은 거의 없다고 볼 수 있다. 따라서 배에 장착된 수중 청음기가 측정하는 소음의 크기는 꽤 클 수 있지만, 배와 어느 정도 거리가 떨어진 곳에 위치한 수중 청음기는 그 소음을 거의 측정할 수 없다고 볼 수 있다. 위 결론을 통해 자기 소음 영역에서 유체 소음은 제외시킬 수 있다.

사실 유체 소음의 정보는 그리 다양하지 않지만 아래와 같은 결론들이 도출 될 수 있다:

1. 유체소음은 속력과 바다 상태에 의한 함수로 표현되며 급격한 단계별 임계값 변화를 보인다. 매우 낮은 속력에서는 유체 소음이 거의 측정되지 않으나 약간의 속력 변화가 발생함으로써 유체 패턴은 층류에서 와동류를 거쳐 매우 강한 유체 소음으로 즉각 전환된다. 이후 추가적인 유속의 증가는 그 소음의 크기를 증가시킨다.

2. 유체 소음은 기본적으로 저주파 소음이다.

3. 유체 소음은 와동류 주위에선 그 소음이 크지만 와동류 외부 방사 영역에서는 소음이 매우 낮다. 일반적으로 소음의 크기는 움직이는 물체 표면에서 제일 강하며, 물체 표면에서 멀어질수록 그 크기가 급격히 감소한다.

4. 유체 소음의 크기는 선체 밑 부분의 부착물 정도와 수중 청음기 덮개에 영향을 받을 수 있다. 그림 9-27은 해상상태 2에 있는 대표적인 구축함(destroyer)의 10,000Hz 자기 소음 정도를 속도의 함수로 나타낸다.

해저 오손현상(fouling)은 물 속에 가라앉은 물체 표면에 수중 동/식물이 부착되거나 자라나는 것을 일컫는다. 적어도 2,000종류 이상의 생명체들이 침잠된 물체 위에 부착된다고 알려져 있으며, 이들 중 50 ~ 100종 정도는 심각한 문제를 일으킨다고 알려져 있다. 문제를 일으키는 이 생명체들은 껍질을 갖고 있는 것과, 그렇지 않은 것과 같이 크게 두 가지 그룹으로 분류된다.

특히 껍질을 갖고 있는 종류 중 관벌레(tube worm), 조개/따개비류, 전복, 홍합 등 어패류들은 주의해야 하는데, 그 이유는 이 생명체들은 어떤 물의 흐름에도 쉽게 고착된 표면에서 떨어지지 않기 때문이다.

반면 껍질이 없는 조류, 선택식물류, 멍게류는 바닷 속 고정된 물체에 붙어 있기 때문에 배가 이 위로 지나갈 때 큰 문제를 일으키지 않는다.

대부분의 해저 부착 종들은 수정을 통해 번식을 하며, 번식된 종자들은 해류의 흐름을 따라 해면으로 퍼져 나간다.

이 생명체들의 유충기(larval stage, 성충 전 단계)는 종에 따라 그 기간이 몇 시간에서 몇 주까지 다양하게 나뉜다. 만약 유충기 때 적절한 물체 표면에 고착되지 못할 시 이 생명체들은 성충으로 성장하지 못한다.

지리적 조건은 자연적인 제한 요소에 따라 종의 구분을 유도함으로써 해저 부착물 발생을 통제한다. 이중 가장 중요한 요소는 온도이며, 온도는 한 종의 번식에 영향을 주거나 성체를 죽임으로써 그 개채수를 조절하게 된다. 보다 국지적으로 살펴본다면, 염도, 오염도, 일조량, 그리고 물의 흐름 등이 해저 부착 종들의 구성에 영향을 미친다. 대부분의 해저 부착 종들

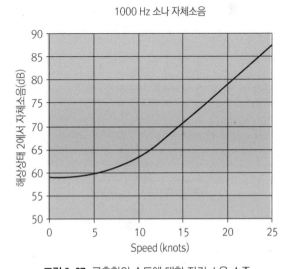

그림 9-27 구축함의 속도에 대한 자기 소음 수준

은 염도 변화에 매우 민감하며, 특히 염분 농도 30~35 ppt에서 가장 왕성하게 번식한다.

오염은 그 종류에 따라서 해저 부착 현상을 촉진시킬 수도 있고 억제할 수도 있다. 부착 현상을 일으키는 수중 동물의 주 먹잇감인 조류나 미생물의 경우는 일조량에 따라 성장 정도가 많이 달라진다.

선체 바닥과 수중 청음기 덮개 표면의 해저 부착 현상을 억제하기 위해 해군에서는 부착현상 억제 성분을 첨가한 특별한 페인트를 사용한다. 이 페인트 첨가물 중 가장 보편적인 활성 물질은 Cu_2O이며, 이 페인트는 2년~2년 반 정도 효과가 지속된다.

공동현상(Cavitation)

선체 혹은 어떤 물체의 속도가 증가하게 되면, 국부적으로 어떤 부분의 압력은 외부 수압보다 낮아지게 되며 기화 현상이 일어나게 된다. 이런 압력 하강 현상과 기포 발생 현상은 공동현상(cavitation)이 일어났음을 말해 준다. 반면, 물체가 이동하여 발생된 기포로부터 멀어지면 오히려 압력은 증가하게 되고, 이로 인해 발생한 기포가 터지면서 청음이 될 정도로 크고 날카롭고 '쉭'(hissing) 하는 소리가 발생한다.

공동현상의 발생은 물체 혹은 선체의 속도와 연관되기 때문에, 공동현상의 최초 발생은 프로펠러 날개 끝에서 발생하게 되며, 이는 프로펠러의 중심 부분보다 프로펠러의 끝 부분이 속도가 훨씬 빠르기 때문이다. 이와 같은 현상을 blade-tip cavitation이라 부르며 그림 9-28과 같다.

프로펠러의 속력이 올라가면서 프로펠러 표면의 많은 면적이 빠른 속력을 갖게 되는데, 이로 인해 공동 현상이 발생한다. 그리고 공동현상이 발생된 부분은 프로펠러 뒤(trailing edge)로 이동하게 된다. 속력이 보다 더 증가하면 프로펠러 날개 전면에 걸쳐 공동현상이 일어나게 되고 결국은 그림 9-28과 같이 층막 공동현상(sheet cavitation)이 발생한다.

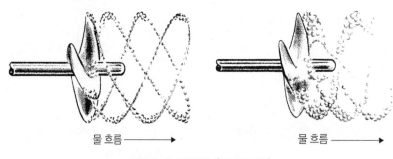

물 흐름 ⟶   물 흐름 ⟶

그림 9-28 공동현상(캐비테이션)

공동현상에 의해 발생되는 소음의 주파수와 진폭은 속력에 아주 큰 영향을 받는다(잠수함의 경우는 잠수한 깊이도 영향을 준다). 속력이 증가함으로써 공동현상에 의한 소음이 증가한다. 또한 잠수 깊이가 깊어지면 공동현상에 의한 소음은 감소하며 스펙트럼 끝 부분에 달하는 고주파음을 갖게 된다. 이때 속력이 감소하더라도 고주파음을 갖게 된다.

이와 같이 소음이 감소하는 것은 잠수 깊이가 깊어짐에 따라 외부 압력이 상승하여 공동현상이 억제되었기 때문이다.

일정 깊이에 잠수된 프로펠러는 임계 속력 이상 도달하지 않는다면 표면 기포는 발생하지 않는다. RPM 단위의 속력이 그 임계 속력을 넘게 되면 발생하는 표면의 기포는 급속히 늘어나게 되지만 일정한 법칙에 따라 발생되진 않는다. 그러나 임계 속력값은 프로펠러가 해수 표면으로부터 어느 정도 깊이에 잠겨 있는지에 따라 달라지게 된다. 이 관계는 아래 수식과 같이 표현된다.

$$\frac{V_1^2}{V_2^2} = \frac{P_1}{P_2} \qquad\qquad (9\text{-}20)$$

V_1 = 압력 P_1에서 처음 공동현상이 발견될 때의 속력

V_2 = 압력 P_2에서 처음 공동현상이 발견될 때의 속력

따라서, 15피트 수면 아래 위치한 프로펠러가 50rpm의 속력에서 공동현상을 일으킨다면, 위 수식에 따라 수심 60피트 아래에 위치했을 때 100rpm의 속력이 주어졌을 시 공동현상을 일으킨다는 것이다.

거의 대부분의 어뢰 호밍 체계와 음향 체계는 초음파 영역에서 작동하기 때문에 공동현상에 의한 소음은 아주 큰 고민거리가 된다. 어뢰는 보통 배에서 생성하는 공동현상에 의한 소음으로 목표에 접근하기 때문에 어뢰 자체적으로 생성되는 공동현상 소음은 어뢰가 수신하는 목표물 신호와 간섭하게 된다.

움직이는 물체가 공동현상 없이 움직일 수 있는 속력은 주변 압력이 증가함에 따라 같이 상승하므로, 어떤 음향 어뢰는 어뢰 스스로의 공동현상 발생 깊이 이하에서 목표물을 탐색하도록 설계되기도 했다. 이와 비슷한 방법으로, 잠수함이 공격을 받을 경우, 함장은 함을 보다 깊이 하강시켜 공동현상 없이 빠른 속력을 갖도록 할 것이다.

수상함을 대상으로 공동현상의 음압 세기와 주파수, 그리고 함의 속도 관계를 표현한 수식이 구해졌다.

$$NL_c = 190 + 53\log\left(\frac{v}{13kts}\right) - 20\log(f) \tag{9-21}$$

$f > 100Hz$

v = 배 속력 [kts]

f = 살펴보고자 하는 주파수 [Hz]

아마도 잠수함에 적용될 수 있는 수식 역시 응용될 수 있을 것이다.

소음통제(Quieting)

소음통제는 대잠수함 작전을 수행하는 수상함이 최소한의 자기 소음을 갖고 임무를 수행하기 위해 중요하다.

소음 감소 방법은 군함에게 적용될 뿐만 아니라 소음 감소가 중요한 민간 선박에도 적용될 수 있다. 음향 감응 기뢰로부터 발견이 되지 않거나, 음향 탐지 장비에 의한 조기 발견 위험성을 낮추기 위해서 소음 감소화는 필수적이다. 또한, 자기 소음이 최소화될수록, 적으로부터 오는 작은 단위의 소음까지 측정할 수 있다. 또한, 선체 구조에 따른 소음과 풍음의 기준을 엄격히 설정함으로써 함 내 대원들의 주거 환경도 개선시킬 수 있다.

수상함 소음통제(Surface Quieting)

함정을 설계할 때는 반드시 최소한의 소음이 방출되도록 고려되어야 한다. 또한 프로펠러와 그 몸체를 이루는 부속품들의 형상을 고려하여 물속에서 생성되는 소음에 대해 고민해야 한다. 프로펠러의 모형 시험은 공동현상 발생과 공동현상의 발생 여부를 확인하고 그 발생시점(속력)을 뒤로 늦추기 위해 반드시 필요하다. 공동현상 발생 속력보다 높은 시점에서는 프로펠러의 공기 방출 시스템을 이용하여 물속에서 발생되는 소음을 줄여줄 수 있다.

미국에서는 이 공기 주입 체계를 'Prairie Masker'라 부른다. "Prairie"은 *propeller air-induced emission*의 머리글자다. 그리고 미국의 수상 전투함 체계 중 덮개 보호개(hull grith)를 통해 공기를 주입하는 체계를 Masker라 부른다. 이것은 유체 소음을 약간 줄여주는 효과가 있다; 그림 9-29와 9-30을 참조.

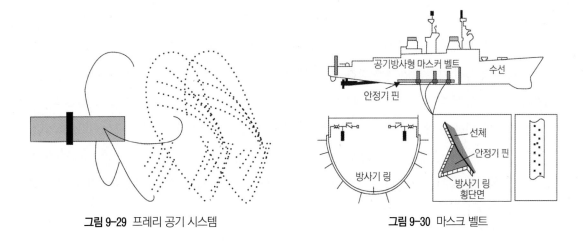

그림 9-29 프레리 공기 시스템　　　　　　그림 9-30 마스크 벨트

소음을 줄일 수 있는 다른 여러 방법들은 아래와 같다:

1. 고 임피던스 기초(high impedance foundation)와 결합된 특정 부품에 유연성을 갖는 받침대(mount)를 장착함으로써 구조 소음 발생을 감소하는 방법 ; 그림 9-32 참조

2. 소음 방출 경로를 조절하는 방법 – 갑판과 격벽을 통한 조절
   이 방법은 탄성 받침대와 분산차단물질, 그리고 유연한 파이프 연결고리를 사용함으로써 이뤄질 수 있다; 그림 9-33 참조

3. 소음원을 조절하는 방법 – 특정 장비 사용법
   이 방법의 예로 소음이 심한 기계장비를 소음이 덜 발생하는 장비로 교체하는 방법; 증기 시설, 유압장치, 해수용 밸브 중 소음이 적은 것을 사용; Prairie air를 통해 프로펠러에서 발생되는 공동현상 소음을 줄이는 방법

4. 소음 방사 표면을 조절하는 방법 – 덮개 사용
   덮개 표면에 표면 코팅 물질을 사용하거나, 공기막(makser air)을 통해 덮개와 물을 격리시키는 두 가지 방식이 대표적이다.

5. 컴프레서, 가솔린 터빈, 디젤 원동기를 포장하는 방법. 표면에 드러난 위 세 가지 장비에 고도로 조절된 소음 방지 장비를 적용하는 방법이다.

컴프레서, 컨버터와 같이 디젤을 사용하는 장비에는 특별한 조치가 필요하다. 이는 발생 소음대역이 음향 탐지부에서 사용하는 음향대역과 매우 가깝게 위치하기 때문이다. 이 디젤 장비들이 구조적으로 발생하는 소음의 주요한 원인이기 때문에 탄성 받침대가 추가적으로 필요하다. 더불어 디젤 장비가 설치된 기초 중간에는 강화 콘크리트가 기초 스프링 위에 반드시 위치해야 한다.

기어 장비의 설계 역시 소음 감소에 매우 중요하다. 회전하는 장비와 그 구성품들은 고도의 정밀성을 요하며 이를 통해 기어 간 완벽한 접촉을 통해 소음을 최소화할 수 있기 때문이다. 추가적으로 기어조립체의 소음 감소 장비는 탄성 받침대가 사용된다. 탄성 받침대를 설치할 때에는 장비 고유의 진동과 배에 전달되는 다른 진동을 고려해야 한다. 또한 외부 충격과 악화된 해상 조건에서 탄성 받침대가 어떤 행동 양상을 보이는지도 시험해야 한다.

잠수함 소음통제(Submarine Quieting)

자기 소음은 음향 탐지에 있어 큰 제한요소로서 상대방에게 노출되는 문제는 물론 플랫폼에서 표적을 탐지하고 추적하는데 큰 영향을 준다. 따라서 소음이 최소화된 잠수함 설계가 큰 이득을 갖는다.

이에 따라 기어, 터빈, 응축기, 터보 추진 장치 등에서 발생하는 소음을 분리시키는 기반인 "bed plate"의 발견은 큰 성과라 할 수 있다.

그러나, 이 획기적인 장치는 기존에 사용되던 소음 분리용 덮개에 비해 그 무게나 부피가 상당히 크다.

그림 9-31 프레리 마스커를 작동중인 함정(좌)

잠수함 내부 소음을 제거하기 위해 상당히 많은 연구가 진행되었다. 모터, 펌프, 환풍시설 같이 회전운동을 하는 장비들은 그 부속품들의 결합을 면밀히 하거나, 회전운동, 왕복운동, 혹은 움직임이 있는 부품 자체의 수를 축소시킴으로써 전체 소음이 감소되었다.

터빈의 빠른 회전을 상대적으로 느리게 회전하는 프로펠러와 연결시키는 감속기어는 특히 강력한 소음의 원인이 된다. 과거 소음 감소 실험 중 증기 추진 기관 모터와 감속기어 대신 전기 모터와 회전 지축을 대체하는 것이 포함되어 있었다. 과거에는 여러 한계로 인한 부분적 성과를 얻었지만, 기술의 발전으로 또 다시 전기를 이용한 추진 체계가 재조명받기 시작했다.

프로펠러의 공동현상을 감소시키는 것 역시 상당한 진보를 보였다. 또한 pump-jet 추진체계를 사용하거나 소음 흡수타일을 부착한 덮개를 사용하여 소음을 감소시키는 방법도 있다.

환경 소음(Ambient Noise)

환경 소음은 바다 주변에서 만들어지는 배경 소음이며, 이것은 인공적인 원인과 자연적인 원인에 의해 생성된다. 환경 소음은 크게 네 가지 부류로 구분되어진다: 유체역학적, 지진에 의한, 해상 교통상태(ocean traffic)에 따른, 그리고 생물학적 원인에 의한 것이다.

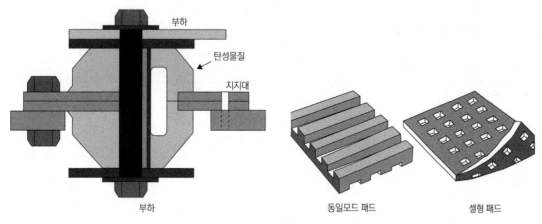

그림 9-32 탄성 마운트-기계 및 파이프에 적용된 차단 고무   **그림 9-33** 분산 차단 물질-소형 장비에 적용된 고무 패드

유체역학적 소음(Hydrodynamic Noise)

유체역학적 소음은 물 자체의 움직임에 따른 소음이며 조류, 풍랑, 해류, 태풍 등에 의해 발생한다. 바다에 존재하는 소음 정도는 특히 해수 표면 상태에 의해 좌우된다. 바다 표면이 바람 혹은

태풍에 의해 동요함으로써 소음의 크기는 상승하게 되며, 이에 따라 소음 감지 능력은 감소하게 된다. 따라서 강력한 태풍 영향권 내 존재하는 함정의 경우 외부 신호 감지 자체가 불가능하게 될 수 있다.

파고는 당연히 바람의 속력에 기인한다. Table 9-2는 뷰포트 풍력 계급(Beaufort Wind Scale)과 파고, 그리고 바다의 상태 관계를 보여준다.

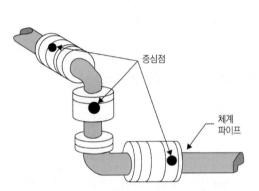

그림 9-34 파이브와 호스에 적용된 연성 결합체

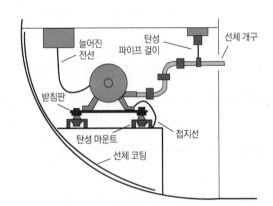

그림 9-35 자체소음 감소 기법들

표 9-2 풍력계급(Beaufort Wind Scale)과 바다 상태

계급	풍속[knot]	파고[ft]	바다 상태
0	〈1	0	0
1	1-3	0-0.25	
2	4-6	0.5-1	1
3	7-10	2-3	2
4	11-16	3.5-5	3
5	17-21	6-8	4
6	22-27	9.5-13	5
7	28-33	13.5-19	6
8	24-40	18-28	
9	41-47	23-32	
10	48-55	29-49	7
11	56-63	39-46	8
12	〉64	37-52	9

지진 소음(Seismic Noise)

지진 소음은 바다 아래나 바다 근처 지형의 움직임에 의해 발생한다. 이들은 거의 일어나지 않으며 발생 시간도 길지 않기 때문에 자세히 다루지 않도록 하겠다.

해상 교통(Ocean Traffic)

해상 교통이 환경 소음에 미치는 영향은 그 지역의 음파 전달 특성, 선박 척 수, 선적지까지의 거리에 의해 정해진다. 선적에 의해 발생하는 소음은 자기 소음과 같이 고려될 수 있으며 그 소음의 주파수는 소음 발생 선박에 따라 결정된다.

선적지 주변에서 발생하는 소음은 넓은 주파수 분포를 갖고 감지된다. 그러나 주변 선박과의 거리가 멀어지면서 주파수 분포는 좁아지게 되고 결국엔 가장 낮은 주파수만 감지가 된다. 그 이유는 고주파수는 거리에 따라 급격히 감쇄되기 때문이다. 수심이 깊어지면 저주파는 수천 Km 이상에서 감지된다. 표 9-3은 원츠(Wenz) 곡선 항목을 보여주는데, 이를 통해 해상 교통상태에 따른 소음 정도를 결정할 수 있다.

표 9-3 Wenz 해상 교통 유형

분류	유형
최대 원거리	수 마일 내 다른 함정이 보이지 않을 경우
원거리	종종 다른 함정이 보일 경우
한산한	가끔씩 근처에 함정이 지나가는 경우
대양 항로	주변에 타 함정이 많은 경우
교통 체증(깊은 수심)	해변과 떨어진 곳에서 많은 배가 지속적으로 지나가는 경우
교통 체증(깊은 수심)	해안가 주변에서 많은 배가 지속적으로 지나가는 경우

생물학적 소음(Biological Noise)

바다 생물들에 의해 발생하는 생물학적 소음은 기본 환경 소음 중 하나이며, 때때로 수중전에서 중요한 요소가 되기도 한다. 바닷속 식물과 해저 부착 생물들은 자체적인 소음은 발생시키지 않으나, 선체 표면에서 와동류를 발생시켜 자기 소음 발생에 기여한다. 갑각류, 어류, 바다 포유류는 자체적으로 소음을 발생시키며 이들 소음은 음향 장비에서 자체적으로 구분하도록 설계되었다.

제2차 세계대전을 시작으로 소음을 발생시키는 바다 생물에 대한 수많은 연구가 이뤄졌다. 이 연구의 중요한 목적은 소리를 발생시키는 모든 종에 대한 것과 번식 방법, 그리고 주파수, 강도 등 소리의 특성을 알고자 하는 것이었다. 여러 종에 의해 발생되는 소리의 특성은 이미 전기적 신호로 분석 완료되었으며 수많은 물리적 자료들이 확보되었다.

음향 발생 바다 생물 중 비중 있는 종들은 크게 세 가지 그룹 중 하나에 속한다: 갑각류, 어류, 혹은 포유류

특히 집게발 새우(snapping shrimp)와 같은 갑각류는 음향 발생 수중 생물 중 중요한 그룹에 속한다. 집게발 새우는 2cm 길이의 생물이며 겉보기에는 일반 시장에서 파는 새우와 크게 다르지 않으나, 크고 단단한 집게발 한 개가 유독 도드라진다.

이 크고 단단한 집게발이 움직이면서 '딱딱'거리는 소리가 발생된다.

집게발 새우의 분포는 기온에 따라 달라지며, 전 세계적으로 북위 35도 남위 40도 사이의 해안 주변에 많이 서식한다. 유럽 대륙의 해안 같은 곳은 북위 52도 남위 52도 사이에서 분포하기도 한다. 집게발 새우 무리들은 주로 수심 30파담 아래의 산호, 바위, 석회질 위에서 발견된다. 그러나 예외도 존재하는데 간혹 250파담 아래 진흙 속이나 식물로 덮힌 곳에서 발견되기도 한다.

집게발 새우 양식장 주변에서는 끊임없이 집게발 움직이는 소리가 들리는데, 이는 마치 기름 튀기는 소리나 덤불이 불에 타는 소리와 유사하다. 주파수 범위는 1KHz ~ 50KHz에 속한다. 소음은 지속적이지만 하루 주기를 갖으며 석양이 질 때 그 소리가 가장 크다. 양식장 밖에서 압력의 크기를 측정한 결과 1μPa을 기준으로 했을 때 86dB로 측정되었다. 압력의 세기는 양식장으로부터 거리가 멀어질수록 급속히 감소한다. 바닷가재, 게 등의 갑각류들도 미미하지만 어느 정도 환경 소음에 일조한다.

어류가 생성하는 소음의 종류는 매우 다양하며 그 소음이 어떤 방식으로 발생되느냐에 따라 3가지 종류로 구분된다. 첫 번째 소리로 얇은 막으로 형성된 낭체인 부레에 의한 소리로서, 어류 몸통 쪽에 위치하여 외부 공기가 담겨 있는 곳이다. 이 소리는 부레 내/외부의 근육이 움직이거나 몸통 전체가 움직이면서 발생된다.

두 번째 소리는 지느러미, 이빨, 그리고 두 부분이 서로 부딪혀 일어나는 소리 종류이다. 이런 소음을 마찰음이라 부른다.

세 번째 부류는 일시적이지만 언제든지 일어날 수 있는 소리이다. 물고기들이 움직이면서 외부와 부딪히는 소리, 혹은 먹이를 먹을 때 씹는 소리 등이 그것이다. 대부분의 소음 발생 어류들은 연안에 서식하며, 대부분 수온이 높거나 열대 기후에 속한다. 중요한 부분은, 어류에 의한 소음 발

생은 가능성은 크나, 집게발 새우처럼 지속적인 소음 발생을 일으키진 않는다.

어류에 의한 소음 발생 정도는 먹이를 먹을 때, 특히 새벽과 황혼 시, 매일 상승하며 이들이 연간 번식을 할 때 또한 소음 정도가 증가한다. 어류에 의한 소음 주파수 영역은 50 ~ 8000Hz 이다. 부레에 의한 소음 에너지는 75 ~ 150 Hz 영역에 존재하지만, 마찰음 에너지는 특징적으로 주파수 영역 끝 부분에 집중되어 있다.

바다 포유류는 음향 장비에서 발생한 소리가 반사되어 돌아오는 것과 더불어 음성 기관을 통하거나 마찰음을 통해서 소리를 발생시킨다. 물개, 바다 사자, 혹은 이와 비슷한 종들의 소리에는 특별한 음성 코드가 존재하며, 쿵쿵 거리는 소리와 휙휙 거리는 소리를 만들기 위해 입과 콧구멍을 통해 공기를 여러 가지 방식으로 내뿜는다. 범고래나 돌고래들은 공기를 얇은 막으로 이뤄진 숨구멍 주머니 밖으로 밀어내면서 거리측정핑(echo-ranging ping)이나 돌고래의 끽끽거리는 소리, 혹은 돌격 나팔 소리 같이 낮고 슬픈 울음소리 등을 만들어낸다. 다른 소리들은 대부분 마찰에 의해 발생되는 것이며, 범고래나 돌고래의 경우는 아마도 이빨 부딪히는 소리나 먹이를 물면서 나는 소리가 주요할 것이다.

웬츠 커브(Wenz Curve)

기본 작동 상태에서 정확히 배경 소음을 결정하기는 어렵겠지만, 이 배경 소음은 음향 장비의 작동에 있어 반드시 고려되어야 한다. 그림 9-36은 수송함 소음과 풍랑 소음 간 비율을 웬츠 커브(Wenz curve)에 반영하여 확장된 곡선이다. 그림 9-37은 웬츠 커브의 한 예로써 다양한 음원에 대해 우리가 관심있는 주파수 영역에서의 소음 크기를 살펴볼 수 있다.

환경 소음에 관한 예제(Sample Ambient Noise Problem)

음향 감시 시스템(SOSUS)은 300Hz의 주파수를 발생하는 잠수함을 찾고 있다. 표적 잠수함은 현재 운항 중에 있으며 수면으로부터 6 feet 아래인 것으로 추정된다. 웬츠 커브를 이용하여 배경 소음의 대략적인 값을 구하여라.

그림 9-37을 통해 300Hz 주파수에서 운항에 의한 환경 소음 크기는 65dB임을 알 수 있으며 수심 6 feet에 있을 때 발생되는 소음은 66dB이다.

그림 9-3의 도표를 통해 65dB과 66dB 신호를 더해주면,

$$IL_1 - IL_2 = 66 - 65 = 1$$

도표를 확인한 후 2.4dB을 66dB에 더해주면 결국 68.4dB이 된다.

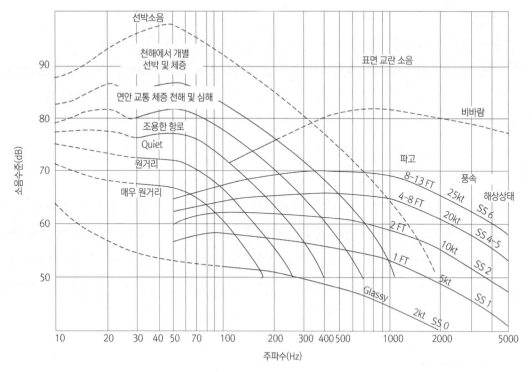

그림 9-36 웬츠 환경소음 커브

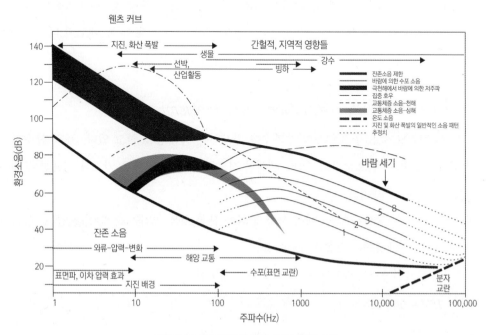

그림 9-37 대양에서의 웬츠 음향 환경 소음

성능지수

서론

수중작전에서 성공하기 위한 핵심은 자신이 탐지되기전에 상대방을 먼저 탐지하는 것이다. 오늘날 주로 사용되는 센서는 소나이고, 물리학 관련 현 지식수준은 앞으로도 수년 동안 음파가 사용될 것이라고 제안하고 있다. 소나에 대한 이해는 소나 방정식과 성능지수에 대한 이해를 통하여 이루어질 수 있다.

수중음향과 관련된 많은 현상과 효과들은 소나 방정식에 의해 정량적인 방법으로 편리하고 이론적으로 표현이 가능하다. 수중전과 관련 있는 많은 문제들에 대하여 소나방정식은 운용자가 효과적으로 이용하고, 수신한 정보를 이해하며, 탐지거리 예측과 같은 정보를 제공하기 위해 매질, 표적, 장비에 대한 영향 요소들을 하나로 묶어 주는 종합관계(working relationship)가 된다.

그러므로 이 장의 목적은 성능지수를 포함하여 소나방정식에서 사용되는 다양한 계수들이 어떻게 측정될 수 있는지를 보여주고, 그 계수들의 유용성을 자세히 설명하기 위해 소나 방정식과 성능지수에 대하여 상세히 설명한다.

소나 방정식은 탐지 및 식별과 같은 소나의 기능이 수행될 때, 수신한 음향 에너지의 필요한 부분과 불필요한 부분 사이에 존재하는 관계 또는 비에 기반하고 있다. 이러한 모든 기능들은 자연적인 음향 배경에서 발생하는 음향 에너지를 수신하는 것과 연관이 있다. 수신기에서 수신한 음향 에너지 총량 중 표적에서 발생한 일정 부분을 신호라고 한다. 주변 환경에서 발생한 나머지 부분을 소음이라고 한다.

이전 장에서 거론되었듯이 바다는 이른바 환경 소음이라고 알려진 파도, 해양생물, 선박 등과 같은 소음원들이 존재한다. 반대로 자체 소음은 함정에 설치된 기계장치 및 함정의 움직임에 의해 생성된다. 또한, 능동체계에서는 물고기, 기포, 해수면, 해저면과 같은 확산 물체들이 반향이라고 불리는 원하지 않는 반향신호를 생성하며, 필요한 신호에 대하여 장애물이 된다.

설계 기술자의 임무는 이러한 모든 조건들에 대해 소나 장비의 신호 대 잡음비(SNR)를 최적화하는 것이다. 운용자는 사전에 결정되거나 실질적으로 측정된 자료들로부터 추론된 예측된 환경 조건과 운용자 자신의 능력 및 교육훈련, 설계개념에 대한 이해를 통하여 탐지 확률을 예측할 수 있다.

소나 방정식

탐지 임계값(Detection Threshold)

성능을 예측하기 위해, 변화하는 신호 및 소음 수준의 변화를 예측할 수 있는 척도를 제공할 수 있도록 음향 관련 문제가 정의 또는 정량화되어야 한다. 이 정량화된 값이 탐지 임계값으로 알려진 것이고, 소나에 신호와 동반하여 소음이 동시에 수신될 때 발생하는 모든 것을 하나의 단일 숫자로 표현할려고 시도한다. 탐지 임계값은 운용자가 표적을 탐지하기 위해 하이드로폰에서 처리하는 데 필요한 신호에서 소음을 뺀 값으로 정의된다.

실질적으로 소나 신호를 탐지하는 임무는 여러 가지 이유로 기회과정이 되며, 인간 운용자가 관여되어 있다는 것이 한 가지 이유가 된다. 어떤 표적이 실제적으로 존재할 때 소나 접촉을 표적으로 지정하는 것을 탐지라고 정의한다. 실제 표적이 존재하지 않은데 표적으로 지정하는 것은 허위 경보(false alarm)라고 정의한다. 그러므로 탐지 임계값(DT)의 정의는 표적이 존재할 가능성 50% 에 운용자가 어떤 장비를 이용하여 표적을 탐지할 수 있는 요구조건을 더함으로써 일반적으로 정량화된다. 그러므로, 만약 제시된 평균 신호 대 잡음비 값이 필요한 신호 대 잡음비의 평균값과 같다면, 탐지될 수 있는 확률 50%에서 표적 탐지가 일어난다. 요약하면 :

제시된 평균값과 필요한 평균값이 같다면, 탐지확률은 50%가 된다.

제시된 평균값이 필요한 평균값보다 크다면, 탐지확률은 50% ~ 100%가 된다.

제시된 평균값이 필요한 평균값보다 작다면, 탐지확률은 50% ~ 0%가 된다.

주의 : 어느 순간 제시되거나 필요한 신호 대 잡음비는 운용자의 변경뿐만 아니라 전달손실, 표적 방사 신호, 자체 소음 등이 시간에 따라 변하기 때문에 광범위하게 변화할 수 있다. 이런 이유로 제시된 평균 신호 대 잡음비가 요구되는 신호 대 잡음비보다 작을 지라도 시간에 따라 순간적으로 필요한 신호 대 잡음비보다 커지는 경우가 발생하여 탐지되기도 한다. 따라서 항상 영보다

큰 탐지확률이 존재한다.

이것들을 종합해보면, 만약 탐지가 어떤 확률 값을 가지고 발생한다면 신호(데시벨 단위)에서 잡음(데시벨 단위)을 뺀 값은 탐지 임계값(데시벨 단위)보다 크거나 같아야 한다는 것을 알 수 있다.

$$S - N \geq DT \tag{10-1}$$

다음 단계는 이 기본 소나 방정식을 장비, 환경 및 표적에 의해 결정되는 계수들과 연관하여 신호 대 잡음비를 확장하는 것이다.

장비에 의해 결정되는 계수들은 아래와 같다.

- 자신의 능동소나 음원 수준 : SL
- 자체 소음 수준 : NL_{self}
- 수신 지향성 계수(directivity index) : DI
- 탐지 임계값 : DT

환경에 의해 결정되는 계수들은 아래와 같다.

- 전송 손실 : TL
- 반향 수준 : RL
- 환경 소음 수준 : $NL_{ambient}$

표적에 의해 결정되는 계수들은 아래와 같다.

- 표적 강도 : TS
- 표적 발생 음원 수준 : SL

계수들 중에 두 쌍(자신의 능동소나 음원 수준과 표적 음원 수준, 자체 소음 수준과 환경 소음수준)이 소나 방정식에서 유사하게 취급되기 때문에 같은 심볼로 표기되었다. 이 계수들은 일정하지 않을 뿐만 아니라 다른 모든 교제에서는 같은 심볼로 표기되지 않지만, 기술적 문헌에서 편의상 한가지로 사용되기도 한다. 이 계수들이 어떻게 기본 소나 방정식에 적용되는지를 이후 전개 과정에 따라 주의 깊게 관찰하여야 한다.

수동 음원 수준(Passive Source Level)

수동 음원 수준(SL)은 표적에 의해 방사되는 음향 신호와 관련이 있다. 표적 신호는 프로펠러, 선체 유체 소음, 장비 작동 등에 의해 발생될 수 있다. 표적의 음원 수준은 근본적으로 자신의 자체 소음이 된다.

물론, 음원수준은 일반적으로 사전에 알려지지 않는다. 그러나, 적성국 표적의 음원 수준은 정보 수집 장치에 의해 측정되어 다음에 사용될 수 있도록 정리될 수 있다. 수동 음원은 9장에서 거론 했던 광대역 및 협대역 소음과 같이 두 개의 주 카테고리로 나뉘어진다.

능동 음원 수준(Active Source Level)

능동 소나 체계에서 음파의 음원은 소나 체계가 된다. 송신기에서 전기 에너지가 소나 트랜스듀서에 의해 음향 에너지로 변환된다. 트랜스듀서의 출력은 음압수준(SPL)로 측정되며 음원수준(SL)이라고도 한다. 주어진 총 출력에 대하여 음향 세기는 거리가 증가함에 따라 확산, 흡수, 산란 때문에 감소한다. 그러므로 로그 스케일인 음압수준(SPL)은 음원으로부터의 거리에 따라 감소할 것이다.

의미 있는 비교를 하기 위해 음원지로부터 표준거리에서 음압수준(SPL)을 측정해야 한다. 여기에서 표준거리는 1m가 된다. 그러므로 음원 수준(SL)은 음원으로부터 1m 거리에서 측정된 음압수준(SPL)으로 명시된다. 때때로 참조값으로 압력 단위 및 측정 거리를 주석으로 표시하기도 한다. 예를 들면, 아래와 같이 표시할 수 있다.

SL=145dB

참조: 1 m에서 $1\mu Pa$

위 예는 1m 거리에서 $1\mu Pa$의 참조값을 이용한 음원 수준을 의미한다. 모든 음원 수준이 같은 참조값을 사용하기 때문에 이 교제에서는 번거로운 참조값을 생략하기로 한다.

전송 손실(Transmission Loss)

9장에서 거론했 듯이 바다는 음파 전달에 있어서 매우 복잡한 매질이다. 바다는 내부 구조 및 상하 경계면을 가지고 있어서 수중음원에서 방사되는 음파에 매우 다양한 영향을 미친다. 음향신호가 수중으로 전파될 때 지연이 발생하고, 왜곡되며 세기도 약해진다. 소나 방정식에서 전송손실이라는 계수가 이러한 효과들의 크기를 표현한 것이다.

수중에 위치하고 있는 한 음원을 고려해보자. 그 소리의 세기는 음원으로부터 일정 거리의 한 지점에서 측정될 수 있다. 음원의 세기를 측정할 목적으로 음원으로부터 일정 거리에서 세기 측정이 일반적으로 이루어지고, 그 측정값을 I_0로 표기한다. 그리고 어떤 거리의 한 지점에 설치된 하이드로폰에서 세기가 측정될 수 있고, 그 측정값을 I로 표기한다.

작전 운용적으로 두 값을 비교하는 것은 충분한 의미가 있다. 이를 위한 한 가지 방법은 I_0/I의 비를 구하는 것이다. n으로 표기되는 그 비가 일정값보다 크다면, 예상했던 것이지만 음원의 세기가 수신기에서의 세기보다 크다는 것을 의미한다. 만약 $n=I_0/I$ 라면,

$$10 \log n = 10 \log I_0 - 10 \log I \qquad (10\text{-}2)$$

$$= \text{음원에서 음향세기} - \text{수신기에서 음향세기}$$

$10 \log n$ 값은 전송 손실이라 불리며, dB단위로 측정된다. 전송 손실에 영향을 주는 대부분의 요인들은 과학적인 연구를 통하여 계산될 수 있으며, 주로 확산, 흡수, 산란과 같은 3개 카테고리로 분류될 수 있다.

확산 손실(Spreading Loss)

확산 손실을 이해하기 위해 먼저 경계면이 없고, 모든 지역에서 무한으로 동일한 매질의 물리적인 특성을 가지고 있는 이론적인 바다를 상상해보자. 그런 매질에서 음향 에너지는 직선 경로를 따라 모든 방향으로 전달될 것이며 원형의 파면을 형성하게 될 것이다.

이와 같은 조건에서는 음원지로부터 거리에 따른 힘의 밀도의 변화는 단지 에너지의 원형 확산에 의해 일어날 것이다. 예상했듯이 에너지 손실은 없을 것이다. 더 자세히 말하면, 음향 에너지는 단순히 더 큰 표면적으로 계속해서 확장되고, 에너지 세기 밀도는 점차 감소할 것이다. 이 모델에 대하여 음원을 중심으로 반지름이 r인 구의 표면을 통하여 확장되는 힘의 총량은 수식 10-3과 같이 표현될 수 있다.

$$\text{힘의 밀도} = \frac{P_t(w)}{4\pi r^2} \qquad (10\text{-}3)$$

P_t = 음원지 근접지에서의 음향 세기 수준(w), r = 음원지로부터 반지름

이 힘의 밀도(w/m^2) 개념은 3장에서의 레이더 방정식을 발전시키기 위해 사용되기도 하였다. 여기에서 말했듯이 음향 에너지의 단위는 w/m^2 이다. 그러므로 수식 10-3은 아래 수식 10-4와

같이 표현될 수 있다.

$$I_r \ = \ \frac{P_t}{4\pi r^2} \ = \ \frac{P_e^2}{\rho c} \tag{10-4}$$

P_e = 거리 r에서의 RMS 압력

음원 근접지에서 음향의 세기는 편의상 음원으로부터 1m인 지점에서 일정하게 측정된다. I_1 으로 표기되고, 아래 수식 10-5와 같이 표현할 수 있다.

$$I_1 \ = \ \frac{P_1}{4\pi(1)^2} \tag{10-5}$$

음원으로부터 거리 r에서의 음향 세기는 음원으로부터 1m 지점에서의 세기보다 작다. 이것은 기하학적으로 증가하는 원의 표면에서 고정된 힘의 총량이 확산되는 결과인데, 그림 10-1에서 보여주고 있다. 거리 r의 함수로서 음향 세기의 감소는 수식 10-6과 같이 비례식으로 표현할 수 있다.

$$\frac{I_r}{I_1} \ = \ \frac{\dfrac{P_t}{4\pi(r)^2}}{\dfrac{P_t}{4\pi(1)^2}} \ = \ \frac{1}{r^2} \tag{10-6}$$

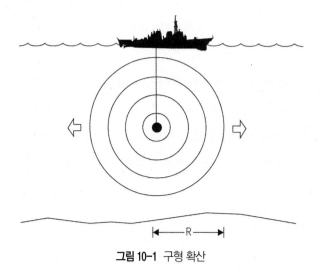

그림 10-1 구형 확산

그러나, 어떤 충분한 거리에서 I_1 에 대한 I_r 의 비는 너무 작아서 dB단위를 사용하는 로그 스케일로 이 값들을 표현한다.

$$10 \log \frac{I_r}{I_1} = 10 \log \frac{1}{r^2} \tag{10-7}$$

$$= 10 \log(1) - 10 \log r^2$$

$$= -20 \log r$$

확산에 의한 음향 세기(I_1)의 감소는 전송손실(TL)이라 불리며, 원형 확산 관련 요소는 아래 수식 10-8과 같다.

$$TL = 20 \log r \tag{10-8}$$

그리고

$$10 \log I_r = 10 \log I_1 - TL \tag{10-9}$$

그러나, 바다는 경계가 없는 매질이 아니고, 모든 음원은 가정했던 것처럼 전방위 음원이 아니다. 단지 수평 방향으로 에너지를 방사하는 음원에 대하여 음향 에너지는 확산하는 실린더의 표면처럼 더 잘 발산한다. 또한, 바다는 해저면과 해수면과 같은 경계가 있기 때문에 전달 거리가 수심에 비해 클 때 또는 음향 에너지가 온도층 내지 음파 채널 안에서만 전달될 수 있기 때문에 실린더형의 발산으로 가정된다. 이와 같은 모델에 대하여 반지름이 r인 실린더의 표면에서 음향 에너지의 세기는 수식 10-10과 같이 표현된다.

$$I_r = \frac{P_t}{2\pi r h} \tag{10-10}$$

h = 상하 경계면 사이의 수직 거리(그림 10-2)

그러므로 전송 손실은 아래와 같이 구할 수 있다.

$$10 \log \frac{I_r}{I_1} = 10 \log \frac{1}{r} = 10 \log(1) - 10 \log r = -10 \log r$$

또는 $10 \log I_r = 10 \log I_1 - 10 \log r$

또는 $TL = 10 \log r$

그리고

$$10 \log I_r = 10 \log I_1 - TL \tag{10-11}$$

수식 10-11이 음향 에너지의 실린더형 발산을 표현하고 있으며, 때론 1차 역 확산으로 참조되기도 한다.

구형 확산 및 실린더형 확산 모델에서는 구형 확산에서 실린더형 확산으로 바뀌는 거리 예측을 언제 결정할 것인가 하는 문제가 발생한다. 이 전환 거리(transition range)를 예측하기 위해 많은 방법들이 제안되었고, 대부분이 음속 변화도, 음원의 깊이, 수온층의 깊이에 대한 기하학적 배치에 기반하고 있다. 해수면 및 음파층 수심과 경계를 이루는 혼합층에 대한 예상 전환 거리의 예는 수식 10-12와 같이 구할 수 있다.

$$r_l = \sqrt{\frac{RH}{8}} = \sqrt{\frac{H}{H-d}} \tag{10-12}$$

H = 혼합층 두께,

d = 음원의 깊이,

R = 곡면의 반경 = $c_n/g \cos \theta_n$ (c_n = 음속, g = 변화도, θ_n = 음원을 출발하는 음선의 각도)

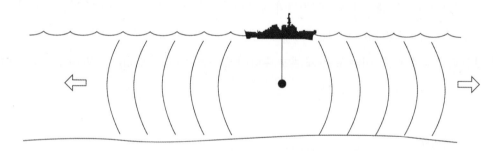

면적 = 2hπR(표면과 해저면은 제외)

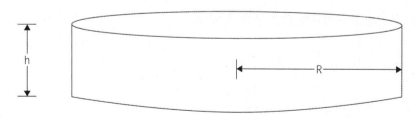

그림 10-2 실린더형 확산

수식 10-12는 단지 혼합층에서만 잘 맞는다는 큰 제한점을 가지고 있으며, 곡면의 반지름은 일정한 변화도에 의존적이고, 음원으로부터 단지 한 각도에 대해서만 잘 맞는다.

간단한 모델과 수식을 통하여 전환 거리를 찾기가 어렵기 때문에 그 예측은 주어진 수심에서 음원과 수신기를 가진 환경에 대해 복잡한 컴퓨터 모델을 사용하기도 한다.

이 책에서는 전환 거리가 1,000m라고 가정한다. 이 예상 값은 평균수심 2,000m의 바다에서 음원이 수심 1,000m에 위치하고 있다는 가정에 기반하고 있다. 그러므로 전송 손실의 확산 부분에 관한 두 수식은 아래와 같다.

$$TL = 20 \log r \quad r < 1,000m \tag{10-13}$$

$$TL = 10 \log r + 30 \quad r \geq 1,000m \tag{10-14}$$

흡수 손실(Absorption Loss)

해양에서 음향 에너지의 감쇠는 해저면 손실과 함께 근본적으로 흡수 및 산란 두 개의 서로 독립적인 요인에 의해 일어난다.

흡수의 주된 원인은 해수에서 이온들과 연관된 화학적 반응, 열전도율, 점성력을 포함한 몇 가지 과정들로 기인된다. 간단히 요약하면 아래와 같다.

1. 매질의 점성력은 내부 마찰력에 의해 음향 에너지를 열로 변환시키는 원인을 제공한다.
2. 음파가 고온, 저온으로 교대로 변하는 매질 때문에 음향 에너지가 열로 변환된다.
3. 수중 부유 입자들이 음파에 의해 진동하게 되고, 이 과정에서 약간의 음향 에너지가 열의 형태로 소멸된다. 입자들이 공기 입자일때 특히 잘 일어난다.

이와 같은 각 요인들이 총 흡수 손실에 각자 영향을 미치기는 하지만, 음파가 전달됨에 따라 매질의 반복되는 압력 변화에 의해 모든 요인들이 발생하게 된다. 모든 흡수 손실은 음향 에너지가 열로 변환되는 것과 관련이 있고, 그로 인해 흡수 손실이 환경에 대한 음향 에너지의 주된 손실로 대표된다.

시험을 통하여 흡수 계수(absorption coefficient)라는 인자를 산출하였고, 이 계수를 거리에 따라 곱하게 되면 흡수에 의한 dB단위 총 손실을 구할 수 있다.

평균 수온이 더 낮고, 더 많은 황산마그네슘이 존재할수록 흡수에 의한 손실이 더 커지기 때문에 수온과 황산마그네슘(MgSO₄) 농도는 흡수 계수값 크기에 영향을 주는 중요한 인자가 된다.

그러나, 흡수 계수에 가장 크게 영향을 미치는 것은 바로 음파의 주파수이다. 아래 계산식이 온도와 지리적 위치에 따라 약하게 변할지라도 수온 5℃에서 dB/m의 흡수계수 값에 대한 일반적인 수식은 아래 수식 10-15와 같다.

$$\alpha = \frac{0.036f^2}{f^2 + 3,600} + 3.2 \times 10^{-7}f^2 \qquad\qquad (10\text{-}15)$$

α = 흡수 계수(dB/m), f = 주파수(KHz)

이 수식이 좀 복잡할지라도 주목해야 할 중요한 점은 흡수 계수는 대략 주파수의 제곱으로 증가한다는 것이다. 이러한 관계가 해군 전술 운용자에게 매우 중요한 요소가 된다. 이는 만약 소나 운용자가 표적 탐지확률을 더 높이기 위해 더 높은 주파수를 선택한다면 더 많은 감쇠가 일어난다는 것을 의미한다. 요약하면, 더 높은 주파수는 더 많은 감쇠를 일으키고, 결국 더 짧은 탐지거리를 갖게 된다.

이러한 이유로 원거리 소나 운용이 필요한 곳에서는 더 낮은 주파수를 사용하는 것이 더 좋은 방법이 된다. 그림 10-3은 수온 5℃에서 주파수가 변할 때 전형적인 흡수 계수 값들을 보여준다. 흡수에 의한 전송 손실(TL)을 구하기 위해서는 간단히 흡수계수(α)에 미터 단위의 거리(r)를 곱하면 된다. 그러므로 수식 10-16과 같이 전송 손실을 구할 수 있다.

$$TL = \alpha r \qquad\qquad (10\text{-}16)$$

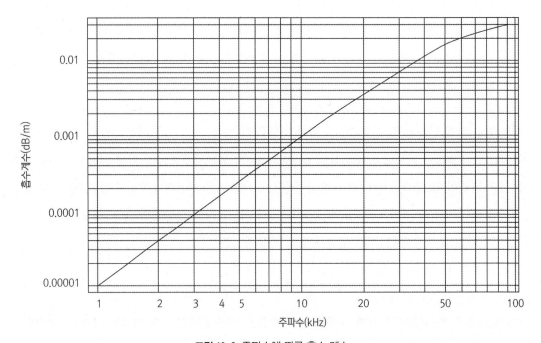

그림 10-3 주파수에 따른 흡수 계수

산란 손실(Scattering Loss)

감쇠의 다른 형태로 산란이 있는데 산란은 음파가 다른 물체에 부딪쳐서 반사될 때 일어난다. 반사를 일으키는 것들에는 해수면, 해저면, 해안선과 같은 경계면들로 구성되고, 다른 반사체로는 공기방울, 부유물, 유기 생물, 해양생물, 해양 온도구조에서의 비등질성 등이 있다.

산란되는 에너지의 총량은 역시 음파 전달경로에 존재하는 반사체들의 크기, 밀도, 집중도뿐만 아니라 주파수에 따라 변화하는 함수가 된다. 음파의 파장에 비하여 반사체가 크면 클수록 확산자로서 더 효과적인 반사체가 된다. 반사되는 음파의 일정 부분은 후방산란(backscattered)되어 음원지로 되돌아오고, 나머지 부분은 다른 방향으로 반사되어 에너지 손실이 발생된다. 후방산란은 반향이라고 알려진 것으로, 수중복반사, 해수면 및 해저면 반사와 같이 크게 세 가지로 분류된다.

수중복반사(volume reverberation)은 다양한 반사체들에 의해 발생하지만, 물고기와 다른 해양 생물들이 주 반사체가 된다. 추가적인 반사체로는 수중 부유물, 공기방울, 상대적으로 온도 차이가 많이 나는 수괴 등이 있다. 수중복반사는 능동소나를 운용할 때 항상 존재하지만 일반적으로 표적 반향 음파를 차단하는 심각한 요인은 아니다.

한 가지 예외가 해양 대부분의 지역에서 해양생물이 상대적으로 밀집되어 있는 층으로 심해확산층이 관련이 있다. 이 심해확산층은 낮 동안에는 심각한 문제를 일으키지 않고 수심 약 600m에 일반적으로 나타난다. 그러나 밤에는 심해확산층이 표면 쪽으로 이동하여 반향의 주요 원인이 된다. 이 심해확산층은 수심측정기와 같이 바로 상부에서 소나로 탐지할 때는 불투명하게 나타나지만, 거의 수평적으로 탐색하는 소나는 영향을 받는다. 수평적으로 전송함으로써 음파는 많은 해양 생물체와 접하게 되고, 그 효과는 음파의 일부분에서 전체에 이르는 범위로 반사 및 확산을 일으키게 되어 잠수함은 그곳에 숨게 된다.

해수면 반향은 전송된 음선들이 해수면에 부딪칠 때 발생된다. 이는 능동소나를 운용할 때 항상 나타나는 현상이고, 바람이 파도의 크기와 음파의 입사각을 조절하기 때문에 풍속과 밀접한 관련이 있다.

해저면 반향은 음파가 해저면과 부딪칠 때 항상 발생한다. 심해에서는 일반적으로 심각한 문제가 되지 않지만, 천해에서는 해저면 반향이 주된 배경소음이 되고 근거리 표적 신호를 완벽하게 차단할 수도 있다. 확산을 통한 손실된 에너지 총량은 해저면의 거칠정도 및 입사하는 음파의 주파수에 따라 변한다.

해저면에서 반사된 음파는 보통 세기에 있어서 많은 손실이 발생한다. 이 손실의 일부분은 확산효과에 의해 발생되지만, 나머지 대부분은 음향 에너지 일정 부분이 그림 10-4에서 보는 바와 같이 해저면으로 들어가서 새로운 해저면 음파로 전달되면서 발생한다. 최종적으로 반사된 음파의 세기는 매우 감소하게 된다는 것이다.

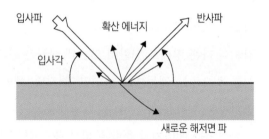

그림 10-4 해저면 흡수 및 확산

해저면에서 손실되는 음향 에너지 량은 해저면 형상, 주파수, 음파의 부딪힘 각도 등에 따라 변한다. 이러한 손실 에너지 총량은 음파가 해저면에 부딪힐 때 낮게는 2dB에서 크게는 30dB에 이르기도 한다. 일반적으로 해저면 손실은 음파의 주파수 및 진입 각도에 따라 증가하는 경향을 가지고 있다. 진흙과 같이 부드러운 해저면은 보통 더 큰 해저면 손실(10 ~ 30dB)을 발생시키고, 바위나 모래 같은 딱딱한 해저면은 더 낮은 손실을 발생시킨다.

수중복반사, 해수면 및 해저 반사에 의한 정확한 전송 손실을 계산할 수 있는 수식을 찾는 것이 가능하지만, 해양의 특성이 매우 가변적이어서 수식을 이용하는 것이 거의 제한될 수 있다. 그러므로 작전 상황에서는 확산 손실값에 대해서 경험적인 추측을 하는 게 관례적이고, 그 손실들을 종합하여 전송손실 왜곡(anomaly)이라고 부르며, A로 표기되어 전송손실 방정식에 포함된다.

총 전달 손실(Total propagation Loss)

해양에서 발생하는 전송 손실에 영향을 미치는 다양한 요인들의 모든 효과를 표현할 수 있는 수학적 관계식을 도출하는 것이 유용할 수 있다. 그러나 해양에서 발생하는 물리적 환경들의 상태는 매우 복잡하고, 표현하기가 쉽지 않다. 그러한 일부 조건들에 대한 유사 근사치를 제공하는 몇 개의 수학적 모델들이 존재하지만, 현재는 발생하는 모든 조건들에 대한 값을 제공하는 단일 모델은 존재하지 않는다.

1,000m 미만 거리의 원형 확산에 대한 전송 손실 근사치를 구하기 위해 사용되는 간단한 모델은 수식 10-17과 같다.

$$TL = 20\log r + \alpha r + A \tag{10-17}$$

실린더형 확산에 대한 근사치는 아래 수식 10-18과 같다.

$$TL \;=\; 10\log r + 30 + \alpha\, r + A \tag{10-18}$$

거리(r) ≥ 1,000m이고, 30은 최초 거리 1,000m까지 원형 확산 손실값에 해당된다.

해양에서 음파를 전송하는 것은 3차원이고, 대부분의 작전 상황에 대하여 수평적 거리에 대한 전송 손실은 유용한 정보가 되지 못한다는 것을 인식하는 것이 중요하다. 다른 전달 경로들에 의해 전달되는 음파들 사이에 반사, 굴절, 간섭 때문에 다양한 탐지거리들 사이에 소나로 탐지할 수 없는 지역들이 존재한다.

그러므로 전송 손실(TL) 방정식이 흥미가 있고, 약간은 유용할 지라도 그 값들이 항상 전체적으로 정확한 것은 아니다. 종종 수중 음파 손실에 대한 더 유용한 계산방법이 전달 손실을 사용하여 얻어질 수 있으며, 나중에 거론하기로 한다.

지향성 이득(Directivity Index)

음향 센서 배열의 지향성은 일반적으로 빔의 중간세기 지점(half power point)에서 측정된 빔폭으로 표현될 수 있다. 그러나, 지향성 계수(directivity factor), K는 주 빔과 그 빔의 사이드로브 형태에 상관없이 적용할 수 있기 때문에 센서 배열 성능에 대한 수치적 척도로 더 유용하게 사용된다.

지향성 계수는 선 배열 및 곡면(2차원) 배열 모두에 적용 가능하다. 지향성 계수는 전자기 안테나 이론에서 구해진 안테나 이득과 같은 개념으로 종종 전송 소자들에 대한 배열 이득이라는 참조 값으로 사용된다.

센서의 배열은 단일 센서 소자와 비교하여 신호 대 잡음비가 우수하기 때문에 수중 표적을 탐지하는 데 더 유용하다. 지향성 계수, K는 센서 배열에서 하나의 전방향 소자의 신호 대 잡음비(SNR)에 대한 그 센서 배열 신호 대 잡음비(SNR)와의 비가 된다.

$$K = \frac{\left(\dfrac{S}{N}\right)_{directional}}{\left(\dfrac{S}{N}\right)_{omnidirectional}} \tag{10-19}$$

만약 배열에 의해서 생성된 신호가 지향성 음향 축을 따라 전 방향으로 분산하는 신호와 같다고 ($S_{directional}$ = $S_{omnidirectional}$) 가정하면, K는 아래 수식 10-20과 같이 구할 수 있다.

$$K = \frac{N_{omnidirectional}}{N_{directional}} \tag{10-20}$$

전방향 소음($N_{omnidirectional}$)은 $4\pi r^2 I_i$ 과 같이 정의할 수 있고, 지향성 소음은 수식 10-21과 같이 정의할 수 있다.

$$N_{directional} = \int_0^{2\pi} \int_{-\frac{\pi}{2}}^{\frac{\pi}{2}} I_i r^2 b(\theta, \psi) \cos \theta \, d\theta \, d\psi \qquad (10\text{-}21)$$

여기서 $b(\theta, \psi)$는 극좌표에서 배열의 빔 세기 분산 패턴(beam power distribution pattern)이다. 만약 $b(\theta, \psi) = b(\theta)$와 같이 빔 패턴이 회전 대칭이고, 축 ψ에 대해 방향이 없다면, K는 아래 수식 10-22와 같이 간략하게 표현할 수 있다.

$$K = \frac{4\pi}{\int_{-\frac{\pi}{2}}^{\frac{\pi}{2}} b(\theta) \cos \theta \, d\theta} \qquad (10\text{-}22)$$

간단한 배열에 대한 $b(\theta, \psi)$ 는 수학적으로 찾을 수 있고, 평가될 수 있다. 지향성 계수 K에 대한 몇 개의 일반적인 표현들이 표 10-1에 주어진다. 지향성 이득(DI)는 dB로 표현되는 지향성 계수 비로 간단하게 아래와 같이 구할 수 있다.

$$DI = 10 \log K \qquad (10\text{-}23)$$

표적 신호 강도(Target Strength)

능동소나 방정식에서 수중 표적에 의해 되돌아오는 반향신호는 특별한 관심요소로 표적 신호 강도(TS)라고 부르며, 보통 15dB에서 25dB 값을 가진다. 군사적으로 반향신호는 잠수함 또는 기뢰 같은 것이 될 수 있고, 물고기 떼와 같이 잘못된 반향신호일 수도 있다.

표 10-1 다양한 일반적 센서 배열에 대한 지향성 이득

형태	DI = 10 log K
길이 L의 연속선, L $\rangle$ λ	$K = \dfrac{2L}{\lambda}$
직경 D인 피스톤, D $\rangle$ λ	$K = (\dfrac{\pi D}{\lambda})^2$
같은 공간 d의 n개의 소자로 된 선	$K = \dfrac{n}{1 + \dfrac{2}{n} \displaystyle\sum_{i=1}^{n-1} \dfrac{(n-i) \sin(\frac{2i\pi d}{\lambda})}{\frac{2i\pi d}{\lambda}}}$

전자기학의 레이더 단면적(radar cross section)에서와 같이 물체의 형태, 크기, 조성 물질이 그 물체의 표적신호 강도에 매우 중요하게 영향을 미친다. 어떤 거리에 위치한 음원으로부터 입사하는 신호세기에 대해 일정 방향 1m 거리에 위치한 표적으로부터 되돌아오는 신호 세기와의 비에 대한 로그 단위 값을 표적신호 강도(TS)라고 부른다.

$$TS = 10 \log \frac{I_r}{I_i} \tag{10-24}$$

I_r = 1m에서 되돌아오는 신호의 세기, I_i = 입사 신호의 세기

표적 신호 강도(TS)는 표적에 입사하는 신호가 표적에 부딪히는 조건 즉, 표적자세각(target aspect)에 따라 변하는 함수라고 할 수 있다. 표적 함정의 횡측면이 함수방향보다 더 큰 반사면을 제공한다. 표적 신호 강도는 반사되는 세기를 되돌아오는 세기로 나누고 로그를 취한 값의 10배가 되기 때문에 이것은 명백히 불가능한 조건이지만, 수신기에 입사되는 에너지보다 더 많은 음향 에너지가 표적에서 반사된다는 것을 분명히 말해주고 있다.

다음 용어 정의에 핵심이 있다.

표적이 어느 한 지점의 음원이라고 가정할 때, I_r 는 표적으로부터 1m의 거리에서 측정된 반사된 신호의 세기이다.

I_i 는 음파를 전송하는 함정에서 표적으로 오는 신호에 대해 표적의 어느 한 지점에서 측정한 신호의 세기이다.

세기는 실질적으로 어느 지점에 위치한 표적에 부딪히며 미치는 단위면적당 힘의 세기로, 표적에 부딪히는 총 음파의 세기는 유효면적의 I_i 배가 된다. 만약 이 세기의 대부분이 표적의 단면적과 거의 유사한 기본 유효면적이 아니고, 대신에 가까운 음원 한 지점에서 반사된다고 가정하면, 에너지 반사 면적이 감소하기 때문에 이 방법으로 계산된 반사 에너지는 반드시 더 커져야 한다. 그러므로 두 가지 모두 위에서 지시된 대로 정의된다면 I_r 는 되돌아오는 I보다 더 큰 값을 가지게 된다.

이와 같은 경우에는 점 음원(point source)에서 발생하는 그런 음파는 존재하지 않는다. 이런 구성은 단지 음파가 점 음원으로부터 음파를 전송한 소나로 되돌아오는 1,000m 지점 또는 그 이상 떨어져 있을 때 실제 측정한 I_r 값을 중복하여 사용할 수 있는 편리한 방법이 될 수 있다.

그래서 표적으로부터 1,000m 지점에서 I_i , I_r 모두를 측정하였다면, I_i 는 반드시 I_r 보다 커야 한다. 그러므로 I_i 가 표적까지 1,000m 전달될 때보다 I_r 이 지정 점 음원에서 1,000m 전달되는 동안 더 큰 감쇠가 일어나는 것으로 계산될 것이다.

이에 대한 설명은 표적으로부터 1,000m 이내에 있을 때 평파(plane wave)에 매우 유사하게 되돌아오는 음파의 감쇠에 비해 점 음원으로부터 확산에 의한 감쇠가 더 빠르게 일어난다는 것을 의미한다.

소음 수준(Noise Level)

소나 방정식에서 사용되는 소음수준(NL)은 환경($NL_{ambient}$) 및 탐지 플랫폼(NL_{self})에 의해 특정 주파수에서 발생하는 자체 소음의 총합이 된다. 이들에 대한 자세한 분석과 그것들이 하나로 어떻게 종합되는지를 9장에서 설명하였다.

반향 수준(Reverberation Level)

반향은 원하는 표적이 아닌 다른 물체들에 의해 반사되어 되돌아오는 것들에 적용되는 용어이다. 그런 물체들에 대한 예로는 기포, 입자, 물고기, 해수면, 해저면 등이 포함된다. 근접한 수괴에 의해 생성된 반사신호(echo)를 반향이라 부르고, 이 현상은 최대 음원 수준(source level)를 제한한다. 그러므로 반향수준(RL)은 능동 음원수준이 커짐에 따라 증가한다. 반향은 항상 소나가 방사하고 있는 방향과 같은 방향에서 되돌아온다.

수동 소나 방정식(Passive Sonar Equation)

수동 소나는 표적에 의해 방사되는 신호를 수신하는 것에 의존한다. 표적 신호는 장비작동, 추진기 소음, 선체 유체 소음 등에 의해 발생될 수 있으나, 기본 신호 대 잡음비 요구조건이 만족되어야 한다.

수신기에서 수동소나 방정식은 S - N ≥ DT와 같이 시작된다. 만약 어떤 표적이 표적 음원 수준(SL)의 음향신호를 방사한다면, 음향 강도는 확산, 전달경로 변화, 흡수, 반사, 산란 중 하나 또는 그 이상의 이유로 수신기로 오는 동안 감쇠된다.

이것에 의한 음향 강도의 감소를 dB 단위로 측정한 것이 전송 손실(TL)이다. 그러므로 함정에 도착하는 음향 신호의 강도는 아래 수식 10-25와 같이 표현할 수 있다.

$$S = SL - TL \tag{10-25}$$

소음(N)은 음향신호를 방해하기 때문에 원하지 않는 요소가 된다. 그러므로, 다른 방향에서 들어오는 소음을 식별하기 위해 수신기는 표적 방향에 매우 민감한 많은 센서 소자들로 구성된다. 이 소음에 대한 식별능력이 지향성 이득(direction index, DI)이다. 지향성 이득(DI)은 트랜스듀서 배열의 방향 특성에 의해 얻어지는 소음 수준을 감소시킨다. 그러므로, 기본 방정식에서 소음은 감소되어 아래 수식 10-26과 같이 구할 수 있다.

$$N = NL - DI \tag{10-26}$$

이 간단한 수식에서 주목해야할 점 두 가지가 있다. 첫 번째는 DI는 항상 양의 수가 되므로 NL − DI는 항상 NL과 같거나 작은 값을 가진다. 두 번째는 계수 NL은 하이드로폰 위치에서의 소음이고 주변 모든 근원지로부터 발생되는 소음이기 때문에 정의상 자체 소음(NL_{self})과 환경 소음($NL_{ambient}$) 모두를 포함한다.

수동 소나 방정식은 이제 신호와 소음 값으로 구해질 수 있다. S와 N에 대해 수식 10-25와 10-26을 수식 10-1에 대입하면, 가장 간단한 형태의 수동 소나 방정식인 아래 수식 10-27을 구할 수 있다.

$$SL - TL - NL + DI \geq DT \tag{10-27}$$

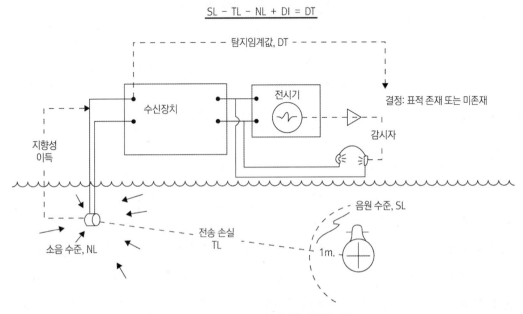

그림 10-5 수동 소나 방정식 다이어그램

다시 말하면, 수식 10-27은 표적 음원 수준에서 매질에서의 전달 손실, 간섭 소음들의 합을 빼고, 수신기의 공간 처리 이득을 더한 값이 요구하는 탐지확률로 탐지되어야 하는 표적에 대한 탐지 임계값보다 크거나 같아야 한다는 것을 말해 주고 있다.

그러나, 크거나 같은 조건은 일반적으로 같다고 표현된다. 그리고 만약 좌변의 대수적 합이 DT보다 크다면 DT에 의해 요구되는 확률값보다 더 큰 확률로 탐지가 가능하다는 것을 의미하는 것으로 이해하면 된다. 만약 DT보다 작다면, 탐지 확률은 감소한다. 일반적으로 말하면, 이 두 조건은 탐지 가능성이 매우 크거나 아예 일어나지 않는다는 것을 내포하고 있다. 수동 소나 방정식을 이해하기 위한 추가적인 설명으로 그림 10-5는 소나 계수들을 보여주고 있으며 각 관련 항목들은 요구하는 결과를 내기 위해 상호작용하고 있음을 명시하고 있다.

능동 소나 방정식(Active Sonar Equation)

능동 소나에서는 음향 에너지를 전송하고, 수신하는 신호는 표적으로부터 반사되어 되돌아오는 반사신호(echo)이다. 두 가지의 다르지만 관련이 있는 수식이 능동 소나를 표현하기 위해 필요한데, 하나가 제한된 환경소음 상황(ambient noise-limited situation)이고, 다른 하나는 제한된 반향 상황(reverberation-limited situation)이 있다. 이전에 거론하였듯이 소나 성능은 신호에서 소음을 뺀 값이 탐지 임계값보다 같거나 커야 한다는 요구조건에 지배를 받는다.

이 조건을 만족하는 두 개의 능동 소나 방정식에서의 차이점은 표적신호가 탐지되었을 때 수신기에 실제적으로 존재하는 소음의 특성에 영향을 받는다는 것이다. 환경 소음은 많은 소음이 일정 방향뿐만 아니라 다른 여러 방향에서도 유입되는 등방성 소음 또는 소나가 전송한 방향에서 주로 되돌아오는 반향 소음으로 표현될 수 있다.

제한된 소음(Noise Limited)

능동 소나 방정식은 수동 소나 방정식과 유사하다. 다시 말하면, 일반적인 소나 계수들이 수식 10-1의 신호와 소음에 관한 항목들로 정리된다는 것이다.

만약 어떤 소나가 dB 단위의 최초 음원 준위(SL)로 음향 펄스를 전송한다면, 그 전송된 음향 펄스는 표적까지 전달되는 동안 전송손실이 발생할 것이다. 표적은 음향 에너지를 산란시키고, 산란되는 일부가 소나로 되돌아 올 것이다. 되돌아오는 배면산란(backscattered)의 세기는 표적강도

(ST)라고 불리고, 이전에 설명하였듯이 표적의 산란 단면적과 관련이 있다. 되돌아오는 반사신호는 다시 전송 손실이 발생되어 소나에서 신호는 아래 수식 10-28과 같이 될 것이다.

$$S = SL - 2TL + TS \tag{10-28}$$

방사 음향 에너지의 음원과 반사신호 수신기가 함께 위치하고 있는 한 발생되는 전송 손실은 단방향 전송손실의 두 배와 같게 된다.

반사 신호가 되돌아 올 때 어떤 조건에서는 최초 전송에 의해 반향 배경 소음은 사라질 수 있고, 단지 환경소음만 존재할 수 있다. 이 환경 소음은 수동 소나 방정식에서 표현했던 것과 동일하고, 수신 지향성 이득(receiving directivity index)에 의해 개선될 수 있다. 기본적인 관계는 수식 10-29과 같이 표현될 수 있고, 제한된 소음 상황에서 소나가 운용될 때 사용되는 기본 능동소나 방정식이 된다.

$$SL - 2TL + TS - NL + DI \geq DT \tag{10-29}$$

제한된 반향(Reverberation Limited)

다른 측면으로 만약 반향 배경 소음이 환경소음 수준보다 클 때 반사신호가 되돌아오면, 배경 소음은 RL로 주어진다. 이와 같은 경우에는 등방성의 배경 소음으로 정의되는 계수 DI는 반향으로 인해 등방성이 유지되지 않기 때문에 부적절하다.

반향 배경소음에 대하여 NL - DI 항목은 트랜스듀서에서 관찰된 동등 반향 수준으로 대체되어 소나 방정식은 제한된 반향 능동소나 방정식으로 알려진 아래 수식 10-30과 같이 구할 수 있다.

$$SL - 2TL + TS - RL \geq DT \tag{10-30}$$

매질에서 이질성을 일으키는 시간에 따라 변하는 함수이기 때문에 새로운 계수 RL에 대한 자세한 수치화는 어렵다.

주목해야 할 한 가지는 기본 방정식에서 능동 소나 방정식으로의 일반적인 변환에서 부등식이 다시 등식이 된다는 것이다. 수동 소나 방정식 부분에서 거론하였듯이 좌변항의 값이 충분한 크기로 탐지 임계값을 초과할 때 탐지 가능성이 매우 높고, 좌변항 값이 탐지 임계값보다 충분히 크지 않다면 탐지는 결코 일어나지 않을 것이다. 그림 10-6는 능동 소나 방정식을 도식화하여 보여주고 있다.

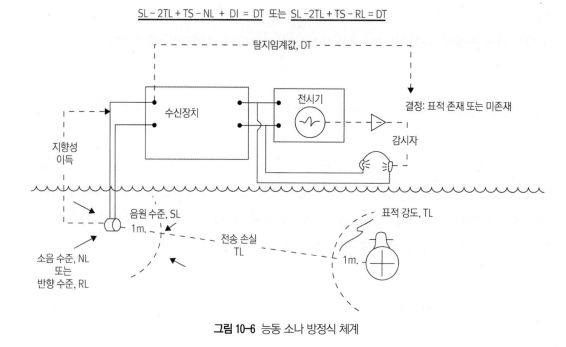

$$\underline{SL - 2TL + TS - NL + DI = DT} \text{ 또는 } \underline{SL - 2TL + TS - RL = DT}$$

그림 10-6 능동 소나 방정식 체계

성능 지수(Figure of Merit)

특정 장비의 탐지 가능거리는 전술운용자가 소나의 성능을 측정하고 그 소나가 주어진 전술상황에서 무엇을 할 수 있는지를 이해할 수 있도록 명시되어야 한다. 불행하게도 기본적인 소나 구성의 변경없이 소나의 탐지 거리는 해양이 변화하기 때문에 증가하거나, 몇 배로 감소할 수도 있다.

이것을 다른 방법으로 설명하면, 소나 장비는 단지 어떤 세기로 도달하는 소리를 탐지하도록 설계될 수 있다. 그러한 음향 강도로 도달 가능한 거리는 전달 경로 중에 얼마나 많은 에너지를 손실하였느냐에 달려 있으므로 탐지거리 하나만으로 소나의 능력을 측정하는 하는 것은 부족한 감이 있다.

더 좋은 측정 방법은 소나 수신기에서 어떤 특정 세기 수준의 음향 에너지를 탐지하는 능력을 이용하는 것이다. 이 성능 측정 방법의 핵심은 소나가 운용되는 해양에서 소나를 분리하는 것이다. 단지 변화무쌍한 해양에서 분리되어 소나의 하드웨어를 변경하지 않고 소나의 성능이 측정될 수 있다.

소나 성능에 대하여 이와 같은 성능 측정 방법을 성능지수(FOM)라고 부르고, 탐지확률 50%에 대하여 수동 소나에서는 최대 허용 단방향 전송/전달 손실을 의미하고, 능동 소나에서는 최대 허용 양방향(왕복) 전송/전달 손실을 의미한다. 그러므로 수식 10-27, 10-29, 10-30을 전송 손실에 대하여 풀면 아래와 같은 성능지수 식을 구할 수 있다.

$$수동소나\ 성능지수\ FOM = SL - NL + DI - DT \tag{10-31}$$

$$능동소나\ 성능지수\ FOM(제한된\ 소음) = SL + TS - NL + DI - DT \tag{10-32}$$

$$능동소나\ 성능지수\ FOM(제한된\ 반향) = SL + TS - RL - DT \tag{10-33}$$

이 수식들이 아마도 가장 많이 사용되는 소나의 성능 계수가 되며, 이 수식들이 의미하는 것을 이해하는 것이 중요하다. 소나 체계의 성능지수는 탐지 임계값(DT)으로 명시되는 요구 탐지 확률을 제공하며, 소나가 허용할 수 있는 최대 손실값이 된다. 능동 소나의 경우 송신 파워를 증가하여 얻을 수 있는 음원 수준을 높임으로써, 수동 소나의 경우는 더 시끄러운 표적을 찾거나, 환경 소음 수준을 낮추고, 수신 지향성 계수를 증가시키고, 탐지 임계값을 감소시킴으로써 소나 성능지수 (FOM)가 개선된다.

성능지수의 중요성은 함정과 표적간 전달 경로에 대한 정보 없이도 두 개의 서로 다른 소나 또는 다른 조건에 대한 수치적인 비교가 가능하다는 것이다. 성능지수는 다른 두개의 수동 소나의 상대적인 성능 비교에 사용될 수 있고, 같은 주파수에 대하여 비교를 위한 성능지수들 계산에도 적용할 수 있다. 성능지수(FOM) 차이에 있어서 더 높은 성능지수로 탐지할 수 있는 소나는 추가적으로 허용할 수 있는 전달 손실을 가지고 있다는 것을 의미하므로 더 긴 탐지 거리를 가지게 된다.

전달 손실 곡선(Propagation Loss Curve)

기본적으로 전술운용자에게 탐지거리는 가장 중요한 요소가 되며, 성능지수(FOM)가 탐지거리로 전환이 가능할지라도, 이를 위해서는 관련 전달 손실을 알아야 가능하다. 해양의 여러 지역에서 전달 손실(총 전송 손실)의 측정 결과는 음파 전달시 주파수 및 위치에 따라 변할 뿐만 아니라 계절에 따라 변한다는 것을 보여주고 있다.

그러므로 음속 프로파일은 유용한 전달 경로를 결정하게 되고, 그 전달경로는 주파수, 음원, 수신기의 기하학적 구조뿐만 아니라 위치에 따라 거리대별 전송 손실에 영향을 미친다. 전달 손실 곡선은 음선 추적 컴퓨터 알고리즘 또는 실측정치 및 처리된 데이터를 이용하여 만들어질 수 있다. 그러므로 성능지수(FOM)을 탐지거리로 전환하기 위해서는 관련 소나 주파수 및 탐지거리 예측이 필요한 년도의 계절 및 지역에 대한 전달 손실 곡선이 반드시 필요하다.

그림 10-7은 주파수 2 KHz에 대한 전형적인 전달 손실 곡선을 보여주고 있다. 이전에 설명하였던 음파 경로들에 대한 전달손실들이 도식화되었음에 주목하기 바란다. 여러 개의 해저면 반사 손실들이 보이고 여러 개의 수렴대가 있을 것으로 예측된다.

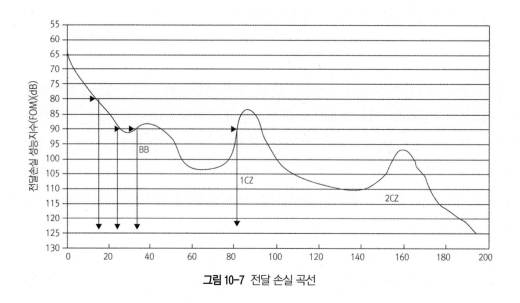

그림 10-7 전달 손실 곡선

예제 10-1 : 2 KHz에서 성능지수 80dB, 90dB를 가진 두 개의 수동 소나를 가정해 보자. 그림 10-7에 기초하여 각 소나에 대하여 주어진 음파 전송 경로에서 50%의 탐지 확률의 예측 탐지거리가 표 10-2에서 보여준다. 보여주는 바와 같이 주어진 전달 경로에 대하여 더 높은 성능지수(FOM)가 더 원거리의 탐지거리를 갖는다.

표 10-2 그림 10-7 전달 손실 곡선 기반 두 성능지수(FOM)의 예측 탐지거리

소나(FOM)(dB)	직선거리(Kyds)	해저면 반사(Kyds)	수렴대(Kyds)
80	18	–	–
90	23	36-47	81-96

더 높은 성능지수를 가진 소나가 다른 음파 경로들을 사용한다는 것에 주목하기 바란다.

요약하면 소나 성능은 수중전에서의 성공을 위한 핵심 요소가 되고, 성능지수가 그 소나의 핵심 요소가 된다. 소나의 성능지수를 알게 됨으로써 지휘관은 장비 상태를 최상으로 유지하고, 존재하

는 적 표적에 대해 탐지거리 또한 예측이 가능하다. 전쟁 기획자는 실제 혹은 가상의 적에 대해 같은 방법으로 적용할 수 있다.

변화하는 해양은 거리별 전달 손실에 있어서 급격한 변화를 일으키기 때문에 탐지거리 관련 소나의 능력을 말하는 것은 단지 이야기의 절반만 얘기하는 것과 같고 심지어는 오해를 일으킬 수도 있다. 그러나, 성능지수를 이용하게 되면, 더 높은 성능지수를 가진 소나가 동일 모드에서 운용되는 다른 소나와 비교될 때 항상 더 좋은 소나가 된다는 것을 의미한다.

예제 10-2 : 성능지수. 당신의 소나는 수동 또는 능동으로 동작이 가능합니다. 당신은 해상상태 2로 함정에서 소나를 운용하고 있습니다. 수심은 200파덤이며, 아래 정보를 이용하여 당신은 소나를 어떤 모드로 운용할지 결정해야 합니다. 정보에 의하면 지브라(Zebra)급의 잠수함의 위협이 존재한다고 합니다.(모든 dB는 1μPa의 참조값임)

표적 계수

방사 소음원 수준	100dB
방사 소음 주파수	500 Hz
표적 신호 강도	15dB
표적 탐지 거리	10,000 m

소나 계수

	능동	**수동**
음원 수준	180dB	–
주파수	1.5 KHz	–
15노트에서 자체 소음	50dB	50dB
지향성 계수	10dB	8dB
탐지 임계값	2dB	3dB

정답: 어떤 소나를 사용할 것인가를 결정하기 위해 각 모드에 대한 성능지수 및 총 전송 손실을 계산할 필요가 있다.

먼저 각 모드에 대한 총 전송 손실을 계산하자. 요구하는 10Km의 표적 탐지거리는 수심 200파덤보다 훨씬 크기 때문에 실린더형 확산에 관한 수식 10-8을 이용해야 한다.

$$TL = 10 \log r + 30 + ar + A$$

어떤 정보도 사용할 수 없기 때문에 A는 0이라고 가정한다. 흡수 계수(α)는 각 모드에 대한 단일 주파수를 수식 10-15에 대입하여 계산한다.

$$\alpha = \frac{0.036 f^2}{f^2 + 3,600} + 3.2 \times 10^{-7} f^2$$

능동 모드

$$\alpha = \frac{0.036 (1.5)^2}{(1.5)^2 + 3,600} + 3.2 \times 10^{-7} (1.5)^2 = 2.32 \times 10^{-5}$$

$$TL = 10 \log(10,000) + 30 + 2.32 \times 10^{-5}(10,000)$$

$$= 70 + 0.232$$

$$TL = 70.232 dB \ (단\,방향)$$

$$2 \times TL = 140.46 dB \ (총\ TL)$$

주의 : TL은 신호의 주파수와 탐지거리에 영향을 받는다.

다음으로 능동 모드에 대해서는 수식 10-32를, 수동 모드에 대해서는 수식 10-31를 이용하여 FOM을 계산하라.

주의 : 결정되어야 할 값들은 서로 다른 주파수에 대한 웬츠(Wenz) 곡선 및 계산도표(nomogram)을 이용하여 구한 소음수준이 된다.

수동 모드

$$\alpha = \frac{0.036 (1.5)^2}{(1.5)^2 + 3,600} + 3.2 \times 10^{-7} (1.5)^2 = 2.32 \times 10^{-5}$$

$$TL = 10 \log(10,000) + 30 + 2.32 \times 10^{-5}(10,000)$$

$$= 70 + 0.026$$

$$TL = 70.026 dB \ (총\ TL)$$

능동 모드

f = 1,500 Hz

NL(함정) = 무시

NL(해상상태) = 58dB

NL(자체 소음) = 50dB

각 모드에 대하여 신호들을 종합하면,

$$NL = 10 \log{(10^{\frac{58}{10}} + 10^{\frac{50}{10}})}$$
$$= 58.64 dB$$

성능지수(FOM)는 계산된 값고, 주어진 값들을 적절한 수식에 대입하는 간단한 방법으로 계산된다.

수동 모드

f = 500 Hz

NL(함정) = 57dB

NL(해상상태) = 61dB

NL(자체 소음) = 50dB

$$NL = 10 \log{(10^{\frac{57}{10}} + 10^{\frac{60}{10}} + 10^{\frac{50}{10}})}$$
$$= 62.70 dB$$

능동 모드

FOM = SL + TS - NL + DI - DT

FOM = 180 + 15 - 58.64 + 10 - (-2)

FOM = 150.36dB

수동 모드

FOM = SL - NL + DI - DT

FOM = 100 - 62.70 + 8 - 3

FOM = 42.30dB

이 표적에 대해 어떤 모드가 최적인가를 결정하기 위해 각 모드에 대하여 총 TL을 이용하여 각 모드의 FOM을 비교하라. 능동 모드에 대한 FOM이 총 TL 보다 훨씬 크다. 그러므로 능동 모드가 탐지확률 50%보다 크게 탐지 가능성을 제공할 것이다. 수동 모드에 대한 FOM은 총 TL보다 작으므로 50%보다 작은 탐지 가능성이 있으므로 수동 모드보다는 능동 모드를 선택하여, 사용하여야 할 것이다.

수중전 체계

소개

다양한 센서와 플랫폼들이 수중전과 관련이 있다. 수상함, 잠수함, 항공기, 우주 비행체에 설치된 각각의 센서들은 장점 및 약점을 가지고 있다. 관련 매질의 복잡성 때문에 수중전에서는 잠수함 및 다른 물체를 탐지하기 위해 가용한 모든 수단을 사용한다. 그러므로 이 장에서는 가용한 다양한 탐지체계 및 체계 관련 기초 지식을 소개한다. 이러한 체계 관련 지식을 통하여 수중전 관련자는 그들의 성공 가능성을 최대화할 수 있을 것이다.

트랜스듀서(Transducer)

일정 형태의 에너지를 다른 형태로 변환하는 장치가 트랜스듀서(transducer)이다. 소나에서 전기 에너지는 음파가 진행하는 동안 물 분자들이 진동(oscillation)

음향신호 ◄──► │ 트랜스듀서 │ ◄──► 전기신호

그림 11-1 트랜스듀서 기능

하는 형태의 음향 에너지로 전환된다. 소나와 같은 이런 장치들이 전기 에너지와 음향 에너지를 서로 변환해 준다. 서로 변환되는 동안 파형 구조는 유지되고, 역전 및 선형으로 근사화될 수 있다. 그림 11-1를 참조하기 바란다.

하이드로폰은 단지 음파를 전기 신호로 변환하는 반면, 전기신호를 음파로 변환시키는 트랜스듀서는 사출기(projector)라고 부른다. 다른 소나에서는 사출기와 하이드로폰을 구분하여 사용하나, 어떤 소나에서는 음파 발생과 수신 기능이 한 트랜스듀서에 적용되기도 한다.

전기 에너지를 기계적 에너지로, 기계적 에너지를 전기 에너지로 변환하는데 세 가지의 물리적 현상이 존재하며, 이 현상관련 기술들이 소나 트랜스듀서에 사용된다. 이 현상들은 전기변형(electrostrictive), 압전(piezoelectric), 자기변형(magnetostrictive) 효과이다.

전기변형(electrostrictive), 압전(piezoelectric), 자기변형(magnetostrictive) 특성을 나타내는 물

질들은 일반적으로 크리스탈 또는 세라믹(ceramic)이 있다. 이 물질들은 전기장이 가해지면 체적이 변화하고 기계적 응력(stress)이 가해지면 두 반대면 사이에 전위차가 발생한다. 자기변형 효과를 나타내는 물질들은 자기장이 가해지면 체적이 변화하며 기계적 힘이 가해지면 투자율(magnetic permeability)이 변화된다. 투자율의 변화는 물질에 가해지는 자기장의 세기를 변화시킨다.

크리스탈 트랜스듀서(Crystal Transducer)

압전(piezoelectric)효과는 특정 종류의 크리스탈(crystal) 내의 기계적 변형(strain)에 의해 발생하는 전기적 분극(polarization)이다. 석영, 인산 2수소 암모늄, 로셸염과 같은 크리스탈계 물질들은 압력이 가해진 상태에서 전압이 가해지면 전하 및 응력(stress)이 발생된다. 분극과 이에 의해 유발되는 전기적 전위(potential)는 변형(strain)에 비례하고 변형에 따라 (전위의) 부호가 변한다. 역압전효과에서는 크리스탈면을 가로지르는 전기적 전위가 유도된 전기적 분극에 비례하고 같은 부호를 가지는 기계적 변형(deformation)을 발생시킨다. 이 효과의 크기는 다른 종류의 크리스탈과 크리스탈의 축에 따라 변화한다. 그림 11-2를 참조하기 바란다.

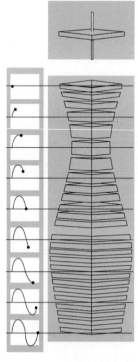

그림 11-2 압전효과-크리스탈에 교류 전류가 가해지면 진동이 발생

그림 11-3 트랜스듀서에 적용된 크리스탈 스택

크리스탈 트랜스듀서는 1/4 파장의 크리스탈 스택(stack)을 1/4 파장 두께의 강철(heavy steel) 지지 공진기 판(plate)에 접합하거나 장착하여 제작된다. 그림 11-3을 참조하기 바란다. 이 구조체는 운용 주파수에서 기계적으로 공진한다. 이것이 청음용으로 사용됐을 때 수신음파의 주파수가 트랜스듀서의 공진주파수와 같으면 최대의 전기신호가 크리스탈에 의해 생성된다.

세라믹 트랜스듀서(Ceramic Transducer)

전기 변형 트랜스듀서는 티탄산바륨, 티탄산납과 같은 다결정질의 세라믹 유도체 물질로 만들어진다. 세라믹 물질이 냉각됨에 따라 트랜스듀서를 적절히 분극화하기 위해 강하고 일정한 전기장이 발생된다. 분극화 및 전기장이 유도체에 가해진 후에 그 유도체는 변형된다.

트랜스듀서에 교류(AC) 전류가 가해지면 트랜스듀서는 교류전류 주파수와 같은 주파수로 진동한다. 크기에서의 변화 현상은 전기변형으로 불리며, 전기변형은 전기장의 방향과는 무관하고 전기장 세기의 제곱에 비례한다.

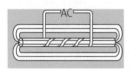

반대로 만약 유도체에 기계적 힘이 가해지면, 적용된 힘의 주파수와 같은 주파수의 전압이 발생한다. 세라믹 트랜스듀서는 원하는 형태로 모델링될 수 있기 때문에 크리스탈에 비해 장점을 가지고 있다. 이런 특성은 특히 능동 소나에 사용되는 실린더형 탐색 및 전방향 트랜스듀서를 만들기 위해 필요한 특성이 된다.

자기변형(Magnetostrictive) 트랜스듀서

자기장은 많은 물질의 체적을 자기장이 가해진 방향으로 변화시킨다. 물질 및 가해지는 자기장의 세기에 따라 물질들은 팽창하거나, 수축하여 가해진 자기장의 방향과 무관하게 변화하기도 한다. 어떤 트랜스듀서에서는 니켈관을 소자(element)로 사용하기도 한다. 니켈관을 적용한 설계에서는 물과 접촉하는 활성면의 면적을 증가시키기 위해 일련의 관 또는 작은 막대(rod)가 진동판(diaphragm)에 부착되며 이 진동판은 트랜스듀

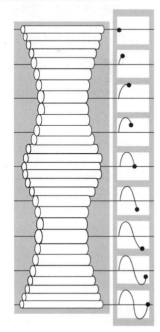

그림 11-4 자기변형 효과–코일에 교류 전류를 가하면 튜브에 진동을 발생한다.

서의 활성면이 된다. 관 및 진동판의 체적은 최대효율을 얻기 위해 트랜스듀서가 동작 주파수에서 기계적으로 공명하도록 설계된다. 이러한 트랜스듀서에서 사인파의 자기장은 니켈 막대기에 코일을 감고 이 코일을 통해 원하는 소나 신호 주파수에 해당하는 전류를 가함으로서 얻어진다. 그림 11-4를 참조하기 바란다.

하이드로폰(Hydrophone)

하이드로폰은 수신전용으로 설계된 트랜스듀서이다. 하이드로폰은 자기변형 또는 전기변형이 적용될 수 있으며, 송수신 양방향 트랜스듀서와 동일한 원리를 사용한다. 그러나 온도 상승을 유발하는 높은 전송 파워를 사용하지 않기 때문에 훨씬 가볍게 제작될 수 있다.

트랜스듀서 지향성(Directivity)

지향성 또는 트랜스듀서의 빔 패턴은 트랜스듀서 소자의 기계적 배열에 관한 함수로 전기 및 전자 회로와 관련되어 있다. 지향 패턴이 안테나의 다른 위치에서 방사되는 전자기파들의 간섭에 의해 생성되는 전파(radio) 및 레이더 안테나와 같이 트랜스듀서에서의 방사패턴은 트랜스듀서 표면상의 다양한 위치로부터 방사되는 음파들 사이의 간섭에 의해 형성된다. 작전적 요구에 적합한 지향성을 유지하기 위해 트랜스듀서 빔 패턴의 조정이 필요하다.

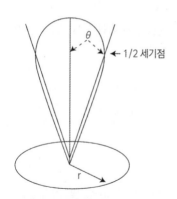

그림 11-5 평탄면 중간 세기 지점 빔폭

트랜스듀서는 후엽(back lobe) 및 부엽(side lobe)을 억제하여 트랜스듀서 빔 축 외의 방향의 소음을 제거함으로써 배경소음을 줄여 표적 신호세가 약한 표적 탐지가 가능하게 설계된다.

또한 트랜스듀서는 지향성을 이용하여 보다 강한 반사음과 보다 긴 탐지거리를 가질 수 있도록 표적에 송신파워를 집중할 수 있다. 곡면형의 평면 트랜스듀서에 대하여 주 빔의 절반 세기 지점(half power point)에 대한 각도 θ는 그림 11-5에서 보여주는 바와 같이 아래 수식 11-1을 이용하여 예측할 수 있다.

$$\sin(\theta) = 1.6 \frac{\lambda}{2\pi r} \qquad (11-1)$$

θ = 평균 중간 세기 지점에서 각도

λ = 음파의 파장

r = 트랜스듀서 반지름

1.6 = 베셀(Bessel) 함수의 중간 세기 지점[$2J_1(x)/(x)$]

만족할 만한 작전적 분해능을 얻기 위해서는 빔폭이 10도보다 작아야 한다. 그러므로 r/λ 비가 적어도 3은 되어야 하고, 이로부터 적절한 저주파수로 운용하기 위해서는 크기가 큰 트랜스듀서가 필요하다는 것을 알 수 있다.

지향 패턴은 트랜스듀서 조절(shading)를 이용하여 부엽을 감소시킴으로써 개선될 수 있다. 트랜스듀서면 위치에 따라 단위면적당 사출(projection)되는 세기가 다르게 되면 설계할 때 조절(shading)이 가능하다. 조절은 아래와 같은 방법으로 수행될 수 있다.

1. 물리적으로는 소자 배열 위치, 크기 또는 갯수에 의해

2. 전기적으로는 자기변형 소자의 활성화(turn on) 갯수 또는 위상 및 지연회로에 의해

3. 기계적으로는 트랜스듀서 활성면의 물리적 형태에 의해

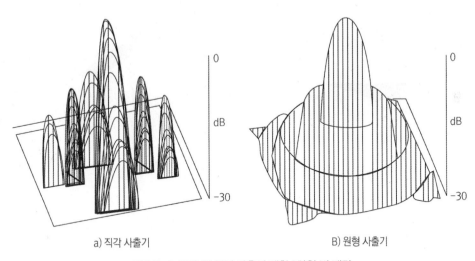

a) 직각 사출기   B) 원형 사출기

그림 11-6 직각 및 회전 사출에 대한 3차원 빔 패턴

방향 결정(Direction Determination)

효과적으로 사용되기 위해서 음향 신호가 발생, 탐지되어야 할 뿐만 아니라 음향신호의 방향 또한 결정되어야 한다. 이를 위해 파면이 평행한 음파가 일정 거리에서 들어온다고 가정하자. 또한 음향 신호의 생성을 위해 아래의 원리들이 유지됨을 주목하기 바란다.

일정한 거리의 음원으로부터 발생한 음파가 트랜스듀서 면에 부딪히고, 모든 소자가 같은 위상에서 진동한다면, 이것은 그 음원이 트랜스듀서 면과 수직인 선(조준선)상에 위치하고 있음을 의미한다. 그러나 트랜스듀서 배열이 파면과 직면하지 않고 음파가 비스듬히 들어온다면, 소자들에 의해 생성된 신호는 다른 위상에 있게 되어 최댓값보다는 약간 작은 신호 값을 생성하게 된다. 그림 11-7을 참조하기 바란다. 음파는 다른 시간에 각각의 소자들과 접촉하기 때문에 소자들에 의해 생성된 신호들은 다른 시간에 시작하게 되어 서로 다른 위상을 갖게 된다. 전자적으로 각 소자의 위상을 변경하는 지연 회로를 사용하여 최대 신호에 도달할 때까지 각 소자의 위상을 조절함으로써 신호의 방향을 찾을 수 있다.

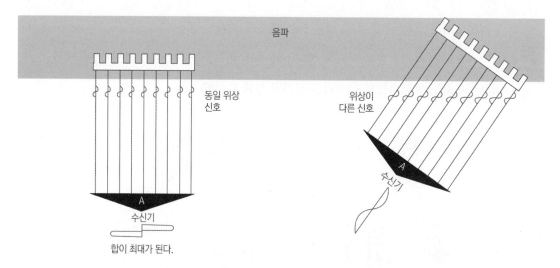

그림 11-7 트랜스듀서의 지향성

트랜스듀서 파워(Power)

트랜스듀서는 음파가 전달될 수중의 정압(static pressure)을 변화시키는 음파압력을 생성함으로써 전기적 에너지를 기계 및 음향적 에너지로 변환한다. 트랜스듀서 음향 세기 출력 P 와 음압과의 관계는 아래 수식 11-2와 같이 표현된다.

$$P = P_e^2 (A / \rho c) \tag{11-2}$$

P = 음향 세기 출력 (w)

P_e = 1m에서의 평균 음압 (P_a)

A = 음향에너지가 통과하는 트랜스듀서의 면적 (m^2)

ρ = 해수 밀도 (kg/m^3)

c = 음속 (m/s)

트랜스듀서의 표면에서 생성되는 음파의 압력은 트랜스듀서에서의 정수압(hydrostatic pressure)으로 제한되는데, 즉 증기가 발생하는 공동(cavitation) 압력 이하로 제한된다.

트랜스듀서들이 매우 큰 세기로 작동된다면, 압력저하에 의한 공동화 현상이 발생되어 트랜스듀서 주변 물이 끓게 된다. 이와 같은 현상을 퀀칭(quenching)이라 부르고, 이 현상은 트랜스듀서 표면 주변에 공기방울들이 발생하고 평균 배경 압력(normal backpressure)이 제거되기 때문에 트랜스듀서를 손상할 수 있다. 평균 회복력이 사라지기 때문에 트랜스듀서의 표면이 너무 크게 동작할 수 있어 손상을 초래할 수 있다. 이 현상은 해수면 근처 지역에서 최대 전송 세기를 트랜스듀서 면적 제곱 센티미터당 약 0.3와트로 제한한다. 수심에 따라 트랜스듀서 주변 압력이 제곱으로 증가하기 때문에 퀀칭 파워 제한 값은 수심에 따라 증가한다. 따라서 주변압력이 두 배가 되는 수심에서 최대 전송파워는 트랜스듀서 면적 제곱 센티미터당 약 1.2 와트가 된다.

트랜스듀서에서 전송파워의 증가는 일반적으로 트랜스듀서 배열 크기의 증가를 의미한다. 또한, 트랜스듀서 배열 크기는 신호 주파수와 직접적으로 관련이 있으며, 적절한 빔폭 형성을 위해 트랜스듀서 배열 면은 반드시 6 ~ 8 파장의 넓이를 가져야 한다. 최대 탐지거리는 보다 낮은 주파수에서 얻을 수 있기 때문에 장거리 소나는 매우 큰 트랜스듀서 배열을 필요로 한다.

이 트랜스듀서 배열 크기와 파워 및 주파수 관계는 심각한 물리적, 전술적으로 제한점을 제공하기도 한다. 대형 트랜스듀서 배열이 유선형 돔 형태로 적용될지라도 상당한 항력효과(drag effect)가 발생한다. 이 항력효과는 트랜스듀서 배열을 어디에, 어떻게 설치해야 하는지, 대용량 전원(power source)과 같은 문제를 발생시킨다. 이와 같은 문제들을 해결하기 위해서는 대형 트랜스듀서 배열 및 관련된 전기, 전자 장비를 수용할 수 있는 대형함이 필요하다. 크기 및 주파수가 고정된 트랜스듀서 배열에 의해 전송되는 파워의 전체 크기는 제한되기 때문에 지향성 패턴의 조정에 의해 빔내로 파워를 집중하는 것이 표적에 도달하는 출력파워를 증가시키는 것보다 실용적인 방법이 된다.

능동 체계(Active System)

능동 소나 체계는 레이더의 기본 동작과 매우 유사하다. 능동 소나는 트랜스듀서를 통하여 수중으로 핑이라고 불리는 짧은 음향 에너지 펄스를 방사한다. 탐지거리는 펄스가 전송되는 시점과 음파가 표적 또는 수중의 불연속면으로부터 반사되어 되돌아오는 시점간 경과 시간을 정확하게 측정하여 구해진다. 방위는 되돌아온 신호가 트랜스듀서 면에 부딪힐 때 발생하는 빔과 위상 차이를 이용하여 구해진다. 능동 소나체계의 기능 다이어그램이 그림 11-8에서 보여주고 있다.

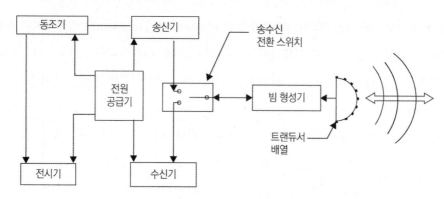

그림 11-8 능동 소나 체계

트랜스듀서 배열(Transducer Array)

트랜스듀서 배열은 지향성 및 성능지수(FOM)을 향상시키기 위해 일정하게 배치된 여러 개의 트랜스듀서들이다. 하나의 트랜스듀서는 아주 작은 지향성을 갖거나 지향성을 갖지 못한다. 그러나, 여러 개의 트랜스듀서가 서로 알려진 거리에 배치되고 폭이 좁은 빔을 형성하기 위해 특별한 신호 처리 기술이 적용된다. 수상함에서는 해수면 근처에서 증가하는 반사와 소음의 영향을 제한하기 위해 함수 방향 대신에 아래 방향을 감시하기 위해 빔들이 형성된다.

  선체 부착 트랜스듀서 배열의 일반적인 구조는 차단막(baffle) 구역을 제외하고 완벽한 탐지범위를 제공하기 위해 보통 실린더형으로 설치된다. 그림 11-9와 11-10를 참조하기 바란다. 차단막은 소나의 시끄러운 음원으로부터 함 승조원을 보호하기 위해 트랜스듀서 바로 뒤에 설계, 설치되고, 소나로 되돌아오는 반향 신호를 제거하기 위해 음파 흡수재가 적용된다.

그림 11-9 소나 돔이 제거된 실린더형 트랜스듀서 소자 배열, 트랜스듀서 배열 바로 뒤쪽은 차단막

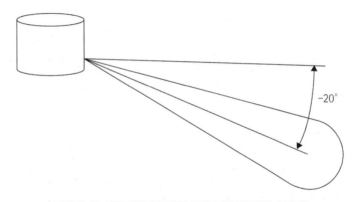

그림 11-10 전형적인 실린더형 트랜스듀서 배열의 수직 빔

함정의 선체에 부착된 소나 장비는 다양한 문제들을 발생시킨다. 소나돔 주변에서 해수와의 작용에 의한 자체 소음은 적절한 유선형이 되도록 돔 설계 시 많은 주의를 요구한다. 유선형 설계시 역시 항력을 최소화하도록 설계되어야 한다. 소나돔, 특히 크고 원거리 탐지용 소나의 경우 소나돔의 항력은 상당히 커질 수 있어서 일부 함정에서는 접이식 소나돔을 사용하기도 한다.

함정 자체의 기계 소음 및 유체 소음을 차단하기 위해 차단막 설치도 필요하다. 또한 함정 진동으로부터 트랜스듀서를 보호하기 위해 탄성 마운트 설치도 필요할 수 있다. 소나 운용 시 함정 자체 소음과의 간섭 때문에 함수쪽에 유선형의 돔안에 트랜스듀서를 배치하도록 하였다. 이런 배치의 단점은 소나돔이 쉽게 손상을 입을 수 있다는 것으로 함정을 상가하거나, 높은 해상상태에서는 조심스러운 기동이 요구된다. 그러나 함수 소나돔의 음향학적 장점은 수상함 및 잠수함에서 가장 일반적으로 설계에 적용되고 있다.

송신기(Transmitter)

송신기는 외부로 나가는 펄스를 발생시킨다. 송신기는 펄스 폭, 펄스 반복주기(PRF), 변조, 반송파를 결정한다. 송신기에 의해 생성된 펄스는 송수신 스위치단을 걸쳐 트랜스듀서의 모든 소자에게 전달된다. 그러므로 트랜스듀서가 동일 주기, 주파수의 펄스를 전송한다. 퀸칭 및 적으로부터 피탐되는 것을 예방하기 위해 운용자는 출력 세기 또는 음원 수준을 조절할 수 있다.

빔형성 장치(Beamforming Processor)

각 트랜스듀서의 입출력은 각 신호들에 대해 시간을 지연시키거나 위상을 변화시키는 빔형성 장치를 통해 이루어진다. 그림 11-11을 참조하기 바란다. 빔형성 장치는 위상 배열 레이더와 매우 흡사하게 특정한 방향으로 폭이 좁은 빔을 생성한다. 게다가, 일정 방향에 소음이 존재하면 소음을 제거하기 위해 빔 패턴에 있어서 신호 미수신 지역으로 설정할 수 있어 신호 대 잡음비를 증가시키게 된다. 이와 같은 제거 절차를 적응형 빔형성이라고 부르며, 간섭 소음을 자동적으로 제거하는 적절한 디지털 기술을 이용하여 수행된다.

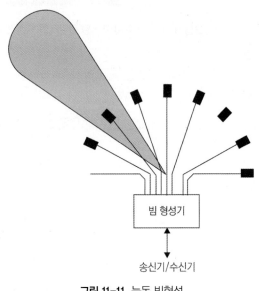

그림 11-11 능동 빔형성

빔형성 장치는 그 체계의 빔폭을 결정하므로 방위 정확도 결정에 영향을 미친다. 레이더와 매우 유사한 이중 빔 추적 체계는 신호 대 잡음비의 손실은 있지만 방위 정확도를 향상시킬 수 있다.

송수신 전환기(Duplexer)

송수신 전환기는 최대 출력으로 음향 펄스를 전송하는 동안 송신기와 수신기를 분리하는 스위치이다. 음향 펄스가 전송되고 있기 때문에 스위치는 송신기와 트랜스듀서로 연결된다. 펄스 송신 후에는 스위치는 트랜스듀서를 수신기로 연결한다.

동조기(Synchronizer)

레이더 체계에서처럼 동조기는 소나의 타이머가 된다. 이 장치는 시간을 참조값으로 필요로 하는 모든 송신, 수신, 전시 기능을 조절한다.

수신기(Receiver)

수신기는 탐지하기 위해 트랜스듀서에서 신호를 수집한다. 음향 빔에 있는 어떤 물체는 음향 에너지의 일부분을 트랜스듀서로 반사할 것이다. 트랜스듀서는 이 반사된 음향 에너지를 전기 에너지로 변환한다. 다시, 빔형성 장치는 수신기에 제공되는 신호에서 큰 역할을 수행한다.

수신기는 신호를 증폭하고 신호 수준을 소음 수준과 비교한다. 그 신호가 특정 빔에 전시될 것인지를 결정하기 위해 신호 수준은 임계 신호 대 잡음비 또는 사전에 설정된 탐지 임계값(DT)를 넘어야 한다. 만약 그 임계값이 너무 낮게 설정되면, 많은 오인 경보가 발생할 것이다. 너무 크게 설정되면, 탐지 능력이 약간 저하될 수 있다. 만약 주파수 변조방식이 전송에 사용 된다면, 수신기는 되돌아오는 신호를 역시 복조할 수도 있다.

또한, 소나 체계는 종종 거리분해능을 향상시키기 위해 펄스 압축기술을 사용한다. 가청 신호를 얻기 위해 가청 주파수 범위의 진동 주파수를 제공하기 위해 6장에서 설명한 슈퍼헤테로다인 수신기와 유사하게 수신된 신호는 증폭되고 국부 발진기(local oscillator)의 출력과 합성된다. 가청 주파수 출력은 스피커 또는 이어폰에 전달된다.

전시기(Display)

레이더와 비슷하게 능동소나체계는 주로 두 가지 형태 스크린을 이용하여 운용자에게 탐지정보를 시각적으로 전시한다.

1. 스캔 형태의 전시기는 수직 축에 신호 강도, 수평축에 탐지 거리 또는 시간을 전시한다. 펄스 빔 안에 있는 표적은 뾰족하게 돌출되어 표시된다. 그림 11-12를 참조하기 바란다.

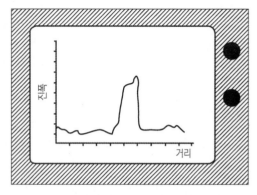

그림 11-12 A-스캔 전시기

2. 평면 위치 표시(plan position indicator, PPI) 전시기는 중심에서 바깥쪽으로는 거리를, 시계 방향으로는 방위를 전시해 준다. 그림 11-13을 참조하기 바란다. 음파가 전송될 때, 에너지는 트랜스듀서에서 같은 세기로 모든 방향으로 방사될 수 있다. 되돌아오는 신호를 수신할 때 스캔 회로가 트랜스듀서의 일정 부분에서만 신호를 감지하도록 한다.

이 부분만 전자적으로 높은 데이터 비율로 샘플링되고 탐지거리 및 방위 정보가 음극선관에 제공된다. 이 방법은 매 전송마다 모든 표적의 거리 및 방위를 획득하는 것을 가능하게 한다. 또한 음극선관에서 되돌아오는 신호의 세기도 신호 강도에 따라 다르게 표시된다. 더 강한 신호일수록 더 밝게 표시된다.

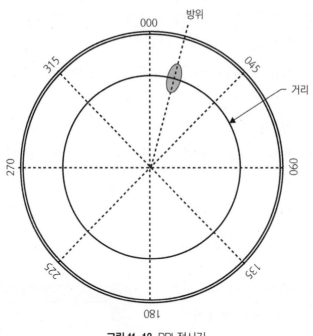

그림 11-13 PPI 전시기

도플러 효과

잠수함 탐지 과정에서 가능한 한 표적 관련하여 많은 정보를 획득하는 것이 바람직하다. 그런 정보에는 표적 움직임이 포함되고, 바로 여기에 소나 운용자들은 도플러 효과 원리를 이용한다.

최초 송신한 주파수는 상대운동 효과에 의해 증가 또는 감소한다. 이렇게 변화된 주파수로 음파는 표적에 부딪치며 변화된 주파수로 반사된다. 음파가 되돌아 올 때 또다시 음파는 최초의 음파에 영향을 주었던 동일한 요소들에 의해 영향을 받아 주파수가 또다시 변화한다. 따라서 상대운동의 주어진 비율로 정상적인 변화량의 두 배에 해당하는 주파수 변화를 가지고 음원에 수신된다.

능동소나 작동수는 핑(ping) 시간동안 수신기가 차단되기 때문에 송신되는 음을 듣지 못한다. 이러한 이유로 작동수는 송신되는 핑과 수신되는 핑의 주파수를 비교할 수 없다. 그러나 작동수는 반사파가 청취되기 바로 전에 들리는 반향 주파수와 표적으로부터의 반사파 주파수를 비교할 수 있다. 이러한 비교는 반향 음률과 표적 반사파 음률 사이의 차이가 음파 빔의 경로에 있는 표적의 절대운동에만 의존하기 때문에 매우 귀중한 자료가 된다. 음원의 움직임으로 발생하는 전송 주파수의 변화는 표적 반사음뿐만 아니라 반향에도 영향을 미쳐 소나 작동수에 의해 탐지가 불가한 경우가 발생한다.

음률(주파수)의 증가는 표적의 침로가 능동소나를 향하고 있음을 가리키며, 음률(주파수)의 감소는 표적의 침로가 소나로부터 멀어지는 방향임을 나타낸다. 이러한 현상은 모두 음원의 움직임과 무관하며 또한 거리변화 방향과 무관하다. 예를 들어 탐색함의 매우 우세한 속력 때문에 잠수함과 거리상으로 접근하고 있다고 하자. 만일 잠수함의 침로가 탐색함으로부터 멀어지는 방향이라면, 표적 반사파가 반향과 비교되고 있기 때문에 잠수함의 반사파는 음률의 감소를 생성할 것이다. 실제로 반사파 및 반향 모두의 음률은 거리가 가까워지기 때문에 전송 주파수 보다 높아질 것이다. 그러나 음원과 물 입자가 발생시키는 반향 간의 거리 변화율이 음원과 표적간의 거리 변화율보다 크기 때문에 반향 주파수의 증가가 표적 반사파 주파수의 증가보다 클 것이다. 따라서 순 청취효과는 음률(주파수)의 감소가 된다.

두 음색 간의 주파수 차이는 배경 소음으로부터 표적을 분리하는데 도움을 줄 수 있기 때문에 도플러는 표적의 침로, 속력에 관하여 만들어질 수 있는 가정들보다 유용하다. 매우 약한 반사파일지라도 주면 반사파들의 음률과 반사파의 음률이 다르다면 식별가능하다. 따라서 표적 도플러는 배경 반향이 존재하는 환경에서 표적 반사파를 탐지하는데 커다란 도움이 된다.

그림 11-14는 여러 다른 상황에서 도플러 효과를 나타낸다. 곡선은 반향과 함정(음원)으로 되돌아오는 반사파를 나타낸다. 원안의 점은 반향을 발생시키는 수중 입자를 나타낸다. 모든 그림에서 송신 펄스는 14.0 KHz이다.

그림 A에서는 반향만을 나타내었다. 함정의 움직임에 의해 발생하는 주파수 변화에 주목하기 바란다.

그림 B는 잠수함이 송신된 펄스에 직각으로 움직인다. 따라서 이들은 도플러를 발생시키지 않는다. 잠수함으로부터의 반사파 주파수가 반향의 주파수와 같음에 주목하기 바란다.

그림 C는 상향(up) 도플러를 발생시키는 두 가지 상황을 나타낸다. 상향 도플러는 표적 반사파 음률(주파수)이 반향의 음률보다 높음을 가리키는 소나 표현으로 표적이 음원 방향으로 이동 중일 때 발생한다.

그림 D는 하향(down) 도플러 상황으로 표적이 음원으로부터 멀어지는 방향으로 이동 중일 때 발생한다.

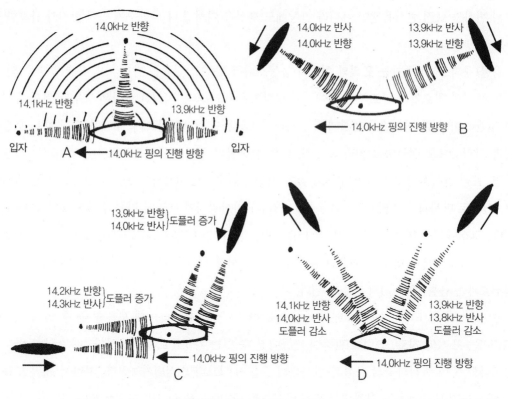

그림 11-14 반향, 전송 펄스, 반사신호

도플러는 표적 속도에 따라 주변 반향 반사 신호와의 주파수 차이가 변한다. 그러므로 도플러 값은 표적의 속도 및 표적과 마주하는 각에 따라 다르게 나타나며, 그 크기는 아래와 같이 구할 수 있다.

$$f_D = \frac{2V_{LOS}}{\lambda} \tag{11-3}$$

f_D = 도플러 변이 (Hz)

V_{LOS} = 음선에서의 상대 속력 (m/s)

λ = 음파의 파장 (m)

도플러는 정확한 사격 통제 문제 해결에 필요한 값들을 예측하는 것에 추가하여, 소나의 운용에 있어서 다른 중요한 적용 방법이 된다. 부유물, 해초, 매질에 떠다니는 다양한 입자들 또는 해저면에 움직이지 않는 것들로부터 많은 반사 신호가 되돌아온다. 이런 반사 신호들에서는 도플러 효과가 발생하지 않는다. 그것들은 매질에 비해 움직임이 없다. 그러므로 도플러는 잠수함의 존재 여부에 대한 수중 탐지에 있어서 상당한 도움이 된다.

그러나 이와 같은 용도로 사용될 때 단점도 발생한다. 해류에 동반되는 움직이지 않는 물체들은 도플러 효과를 나타낸다. 예를 들면, 3노트로 서쪽에서 동쪽으로 흐르는 해류 내에 위치한 산호초와 같은 물체는 동쪽으로 움직이는 것처럼 보인다. 이러한 효과는 표적이 매질에 대해 움직이지 않는 것처럼 보이기 때문이다. 음파는 매질 안에서 움직이는 표적과 움직이는 매질 안에 정지된 표적을 구분할 수 없기 때문에 표적 움직임에 대해 잘못된 식별이 일어날 수 있다. 반대로 해류를 따라서 표류하는 잠수함은 움직이고 있을 지라도 도플러 효과를 발생시키지 않는다.

수동 체계(Passive System)

프로펠러, 기계류, 함상에서의 다양한 활동, 잠수함 움직임에 의한 와류 및 선체의 해수 접촉에 의해 수중으로 전파되는 음파를 발생한다. 이러한 음파는 적절한 장비로 상당한 거리에서 탐지 및 식별될 수 있다. 함정 및 잠수함에 의해 발생되는 소음의 탐색, 탐지, 식별을 수동 청음(passive listening)이라고 한다.

전용 하이드로폰 또는 능동 소나 체계의 수신기가 청음용으로 사용될 수 있다. 표적 방위는 능동 핑의 반사 신호를 이용하여 방위를 구하는 방법과 같은 방법으로 결정된다. 그러나 수동 체계에서는 표적이 모든 신호를 발생한다. 그림 11-15는 수동 소나체계의 전형적인 기능 구성도를 보여준다.

단순한 청음 목적으로 능동소나 장비가 설치된다면 불필요하게 복잡하다는 것을 알아야 한다. 게다가, 능동소나 장비가 잘 동작하는 주파수 범위는 송신기 주파수를 우선적으로 청음하도록 설계되었기 때문에 일반적인 청음에 최적화된 것은 아니다.

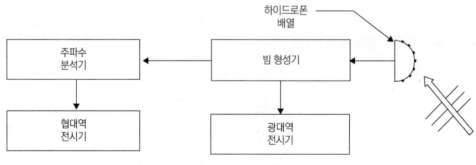

그림 11-15 수동 소나 체계

하이드로폰 배열(Hydrophone Array)

청음 전용으로 사용되는 하이드로폰들은 고출력을 처리하지 않기 때문에 트랜스듀서보다 훨씬 더 경량화되었다. 하이드로폰은 일반적으로 트랜스듀서보다 훨씬 더 폭 넓은 주파수 범위에 대하여 평평한 신호 반응(flat signal response)을 갖도록 설계된다. 일부 음파는 더 낮은 주파수에서 감쇠가 적게 일어나고, 높은 세기의 음파는 거의 기계장치에 의해 발생되며, 프로펠러는 저 주파수 대역에 있기 때문에 일반적으로 하이드로폰의 주파수 범위는 트랜스듀서의 주파수 범위보다 낮다. 주파수 범위가 낮은 하이드로폰과 같은 장비로 수상함 및 잠수함은 원거리에서 탐지될 수 있다.

하이드로폰들은 빔폭 및 방향성 계수를 향상시키기 위해 배열로 설치된다. 일반적인 구성에는 실린더형, 원형, 등방형(conformal)이 있다.

실린더형 배열은 전형적으로 함수쪽에 설치되고, 고정된 수직 각도에서 보통 아랫방향으로 동작하는 실린더에 수직으로 배열된 하이드로폰으로 구성된다. 원형 배열은 일반적으로 잠수함에 설치되며, 하이드로폰이 구에 배열되어 훨씬 더 넓은 수직 시계(FOV)를 갖는다. 그림 11-16을 참조하기 바란다. 등방형 배열은 수상함 또는 잠수함 선체 길이방향을 따라 하이드로폰들이 설치된다.

이 모든 배열이 잠수함에 설치될 때 잠수함이 하이드로폰 배열이 추적하는 표적 아래에 있을 수 있기 때문에 위쪽을 향하여 청음할 수 있는 능력을 갖춰야 한다. 빔형성 장치를 이용

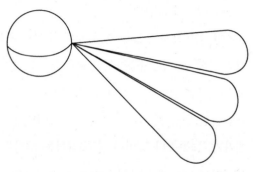

그림 11-16 다양한 경사각에서 다중 수직 빔을 보여주는 구형 배열

하여 배열의 시계(FOV)는 수직 및 종축 방향에서 개별 빔으로 분리된다.

빔형성 장치

하이드로폰 배열은 신호의 방위를 결정하고 신호 대 잡음비를 증가시킴으로써 수신 신호의 탐지 가능성을 높인다. 이 두 기능은 빔형성 장치에 의해 수행되고, 하이드로폰 배열에서 신호 종합 및 시간 지연을 적용하여 수행한다.

일정 방향으로 전송하고 수신하는 능동 소나 체계와 달리, 수동 소나 체계는 방위를 결정하기 위하여 항상 모든 방향에서 청음을 해야 하는데, 이는 매우 넓은 빔폭을 요구한다. 동시에 환경소음을 제거하여 신호 대 잡음비를 증가시키고 음원의 위치를 식별하기 위하여 좁은 빔폭도 필요하다.

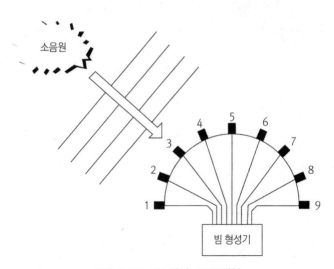

그림 11-17 수동 하이드로폰 배열

하이드로폰 배열에 수신된 신호는 다양한 방위, 거리에 위치하여 다중 주파수, 대역폭, 신호 강도를 가진 여러 개의 음원들로 구성된다. 이러한 음원들에는 표적에서 방사되는 신호뿐만 아니라 생물체, 무선조종 선박, 해상 잡음 등이 포함된다. 종합하면, 이러한 모든 음원들이 빔형성장치가 표적을 구분하여 찾아내야만 하는 배경소음을 발생시킨다.

배경소음이 존재하는 가운데 표적 신호를 찾기 위해 시간 지연 및 신호 합성 기술을 이용하여 신호 대 잡음비가 증가되어야 한다. 신호에서 소음은 정해진 시간 없이 비구조적으로 추가되지만, 신호 대 잡음비를 증가시키기 위해 각 하이드로폰의 개별 출력은 개별 신호 샘플을 이용하여 다른 시간에 샘플링된다.

　수동 빔형성 장치는 특성 빔을 형성하기 위해 신호에 일정한 시간 지연을 적용한다. 이 과정은 거의 동시에 많은 좁은 빔을 청음하기 위해 다른 시간지연으로 여러 번 반복된다. 그 결과로 배열의 시계(FOV)를 커버하는 일종의 빔군이 생성된다. 그림 11-18을 참조하기 바란다.

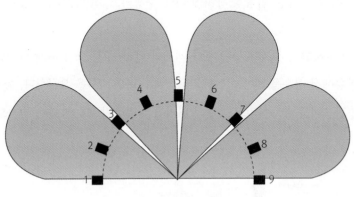

그림 11-18 수동 빔형성

　신호의 방향은 신호 대 잡음비를 최대화하는 시간지연에 의해 결정된다. 빔들은 개별 하이드로폰에서 발생되는 것이 아니고 빔형성 장치가 하이드로폰 배열의 모든 개구에서 매우 좁은 빔을 형성하는 것을 샘플링하고 합성하여 생성된다. 부옆을(side robe) 조절하기 위해 빔형성 장치는 개별 하이드로폰의 출력을 감시한다.

광대역 전시기(Broadband Display)

빔형성 장치의 출력은 그림 11-19에서 보여주는 바와 같이 방위, 시간, 탐지경과(history)를 전시한다. 최신 정보는 보통 전시기 최상단에서 보여준다. 체계의 빔폭은 전시기에서 얼마나 정확하게 방위가 측정되느냐를 결정한다. 일반적은 빔폭은 5도이다.

　상단에서 하단까지 지연된 총 시간은 어느 정도까지 조절될 수 있다. 정보들이 단지 몇 분간만 전시되도록 전시기를 신속하게 갱신하는 것

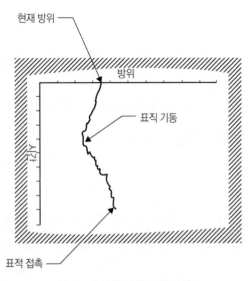

그림 11-19 방위 시간 경과 전시기

은 방위가 빠르게 변하는 근거리 접촉물에 유용할 것이다. 반대로 전시기를 천천히 갱신하는 것은 방위가 천천히 변하는 원거리 표적 탐지에 효과적일 것이다.

주파수 분석기(Frequency Analyzer)

주파수 분석기는 신호를 분리된 주파수, 즉, 신호의 스펙트럼별로 나눈다. 처리를 위해 주파수는 주파수 빈(bin)으로 알려진 작은 대역으로 분리된다. 그림 11-20을 참조하기 바란다. 각 주파수 빈의 폭은 분석 대역폭으로 불린다.

소나체계는 분석 주파수를 협대역 음원의 대역폭에 맞춤으로써 상당한 신호 대 잡음 비 향상을 얻을 수 있다. 만약 분석 대역폭

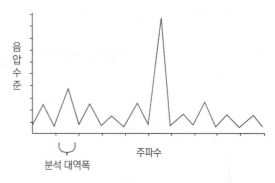

그림 11-20 주파수 분석

이 너무 넓으면, 스펙트럼 부분에서 신호 이상으로 소음이 수신되고 SNR는 떨어지게 된다. 분석 주파수가 너무 좁으면, 신호 부분이 제외되어 역시나 SNR이 감소한다. 최적의 상태는 분석 주파수가 정확하게 신호 대역과 일치될 때 일어난다. 이것은 표적들에 대한 신호의 특성을 잘 알고 있을 때 가능하다.

주파수 분석기는 SNR이 최대가 되는 범위 안에서 신호를 별개의 주파수 빈으로 분리 또는 필터링한다. 표적 신호의 주파수 성분은 신호의 식별 및 운용에 관한 중요한 정보를 제공한다. 이런 주파수들은 레이더에서처럼 도플러 변이와 상당히 관련이 있으므로 탐지 거리율(range rate)에 관한 정보를 제공할 수 있다. 그러나 이것은 원래 주파수를 정확히 알아야 가능하여 일반적인 경우에서는 불가능하다. 그럼에도 불구하고, 시간에 따라 변하는 수신 주파수에서 많은 중요한 정보들을 알아낼 수 있다.

협대역 전시기(Narrowband Display)

협대역 전시기는 특정 빔의 주파수에 대하여 시간에 따라 계속적으로 도식화하여 전시해 준다. 전시기의 상단에 시간이 더해짐에 따라 전체 표시선은 하단으로 이동한다. 그러므로 이와 같은 전시 형태는 종종 폭포형 전시기라고 불린다. 그림 11-21을 참조하기 바란다.

효과적인 탐지를 위해 협대역 전시기에 적용될 수 있는 한 가지 유용한 방법은 동시에 여러 개의 빔을 전시하는 것으로, 각각은 소형 폭포형 전시기가 된다. 그림 11-22를 참조하기 바란다. 이와 같은 탐지체계는 그램(gram)이라고 불린다. 그램은 매우 유용하나, 전시되는 정보의 양이 증가하기 때문에 충분한 운용자 교육 및 기술을 필요로 한다. 어떤 체계들은 운용자가 한 번에 몇 개 빔을 탐색하는 시계를 요구한다.

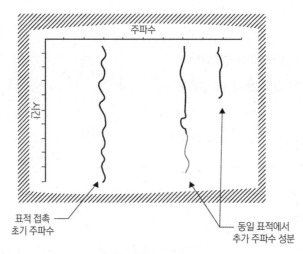

그림 11-21 폭포형 전시기

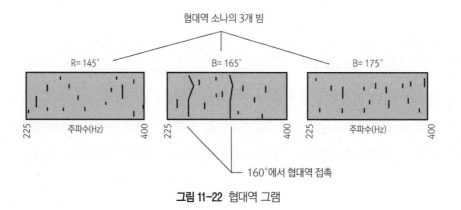

그림 11-22 협대역 그램

가변 수심 소나

음영구역(shadow zone)의 이점을 가지는 잠수함을 공격 또는 감시함에 있어 어려움을 극복하기 위해 가변 수심 소나(VDS)가 사용된다. 이 소나를 운용함에 있어 소나장비를 포함하는 유선형 몸체가 함정 뒤쪽에서 예인되며, 함상에서 장비를 조정하고 전시하기 위해 전기적으로 연결된다. 함정 속도 및 소나 케이블 길이와 함께 조종날개 및 수심 센서는 소나 본체가 원하는 수심에서 예인되도록 한다.

이 체계는 수중 물체를 탐지하는 데 있어 많은 장점을 가지고 있다. 이 소나는 독립적으로 운용하거나, 선체 부착형 소나와 통합 운용이 가능하다. 가변 수심 소나는 물리적으로 음파층 아래로 통과할 수 있고, 음파 채널을 활용하여 음영구역도까지도 음파 방사가 가능하다. 또한 수심 깊이 배치된 트랜스듀서는 선체 부착형 소나에 영향을 주는 주변 환경조건에 영향을 받지 않는다. 즉, 퀀칭 및 자체 소음이 크게 감소한다. 어떤 수층 밑으로 운용하는 가변 수심 소나는 기뢰 탐색에도 운용 가능하다. 가변 수심 소나의 최종 장점은 선체 아래로 트랜스듀서를 위치시킴으로써 360도 탐지범위를 제공한다는 것이고, 그로 인해 함미 방향까지도 탐지가 가능하다.

헬기에서 운용되는 디핑 소나는 가변 수심 소나의 한 형태이다. 이 소나에서는 정지상태의 헬기에서 원하는 수심까지 케이블로 연결된 능동 트랜스듀서를 내린다. 트랜스듀서는 거의 소음을 발생하지 않고 헬기가 발생하는 소음으로부터 분리되기 때문에 자체 소음은 매우 작다. 게다가 탐색 플랫폼인 헬기는 수상함에 비해 잠수함에게 훨씬 덜 취약하다.

예인 배열 소나(TASS)

예인 배열 소나는 수상함 또는 잠수함 뒤쪽에서 예인되는 선형으로 배치된 하이드로폰의 집합체로 구성된 수동 소나 체계이다. 하이드로폰에 추가하여 예인 플랫폼에서 배열의 수심을 결정할 수 있도록 하기 위해 사용되는 침로, 수온, 수심 센서로 구성된다. 그림 11-23을 참조하기 바란다. 이것은 특히 소리가 발생한 방위를 결정하는 데 특히 중요하다.

이전에 거론한 수동 소나처럼 빔형성 장치는 폭이 좁은 빔을 생성하기 위해 소자들 사이에 시간

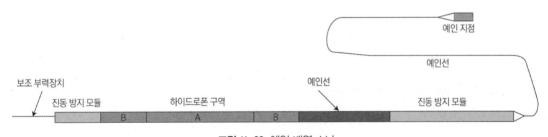

그림 11-23 예인 배열 소나

지연을 사용한다. 이 능력은 바로 소나 방정식에서 지향성 계수(DI)와 연관이 되고, 센서의 배열을 선형으로 하는 것으로 발전되었다.

먼저 바다에서 환경 배경 소음은 근본적으로 파도, 해양 생물, 선박의 방사 소음에서 발생한다는 것을 고려해 보자. 이와 같은 배경 소음들은 등방성이므로 등방성의 소음장에서 표적의 방향 신호를 찾는 단일 전방위 하이드로폰은 360도에서 소음을 접한다. 그러나 그 탐지된 소음은 단지 한 방향 또는 방위선에만 유용하다. 만약 여러 개의 하이드로폰이 한 방향을 탐색하기 위해 배열되고, 조향된다면 다른 모든 방향에서 오는 소음은 제거되고, 신호 대 잡음비는 선택된 방향에서 증가하게 될 것이다.

그림 11-24에서 선분 $E_0 - E_5$ 는 간격 d를 두고 설치된 배열 소자의 선을 나타낸다. 평파가 배열 축에 대해 θ 각도에서 하이드로폰 소자 배열에 부딪칠 때 음향 에너지 평파의 연속한 위치를 나타낸다. x는 음파가 한 배열 소자에 부딪친 시간에서 다음 배열 소자에 부딪칠 때까지 이동한 거리를 나타낸다. 음파가 각 소자에 부딪힐 때마다 들어오는 신호의 세기에 비례하여 전압을 발생시킨다는 것을 고려하자.

소자 E_1 의 출력 전압은 음파가 거리 $x = (d\cos\theta)/c$ 를 이동하기 위해 필요한 시간에 의해 E_0 와 관련된 처리기에서는 지연이 발생할 것이라는 것을 알 수 있다. 연속적인 소자에 대해서 길이가 l 인 전체 배열에 대한 총 지연은 아래 수식 11-4와 같이 구할 수 있다.

$$\Delta t = \frac{l\cos\theta}{c} \tag{11-4}$$

c = 음속 (m/s)

l = (n-1) · d (m)

n = 소자 개수

배열에서 소자의 위치에 따라 각 소자에서 처리기로 들어오는 신호의 도착을 전기적으로 지연시키고, 이 전기신호들을 합성함으로써 처리기에 대한 배열 입력을 위한 신호 대 잡음비는 단일 하이드로폰의 입력에 대한 신호 대 잡음비보다 더 커질 것이라는 것을 알 수 있다. 배경 소음은 배열 소자들에서 다른 위상에 있는 반면, 더해지거나, 합성된 사인파형 음파는 모든 배열 소자에서 같은 위상에 있기 때문에 이것이 가능하다.

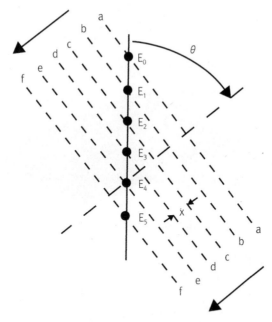

그림 11-24 선형 배열 지향성

동시에 배열의 지향성은 신호에 비해 다른 방향에서 들어오는 소음을 감소시킨다. 각도 θ는 전기적으로 스캔되는 레이더에서처럼 축으로부터 아니고, 배열축에서 측정되기 때문에 여기에서는 코사인이 사용됨을 주목하기 바란다.

이 과정은 배열이 수신하는 빔을 전기적으로 조향하기 위해 사용된다. 방향을 알 수 없는 지점에서 신호를 수신했을 때, 동일하게 배치된 소자들 사이의 지연시간은 최대 같은 위상의 신호가 탐지될 때까지 변할 수 있다. 이 지연시간은 배열 축으로부터 벗어난 표적의 각도를 결정하는 데 이용될 수 있다.

배열의 빔에서 벗어난 표적의 음파는 시간 지연 없이 동시에 모든 소자에 도착하고, 배열의 좌우 끝단을 벗어난 표적의 음파는 최대 시간 지연으로 연속한 소자들에 도착한다는 것을 주목하기 바란다. 이 두 개 사이에 존재하는 표적은 0에서 최대 시간 지연을 유발할 것이다.

이와 같은 고려 요소들이 소나 방정식에서 지향성 계수 계산에 기초가 된다. 간단한 선배열에 대하여 지향성 계수(DI)는 아래 수식 11-5와 같이 구할 수 있다.

$$DI = 10\log\left(\frac{2l}{\lambda}\right) \tag{11-5}$$

1 = 배열 길이(첫번째 배열에서 마지막 배열까지) (m)

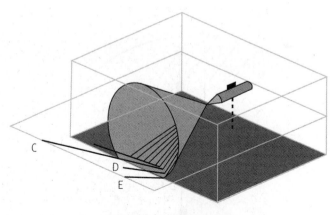

그림 11-25 해저면 반사 수신

λ = 관심 주파수의 파장 (m/s)

예인 배열 소나는 배열의 물리적 특성에 따라 상하 주파수 제한을 가진다. 하부 주파수 제한은 배열의 총 길이(l)에 의해 결정된다. 이 제한은 음원의 파장이 지향성 계수(DI)가 0에 가까울 만큼 충분히 커질 때 발생한다. 이것은 파장 $\lambda_{max} = 2l$, $f_{min} = c/2l$ 일 때 일어난다.

상부 주파수 제한은 개별 하이드로폰 간의 거리에 따라 영향을 받는다. 파장이 감소하여 개별 하이드로폰 간 거리에 근사해질수록 빔 조향이 되지 않는다. 이런 현상은 음원의 최소 파장 λ_{min} 이 소자들간 거리(d)와 같을 때, 즉 $f_{max} = c/d$일 때 일어난다.

효과를 최대화하기 위해 예인 배열 소나는 매우 길어야 하고, 많은 소자들이 근접하여 설치되어야 한다. 이와 같은 구성은 고주파수에서 매우 폭이 좁은 빔폭 형성을 가능케 하고, 매우 낮은 주파수의 탐지도 가능하게 한다. 저주파수 수신을 최대화하는 것은 저주파수의 음파가 고주파수의 음파보다 덜 흡수되기 때문에 가장 중요한 요소가 된다.

배열이 선형이기 때문에 수직 또는 수평에 관한 지향성은 존재하지 않는다. 이것은 두 가지의 문제점을 발생시킨다. 첫 번째는 해저면 반사가 존재할 때 발생한다. 그림 11-25를 참조하기 바란다. 이런 경우에는 음원의 방향을 더 많은 분석 없이는 알 수 없다. 두 번째 문제는 상대 방위에 대한 모호성이다. 그림 11-26을 참조하기 바란다. 선형 배열은 왼쪽에 있는 신호와 오른쪽에 있는 신호를 구분하지 못한다.

방위 모호성은 함정을 기동시킴으로써 해결할 수 있다. 함정이 기동하여 표적이 다시 탐지되었을 때, 다시 두 개의 모호한 방위가 존재하나, 그동안 표적 방위가 변경되지 않는다고 가정하면,

두 개 중 한 개는 이전 탐지한 표적과 일치할 것이다. 방위 모호성을 해결하기 위한 다른 방법은 다른 플랫폼에서 탐지한 것과 교차 방위를 구하는 것이다.

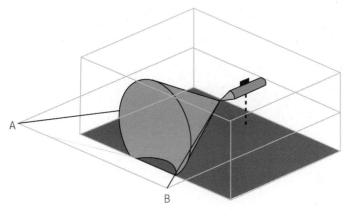

그림 11-26 직 경로

소노부이(Sonobuoy)

소노부이는 탐지장비의 소모성 부품으로 회전익 항공기, 초계기, 일부 함정에서 투하하도록 설계되었다. 소노부이는 수중음파를 탐지하고, 이런 탐지 음파를 낮은 파워의 VHF 무선 전송을 통해 근처에 있는 항공기에 전송하기 위해 사용된다.

소노부이는 송-수신기 결합체로 해상에서 투하된 바로 아래 위치에 부유하도록 설계되어 있다. 항공기로부터 투하되자마자 소노부이는 낙하산 또는 네 개의 작은 핀에 의해 안정화되어 공중에서 수직으로 떨어져 투하점 바로 아래 위치에 입수된다. 수면에 부딪치자마자 안정화 장치가 방출되며 소형 송신안테나가 세워진다. 충격 완화장치(break)가 소노부이의 바닥에 위치한 상자를 개방하며 또한 사전에 설정된 깊이로 가라앉는 하이드로폰 또는 트랜스듀서를 방출한다. 부이(buoy)는 입수이후 일반적으로 30에서 90초 내로 동작한다. 그림 11-27을 참조하기 바란다.

일부 소노부이에서 하이드로폰의 깊이(또는 하이드로폰 케이블의 길이)는 발사전에 선택될 수 있기 때문에 가용한 최적의 음속 프로파일 사용이 가능하다. 수심 설정에 추가로 소노부이는 다양한 수명기간에서 사용이 가능하다. 소노부이들은 장치수명이 다하면 침강되도록 제작된다. 위치 확인을 위해서는 수명이 짧은 부이를 사용하고 넓은 영역 탐색을 위해서는 수명이 긴 부이를 사용한다. 소노부이 수명이 다한 후 침강은 물에 녹는 플러그에 의해 이루어진다.

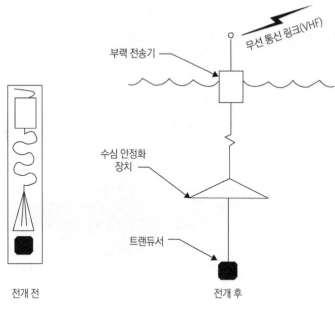

그림 11-27 소노부이 전개

소노부이에 의해 수집된 수중음파는 함정 또는 항공기 내의 모니터링 수신기로 전송한다. 넓은 영역을 둘러싸는 형태로 소노부이를 투하함으로써 소노부이 수신기 작동수는 잠수함의 위치 및 침로 속력을 식별할 수 있다.

소노부이는 수동, 능동, 특수목적 등 세 가지의 주요 범주로 구분되며, 전방위(무지향성) 및 지향성의 두 개 하부 범주로 구분된다.

전방위(무지향성) 수동 소노부이는 표적 잠수함의 음파를 탐지하기 위해 전방위 하이드로폰을 사용한다. 하나의 전방위 소노부이는 표적의 위치를 식별하지 못하지만 음향조건을 알고 있다면 거리 예측은 가능할 수 있다.

DIFAR(direction finding acoustic receiver)라고 불리는 지향성 수동 소노부이는 소노부이의 위치에 대하여 표적의 방위 정보를 제공한다. 이것은 자기 콤파스를 통해 수행되고, 하이드로폰과 결합하여 자북에 대한 표적의 방위를 제공한다.

VLAD(vertical thin-line array DIFAR)는 예인 배열 소나처럼 많은 소노부이 배열을 가진 소노부이로 수직, 수평 방향으로 소노부이들이 배열되어 있다.

능동 소노부이의 펄스 시작 및 펄스 지속시간(duration)은 자체 설정되거나 원격 조정된다. 현재 사용되고 있는 DICASS(directional command activated sonobuoy system)은 무선 링크를 이용하여 통제 플랫폼에서 동작 명령을 송신한다. 이 형태의 소노부이는 부착 수신기를 작동하여 표적에 대한 방위 및 거리 정보를 제공한다.

능동 및 수동소나에 추가하여 두 가지 특수목적의 소노부이가 있다. 첫 째는 XBT와 유사하게 음파 전달 조건 예측을 위해 수심 프로파일에 대한 수온을 얻기 위해 사용된다.

두 번째 특수목적 소노부이는 항공기와 잠수함 간에 통신연결을 위해 설계되었다.

다중상태 소나(Multistatic Sonar)

다중상태 소나는 한곳에는 전송을 위한 능동 소나를, 다른 곳에는 수신을 위해 한 개(양상태) 또는 두 개 이상(다중상태)의 수동 소나를 조합하여 운용하는 것이다. 이런 형태의 소나 운용에 있어 여러 가지 장점이 있다. 수신하는 소나는 능동소나에서처럼 반향에 의한 제한을 받지 않는다. 그러므로, 음원 수준이 퀸칭에 가까울 정도로 매우 높아질 수 있다. 실제로 어떤 체계는 퀸칭 제한 없이 매우 큰 음원 수준을 가질 수 있는 고성능의 사출기를 사용한다.

게다가 전송 손실은 일반적인 능동 체계의 양방향 손실보다 적다. 그림 11-28을 참조하기 바란다. 그러므로 음원수준은 센서 또는 표적의 무기체계 사정거리 이상으로 매우 원거리까지 전달되게 된다. 그러나, 정확한 탐지거리를 얻기 위해서는 송신 음원과 수신기의 정확한 위치 정보와 능동 신호의 정확한 시간 정보를 알고 있어야 한다.

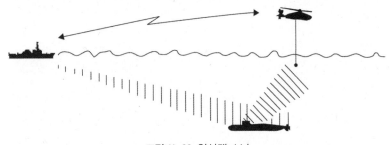

그림 11-28 양상태 소나

비음향 탐지

시각(Visual)

해수면 또는 해수면 근처에 있는 잠수함은 시각 탐지에 매우 취약하다. 잠망경, 스노클링 마스트,

안테나는 저고도로 비행하는 항공기가 10마일 거리에서도 탐지할 수 있는 시각적 신호를 발생시킨다. 그림 11-29를 참조하기 바란다.

　잠수함이 4노트 이상으로 운항할 때 수면위 돌출부는 깃털 항적(feather)라고 불리는 흰색 항적을 몇 야드 길이로 남긴다. 깃털 항적의 자투리는 잔물결 흔적(scar)이라 부른다. 잔물결 흔적은 깃털 항적에서 공기방울, 거품에 의해 만들어지고 길이는 10야드까지 커질 수 있다. 천해에서 잠항중인 잠수함의 그림자는 밝은 색을 내는 해저 지역에서 항공기에 의해 쉽게 탐지 된다. 잠수함에 의해 해수가 교란될 때 유기 생물체에 의해 발생하는 인광 역시 밤에 잠수함의 위치를 노출시킨다.

그림 11-29 잠수후의 잠수함 와류

레이더

레이더는 매우 작은 레이더 단면적을 가진 잠망경, 마스트를 탐지 가능토록 특별히 설계된다. 이런 레이더는 매우 정확한 거리 분해능을 가지고 있고, 우수한 방위 분해능을 위한 좁은 빔폭을 가진다. 안테나 역시 표적 방향으로 수직으로 편광된다. 역합성 개구 레이더는 잠망경 및 마스트를 탐지하는 능력이 증명된 전문 체계이다.

해면의 높이(고도)를 측정하는 레이더 역시 잠수함의 존재를 탐지할 수 있다. 천해에서 잠수함이 고속으로 이동할 때 Bernouilli hump로 알려진 현상이 발생한다. Bernouilli hump는 잠수함의 움직임에 의해 해수면이 올라오는 것을 말한다. 이 체계와 관련된 광범위한 신호 처리 때문에 (예를 들면, 파도의 임의 소음을 찾아내는 것) 분석을 완료하는 데 몇시간이 걸린다. 그러므로 이 방법은 비실시간 정보를 제공하지만 잠수함이 지나갔음을 알려 준다.

적외선 탐지

디젤 전기 잠수함은 배터리를 충전하기 위해 주기적으로 내연기관 엔진을 사용해야 한다. 잠수함이 잠항하는 동안 배터리를 충전하고 있을 때 폐기관은 스노클이라는 장치를 통하여 해수면으로 배출한다. 엔진에서 나오는 폐기관은 전자기 스펙트럼의 적외선 부분으로 탐지 가능하다. 그러나 그 폐기관은 종종 해수면의 엷은 안개와 혼합되기 때문에 탐지에 제한 받기도 한다. 게다가 디젤 전기 잠수함들은 저속에서 하루에 수 시간만 스노클하기 때문에 탐지 가능성도 제한적이다.

레이저

천해에서 수중 물체 탐지를 위해 레이저를 이용하는 것은 비음향 수중전에서의 또 다른 방법이 된다. 수중에서 전자기 에너지의 흡수 특성 때문에 유용한 수심까지 통과하기 위해 가장 좋은 파장은 가시광 청록색에 해당되는 0.2μm ~ 0.4μm대이다. 종종 헬기에 설치되는 레이저 탐지체계는 외부 파드(pod)에 장착된다. 레이저는 펄스 모드에서 방사되고, 항공기 비행 경로에 수직방향에 대하여 일정한 관측폭으로 연속 스캔한다.

탐지체계는 레이저 펄스를 수중으로 방사하고, 선택된 수심의 물체에서 반사되는 레이저 신호를 탐지하도록 동조기는 카메라에 신호를 보낸다. 여러 개의 카메라가 사용될 때 단일 펄스로 여러 깊이의 수심을 스캔할 수 있다. 수심 30미터까지 기뢰와 같은 물체를 전시해 주는 3차원 영상을 얻기 위해 수신된 신호들이 처리된다.

자기 변형 탐지(MAD, magnetic anomaly detection)

수중 잠수함을 탐지하기 위한 다른 방법은 자기 변형 탐지를 이용하여 가능하고, 이는 금속성 물체는 지구 자기장을 변형시킨다는 원리를 이용한 것이다. 빛, 레이더 또는 음향 에너지는 공기에서 수중으로 통과하지 못하고, 항공기에서 사용 가능한 각도에서 공기 중으로 되돌아 올 수 없다. 그러나, 자기장 선은 거의 변형되지 않은 채로 공기, 물 두 매질을 통과할 수 있다. 따라서 수중에서 운항하는 잠수함은 지구 자기장에 변형을 일으키게 되어 잠수함 위쪽 공중에서 탐지할 수 있다. 이 변형의 탐지는 MAD 장비의 주요한 기능이다.

수상함 또는 잠수함이 건조될 때 선체는 용접되고, 리벳에 의한 충격이 가해지게 된다. 철금속은 도메인이라 불리는 철 분자를 포함하고 있다. 각 도메인은 남북극의 자기장을 가지고 있는 작은 자석이다. 도메인이 어떤 축을 따라 배열되지 않고 임의로 다른 방향을 지시한다면, 무시할 만한 자기 패턴이 된다. 그러나 금속이 일정한 자기장에 놓여지고, 충격이나 열이 가해져서 금속 입자들이 동요한다면, 도메인의 북극은 남극쪽으로, 남극은 북극쪽으로 지향할려는 경향이 있다.

도메인의 모든 자기장은 추가적인 영향을 받게 되고, 그렇게 처리된 철금속 조각은 자신의 자기장을 갖게 된다. 지구의 자기장 세기가 강하지 않더라도 함정의 선체는 건조되는 동안 큰 영구 자장을 얻을 만큼 매우 많은 철을 포함하고 있다. 함정의 자기장은 수직, 수평, 종축과 같이 세 개로 구성되며, 그림 11-30에서 보여주는 바와 같이 완전한 자기장으로 구성된 자기장의 집합체가 된다.

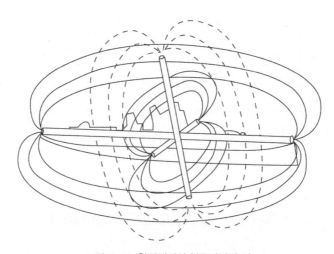

그림 11-30 함정에서의 영구자기장 선

함정에서 철성분은 현재 위치에서 지구 자기장의 변형을 일으키고 함정에 집중되도록 한다. 이 것을 유도 자장이라 부르며 함정의 침로에 따라 변한다.

지표면 어느 한 지점에서의 함정 총 자기장 또는 자기 신호는 함정의 영구자장과 유도자장의 합 이 된다. 함정의 자장은 소자 코일, 자기처리 또는 영구자장을 제거함으로써 어느 정도 감소는 가 능하나, 특수 목적으로라도 자기장을 완전히 제거하는 것은 불가능하다.

지구 자기장 선은 항상 남북으로 일정하게 유지되지 않는다. 만약 200km 경로를 추적해 본다 면, 수평면에 다른 각도로 동쪽 또는 서쪽으로 꼬여서 놓여 있다. 동서방향으로의 변화는 변형각 으로 알려졌고, 수평면과 자기장 선과의 이루는 각은 복각(angle of dip)으로 알려졌다. 많은 양의 금속 물질이 있는 지역에서의 변형각 및 복각은 잠깐이 될지라도 민감한 자력계를 이용하여 측정 이 가능하다. 그림 11-31을 참조하기 바란다.

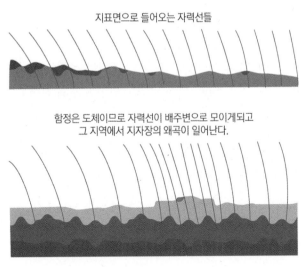

지표면으로 들어오는 자력선들

함정은 도체이므로 자력선이 배주변으로 모이게되고
그 지역에서 지자장의 왜곡이 일어난다.

그림 11-31 함정의 선체가 지구 자기장에 미치는 영향

항공기 MAD 장치의 기능은 잠수함에 의한 지구자장 변형을 탐지하는 것이다. 탐지거리는 대략 500미터쯤 된다. 잠수함이 탐지 될 수 있는 수심은 잠수함의 크기와 센서가 해수면에 얼마나 가까 이 통과하는지에 달려 있다. 그림 11-32를 참조하기 바란다.

MAD 탐지 거리를 향상시키는 것은 매우 어려운 것으로 알려졌다. MAD 센서의 민감도를 향상 시키는 것은 기술적으로 가능하나, 운용적으로는 자기장 변형의 특성 때문에 현실성이 없다. 잠수 함과 같은 표적의 자기장은 거리의 세 제곱에 비례하여 떨어지므로 8배의 민감도 향상은 단지 두

배 정도의 탐지거리 향상을 제공할 것이다.

게다가, 자력계는 비방향성이고, 자기장의 물리적 특성 때문에 일정 방향에서 발생한 자기장을 우선적으로 감응하는 장비의 개발은 어렵다.

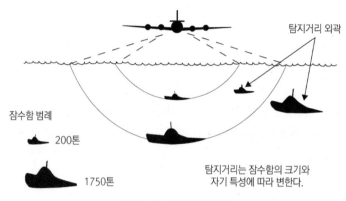

그림 11-32 자기 변형 탐색

또한, 많은 지역의 해저면은 신호의 혼선을 일으킬 수 있는 자성을 띤 광석 및 유사한 바위들이 존재한다. 작지만 충분히 지구 자장의 변화를 일으키는 자기 폭풍에 의해 더 많은 혼동이 발생한다.

MAD 장비는 위치 식별 및 표적 지정 장비로 항공기에서 주로 이용된다. 헬기의 작은 선회 반경은 최적으로 MAD 운용이 가능하다. 헬기는 자체 소음을 감소시키면서 항공기 후방 아래쪽으로 25~50m의 케이블로 연결된 센서를 예인한다. 고정익 대잠수함전 항공기에서 MAD 장비는 항공기 꼬리 붐에 장착된다. 상대적으로 짧은 탐지 거리 때문에 MAD는 보통 초기 탐지 센서로 사용되지는 않는다.

음향측심기(Fathometer)

수심은 몇 가지 방법으로 측정될 수 있다. 한 가지 방법이 거리가 표시되고 무게추가 달린 줄을 해저면까지 내리고 그 줄에서 직접 수심을 측정하는 것이다. 이 방법의 주요 단점은 천해에서만 운용가능하고, 동작이 느리다는 것이다.

음파의 이용은 수심을 측정함에 있어 더 일반적인 방법이다. 해저면을 향하여 음향 펄스가 전송되고, 반사파를 수신한다. 음파 펄스를 전송한 시점과 수신한 시점간의 시간을 측정하고, 수중에서의 음속을 이용하여 수심이 측정된다.

이와 같은 장치가 음향측심기로 알려진 것이다. 음향측심기는 레이더 또는 시각적 방법보다는 음향학 원리를 이용하는 항해장치이다. 음향측심기의 사용은 측심 항해를 사용할 때 특히 중요하다. 게다가, 음향측심기가 위쪽으로 적용된다면, 잠수함은 얼음 밑으로 항해할 수 있다.

수중 통신

많은 사유로 함정, 항공기, 잠수함은 서로 통신이 필요하다. 그 중 가장 중요한 이유는 잠수함과 승조원의 안전 때문이다.

훈련을 하는 동안 함정은 잠수함에게 언제 해수면이 안전한 지를 알려줄 수 있다. 잠수함에서 긴급상황이 발생했다면, 수상함에게 정보가 전달될 수 있다. 훈련이 시작, 정지되거나, 진행 중인 훈련이 변경되면 서로 정보를 전달해야 한다. 공격하는 수상함에게 잠수함은 공격 정확도를 알려 줄 수 있다.

이와 같은 통신을 지원하는 많은 장치들이 존재하며, 대부분이 소나, 소노부이 형태의 장비를 이용하여 단방향 또는 양방향 음성 또는 음향 신호를 이용하고 있다.

전송거리와 품질은 수중 상태, 지역적인 소음수준, 반향효과에 따라 변한다. 그러나, 최적의 소나 조건에서는 함정들간 수중통신은 1,200m까지도 가능하다.

같은 조건이라면, 잠수함은 더 긴 원거리 통신이 가능하다. 만약 잠수함이 음파채널에서 작전중 이라면, 통신거리는 수상함보다 수 킬로미터 더 커질 것이다. 함정의 기동, 장비, 추진기 등에 의해 발생되는 국부 소음은 일반적인 통신거리의 절반보다 작게 감소시킨다. 큰 반향효과도 역시 많은 통신거리 감소를 유발할 수 있다.

수중 음파 전송의 특성 때문에 음파를 이용한 통신으로 전송되는 데이터의 량은 극히 제한된다. 잠수함과 다른 함정간 가장 믿을 만한 통신은 극저주파(ELF)에서 초고주파(UHF) 위성을 이용한 다양한 무선통신체계를 통해 주로 이루어진다. 그러나 주요 단점은 잠수함이 통신하는 동안 다양한 안테나를 사용하기 위해 수면 가까이 위치해야 한다는 것이다. 이것 때문에, 작전 운용 중 잠수함에게 긴급 통신으로 실행 가능한 방법은 단지 음향 신호를 통하여 이루어진다.

전자 광학 스펙트럼에서의 수중 통신은 많은 연구와 발전이 되고 있다. 다른 체계에서는 단기간 통신이 가능한 레이저 통신을 이용하기도 한다.

대응책(Countermeasures)

초기 소나 운용자들은 능동체계가 수동 플랫폼을 탐지할 수 있는 거리보다 훨씬 원거리에서 수동으로 능동 음향장치를 탐지할 수 있다는 것을 발견했다. 전술 운용자들은 이와 같은 피탐 상황이 전자 감시 체계 및 레이더에서도 사용될 수 있다는 것을 알았다.

초기 수중 위협 탐지 및 평가 능력은 탑재된 공격 소나 장비의 청음 능력에 의존했다. 이것은 능동 소나의 분리 및 하이드로폰 배열 관련 기술의 발전이 있기 전까지는 소나 수신기의 대역폭에 제한을 받았다. 1950년까지 AN/WLR-2와 같은 전용 수중 수신기가 개발되었다.

음향 대응책은 1943년 후반부터 1944년 초반에 연합군에 의해 독일 유보트가 많은 희생을 당했을 때 Pillenwerfer가 사용하기 시작했다. 리튬하이드리드로 구성된 이 장치는 잠수함의 반사 신호와 비슷한 고정 반사 신호를 되돌려 주는 수천 개의 공기방울을 발생시키는 거대한 탄산수 덩어리(Alka-Seltzer tablet)처럼 작동한다. 이것은 공격 함대가 잠수함 및 교란체를 동시에 보지 못하는 한 상당히 효과가 있었다. 교란체는 도플러 변형을 발생시키지 않기 때문에 교육받은 운용자는 차이를 구분할 수 있었다.

음향 대응책을 거론하는 데는 전자 방어와 같은 기본 접근방법을 필요로 한다. 다시 말하면, 가장 좋은 대응체계는 경험 많고 잘 교육받은 운용자라는 것이다. 그럼에도 불구하고 컴퓨터 신호처리, 다양한 필터, 자동화된 도플러 탐지 성능의 발전이 많은 도움을 준다.

음향 대응 수신기(Acoustic Intercept Receiver)

초기 음향 대응 수신기들은 환경 소음에 의한 많은 오인 경보 때문에 그리 만족할 만한 성능을 내지 못했다. 소음원에 대한 방위 측정 및 초기 감응을 위해 분리된 별도의 수신기가 필요했다. 나중에는 수신기에서 각 하이드로폰에 도착하는 신호들 사이의 시간 차이를 측정하여 방위를 측정하는 세 개의 하이드로폰으로 구성된 삼각 배열을 적용하였다.

전시기에 도달하는 지연시간보다 긴 지연시간을 갖은 신호들만 통과시키는 필터 및 지연선을 사용함으로써 소음 감소가 이루어졌다. 짧은 소음 펄스는 출력되지 않았다. 이런 방법으로 설계된 수신기는 하나의 핑을 받은 후에 주파수와 방위를 동시에 전시할 수 있었다.

능동 음향 호밍 어뢰의 개발로 어뢰 회피 전술을 수행하기 위한 시간을 보장하기 위해 대응 방법이 모든 음향 대응 수신기에 필요하다. 현대의 음향 대응 수신기들은 잠재 위협에 따라 대응방법을 분류하고, 우선순위를 설정한다. 이런 상황에서 어뢰는 가장 높은 우선순위를 갖게 되고, 다른 신호들은 더 낮은 우선순위를 갖게 되며, 장거리 모드로 운용중인 탐색 소나는 가장 낮은 우선순위를 갖게 된다.

음향 대응책(Acoustic Countermeasure)

음향 대응에 관한 초기 연구는 자체 소음 감소와 소나에서 능동 방사를 조절하는 것에 초점을 맞췄다. 전자기 방사에서처럼 음향 방사는 최소화되어야 하고, 가능하다면 피탐 대책이 이루어진 후에 사용되어야 한다. 그러나 성능지수(FOM) 관련 분석이 수동으로 적을 탐지하는 게 불가능하다고 한다면, 능동 탐지가 유일한 방법이 될 것이다.

능동 소나 운용은 전술적 상황을 반드시 고려해야 한다. 또한, 전송 파워 수준도 피탐되는 것을 예방하기 위해 가능한 한 최소화되어야 한다. 능동 소나 탐색동안 단거리 모드로의 전환은 핑들 사이 시간을 짧게 할 것이며, 수중전 플랫폼이 자신을 탐지하고 있다는 것을 상대방이 알게 된다. 이로 인해 표적이 기동하게 되고, 다음 공격 기회 없이 공격에 실패하게 된다.

수중전 음향 센서에 대하여 대응책을 사용하고, 대응책들이 발전함에 따라 호밍 장치 및 신관 같은 것들이 개발되었다. 운항중인 함정으로부터 방사되는 음향신호에 의해 작동하는 기뢰는 1차 세계대전 말미에 영국에서 개발되었다. 그러나, 음향 기뢰는 1940년 가을에 독일 해군에서 최초 운용하였다. 함정이 기뢰 폭발에 의해 손상을 입기전에 함정의 전방에서 기뢰를 기폭시키기 위해 소음을 방사하는 소음 발생기 개발을 위한 연구가 즉시 시작되었다.

음향기뢰에 대응하기 위해 개발된 초기 방법 중에는 폭약, 압축공기, 함정의 측면에 부착된 수밀 케이스를 타격하는 햄머가 있었고, 예인하면서 물의 유속과 압력차이를 이용하여 소리를 발생시키는 평행 파이프 장치가 있었다.

초기 음향대응 장치들과 현재 미해군에서 운용하는 음향 소해장치간에 상당한 유사성이 있다. 초기 음향 소해 장치는 날개, 프로펠러, 소음발생기로 구성되었다. 수중에 예인될 때 프로펠러가 회전하면 소음발생기(ratchet device)가 소음을 발생시켰다. 이론적으로 유사한 장치들이 여전히 사용되고 있다. 예를 들면 미해군의 항공 음향 소해장치는 음향 발생을 위해 수중 터빈을 사용한다.

초기 소음발생기는 소해장치가 전개되고 동작하는 동안에는 단일 세기로 운용되었다. 그래서 조정장치가 추가되었고, 표적함의 접근을 모사하기 위해 출력의 세기 조절이 가능하도록 하였다. 같은 접근 방법이 호밍 어뢰를 기만하는 방법에 적용될 수 있다. 소음 발생기는 수상함 및 잠수함에서 예인할 수 있다. 이는 소음발생기와 실 표적 사이에 넓은 방위각으로 분리되어 다른 표적정보를 제공한다.

현대 AN/SLQ-25 NIXIE와 같은 예인 음향 기만기는 원하는 신호를 발생하기 위해 전자 또는 전자 기계적인 방법들을 적용하고 있다. 잠수함은 실제 신호를 되돌려 보낼 수 있는 트랜스폰더가 장착된 작은 어뢰 같은 이동식 기만기를 사용한다. 이 소음발생기를 이용하여 어느 정도까지 잠수함 수동 음향신호를 모사할 수 있다.

이와 같은 기술이 그림 11-33에서 보여주는 소형 소모성 교육용 표적에도 적용되고 있고, 실제 잠수함이 표적 역할을 수행하는 것보다 훨씬 적은 비용으로 수중전 세력의 표적 역할을 수행하고 있다. 이 표적에는 거의 소노부이 크기의 작은 트랜스폰더가 탐지 소나에게는 실제 잠수함처럼 크게 보이게 해준다.

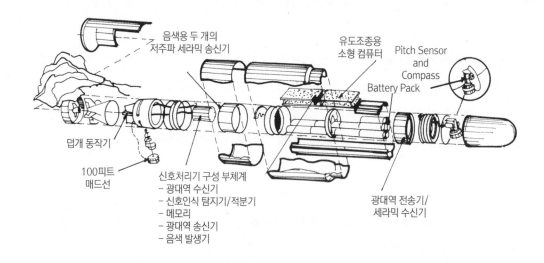

그림 11-33 소모성 이동 표적

자동제어 체계 소개

서론

제어체계는 자기 자신 또는 다른 체계에 명령, 지시 또는 조절하는 것과 관련이 있는 물리적 구성요소들로 연결된 조합체이다. 간단히 말하면, 어떤 공정을 조절 통제하는 방법이라고 할 수 있다.

제어체계는 지난 수세기 동안에도 사용되어졌고, 지금도 일상생활에서 사용되고 있다. 인간의 몸 자체도 약 $98.6°F$의 체온을 유지하는 하나의 제어체계이다. 어떤 제어체계가 외부의 간섭없이 스스로 조절, 통제될 때 자동제어 체계라고 한다. 자동차에서 속도를 유지하는 것은 페달을 발로 조절하는 제어체계에 의해 이루어진다. 크루즈 장치를 동작시켰다면, 자동제어 체계를 이용하는 것이 된다.

요구되는 출력을 얻기 위해 제어장치에 되돌아오는 신호 또는 입력되는 신호들의 환류(feedback)가 자동제어 체계의 중요한 부분이 된다.

제어체계의 간단한 역사

제어체계는 새로운 개념이 아니다. 2,000년 전 그리스 사람들은 오늘날의 변기에서 사용되는 것과 매우 유사하게 물탱크에서 일정하게 수위를 유지하는 기술을 발전시켰다. 같은 시기에 등잔에 기름량을 자동적으로 유지하는 방법도 발전시켰다. 이 두 장치는 위치에 대한 환류 신호를 가지고 있는 위치제어 체계라고 할 수 있다.

속도 제어는 제어공학 분야에서 처음으로 시도된 분야 중의 한 가지이다. 1700년대 중기엔진의 출현으로 엔진의 속도를 일정하게 유지하는 것이 요구되었다. 제임스 와트가 그림 12-1에서 보는 바와 같이 플라이볼 조절기(fly ball governor)를 개발, 적용하였다. 엔진이 높은 부하로 속도가 느려지면, 볼의 무게가 회전축에 상대적으로 작은 각도에 위치하게 되고, 이로 인해 나비모양 밸브가 더 열리게 되어, 더 많은 증기가 엔진으로 들어가게 된다. 실질적으로 속도를 조절하기를 원한다면, 동작기(actuator)의 길이를 조절하는 것이 필요하다.

20세기로 접어들면서 제어체계의 사용이 증대되었다. 1920년대에 엘리먼 스페리(Elimen Sperry)가 선박에 적용되는 자동조향장치를 개발하였다. 과학자들의 제어체계에 대한 심도 있는 연구로 이전의 간단한 추진 제어장치를 뛰어 넘는 성능으로 향상되었으며, 통합 이차원적인 제어기법이 적용되었다. 성능이 향상된 것들 중에 자동귀환제어장치(servomechanism) 및 전력 증폭 장치가 있다. 일반적으로 이런 장치들은 특정 구성품을 원하는 곳으로 위치시키기 위해 작은 입력을 큰 힘으로 변환시켜 준다. 함정에 설치된 함포 구동장치가 이 체계의 한 예라 할 수 있다. 자동귀환제어장치는 포운용수의 입력에 따라 포대

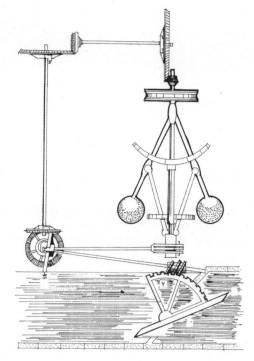

그림 12-1 와트의 플라이 볼 조절기
(fly ball governor)

를 원하는 위치로 구동시키며, 자동제어 체계는 함정의 움직임에 따라 포를 안정화시킨다. 자동귀환제어장치의 다른 예는 자동차에 적용된 조향장치, 브레이크 장치가 있다.

현대 세계는 제어체계들로 둘러싸여 있다고 할 수 있다. 함정에 적용된 예를 보면, 자동귀환제어장치에 의해 타기가 조절되고, 온도는 환경제어 체계에 의해 일정하게 유지, 조절되며, 추진계통은 연소제어장치에 의해 제어 및 최적화된다. 우리에게 매우 친밀한 CD, DVD 플레이어는 자동제어체계에 의한 정밀한 통제 없이는 기능구현이 불가능한 장치들이다.

제어체계는 매우 복잡하게 발전되었다. 와트의 거버너와 같은 단순한 체계는 근 선형관계로 단지 하나의 입력과 환류 신호만을 가지고 있다. 좀 더 현대의 체계들은 비선형 제어를 포함하여 다중 입력과 환류 신호들을 조정한다.

현대의 많은 상용 및 군용 항공기들은 디지털 비행 제어체계를 가지고 있다. 이런 항공기에 적용된 제어체계들은 항공기가 이착륙에서 초음속에 이르기까지 다양한 비행조건으로 비행할 수 있도록 하는 데 매우 중요한 역할을 한다. 비행 제어체계는 역시 항공기가 항력은 감소되지만 기동성을 증가시킬 수 있는 완화된 안정도 조건(relaxed stability criteria)을 갖는 것을 가능하게 해준다.

현대 항공기의 동력은 가스터빈을 이용한다. 가스터빈은 그림 12-2에서 도식한 바와 같이 복잡한 제어체계에 의해 제어된다. 이 체계는 연료량을 계산하기 위해 사용되는 압력은 적어도 10개를 가지고 있다. 이 제어체계는 항공기가 항공모함 발진기 속도에서부터 초음속에 이르기까지 엔진이 정상 동작하도록 보장해 주는 역할을 수행한다.

이것은 인간의 간섭 없이 이루어진다. 이와 같이 복잡한 제어체계 없이는 비행기의 가스터빈 엔진이 제 성능을 발휘할 수 없게 될 것이다.

어떤 제어체계를 평가함에 있어 핵심 분석 요소는 어떤 입력에 대해 시간의 함수로써 어떻게 반응하느냐에 있다. 이것이 체계 응답시간(time response)으로 알려졌다. 응답시간은 시간에 대한 체계의 출력 진폭 그래프이고, 그 출력이 원하는 값에 도달하는 데 얼마나 걸리느냐를 보여준다.

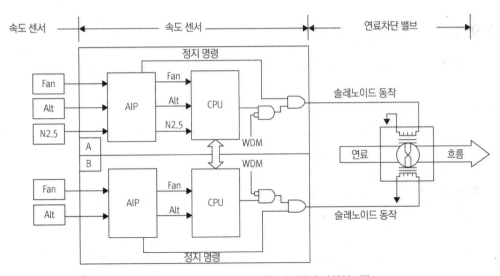

그림 12-2 완전 전자제어에 대한 제어체계 다이어그램

때론 그 출력이 정상상태오차(steady state error)를 초래하면서 결코 원하는 값에 도달하지 못하는 경우도 있다. 때론 그 출력이 원하는 값에 도달하는 데 매우 긴 시간이 걸린 후에 도달하는 경우도 있다. 다른 경우는 그 출력이 안정화되기 전에 원하는 값 근처에서 급격하게 진동한 후에 도달하기도 한다. 또 다른 경우는 원하는 값에 도달하지 못하고 불안정한 동작을 보이기도 한다.

모델링(Modeling)

제어체계를 설계하는 첫 번째 단계 중의 하나가 모델링이다. 모델링은 플랜트(plant)라고 알려진 제어체계의 물리적 구성요소들을 수학적으로 표현한다. 좀 더 명확히 말하면 플랜트가 적어도 하나의 변수를 포함하는 미분방정식으로 표현되어진다. 이 플랜트는 간단한 모터에서 복잡한 우주 비행선까지 많은 것들이 될 수 있다.

정확한 모델링은 신뢰할 수 있는 제어체계로 발전시키는 데 매우 중요하다. 모델링은 시뮬레이션을 위해서도 역시 중요하다. 수학적 모델은 우리가 실물을 만들지 않고 시험, 평가, 예측할 수 있도록 해준다. 같은 기법을 이용하여 모델링된 체계들의 분류에는 온도, 유체, 기계, 전기 제어체계와 같은 것들이 포함된다.

기계적 체계(Mechanical System)

기계적 체계에는 변환 및 회전, 두 개의 기본 체계가 있다. 변환 체계의 한 예가 그림 12-3에서 보여주고 있다. 힘 F가 입력으로 어떻게 적용되는가와 X가 출력(또는 응답)으로 어떻게 결과를 내는지 주목하기 바란다. 역시 스프링, 댐퍼, 질량을 나타내는 K, B 또는 M 값에 따라 그 체계의 응답에 영향을 미치게 된다.

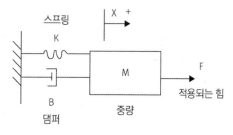

그림 12-3 간단한 변환 체계

회전체계의 간단한 예는 그림 12-4에서 보여주고 있다. 토크 T로 알려진 회전력이 하나의 입력으로 주어지고, 회전 변위 Θ가 출력으로 결과로 나온다. 몇 개의 체계 구성요소들이 존재하고, 그것들은 주어진 토크 값에 따라 그 체계가 반응하는 방식에 영향을 미친다.

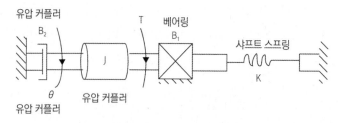

그림 12-4 간단한 회전 체계

이 체계는 회전 스프링뿐만 아니라 회전 감쇠 효과를 가지는 유압 커플러와 베어링으로 구성되어 있다. 역시 변환 방향 대신에 회전 방향에 있는 중량과 유사한 그 체계의 관성 모멘트 J도 표현되어 있다.

변환 체계(Translational System)

하나의 미분 방정식이 간단한 변환 체계로 발전될 수 있다. 그림 12-5의 예가 함포 사격시 복좌력을 흡수하는 체계를 보여준다. 함포는 어떤 질량 M을 가지게 되며, 충격 흡수장치 댐퍼 B, 스프링 K도 존재하게 된다. 힘 F는 함포가 복좌에 의해 발생하는 힘을 나타낸다.

수식에서 힘의 합은 질량과 가속도의 곱과 같다.

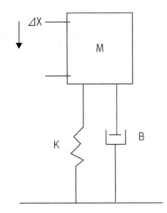

그림 12-5 함포 복좌 체계 모델

$$\sum f = Ma$$

$$\sum f = F_{applied} - F_{spring} - F_{damper}$$

$$\sum f = F_{applied} - Kx - Bv$$

$$Ma = F_{applied} - Kx - Bv$$

또한 속도는 위치 변화율을 의미하고, 가속도는 속도의 변화율이 됨을 명심하기 바란다. 그러므로 가속도는 위치의 2차 미분계수가 된다. 도출되는 방정식은 수식 12-1이 된다.

$$M\ddot{x} = F - Kx - B\dot{x} \tag{12-1}$$

$\ddot{x}$는 가속도, $\dot{x}$는 속도, x는 변위를 나타내며, 다시 정리하면 식 12-2가 된다.

$$F = M\ddot{x} + B\dot{x} + Kx \tag{12-2}$$

바로 이전 식은 입력을 힘 F로 하고, 출력을 변위 x를 갖는 변환체계에 대한 기본 미분 방정식이다.

회전 체계(Rotational System)

한 축에 대하여 회전하는 체계 즉, 회전 체계에 대한 미분 방정식 역시 구할 수 있다. 회전 체계 측면에서 함포에 대한 예를 계속 적용하여 보면, 함포는 강도 K의 스프링, 커플링 베어링 B에 의해 감쇠되는 계수, 관성 모멘트(J), 질량을 가지고 있다. 그림 12-6은 함포를 보여주고 있고, 그림

12-7은 함포에 대한 모델을 보여주고 있다.

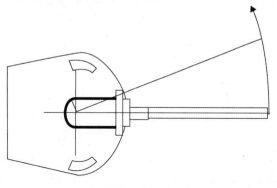

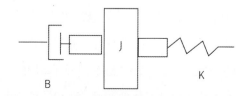

그림 12-6 함포   **그림 12-7** 회전하는 함포 체계의 모델

$$\sum torque = J\ddot{\theta}$$

$$\sum torque = T - T_{spring} - T_{damper}$$

$$\sum torque = T - K\theta - B\dot{\theta}$$

$$J\ddot{\theta} = T - K\theta - B\dot{\theta}$$

$\ddot{\theta}$ = 각 가속도, $\dot{\theta}$ = 각 속도, θ = 각 위치를 나타낸다.

수식을 다시 정리하면, 아래와 같이 수식 12-3이 된다.

$$T = J\ddot{\theta} + B\dot{\theta} + K\theta \tag{12-3}$$

비슷하게, 만약 토크에 대해 함포의 반응이 고각 방향으로 분석된다면, 다음의 미분 방정식으로 표현될 것이다.

$$T_e = J_e\Phi + B_e\Phi + K_e\Phi \tag{12-4}$$

수식 12-3과 12-4는 입력 토크 T와 출력 변위 Θ를 가지고 있는 회전 체계에 대한 미분 방정식을 나타낸다.

전기적 체계(Electrical System)

전기 체계 또는 회로 역시 기계 체계와 비슷한 방법으로 모델링할 수 있다. 입력으로 힘 또는 토크 대신에 전기적 체계에서는 전압을 입력으로 이용한다. 전기적 체계들의 출력 또는 반응은 전류가 된다. 체계의 반응에 영향을 미치는 전기적 체계의 전형적인 회로들은 저항, 캐패시터 그리고 인덕터가 있다.

그림 12-8은 저항 R, 캐패시터 C, 인덕턴스 L를 가진 전형적인 전기 회로를 보여준다.

키르호프(Kirchhoff)의 전압 법칙을 사용하면, 입력 전압은 회로 구성요소들의 전압 강하의 합과 같다.

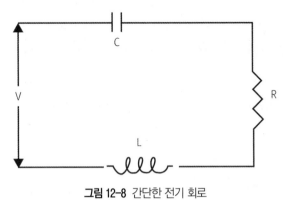

그림 12-8 간단한 전기 회로

$$V_a = V_{capacitor} + V_{resister} + V_{inductor} \qquad (12-5)$$

저항에서의 전압 강하는 $V_{resister} = iR$이 되고,

캐패시터에서의 전압 강하는 $V_{capacitor} = \dfrac{1}{C} \int i \cdot dt$이며,

인덕터에서의 전압 강하는 $V_{inductor} = L \dfrac{di}{dt}$ 이 된다.

그러므로 수식 12-5는 수식 12-6이 된다.

$$V_a = iR + L\frac{di}{dt} + \frac{1}{C} \int i \cdot dt \qquad (12-6)$$

수식 12-6은 입력 전압 V_a와 출력 전류 I를 가진 전기회로의 미분방정식이 된다.

라플라스 변환(Laplace Transform)

어떤 체계들의 수학적 모델링의 중요한 한 부분이 라플라스 변환을 이용하는 것이다. 라플라스 변환은 어떤 한 방정식을 시간 도메인에서 라플라스 또는 s 도메인으로 변환하는 수학적 함수이다. 다시 말하면, 그 방정식은 더 이상 변수 t 의 함수가 아니고, 변수 s 의 함수가 된다. 함수 f(t)에 대한 라플라스 변환의 정확한 수학적 정의는 다음과 같다.

$$L[f(t)] = \int_0^\infty e^{-st} f(t) dt = F(s) \qquad (12\text{-}7)$$

L은 라플라스 연산자를 의미하고, s 도메인에서 새로운 함수 F(s)가 도출된다.

라플라스 도메인으로 변환하는 것은 수학적 모델링에서 몇 가지 이점을 가지게 된다. 첫째, 미분 방정식을 푸는 데 있어서 복잡한 미적분 함수 대신에 대수(algebra)를 사용할 수 있다. 두 번째로, 어떤 한 체계에서 전이함수로 불리는 별도의 수학적 함수로 표현될 수 있는 각각의 부 체계로의 수학적 모델링을 가능하게 한다. 마지막으로, 라플라스 도메인을 사용하는 것은 MATLAB과 같은 수학적 모델링 소프트웨어 프로그램에 적용이 가능하다는 것이다.

테이블 12-1 간단한 라플라스 변환

시간 도메인 함수 (f(t), x(t), τ(t), θ(t), v(t), i(t))	라플라스 도메인 함수 (F(s), X(s), T(s), θ(s), V(s), I(s))
f(t)	$\int_0^\infty f(t) e^{-st} dt = F(s)$
x(t) + y(t)	X(s) + Y(s)
nf(t), n=정수	nF(s), n=정수
$\dot{f}(t)$	sF(s)
$\ddot{f}(t)$	$s^2 F(s)$
$\int_0^t f(t) dt$	$\dfrac{1}{s} F(s)$
정수 n	$\dfrac{n}{s}$
nt, n=정수	$\dfrac{n}{s^2}$
nt^2, n=정수	$\dfrac{2n}{s^3}$
sin(ωt)	$\dfrac{w}{s^2 + w^2}$
cos(ωt)	$\dfrac{s}{s^2 + w^2}$

이 교재에서는 시간 도메인에서 s 도메인으로 변환 또는 반대로 변환이 필요시 각각의 라플라스 변환들을 유도하지 않고, 대신에 라플라스 변환 테이블을 참조할 것이다. 테이블 12-1이 변환

에 필요한 라플라스 변환 테이블이다.

수식 12-2를 다시 보면,

$$F = M\ddot{x} + B\dot{x} + Kx$$

시간의 함수인 이 미분방정식은 수식 12-8과 같이 테이블 12-1을 이용하여 라플라스 도메인으로 변환될 수 있다.

$$F(s) = Ms^2 X(s) + Bs X(s) + Kx \qquad (12-8)$$

라플라스 도메인에서 1차 미분계수가 s를 곱함으로써 어떻게 표현되는지, 2차 미분계수가 s^2를 곱함으로서 어떻게 표현되는지에 주목하기 바란다.

X(s)에 대하여 풀면, 수식 12-9가 된다.

$$X(s) = \frac{F(s)}{Ms^2 + Bs + K} \qquad (12-9)$$

여기에서 미분방정식은 라플라스 역변환을 이용, 시간 도메인 x(t)로 변환하여 함수 X(s)를 풀 수 있다.

전이 함수(Transfer Function)

어떤 체계는 그림 12-9에서 보여주는 바와 같이 입력과 출력을 갖은 박스 형태로 표현될 수 있다.

이 체계를 표현하는 수학적 함수는 전이함수로 알려져 있고, 보통 G(s)라는 부호가 주어진다. 체계의 전이함수 역시 그 체계의 입력으로 출력이 나누어진 형태로 표현되며, 다음과 같다.

그림 12-9 체계 블록 다이어그램

$$G(s) = \frac{출력}{입력}$$

그림 12-3의 변환함수 체계 예를 참조하면, 블록 다이어그램이 그림 12-10과 같다.

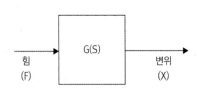

그림 12-10 변환체계 블록 다이어그램

수식 12-9는 출력 X(s)를 입력 F(s)로 나눈 비로 구할 수 있으며, 아래와 같이 나타낼 수 있다.

$$G(s) = \frac{X(s)}{F(s)} = \frac{1}{Ms^2 + Bs + K} \qquad (12\text{-}10)$$

수식 12-10의 표현은 그림 12-3의 변환체계의 전이함수 G(s)가 된다. 편의상 전이함수는 분모에서 s의 가장 큰 제곱근 계수가 1을 갖는 근 궤적 형태(root locus form)로 적절히 표현된다. 수식 12-11에서와 같이 전이함수의 분자, 분모를 질량 M으로 나누면 근 궤적 표현으로 구할 수 있다.

$$G(s) = \frac{X(s)}{F(s)} = \frac{\dfrac{1}{M}}{s^2 + \dfrac{B}{M}s + \dfrac{K}{M}} \qquad (12\text{-}11)$$

그림 12-7의 회전체계와 그림 12-8의 전기적 체계에 대한 전이함수는 간단히 구할 수 있다. 첫 번째로 회전체계에 대한 수식 12-3은 수식 12-12와 같이 라플라스 도메인으로 전환될 수 있다.

$$T(s) = Js^2\theta(s) + Bs\theta(s) + K\theta(s) \qquad (12\text{-}12)$$

그림 12-11에서 체계 블록 다이어그램을 보여주고 있다.

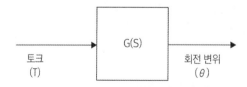

그림 12-11 회전체계 블록 다이어그램

수식 12-12를 재배열하고, 회전변위 Θ(s)를 토크로 나누면 다음과 같은 식을 얻을 수 있다.

$$G(s) = \frac{\Theta(s)}{T(s)} = \frac{1}{Js^2 + Bs + K} \qquad (12\text{-}13)$$

그런 다음 수식 12-13를 수식 12-14와 같이 근 궤적 형태(root locus form)로 전환할 수 있다.

$$G(s) = \frac{\dfrac{1}{J}}{s^2 + \dfrac{J}{B}s + \dfrac{K}{J}} \qquad (12\text{-}14)$$

그림 12-8의 전기적 체계에 대하여 수식 12-6은 수식 12-15와 같이 라플라스 도메인으로 전환할 수 있다.

$$V_a(s) = RI(s) + LsI(s) + \frac{1}{SC}I(s) \tag{12-15}$$

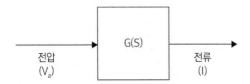

그림 12-12 전기적 체계의 블록 다이어그램

체계 블록 다이어그램은 그림 12-12에서 보여주고 있다.

수식 12-15에서 전류를 적용된 전압으로 나누어 풀면 수식 12-16을 얻을 수 있다.

$$G(s) = \frac{I(s)}{V_a(s)} = \frac{1}{Ls + F + \frac{1}{SC}} \tag{12-16}$$

또한, 루트 로커스 형태(root locus form)로 전환하면 수식 12-17과 같다.

$$G(s) = \frac{\frac{s}{L}}{s^2 + \frac{R}{L}s + \frac{1}{LC}} \tag{12-17}$$

체계 전이함수는 체계의 핵심 계수 값들에 대한 계산을 가능하게 하여 체계 성능을 알 수 있게 한다. 체계 전이함수에 대한 일반적인 형태는 수식 12-18과 같다.

$$G(s) = \frac{분자}{s^2 + 2\zeta w_n + w_n^2} \tag{12-18}$$

수식에서 w_n은 그 체계의 고유주파수이고, ζ는 감쇠비를 의미한다.

체계의 고유주파수는 입력에 대한 체계 반응 속도를 결정하고, 감쇠비는 주어진 입력에 대해 체계의 반응이 얼마나 느려지는 지를 결정한다.

감쇠비와 고유주파수 두 계수는 다른 측면으로 보여질 수 있다. 전이함수의 분모를 영으로 설정하면 특성방정식이 된다. 만약 이 특성방정식이 근을 갖게 되면, w_n와 ζ의 함수인 복소평면(complex plane)에서 근의 위치는 그림 12-13에서 보는 바와 같이 체계 성능을 결정하게 된다.

수식 12-18에 대한 특성방정식은 수식 12-19와 같다.

$$s^2 + 2\zeta w_n s + w_n^2 = 0 \qquad (12-19)$$

특성방정식을 풀기 위해 근의 공식을 이용하면 수식 12-20과 같은 결과를 얻을 수 있다.

$$s = \frac{-2\zeta w_n \pm \sqrt{(2\zeta w_n)^2 - 4w_n^2}}{2} \quad (12-20)$$

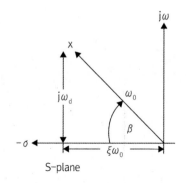

그림 12-13 복소평면에 표현된 부족 감쇠 체계 (under damped system)의 근. 이 그림은 ζw_n, w_n, w_d 사이의 관계를 보여준다.

수식에서 $s = -\sigma \pm jw_d$이고, $\sigma = \zeta w_n$이 된다.

w_n와 ζ 값에 따라 6가지 형태의 근에 대한 값을 얻을 수 있다.

1. 근들은 별개의 음의 실수가 된다.

2. 근들은 반복되는 음의 실수가 된다.

3. 근들은 음의 실수로 구성된 켤레 복소수(complex conjugate pairs)가 된다.

4. 근들은 허수가 된다.

5. 근들은 양의 실수로 구성된 복소행렬이 된다.

6. 근들은 양의 실수가 된다.

서술된 6개 각각의 경우는 다음 장에서 거론될 6개의 다른 체계 응답을 나타낸다.

체계 응답(System Response)

체계 응답은 주어진 입력에 대한 체계의 출력으로 정의된다. 응답은 라플라스 도메인에서 표현될 수 있지만, 일반적으로 시간 도메인에서 시간의 함수로 표현된다.

전이함수 G(s)는 출력 X(s)를 입력 F(s)로 나눈 비로 정의되기 때문에 출력은 수식 12-21에서 보는 바와 전이함수에 입력 시간을 곱하여 구할 수 있다.

$$X(s) = F(s)G(s) = F(s)\frac{X(s)}{F(s)} \tag{12-21}$$

그러므로, 입력에 대한 식으로 계산되어질 필요가 있다. 이 책에서 사용되는 가장 일반적인 체계 입력은 u(t)로 표현되는 단일 계단 입력(unit step input)이다. 단일 계단 함수(unit step function)의 그래프가 그림 12-14에서 보여준다.

계단 함수는 그래프에서 보는 바와 같이 시간 0까지 0을 유지하다가 일정한 값으로 전이하여 무한대까지 그 값을 유지한다. 물리적인 예로는 시간 0에서 전등 스위치를 켜는 것과 같다. 계단함수에 대한 방정식은 수식 12-22와 같다.

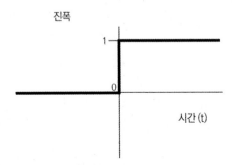

그림 12-14 단일 계단 함수

$$u(t) = 0, \; t < 0$$
$$u(t) = 1, \; t > 0 \tag{12-22}$$

단일 계단함수에 대한 라플라스 변환이 중요한데, 수식 12-23에서 보여준다.

$$Lu(t) = \frac{1}{s} \tag{12-23}$$

앞에서 거론한 3개 체계에 대하여 계단입력에 의해 반응한다고 가정하면 라플라스 도메인에서의 체계 응답은 다음과 같이 구할 수 있다. 그림 12-3의 변환체계의 계단 입력에 대한 체계 응답은 수식 12-24와 같다.

$$X(s) = F(s)G(s) = \frac{1}{s}\frac{\frac{1}{M}}{s^2 + \frac{B}{M}s + \frac{K}{M}} \tag{12-24}$$

그림 12-7의 회전체계에 대한 체계 응답은 수식 12-25와 같으며,

$$\theta(s) = T(s)G(s) = \frac{1}{s}\frac{\frac{1}{J}}{s^2 + \frac{B}{J}s + \frac{K}{J}} \tag{12-25}$$

그림 12-8의 전기적 체계에 대한 체계 응답은 수식 12-26에서 보여준다.

$$I(s) \;=\; V_a(s)\,G(s) \;=\; \frac{1}{s}\,\frac{\dfrac{s}{L}}{s^2 + \dfrac{R}{L}s + \dfrac{1}{LC}} \tag{12-26}$$

위 각각의 체계응답은 시간 도메인으로 전환될 수 있으며, 시간의 함수 그래프로 도식화할 수 있다.

최종 값 정리(Final Value Theorem)

전이가 안정화된 후에 체계 응답 등 출력의 정상 상태 값을 낼 수 있는 유용한 계산이 라플라스 도메인에서 실행될 수 있다. 이 정상 상태값은 라플라스 도메인에서 최종 값 정리를 이용하여 구할 수 있으며, 시간 도메인에서 시간이 무한대로 갈 때 극한값을 구하는 것과 유사하다.

게다가 라플라스 도메인에서 계산한 최종 정상 상태 값은 시간 도메인에서 계산한 것과 같은 값이 된다. 라플라스 도메인에서 주어진 함수 X(s)에 대하여 정상 상태값 x_{ss}는 수식 12-27과 같이 표현할 수 있다.

$$x_{ss} = \lim_{s \to 0} s X(s) \tag{12-27}$$

예를 들면, 주어진 계단 입력에 대한 그림 12-3의 변환 체계의 정상 상태 응답을 구해 보면 다음과 같다.

$$x_{ss} = \lim_{s \to 0} s X(s) = \lim_{s \to 0} s F(s) G(s)$$

$$\Rightarrow x_{ss} = \lim_{s \to 0} s \frac{1}{s} \frac{\dfrac{1}{M}}{s^2 + \dfrac{B}{M}s + \dfrac{K}{M}}$$

$$\Rightarrow x_{ss} = \frac{1}{M}\frac{M}{K} = \frac{1}{K}$$

체계 시간 응답

이전 장은 라플라스 도메인에서 체계 응답을 표현하였다. 체계 응답을 시간 도메인으로 전환하고, 시간의 함수로 체계 응답의 그래프를 그리기 위한 수학적 방법이 존재한다.

체계의 시간 응답은 출력에 의해 도달되어질 정상 상태값을 의미하고, 정상 상태값이 도달할 경로이고, 정상 상태값에 도달하기 위해 걸리는 시간을 의미한다.

포대를 오른쪽으로 2.5° 선회한다고 가정하자. 다음은 포대가 선회 명령에 반응할 수 있는 6가지의 가능한 응답을 보여준다.

과 감쇠 응답(Overdamped Response)

그림 12-15는 과 감쇠 응답에 대한 응답 그래프를 보여준다. 포대가 오른쪽으로 2.5° 선회하기는 하지만, 상대적으로 긴 시간이 걸림을 알 수 있다.

과 감쇠 체계는 1보다 훨씬 큰 감쇠율 특성을 가지고 있으며, 특성 방정식의 근이 분리된 음의 실수 값을 가지게 된다. 실질적으로 과감쇠 체계는 체계 응답시간이 길어서 거의 사용되지 않는다. 좀 더 빠른 시간 응답을 위해서 다음 두 장에서 소개할 부족 감쇠(less damping)가 이용된다.

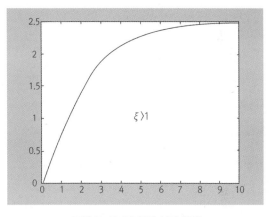

그림 12-15 과 감쇠 시간 응답

임계 감쇠 응답(Critically Damped Response)

그림 12-16은 임계 감쇠체계에 대한 응답 특성을 보여준다. 이 경우에는 원하는 선회 각에 과 감쇠 응답의 경우보다 훨씬 빨리 도달한다. 임계 감쇠 체계에서는 감쇠율이 정확히 1에 일치하고, 특성 방정식의 근이 음의 실수이며, 서로 같은 값을 갖는 특성이 있다.

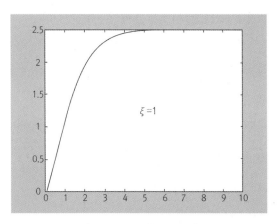

그림 12-16 임계 감쇠 시간 응답

부족 감쇠 응답(Underdamped Response)

그러나 임계 감쇠 체계에 의해 얻어지는 것보다 더 빠른 응답이 요구될 수도 있다. 부족 감쇠 응답이 사실은 임계 감쇠 응답보다 더 빠른 응답을 줄 수 있지만, 초기에는 요구되는 값 이상의 값을 응답을 할 수도 있다. 이것을 초과응답(overshoot)이라 부른다. 그림 12-17은 부족 감쇠 체계에 대한 응답 특성을 보여준다.

특성 방정식의 근을 고려해 보면, 부족 감쇠체계에서는 특별한 값을 가짐을 알 수 있다. 이러한 값들은 많은 체계 특성을 산출하는 데 유용하게 이용된다. 부족 감쇠 체계의 특성 방정식의 근은 수식 12-28과 같이 구할 수 있다.

$$s_{1,2} = -\zeta w_n \pm j w_d \tag{12-28}$$

실수부는 음수이고, 특성 방정식의 중간 항의 1/2이 됨을 명심하라. 음수가 됨을 인식하는 것이 중요하다. 부족 감쇠 체계에 대하여 ζw_n과 ζ가 양수이지만, 그의 근은 음수이다. 근의 허수부는 감쇠 고유주파수 w_d가 된다. 이것은 체계의 실제 진동 고유주파수가 된다. 체계의 실제 고유주파수가 측정될 수 있는 유일한 시간은 부족 감쇠 경우에서만 가능하고, 이것은 뒤에 거론될 것이다.

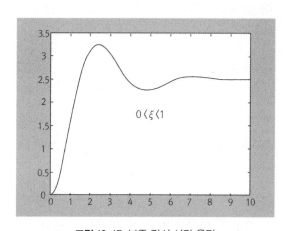

그림 12-17 부족 감쇠 시간 응답

그림 12-17에서 응답이 초기에 요구되는 응답을 초과하는 초과응답이 존재함을 주목하라. 이 초과 응답은 퍼센트 초과응답(%OS)로 불리는 퍼센트(%) 값으로 정량화 표현될 수 있으며, 퍼센트 초과응답은 최종 정상 상태 값이 응답의 초기 최대 값을 초과하는 비율로 정의 된다. 이 값은 시간 응답 그래프에서 구할 수 있지만, 만약 감쇠율 ζ의 값이 주어진다면, 퍼센트 초과응답은 아래 수식 12-29와 같이 계산할 수 있다.

$$\%OS = 100e^{\frac{-\pi\zeta}{1-\zeta^2}} \tag{12-29}$$

$$= 100e^{\frac{-4t_p}{t_s}}$$

$$= 100 \frac{X_{\max} - X_{ss}}{X_{ss}}$$

퍼센트 초과응답과 연관이 있는 한 가지 중요한 매개 변수는 그 체계가 첫 번째 가장 큰 진동 값에 도달하는 데 걸리는 시간이 된다. 이 시간은 첨두시간(Peak time) t_p로 불리고, 역시 시간 응답 그래프에서 측정되거나, 수식 12-30을 이용하여 구할 수 있다.

$$t_p = \frac{\pi}{w_n \sqrt{1 - \zeta^2}} = \frac{\pi}{w_d} \tag{12-30}$$

역시 체계가 요구되는 값에 도달하기 전에 진동이 존재하는 것이 분명하다. 체계가 실제적으로 최종 정상 상태값에 도달하는 데 걸리는 시간 역시 계산할 수 있으며, 안정화 시간 t_s로 알려져 있고, 특히 정상 상태값에 도달하고 2%이내의 값으로 유지하는 데 걸리는 시간으로 정의된다. 안정화 시간 t_s는 감쇠율 ζ와 고유주파수 w_n를 알고 있을 때 수식 12-31을 이용하여 구할 수 있다.

$$t_s = \frac{4}{\zeta w_n} = \frac{4}{\sigma} \tag{12-31}$$

주의 : 부족 감쇠 및 임계 감쇠 체계에 대해 $\sigma = \zeta w_n$가 되고, 과 감쇠 체계는 더 작은 절댓값의 σ을 사용함을 명심해야 한다.

부족 감쇠 체계는 0과 1사이의 감쇠율과 특성 방정식 근이 서로 켤레 복소수(complex conjugate)인 허수부와 음의 실수부를 가지는 특성을 가지고 있다. 이와 같은 초과 응답은 바람직하지 않지만, 감쇠 및 고유 주파수 값을 적절히 조정함으로써 초과응답을 최소화하면서 매우 빠른 응답을 얻을 수 있다. 부족 감쇠 체계는 체계의 가장 일반적인 체계 형태이며 이 책에서 가장 자세하게 다루게 될 것이다.

주의 : t_s, t_p 및 %OS에 대한 방정식은 2차 체계에 적용된 근삿값들이 된다. 안정화 시간 방정식은 부족 감쇠 2차 체계에 대해 가장 정확한 값을 가지게 된다. 한 체계의 차수는 전이함수의 분모에서 s의 가장 큰 제곱근 또는 지수에 의해 결정된다. 예를 들면, 1/(s+1)은 1차 체계이고, 1/(s²+2s+3)은 2차 체계, 1/(s³+4s+2)는 3차 체계가 된다. 더 큰 차수 체계 응답은 2차 체계 응답으로 근사화되고 분석될 수 있다.

비 감쇠 응답(Undamped Response)

그림 12-19는 비 감쇠 체계에 대한 응답 특성을 보여준다. 이와 같은 경우는 요구되는 출력에 도

달되지 않는다. 게다가 응답은 원하는 응답 값에 도달하지 못하고 계속 진동하게 된다. 비 감쇠 체계는 0의 감쇠율과 특성방정식의 근이 단지 허수부만 존재하는 특성을 가지고 있다. 이와 같은 형태의 체계는 공기 저항이나 마찰이 어떤 형태의 감쇠를 일으키기 때문에 매우 일반적이지 않고, 실질적으로 이상적이라고 표현할 수 있다.

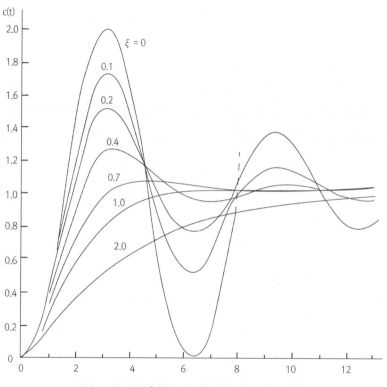

그림 12-18 체계응답과 다양한 감쇠비에 대한 그래프

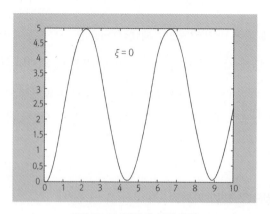

그림 12-19 비감쇠 시간 응답

불안정 진동 응답(Unstable Oscillating Response)

그림 12-20은 불안정 체계에 대한 응답 특성을 보여준다. 체계 응답은 요구되는 선회 각도에 도달하는 것에 실패했을 뿐만 아니라 최종 값을 벗어나 진동하고 통제할 수 없는 상태가 된다. 불안전 체계는 위험하고 심각한 장비 손상을 초래할 수 있다. 불안전 진동 체계는 0보다는 작고 −1보다는 큰 감쇠율 특성을 가지고 있다. 특성 방정식의 근은 양의 실수부를 갖는 켤레 복소수를 가지게 된다.

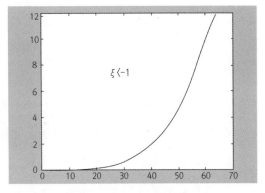

그림 12-20 불안전 비진동 응답

불안정 비진동 응답(Unstable Non-Oscillating Response)

그림 12-21은 불안정 체계의 응답특성을 보여준다. 이 체계 응답은 요구되는 선회각에 도달하는 것에 실패하였고, 최종 값에서 멀어지며, 통제 불능상태가 된다. 불안정 진동 상태와 마찬가지로 위험하고 심각한 장비 손상을 초래할 수 있다. 불안정 체계는 −1보다 작은 감쇠율과 양의 실수부를 갖는 특성 방정식 근을 가지게 된다.

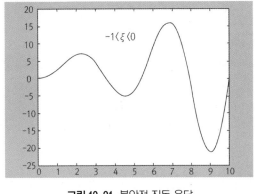

그림 12-21 불안전 진동 응답

체계 응답 예제

예제 12-1 : 부족 감쇠 체계. 수식 12-11가 주어졌을 때, 그림 12-3의 변환체계에 대한 전이 함수를 생각해 보자.

$$G(s) = \frac{\dfrac{1}{M}}{s^2 + \dfrac{B}{M}s + \dfrac{K}{M}}$$

이 체계가 함포의 복좌 체계라 가정하자. 이 체계는 중량, 감쇠계수, 스프링 상수에 대하여 각각 다음과 같은 값들을 가지고 있다.

M=2,000kg

B=1,000Ns/m

K=4,000N/m

또한, 이 체계에 입력되는 힘은 F=10,000 N이며, 계단 입력으로 작용한다고 가정한다.

이러한 값들을 알고 있을 때 아래 값들을 구하시오.

1. 특성 방정식의 근 및 체계 시간 응답

2. 최종 값 이론을 이용한 체계의 최종 정상 상태값

3. 감쇠비 ζ 및 고유주파수 w_n

4. %OS 값

5. t_p 값

6. t_s 값

정답 :

1. 전이함수에 값들을 대입하면 아래 식을 구할 수 있다.

$$G(s) = \frac{\dfrac{1}{2,000}}{s^2 + \dfrac{1,000}{2,000}s + \dfrac{4,000}{2,000}} = \frac{\dfrac{1}{2,000}}{s^2 + 0.5s + 2}$$

특성방정식의 근은 −0.25±1.39j가 되어 부족 감쇠 체계가 된다. 근에서 $\zeta w_n = 0.25$, $w_d = 1.39$ 가 됨을 알 수 있다.

2. 정상 상태값은 수식 12-27의 최종 값 이론을 이용하여 구할 수 있다.

$$x_{ss} = \lim_{s \to 0} sX(s) = \lim_{s \to 0} sR(s)G(s)$$

입력이 계단입력이므로 아래와 같이 구할 수 있다.

$$R(s) = \frac{F}{s} = \frac{10,000}{s}$$

$$x_{ss} = \lim_{s \to 0} s \frac{10,000}{s} \frac{\dfrac{1}{M}}{s^2 + \dfrac{B}{M}s + \dfrac{K}{M}}$$

$$\Rightarrow x_{ss} = \lim_{s \to 0} s \frac{10,000}{s} \frac{\dfrac{1}{2,000}}{s^2 + 0.5s + 2}$$

$$= \frac{5}{(0)^2 + 0.5(0) + 2} = 2.5m$$

3. ζ 및 w_n는 체계 전이 함수를 이용하여 구할 수 있다.

$$w_n^2 = 2 \Rightarrow w_n = 1.41$$

$$2\zeta w_n = 0.5 \Rightarrow \zeta w_n = 0.25 \Rightarrow \zeta = 0.1768$$

ζ의 값이 0과 1사이에 존재하기 때문에 부족 감쇠 시간 응답이라는 것을 확인할 수 있다.

4. %OS는 다음 식을 이용하여 구할 수 있다.

$$\%OS = 100\, e^{\dfrac{-\pi(0.1768)}{\sqrt{1 - (0.1768)^2}}} = 56.8\%$$

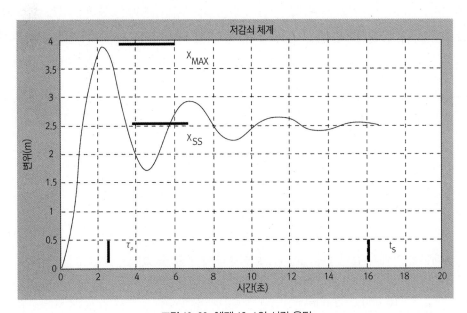

그림 12-22 예제 12-1의 시간 응답

5. t_p는 아래와 같이 구할 수 있다.

$$t_p = \frac{\pi}{w_d} = \frac{\pi}{1.39} = 2.26\,\text{sec}$$

6. t_s는 아래와 같이 구할 수 있다.

$$t_s = \frac{4}{\sigma} = \frac{4}{\zeta w_d} = \frac{4}{0.25} = 16.0\,\text{sec}$$

다시 말하면, 이 체계는 2.5m의 정상 상태값으로 안정화되는 데 16초가 걸린다는 의미이다.

시간 응답에 대한 그래프는 그림 12-22에서 보여주고 있다. 위의 수식들에서 체계 특성과 예상 계수들이 체계의 실제 응답이 어떻게 표현되는지에 주목해야 한다.

$t_s, t_p, x_{ss}, \%OS$ 값은 출력 그래프에서 확인할 수 있다는 것에 주목하기 바란다.

$$t_p = 2.25\,\text{sec}$$

$$t_s = 16\,\text{sec}$$

$$x_{ss} = 2.5$$

$$\%OS = 100\frac{3.9 - 2.5}{2.5} = 56\%$$

예제 12-2 : 증가된 감쇠계수를 가진 부족 감쇠 체계. 예제 12-1와 같은 체계 변수들이 주어지고, 감쇠비만 1,000Ns에서 4,000Ns로 증가 되어 G(s)가 아래와 같을 때 출력 값이 어떻게 변하는지 구하시오.

$$G(s) = \frac{\dfrac{1}{2,000}}{s^2 + \dfrac{4,000}{2,000}s + \dfrac{4,000}{2,000}} = \frac{\dfrac{1}{2,000}}{s^2 + 2s + 2}$$

정답 :

1. 근은 $-1\pm j$가 되어 역시 부족 감쇠 체계가 된다. 근에서 $\zeta w_n = 1$, $w_d = 1$이 됨을 알 수 있다.

2. 정상 상태값은 아래와 같이 최종 값 이론을 이용하여 구할 수 있다.

$$x_{ss} = \lim_{s \to 0} s\frac{10,000}{s}\frac{\dfrac{1}{2,000}}{s^2 + 2s + 2}$$

$$\Rightarrow x_{ss} = \frac{5}{(0)^2 + 0.5(0) + 2} = 2.5\,m$$

3. ζ 및 w_n는 체계 전이함수를 이용하여 아래와 같이 구한다.

$$w_n^2 = 2 \Rightarrow w_n = 1.41$$

$$2\zeta w_n = 2 \Rightarrow \zeta w_n = 1 \Rightarrow \zeta = 0.707$$

4. %OS는 다음 식을 이용하여 구할 수 있다.

$$\% OS = 100e^{\frac{-\pi(0.707)}{\sqrt{1-(0.707)^2}}} = 4.33\%$$

5. t_p는 아래와 같이 구할 수 있다.

$$t_p = \frac{\pi}{w_d} = \frac{\pi}{1} = 3.14\,\mathrm{sec}$$

6. t_s는 아래와 같이 구할 수 있다.

$$t_s = \frac{4}{\sigma} = \frac{4}{\zeta w_n} = \frac{4}{1} = 4.0\,\mathrm{sec}$$

위에서 구한 계수들은 그림 12-23에서 보는 바와 같이 시간 도메인 응답임을 확인해 준다.

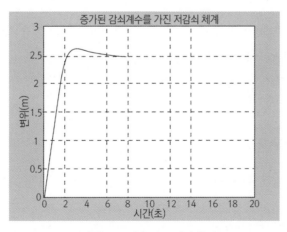

그림 12-23 예제 12-2 시간 응답

예제 12-3 : 증가된 스프링 상수를 가진 부족 감쇠 체계. 이번에는 감쇠계수가 다시 1,000Ns/m로, 스프링 상수 K가 5,000N/m로 설정된다면, G(s)는 아래 식과 같이 구할 수 있다.

$$G(s) = \frac{\dfrac{1}{2,000}}{s^2 + \dfrac{1,000}{2,000}s + \dfrac{5,000}{2,000}} = \frac{\dfrac{1}{2,000}}{s^2 + 0.5s + 2.5}$$

정답 :

1. 근은 −0.25±1.56j가 되어 부족 감쇠 체계가 된다. 근에서 $\zeta w_n = 0.25$, $w_d = 1.56$이 됨을 알 수 있다.

2. 정상 상태값은 아래와 같이 최종 값 이론을 이용하여 구할 수 있고, 정상 상태값이 이전 두 예제 와는 다르다는 것을 알 수 있다.

$$x_{ss} = \lim_{s \to 0} s \frac{10,000}{s} \frac{\dfrac{1}{2,000}}{s^2 + 0.5s + 2.5}$$

$$\Rightarrow x_{ss} = \frac{5}{(0)^2 + 0.5(0) + 2.5} = 2\,m$$

3. ζ 및 w_n는 체계 전이함수를 이용하여 아래와 같이 구한다.

$$w_n^2 = 2.5 \Rightarrow w_n = 1.58$$

$$2\zeta w_n = 0.52 \Rightarrow \zeta w_n = 0.25 \Rightarrow \zeta = 0.158$$

ζ의 값이 0과 1사이에 존재하기 때문에 부족 감쇠 시간 응답이라는 것을 확인할 수 있다.

4. %OS는 다음 식을 이용하여 구할 수 있다.

$$\%OS = 100e^{\frac{-\pi(0.158)}{\sqrt{1-(0.158)^2}}} = 60.47\%$$

5. t_p는 아래와 같이 구할 수 있다.

$$t_p = \frac{\pi}{w_d} = \frac{\pi}{1.56} = 2.01\,\sec$$

6. t_s는 아래와 같이 구할 수 있다.

$$t_s = \frac{4}{\sigma} = \frac{4}{\zeta w_n} = \frac{4}{0.25} = 16.0\,\sec$$

위에서 구한 계수들은 그림 12-24에서 보는 바와 같이 시간 도메인 응답임을 확인해준다.

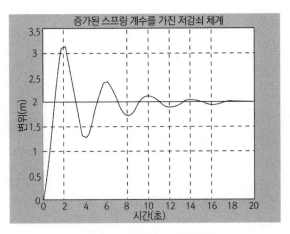

그림 12-24 예제 12-3 시간 응답

체계 구성요소들의 영향

스프링, 감쇠기, 시간 응답 사이에 흥미로운 관계가 있다는 것이 확인 되었다. 예를 들면, 자동차에 딱딱한 스프링을 사용한다면 어떤 효과가 있을까? 수식 12-11에서 변환체계(중량 스프링 감쇠기)의 일반적 전이함수를 생각해 보면, 우리는 그 수식을 대수적으로 아래 수식과 같이 좀 더 유용한 형태로 변환할 수 있다. 회전 및 전기적 체계에 대해서도 분석을 통하여 유사한 결과를 얻을 수 있음을 알아야 한다.

$$G(s) = \frac{\frac{1}{M}}{s^2 + \frac{B}{M}s + \frac{K}{M}}$$

전이함수의 분모가 특성방정식 $s^2 + 2\zeta w_n s + w_n^2$ 이라는 것과, 특성방정식의 근이 $-\zeta w_n \pm jw_d$ 라는 것을 기억하기 바란다.

특성방정식에서 아래 두 가지의 상관관계를 확인할 수 있다.

$$\zeta w_n = \frac{B}{2M}$$

$$w_n^2 = \frac{K}{M} \quad \text{또는} \quad w_n = \sqrt{\frac{K}{M}}$$

체계응답을 거론할 때 중요한 요소가 감쇠비이다. 감쇠비는 바로 초과응답과 안정화 시간과 연관이 있기 때문이다.

$$\zeta = \frac{\zeta w_n}{w_n} = \frac{\dfrac{B}{2M}}{\sqrt{\dfrac{K}{M}}} = \frac{B}{2\sqrt{MK}}$$

$$t_s = \frac{4}{\zeta w_n} = \frac{4}{\dfrac{B}{2M}} = \frac{8M}{B}$$

세 번째 시간 응답 특성 즉, 최대치에 도달하는 데 걸리는 시간은 감쇠된 고유주파수를 찾고, 아래와 같이 그 값을 최대치에 도달하는 데 걸리는 시간을 구하는 식에 대입하여 계산할 수 있다.

$$w_n^2 = w_d^2 + (\zeta w_n)^2$$

$$w_d^2 = w_n^2 - (\zeta w_n)^2 = \frac{K}{M} - (\frac{B}{2M})^2$$

$$w_d = \sqrt{\frac{K}{M} - (\frac{B}{2M})^2}$$

$$t_p = \frac{\pi}{w_d} = \frac{\pi}{\sqrt{\dfrac{K}{M} - (\dfrac{B}{2M})^2}}$$

마지막으로 정상 상태 출력 x_{ss}는 최종 값 이론을 이용하여 계산할 수 있다. 전에 입력이 계단 입력이었다는 것을 기억하기 바란다.

$$x_{ss} = s\frac{F}{s}\frac{\dfrac{1}{M}}{s^2 + \dfrac{B}{M}s + \dfrac{K}{M}} = \frac{F}{K}$$

이것이 체계의 시간 응답에 관하여 우리에게 무엇을 말하고 있는가? 테이블 12-2는 M, B, K에 관하여 일반적인 특성을 보여주고 있다. 작용하는 힘 F는 단지 정상상태 출력에만 영향을 미치고, 다른 특성에는 영향을 미치지 않아 테이블에 표기하지 않았다.

표 12-2 다른 계수들이 일정하게 유지될 때 스프링 상수와 감쇠 상수가 시간 응답에 미치는 영향

	ζw_n	w_n	w_d	ζ	%OS	t_p	t_s	x_{ss}
K↑	↔	↑	↑	↓	↑	↓	↔	↓
K↓	↔	↓	↓	↑	↓	↑	↔	↑
B↑	↑	↔	↓	↑	↓	↑	↓	↔
B↓	↓	↔	↑	↓	↑	↓	↑	↔
M↑	↔	↓	↓	↓	↑	↑	↔	↔
M↓	↔	↑	↑	↑	↓	↓	↔	↔

자동차의 완충장치를 딱딱한 스프링으로 교체한 후를 상상해 보라. 이것은 퍼센트 초과응답을 증가시키고(실제 변위는 감소할 수도 있다.) 최대치에 도달하는 시간을 감소시키나, 더 불편한 승차감을 초래할 것이다. 반대로 부드러운 승차감을 위해서는 딱딱한 스프링을 교체해야 할 것이다. 이는 초과응답을 줄이고 최대치에 도달하는 시간을 늘리는 것과 같다.

적절한 조합을 선택하는 것이 요구되는 특성값을 얻는데 중요하다. 만약 속도 응답특성(rate characteristic)으로서 안정화 시간 및 편의성으로서 퍼센트 초과응답 및 최대치에 도달하는 데 걸리는 시간을 고려한다면, 아래와 같이 몇 개의 일반적인 특성을 만들 수 있다.

1. 스프링을 교체하는 것은 응답시간에는 영향을 미치지 않으나, 편의성에는 영향을 미칠 것이다.
2. 감쇠기를 교체하는 것은 편의성과 응답시간 모두에 영향을 미칠 것이다.

많은 경우에 구성요소를 변경함으로써 체계의 시간응답 특성을 변경하는 것은 실질적이지 않다. 불필요하게 복잡하고 많은 비용을 초래하게 될 것이다. 다른 대안은 피드백을 추가하는 것이다. 피드백은 구성요소를 변경하지 않고 체계의 시간 응답을 효과적으로 개선시켜 준다. 게다가 피드백은 다양한 운용조건에서 체계의 시간 응답을 조절이 가능하게 해준다.

피드백(Feedback)

피드백은 체계 입력(요구되는 출력)과 체계 응답 또는 출력과 비교하는 것으로 정의된다. 이런 비교 없이 체계 운용자는 그 체계가 실질적으로 요구한 출력을 내고 있는지 확신할 수 없다. 그림 12-25에서 음의 피드백(negative feedback)를 가진 체계 블록 다이어그램의 한 예를 보여 주고 있

다. 체계 입력 R(s)가 합산 접합부(summing junction)를 통하여 어떻게 입력되고, 일반적인 체계 전이함수 G(s), 출력 C(s)까지 어떻게 전달되는지 살펴보기 바란다. 그러나 출력은 감지장치에 감지되고 다시 합산 접합부로 피드백된다.

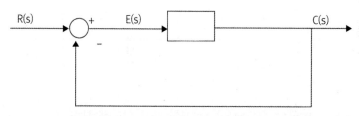

그림 12-25 음의 피드백을 가진 체계 블록 다이어그램

입력과 출력의 비교는 합산접합부에서 이루어진다. 음의 피드백 경우에는 체계 입력이 양의 부호로 주어지고, 체계 출력은 음의 부호로 주어져 입력에서 출력을 빼는 동작을 수행하게 된다. 두 입력과 출력의 차이는 오차 E(s)로 불린다. 오차가 0이 될 때, 그 체계는 현상을 유지하기 위해 동작한다. 양의 피드백의 경우는 체계 입력과 출력의 부호가 모두 양의 부호로 주어진다. 양의 피드백은 일반적으로 사용되지 않으며, 입력과 출력값을 합산하는 동작을 수행한다. 이 교제에서는 앞으로 음의 피드백을 주로 사용한다.

대부분의 체계는 피드백을 사용하고, 피드백 및 비교 처리과정의 많은 부분이 제어체계의 일부분으로서 소프트웨어를 통하여 수행된다. 그러나 피드백이 없는 체계도 있는데, 이는 개방 루프 체계로 불리며 다음 장에서 거론된다.

개방 루프 체계(Open Loop System)

개방 루프 체계는 그림 12-26에서 보는바와 같이 피드백이 없는 체계이다. 다시 말하면 입력은 체계에 제공되지만 출력은 검사되거나, 입력과 비교하는 과정이 수행되지 않는다. 개방 루프 체계는 요구하는 대로 정상 동작하거나, 체계 성능이 운용자에 의해 확인되고 유지된다고 가정한다. 일반적으

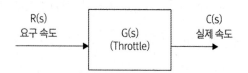

그림 12-26 개방 루프 자동차 속도제어 블록 다이어그램

로 개방 루프 체계는 간단하고, 설계하기에 용이하며, 제작하는 데 비용이 적게 든다.

그러나, 어떤 예상 못한 환경으로 인해 기대했던 출력에 도달하지 못하기 때문에 자동적으로 체계 출력을 조절하는 방법은 없다. 만약 입력을 변경하지 않고 체계의 출력을 변경하기를 원한다면, 어떤 증폭기를 추가해야 할 것이다. 이 증폭기를 일반적으로 전송경로 증폭이라 불리며 K_{amp}로 표기된다.

개방 루프 체계의 한 예가 자동차에서 크루즈 제어체계로 어떤 설정된 속도를 유지하기 위해 자동차의 연료 조절기는 사전 결정된 위치에서 동작하게 된다. 이 체계는 평탄한 도로조건에서 빠르게 잘 동작할 수 있을 것이다. 그러나 자동차가 그림 12-27에서 보는 바와 같이 언덕길과

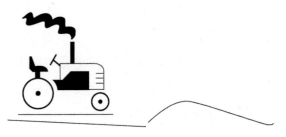

그림 12-27 장애 요인을 접한 개방 루프 체계

같은 장애 요인을 만났을 때, 연료조절장치는 같은 위치를 유지하여 속도는 떨어지게 될 것이다. 아마도 자동차가 언덕을 만났을 때 운전자가 크루즈 제어를 취소하고, 수동으로 언덕을 넘기 위해 수동으로 연료 조절장치를 동작시키면 되지 않느냐고 이야기할 수 있다. 실제적으로 이 동작이 피드백이 되고, 운전자에 의해 제공되는 폐 루프 제어(closed loop control)가 된다. 다시 말하면, 그 운전자는 요구하는 입력과 출력을 비교하여 피드백 기능을 수행한다. 많은 경우에 개방 루프 체계가 사용될 지라도 인간은 주기적으로 체계의 성능을 감시하고, 필요시 입력을 조절하기도 한다. 이것이 함정, 항공기, 잠수함 등에서 데이터 로그가 이루어지는 많은 이유 중 한 가지이다.

블록 다이어그램(Block Diagram)

피드백 루프에 대한 특별한 전이 함수를 평가하기 전에 블록 다이어그램의 유용성에 대한 검토가 필요하다. 어떤 체계에 대한 수학적 모델을 구현할 때 다른 구성요소 간에 관계를 보여주는 블록 다이어그램을 그리는 것이 유용하다. 블록 다이어그램은 어떤 문제를 처리할 수 있는 구성요소들로 간략화하는 것을 가능케 해준다.

간단한 스프링을 고려해 보자. 스프링에 대한 후크의 법칙은 $F = K \cdot X$가 된다. 스프링에 작용하는 어떤 힘에 대하여, 스프링의 변위가 계산될 수 있고, 또는 주어진 변위에 대하여 스프링에 작용하는 힘도 구할 수 있다. 그림 12-28이 스프링에 작용하는 힘에 대한 블록 다이어그램을 보여준다.

그림 12-28 (a) 입력으로서 변위와 출력으로서 힘 (b) 입력으로서 힘과 출력으로서 변위를 표현하는 스프링 블록
다이어그램

이 스프링 예는 블록 다이어그램의 기본 연산이 곱하
기라는 것을 보여준다. 블록의 출력은 블록과 입력의
산출물이 된다. 그림 12-29는 쌍으로 연결된 블록과
그 출력을 보여준다.

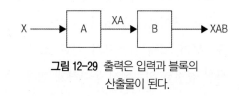

그림 12-29 출력은 입력과 블록의
산출물이 된다.

더하기와 빼기(Addition and Subtraction)

더하기(빼기)는 블록의 출력단에 있는 합산접합부에서 이루어진다.

　그림 12-30b는 합산접합부에서 하나 또는 그 이상의 부호를 변경함으로써 빼기가 수행됨을 알
수 있다. 그림 12-30d는 합산접합부가 없어서 출력값들이 조합되지 않는다. 합산접합부는 단지
두 개의 입력에만 제한되지 않는다.

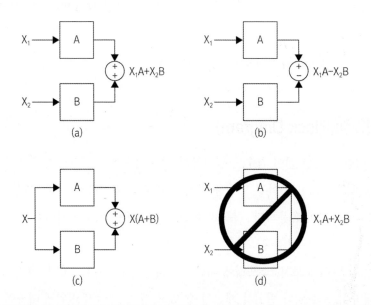

그림 12-30 3개의 정확한 블록 다이어그램 합과 1개의 부정확한 합. 그림(d)는 블록 A와 B의 출력단에 합산접합부가 없기
때문에 부정확하고, 두 출력을 어떻게 조합하는지 알 수 없다.

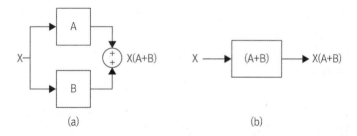

그림 12-31 (a) 블록 다이어그램은 (b) 블록 다이어그램으로 단순화될 수 있으며, 서로 동일한 출력을 갖는다.

블록 단순화

블록 다이어그램은 단순화될 수 있다. 여러 개의 블록과 합산접합부는 최초 단순화되지 않는 블록과 동일한 하나의 블록으로 단순화될 수 있다.

개방 루프 전이 함수(OLTF) 예제

예제 12-4 : 전방 경로 증폭기를 가진 체계

그림 12-32의 체계에 대하여 5u(t)의 입력이 주어질 때, 정상 상태 출력을 구하시오.

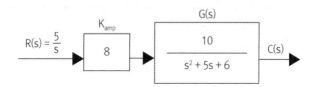

그림 12-32 전방 경로 증폭기를 가진 예제 12-4 개방 루프

정답 : 새로운 전이함수는 블록들을 곱하여 간단히 구할 수 있다. 곱하여 구한 식은 아래와 같다.

$$G_{OLTF} = K_{amp}G(s) = \frac{80}{s^2 + 5s + 6}$$

정상 상태 출력을 찾기 위하여 최종 값 이론을 적용하면 아래와 같이 구할 수 있다.

$$x_{ss} = \lim_{s \to 0} sR(s)G_{OLTF}$$

$$= \lim_{s \to 0} s \frac{5}{s} \frac{80}{s^2 + 5s + 6}$$

$$= \frac{400}{6} = 66.7$$

폐 루프 체계(Closed Loop System)

폐 루프 체계는 피드백을 가지고 있으며, 실제 출력과 입력(요구되는 입력)을 비교하는 체계이다. 체계들이 복잡해지고 성능이 좋아짐에 따라 그리고, 함정과 잠수함에서 승조원의 수를 감소시키는 효과가 발생함에 따라 사람들이 지속적으로 체계를 감시하는 것을 기대하는 것은 비현실적이다.

많은 현대의 체계들은 피드백, 체계 오차의 계산, 그 오차에 대한 체계 성능의 조절 등을 구비한 폐 루프 체계이다. 이런 모든 기능들은 마이크로프로세서에 내장된 소프트웨어에 의해서 구현될 수 있어 체계 설계시 공간을 절약하고 복잡성을 완화할 수 있다.

전이 함수는 완전 폐 루프 체계에 대해 구할 수 있다. 그림 12-33은 피드백 경로에 전이함수 H(s)를 가진 일반적인 폐 루프 체계를 보여주고 있다. 이 전이함수는 간단한 유리수가 될 수도 있으며, 복잡한 다항식이 될 수도 있다.

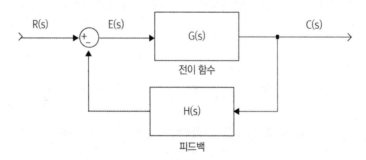

그림 12-33 음의 피드백 전이함수 H(s)를 가진 폐 루프 체계

그림 12-33은 특별히 음의 피드백 루프를 나타내고 있다. 피드백 루프는 출력 신호 C(s)의 한 부분을 취하여 H(s) 블록과 합산 접합부에 의해 입력 신호 R(s)를 조합하는 것과 연관이 있다. 음수 기호는 합산 접합부에서 음의 부호를 의미한다. 양의 피드백 루프가 그림 12-34에서 보여주고 있다. 합산 접합부에서 부호의 차이가 있음을 주목하기 바란다.

그림 12-33과 12-34의 블록 다이어그램은 그림 12-30d에서 출력쪽 화살표의 방향 때문에 잘못된 블록 다이어그램과는 근본적으로 다르다. 양과 음 피드백 루프는 단일 블록 및 함수로 단순

화 될 수 있다.

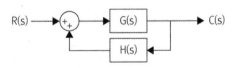

그림 12-34 양의 피드백 루프

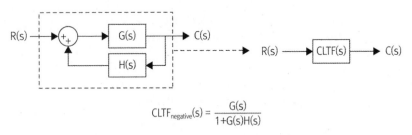

$$CLTF_{negative}(s) = \frac{G(s)}{1+G(s)H(s)}$$

그림 12-35 단일 블록 및 함수로 단순화된 음의 피드백 루프

이 함수는 폐 루프 전이함수가 되며, 음의 폐 루프 전이함수는 아래 수식 12-32와 같이 구할 수 있다.

$$C(s) = E(s)G(s) \tag{12-32}$$

이 함수 역시 E(s)에 대해 수식 12-33과 같이 표현될 수 있다.

$$E(s) = R(s) - H(s)C(s) \tag{12-33}$$

수식 12-33를 12-32에 대입하여 풀면 수식 12-34를 구할 수 있다.

$$C(s) = [R(s) - H(s)C(s)]G(s) \tag{12-34}$$

수식 12-34를 전개 및 재배치하면 다음과 같은 식을 얻을 수 있다.

$$C(s) = [R(s) - H(s)C(s)]G(s)$$

$$C(s)[1 + G(s)] = R(s)G(s)$$

$$\frac{C(s)}{R(s)} = \frac{G(s)}{1 + G(s)H(s)}$$

그러므로, 폐 루프 전이함수(CLTF)는 아래 수식 12-35와 같이 구할 수 있다.

$$CLTF = \frac{C(s)}{R(s)} = \frac{G(s)}{1 + G(s)H(s)} \tag{12-35}$$

폐 루프 전이함수(CLTF) 예제

예제 12-5 : 단일 피드백을 가진 체계. 그림 12-36에서 보여주는 체계에 대해 CLTF를 구하시오.

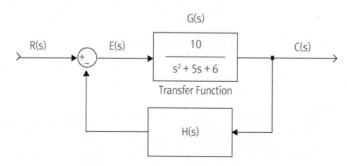

그림 12-36 단일 피드백을 가진 예제 12-5 체계

정답 : 이 체계는 단일 피드백을 가진 체계이므로 H(s)=1이 되어 수식 12-35에서 아래 수식을 구할 수 있다.

$$CLTF = \frac{\dfrac{10}{s^2 + 5s + 6}}{1 + \dfrac{10}{s^2 + 5s + 6}}$$

분자, 분모에 다항식 s^2+5s+6을 곱하면 CLTF를 아래와 같이 구할 수 있다.

$$CLTF = \frac{10}{s^2 + 5s + 6 + 10}$$

이것을 간단히 하면 CLTF는 아래와 같다.

$$CLTF = \frac{10}{s^2 + 5s + 16}$$

예제 12-6 : 단일 피드백과 전방경로 증폭기를 가진 체계. 그림 12-37에서 주어진 체계에 대하여 CLTF를 구하시오.

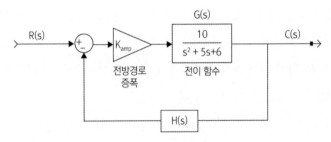

그림 12-37 단일 피드백과 전방경로 증폭기

정답 : 이와 같은 경우에는 수식 12-35에서 CLTF를 아래와 같이 구할 수 있다.

$$CLTF = \frac{\dfrac{10K_{amp}}{s^2 + 5s + 6}}{1 + \dfrac{10K_{amp}}{s^2 + 5s + 6}}$$

분자, 분모에 다항식 s^2+5s+6을 곱하면 CLTF를 아래와 같이 구할 수 있다.

$$CLTF = \frac{10K_{amp}}{s^2 + 5s + 6 + 10K_{amp}}$$

K_{amp} 가 2의 값을 가진다고 가정하면 CLTF는 아래와 같다.

$$CLTF = \frac{20}{s^2 + 5s + 26}$$

예제 12-7 : 양의 피드백을 가진 체계. 그림 12-38과 같은 체계에 대한 CLTF를 구하시오.

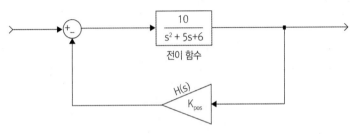

그림 12-38 양의 피드백을 가진 예제 12-7 체계

정답 : 이와 같은 경우에는 입력은 요구되는 값이 되고, 출력은 체계에 의해 생성되는 실제 값이 된다고 가정한다. 피드백은 출력 값을 샘플링하여 유리수(rational number) 또는 이득 K_{pos} 와 곱한다. 이 피드백 이득은 합산 접합부에서 출력과 입력 사이에 적절한 비교가 이루어질 수 있도록 출력의 크기를 조절하는 숫자로 보여질 수 있다.

이와 같은 경우에 수식 12-35에서 CLTF는 아래와 같이 구할 수 있다.

$$CLTF = \frac{\dfrac{10}{s^2 + 5s + 6}}{1 + K_{pos}\left(\dfrac{10}{s^2 + 5s + 6}\right)}$$

분자, 분모에 다항식 s^2+5s+6을 곱하면 CLTF를 아래와 같이 구할 수 있다.

$$CLTF = \frac{10}{s^2 + 5s + 6 + 10K_{pos}}$$

K_{amp}가 0.5의 값을 가진다고 가정하면 CLTF는 아래와 같다.

$$CLTF = \frac{10}{s^2 + 5s + 11}$$

예제 12-8 : 속도와 위치 피드백을 가진 체계

때로는 그 체계의 현재 위치가 어디에 있는지에 관한 실시간 정보에 추가하여 그 위치를 얼마나 빠르게 변경할 수 있는지에 관한 정보도 필요하다. 체계가 단지 위치정보만 측정하고 있을 지라도, 체계 속도는 위치 변위를 이용하여 쉽게 산출될 수 있다. 이 새로운 계수는 위치 변화율이 되고 체계의 피드백 경로에 있기 때문에 비율 피드백(rate feedback)이라고 부른다. 라플라스 도메인에서 도함수는 s를 곱함으로써 구할 수 있다.

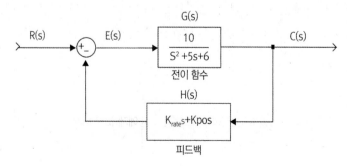

그림 12-39 속도와 위치 피드백을 가진 예진 12-8

그림 12-39는 속도 및 위치 피드백을 가진 체계를 보여주고 있다. 출력 C(s)는 측정되어 위치 피드백 이득 K_{pos} 와 비율 피드백(rate feedback) K_{rate} 를 가지고 있는 전이함수를 통하여 피드백 된다.

그림 12-39에서 보여주고 있는 체계에 대하여 CLTF를 구하시오.

정답 : 이와 같은 경우에 수식 12-35에서 CLTF는 아래와 같이 구할 수 있다.

$$CLTF = \frac{\dfrac{10}{s^2 + 5s + 6}}{1 + (K_{rate}s + K_{pos})(\dfrac{10}{s^2 + 5s + 6})}$$

분자, 분모에 다항식 s²+5s+6을 곱하면 CLTF를 아래와 같이 구할 수 있다.

$$CLTF = \frac{10}{s^2 + (5 + 10K_{rate})s + 6 + 10K_{pos}}$$

K_{pos}가 0.5를, K_{rate} 는 0.8의 값을 가진다고 가정하면, 구하고자 하는 CLTF는 아래와 같다.

$$CLTF = \frac{10}{s^2 + 13s + 11}$$

오차(Error)

폐 루프 관련 이전 장에서 오차 신호 E(s)는 입력신호에서 출력 신호를 뺀 값으로 정의하였다. 어떤 입력 신호가 처음 적용될 때는 E(s)는 증가하나, 일정시 간이 경과한 후에는 체계는 오차 값을 최소화하기 위해 반응 할 것이다. 이론적으로는 오차

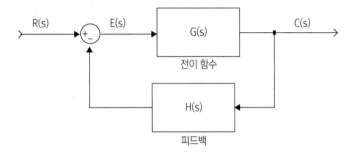

그림 12-40 음의 피드백을 가진 체계 블록 다이어그램

값이 0이 되어야 하지만, 어떤 경우들에서는 오차 값이 0이 아닌 정상상태 값에 이르기도 한다. 만

약 체계가 0이 아닌 최종 정상 상태 오차 신호를 생성한다면, 그 체계는 e_{ss}로 표현되며 정상상태 오차값을 가진다고 불린다.

그림 12-40의 입력 신호 R(s)를 가진 체계에 대하여 오차 신호 E(s)를 구하여 보자.

수식 12-32와 12-33을 이용하자.

$$C(s) = E(s)G(s)$$

$$E(s) = R(s) - H(s)C(s)$$

수식 12-33에 12-32의 C(s)에 대하여 대입하여 풀면 아래와 같은 수식 12-36을 얻을 수 있다.

$$E(s) = R(s) - H(s)E(s)G(s) \qquad (12\text{-}36)$$

E(s)에 대해서 정리하면, 수식 12-37을 얻을 수 있다.

$$E(s) + H(s)E(s)G(s) = R(s) \qquad (12\text{-}37)$$

$$E(s)[1 + G(s)H(s)] = R(s)$$

$$E(s) = \frac{R(s)}{1 + G(s)H(s)}$$

입력 신호 R(s), 전방경로 및 피드백 전이함수 G(s), H(s)를 알고 있기 때문에 오차 신호 E(s)에 대한 식을 구할 수 있다. 게다가, 최종 값 이론을 이용하여 정상 상태에서 수식 12-38과 같이 오차 신호 값을 구할 수 있다.

$$e_{ss} = \lim_{s \to 0} sE(s) \qquad (12\text{-}38)$$

수식 12-38에 12-37를 대입하여 풀면 수식 12-39와 같이 오차 신호 값을 계산할 수 있다.

$$e_{ss} = \lim_{s \to 0} s\frac{R(s)}{1 + G(s)H(s)} \qquad (12\text{-}39)$$

예제 12-9 : 속도제어 체계를 위한 정상 상태 오차

그림 12-41에서의 속도제어 체계에 대하여 55mph의 입력 속도가 주어질 때, 정상 상태 오차 값을 구하시오.

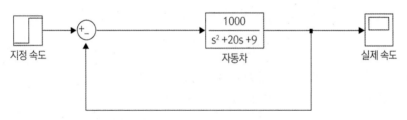

그림 12-41 예제 12-9 자동차 속도제어 체계

정답 : 최종 값 이론을 참조하여 정상 상태 오차는 아래와 같이 계산할 수 있다.

$$e_{ss} = \lim_{s \to 0} s \frac{R(s)}{1 + G(s)H(s)}$$

이와 같은 경우에는 입력이 계단 입력이므로 R(s)=55/s가 된다. 그리고 단일 피드백 체계이므로 H(s)=1이 된다.

각각의 값들을 대입하면 정상 상태 오차 값을 아래와 같이 구할 수 있다.

$$e_{ss} = \lim_{s \to 0} s \frac{55}{s} \frac{1}{\left(1 + \dfrac{1,000}{s^2 + 20s + 9}\right)}$$

$$e_{ss} = \frac{55}{\left(1 + \dfrac{1,000}{0 + 0 + 9}\right)} = \frac{55}{112.1} = 0.49\,mph$$

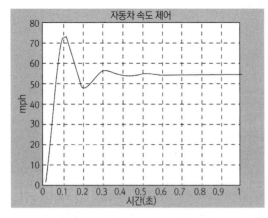

그림 12-42 자동차 속도 그래프 예제

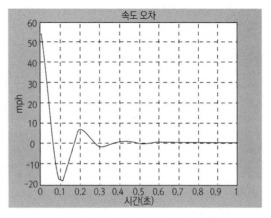

그림 12-43 예제 12-9 오차 시간 응답

그러므로 요구되는 속도는 55mph이지만, 이 체계는 약 0.49mph의 정상 상태 오차를 가지게 된다. 그림 12-42는 자동차 속도 특성의 그래프를 보여준다. 정상 상태 속도는 55mph보다 약간 작다는 것을 알 수 있다.

그림 12-43은 오차 신호 E(s)의 그래프를 보여준다. 계단 입력을 적용시 오차 신호가 크게 나오지만, 오차를 0에 가깝게 줄이는 반응이 보임을 알 수 있다. 그러나 정상 상태에서는 오차 신호가 결코 0이 되지 않지만 약 0.49mph를 유지하고 있다.

체계 제어기 또는 보상기(System Controller or Compensator)

응답 속도, 퍼센트 초과응답, 정상 상태 오차와 같은 체계 성능 요소들을 되짚어 보면, 그런 성능 계수들을 향상시킬 수 있는 방법을 찾기를 원한다. 피드백 관련 장에서 거론하였듯이 한 가지 방법은 속도와 위치 피드백 이득(rate and position feedback gain)을 조절하는 것이다.

그러나 더 일반적인 방법은 체계성능을 향상시키기 위해 전방 경로 루프에 제어기 또는 보상기를 설계하는 것이다. 그림 12-44는 제어기가 설치된 전형적인 폐 루프 체계를 보여주고 있다. 제어기 $G_c(s)$가 어떻게 합산 접합부 E(s)에서 오차신호를 받고, 갱신하며, 체계 전이함수 G(s)에 전달하는지에 주목하기 바란다. $G_c(s)$를 조절함으로써 체계 성능계수는 향상될 수 있다. 이번 장에서는 4가지의 제어기 형태에 대하여 알아본다.

- 비례 제어
- 비례 미분(PD) 제어
- 비례 적분(PI) 제어
- 비례 적분 미분(PID) 제어

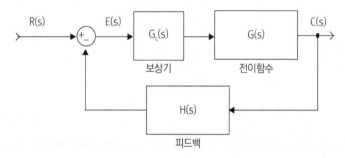

그림 12-44 제어기 $G_c(s)$를 가진 체계 블록 다이어그램

비례 제어(Proportional Control)

그림 12-45는 비례 제어를 가진 체계의 블록 다이어그램을 보여준다. 이 방법은 체계에 제어를 제공하는 가장 단순한 방법으로 체계 변환 함수 G(s)에 전달되기 전에 E(s)가 곱하여지도록 이득을 단순 배치하는 것으로 구성된다. 이 이득은 비례계수 K_{amp}가 되고, 항상 0보다는 크고, 1보다 크거나 작은 값을 갖는다.

그 이득 또는 비례 제어가 우향 삼각형(right facing triangle)으로 표현됨에 주목하기 바란다. 비례 또는 이득 제어는 체계 응답을 향상시킬 수 있으나, 향상 능력은 어느 정도 제약을 받는다. 또한 안정성에 긍정적으로 또는 부정적으로도 영향을 미칠 수 있다.

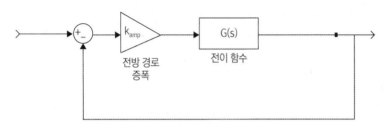

그림 12-45 비례 제어를 갖는 체계 블록 다이어그램

비례 미분(PD) 제어

그림 12-46은 그림 12-41의 크루즈 제어 체계에 비례 미분 제어를 추가시킨 블록 다이어그램을 보여준다. 블록 다이어그램에서 보여주듯이 비례 미분 제어는 A와 같이 비례 이득을 가지고 있고, B와 같이 이득과 연관된 미분 함수를 가지고 있기도 하다. 오차 신호 E(s)의 도함수를 취함으로써 체계는 오차 신호 E(s)의 변화를 더 잘 예측하고, 빨리 반응하게 된다.

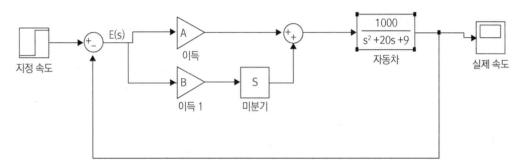

그림 12-46 미분 제어 체계 블록 다이어그램

그러므로, 비례 미분 제어는 체계 응답을 향상시키기 위해 사용되고 최댓값에 도달하는 시간 t_p 및 안정화 시간 t_s를 감소시킨다. 이득 값 A와 B를 조절함으로써 체계 설계자에게 체계의 성능을 미세하게 조절할 수 있도록 해준다.

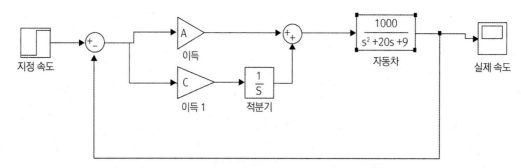

그림 47 적분 제어 체계 블록 다이어그램

비례 적분(PI) 제어

그림 12-47는 그림 12-41의 크루즈 제어 체계에 비례 적분 제어가 추가된 블록 다이어그램을 보여준다. 블록 다이어그램에서 보여주듯이 비례 적분 제어는 A와 같이 비례 이득을 가지고 있지만, C와 같이 이득과 연관된 적분 함수 또한 가지고 있다. 오차 신호 E(s)의 적분을 취함으로써 체계는 요구되는 정상 상태 값에서 향상된 안정화 능력을 가지게 된다.

그러므로, 비례 적분 제어는 정상 상태 오차를 감소시키거나 제거하는 데 사용된다. 그러나 비례 적분 제어는 체계 성능을 향상시키지는 못하고 오히려 체계 성능을 감소시키기도 한다.

체계의 정상상태 오차 e_{ss}는 수식 12-29를 이용하여 계산할 수 있다. 이 같은 경우에는 모든 전방 경로 이득과 비례 적분 제어기가 G(s)에 대입되면 아래와 같이 구할 수 있다.

$$e_{ss} = \lim_{s \to 0} s \frac{55}{s} \frac{1}{1 + (A + \frac{C}{s})(\frac{1,000}{s^2 + 20s + 9})}$$

$$e_{ss} = \lim_{s \to 0} \frac{55s}{s + (As + C)(\frac{1,000}{s^2 + 20s + 9})} = \frac{0}{C(\frac{1,000}{9})}$$

$$e_{ss} = 0.0\,mph$$

위의 예에서 보는 바와 같이, 정상 상태 오차는 비례 적분 제어기를 사용함으로써 0까지 감소될 수 있다.

비례 적분 미분(PID) 제어

그림 12-48은 비례 적분 미분 제어기가 추가된 크루즈 제어 체계의 블록 다이어그램을 보여주고 있다. 블록 다이어그램에서 보여주듯이 비례 적분 미분 제어는 A와 같은 비례 이득, 그와 연관된 이득 B의 미분 함수, 연관된 이득 C의 적분기를 가지고 있다.

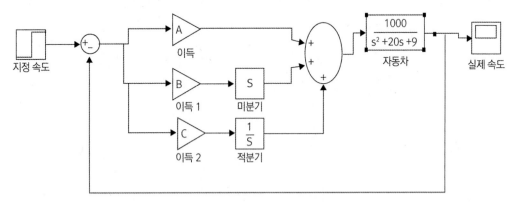

그림 12-48 PID 제어기를 가진 체계 블록 다이어그램

제어기 관련 이전 것들에서 예상할 수 있듯이, 비례 적분 미분 제어기는 이전 제어기들의 모든 장점을 가지고 있다. 좀 더 기술적으로 말하면 비례 적분 미분 제어기는 미분기에 의해 과도 응답(transient response) 특성을 향상시키고, 적분기에 의해 정상 상태 오차를 감소시키거나 제거해준다.

표 12-3은 앞에서 거론한 4가지 형태의 제어기 특성을 정리한 것이다.

표 12-3 제어기 성능 요약

제어기 형태	변환 응답 효과	안정상태 오차 효과
비례	제한된 성능	–
PD	향상	–
PI	감소	향상
PID	향상	향상

간단한 예제

예제 12-10 : 그림 12-49의 안테나 제어 체계의 블록 다이어그램에 대하여 G(s)가 아래와 같을 때

$$G(s) = \frac{4}{s^2 + 0.8s + 4}$$

이 체계가 t_p=1sec, t_{pos}=4sec, 2V 계단 입력에 대하여 θ_{ss}=8radian와 같이 특성 값을 가질 때, K_{amp}, K_{pos}, K_{rate}를 구하시오.

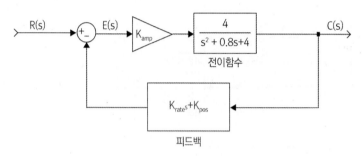

그림 12-49 예제 12-10에 대한 체계 블록 다이어그램

정답 : 첫 번째 단계는 주어진 계수 ts 및 tp에 대하여 전체 체계의 감쇠비와 고유주파수를 찾는 것이다.

안정화 시간을 이용하여 아래와 같이 구할 수 있다.

$$t_s = \frac{4}{\zeta w_n} = 4 \sec$$

$$\zeta w_n = 1, \ \zeta = \frac{1}{w_n}$$

최댓값 도달 시간을 이용하여 아래와 같이 구하고,

$$t_p = \frac{\pi}{w_n \sqrt{1 - \zeta^2}} = 1 \sec$$

$$w_n \sqrt{1 - \zeta^2} = 3.14$$

양변을 제곱하면 아래와 같이 구할 수 있고,

$$w_n^2 (1 - \zeta^2) = 9.9$$

대입하여 풀면, 아래와 같이 구할 수 있다.

$$w_n^2\left(1-\frac{1}{w_n^2}\right) = 9.9$$

$$w_n^2 - 1 = 9.9$$

$$w_n = 3.3$$

$$\zeta = 0.303$$

다음 단계는 전체 체계에 대하여 폐 루프 전이함수(CLTF)를 구하는 것으로 아래와 같이 구할 수 있다.

$$CLTF = \frac{\dfrac{4K_{amp}}{s^2+0.8s+4}}{1+\dfrac{4K_{amp}(K_{rate}s+K_{pos})}{s^2+0.8s+4}}$$

$$= \frac{4K_{amp}}{s^2+(0.8+4K_{amp}K_{rate})s+(4+4K_{amp}K_{pos})}$$

폐 루프 전이함수의 표준식을 이용하면 아래와 같다.

$$CLTF = \frac{분자}{s^2+2\zeta w_n s + w_n^2}$$

위 식은 다음의 두 방정식으로 다시 표현될 수 있다.

$$2\zeta w_n = 0.8 + 4K_{amp}K_{rate}$$

$$\Rightarrow 2(0.303)(3.3) = 2 = 0.8 + 4K_{amp}K_{rate}$$

$$\Rightarrow K_{amp}K_{rate} = 0.3$$

$$w_n^2 = 4 + 4K_{amp}K_{pos}$$

$$\Rightarrow 10.89 = 4 + 4K_{amp}K_{pos}$$

$$\Rightarrow K_{amp}K_{pos} = 1.72$$

$$\Rightarrow K_{pos} = \frac{1.72}{K_{amp}}$$

여기에서 두 개의 방정식을 구했지만, 구해야 하는 미지수는 K_{amp}, K_{rate}, K_{pos} 3개가 된다. 세 번째 방정식은 최종 값 이론을 이용하여 정상 상태 응답에서 아래와 같이 구할 수 있다.

$$\theta_{ss} = \lim_{s \to 0} s \frac{2}{s} \frac{4K_{amp}}{s^2 + (0.8 + 4K_{amp}K_{rate})s + (4 + 4K_{amp}K_{pos})}$$

$$\Rightarrow \theta_{ss} = \frac{8K_{amp}}{4 + 4K_{amp}K_{pos}} = 8$$

$$\Rightarrow K_{amp} = 4 + 4K_{amp}K_{pos}$$

세 방정식을 풀면, 아래와 같이 K_{amp}, K_{rate}, K_{pos}의 값을 구할 수 있다.

$$K_{amp} = 4 + 4K_{amp}\frac{1.72}{K_{amp}}$$

$$K_{pos} = \frac{1.72}{K_{amp}} = \frac{1.72}{10.88} = 0.158$$

$$K_{amp}K_{rate} = 0.3$$

$$K_{rate} = \frac{0.3}{10.88} = 0.0276$$

요약

제어 체계는 자기 자신 또는 다른 체계를 조절하거나, 명령, 지시하는 것들과 관련이 있으며 연결된 물리적 구성요소들의 배열이다. 체계는 체계 구성요소들을 미분방정식으로 표현하여 수학적으로 모델링될 수 있다. 이런 미분 방정식들은 시간 도메인에서 미지의 변수들에 대하여 풀어질 수 있으며, 또는 라플라스 도메인으로 변환되어 풀리기도 한다. 라플라스 도메인이 체계의 구성 요소들이 좀 더 쉽게 표현되고, 수학적 연산들이 덜 복잡하기 때문에 체계를 모델링하는 데 더 자주 사용된다.

전이함수는 어떤 한 체계에 대한 수학적 표현 방법으로, 체계 출력을 입력으로 나눈 비로 정의된다. 체계 입력과 전이함수를 알고 있다면, 체계 출력은 라플라스 도메인에서 전이함수에 입력을 곱함으로써 구할 수 있다. 그 출력은 체계 응답과 관련이 있다. 만약 이 응답이 다시 시간 도메인으로 변환된다면 시간 응답으로 알려진 그래프를 구할 수 있는데, 이 그래프는 시간이 0에서 무한

대로 변화함에 따른 체계 응답 특성을 보여준다.

시간 응답 그래프를 보면 과 감쇠, 임계 감쇠, 부족 감쇠, 비 감쇠, 불안정 진동, 불안정 비진동, 6개의 기본 응답 형태가 있음을 알 수 있다. 6개의 응답 중 단지 임계 감쇠, 급 감쇠, 부족 감쇠만 안정 상태의 출력 값으로 수렴한다.

피드백은 체계 입력과 출력 또는 응답과 비교하는 것으로 정의된다. 개방 루프 체계는 피드백이 없는 체계이고, 폐 루프 체계는 피드백을 가지고 있는 체계이다. 다양한 형태의 피드백이 있다. 만약 출력 신호가 변경되지 않고 그대로 피드백 된다면, 단일 피드백이라고 한다. 출력 신호가 이득에 의해 변경되어 피드백된다면, 위치 피드백이라고 한다. 게다가 출력신호의 미분계수를 구하고, 이득을 곱하여져서 합산 접합부에 피드백되기도 하는데 이를 비율 피드백(rate feedback)이라고 부른다.

입력과 출력의 차이를 오차 신호라고 부른다. 이상적으로, 오차 신호는 정상 상태 조건에서는 0이 되지만, 0이 안되는 경우에는 그 체계는 정상 상태 오차를 가지고 있다고 말해진다.

이 장에서 다루어진 제어기 또는 보상기는 비례 제어, 비례 미분 제어, 비례 적분 제어, 비례 적분 미분 제어와 같이 4가지 형태가 있다. 각 제어 방식의 성능 특성은 표 12-3에 요약되어 있다.

피드백을 가지고 있는 제어체계는 현대 무기체계의 운용에 있어서 매우 중요하다. 제어체계는 무기체계를 주어진 표적에 운용함에 있어서 운용인원을 줄일 수 있는 등 장점들도 제공하며, 운용 속도, 정확도 등을 향상시킬 수 있게 해준다.

탄도 및 사격통제

소개

사격통제문제란 다음과 같이 표현할 수 있다.

> 정지하였거나 움직이는 발사함소(launcher)로부터 정지하였거나 움직이는 표적을 명중시키기 위해 무기를 어떻게 발사하여야 하는가?

이에 대한 해답을 찾기 위한 첫 번째 단계는 문제와 관련된 모든 정보를 모으는 것이다. 가장 핵심적인 정보는 배경으로부터 표적의 탐지와 표적의 추적이력(track history)에서 얻어진다. 앞장에서 레이더, 전자광학(electro-optic)장비, 소나시스템을 이용하여 표적의 실제 위치를 식별하는 표적탐지에 대해 살펴보았다. 그러나 표적정보(target information)는 사격통제문제를 해결하는데 필요한 입력 자료의 일부에 지나지 않는다.

대부분의 무기 플랫폼이 움직이기 때문에 안정화(stabilization) 및 불안정한 비관성계(unstabilized non-inertial frame)와 안정화된 관성계 사이의 전환이 무기제어(weapon control)에 반드시 필요하다. 무기가 표적까지 정확하게 도달하기 위해서는 무기 비행경로의 정확한 묘사가 필요한데, 일반적으로 무기는 표적 요격 점(intercept point)까지 직선경로를 따르지 않는다. 비행 중에 무기에 작용하는 물리적 현상은 무기가 표적을 직접 조준하였더라도 원래의 조준 경로로부터 벗어나 표적을 빗겨 맞추게 된다.

따라서 반드시 해결해 야 할 사격통제문제는 아래와 같이 두 가지의 범주로 나눌 수 있다.

1. 무기 비행 중 표적의 상대운동 효과
2. 무기의 곡선 비행궤도를 발생시키는 탄도(ballistics)라 불리는 물리적 현상

사격통제문제 해결은 그림 13-1과 같이 표적운동과 무기 비행경로의 수렴(convergence) 과정
이다.

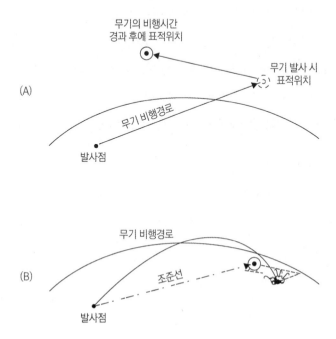

그림 13-1 (A) 무기의 직선 비행경로와 표적의 상대운동에 의한 빗 맞춤(miss) 형성. (B) 정지 표적에 대한 무기의 곡선
비행경로에 의한 빗 맞춤 형성.

상대운동(Relative Motion)

발사함소와 표적의 상대운동 때문에 표적의 현재위치로부터 이격되어 있는 특정 점으로의 무기의
조준이 필요하며, 조준 시 이격의 정도 또는 앞지름(lead)은 상대속도와 발사점에서 표적까지 무기
의 비행시간(TOF ; Time of Flight)에 의존한다. 무기와 표적 사이의 충돌 점(collision point)은 미
래 표적위치가 된다. 상대운동을 계산할 때 기본 가정은 표적이 무기의 비행시간 동안 가속되지 않
는다는 것이다. 이 가정에 의해 표적이 직선의 비행경로 따르면 위치예측 문제가 단순화 되어 자신
의 생존확률은 낮아진다. 이와 같은 이유로 표적이 직선경로를 따르지 않고 지그재그(zig-zag)와
같은 견제 전술을 사용한다. 그러나 일부 요소들이 직선이 아닌 표적경로의 선택을 어렵게 한다.

첫째, 두 점 사이의 가장 짧은 거리는 직선이므로 직선경로를 따르는 표적은 곡선경로를 따르는
표적에 비해 보다 짧은 시간동안 위험에 노출된다. 표적이 위험에 직면한 시간을 단축하는 것이

시간단축에 의해 증가된 위험보다 더 중요할 수 있다. 따라서 대부분의 표적은 직선경로를 따르는 경향을 가진다. 적은 자신의 공격력을 반드시 아군의 본거지에 집중하려한다. 만일 아군의 존재와 아군이 무기발사를 준비한다는 사실이 적으로 하여금 아군의 무기를 회피하기 위한 급격한 기동을 강요한다면 적의 무기 또한 아군을 명중시킬 수 있는 확률이 낮아진다. 결국 회피기동이 이루어지면 직선 또는 직선에 가까운 기동에 비해 많은 시간이 소요될 것이다.

둘째, 표적이 가속 및/또는 선회하더라도 비행시간(TOF)이 적을수록 에러가 적다는 사실이다. 위의 가정 하에 상대운동의 계산은 아래와 같은 단순 시간의 함수로 간단하게 나타낼 수 있다.

$$P_2 = P_1 + VT \tag{13-1}$$

여기서, P_2 = 표적의 미래위치

$\qquad P_1$ = 센서의 하부시스템에 의해 측정된 표적의 현재위치

$\qquad V$ = 표적의 상대속도

$\qquad T$ = 무기의 비행시간

그림 13-2와 같이 안정화된 기준계에서 관계는 각 성분별로 아래와 같이 표현된다.

$$X_2 = X_1 + \frac{\triangle X}{\triangle T} T \tag{13-2}$$

$$Y_2 = Y_1 + \frac{\triangle Y}{\triangle T} T \tag{13-3}$$

$$Z_2 = Z_1 + \frac{\triangle Z}{\triangle T} T \tag{13-4}$$

위 계산으로 구해진 표적의 미래위치는 일반적으로 앞지름 각(lead angle)의 가장 중요한 성분이 된다. 무기의 최종 조준 각(aiming angle)은 방위와 고각으로 여기에는 표적운동의 효과와 무기 비행경로의 구부러짐에 대한 수정(correction)이 포함된다. 따라서 상대운동 효과의 계산은 무기통제 문제의 일부에 지나지 않으며 이는 아래 질문에 답이 된다.

무기의 비행시간을 알고 있을 때 비행시간 종료 시 표적위치는?

표적위치를 알고 있을 때만 무기 비행경로의 구부러짐 효과를 계산할 수 있다.

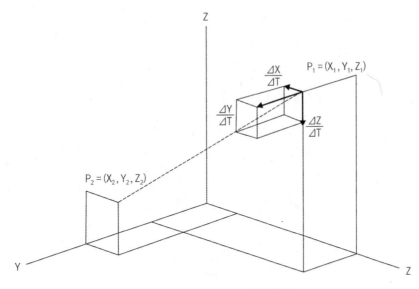

그림 13-2 직교 좌표계에서 상대운동

내탄도학(Interior Ballistics)

사출탄(projectile)이 포신(gun barrel) 내에서 가속될 때 사출탄의 힘과 운동에 관한 학문이 내탄도학이다. 이 응용과학에는 장약의 연소, 약실 및 포신 내부에서 전개되는 압력, 압력과 속도의 변화, 포강의 마모(erosion) 등이 포함된다. 장약이 밀폐된 약실 내에서 발화되면 추진제 그레인(grain) 표면에서 가스가 전개되며 약실 내 압력이 급격히 상승한다. 마찰 때문에 사출탄은 후면 압력이 제곱인치당 수백 파운드에 도달할 때까지 움직이지 않는다.

사출탄이 움직인 후에 사출탄 후면 체적의 증가율보다 훨씬 빠르게 가스가 생성되며 압력은 계

그림 13-3 현존하는 5인치 함포탄, 내탄도의 끝부분

속 증가한다.

추진제 연소면적이 감소함에 따라 압력은 떨어지나 사출탄에 작용하는 알짜힘(net force)이 존재하는 한 사출탄은 계속 가속된다. 사출탄이 포구에 도달하면 가스 압력은 사출탄이 포구를 떠난 후에도 짧은 거리까지는 계속 작용하여 사출탄을 계속 가속시킨다. 그림 13-4는 사출탄의 진행거리와 압력 및 속도 사이의 관계를 나타낸다.

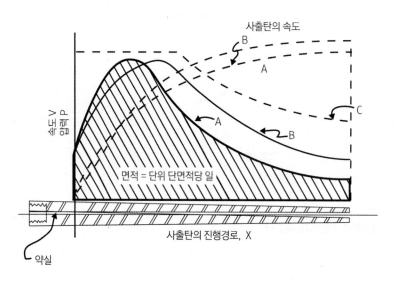

그림 13-4 내탄도학 다이어그램. 압력변화는 실선, 속도변화는 점선으로 표현, C 는 최대압력을 나타냄

사출탄에 행해진 일(work)은 입력-진행 곡선 하부면적의 함수이기 때문에 추진제에 의해 생성되는 포구속도(muzzle velocity)는 아래의 식으로 결정된다.

$$ 일\,(work) \;=\; KE \;=\; \frac{1}{2}mv^2 \,,\ 초기속도가\ 0일\ 때 \tag{13-5} $$

여기서, v = 포구속도(m/s)

m = 사출탄의 질량(kg)

사출탄의 포구속도를 증가시키려면 이 때 수행된 일 즉, 새로운 압력-진행 곡선(pressure-travel curve)의 하부면적이 보다 낮은 포구속도를 가지는 곡선의 하부면적보다 반드시 커야 한다. 최대 압력은 곡선 A와 B가 같지만 속도는 면적이 A 보다 큰 곡선 B가 더 큰 값을 가진다. 이상적인 압력-진행 곡선은 허용 가능한 압력 곡선과 일치하는 것으로 생각하기 쉽다. 만일 이와 같이 추진제를 설계한다면 이 추진제는 포신의 과도한 마모 이외에도 높은 포구압력으로 인한 섬광이 발생하고 속도가 일정하지 않는 등 원치 않은 특성을 가질 것이며 약실 또한 커져 포의 중량을 증가시켜 이동성이 감소된다.

곡선 C 는 포 강도곡선(gun strength curve)으로 최대 허용압력을 나타내며 포신 두께의 함수이다.

포의 압력-진행 곡선을 변화시키는 여러 방법이 있는데 그중 가장 쉬운 방법은 추진제 그레인 (propellant grain) 유형을 변경하는 것이다.

종종 압력-진행 곡선은 주어지는 변수이며 포신 두께는 주어진 압력-진행 곡선에 따라 설계됨에 주의하라.

추진제(Propellant)

모든 포와 로켓-추진 무기는 추력을 제공하기 위해 고체 추진제를 사용한다. 인간에 의해 최초로 사용된 고체 추진제는 19세기의 흑색화약(black powder)이다. 흑색화약은 여러 이류로 더 이상 사용하기에는 적합하지 못한 것으로 간주된다. 흑색화약은 불완전 연소하여 많은 양의 찌꺼기를 남기며 빠른 포강 마모를 유발시키는 높은 온도를 생성한다. 또한 거대한 검은색 연기의 소용돌이를 발생시키며 연소하기보다는 폭발한다.

발사약(gunpowder) 또는 무연화약(smokeless powder)은 현재 사용되는 화약으로 니트로셀룰로오스(nitrocellulose)를 저성능 폭약(low explosive)으로 만들기 위해 에테르(ether) 및 알코올과 혼합하여 생산된다. 무연화약이라 불리지만 연기도 나고 가루형태가 아니라 고운 알갱이 상태이다.

고체 추진제는 연소율(burning rate)을 제어하여 큰 체적의 가스를 생성하도록 설계되며 포신 및 로켓 용기(casing)는 정해진 최대 가스압력을 견디도록 설계된다. 이때 생성압력은 추진제의 연소율을 제어하여 최댓값 이하로 제한되는데 연소율은 아래의 요소에 의해 제어된다.

1. 고체 추진제 그레인의 크기 및 모양(구멍 포함)

2. 웹 두께(web thickness) 또는 연소 면(burning surface) 사이의 고체 추진제의 두께나 양 ; 두께가 두꺼울수록 연소시간이 길어짐

3. 추진제의 화학적 성분(조성)에 따른 연소율 상수(burning-rate constant)

4. 휘발성 물질, 비활성 물질 및 습기의 백분율. 휘발성이 낮은 추진제에서 1%의 휘발성 변화는 10%의 연소율 변화를 발생시킬 수 있음

추진제가 제한된 공간에서 연소할 때 연소율은 온도 및 압력이 증가함에 따라 증가한다. 추진제는 노출된 표면에서만 연소하므로 가스 전개 및 압력 변화율 또한 연소되는 추진제 표면의 면적에 의존할 것이다. 추진제는 연소 표면의 크기 변화에 따른 연소율의 변화에 따라 분류되는데, 예를 들어 추진제 그레인 형태는 다음과 같이 분류된다.

1. 감쇠연소(degressive burning) – 연소가 진행됨에 따라 전체 연소 표면적이 감소한다. 그림 13-5와 같이 공(ball), 팔레트(pallet), 면(sheet), 선(strip), 줄(cord) 형태의 추진제가 이에 해당된다.

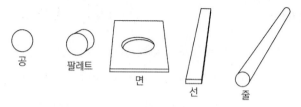

공   팔레트   면   선   줄

그림 13-5 감쇠연소 그레인(degressive burning grain)

2. 중립연소(neutral burning) – 연소가 진행되는 동안 연소 표면적이 거의 일정하게 유지된다. 하나의 구멍이 뚫린 그레인(single perorated grain) 및 별 모양의 구멍이 뚫린 그레인(star perorated grain)은 중립연소를 발생시킨다.

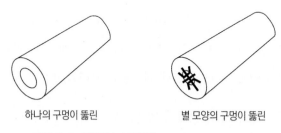

하나의 구멍이 뚫린   별 모양의 구멍이 뚫린

그림 13-6 중립연소 그레인(neutral burning grain)

3. 점진연소(progressive burning) – 연소가 진행됨에 따라 연소 표면적이 증가한다. 여러 개의 구멍을 가지는 그레인(multi-perorated grain) 및 장미모양의 그레인(rosette grain)은 점진적으로 연소한다.

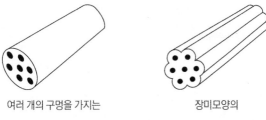

여러 개의 구멍을 가지는   장미모양의

그림 13-7 점진연소 그레인(progressive burning grain)

그림 13-8은 위의 세 종류의 화약 그레인이 가지는 압력-진행 곡선의 특성을 나타낸다.

점진 화약은 감쇠 화약보다 훨씬 늦게 최대압력에 도달하며 훨씬 느리게 압력을 상실하고 감쇠 화약은 매우 큰 값의 최대압력에 빨리 도달하기 때문에 왜 점진 화약이 긴 발사관을 가지는 무기에 사용되고 감쇠 화약이 짧은 관을 가지는 무기에 사용되는지 알 수 있다.

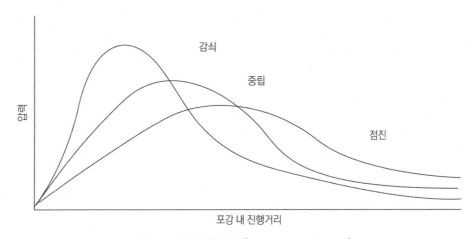

그림 13-8 압력-진행 곡선(pressure-travel curve)

압력-진행 곡선을 변화시키는 다른 방법은 추진제의 장전밀도(loading density)를 변화시키거나 그레인의 크기를 변화시켜 화약의 연소율을 변화시키는 것이다.

일반적인 중-구경(medium-caliber) 포에서 완전연소를 가정 시 추진제 연소에 의해 전개되는 에너지는 아래의 표 13-1과 같이 분포된다.

표 13-1 추진제 에너지 분포

흡수되는 에너지	백분율
사출탄의 이동	32.00
사출탄의 회전	0.14
사출탄의 마찰 일(frictional work)	2.17
(회전대의 강선 따라가기, 벽에 의한 마찰,	
뒤틀림 효과 증가에 기인)	
주퇴부(recoiling part)의 이동	0.12
추진제 가스의 이동	3.14
포와 사출탄으로 열손실(heat loss)	20.17
추진제 가스 내에 감지 가능한 열과 잠열	42.46

강선(Rifle)

사출탄은 일반적으로 비행 중 공기역학적 안정성을 얻기 위해 포신 내부를 진행하면서 자체 회전된다. 포신에서 이러한 회전 즉, 스핀(spin)을 발생시키는 것이 강선(rifle)인데 강선은 포신 내부에 나선형 홈으로 강선의 올라온 부분을 랜드(land), 낮은 면을 그루브(grove)라 한다. 탄의 무른 회전대(rotating band)가 강선과 접촉하여 진행하면서 스핀을 발생시킨다.

포구속도(Muzzle Velocity)

포구속도는 초기속도(intial velocity)라고도 하며 사출탄이 포강을 떠난 직후의 속도를 의미한다. 포구속도를 일정하게 유지해야만 포의 사거리를 정확히 조절하여 정확도를 높일 수 있다. 포와 사출탄의 구조 및 장약의 특성변화가 압력 및 포구속도에 영향을 준다. 아래 변수들이 포구속도에 직접적으로 영향을 미친다.

1. **포신의 길이**. 포신의 구경과 길이를 증가시키면 포구속도가 증가하는데 이는 압력-진행 곡선을 통해 명확하게 알 수 있다. 팽창하는 가스에서 나오는 에너지가 사출탄이 무기를 이탈한 후에도 남아있기 때문에 포신의 길이를 늘이면 이 에너지를 사출탄에 더하여 포구속도를 증가시킬 수 있다. 그러나 포신의 길이가 늘어나면 포의 중량이 증가하여 무기의 이동성이 떨어진다. 따라서 특정 값 이상으로 포신 길이를 증가시켜 속도를 증가시키는 것은 이동성이 감소됨으로 피해야 한다.

2. **사출탄의 무게.** 사출탄의 무게가 증가되면 이를 움직이기 위한 힘이 더 필요하게 되어, 최대압력이 보다 커져야 하며 사출탄의 진행경로 상에서 보다 빠르게 최대압력에 도달하여야 한다. 따라서 포구속도가 낮아진다.

3. **장약의 온도.** 사정표(range table)는 사격 시 장약의 온도를 90°F 로 기준하여 작성되었다. 장약온도가 올라가면 추진제의 연소율과 최대압력이 증가하여 포구속도가 올라간다. 5-인치 포의 경우 온도가 1도 증가 시 마다 포구속도가 약 2 feet/초 증가한다. 역으로 온도가 내려가면 이에 상응하여 포구속도가 떨어진다.

4. **포의 온도.** 계속되는 사격은 포의 온도를 상승시키며, 탄약이 특정시간 이상 온도의 영향을 받으면 포구속도에 영향을 미친다. 만일 포의 온도가 지나치게 높아 탄약이 지나치게 오래 발사되지 않은 상태로 포미(breech) 내에 남아 있으면 탄이 발사의도 없이 자발적으로 발사되는데 이를 자연발사(cook off)라 한다.

5. **포강 마모(gun bore erosion).** 포의 정확도는 포강의 상태에 의존하며 포강의 상태는 닳아 해짐(wear)의 정도에 의해 판단된다. 닳아 해짐에는 두 가지 유형이 있는데 사격에 의한 마모(erosion)와 무관심에 의한 부식(corrosion)이다. 마모는 추진제에서 발생하는 가스의 온도가 가장 높은 강선부위에서 가장 심하게 발생한다. 마모 과정을 통해 랜드(land)가 닳아 해어져서 포강이 비정상화되거나 확장되는데, 이러한 포강의 변화는 압력손실을 발생시켜 결국 포구속도가 떨어지고, 결국에는 사출탄이 스핀을 얻을 수 없을 만큼 포강을 확장시킨다. 모든 마모요인은 가스 온도와 포강이 가스에 노출되는 시간과 관련된다. 따라서 보다 느린 연소율의 장약과 긴 포신을 사용하는 대형 포가 소형 포보다 탄약 한 발당 마모율이 높다.

마모는 통제할 수 있으나 제거할 수는 없으며 결국 포의 성능을 떨어뜨리고 포를 안전하지 못하게 만든다. 마모의 징후는 정확도와 포구속도의 점진적인 감소로부터 알 수 있다. 포의 급(class) 마다 포강 확장과 포구속도와의 관계를 보여주는 곡선이 존재한다. 따라서 포강의 직경을 점검하여 속도 손실을 예측하고 이를 보상할 수 있다. 추가로 포의 성능이 현저하게 나빠지기 전에 포신 라이너(barrel liner)가 교체될 수 있다.

특수 측정용 게이지를 사용하여 포신의 다양한 길이에 해당하는 점에서 내경(inside diameter)을 측정하여 이 데이터로부터 포구속도를 예측할 수 있다. 이 게이지를 사격 이후마다 사용할 수 없기 때문에 발사탄수와 포구속도의 감소의 관계를 나타내는 곡선이 마모의 정도를 판단하기 위해 사용된다.

외탄도(Exterior Ballistics)

외탄도는 무기가 비행 중 무기의 방향이나 속도 또는 둘 모두의 변화를 유발시키는 여러 자연현상을 묘사하는데 사용되는 일반 용어이다. 이러한 자연현상에는 중력(gravity), 항력(drag), 바람(wind), 편류(drift), 코리올리 효과(Coriolis effect) 등이 있다.

상대운동 효과의 계산은 무기와 표적 사이의 실제적 충돌 점을 생성하며, 외탄도 효과의 계산은 무기 비행경로의 곡률에 따르는 조준 수정을 생성하는데, 여기서 조준수정은 최종 충돌 점을 변경시키는 것이 아니라 무기의 탄도가 표적 비행경로를 가로지르도록 한다. 탄도 계산의 최종목적은 상대운동 결과로부터 구해지는 방위 및 고각의 수정을 생성하는 것으로 탄도 계산은 본질적으로 무기의 비행시간을 계산하여 실제 상대운동 계산을 돕기 위해 사용된다.

이상적으로 위 계산은 무기의 복잡한 탄도를 완벽하게 묘사할 수 있다. 표적의 미래 좌표를 입력 자료로 사용하면 이 계산절차는 그림 13-9와 같이 출력으로 무기의 발사각과 비행시간(TOF)을 생성한다. 무기를 표적으로 이동시키는 무기 전달(weapon delivery) 문제의 핵심은 무기와 표적, 두 곡선의 교차점에 대한 해를 구하는 것으로 하나는 표적운동에 의해 묘사되며, 다른 하나는 무기운동에 의해 묘사된다.

그림 13-9 탄도계산 절차의 입력과 출력

중력(Gravity)

중력은 물체를 항상 지구중심을 향해 아래쪽으로 가속시킨다. 중력이 탄도에 미치는 영향은 잘 알려져 있으며 중력 하나만을 고려한다면 탄도문제에 있어 그 해답은 매우 간단하다.

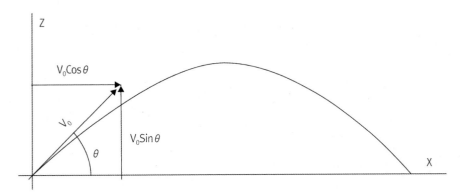

그림 13-10 무기에 작용하는 중력만을 고려한 무기의 탄도

그림 13-10은 중력 효과만을 고려한 진공 중의 무기의 탄도를 나타낸다. 평평하고 자전하지 않는 지구상의 진공상태에서 무기 초기속도의 수평성분($v_0\cos\theta$)은 변하지 않고 유지되나 수직성분($v_0\sin\theta$)은 중력에 의한 가속으로 연속적으로 변화한다. 중력에 의한 수직속도의 변화는 포물선 형태의 탄도를 생성한다. 원하는 출력의 근사치를 제공하는 탄도계산절차는 탄도를 묘사하는 식으로부터 전개될 수 있다. 이 절차를 알아보기 위해 2차원의 예를 들어 살펴보자.

이 상황에서 무기의 운동 미분방정식은 아래 식과 같다.

$$\frac{d^2x}{dt^2} = 0 \tag{13-6}$$

$$\frac{d^2z}{dt^2} = \frac{d\dot{z}}{dt} = \ddot{z} = -g \tag{13-7}$$

초기 조건 아래와 같다 하자.

$$x(t = 0) = 0 \tag{13-8}$$

$$\dot{x}(t = 0) = v_0\cos\theta \tag{13-9}$$

$$\dot{z}(t = 0) = v_0\sin\theta \tag{13-10}$$

$$z(t = 0) = 0 \tag{13-11}$$

변수 분리하여 풀고 초기 조건을 이용하여 적분 및 적분상수의 값을 구해 보자. 식 13-6으로부터 :

$$\frac{dx}{dt} = \dot{x} = v_0 \cos\theta \tag{13-12}$$

$$\int dx = v_0 \cos\theta \int dt = x = (v_0 \cos\theta)t + C_1 \tag{13-13}$$

적분상수, C_1 을 구하면 :

$$x(0) = 0 + C_1 \text{ 이므로 } C_1 = 0 \text{ 이며}$$

$$x = tv_0 \cos\theta \text{ 또는 } t = \frac{x}{v_0 \cos\theta} \tag{13-14}$$

식 13-7을 z 에 대하여 풀면 :

$$d\dot{z} = -g\,dt \text{ 이므로, } \dot{z} = -gt + C_2 \tag{13-15}$$

적분상수, C_2 을 구하면 :

$$\dot{z}(0) = 0 + C_2 = v_0 \sin\theta, \text{ 이므로 } C_2 = v_0 \sin\theta$$

$$\dot{z} = \frac{dz}{dt} = -gt + v_0 \sin\theta \tag{13-16}$$

z 에 대해서 풀면 :

$$\int dz = \int (-gt + v_0 \sin\theta)\,dt$$

$$z = \frac{gt^2}{2} + t(v_0 \sin\theta) + C_3 \tag{13-17}$$

적분상수, C_3 을 구하면 :

$$z(0) = 0 + 0 + C_3 = 0 \text{ 이므로, } C_3 = 0$$

$$z = -\frac{g}{2}t + (v_0 \sin\theta) \text{ 또는 } \theta = \arcsin\left(\frac{z + 0.5\,g\,T^2}{v_0\,T}\right) \tag{13-18}$$

식 13-14와 식 13-18의 해를 구하는 절차는 연속적인 근사(successive approximation)이다. 이 개념은 식 13-14와 $\theta = \arctan(z/x)$ 을 이용하여 t 에 첫 번째 근사를 계산하는 것이고, 다음으로 식 13-18을 이용하여 θ 에 대한 중력효과를 계산하는 것이다. 새로운 t 값을 계산하기 위해 식

13-18의 결과를 이용한다. t 및 θ 값이 사용에 충분할 정도의 최종 정확도를 가질 때까지 이러한 교대 대입(alternative substitution)을 계속한다.

이 절차는 모든 사격통제시스템에 공통적으로 사용되므로 반드시 잘 이해하여야 한다. T_n과 T_{n-1} 차이의 절댓값(여기서, n 은 반복횟수)이 "0"으로 근사하도록 절댓값의 차이를 시험(test)함으로써 충분한 정확도를 얻을 수 있다. 그림 13-11은 이 절차의 흐름 도표(flow diagram)의 주해(annotation)이다.

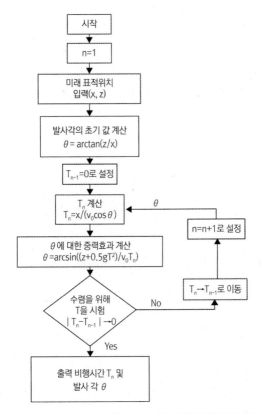

그림 13-11 중력만을 고려한 탄도 계산절차를 위한 흐름 도표

식 13-14와 13-18은 점$(x,\ z)$를 통과하는 탄도를 묘사하며 이는 위치를 정의하기 때문에 앞의 탄도 계산절차는 표적 미래위치의 고각과 무관하게 타당하다. 이 타당성은 수상 표적$(z\ =\ 0)$과 대공 표적$(z\ >\ 0)$ 탄도의 차이를 비교함으로써 확인할 수 있다. 그림 13-12를 참조하라.

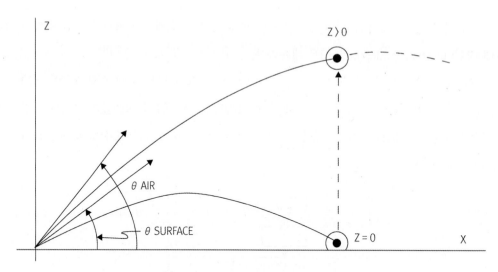

그림 13-12 수상표적과 대공표적의 탄도 비교

항력(Drag)

앞의 진공에서의 탄도 상황에서는 문제를 식으로 나타낼(formulating) 때 상황을 단순화하고 가정을 사용하였기 때문에 그 해가 쉽게 구해졌다. 그러나 대기에 의한 효과가 고려될 때 중력 이외의 힘이 무기에 작용하며 이 힘에 의해 무기는 순수 포물선 경로로부터 이탈(deviation)된다. 이 힘중에 사출탄의 운동에 반대로 작용하는 힘을 항력(drag)이라 하며, 사출탄에 작용하는 항력에는 다음과 같은 세 가지 유형이 존재한다.

1. 표면항력(skin drag)은 사출탄이 공기를 통과할 때 외부 표면의 마찰에 의해 발생되며 마찰에 의해 열이 발생한다.

2. 형상항력(shape drag)은 사출탄 주위에서의 공기의 흐름 때문에 사출탄의 뒤에 생성되는 압력이 낮은 구역으로 낮은 압력은 사출탄이 앞으로 나가려는 운동을 저지한다.

3. 조파항력(wave drag)은 사출탄이 공기를 통과할 때 사출탄의 에너지를 음파로 변형시킨다. 이 효과는 그림 13-13과 같이 특히 음속 부근에서 공기를 통과 시 중요하다.

위와 같은 에너지 손실의 합하여진 효과는 비행시간 동안 사출탄을 감속시킨다. 이러한 감속은 대기를 통과할 때 무기의 속도가 감소되도록 작용한다. 주어진 사출탄의 형태에서 속도의 늦어짐은 대기밀도와 속도에 정비례한다. 이 감속을 기생항력(parasitic drag), D 라 하며 아래와 같은 관

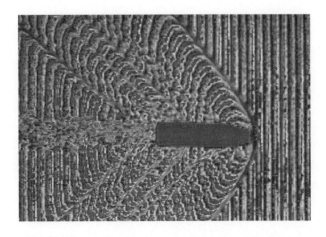

그림 13-13 약 500 m/s로 비행하는 20mm 사출탄 주변에서의 공기 흐름. 세 가지 유형의 항력을 볼 수 있다. 이 이미지는 20 ns의 노출시간으로 편광된 빛(polarized light)을 이용하여 기록

계식으로 주어진다.

$$D \;=\; C_D \,\times\, A \,\times\, \frac{1}{2}\rho v^2 \tag{13-19}$$

여기서, C_D = 경험 자료에서 구해진 항력 계수

A = 사출탄의 단면적

ρ = 대기밀도로 고도와 주어진 고도에서 대기온도의 함수임

v = 임의의 순간에서 사출탄의 비행속도

기생항력은 그림 13-14와 같이 항상 무기 운동방향의 반대방향으로 작용한다. 그 결과 무기가 비행하는 동안 두 가지의 필수적인 상호의존적 작용(action)이 발생한다. 첫 번째 작용은 식 13-19에 나타나 있다. 무기의 탄도 내 임의의 점에서 항력은 주어진 점에서 속도의 직접함수 (direct function)이다. 항력은 무기속도를 지속적으로 감소시키기 때문에 항력이 속도에 의존하며, 실제로는 속도가 항력에 의존하며, 항력은 무기의 전체 비행시간 동안 연속적으로 변화한다. 이와 같이 속도와 항력 모두의 크기는 상호의존적으로 변화한다.

두 번째로, 무기는 곡선경로의 탄도로 진행하기 때문에 각 δ (그림 13-14 참조)가 일정하지 않아 항력의 방향이 무기의 전체 비행 동안 계속 변화한다. 따라서 항력은 그 크기와 방향이 항상 변화한다.

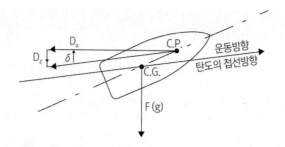

그림 13-14 비행 중인 사출탄에 작용하는 기생항력과 중력. 무게중심(C.G.)과 입력중심(C.P.)의 상대위치는 사출탄의 구조(configuration)에 의존

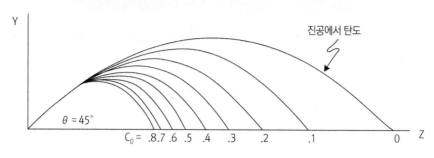

그림 13-15 진공 및 대기에서 탄도 비교

항력은 사출탄의 전체 탄도에 작용하여 탄을 감속시켜 진공에서 얻을 수 있는 사거리보다 상당히 작은 사거리를 얻게 한다. 그림 13-15는 항력 계수의 변화에 따른 진공과 대기에서의 탄도를 비교하여 나타낸다.

진공과 대기에서의 탄도 차이에 대해 살펴보자. 진공에서의 탄도는 상승각과 낙하 각이 같아 전체 사거리의 중간(mid-range)에서 대칭인 반면, 대기에서의 탄도는 대칭적이지 않다. 탄도의 정점이 사거리의 중간으로부터 이격되어 위치하며 낙하 각이 상승각보다 크다.

게다가 대기에서의 탄도는 외력 때문에 사출탄의 질량에 의존하며, 이 외력은 진공에서와 달리 비행경로를 따라 수평 속도성분을 감소시킨다. 이 때문에 효과적으로 최대 사거리를 얻기 위한 상승각의 계산이 필요한데, 진공에서 최대 사거리를 얻기 위한 상승각은 45°이다.

최대 사거리를 얻기 위한 고각을 계산 시 사출탄의 속도와 대기밀도에 따른 항력의 변화 등 두 가지의 오프셋 효과(offset effect)를 고려하여야 한다. 사출탄의 속도는 포를 이탈하는 순간에 최대가 되므로 항력 또한 이때 최대가 된다. 소구경 및 경량 사출탄의 경우 감속이 비행초기에 가장 크게 일어남으로 수평 사거리 증가를 위해서는 속도를 최대로 유지하면서 고각을 45° 이하로 유지하고 발사하여야 한다. 전투함에 사용되는 대형 사출탄의 경우 공기밀도가 감소하여 항력이 줄어드는 높은 고도에 빠르게 도달하도록 45° 이상의 고각을 사용하는 것이 적합한데, 그 이유는 높은 고도의 탄도 국면에서 사출탄 비행경로가 진공에서의 탄도에 근접하여 사거리를 증가시킬 수 있기 때문이다.

바람(Wind)

바람의 효과는 사출탄의 거리방향 바람(range wind) 즉, 진행방향의 바람과 가로지르는 바람(cross wind) 즉, 진행방향과 수직인 바람의 두 성분으로 구분하여 살펴보자. 거리방향 바람은 포축선(line of fire)의 평면에서 작용하는 바람 성분이다. 이 바람은 사출탄의 속도를 감소 또는 증가시켜 사거리가 증가하거나 감소한다. 가로지르는 바람은 포축선에 수직인 평면에서 작용하며 사출탄을 포축선의 좌우로 편향(deflection)시킨다. 바람은 사출탄의 비행시간 전체에 걸쳐 작용하므로 거리와 방위의 전체 편향은 비행시간의 함수이다.

편류(Drift)

사출탄의 편류란 오직 사출탄의 회전효과로 인한 본래 사격 면(plane of fire)으로부터 측면방향의 변위이다. 편류는 자체회전(spin)하는 사출탄 회전운동 특성 때문에 발생한다. 자이로스코프(gyroscope) 운동의 법칙에 따르면 사출탄은 우선적으로 포로부터 이탈선, 즉 포축선 방향으로 자신의 축을 유지하려한다. 그러나 사출탄의 무게중심은 곡선경로의 탄도를 따르기 때문에 경로 상 임의의 점에서 순간적인 사출탄의 운동방향은 이 점의 접선방향이 된다. 따라서 자신의 본래 축을 유지하려는 사출탄의 경향은 자신의 축을 약간 이탈시켜 탄도의 접선방향에 약간 위를 가리킨다.

그러면 사출탄 비행에 반하는 공기 저항력이 그림 13-16과 같이 사출탄의 하부에 가해진다. 이 때 이 힘은 사출탄의 두부(nose)를 위로 밀어 올린다. 그러나 회전운동에 의한 안정화(gyroscopic stabilization) 때문에 이 힘의 위에서 보았을 때 사출탄의 두부가 우측으로 움직이게 한다. 이러한 탄두의 우측이동은 공기저항을 유발하여 위에서 보았을 때 사출탄이 시계방향으로 회전하도록 한다. 그러나 또다시 회전운동에 의한 안정화 때문에 이 힘은 탄두를 아래로 회전하게 하여 처음의 위 방향으로의 힘을 감소시킨다. 따라서 사출탄은 표적으로 진행함에 따라 오른쪽으로 편류된다. 이 효과는 자이로스코프를 이용하여 쉽게 설명할 수 있다.

회전운동에 의한 안정화에 대한 보다 상세한 분석을 통해 사출탄이 정적으로는 불안정하지만 회전운동 효과 때문에 동적으로 안정화됨을 알 수 있다. 이 효과는 실제로 사출탄의 축이 자신의 비행경로 주위로 회전하는 팽이의 상체운동과 같이 끄덕(nutation)이도록 한다. 또한 그림 13-16과 같이 회전하는 물체는 양력(lift)을 생성한다는 Magnus 효과도 반드시 고려되어야 한다. Magnus 효과는 던진 야구공이 곡선으로 비행하게 만든다.

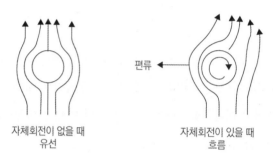

자체회전이 없을 때   자체회전이 있을 때
유선   흐름

그림 13-16 Magnus 효과

코리올리 효과(Coriolis Effect)

앞에서 설명한 효과들은 지구가 평평하며 회전하지 않는다고 가정하였다. 실제로 이는 사실이 아니며, 구심 가속도(centripetal acceleration)와 코리올리 가속도가 반드시 고려되어야 한다. 지표상의 한 점에서 구심 가속도는 회전축과의 거리에 따라 변화할 것이다. 따라서 지표상 발사대와 표적의 위치차이에 따른 회전속도의 차이가 반드시 고려되어야 한다.

코리올리 가속도는 물체 또는 사출탄이 지구 자전축(rotation axis)으로부터 반경을 따라 움직일 때 생성된다. "earth rate"라 불리는 이 회전 양은 아래 식과 같이 위도에 따라 다르다.

$$earth\ rate\ =\ (2\pi 라디안)/(24시간) \times \sin(위도) \tag{13-20}$$

직선으로 진행하고 있는 사출탄 아래 위치한 기준(좌표)계가 움직이므로 기준계의 회전에 반대 방향으로 사출탄이 편향되는 것처럼 보인다. 따라서 코리올리 가속도는 물체를 북반구에서는 오른쪽으로 남반구에서는 왼쪽으로 휘어지는 것처럼 보이게 한다.

우리가 관찰 가능한 기상과 관련된 예를 들면, 압력이 높은 영역에서 외부로 움직이는 공기는 시계방향의 바람이 되며, 압력이 낮은 지역으로 움직이는 공기는 반시계방향의 바람이 된다.

예제 13-1 : 위도 40°에서 700 m/s 로 북으로 진행하는 사출탄을 고려해 보자. 거리 25 km에서 조준점으로부터 얼마나 편향되는지 구하라. 이때 비행시간은 35초 이며 다른 모든 힘들은 무시하라.

풀이 : 코리올리에 의한 가속도는 다음과 같이 구할 수 있다.

40°N에서 earth rate 가 0.17 라디안 / 1시간 (4.7 × 10⁻⁵ 라디안/초) 이므로

$$\text{가속도}_{코리올리} = 2 \times \text{속도} \times \frac{2\pi}{24\text{시간 }(3,600\text{초}/1\text{시간})} \times \sin(\text{위도})$$

$$= 2(700 \, m/s)\left(\frac{2\pi}{86,400 \, \text{초}}\right)(\sin 40°) = 0.065 \, m/s^2$$

$$\text{편향된 거리} = \frac{1}{2} \text{가속도}_{코리올리} \times \text{비행시간}^2$$

$$= \frac{1}{2}(0.065 \, m/s^2)(25 \, \text{초})^2 = 39.8 \, m$$

따라서, 장거리 비유도 사출탄(unguided projectile)을 사용 시 코리올리 교정(Coriolis correction)이 매우 중요하다.

탄도계산절차(Ballistic Procedure)

앞에서 살펴본 탄도계산절차는 탄도계산 개념을 매우 단순화하여 설명하였다. 실제 탄도계산절차가 포함된 계산은 매우 복잡하며 중력뿐만 아니라 항력, 양력, 편류, 바람 같은 요소들을 고려하여야 한다.

두 개의 기초방정식 13-14와 13-18은 전체 비행시간에 걸쳐 무기에 작용하는 모든 힘을 포함하도록 확장되어야 한다. 실질적인 탄도계산 절차는 매우 복잡하더라도 논리흐름은 그림 13-11과 동일하다. 이 출력은 사격통제문제의 해결에서 다음의 두 번째 중요 질문에 대한 해답을 제시한다.

위치가 알려진 공간상 점에 대해 이 점으로의 무기 발사각(launch angle)과 비행시간(TOF)은 얼마인가?

표적 미래위치의 예측 계산(Prediction Calculation)

지금까지 상대운동과 탄도계산절차를 개별적으로 살펴보았는데, 실제로 각각은 상호 의존적임을 반드시 명심하여야 한다. 앞에서 주어진 상대운동과 탄도문제의 설명에서 표적 미래위치에 대한 해는 비행시간에 의존하며, 탄도 및 비행시간은 표적의 미래위치에 의존함을 확인하였다.

이 문제를 보다 자세히 설명하기 위해 공간상 임의의 한 점에 대해 탄도와 비행시간이 계산될

수 있다. 그러나 인터셉트(intercept) 즉, 무기가 표적을 가로지르게 하기 위한 공간상의 수정 점(correction point)을 직접 계산할 수 없는데 그 이유는 수정 점이 자신의 계산에 필요한 비행시간에 의존하기 때문이다. 이 점의 계산이 비행시간에 의존하기 때문에 직접적으로 주어질 수 없다. 여기에서 비행시간은 무기가 비행한 시간에 대한 일반적 명칭이다.

아래에서 소개할 예측 연산방식(predict algorithm)은 보편적이어서 모든 무기체계에 실제 사용할 수 있다. 이 예측절차에는 폐쇄 루프(closed loop) 방식으로 상대운동 절차와 탄도 예측절차가 모두 포함된다. 초기에 표적 미래위치뿐만 아니라 최종 비행시간도 알 수가 없기 때문에 해는 연속적 근사(successive approximation)를 통해 얻어진다. 측정된 표적의 현재위치는 공간상에 처음으로 알려진 점이기 때문에 이 위치가 발사각과 비행시간에 대한 첫 번째 근사를 위해 사용된다 (그림 13-17에 1번 탄도 참조).

만일 무기가 첫 번째 근사에 기초하여 발사된다면 분명히 움직이는 표적의 뒤로 통과할 것이다. 이제 사출탄이 표적 뒤를 얼마나 이탈하여 통과하는지 계산하여 보자. 다시 말해, 계산된 비행시간이 경과했을 당시에 표적이 어디 있느냐 이다. 새로운 위치(position)와 점(point)을 계산하여 보자. 만일 무기가 새로운 점으로 발사된다면 무기는 표적의 앞을 통과할 것이다. 2번 탄도의 시간을 이용하여 새로운 표적위치를 계산하면 세 번째 탄도 및 시간(3번 탄도)을 얻는다. 가장 마지막에 계산된 둘의 차이가 10^{-5}초 정도로 매우 작아질 때까지 표적위치를 번갈아 가며 계속하여 계산하여 보자. 둘의 차이가 이렇게 작아지면 비행시간을 계산하기 위해 사용된 공간의 점이 비행시간이 상대운동의 해가 되었을 때 결과로 얻어지는 점과 같아질 것이다. 이렇게 하여 사격통제문제가 해결된다.

기준계(Reference Frame)와 좌표시스템(Coordinate System)

무기통제 문제의 해는 표적위치 및 운동과 관련된 정보의 수집 및 처리와 관련이 있다. 정보가 유용성을 가지기 위해서는 위치 및 운동 데이터는 반드시 알려진 기준(reference)과 관련지어 설명되어야 한다. 예를 들어 항공기 속도는 항공기가 비행하는 공중, 지상 또는 멀리 떨어진 고정된 별로부터의 상대속도로 나타내지 않는 한 어떤 의미 있는 정보도 제공하지 못한다. 기준계는 원점(origin), 기준선(reference line), 기준면(reference plane) 그리고 안정성(stability)과 같은 여러 특성을 가진다.

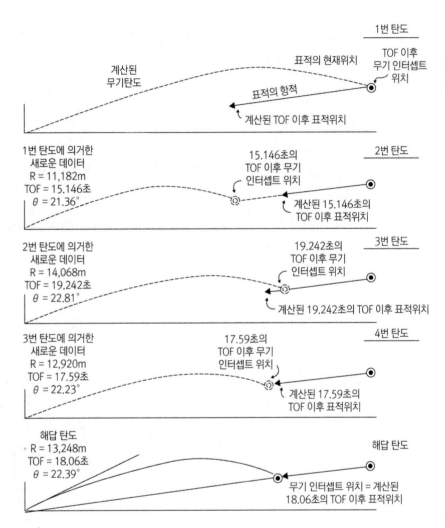

그림 13-17 사격통제 해를 구하기 위해 사용되는 반복계산 절차. 표적 미래위치를 통과하는 해답 탄도(solution trajectory)를 포함하여 총 10회 반복 중 4회만이 표현됨.

선형 거리를 측정하는 것이 유용성을 가지기 위해서는 기준계는 반드시 기준계 내에 원점으로 설정되는 기준점을 가져야 한다. 100 야드의 거리는 기준계의 원점으로부터 측정된 거리로 이해되기 때문에 기준계 내에서 거리라는 의미를 가진다.

단순히 측정된 거리는 특정 기준계 내에서 위치를 설정하는 데 충분치 못하다. 무기체계에서 원점으로부터 표적방향은 각이라는 양으로 측정된다. 이 각이라는 양에 의미를 부여하고 "0"의 기준점을 부여하기 위해서 기준선이 설정되어야 한다. 기준선은 원점을 통과하며 기준계의 축을 형성한다.

기준선에 추가하여 각 측정(angular measurement)은 각이 측정되어지는 면의 정의(definition)를 필요로 한다. 예를 들어 원점으로부터 100 야드, 기준선으로부터 45°에 위치한 물체의 위치는 각이 측정되는 면이 정의되지 않는 한 사실상 무한의 가능성을 가진다. 그림 13-18은 두 개의 다른 면에서 측정된 동일 거리 및 각에 기초한 두 가지의 위치표현 가능성을 나타낸다.

일반적 기준계는 위에서 언급한 세 가지 특성에 기초하여 구성된다. 기준계는 선 및 각에 해당하는 양 모두로 위치를 표현하기 때문에 일반적 기준계는 3개의 기준 축(X, Y, Z)으로 형성된다. X 축은 방위 기준선으로 선택된 임의의 선이며 이를 이용하여 수평 기준면이 설정되는데 이 면은 X 및 Y 축을 포함한다. 수직 기준면 또한 표적과 Z 축을 포함하는 면으로 정의된다. 그림 13-19는 일반적인 기준계를 타나낸다.

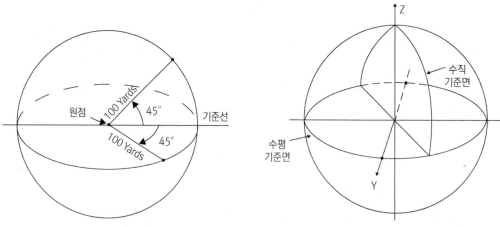

그림 13-18 두 개의 다른 면(plane)으로 표현된 물체의 위치

그림 13-19 일반적인 3차원 기준계

기준계의 안정성은 직접적으로 기준계 내의 표적운동 묘사에 영향을 준다. 실제로 안정화(stable) 또는 관성 기준계(inertial reference frame)는 원거리의 별에 대해 고정되어 있거나 회전하지 않는 기준계이다. 이 기준계에서 표적운동은 기준계 내에 위치한 표적위치의 모든 변화가 표적 자체의 운동에만 기인하기 때문에 매우 쉽게 묘사된다. 이와 달리 불안정(unstable) 또는 비관성(non-inertial) 기준계는 항시 임의의 방식으로 회전하여 기준계 내에서 표적운동 및 기준계 회전이 함께 일어나 표적위치를 변화시키는 기준계이다.

기준계는 원점으로 우주상의 임의의 점을 가질 수 있다. 무기통제에 유용한 기준계는 지구 또는 무기 스테이션(weapon station)의 중심에 근원을 둔다. 이 책에서는 무기 스테이션을 원점으로 하는 기준계에 대해 집중적으로 다룰 것이다.

무기 스테이션 기준계

무기 스테이션 기준계는 함정, 항공기, 잠수함, 제어 중인 미사일과 같은 무기 플랫폼에 대해 고정되어 있으며 이와 함께 움직인다. 무기통제에 사용되는 기준계의 일반적 유형에는 불안정하며 비관성적인 기준계와 안정하며 표적운동 계산에 있어 관성적인 기준계 두 가지가 있다.

불안정 무기 스테이션 기준계는 사격통제시스템 센서 중 하나에 그 계의 원점(origin)을 가진다. 기준 축은 무기 플랫폼의 구조물에 의해 정의된다. 하나의 축은 앞에서 뒤 방향으로, 또 다른 하나는 앞-뒤축에 수평방향으로 직각을 이루도록 정의되며 마지막 하나는 이 둘에 수직방향으로 수직을 이루도록 정의된다.

불안정한 기준계의 주요 특성은 무기 스테이션이 피치(pitch), 롤(roll), 요(yaw) 형태로 회전할 때 기준계도 자신의 세 축 주위로 회전한다는 것이다. 따라서 이 계는 비관성적으로 고려되어 표적운동을 묘사하는 데 적합하지 않다.

안정한 무기 스테이션 기준계의 원점은 무기 스테이션에 위치하나 기준 축은 더 이상 플랫폼의 구조물과 일치하지 않는다. 그 이유는 무기 스테이션 내에 위치한 관성소자(자이로스코프) 때문인데, 관성소자(inertial element)는 기준계에 대해 축을 형성한다.

관성소자는 지구 자전축을 추적하도록 제작되어 영구적으로 남-북(N-S) 수평 기준선을 형성한다. 두 번째 수평 기준선은 동일한 관성소자에 의해 N-S 기준선에 수직인 동-서로 형성된다. 또 다른 관성소자는 지구의 중심을 추적하도록 만들어져 고정된 수직 축(vertical axis)을 형성한다.

이 기준계의 축들은 진북 및 지구중심에 대해 고정되어 있기 때문에 안정화된 무기 스테이션 기

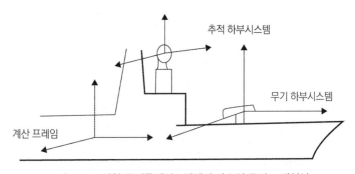

그림 13-20 단일 무기통제시스템에서 다수의 무기 스테이션

준계는 무기의 비행시간 동안 관성적인 것으로 간주된다. 이 때문에 안정화된 기준계가 표적운동의 묘사와 앞지름 각(lead angle) 계산에 사용된다.

그림 13-20은 임의의 무기통제시스템에 여러 개의 기능별 기준계가 존재할 수 있음을 보여준다. 다수의 기준계 사용에 대한 개념을 가장 잘 나타내는 무기 스테이션은 수상전투함(surface combatant)으로 그 예로 사용되었다.

계산시스템이 두 번째 기준계(안정)에서 앞지름 각을 계산하고 발사체계(launching system)가 세 번째 기준계(불안정)에서 위치를 잡는 동안 센서 및 추적 시스템은 첫 번째 무기 스테이션 기준계(불안정)에서 표적정보를 수집할 수 있다. 위 그림과 같이 관련된 기준계들이 상호 이격되어 위치하여 서로에 대해 회전할 수 있다.

자이로(Gyro)

비관성 기준계와 관성 기준계 사이의 정확한 변환(translation)을 위해 3차원 운동의 측정이 반드시 필요하다. 안정한 관성질량(stable inert mass)과 움직이는 플랫폼(moving platform) 사이의 상호작용은 운동을 측정 특히, 각 변위(angular difference)를 측정하는데 자이로스코프(gyroscope)를 이상적인 수단으로 여기도록 하였다. 따라서 "자이로(gyro)"라는 용어는 오늘날 이러한 측정을 수행하는 기구를 나타내게 되었다.

자이로스코프(Gyroscope)

기본적으로 자이로는 빠르게 자체 회전하는 회전자(spinning rotor)이다. 자이로의 회전 운동량(rotational momentum)은 공간축의 보존성(rigidity)과 세차운동(precession)의 두 가지 유용한 특성을 제공한다. 공간축의 보존성은 외력이 작용하지 않는 한 회전자가 본래의 축 주위로 자체 회전하려는 경향을 의미한다. 세차운동이란 외력이 가해지면 외력에 수직인 방향으로 자체 회전하는 회전자의 축이 회전하려는 경향을 의미한다.

이러한 자이로 관성(gyroscopic inertia)은 자이로를 공간상 고정 방향으로 유지하도록 하여 자이로를 안정한 방향기준(stable directional reference)으로 사용할 수 있게 한다. 세 개의 자이로를 상호 직각으로 위치시키면 X, Y, Z 평면에서 방향기준을 제공할 수 있으며, 자이로를 탑재한 운반수단 또는 플랫폼의 롤링(rolling), 피칭(pitching), 요잉(yawing)을 측정할 수 있다.

공간축의 보존성은 파도에 의한 함정의 롤링에 영향을 받지 않기 위해 사용된다. 그러나 직접적 안정을 위해서는 약 120 톤에 달하는 회전자가 필요하여 실질적 사용에는 제한이 따른다.

함정, 항공기, 무기를 안정화시키는 최신의 방법은 상대적으로 작은 자이로를 사용하여, 자동항법시스템에 사용되기에 적절하다. 자동항법시스템에서 플랫폼과 자이로의 상대운동은 각 변위를 생성하며, 이 변위는 에러로 계산되어 제어신호를 생성하는데 사용된다.

자이로가 유압 또는 전기 제어시스템과 연결되면, 함정의 방향을 수정하기 위해 즉각적으로 면의 기울어짐(편향)을 제어하거나 순항미사일의 침로를 유지시키기 위해 변침 점(way point)에서 선회를 제어할 수 있다. 위의 두 경우에서 사용되는 자이로를 자유 자이로(free gyro)라 하는데, 이 자이로는 공간상에서 변화하지 않는 상태를 유지하며, 이를 통해 플랫폼이 자이로 주위로 회전하는 것만큼 부착된 가변 저항기(variable resistor)를 움직인다. 따라서 자이로는 플랫폼을 정상 침로에서 이탈시키는 힘을 측정하거나 플랫폼을 정상 침로에 유지시키기 위해 간접적으로 거리를 측정하는데 중심이 되는 장치이다.

자이로의 자체 회전축(spin axis)은 그림 13-21과 같이 외부에서 가해진 힘의 수직방향으로 회전하려는 성향을 가진다. 이러한 세차운동은 앞에서 설명한 데로 자체회전에 의해 안정된(spin-stabilized) 함포 탄의 비행경로를 수평면상에서 휘어지게 한다. 그림 13-22에 묘사된 것처럼 아랫방향의 힘이 자이로 축(spindle)의 끝에 가해지면, 시계반대 방향으로 세차운동이 발생한다. 따라서 수직 평면에서 인가된 힘은 수평면에서 세차운동을 발생시킨다. 자유 자이로와 달리 레이트 자이로(rate gyro)는 회전자 축이 한 방향으로 고정되어 있어 세차운동의 토크(torque)가 전기적 신호로 전환되어 각 변위(angular displacement)를 계산하기 위해 사용된다.

통합 자이로(integrating gyro)는 자유 자이로의 관성 보존성과 레이트 자이로의 토크-측정 특성을 결합한 자이로이다. 이 자이로의 입력에는 롤링(또는 피칭 각)과 표적위치 각 에러(target position angle error)가 포함되며 이는 단일 출력으로 결합되는데 주요 입력 성분은 위치 각 에러이다. 센서로부터 공급되는 위치-에러 전압은 들쭉날쭉하게 변화한다. 만일 구동 시스템이 이 에러 전압신호를 따르도록 한다면 일련의 갑작스러운 점프와 추적소자(tracking element)의 거친 위치잡기(rough positioning)가 발생할 것이다. 관성 때문에 자이로는 입력신호의 변화에 순간적으로 반응하지 않는다. 이러한 자이로의 특성을 이용하여 매끄럽게 하기(smoothing) 과정이 수행되는데 이 과정은 빠르게 변화하는 입력의 평균을 취한다. 그림 13-23은 전기적 입/출력 관계를 나타낸다.

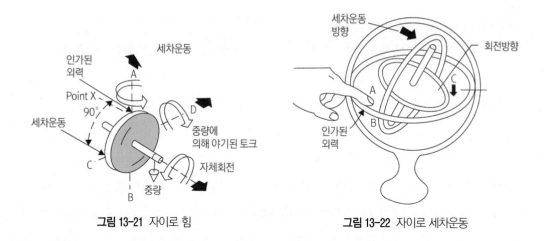

그림 13-21 자이로 힘

그림 13-22 자이로 세차운동

자이로 장치에서 토크와 세차운동의 각속도 사이의 관계는 아래 식으로 나타낼 수 있다.

$$T = I\omega\, \partial A/\partial t \tag{13-21}$$

여기서, T = 토크

ω = 자체 회전(spin)의 각 속도

I = 자체 회전 축에 대한 관성 모멘트

$\partial A/\partial t$ = 세차운동의 각 속도

자이로에 대한 입력은 토크 축 샤프트(torque axis shaft) 주위의 작은 코일에 공급되는 에러신호에 의해 발생하는 토크이다. 토크가 가해질 때 자이로의 응답은 세차운동이며 세차운동의 양에 비례하는 신호가 세차 축 샤프트(precession axis shaft) 상에 장착된 신호 생성기에 의해 생성된다. 입력신호를 정확하게 따르는 능력은 세차운동률에 의해 결정된다.

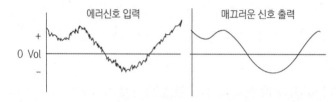

그림 13-23 통합 자이로 토크모터에의 에러신호 입력 및 신호 생성기에서의 출력에 대한 입/출력 관계

$$\partial A / \partial t \;=\; \frac{T}{I\omega} \tag{13-22}$$

식 13-22는 세차운동률을 나타내며 궁극적으로 자이로의 응답은 스핀 속도에 의해 결정된다. 스핀이 느릴수록 주어진 입력 토크에 더 큰 응답이 발생할 것이다. 그러나 매끄러운 함수(smoothing function)를 얻기 위해서는 자체회전율(spin rate), w 가 상대적으로 높아, 입력 에러신호의 모든 세세한 변화에 자이로가 반응하는 것을 방지해야 한다.

안정화 과정은 자이로가 추적소자(tracking element)의 하우징(housing)에 장착되기 때문이다. 무기 플랫폼이 피칭과 롤링 운동 중일 때 자이로는 이 운동에 반응하여 무기 플랫폼의 운동에 반대 방향으로 추적소자를 위치시키는 신호를 생성한다.

자체 회전 자이로를 사용할 때 일부 제한사항이 존재하며 이를 반드시 고려해야 한다. 지상에서 자이로의 자체 회전은 어떠한 외력이 가해지지 않아도 시간의 경과에 따라 기울어짐이 발생한다. 실재로 자이로는 최초의 방향을 유지하지만 지구의 자전 때문에 기울어진다. 자이로는 마찰이 없는 베어링 상에서 회전하지 않기 때문에 반력(reaction force)이 존재하여 이 또한 자이로 회전의 기울어짐을 발생시킨다.

링 레이저 자이로(Ring Laser Gyro)

링 레이저 자이로(RLG)는 기계식 자이로가 각 변위를 계산하기 위해 각 속도 및/또는 가속도를 측정하는 데 사용하는 것과 동일한 관성 보존성(inertial rigidity)의 원리를 이용한다. 그림 3-24와 같이 링 레이저 자이로는 움직이는 부품이 없어 내부에서 움직이는 부품에서 마찰이 발생하지 않아 공간축의 기울어짐을 상당량 감소시킬 수 있는 장점을 가진다.

그림 13-24 링 레이저 자이로

링 레이저 자이로의 주요 구성품은 레이저 공급원과 공동(cavity)이다. 공동은 봉합된 공간으로 일반적으로 정사각형이나 삼각형의 모양을 가지며 하나의 모서리에서 다음 모서리로 레이저가 전파된다. 높은 효율의 거울이 각 모서리의 꼭지 점에 장착되어 "링(ring)"을 형성하는 데 이러한 공동을 링 레이저라 한다.

레이저 빔이 두 개로 쪼개져 정지된 링을 따라 반대방향으로 전파되는데 각각의 경로길이는 레이저 광의 주파수와 함께 동일하며 각각의 빔은 동공 내부에서 정상파(standing wave)를 형성한다. 그러나 링이 링 평면에 수직인 축 주위로 회전하면 각각의 경로길이와 주파수가 변화한다.

이러한 현상은 사냑 효과로 1911년 최초로 제안되었으며 사냑 효과(Sagnac effect)란 절반으로 쪼개진 두 개의 빔이 회전하는 링 공동(ring cavity) 내부에서 진행하면 시간차를 가지고 순환이 종료된다는 것이다. 이 효과는 상대론적인 모델과 고전 모델 모두에서 타당한 것으로 증명되었으며, 도플러 효과(Doppler effect)와 혼동된다. 이 효과는 믿기 어려울 정도로 정교한 간섭 기술(interferometric technique)로 극도로 소량의 회전을 감지하여 측정한다.

회전에 의한 도달시간의 차이가 레이저 광의 위상변이(phase shift)로 상관되는데 여기서 절반으로 쪼개져 진행하는 두 레이저 빔의 위상차이(phase difference)란 순 위상차이로 이는 진폭이 변화하는 신호로 나타낼 수 있다. 즉, 변화하는 진폭으로 위상변이를 측정하여 이를 회전율(rotation rate)로 나타낼 수 있다.

앞에서 논의된 표현은 다음과 같이 유도할 수 있다. 완벽한 빔 분리기(baem splitter)에 의해 쪼개진 두 개의 동일한 입력신호에 대한 출력신호의 진폭은 아래 식으로 나타낼 수 있다.

$$V_{out} = V_{in}\cos\frac{\triangle\phi}{2} \tag{13-23}$$

여기서, V_{out} = 출력 검출기(detector)에서의 전압

V_{in} = 공급 전압

$\triangle\phi$ = 쪼개어진 빔이 다시 결합되었을 때 위상 차이(라디안)

만일 두 빔의 경로가 $\triangle x$ 만큼 차이가 난다면 이에 해당하는 위상 차이는 아래 식으로 나타낼 수 있다.

$$\triangle\phi = \frac{2\pi\triangle x}{\lambda} \tag{13-24}$$

여기서, $\triangle\phi$ = 위상차이

$\triangle x$ = 경로길이(path length) 차이

λ = 파장

회전에 의한 경로길이 차이를 식별하기 위해 경로가 반지름이 R 인 원이라 가정하자. 그러면 회전하지 않을 때 각 빔의 전체 경로는 $2\pi R$ 이 된다. 전체 장치가 일정한 비율(각속도), w (초당

라디안)로 시계방향으로 회전하면 두 빔은 서로 다른 경로길이를 진행한다. 시계방향의 빔(빔 1)은 아래와 같이 시간에 따라 주어지는 추가적인 경로길이를 진행한다.

$$x_1 \;=\; 2\pi R + wRt_1 \tag{13-25}$$

여기서, x_1 = 빔 1이 진행하는 전체 길이

$\qquad\quad w$ = 회전율(rotation rate)

$\qquad\quad R$ = 자이로의 반지름

$\qquad\quad t_1$ = 경로 1의 전체 진행시간

빔은 특수 상대성 원리에 따라 회전율과 상관없이 빛의 속도로 진행하기 때문에 이 시간동안 빔이 진행한 전체거리는 ct_1 이 된다. 다시 정리하면,

$$ct_1 \;=\; 2\pi R + \omega Rt_1 \tag{13-26}$$

시간에 대해 풀면,

$$t_1 \;=\; \frac{2\pi R}{c - \omega R} \tag{13-27}$$

위 결과는 회전하지 않을 때보다 많은 시간이 걸릴 것이라는 직관적 통찰과 일치한다. 시계반대방향으로 진행하는 빔(빔 2)의 경우 유사한 절차를 통해 아래 결과를 얻을 수 있다.

$$t_2 \;=\; \frac{2\pi R}{c + \omega R} \tag{13-28}$$

분모에서 부호가 바뀜에 유의하라. 따라서 이 빔은 회전이 없을 때보다 짧은 시간이 걸린다. 이 결과로부터 경로 차이를 구하면,

$$\triangle x \;=\; c\triangle t \;=\; c(t_1 - t_2) \tag{13-29}$$

$$=\; 2\pi c R \left(\frac{1}{c - \omega R} - \frac{1}{c + \omega R} \right)$$

$$=\; 2\pi c R \left(\frac{2\omega R}{c^2 - \omega^2 R^2} \right)$$

$$=\; 4\pi c R^2 \omega \left(\frac{1}{c^2 - \omega^2 R^2} \right)$$

단, 링의 바깥부분이 빛의 속도로는 진행(회전)하지 않기 때문에 $wR < c$ 이므로 분모에서 wR 은 무시할 수 있다. 위 식을 다시 정리하면,

$$\triangle x \;\cong\; \frac{4\pi R^2 \omega}{c} \tag{13-30}$$

자이로의 회전 때문에 빔은 경로길이를 진행하는데 진행 시간이 서로 다르다. 따라서 두 빔이 다시 결합될 때 순 위상변이(net phase shift)가 존재하며 이 위상변이는 아래 식으로 나타낼 수 있다.

$$\triangle \phi \;\cong\; \frac{2\pi}{\lambda}\left(\frac{4\pi R^2 \omega}{c}\right) \;=\; \frac{8\pi^2 R^2 \omega}{c\lambda} \tag{13-31}$$

이 위상변이를 출력신호에 적용하면 V_{out} 은 아래와 같이 나타낼 수 있다.

$$V_{out} \;=\; V_{in}\cos\left(\frac{4\pi^2 R^2 \omega}{c\lambda}\right) \tag{13-32}$$

모든 항이 상수이기 때문에 출력은 회전율, w 에만 의존한다. 따라서 링 레이저 자이로는 해당 축 주위로의 회전율을 측정할 수 있는데, 회전율은 위 식을 w 에 대해 풀면 얻을 수 있다.

링 레이저 자이로는 1963년에 최초로 제작되었다. 이후 집적회로(integrated circuit) 및 디지털 신호처리기 기술을 활용한 저비용 전기통신 응용장치와 함께 광섬유 동공(fiber-optic cavity)과 반도체 레이저의 사용으로 링 레이저 자이로는 소형 경량이며 저비용의 내구성이 강한 장치가 되었다.

좌표계(coordinate system)

완전한 안정화된 사격통제 해를 얻기 위해서는 일반적으로 좌표 변환(coordinate conversion), 좌표 이동(coordinate transformation), 기준계 이동(reference frame translation) 등의 세 과정이 반드시 수행되어야 한다.

좌표계는 공간상에 위치를 묘사하거나 특정 기준계에 대해 표적속도의 크기와 방향을 묘사할 수 있도록 설정되어야 한다. 위치가 의미를 가지기 위해서는 시작점 또는 기준점과 길이, 시간, 무게 등과 같은 측정계(measuring system)가 반드시 지정되어야 한다.

측정계에 "0"점을 지정하고 좌표계를 보다 쉽게 묘사하기 위해서는 앞에서 언급한데로 세 개의 상호 수직인 선으로 구성된 기준계가 설정되어야 한다. 그리고 이 선들의 근원이 되는 점인 시작점이 "0"의 위치이다.

실제 무기체계에서 "0"의 위치는 모든 초기 표적 데이터가 여기서 생성되기 때문에 일반적으로 센서 및 추적 하부시스템 선회축(pivotal axis)이 된다. 그러면 좌표는 그림 13-25와 같이 면 또는 선의 기준계(reference system)에 대해 점의 위치를 나타내는데 사용되는 일련의 값이 된다.

무기체계의 좌표계는 기능에 따라 데이터 측정(measurement), 계산(computation), 데이터 활용(utilization)의 세 범주로 나뉜다. 하드웨어 설계 시 제약으로 각 기능적 범주는 문제를 가장 단순하게 표현하며 실제 이행에 있어 가장 쉬운 방법을 사용할 수 있는 좌표계를 사용한다.

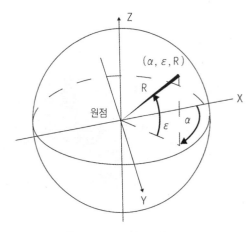

그림 13-25 일반적인 구형 좌표계

구형 좌표계(Spherical Coordinate System)

구형 좌표계는 실제 표적 파라미터를 측정하는 데 이상적인 좌표계인데 이는 센서 및 추적시스템이 자신의 좌표축 주위로 회전하며 표적까지 직선거리를 측정하기 때문이다.

일반적인 구형 좌표계는 두 개의 각과 하나의 선형 거리로 이루어진다. 따라서 이 좌표계는 순서가 정해진 세 개의 문자 (α, ϵ, R)로 표현되며 이 문자들은 그림 13-25와 같이 기준계 내의 임의의 점을 나타낸다. 그림 13-26은 두 종류의 실제 무기 플랫폼상의 구형 좌표계 사용 예를 나타낸다.

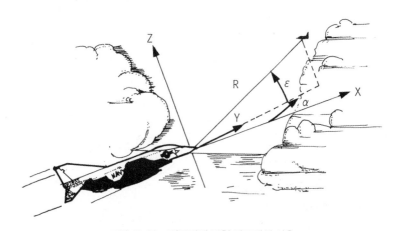

그림 13-26a 전투기에 구형 좌표계의 사용

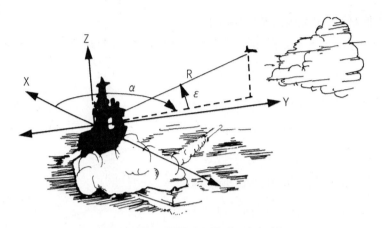

그림 13-26b 전투함에 구형 좌표계의 사용

원통형 좌표계(Cylindrical Coordinate System)

일부 오래된 함포 사격통제시스템에서 원통형 좌표체계가 사용되고 있지만 대부분의 무기통제 계산은 직교 좌표계를 이용하여 수행된다. 원통형 좌표계는 그림 13-27과 같이 방위각, 수직 선형거리와 수평 선형거리를 사용한다.

직교 좌표계(Rectangular Coordinate System)

직교 좌표계는 진북-남 방향에서 표적의 거리를 Y-축 거리로, 동-서 방향에서 표적의 거리를 X-축 거리로, 수직 높이를 Z-축 거리로 사용한다. 그림 13-28은 직교 좌표계를 나타낸다. 표적속도 계산 및 표적 미래위치의 예측은 직교 좌표계에서 보다 쉽게 이루어져 사격통제문제의 해를 구

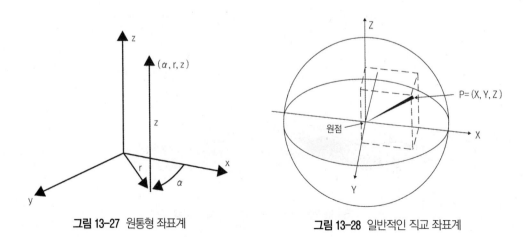

그림 13-27 원통형 좌표계   **그림 13-28** 일반적인 직교 좌표계

하는 데 필요한 시간을 단축할 수 있다. 직교 좌표계는 앞의 이유 외에 넓게 산재된 세력이 데이터를 쉽게 공유할 수 있어 현대의 사격통제시스템 및 지휘통제시스템에 널리 사용된다.

좌표 변환(Coordinate Conversion)

좌표 변환이란 기준계 내의 한 점을 묘사하는 특정 좌표계의 문자들을 동일 기준계 내의 다른 좌표계의 문자들로 변화시키는 것이다. 그림 13-29는 구형 좌표계와 직교 좌표계 사이의 관계를 보여준다. 이 두 좌표계의 좌표 변환에 관련된 식은 아래와 같다.

$$x = R\cos\epsilon\cos\alpha \tag{13-33}$$

$$y = R\cos\epsilon\sin\alpha \tag{13-34}$$

$$z = R\sin\epsilon \tag{13-35}$$

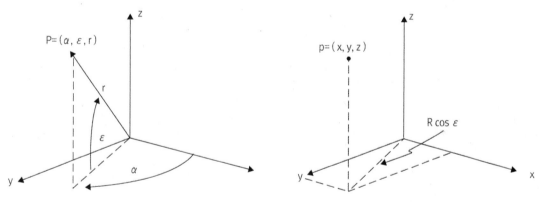

그림 13-29 동일한 기준계를 가지는 구형 및 직교 좌표계 사이의 관계

좌표 이동(기준계 회전)

표적 좌표의 안정화 과정은 하나의 특정 기준계로부터 같은 좌표계를 사용하는 다른 기준계로의 이동(transformation)이다. 기준계 회전(reference frame rotation)은 무기 스테이션의 롤 및 피치에 기인하며, 이동 과정은 안정화된 기준계 내의 좌표를 얻기 위한 롤 및 피치 각을 통한 불안정 좌표의 회전을 포함한다. 그림 13-30은 좌표 변환(conversion)과 좌표 이동(transformation)의 개요를 나타낸다.

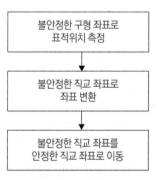

그림 13-30 좌표 변환(conversion) 및 좌표 이동(transformation)

먼저 불안정한 좌표(R, ϵ)와 피치 각 ϕ 가 측정된 단순화된 2차원 경우를 고려해 보자. 이 작업은 우선 측정된 좌표를 불안정한 직교 좌표로 변환시킨 후 안정화된 기준계 내의 직교 좌표들을 얻기 위해 피치 각만큼 불안정한 기준계를 회전시키는 것이다.

좌표 이동과 관련된 기초 관계식은 아래와 같다.

$$x' = R\cos\epsilon' \tag{13-36}$$

$$z' = R\sin\epsilon' \tag{13-37}$$

$$x = R\cos(\epsilon' + \phi) \tag{13-38}$$

$$z = R\sin(\epsilon' + \phi) \tag{13-39}$$

두각의 합에 대한 사인 및 코사인 공식을 이용하면,

$$x = R\cos(\epsilon' + \phi) = R(\cos\epsilon'\cos\phi - \sin\epsilon'\sin\phi) \tag{13-40}$$
$$= (R\cos\epsilon')\cos\phi - R(\sin\epsilon')\sin\phi$$
$$= x'\cos\phi - \epsilon'\sin\phi$$

$$z = R\sin(z' + \phi) = R(\sin\phi\cos\epsilon' + \cos\phi\sin\epsilon') \tag{13-41}$$
$$= (R\cos\epsilon')\sin\phi - R(\sin\epsilon')\cos\phi$$
$$= x'\sin\phi - \epsilon'\cos\phi$$

예제 13-2 : 2차원의 경우

표적 파라미터 :

$$R = 20,000\,m$$
$$\epsilon' = 35°\,(0.6108\,\text{라디안})$$

피치 각 :

$$\phi = +8°\,(0.1396\,\text{라디안})$$

1. 불안정한 구형 좌표를 불안정한 직교 좌표로 변환 :

$$x' = R\cos\epsilon'$$

$$= 20,000 \cos(35°)$$

$$= 16,383.04\,m$$

$$z' = R\sin\epsilon'$$

$$= 20.000\,m\sin(35°)$$

$$= 11,471.53\,m$$

주의 : 우현(starboard)으로의 롤 및 아래 방향으로의 피치 각 모두 음의 각으로 고려

2. 불안정한 좌표를 식 13-40과 13-41을 이용하여 피치 각을 통해 회전 :

$$x = x'\cos\phi - \epsilon'\sin\phi$$

$$= 16,383.04\cos(8°) - 11,471.53\sin(8°)$$

$$= 14,627.07\,m$$

$$z = x'\sin\phi + \epsilon'\cos\phi$$

$$= 16,383.04\sin(8°) + 11,471.53\cos(8°)$$

$$= 13,639.96\,m$$

식 13-40과 13-41은 불안정한 기준계의 항으로 안정된 기준계 내의 좌표를 나타낸다. 이 식들은 일반적으로 아래와 같은 해석 기하학(analytic geometry)의 기초적인 개념을 나타내는 데 사용된다.

> 두 번째 기준계의 관점에서 회전된 기준계 내의 직교 좌표는 두 번째 기준계의 직교 좌표와 회전각의 사인 및 코사인 함수로 나타낼 수 있다.

우리의 목적에서 보면 무기 스테이션의 회전각은 피치 및 롤에 해당된다. 일단 불안정한 좌표계에 대해 직교 좌표가 생성되면 앞에서 설명한 원리 및 롤과 피치 각에 대한 식 13-40과 13-41을 이용하여 안정된 좌표계에서 직교 좌표를 생성할 수 있다. 그림 13-31은 피치 각만을 고려하였을 때 안정 및 불안정 좌표 사이의 관계를 나타낸다.

롤이 "0"이 아닌 일반적인 경우, 앞에서 유도된 좌표(X, Y, Z)는 일련의 중간적 좌표가 될 것이며, 아래와 같이 X 축 또는 롤 축(roll axis) 주위로 회전하는 데 사용될 것이다.

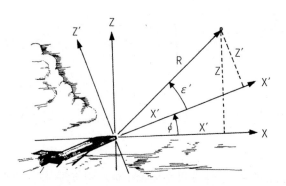

그림 13-31 피치 각(ϕ)만을 고려 시 불안정한 기준계(X', Z')와 안정한 기준계(X, Z) 사이의 2차원적 관계

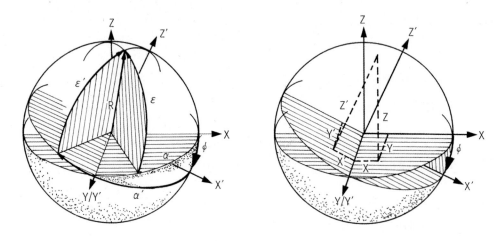

그림 13-32 방위가 "0"이 아니며 회전이 피칭 각(ϕ)을 통해 일어날 때 기준계와 좌표계의 관계

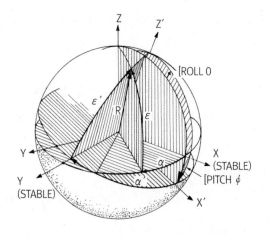

그림 13-33 피치 및 롤 모두를 고려한 구형 좌표 사이의 관계

$$\theta \ = \ \text{롤 각}\,(roll\ angle)$$

$$X_{\text{안정화}} \ = \ X(\text{롤 축 주위로 회전}) \tag{13-42}$$

$$Y_{\text{안정화}} \ = \ Y\cos(\theta) \ - \ Z sin(\theta) \tag{13-43}$$

$$Z_{\text{안정화}} \ = \ Y\sin(\theta) \ + \ Z\cos(\theta) \tag{13-44}$$

기준계 회전에 대한 일반 개요를 아래와 같이 정리할 수 있다.

불안정한 구형 좌표를 불안정한 직교 좌표로 변환하면,

$$x' \ = \ R\cos\epsilon'\cos\alpha' \tag{13-45}$$

$$y' \ = \ R\cos\epsilon'\sin\alpha' \tag{13-46}$$

$$z' \ = \ R\sin\epsilon' \tag{13-47}$$

피치 각(pitch angle)을 통해 회전하면,

$$X \ = \ X'\cos\phi \ - \ Z'\sin\phi \tag{13-48}$$

$$= \ (R\cos\epsilon'\cos\alpha')\cos\phi \ - \ (R\sin\epsilon')\sin\phi$$

$$Y \ = \ Y\,(y' \ \text{축 주위로 회전하였으므로}) \tag{13-49}$$

$$z \ = \ x'\sin\phi \ + \ z'\cos\phi \tag{13-50}$$

$$= \ (R\cos\epsilon'\cos\alpha')\sin\phi \ + \ (R sin\epsilon')\cos\phi$$

롤 각(roll angle)을 통해 회전하면,

$$X_{\text{안정화}} \ = \ X(\text{롤 축 주위로 회전}) \tag{13-51}$$

$$Y_{\text{안정화}} \ = \ Y\cos(\theta) \ - \ Z sin(\theta) \tag{13-52}$$

$$Z_{\text{안정화}} \ = \ Y\sin(\theta) \ + \ Z\cos(\theta) \tag{13-53}$$

기준계 이동(Reference Frame Translation)

기준계 이동이란 원점이 상호 물리적으로 이격된 두 개의 다른 기준계에 대하여 점(표적) 위치를 정하는 것으로 정의된다. 그림 13-34는 선형 거리 h 만큼 이격되어 있는 두 개의 동일 평면상의 기준계 A 및 B 와 한 점(T)에 대한 관계를 나타낸다. 점(T)는 기준계 A 로부터 각 ϕ_1, 거리 R_1

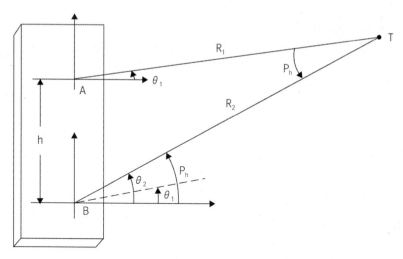

그림 13-34 표적위치에 대한 기준계 이동 효과

에 위치한다. 기준계 A 로부터 기준계 B 로 표적 좌표를 이동하기 위해서는 좌표 ϕ_2 와 R_2 을 제공하기 위해 반드시 각 P_h 가 고려되어야 한다.

기준계의 변위(displacement)는 일반적으로 해상에 전개한 함정에서 쉽게 확인할 수 있다. 예로 미사일 디렉터(missile director)의 기준계와 마사일 발사대와 관련된 기준계 둘 모두에서 표적위치를 정확하게 묘사하여야 한다. 시차 교정(parallax correction)이란 용어는 이러한 기준계의 이동을 보상하는 데 필요한 자료변환(data conversion)을 나타내는 데 사용된다. 그림 13-35에서는 수평 변이(horizontal displacement) 이외에도 서로 다른 수준(높이)의 갑판에 장착되는 디렉터와 발사대(또는 함포)의 배치 때문에 수직 변이(vertical displacement) 또한 존재한다.

무기체계 배열(Alignment)

해안 또는 해상의 현대 무기체계는 물리적으로 서로 이격되어 있는 많은 장치들을 포함한다. 체계가 효율적으로 동작하기 위해서는 이 장치들은 반드시 방위 및 고각이 상호 간에 배열되어야하며 반드시 평행한 평면 내에서 회전하여야 한다. 배열이 수행되면 아래의 요구조건들이 만족될 것이다.

1. 모든 무기의 포강(bore), 발사대 레일, 조준 망원경, 레이더 빔은 평행하며 동작 시 움직이더라도 평행을 유지한다.

2. 모든 움직임과 관련된 정보해석이 설정된 기준에 대해 정확해야 한다.

3. 모든 내부장치(intra-element) 각 전달(angle transmission)이 정확해야 한다.

위의 요구조건은 아래사항이 반드시 수행되었을 때 만족된다.

1. 장치(element)들의 "0" 선회 기준선(train reference line)이 평행을 유지하도록 모든 정보가 해석되고 전달 시스템(transmission system)이 배열된다.

2. 장치들의 회전평면(roll-path plane)이 평행하거나 유효하게 평행하다.

3. 지시선(pointing line)들이 선회에서 평행할 때 "0"의 고각 기준이 평행하도록 모든 정보가 해석되고 전달 시스템이 배열된다.

배열

무기체계 장치들의 배열은 장치들의 회전평면을 평행하게 설정하는 것으로 시작된다. 육상에서 감독관 및 시스템 엔지니어는 지상 경사면(slope), 물리적 공간 가용성 및 장애물의 존재를 고려하여 선택된 사이트(site)의 적합성을 결정할 것이다. 트럭 또는 트레일러에 장착된 장치는 반드시 확고하게 설치되어야 하며 조정 가능한 받침대(brace)를 이용하여 수평을 맞추어야 한다. 일단 작업이 수행되면 에러는 오직 장치가 회전하는 트럭 또는 트레일러 틀의 기계장치 표면 내의 결함에서만 발생할 것이다.

함정은 해상에 떠 있을 때 하중에 의해 모향이 변하고 바람 또는 파도에 의해 연속적 운동을 하기 때문에 발사대, 센서 및 항해 기준들의 배열 초기단계는 건선거(dry dock)에서 수행된다. 일단 평행 롤러-경로 평면(parallel roller-path plane)들이 함정에 설정되면 함정이 진수되어 특정 배수량으로 변화할 때 데이터가 다시 점검되어야 한다. 종종 함정이 진수되었을 때 함정의 구부러짐 또는 처짐이 발생할 수 있음으로 진수상태에서 롤러-경로의 기계가공이 필요하다.

함정이 육상에 있건 해상에 있건 상관없이 하나의 장치가 기준으로 선택되며 다른 모든 장치들은 이에 대해 배열된다. 항해 중인 함정의 경우 함수 포 디렉터(director) 또는 포 디렉터가 없을 때 가장 낮은 함수 미사일 디렉터가 기준장치로 선택된다. 육상의 경우 Hawk 미사일 포대 내의 획득용 연속파 레이더처럼 높은 정밀도가 요구되는 장치가 기준으로 사용된다. 기준 장치가 선회 및 고각 배열에 있어 다른 장치의 시야 범위에 있다면 편리할 것이다.

일단 회전 평행평면이 설정되면 "0°"의 선회 및 고각 기준이 각각의 장치에 대해 반드시 설정되어야 하며, 각 측정의 전시(display)가 반드시 교정되어야 한다. 장치들 사이의 이러한 자료의 전달은 반드시 정확도가 검증되어야 하며 필요시 수정되어야 한다. 함정 또는 육상에 배치된 장치들은 배열이 수행된 후 주기적 재검사시 각 측정의 정확도를 확인하기 위해 교정된 금속 막대기 또는 트램 바(tram bar)라 불리는 요크(yoke)를 사용한다. 트램 바는 금속 패드들 사이에 놓이며 패드 중 하나는 장치의 정지상태의 기부(base) 상에 위치하며 다른 하나는 장치의 회전하는 부분에 위치한다. 이를 통해 각 읽음(angle readout)과 전달된 자료를 비교하여 교정된 회전각을 확인할 수 있다. 만일 에러가 존재하면 각 읽음 및 자료 전달시스템은 장치의 운동범위 전체에 걸쳐 에러를 바로잡기 위한 교정 각을 읽기 위해 조정되어야 한다.

장치들 간의 배열을 확인하는 최상의 방법 중 하나로 별을 이용한 점검(star check)이 있다. 이 방법은 편리한 방위에 적절한 고각을 가지는 별이 선택되며 모든 장치들이 별에 선회 및 고각이 맞추어진다. 배열상태를 점검하기 위해 발사대 및 포에 임시 포강 조준기(boresight)가 장착된다. 그림 13-36과 같이 별은 매우 먼 거리에 위치하기 때문에 장치들 간의 시차는 "0"이 된다. 따라서 모든 장치들은 같은 별에 조준되었을 때 동일한 선회 및 고각 측정치를 가져야 한다.

그림 13-35 사격통제레이더와 포 사이의 수평 및 수직 시차(parallax)

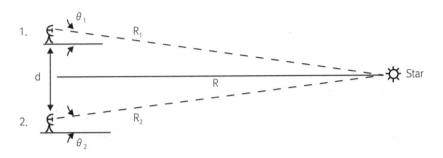

그림 13-36 R 이 무한대로 접근할수록 d 는 중요하지 않다; 따라서 1과 2에 의해 측정된 각은 동일 값으로 접근할 것이다.

콜리메이션(Collimation)

미사일 사격통제레이더와 같은 많은 장치들은 광학적 조준선(LOS) 기준에 추가하여 다른 레이더 빔들을 사용한다. 단일 장치에 의해 방사되는 빔들 간의 평행상태는 콜리메이션 절차에 의해 얻어 진다. 특정 거리에서 단일 장치는 광학표적(optical target)을 바라보며, 이때 레이더 수신 안테나 가 광학표적으로부터 일정거리 이격되어 위치한다.

여러 빔이 적절하게 배열되었다면 그림 13-37과 같이 빔의 중심은 광학표적상에 정확히 위치할 것이다. 장치를 표적주위로 선회 또는 고각을 변화시키면서 파워를 측정한다. 만일 광학표적이 조 준 망원경(boresight telescope)의 중심에 위치하지 않는데 최대의 신호세기가 측정되면 안테나를 교정하기 위해 기계 또는 전기적 조절이 수행된다.

항공기 조준 맞춤(Bore Sighting)

항공기의 조준 맞춤은 함정 및 육상배치 시스템에서 사용되는 콜리메이션과 같은 방식으로 수행 된다. 항공기 조준 맞춤의 목적은 항공기의 비행자세, 포강 축과 무기-방출장치, 레이더 빔 축, 광 학 조준장치, 헤드업 디스플레이(HUD) 사이의 관계를 설정하는 것이다.

조준 맞춤 절차는 사전 설정된 거리에서 평균 충격 점(impact point)을 예측하기 위하여 광학 또는 라디오 주파수를 사용하는 조준장치(aiming device)의 시선(sight line)과 발사 또는 사출되 는 무기탄도 간의 관계설정에 필요한 적절한 탄도 및 기계적 데이터를 사용하도록 설계된다. 조준 맞춤 절차는 전기적 조준 맞춤과 일치(harmonizaton)의 두 단계로 수행된다. 전기적 조준 맞춤은 RF 방사 에너지가 필요하나 일치는 안테나의 광학축(optical axis)이 RF 축과 적절하게 일치되면 방사 없이 수행될 수 있다.

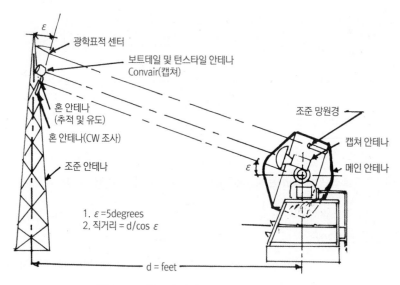

그림 13-37 다중-빔 사격통제 레이더의 콜리메이션

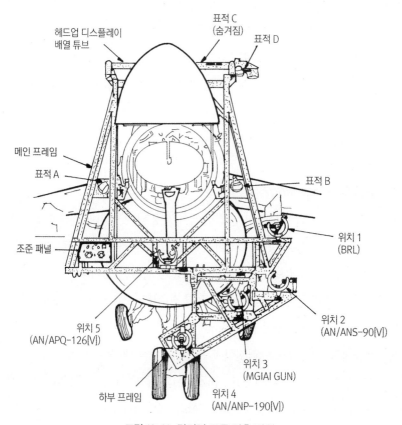

그림 13-38 단거리 조준 맞춤 장치

전기적 조준 맞춤 절차는 앞에서 설명한 콜리메이션과 동등한 절차이다. 항공기에 설치된 레이더들이 광학축에 평행하도록 조정된다. 그림 13-38과 같이 휴대용 프레임(frame)이 항공기에 부착되어 다양한 무기와 센서를 장착할 수 있다. 이 프레임은 그림 13-37의 콜리메이션 타워와 매우 흡사하게 사용된다.

일치 절차는 레이더 광학축을 무기 기준선(armament datum line)이라 불리는 항공기 내의 기준선(base line)과 평행하게 유지시키는 과정으로 "0°"의 선회 및 고각 설정에 추가하여 함정에 롤러-경로 회전면의 조정과 동등한 과정이다. 또한 여기에는 무기-발사(weapon- releasing) 장비 및 광학 조준기 또는 헤드업 디스플레이 배열이 포함된다.

요약

본장에서는 무기통제 문제의 해를 구하는 일반적 절차에 대해 살펴보았다. 전체 예측 절차는 상대운동(relative motion), 무기 탄도(weapon ballistic), 안정화된 관성 기준계와 불안정한 비관성 기준계 사이의 이동 등의 세부절차로 나누어진다.

상대운동 절차는 입력으로 현재 표적위치, 표적 상대속도 및 무기 비행시간을 수신하여 출력으로 미래 표적위치에 대한 연속적인 근사(approximation)를 생성한다.

탄도 절차는 입력으로 미래 표적위치를 수신하여 출력으로 발사각(launch angle) 및 비행시간(TOF)에 대한 연속적인 근사를 생성한다. 전체 반복절차는 미래 표적위치의 근사가 정밀하여 졌음을 나타내는 $T_n - T_{n-1} \rightarrow 0$ 일 때 종료된다. 그림 13-39는 흐름도 형태의 무기통제 문제 해결 절차를 나타낸다.

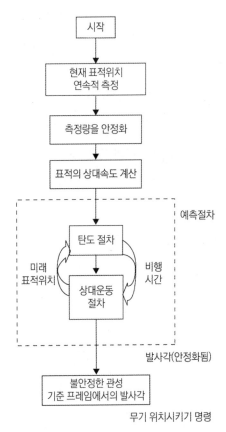

그림 13-39 무기통제 문제 해결 절차 요약

14 | 무기 추진 및 아키텍쳐

소개

모든 무기는 탄두를 목표한 표적으로 이동시키기 위한 일정 유형의 추진(propulsion)을 필요로 한다. 이 장에서는 무기를 플랫폼에서 발사하여 표적으로 추진시키는 데 사용되는 추진 및 발사체계에 대해 살펴볼 것이다. 무기-유형의 운반체(weapon-type vehicle)에 대한 설계 요구사항은 환경에 의존적이며 운동중인 무기에 작용하는 힘에 관한 지식이 필요하다.

추진운동에 대한 기초 원리는 뉴턴의 제 3법칙으로 설명되는데 이 법칙은 모든 작용(action)에는 크기가 같고 방향이 반대인 반작용(reaction)이 존재함을 나타낸다. 앞쪽으로의 모든 가속 또는 운동의 변화는 반대방향으로 작용하는 반작용력의 결과이다. 예를 들면 사람은 지면을 뒤로 밀어냄으로써 앞으로 걸어 나아간다.

프로펠러 유형의 항공기에서 항공기 프로펠러를 통해 이동하는 공기가 항공기를 앞으로 나아가게 하기 위해 항공기 뒤로 빠르게 몰아쳐진다, 즉 항공기가 이 공기운동의 반작용으로 앞으로 나아간다. 제트-추진 항공기 또는 로켓에서는 가스의 질량이 고속으로 방출되는데 항공기의 앞으로의 운동은 이 가스운동에 대한 반작용이다. 액체, 기체 또는 고체 형태의 물질이 추진력(propellant force)으로 방출되며 이들의 에너지를 원하는 운동경로에 반대방향으로 소모하며 원하는 탄도를 따라 추진체(propelled body)가 사전 설정된 가속도에 도달한다.

발사체계(Launching System)

발사체계의 용도는 무기를 가능한 빠르게 비행경로 상에 위치시키는 것이다. 무기의 비행은 중력, 충격, 무기에 가해지는 반작용 등의 추진력에 의해 개시된다. 무기체계가 효과적으로 기능하기 위해 발사는 반드시 최적의 순간에 이루어져야 한다. 또한 발사체계는 무기의 추진력을 안전하게 견딜 수 있어야 하며 무기가 설계된 격추확률(kill probability)을 얻기 위해 고도의 신뢰성을 가져야 한다.

발사체계의 주요 요구사항은 다음과 같다.

1. 속력(speed) – 발사대는 반드시 빠른 초기사용이 가능하고 이후의 높은 발사율을 가져야 한다.

2. 신뢰성(reliability) – 발사대의 설계상 복잡성과 무관하게 일정수준의 고장 없이 반복 사용할 수 있어야 한다. 또한 수리 가능해야 한다.

3. 안전(safety) – 발사대가 장착된 플랫폼(차량, 함정 등)과 발사대를 동작 및 제어하는 운용자가 손상이나 부상 없이 기능을 수행할 수 있어야 한다.

4. 호환성(compatibility) – 발사체계는 함정, 차량 등 무기 이송수단(delivery vehicle)과 나아가, 이송수단에 탑재되는 다른 무기체계의 임무를 보완할 수 있어야 한다. 즉, 여러 유형의 플랫폼에 장착가능하고 여러 유형의 무기를 발사할 수 있어야 한다. 발사체계는 부식성 환경, 강한 외력, 진동 등 플랫폼의 임무와 관련된 특정의 혹독한 상황을 견디도록 설계되어야 한다.

충격 발사대(Impulse launcher)

충격발사는 무기 탄도의 전체 경로를 따르도록 플랫폼으로부터 무기를 빠르게 몰아내거나 이보다 약한 정도로 플랫폼으로부터 이탈시키기 위해 무기에 힘을 가하는 발사방식이다.

충격 발사대는 포 발사대(cannon launcher)와 사출 발사대(ejector launcher)의 두 가지로 구분된다. 포 발사대는 평사포(gun), 곡사포(howitzer), 박격포(mortar)로 세분화된다. 포 발사대의 세 가지 유형은 탄도, 초속 및 발사대의 크기에서 차이를 가지며 평사포가 가장 큰 포구속도(muzzle velocity)와 평탄한 탄도를 가진다. 세 유형의 포 발사대 모두 기능적 동작원리는 유사하므로 평사포 발사대에 자세히 살펴보자.

평사포-유형 발사대(Gun-type Launcher)

평사포 발사대는 초속(IV; Initial Velocity)을 무기(일반적으로 사출탄이라 부름)에 부여할 뿐만 아니라 가장 단순한 형태로 사출탄에 비행유도(flight guidance)를 제공한다. 특수 설계된 사출탄은 로켓모터가 장착되거나 유도 패키지(레이저, IR)가 장착된다. 평사포 발사대 설계에 있어 주요 고려사항은 사출탄을 추진하는 데 사용되는 충격에 의해 생성되는 반작용(주퇴) 힘의 발산(dissipation)이다.

13장에서 내탄도학 및 제한된 공간에서 열과 가스 생성에 관해 설명하였다. 포신(gun barrel)은 반드시 추진제 열과 가스에 의해 전개되는 압력에 견딜 수 있는 고유의 강도를 가지도록 제작되어야 한다. 추가로 대부분의 평사포 발사대는 최초 충격의 반작용 힘이 대부분 주퇴(recoil)/복좌(counter-recoil) 시스템과 연결된 발사대에 의해 흡수되기 때문에 크기가 크고 무겁다.

포신은 일반적으로 가장 큰 압력효과가 발생하는 약실(powder chamber)에서 가장 두껍다. 포신은 추진제에 의해 가해지는 압력에 비례하여 두께가 점차로 줄어든다. 포 설계에 이용되는 기본 원리에 대한 이해를 구하기 위해 그림 14-1을 살펴보자.

포의 강도는 안전상 충분한 여유를 제공할 수 있도록 매 위치에서 장약압력(powder pressure)을 초과하도록 제작되어야 한다. 그림 14-1의 압력곡선에서 시작점 압력(initial forcing pressure)이 "0"보다 훨씬 높은 점에서 시작하는데 이는 추진 장약(propelling charge)이 연소한 후 사출탄이 약실(powder chamber)에서 움직이기 전에 압력이 형성됨을 의미한다.

포 강도곡선(gun strength curve)은 장약 압력곡선(powder pressure curve)과 평행하게 변화하지 않는데 그 이유는 사출탄 바닥에 가해지는 팽창가스의 압력과 동일한 압력이 사출탄 뒤쪽의 포

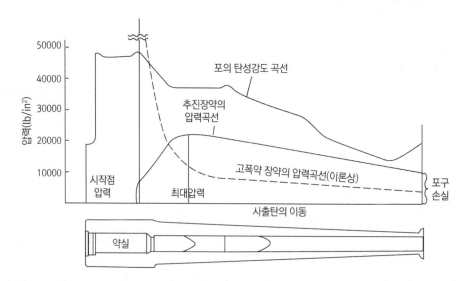

그림 14-1 평사포 포신 단면과 세기/압력 곡선 간의 관계. (X-축은 포강 내에서 사출탄의 이동을 나타내며 시간이나 포강의 길이가 아님)

내부표면에 가해지기 때문이다. 따라서 포신의 포미(bleach) 부분은 최대 응력(stress)을 견디도록 설계된다. 사출탄은 최대압력 점을 통과한 후 포구(muzzle)를 떠날 때까지 가스압력에 의해 계속 가속된다. 사출탄이 포구를 떠나는 점까지의 전체 곡선의 하부면적은 대략적인 초속(IV; Initial Velocity)의 척도이며, 포구에 남아 있는 압력은 포구 손실(muzzle loss)을 나타낸다. 높은 포구 압력은 포구 화염(muzzle flash)을 증가시킨다. 그림에서 알 수 있듯이 고폭약을 장약으로 사용 시 장약 기폭과 거의 동시에 포 세기(gun strength)를 초과한다. 실제로 고폭약 에너지의 방출은 너무 빨라서 방출 에너지의 훨씬 많은 부분이 포신을 통해 사출탄에 전해지는 것보다 포를 파괴시키는데 사용될 것이다. 정상적인 장약이 연소할 때 포신은 접선응력(tangential stress)과 세로응력(longitudinal stress)의 두 가지 원리상 응력을 받는다. 접선응력은 방사상 응력과 결합된 장력으로 포를 포신 중심축의 수직방향으로 쪼개려는 경향을 가지며, 세로응력은 포신을 중심축 방향으로 잡아당기는 경향을 가진다. 가장 큰 응력은 가스에 의한 포신 반경의 접선방향 응력이며 포신 방향 응력은 무시할 수 있다. Lame의 법칙에서 유체압력이 존재하는 원통 내부의 임의의 점에서 접선방향 압력(tangential pressure)과 방사상 압력(radial pressure)은 합은 반경의 좌승에 반비례하여 변화한다. 이 법칙으로부터 내부압력 하에 있는 원통 내에서 포강(bore)에 근접한 금속 내의 점은 높은 비율의 압력을 경험하는 반면 이보다 큰 반경을 가지는 원 상에 위치한 점은 거리의 좌승에 반비례하는 적은 응력을 받는다. 이에 따라 포신의 벽 두께를 증가시키더라도 포신 강도를 증가시킬 수 없는 한계가 존재한다. 따라서 보다 많은 응력을 흡수할 수 있는 금속 외부 층을 가지는 제작방법이 사용되어야 한다.

현대의 모든 포신은 강철로 제작되며 일반적으로 내부 (파열)압력에 보다 잘 견딜 수 있도록 사전응력(prestress)을 가한다. 사전응력을 주는 목적은 포신 안쪽의 금속 표면층이 보다 큰 폭발부하를 견딜 수 있도록 하는 것이다. 사전응력을 주는 조립방법은 강철 환 형태의 외피(ring-shape jacket) 또는 테(hoop)를 고온까지 가열한 후 이를 포관(gun tube)에 미끄러지듯이 끼워 냉각하는 것이다. 테가 냉각됨에 따라 제곱인치 당 수천 파운드의 압력으로 포신이 압착된다. 그림 14-2를 참조하라.

하나의 부분품(one-piece) 또는 하나의 블록(monobloc) 구조를 가지는 현대 포신에 사용되는 또 다른 사전응력 기술은 방사상 팽창(radial expansion) 과정이다. 이 과정에서 원하는 구경보다 약간 작은 구경을 가지는 포관을 유압에 의해 팽창시킨다. 압력이 제거되면 확장된 내부 층(라이너)이 확장을 유지하는 동안 포관의 외부 층이 원래의 크기로 되돌아온다.

따라서 금속 내부 층은 마치 테(hoop)가 내부 층으로 오므라드는 것처럼 외부 층의 압착에 의해 심각하게 압축된다. 사전응력 주기 및 방사상 팽창 방법은 단일 함포(single gun)에 사용된다. 예를 들어 76/62-구경 함포는 그림 14-3과 같이 방사상으로 팽창된 관에 외피를 끼운다.

보다 작은 포들은 방사상 팽창이나 테를 이용한 사전응력 주기 없이 단일 강철의 단조(forging)로 제작된다. 단위면적 당 압력은 대구경보다 소구경 포에서 높으며 소구경 포의 포관(gun tube) 벽이 특별히 단조 처리되지 않는 한 대구경보다 두껍고 무겁다. 이러한 유형의 제작방법은 3-인치 및 이보다 작은 구경의 포로 제한된다.

그림 14-2 76mm 함포(naval gun); 포신의 끝에 위치한 포관(gun tube) 위의 금속재킷(metal jacket)에 유의하라

그림 14-3 라이너-포관(liner-tube) 배치를 나타내는 포신 끝단

주퇴/복좌 시스템(Recoil/Counter-Recoil System)

주퇴란 발사 동안 및 후에 포와 연결부의 후방으로 움직임으로 사출탄과 추진제 가스의 전방으로의 움직임에 대한 반작용에 의해 발생한다. 주퇴 후에 포와 연결부는 장전 (in-battery) 또는 발사 위치로 되돌아오는데 이와 같은 전방으로의 움직임을 "복좌(counter recoil)"라 한다.

만일 포가 주퇴 시스템 없이 견고하게 장착되어 있다면 실질적으로 포의 파괴, 전복, 위치변화 없이 포가(carriage)에 가해지는 하중을 견디어 내는 것은 불가능하다. 이렇게 포가에 가해지는 응력을 적정한 값으로 줄여 안정성을 확보하기 위해 주퇴 시스템은 포와 포가 사이에 놓여진다.

주퇴 메커니즘은 주퇴부(recoiling part)의 에너지를 일정 길이에 걸쳐 흡수하고 이후 사격을 위해 포를 장전 위치에 되돌려 놓는다. 주퇴부란 주퇴 및 복좌 시 포와 함께 움직이는 포와 주퇴 메커니즘 그리고 포가(carriage)를 의미한다. 주퇴 메커니즘은 일반적으로 주퇴 및 주퇴 길이를 제어하는 주퇴 제동기(recoil brake), 주퇴부를 장전 위치로 재위치 시키는 복좌 메커니즘(counter-recoil mechanism), 복좌 운동의 끝부분을 느리게 하여 주퇴부의 충격을 방지하는 복좌 버퍼(counter-recoil buffer)로 구성된다.

그림 14-4는 포가 발사되었을 때 주퇴/복좌 절차를 나타낸다. 맨 위 그림은 시스템의 주요 구성품을 나타낸다. 중간 그림과 같이 포가 발사되어 주퇴 추력(thrust)이 포미몸통을 뒤로 이동시킨다. 아래 그림과 같이 주퇴 시스템에 의해 포가 뒤로 밀리는 것이 멈추면 복좌 압력이 포미몸통을 앞으로 움직여 장전 위치(in battery position) 즉, 발사준비 위치로 되돌린다.

대부분의 함포에서 주퇴 제동기는 유압으로 동작하며 실린더, 피스톤, 글리세린(glycerin)과 물 같은 액체와 피스톤의 한쪽에서 다른 쪽으로 액체가 흐를 수 있는 특정 형태의 구멍으로 구성된

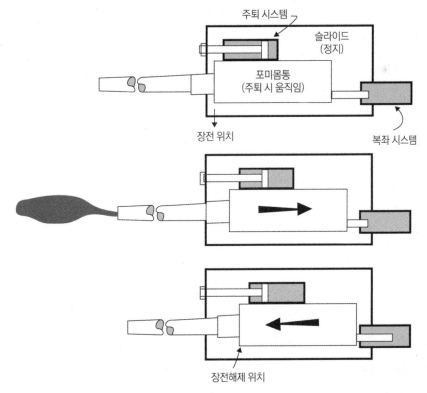

그림 14-4 중구경 포의 주퇴/복좌

다. 실린더 내의 피스톤 운동은 액체에 힘을 가해 피스톤 구멍을 통과시켜 주퇴 에너지를 흡수하고 복좌동안 장전위치로 포가 되돌아가도록 제어한다.

주어진 구멍을 통과하는 액체에 힘을 가하는데 필요한 일(work)은 수력학(hydraulics) 법칙에 의해 명확하게 식별되며 구멍의 면적, 피스톤의 면적, 피스톤의 속도와 액체의 무게에 의존한다.

유압 제동기에 의해 흡수된 일은 온전히 액체 온도상승의 원인이 됨을 알 수 있다. 속사(rapid fire) 상황에서 온도상승은 발사가 진행됨에 따라 축적되어 상당한 양의 온도상승을 유발함으로, 주퇴 시스템 설계 시 고려하여야 한다.

포구제동기(Muzzle Brake)

주퇴 힘을 감소시키는 또 다른 방법은 포구제동기 (muzzle brake)로 이 제동기는 그림 14-5와 같이 포신의 포구 끝단에 부착된 하나 또는 그 이상의 배플 (baffle) 세트로 구성된 장치이다. 사출탄이 포구를 떠날 때 사출탄 후부의 고속 가스는 관(포강)을 통해 제동기의 배플에 부딪쳐 후방 및 측면으로 편향되어 대기 중으로 배출된다.

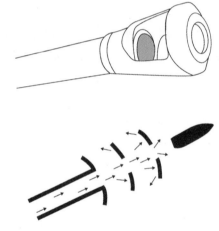

그림 14-5 포구제동기(muzzle brake)

가스는 배플에 부딪칠 때 부분적으로 주퇴 힘을 거스르는 앞쪽으로의 힘을 가한다. 포구제동기는 또한 분사 편향기(blast deflector)로 동작하여 표적의 엄폐효과를 향상시켜 탱크와 같은 직사화기(direct-fire weapon)에서 중요한 기능을 수행한다.

소프트 주퇴 시스템(Soft Recoil System)

항공기용 포 발사대의 개발을 통해 고속의 사출탄은 포이(trunnion)에 과도한 반작용 힘을 발생시킴을 발견하였다. 결국 항공기 구조에 가해지는 응력을 흡수하기 위해 항공기 기체에 추가적인 구조적 강도 보강과 이에 따르는 중량 증가가 필요하였다. 한편 이렇게 과도한 반작용 힘을 감소시키기 위해 소프트 주퇴 원리가 이러한 무기에 적용되었는데 이 원리는 장전해제 위치(out-of-battery) 사격이라 불리기도 한다.

소프트 주퇴 시스템이 재래식 주퇴 시스템과 다른 점은 주퇴부가 사격 방향으로 작용하는 가스 스프링 힘에 의해 기계적으로 유지된다는 점이다. 장전위치에서 앞으로 이동시 팽창하는 가스는 하우징을 사격방향 즉, 전방으로 가속시키며 적절한 속도에 도달했을 때 추진제가 자동으로 기폭한다.

사격에 의한 충격은 포미몸통의 앞쪽으로의 운동량을 극복하여 진행방향을 반대로 바꿔 가스 스프링에 반하여 포미몸통이 장전 위치에 잠길 때까지 포미몸통을 뒤로 이동하도록 힘을 가한다. 그림 14-6은 재래식 주퇴와 소프트 주퇴 시스템의 차이를 나타낸다.

소프트 주퇴 시스템의 장점은 포 플랫폼 또는 포이 상의 수평적 힘을 크게 감소시킬 수 있으며 주퇴 사이클 시간이 감소되어 고속의 발사가 가능하다는 것이다. 이 시스템은 항공기 장착 포외에 현재 105-㎜ 예인 곡사포에 사용된다.

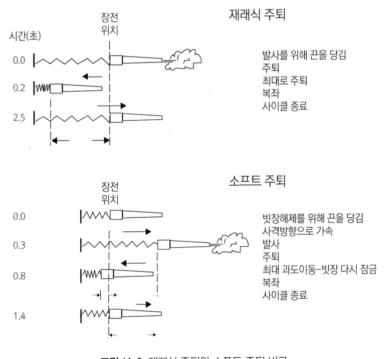

그림 14-6 재래식 주퇴와 소프트 주퇴 비교

무반동 체계(Recoilless System)

주퇴 문제의 또 다른 해결책은 무반동 원리(recoilless principle)를 이용하는 것이다. 무반동 라이플총(rifle)의 동작원리는 라이플총 후부로 방출되는 추진제 가스의 운동량이 전방으로 방출되는 가스와 같다면 발사대는 자신에게 부가되는 어떠한 운동량도 가지지 않는다는 사실에 기초한다. 이 체계에서 움직일 수 있는 네 개의 부분을 사출탄, 전방으로의 가스, 후방으로의 가스 및 포, 자체라 하고 각각의 질량을 m_1, m_2, m_3, m_4 로 각각의 속도를 v_1, v_2, v_3, v_4 로 놓으면 무반동 원리는 아래 식으로 나타낼 수 있다.

$$m_1 v_1 + m_2 v_2 + m_3 v_3 + m_4 v_4 = 0 \tag{14-1}$$

포가 무반동이면 $v_4 = 0$ 으로, 식은 아래와 같이 간소화할 수 있다

$$m_1 v_1 + m_2 v_2 + m_3 v_3 = 0 \tag{14-2}$$

또는

$$m_3 v_3 = - m_1 v_1 - m_2 v_2$$

즉, 사출탄의 운동량과 전방으로 움직이는 가스 운동량의 합은 포미를 통해 방출되는 가스 운동량과 크기는 같으나 방향은 반대이다. 무기 사격 중 대략 백분의 1초에 해당되는 순간에 대해 위 사항이 사실이라면 무기의 운동량은 반드시 항상 "0"이어야 하며 무기는 완전하게 주퇴(반동)가 없다고 간주할 수 있다.

그러나 실제는 그렇지 않으며, 정확하게 표현하면 무반동 무기는 일반적으로 평균적으로 주퇴가 없다. 즉, 사격 기간 전체에 걸쳐 무기에 작용하는 전체 운동량은 "0"이지만 임의의 순간에 운동량의 합은 "0"이 아니다. 무기는 압력 간격(pressure interval)의 일정 부분 동안 많은 불균형 힘을 경험하며 압력 간격의 다른 부분에서 반대방향으로의 힘을 경험한다. 따라서 무기의 주퇴 없음은 절대 값이기 보다는 평균값이다. 그림 14-7은 무반동 라이플총과 관련된 기초 고려사항을 나타낸다.

유사한 구경을 가지는 재래식 총에 비해 무반동 라이플총이 가지는 주요 장점은 매우 경량으로 이동성이 좋다는 것이다. 이 장점을 살리기 위해서는 발사속도 및 사거리의 약간의 감소와 추진제 양의 대규모 증가(2.5에서 3배)가 필요하다. 무반동 발사대의 주요 단점은 포미 방향으로 빠져나가는 가스에 의한 포 후방으로의 거대한 폭풍 즉, 후폭풍이 발생한다는 것이다. 비교적 소구경

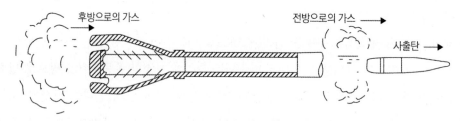

그림 14-7 무반동 라이플총

(57-mm) 포의 위험구격은 포미후방으로 길이 17m, 너비 14m로 발산하는 원뿔형 영역이다. 이와 같은 무반동총의 단점과 재래식 포의 기동성을 향상시킬 수 있는 기술이 개발됨에 따라 무반동포는 과거처럼 많이 사용되지 않는다.

사출 발사대(Ejector Launcher)

사출형 충격발사대는 자유낙하(free-fall)와 자체추진 무기 모두에 사용된다. 사출 발사대의 주요 목적은 무기탑재 플랫폼으로부터 무기를 안정하게 이탈시키는 것으로, 사출은 일반적으로 압축공기 공급이나 추진제의 기폭으로 수행된다. 이 발사대는 사출목적으로만 사용되기 때문에 충격이 작으며 발사대는 과도한 구조적 강도나 특수 장비 없이 조립될 수 있다. 따라서 이 유형의 발사대는 상당히 경량이며 설계 또한 단순하다.

충격에 의해 발사되는 자체추진 무기는 종종 크고 무거워 이송과 장전이 느리며 힘든 과정이다. 사출발사대는 일반적으로 여러 개의 발사관을 가지며 무기는 필요시까지 발사관 내에 저장된다.

이 유형의 가장 일반적인 발사대는 어뢰발사관이다. 어뢰발사관은 함정 및 잠수함에 설치되며 고정 또는 회전 가능하도록 설계된다. 어뢰 사출은 가스 생성 화학제품 또는 압축공기 공급기에서 팽창하는 가스에 의해 이루어진다. 초기 잠수함에서는 고정식 어뢰발사관이 함수와 함미에 설치되었으나 현재 대부분의 미해군 잠수함은 함수에만 설치된다.

또한 고정식 어뢰발사관은 수상 전투함에도 설치되는데, 이러한 선회가 불가한 발사관은 함 현측의 둘러싸여진 공간 내에 단독 또는 두 개나 그 이상의 그룹으로 장착된다. 발사 시 표적에 대해 최적의 어뢰 방향을 제공하기 위해 발사함의 방사상 기동이 불필요하도록 고정식 발사관에서 발사되는 어뢰는 유도장치를 장착한다. 발사관을 함 내부에 설치하는 이유는 모든 발사관이 기상 또는 갑판 상 활동과 관계없이 쉽게 정비가 가능하기 때문이다.

회전식 어뢰발사관은 필요한 방위로 어뢰가 향할 수 있도록 간섭이 없는 함정의 갑판 상에 설치된다. 그림 14-8의 3중 발사관을 가지는 발사대는 구축함 유형의 전투함에서 가장 흔하게 사용된다.

그림 14-8 수상 전투함에 장착되어 대잠어뢰 발사대로 사용 중인 MK-32 어뢰발사관

공간을 줄이기 위해 발사관은 다른 발사관 위에 쌓여 진다. 강화 섬유유리(fiberglass)로 제작하여 무게가 최대한 감소되며 상부 노출이 적기 때문에 정비소요가 감소한다. 이 그림에서 발사관 후부(breech)에 공기 플라스크(flask)에 주의하라. 발사대에 어뢰가 탑재되어 있을 때 발사대 앞쪽에 제거 가능한 덮개가 제공된다.

압축가스 외에도 추진제 그레인(propellant grain)을 연소하여 무기를 사출할 수 있다. 이 경우 추진제 그레인에 의해 생성된 고온의 가스가 순식간에 물을 증기로 변화시킨다. 그러면 증기와 가스 혼합물이 무기를 사출하기 위해 사출 압력챔버(eject pressure chamber)에 제공된다. 증기-사출-유형(steam-ejection-type) 시스템은 탄도미사일 탑재 잠수함에 사용된다. 이 미사일은 화염 없이 발사되어 잠수함으로부터 안전거리 이탈 후 로켓모터가 점화된다.

또한 사출발사대는 항공기에도 사용된다. 해군 항공기에 장착되는 거의 모든 자유낙하(free-fall) 및 활강(glide) 무기가 사출-발사식이다. 발사 시 고압가스가 무기를 잡고 있는 걸쇠(hook)를 개방하도록 힘을 가하며 이와 동시에 금속 막대기 또는 사출 발(election foot)에 힘을 가한다.

이 동작은 항공기로부터 물리적으로 무기를 이탈시키며 이후 무기는 항공기 주변의 공기역학적 흐름에 의해 항공기로부터 벗어난다. 고압가스는 일반적으로 폭약 카트리지(cartridge)에 의해 생성되며 압축가스 실린더에서 공급되기도 한다. 추가로 자유낙하 무기는 안전을 위하여 모터점화 이전에 항공기로부터 낙하된다.

전자기 충격(Electromagnetic Impulse)

전자기 추진(electromagnetic propulsion)은 새로운 충격-발사 개념으로, 사출탄을 움직이기 위해 가스압력 대신 전류와 자기장의 상호작용으로 생성되는 전자기력(electromagnetic force)을 이용한다. 페러데이의 법칙에 따라 전류의 방향이 자기장에 직각이면 아래 식과 같이 전류와 자기장에 직각인 힘이 생성된다.

$$\vec{F} = i\vec{L} \times \vec{B} \tag{14-3}$$

여기서, $\vec{F}$ = 힘의 벡터

i = 전류

$\vec{L}$ = 레일의 길이방향 벡터

$\vec{B}$ = 자기장 벡터

전자기 충격 추진방식을 사용하는 무기에는 코일 건(coil gun)이 있으며 이 포는 속이 빈 관(포신)을 통해 사출탄을 밀어내는 일련의 솔레노이드를 가진다. 코일 건은 사출탄을 포신 내에서 이동시키기 위해 포신 주위에 감겨진 연속적인 코일과 사출탄을 싸고 있는 코일의 상호작용 이용한다.

이 방법에서 사출탄을 포신 내에서 일정한 가속도로 움직이기 위해서는 포신 주위에 연속적으로 감겨 있는 코일에 정확하게 전류를 투입하는 타이밍이 필요하다. 그리고 이 방법은 정확한 타이밍뿐만 아니라 사출탄 코일에 별도의 전압을 인가해야 하기 때문에 그렇게 많은 관심을 끌지 못하고 있다.

미래 전자기 추진 무기에 사용될 수 있는 보다 실현가능성이 높은 방법은 레일건(rail gun)으로 이 방법은 사출탄을 구속할 수 있는 홈을 가지는 두 개의 평행하게 놓인 고전도 레일(conductive rail)을 사용한다. 사출탄은 전도용 전기자(conductive armature)로 일반적으로 알루미늄, 구리, 흑연으로 제작되며, 레일의 홈에 끼워져 전기회로를 형성한다.

대규모 전원공급원(power source)이 하나의 레일과 연결되어 이 레일을 지난 전류는 사출탄을 통과하여 다른 레일을 통해 전원공급원으로 되돌아간다. 그림 14-9와 같이 사출탄에 흐르는 전류가 레일 상에 흐르는 전류에 의해 생성된 자기장과 상호작용하여 사출탄을 레일 방향으로 움직여 속도를 증가시킨다. 이때 힘은 레일을 통해 흐르는 전류의 제곱에 비례하기 때문에 충분한 전류가 공급되면 사출탄을 엄청난 속도로 포를 이탈할 수 있다. 그림 14-10은 레일건의 기본 설계를 나타낸다.

레일건 체계를 무기로 사용하기 위해서는 여러 문제점이 해결되어야 한다. 순간적으로 엄청난 전류를 생성할 수 있는 전원공급 장치가 필요한데 대형 배터리 뱅크나 캐패시터를 이용하는 실험실적 방법은 군사적으로 활용할 수 있을 정도로 크기를 줄이기가 어려운 것으로 확인되었다. 따라서 전류 펄스를 저장하고 생산하기 위해 회전식 기계장치를 사용하는 소형 전원공급 장치가 개발되고 있다.

또 다른 문제점은 레일 자체의 문제로 사출탄을 2,500 m/s 이상의 속도로 움직이기 위해서는 대량의 전류가 필요한데, 이 전류에 의해 레일 물질이 빠르게 닳아서 접촉상태가 불량해져 전류흐름과 효율을 감소시킨다.

레일의 전기저항에 의한 대량의 열 발생 또한 주요 관심사로 열에 의해 레일이 휘어지는 것을 방지하기 위해 시스템을 빠르게 냉각시키는 것이 매우 중요하다. 제대로 동작하는 레일건 설계가 완성되어 화학-유형의 포 시스템을 대체하기 위해서는 이 문제점을 해결하기 위한 많은 연구가 필요하다.

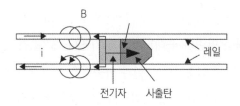

그림 14-9 일반적인 레일건(rail gun) 디자인

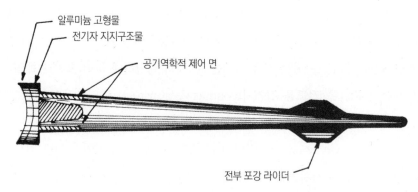

그림 14-10 초기 해상화력지원용 전자기 레일건 사출탄 개념

반작용 발사대(Reaction Launcher)

이 일반적 유형의 발사대는 발사대로부터 무기를 분리시키기 위해 무기 내부에 포함된 힘을 사용한다. 이 유형의 발사대를 사용하는 일반적인 무기는 로켓 또는 미사일이다. 미사일의 자체 추진체계는 발사에 필요한 힘을 제공할 수 있기 때문에 대부분의 자체추진 무기는 사출에 의해 발사되지 않는 한 반작용 힘에 의해 발사대를 이탈하여 비행 상태로 진입한다.

반작용 발사대는 무기를 비행 이전까지 지지하고 최초 비행방향을 제공한다. 이 발사대는 무기 발사 시 큰 모멘트(moment)를 지탱해야 하기 때문에 소형이고 경량이다. 반작용 추진 공중무기(air weapon)는 양력을 형성하기 위해 종종 날개(wing) 또는 타(fin)를 이용하며 중력을 임시적으로 극복하며 무기를 원하는 비행속력으로 추진시키기 위해 로켓추력을 사용한다.

만일 추력을 전개하는 중에 무기가 발사대를 따라 자유롭게 움직인다면 미사일이 발사대를 떠날 때 중력을 극복하여 충분한 추력 또는 양력을 얻을 수 없게 된다. 이렇게 되면 미사일은 발사함의 갑판에 떨어지거나, 비행을 유지할 수 있는 충분한 추력 또는 양력을 전개하기 전에 완전히 잘못된 방향으로 향할 것이다.

이를 방지하기 위해 무기는 충분한 추력이 생성되기 전까지 발사대에 구속되어야 한다. 이러한 구속 장치로는 무기가 필요로 하는 추력을 전개할 때까지 이를 견딜 수 있는 일회용 핀(pin)이나 필요한 추력이 가해질 때 무기를 방출하는 보다 복잡한 재사용이 가능한 장치가 사용된다.

발사대는 반드시 추진제 배기가스의 폭풍 및 부식으로부터 보호되어야 한다. 이를 위해서 일반적으로 발사대 보호덮개를 사용하거나 폭풍 편향판 또는 방어물(shield)이 사용된다. 발사대 구조는 반드시 추진제 가스에 의해 성능이 저하되는 것을 방지할 수 있어야 하며 설계 시 추진제 폭풍 또는 주퇴 운동에 의한 하중(loading) 또는 스트레스를 최소화하여야 한다. 어떤 발사대를 사용하든 반작용 발사대는 반드시 발사대 장착 플랫폼의 공간 및 무게 제한뿐만 아니라 플랫폼의 운용환경과도 호환성을 가져야 한다. 비유도 로켓은 발사 전에 발사대에서 상당한 비행제어를 제공하여야하나 유도미사일은 로켓에 필요한 정도의 초기제어를 필요로 하지 않는다. 반작용 발사대는 다음과 같이 세 가지 형태로 분류된다.

레일 발사대(Rail Launcher)

레일 발사대란 레일, 관(tube), 기다란 경사로(ramp) 및 높다란 탑(tower)을 사용하는 발사대이다. 이 유형의 발사대는 정도의 차이는 있으나 무기가 발사대에서 움직이는 동안 무기를 구속하여 상당량의 비행제어를 제공한다. 로켓과 같이 제어되지 않는 비유도 무기에 대해 레일은 필요한 초기 속도벡터를 제공하기 위해 로켓 모터의 많은 부분이 레일 내에서 연소될 수 있도록 그 길이가 상당히 길어야 한다.

단, 미사일에 유도시스템이 장착되면 레일 길이는 일반적으로 감소된다. 유도 또는 비유도 장거리 무기는 초기 가속도가 단거리 무기에 비해 상대적으로 작기 때문에 일반적으로 긴 레일을 필요로 한다. 그러나 레일 길이 감소 시에는 충분한 가속을 제공하기 위해 로켓 부스터가 사용될 수 있다.

레일 발사대는 고정 또는 이동형이며 수상함, 잠수함, 항공기 및 육상에서 사용된다. 또한 미사일 상비저장고(ready service storage)로 사용되고 연료보급 및 수리지원을 위한 설비를 제공하며 레일 발사대의 설계 단순성은 장비의 신뢰성과 정비 용이성을 증가시킨다.

항공기 장착 발사대 레일은 장착 공간 및 공기 흐름에 의한 영향 때문에 일반적으로 매우 짧다. 일반적으로 발사대로부터 미사일의 이탈속도가 빠를수록 공기흐름에 의한 영향을 적게 받는다.

레일 또는 발사관 축에 평행하게 전개되는 추력은 레일 축을 따라 적절한 탄도로 무기를 추진한다. 추력의 수직성분은 레일 또는 발사관 즉 발사대에 대하여 힘을 가한다. 따라서 발사대는 반드시 무기를 지탱하는 부분뿐만 아니라 무기 추력 부분에 대해서도 견딜 수 있어야한다.

무기가 발사대 레일로부터의 이탈하거나 레일을 이동하는 중에 이탈하는 것을 방지하기 위해 측면 방향의 구속이 필요한데, 이는 발사대 레일상의 홈(slot)을 타는 무기의 돌기(lug)에 의해 이루어진다. 일반적으로 발사대 레일이 길수록 초기 비행 제어가 양호하며 발사 시 이탈정도가 적다.

그러나 길이가 긴 레일은 처지거나 구부러질 수 있다. 레일이 전체 길이에 걸쳐 잘 지지되지 않으면 한 길이가 길수록 레일의 굽어짐이 크게 발생할 수 있다. 하지만 이러한 지지대의 사용은 전술 발사대에서는 실용적이지 못하기 때문에 발사대의 긴 레일 끝에서 일정량의 레일 빔(beam)의 굽어짐 또는 처짐이 발생한다.

이러한 처짐 및 진동 효과는 미사일이 레일을 따라 이동할 때 레일을 갑자기 움직이게 하여 미사일 방향의 원치 않는 편향을 발생시킨다. 발사대 레일의 길이를 감소시켜 이 효과를 최소화할 수 있다. 이와 같은 이유로 물질 및 구조적 특성을 이용하여 전술적 레일 발사대의 길이를 줄인다. 무기를 레일방향으로 진행하도록 구속하는 레일 발사대의 효과는 부스트 단계(boost phase) 전체시간 중 레일에 구속되어 진행하는 시간과 레일에 구속되지 않고 비행하는 시간의 비에 따라 변화기 때문에 이러한 레일 길이의 제한에 따른 영향은 그리 심각하지 않다. 무기는 발사대에서 정지 상태에서 출발하기 때문에 무기가 레일에 구속되어 진행하는 시간은 레일 길이의 1/2승에 비례하여 변화한다.

$$S = \frac{1}{2}at^2 \qquad\qquad (14\text{--}4)$$

그러면

$$t = \frac{\sqrt{2S}}{a} \qquad\qquad (14\text{--}5)$$

여기서, S = 레일길이

a = 미사일 가속도

t = 이동 경과시간

따라서 비교적 짧은 레일일지라도 상당한 초기 비행제어(flight control)를 제공한다.

영-길이 발사대(Zero-Length Launcher)

영-길이 발사대는 무기가 레일에서 이탈하기 전 8 ㎝ 이하를 진행하는 레일 발사대이다. 발사대로부터 무기가 짧은 시간 동안만 구속된 후 즉시 분리되기 때문에 무기가 움직인 후 발사대에 의해 제공되는 비행 제어효과는 아주 작거나 없다.

따라서 이 발사대는 발사 즉시 안정된 경로를 가질 수 있는 무기에 사용된다. 이 발사대의 주요 장점은 소형, 경량이며 단순하고 정비가 용이하다. 소형, 경량이기 때문에 영 발사대는 갑판 상 최소 공간에 설치할 수 있으며 선회 및 고각 작동이 용이하다. 이런 이유로 이 발사대는 함상, 육상 및 항공기에 유도미사일 발사용으로 널리 사용된다. 그림 14-11은 항공기 버전을 나타낸다.

그림 14-11 함정 및 항공기 영-길이 발사대

케니스터 발사대(Canister Launcher)

반도체 장치를 이용한 유도(solid-state guidance), 완전한 전기적 제어, 장시간의 수명주기를 가지는 고체 로켓모터의 출현으로 유도미사일 저장 요구조건은 매우 단순화되었다. 영 발사대 사용을 가능케 하는 미사일 비행 특성과 함께 이와 같은 진보는 발사대의 한 부분으로 무기를 함(ship)에 적재하는 보관용기(shipping container)에 미사일을 넣을 수 있게 되었다. 따라서 컨테이너 발사대는 영 발사대 레일 부분이나 경량의 무기(light weight weapon)용 컨테이너 면에 의해 지지되

는 미사일을 포함한다.

해병대에서 사용되는 Stinger 및 Dragon 케니스터는 손으로 들 수 있으며 하푼(Harpoon)과 같이 보다 큰 미사일의 경우 무기가 담겨진 케니스터가 고정 또는 이동 가능한 발사관 지지 구조물 위 또는 내부에 설치된다. 두 경우 모두 무기는 밀폐된 컨테이너에 발사 전까지 남아 있다. 이를 통해 무기의 직접적인 취급을 최소화하고 해로운 환경에 노출을 제한할 수 있다.

그림 14-12 DDG에 장착 하푼 케니스터 발사대

수직발사체계(VLS; Vertical launch System)는 그림 14-13과 같이 다양한 유형의 미사일을 적재 할 수 있는 표준 케니스터를 사용하며 함상에 8-셀(cell)로 구성된 모듈(module) 단위로 배치된다. 이를 통해 발사율 뿐만 아니라 무기 저장능력 또한 증가된다.

각 셀 및 케니스터는 8-셀로 구성된 모듈에 공통적으로 사용되는 배기가스 처리시스템(exhaust gas management system)을 제외하고 다른 셀 및 케니스터와 별개의 발사대로 동작한다. 이 체계는 발사대에 재장전 시간이 필요치 않아 매우 높은 발사율을 얻을 수 있다.

케니스터 발사대는 많은 장점이 있으나 단점으로 체계의 내탄도학 특성에 의해 무기에 추가적 응력이 발생한다. 케니스터는 로켓모터가 점화된 후 케니스터 끝단 덮개가 파괴되어 무기 이탈하기까지 연소 생성물의 고속 흐름에 의한 충격파의 영향을 받는 짧은 시간동안 무기를 구속한다.

로켓모터가 점화되면 무기와 케니스터의 내부 벽 사이에서 충격파가 발생하며, 이 충격파는 전

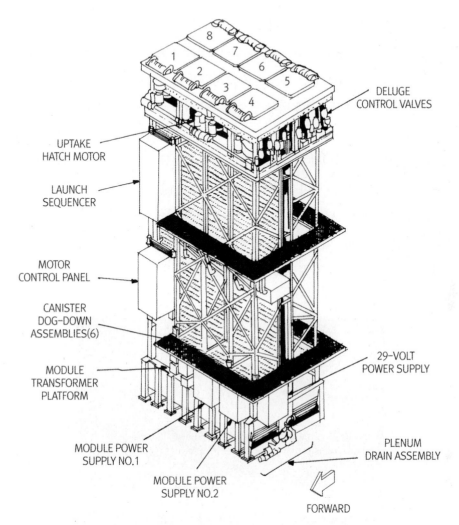

그림 **14-13** 수직발사시스템(vertical launcher system)

방 덮개로부터 미사일의 레이돔으로 재전송된다. 그 결과, 발사 중 케니스터 내에 동적인 가스 (dynamic gas) 현상에 의해 무기에 진동하는 축 방향 하중(load)이 발생한다. 이러한 힘의 효과는 체계마다 다르며, 스텐다드 미사일(Standard Missile)을 사용하는 수직발사체계에서 1,000 kg에 달하는 것으로 알려져 있다.

수직발사체계와 같이 케니스터가 선체 내에 저장되어 발사되는 경우 배기가스 처리가 중요한 문제이다. 배기가스 흐름은 전형적으로 $2,400°K$의 고온과 2,500 m/s의 빠른 속도를 가진다. 추가로 배기가스는 높은 연마성 입자(abrasive particle)와 활성 화학물질을 포함한다.

미사일 배기가스를 흩뜨리기 위해 어떠한 체계가 사용되던 간에 체계는 반드시 모터 점화에서 무기 이탈 사이의 짧은 시간동안 강한 압력파(pressure wave)를 견딜 수 있어야 할뿐만 아니라 사고 발생 시 무기를 케니스터 내에 구속한 채 로켓 모터가 완전히 연소하는 동안 무기를 취급할 수 있어야 한다. 구속된 상태에서 로켓모터의 연소를 처리하는 능력은 미사일이 함정에 배치되기 때문에 우선적으로 미사일 저장고(magazine) 설계에 있어 제한사항이 된다. 그러나 수직발사체계는 함정의 생존성 보장뿐만 아니라 잔여 미사일의 운용성 또한 보장하도록 설계되었다.

수직발사체계의 강철 표면은 연마성 코팅(abrasive coating)에 의해 로켓모터의 배기에 의한 융해나 약화로부터 보호를 받는다. 이 코팅은 로켓모터의 배기에 노출되는 동안 증발(vaporization)되어 열을 발산시키며 교체가 가능하다. 또한 배기가스는 보호되지 않은 장치의 표면에 닿는 것을 피하기 위해 관(duct)을 통해 대기 중으로 인도된다.

그림 14-14 수직발사시스템 셀(cell)에서 발사되는 미사일

발사대 차단장치(Launcher Cutout)

함정 및 해안에 장착된 포 및 미사일 발사대는 장애물에 의해 작동범위에 제한을 받는다. 해안에 장착된 시스템은 장애가 없이 확 트이고 평평한 설치장소를 발견할 수 없을 때 반드시 지형적 특성과 인공적 구조물을 고려하여야 한다. 함정장착 무기체계는 그 발사각 내에 갑판실(deckhouse), 안테나, 라이프 라인, 구명정 그리고 다른 무기가 놓이기 쉽다.

따라서 모든 발사체계는 발사 중에 구조물에 손상을 입히거나 편향을 일으킬 수 있는 선회 및 고각에서 사격회로를 정지시키는 일종의 기계적 링크(linkage)를 사용한다. 이러한 발사 차단장치 메커니즘은 제어 중인 무기의 상황을 알리며 포 또는 발사대가 장애물이 위치한 방위에서 안전 사격 고각으로 자동적으로 위치하도록 한다.

중력 발사체계(Gravity Launching System)

중력 발사대는 발사대로부터 무기를 분리시키기 위해 중력에 의존하기 때문에 설계상 구조가 매우 간단하다. 무기의 초기속력 및 방향은 함정, 항공기 등의 이송 수단(delivery vehicle)에 의해 제공되며 이탈시 어떠한 추가적 힘도 가해지지 않으며 발사대에 어떠한 갑작스런 충격도 발생되지 않는다.

항공기가 과거 이러한 유형의 시스템을 사용하였다. 그러나 고성능 항공기의 높은 속력 때문에 일부 중력 발사대는 사용할 수 없게 되었다. 무기 및 발사 플랫폼 주변의 공기-흐름 패턴 때문에 공기역학적 힘이 생성되어 이 힘이 무기를 항공기로부터 분리할 수 없게 만들거나 분리되어 항공기에 부딪치게 한다. 따라서 순수 중력 발사체계는 좀처럼 사용되지 않는다.

발사체계의 기능

발사체계는 소관 무기를 성공적으로 발사하기 위해 특정 기능을 수행해야 한다. 체계의 동작 측면에서 이 기능들은 독립적이 아니라 체계가 원하는 목적을 달성하기 위해 통합된다. 발사체계에는 다음과 같은 기능이 있다.

1. **저장(storage).** 무기가 필요할 때까지 안전하고 쉽게 접근할 수 있는 곳에 무기를 저장하는 기능

2. **이송(transfer).** 무기를 저장 장소에서 장전 위치까지 아니면 반대로 움직이는 기능

3. **장전(loading).** 무기가 발사대를 떠나 비행하기 전에 무기를 발사장치의 발사준비 상태로 위치시키는 기능

4. **제어(control).** 장전된 무기를 공간상의 특정 방향으로 위치시키는 기능. 일반적으로 이 기능은 사격통제문제의 해에 반응하여 수행됨.

5. **발사(launching).** 발사대로부터 무기의 비행을 개시시키는 기능. 일반적으로 무기의 비행 개시는 중력, 충격, 반작용으로 무기에 공급되는 추진력에 의해 이루어짐.

저장(Storage)

특정 무기를 위해 선택된 발사체계는 사격을 최대한 지속하기 위해 최소한의 기간 동안 부여된 임무를 수행할 수 있는 저장시스템을 갖추어야 한다. 저장시스템은 원하는 사격을 지속하는데 적합하여야 하고 설비는 쉽게 접근 가능하여야 한다. 탄약고(magazine)라는 용어는 대량의 중력, 포, 반작용 타입의 무기의 저장을 위한 공간과 필요한 안전설비를 제공하는 저장 장소를 의미하며 다음의 세 가지 범주로 구분된다.

주 탄약고(primary magazine) 주 탄약고는 플랫폼의 평시 탄약 할당량을 채우도록 설계된다. 주 탄약고는 일반적으로 보호가 잘되어 있으며 무기를 사전 설정된 상한온도 이하로 유지하기 위해 단열, 통풍, 살수시스템이 장착된다. 잠금장치 및 원격 경보시스템과 같은 안전보장을 위한 물리 및 환경적 방법도 사용된다. 반작용 유형의 무기의 경우 이동시 무기의 추진모터 점화방지를 위해 무기 구속장치(restraining equipment)가 함께 보관된다. 배기구(vent)는 부주의에 의한 추진 모터 점화 시 탄약고 내 전개되는 압력에 의한 피해를 방지하기 위해 설치된다.

상비탄약고(ready-service magazine) 이 유형의 (탄약)저장고는 발사대 인근에 탄약 저장시설을 가리킨다. 이 탄약고는 발사대에 탄약의 즉각적인 공급이 요구될 때만 사용한다. 이러한 탄약고 분류방법을 적용 시 일부 중력 및 반작용 유형 발사체계는 주 탄약고를 가지지 않고 상비탄약고만을 가진다. 그러나 이 경우 일반적으로 주 탄약고의 특성이 상비탄약고 설비에 포함된다.

특수탄약고(locker) 이 탄약고는 신관, 파이로기술(pyrotechnics)이 적용된 탄약(기만, 조명, 연막탄 등), 폭파용 뇌관(blasting cap), 수류탄, 폭발성 화학제품과 같은 민감하거나 특수목적의 탄약을 저장하기 위한 격실이다. 특수탄약고는 일반적으로 화재 또는 유해환경에 의한 효과를 좁은 장소로 제한하며 최소화할 수 있다면 보수(damage control) 또는 기상갑판(weather deck) 위에 위치한다.

대부분의 탄약고는 단일 목적용이다. 즉, 동종의 탄약을 저장하기 위해 설계된다. 플랫폼 내의 공간적 제약 때문에 다중목적 탄약고가 필요한데 이 경우 다른 종류의 탄약이 혼합하여 저장된다. 단, 특수탄약고에 저장되도록 설계된 특수탄약은 혼합저장하지 않는다.

혼합저장 시 여러 유형의 탄약은 식별 및 접근을 용이하게 하기 위해 서로 이격된다. 동일 탄약고나 특수탄약고에 같이 저장할 수 있는 탄약 유형의 조건을 지정하는 데는 매우 특별한 요구사항이 존재한다.

이송장비(Transfer Equipment)

무기 이송장비는 무기 및 신관, 특수 페이로드 등의 관련 구성품을 주 탄약고에서 상비탄약고로, 그 후 발사대로 이동시키도록 설계된다. 이에 추가하여 이송시스템은 일반적으로 무기를 발사대에서 탄약고로 원위치시킬 수 있다.

신속한 최초 전개를 위해 이송시스템은 발사대의 발사율과 같은 비율로 무기를 이동시킬 수 있어야한다. 만일 이송라인 또는 채널이 요구되는 발사율에 비해 낮은 이송율을 가지면 둘 또는 셋의 추가 이송라인이 필요하다.

회전발사대에 무기를 이송할 때 회전하지 않는 장치로부터 발사대와 함께 회전하는 장치까지의 이동이 이송라인(transfer line) 상의 특정 위치에서 이루어져야 한다. 이러한 이동은 발사대가 회전하는 동안에도 무기가 이동되어야하는 높은 발사율을 가지는 시스템에서는 매우 심각한 고려사항이다. 따라서 발사대 회전 중에 무기의 이동은 수동으로 이루어지거나 고 발사율 함포의 자동급탄장치처럼 복잡한 자동장치에 의해 수행되며, 이송되어야 할 무기가 많을 경우 무기가 발사대로 이송되기 전에 발사대를 특정한 곳으로 위치시키기도 한다. 무기비행 준비설비가 종종 이송시스템에 장착되는데 무기조립, 점검(checkout), 정비(servicing)와 심지어 무기 프로그래밍 같은 동작이 발사대 경로 내에서 이루어진다.

무기 폭발이나 점화에 의한 작동수와 플랫폼의 손상을 방지하기 위해 이송시스템은 반드시 기폭, 화재, 추진모터 폭발 등을 특정지역에 국한시키고 제한하도록 설계된다. 무기 자체의 치명적 위험 이외에도 발사체계의 이동이나 회전 기계부에 의해 사람이 피해를 입을 수 있으므로 이를 최소화하기 위해 이송시스템뿐만 아니라 모든 구성품 설계 시 특별한 주의가 필요하다.

함포용 탄약 및 반작용 탄약 이송은 항공기용 미사일이 주 탄약고에서 엘리베이터를 경유하여 항공기에 장착된 발사대로 받침판(dolly) 상에서 이동되는 것처럼 단순하거나 1톤을 초과하는 대형 유도미사일의 이중레일 발사대에 무기를 자동으로 이송하는 시스템처럼 복잡할 수도 있다. 보다 복잡한 이송시스템에서는 이러한 이송작업이 유압, 공기압 및 전기적 서보시스템(servo system)을 로컬(local) 또는 원격(remote)으로 모니터링하여 수행된다.

장전장치(Loading Equipment)

무기 장전장치는 무기를 신속하고 신뢰성 있게 안전한 방식으로 발사대 상의 발사 위치로 위치시키기 위해 사용된다.

장전동작에는 무기를 이송장치에서 발사대로 이동시켜, 레일(rail) 또는 쟁반(tray)을 이용하여 무기를 발사대 상의 발사 위치로 이동 또는 밀어 넣는 것이 포함된다. 이동 및 밀어 넣기(ramming) 기능은 작동수의 제어에 의한 수동방식이나 작동수의 모니터링에 의한 자동방식으로 수행된다. 발사율이 낮은 일부 고정발사대에는 밀어 넣기 동작이 필요치 않다. 이 발사대에서 무기는 단순하게 발사대 상의 위치로 인양되거나 하강된다. 그러나 높은 발사율을 가지는 발사대는 신속하고 정확한 밀어 넣기 사이클이 필요하다.

발사되지 않아 사용 가능한 탄약의 장전해제와 불안전 탄 및 불발탄 처리를 위해 특정수단이 반드시 필요하다. 인력으로 장전해제 등의 작업을 수행하기 어려울 때 대부분의 장전장치가 이 기능을 수행한다.

신속한 무기사용과 높은 발사율을 유지하기 위해 장전율(loading rate)은 요구되는 발사율과 반드시 비례하여야한다. 이송장치와 마찬가지로 장전장치는 종종 하나의 발사관이나 레일 당 한 개 이상의 장전단(loading unit)을 필요로 하거나 밀어 넣기 장치(ramming equipment)에 무기를 공급하기 위한 한 개 이상의 라인이나 채널을 필요로 한다.

대부분의 자동 장전시스템은 캐터펄트 장치(catapulting device), 레일 스페이드(rail spade) 또는 체인장치(chain device)를 사용한다.

레일 스페이드 밀어 넣기(rail-spade ramming) 이 방법은 반고정식(사출탄과 장약이 분리됨) 및 분리형 탄약 밀어 넣기와 상비탄약고에 수용되는 어뢰 및 반작용 무기의 장전에 많이 사용된다.

많은 반작용 무기는 그 크기 때문에 수동으로 제어되는 장전장치를 사용한다. 이 경우 무기는 발사대 주변의 고정식이나 이동식 로더(loader)에 지지되어 느리게 해당 발사대(관)로 밀어 넣어진다. 이 방법은 상대적으로 느려 재장전 중 다수의 표적과 교전이 예상되지 않는 발사대에만 사용된다.

캐터펄트 밀어 넣기(catapult ramming) 이 방법은 고정식 탄약을 사용하는 포 형태의 발사대에 사용된다. 탄은 이송시스템에서 공급되어 포강 뒤쪽에 정렬된다. 그리고 탄이 얹혀 있는 장전판(tray)

은 탄을 꽉 잡은 상태로 포미 쪽으로 빠르게 이동 후 정지한다. 장전판의 이동경로 끝에서 탄은 느슨한 상태가 되어 약실 내로 캐터펄트 방식으로 밀어 넣어지며 폐쇄기(breechblock)에 의해 약실 내로 봉해진다. 그림 14-15는 이 장전방법을 나타낸다.

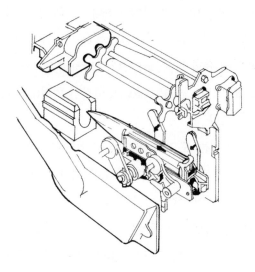

그림 14-15 포 발사대에서 탄약의 캐터펄트 밀어 넣기

체인 밀어 넣기(chain ramming) 링크를 가진 유연성 체인이 앞에서 설명한 두 범주의 밀어 넣기에 종종 사용되는데 이 방법에서 체인의 끝단에는 버퍼(buffer)가 장착되어 무기의 바닥과 연결된다. 이 체인은 전후방으로 자유롭게 움직일 수 있는 궤도(track)를 따라 사슬톱니바퀴(sprocket)에 의해 구동된다. 그림 14-16에서 체인은 한 방향으로만 구부러질 수 있음에 유의하라. 설계에 따라 이 밀어 넣기 방법은 초당 3 m을 초과하는 속도를 낼 수 있기 때문에 버퍼가 빠른 구동속도에 의한 손상으로부터 무기를 보호하기 위해 사용된다.

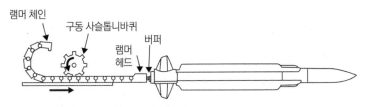

그림 14-16 반작용발사대에서 유도 미사일의 체인 밀어 넣기

제어(Control)

무기가 발사대에 일단 장전되면 표적과 교전하는 마지막 단계로 표적으로 무기의 전달(deliver)이 이루어진다. 이 단계가 수행되기 위해서는 발사대가 반드시 무기가 표적을 요격할 수 있는 최종적 선인 포축선(LOF, line-of-fire)을 따라 위치되어야 한다.

일반적으로 발사체계는 무기체계 역학관계(weapon system dynamic)에 통제를 받는데, 이 통제를 통해 발사대는 체계의 특정 유형 명령(order)에 응답하며 명령에는 포 명령(gun order), 발사대 명령(launcher order), 어뢰 명령(torpedo order), 미사일 명령(missile order) 등이 있다. 이 명령들의 특성은 체계에 따라 다르다.

예를 들어 일반적인 포 명령에는 포 방위(Bdg'), 고각(Edg') 시야각(Vs), 시야 편향(Ls, sight deflection), 시차(pl, parallax), 신관 시간(T5)이 있다. 문자와 숫자로 구성된 심벌은 사격통제 심벌로 알려진 각각의 명령과 연관되어 있다. 이 심벌들은 종종 무기체계 내에 정보/자료 흐름을 묘사하는 속기방법(shorthand device)으로 사용된다.

다음은 미사일 명령의 예로 탐색기 헤드 명령, 도플러 예측, 함정 롤(roll) 교정, 채널 선택, 중력 편향, 표적선택이 있다. 각각의 명령은 발사대 할당 그리고 미사일 발사 사이의 시간 간격이나 발사대가 무기체계로부터 전자기적으로 (사용)해제될 때까지 전산 시스템으로부터 발사체계 및/또는 무기 자체에 연속적으로 송신된다.

무기체계는 종종 여러 유형의 무기를 발사할 수 있는 능력을 보유하므로 발사하려는 무기와 관련된 명령만을 발사대에 제공하여야 한다. 예를 들어 함포 발사체계는 여러 유형의 사출탄이 탄약고에 보관됨으로 통제소의 통제요원은 발사할 사출탄 유형을 선택하여 이를 발사대에 알려주어야 한다. 함정탑재 유도미사일 발사체계는 호밍 및 빔-편승 미사일 모두 사용 가능하므로 발사체계는 반드시 발사할 미사일의 유형에 해당하는 명령을 반드시 수신하여야 한다. 발사할 미사일 유형에 추가하여 발사체계는 얼마나 많은 미사일을 발사할 것인가도 반드시 알아야 한다. 예를 들어 잠수함 발사체계는 한발 또는 두발의 어뢰를 연속하여 발사할 수 있으며 유도미사일 발사체계 또한 한발 또는 두발을 연속으로 발사할 수 있고 함포 발사체계는 표적이 파괴되거나 사거리를 벗어날 때까지 계속하여 사격할 수 있다.

그러나 가장 중요한 발사대의 기능은 무기의 초기 비행방향을 제공하는 것이다. 발사대가 함정이나 항공기 등의 플랫폼에 견고하게 고정되어 있는 경우 플랫폼이 반드시 초기 비행방향을 제공하기 위해 기동해야 한다. 발사체계가 장착된 플랫폼이 적절히 기동할 수 없을 경우 하나 또는 그 이상의 축 주위로 회전가능한 발사대가 일반적으로 사용된다.

앞 장에서 소개하였듯이 센서시스템은 현재 표적위치를 연속적으로 전산시스템에 입력하기 위해 표적을 탐지 및 식별하고 위치를 확인한다. 이를 이용하여 전산시스템은 발사대를 포축선(LOF)으로 이동시키는 명령을 발사대로 보낸다. 포축선은 13장에서 설명하였듯이, 추적시스템에 의해 일단 조준선(LOS)이 정해지면 무기발사 앞지름 각(lead angle)이 계산된다. 따라서 앞지름 각은 조준선과 포축선 사이의 전체 각이 된다.

포축선으로 선회 및 고각에서 발사대의 이동은 각각의 크기와 방향을 나타내는 직류 에러전압 형태의 아날로그 신호에 의해 수행된다. 발사대는 일반적으로 13장의 무기체계 정렬에서 설명한 것처럼 플랫폼을 기준으로 삼는다. 에러신호는 발사대의 선회 및 고각 선회 서보시스템으로 입력된다. 12장에서 설명한 방법대로 위치 및 속도 피드백을 사용하여 구동신호(driving signal)가 발사체계가 선회 및 고각에서 응답하도록 한다.

발사체계의 효과적인 제어를 위해 통신 계획(scheme)이 반드시 포함되어야 한다. 발사대의 물리적 운동 및 이송과 장전 기능이 단순 음성명령에 의해 수행될 수 있다.

동시에 다양한 표적에 대해 여러 무기를 사용하는 보다 복잡한 체계에서의 통신은 전자식 자료처리 구성품(electronic data-processing component)을 사용하는 정보시스템에 의해 수행된다. 극도로 복잡한 체계에서 통신 및 제어는 작동수가 시작만하면 이송, 장전, 위치잡기 등 발사의 전체 사이클이 작동수의 개입 없이 자동으로 이루어진다.

발사체계 요약

충격 및 반작용 체계에서 무기의 발사는 추진제(장약)이 활성화되어 팽창하는 가스가 무기를 축출하는 방식으로 이루어진다. 중력 발사체계에서는 무기를 단순하게 놓음으로 발사가 이루어진다. 발사체계는 반드시 체계를 운용하는 작동수와 체계가 장착된 플랫폼의 안전을 고려하여 설계되어야한다. 안전을 위해 전체 체계에 많은 구성품이 포함된다. 대부분의 발사대는 자신이 탑재된 플랫폼으로 조준 또는 발사를 방지하기 위한 메커니즘을 가진다.

발사차단 캠(firing cut-out cam)과 같은 기계적 장치와 사격제한구역(non-firing-zone)으로 발사대의 임의 이동을 방지를 위한 전기적 회로장치가 작동수에게 경고 없이 포축선이 위험구역에 형성되지 않도록 사용된다.

인명 및 장비에 물리적 손상을 방지하기 위해 무기의 추진가스를 발사대 외부로 배출시키거나 배출방향을 바꾸는 방법이 사용되는데 그 예로 포의 가스배출기(gas ejector), 반작용 발사대의 폭풍편향 장치(blast deflector) 및 확산기가 있다. 일반적으로 발사대 주위의 간섭구역 유지와 보호물질의 사용뿐만 아니라 플랫폼상의 적절한 발사대 설계 및 위치 선정에 의해 플랫폼은 무기의 추진가스에 의한 손상으로부터 보호된다.

무기 추진(Weapon Propulsion)

탄두가 표적까지 추진하는 데 필요한 파워는 저장된 에너지의 통제된 방출을 통해 얻어진다. 일반적으로 추진 유형은 에너지원(energy source)의 관점에서 고려되는데 에너지원은 아래의 최종산물이다.

1. 화학반응
2. 가스 또는 액체의 압축
3. 중력 효과

충격 추진(Impulse Propulsion)

충격 추진체계는 최초 충격에 의해 컨테이너, 일반적으로 긴 관으로부터 사출탄이 사출되는 모든 체계를 포함한다. 또한 이 시스템에는 무기가 발사플랫폼을 떠날 때까지 최초 충격에 의한 추진을 제공하기 위해 압축가스를 사용하는 체계, 예를 들면 어뢰, 잠수함 발사 탄도미사일 체계도 포함된다.

현대전의 요구대로 사출탄을 고속으로 사출하기 위해서는 엄청난 힘이 필요하다. 이러한 힘(force)과 발사순간에 포 내부에서의 작용(action)에 대한 연구가 13장에서 살펴본 내탄도학(interior ballistic)이다. 여기에는 화학적 에너지원, 작용물질(고압가스), 작용물질을 방출하고 지향시키는 장비에 대한 연구도 포함된다. 포에서 요구하는 빠른 속도의 응답을 제공하기 위해 추진제는 반드시 자신의 반응에너지를 작용물질인 연소에 의해 팽창하는 가스를 통해 사출탄에 전달해야 한다.

사출탄을 추진시키는 압력을 생성하는 기체는 폭발계열(explosive train)의 점화에 의해 생성된다. 이 폭발계열은 추진제 계열(propellant train)이라 하며 16장에서 설명할 고폭약 계열(high-explosive train)과 유사하다. 이 둘의 차이는 추진제 계열은 고폭약 대신에 주로 저성능 폭약(low explosive)으로 구성되며 뇌관(primer), 점화기(ignitor) 또는 점화 충전물(igniting powder)과 추진 충전물(propellant powder)을 가진다.

소량의 민감 폭약인 뇌관(납 아지드화물, lead azide)의 점화는 발사 핀의 타격에 의해 개시되며 크고 상대적으로 덜 민감한 추진 충전물을 적절한 방식으로 태워 사출탄을 발사하기 위해 점화기에 의해 전달 및 증폭된다. 이 과정이 그림14-17에 잘 나타나 있다.

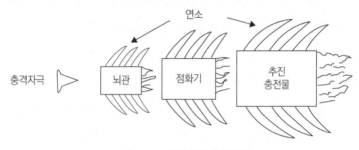

그림 14-17 폭약 추진제 연결체

반작용 추진(Reaction Propulsion)

대중적 신념에 반하여 반작용 모터(reaction motor)는 자신이 동작하는 매질을 밀어냄으로써 추력(thrust)을 얻는 것이 아니라 동작하는 유체의 운동량을 증가시켜 여기서 발생하는 압력의 차이에 의해 추력을 얻는다. 작용이 있으면 이와 크기가 같고 방향이 반대인 반작용이 존재한다는 뉴턴의 제 3법칙은 자체 추진하는 물체운동에 기초가 된다.

이 압력차이가 로켓 및 제트추진 미사일뿐만 아니라 프로펠러 구동 항공기를 움직이는 데 사용된다. 정의에 따라 반작용 추진된 물체는 자체 구조 내에 자신의 추진 원(propulsion source) 즉, 반작용 타입의 모터를 가진다. 모터가 동작하는 매질에 따라 무기체계에 사용되는 반작용 모터 유형은 아래와 같이 구분된다.

1. 공기 : 프로펠러 엔진, 터보제트, 로켓

2. 진공 : 로켓

3. 물 : 스크루, 하이드로제트, 로켓

현대 추진체계에 요구되는 성능은 거리, 속도 및 제어에 관한한 재래식 방법에 의해 제공되는 성능수준을 상당히 초과한다. 1950년대 후반까지 왕복기관-프로펠러 결합이 항공기에 적합한 추진 기관으로 고려되었다. 그러나 항공기 속력이 음속에 도달함에 따르는 충격파(shock wave)의 발생으로 이 수준의 추력을 가지는 프로펠러 구동 항공기 개발이 제한되었다.

미래 기술이 프로펠러 구동 항공기의 제한점을 극복할지라도, 아음속 및 초음속으로 비행하는 현대 미사일에는 프로펠러 추진 대신 제트 추진체계가 사용된다. 그 이유는 제트 추진 체계가 비행시간당 막대한 양의 연료가 소모되지만, 효율이 프로펠러 유형 체계보다 보다 우수하기 때문이다. 또한 진공에서 동작할 수 있는 자체추진 수단으로는 로켓을 사용하는 제트추진만이 가능하다.

제트-추진기관의 분류

제트추진은 추진되는 물체의 몸체 내에서 유체제트(fluid jet) 형태로 사출되는 물질의 운동량을 이용하는 운동방법이다. 제트를 형성하는 유체에는 물, 증기, 가열된 공기, 화학적 반응으로 생성되는 가스들이 있다. 제트엔진 내의 공기, 하이드로제트 내의 물과 같이 유체는 몸체가 이동하는 매질로부터 몸체로 유입되거나 로켓엔진의 경우처럼 자체에 보유할 수도 있다. 로켓엔진의 경우 동작유체는 로켓연료 연소에 의해 발생하는 가스 생성물이다.

제트 추진기관(엔진)은 근본적으로 공기흡입을 위한 확산기(diffuser), 추진제 공급시스템, 연소챔버, 배기노즐(exhaust nozzle)로 구성된다. 추진제 공급시스템과 연소챔버의 기능은 고온, 고압의 큰 가스 체적을 생성하는 것이다. 그러면 배기노즐은 열에너지를 가능한 효율적으로 기계적 에너지로 변환한다.

재래식 용어 해석에 의하면 제트와 로켓의 차이를 다음과 같이 구분한다. 제트는 대기로부터 공기를 흡입하며, 로켓은 자체의 산소 공급원을 가지므로 공기 공급이 필요치 않다. 제트와 로켓엔진 모두 몸체 후부에 위치한 노즐로부터 고속의 가스흐름을 분출하여 동작한다. 여기서는 로켓을 제트엔진의 한 유형으로 간주한다.

열 제트엔진(공기-흡입)에서 미사일은 자체 입력단 끝에서 일정량의 공기를 흡입하여 압축한다. 그리고 액체연료가 압축된 공기내로 주입되어 혼합물이 연소챔버 내에서 점화된다. 그 결과 고온 가스가 미사일 후부에 있는 노즐을 통해 방출되어 열에너지가 기계적 에너지로 변환되어 추력이 만들어진다. 따라서 공기-흡입 추진체계를 이용하는 미사일은 진공에서 동작할 수 없다.

앞에서 언급했듯이 로켓과 열 제트엔진 사이의 기본적 차이는 로켓은 자체의 산화제를 보유하여 연소과정에 외부공기가 필요치 않다는 것이다. 추가로 공기-흡입 엔진에 의해 전개된 추력은 엔진에 흡입되는 유체(공기)와 엔진에서 배출되는 유체(연소가스) 사이의 운동량 변화에 의존한다. 반면 로켓에서 추력은 배기가스 제트의 운동량 또는 속도에만 의존한다.

게다가 엔진전면(frontal area)의 단위 면적과 엔진의 단위 무게 당 로켓에 의해 전개되는 추력은 현재 알려진 어떤 유형의 엔진보다 크다. 로켓은 배기물질을 생산하는 데 사용되는 방법에 따라 구분된다. 가장 일반적인 유형의 로켓엔진은 추진제의 연소에 의해 자체의 고압가스를 얻는다. 이 추진제는 연료와 산화제로 구성되며 고체 또는 액체이다.

추진제

제트/로켓 엔진의 파워를 얻기 위해 사용되는 연료와 산화제를 추진제라 한다. 제트엔진의 연소챔버 내에서 연료와 산화제 사이의 화학적 반응은 고압, 고온의 가스를 생성한다. 이 가스들은 배기노즐의 좁은 경로를 통과하도록 유도될 때 노즐로부터 배기가스 흐름의 반대방향으로 작용하는 힘을 발생시키는 운동에너지로 변환된다. 이 추진력을 추력(thrust)이라 하며 추력은 가스가 배기노즐을 떠날 때 속력과 가스의 질량흐름률(mass flow rate)의 함수이다.

고체추진제로 높은 추력을 얻기 위해서는 큰 연소 면을 가져 높은 비율의 질량흐름을 전개하는 그레인(grain)이나 추진제 충전물(charge)이 사용되어야 한다. 추진제 충전물의 연소시간은 그레인의 뒤엉킴(web)과 연소율에 의해 결정된다. 연소챔버는 일정한 체적과 추진제 용량을 가지기 때문에 추력이 짧은 기간 동안 크거나 긴 시간동안 작은 형태를 가진다.

반작용 모터에 의해 전개되는 추력은 연소챔버의 내부 및 외부 면에 작용하는 정압(static pressure)의 결과이다. 그림 14-18은 이 힘의 불균형을 나타낸다.

챔버 내부 면에 작용하는 정압은 사실상 추진제가 연소하는 비율, 즉 연소에 의해 생성되는 가스의 열화학적 특성과 분산노즐 목(throat)의 면적에 의존한다. 내부 힘이 외부 힘보다 수배 크고 연소챔버의 종축에 수직으로 작용하는 힘이 추력에 기여하지 않기 때문에 전개되는 추력은 주로 축 성분의 압력이 된다.

로켓으로부터 얻어진 추력-시간 곡선(그림 14-19)이 연소시간 전체로 적분되면, 그 결과는 총 충격량(total impulse)이 되며 단위는 뉴튼-초(newton-sec)가 된다.

$$I_t = \int_0^{t_b} T\, \partial t = T_{av}\, t_b \qquad (14\text{-}6)$$

여기서, I_t = 총 충격량(N-초)

t_b = 연소시간(초)

T_{av} = 평균추력(N)

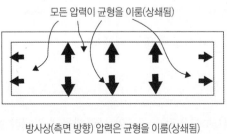

모든 압력이 균형을 이룸(상쇄됨)

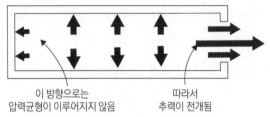

방사상(측면 방향) 압력은 균형을 이룸(상쇄됨)

이 방향으로는   따라서
압력균형이 이루어지지 않음   추력이 전개됨

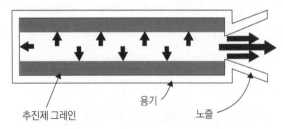

추진제 그레인   용기   노즐

그림 14-18 로켓 모터 내부에서 추력의 전개

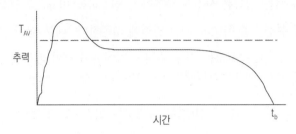

그림 14-19 추력-시간(thrust-time) 곡선

특정 추진제의 성능 특성은 고체추진제 비추력(specific impulse)과 액체추진제 비추력으로 나타내는데, 고체추진제의 비추력은 연료의 질을 가름하는 척도로 아래의 식으로 나타낸다.

$$I_{sp} = \frac{T_{av}\,t_b}{m_p\,g} = \frac{I_t}{m_p\,g} \tag{14-7}$$

여기서, I_{sp} = 고체추진제의 비추력(초)

m_p = 고체추진제의 질량(kg)

g = 중력가속도(9.8 m/s^2)

비추력은 단위가 초이지만, 연료의 I_{sp} 는 실제로 연료의 단위 무게(kg)당 충격량의 값을 나타낸다. 달리 표현하면 이 값은 연료의 비에너지(specific energy)를 나타낸다. 따라서 최고의 I_{sp} 을 가지는 연료가 최대의 성능을 발휘한다.

추진제는 고체추진제와 액체추진제로 분류된다. 미 해군에서 사용 중인 거의 모든 로켓추진 무기는 고체추진제이다. 액체추진제는 오래된 ICBM에 사용 중이며 일부 순항미사일에 사용된다. 물론 모든 열 제트엔진(thermal jet engine)은 액체연료를 사용한다.

고체추진제는 연료(일반적으로 탄화수소)와 산화제로 구성되며 원하는 화학적 퍼텐셜의 고체를 생성하기 위해 결합된다. 생성되는 추력의 양에 직접적으로 영향을 미치는 연소율(burning rate)은 그레인이 소모되는 m/s 단위의 속력이다. 추진제의 연소율은 추진제의 화학적 조성, 연소챔버 온도와 압력기울기, 연소 면 주변의 가스 속도, 그레인 크기와 모양, 전체 충전물의 기하학적 구조에 의존한다.

추진제 충전물은 앞의 13장에서 언급한 중립(neutral), 점진(progressive), 누감연소(degressive burning)를 얻기 위해 제작된다. 추진 사양(propulsive specification)에 따라 어떤 유형의 추진제를 사용할 것인지 선택한다. 일반적으로 일정한 추력을 얻기 위해서는 균일한 연소율이 바람직하다. 대부분의 해군 추진제는 축 방향 및 방사상의 구멍을 가지는 십자형태의 그레인(cruciform grain) 또는 원통형태의 그레인(cylindrical grain)을 사용한다. 그림 14-20을 참조하라.

십자형 그레인의 단면은 대칭을 가지는 십자형태이다. 이 그레인의 모든 외부 표면이 연소 가능하다면 연소면적의 점진적 감소가 발생하며 누감 연소율을 가질 것이다. 균일한 연소율이 요구되기 때문에 다수의 보다 늦게 연소하는 플라스틱 선 또는 억제제가 팔의 외부곡선 끝단에 노출된 면적 부위에 결합된다. 이를 통해 연소율을 조정 또는 늦추어 가스-생성율은 연소시간 전체 동안 거의 균일하게 된다. 원통형 그레인 타입은 그림 16-11을 참조하라.

액체추진제는 일반적으로 연소챔버 외부탱크에 저장되어 연소챔버 내부로 주사된다. 주사기(injector)는 효율적 연소에 필요한 적정 비율로 연료와 산화제를 기화시켜 혼합한다. 단일 추진제

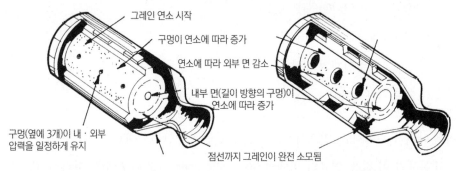

원통형 타입 그레인

그레인 연소 시작

구멍이 연소에 따라 증가

연소에 따라 외부 면 감소

내부 면(길이 방향의 구멍)이
연소에 따라 증가

구멍(옆에 3개)이 내·외부
압력을 일정하게 유지

점선까지 그레인이 완전 소모됨

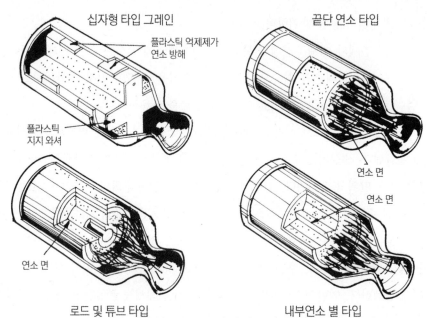

십자형 타입 그레인

플라스틱 억제제가
연소 방해

플라스틱
지지 와셔

끝단 연소 타입

연소 면

연소 면

연소 면

로드 및 튜브 타입

내부연소 별 타입

그림 14-20 고체추진제의 형태

(monopropellant)는 연료와 산화재의 혼합물이며 이원식 추진제(bipropellant)는 연료와 산화제를 발화전까지 분리하여 보관한다.

액체연료는 액체연료 로켓이 이론적으로 무기 추진체계에 적합지 않다는 것을 제외하면 고체연료보다 훨씬 강력하다. 높은 휘발성과 부식성 때문에 액체연료는 장기간 저장할 수 없어 일반적으로 발사 직전에 연료를 주입해야한다. 이러한 특성은 대부분의 전장에서 빠른 반응속도가 요구되는 무기 사용에 있어 부정적 요소이다.

고체연료 로켓엔진은 복잡한 배관 시스템이 필요치 않아 그림 14-21과 같이 상당히 단순한 시스템이다. 추진제는 일반적으로 안정하기 때문에 저장에는 큰 문제가 없어 고체연료 로켓이 거의 독점적으로 사용된다.

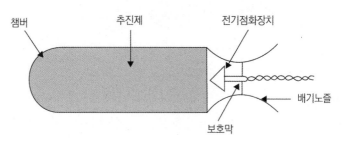

그림 14-21 로켓 모터의 구성요소

추진체계 하부 구성요소

제트/로켓 추진엔진은 기본적으로 연소챔버에서 발생되는 열화학적 에너지를 고온 가스 상태의 배기제트(exhaust jet)와 관련된 운동에너지로 변화하는 장치이다. 이 엔진의 기본 구성요소는 다음과 같다.

1. 연소챔버, 여기서 (화학적) 페텐셜로부터 열로의 에너지 변형 발생
2. 배기노즐, 여기서 열화학적 에너지가 추진 퍼텐셜의 배기제트를 형성하는 데 필요한 운동에너지로 변환
3. 확산기(공기흡입 제트에만 해당) 또는 흡입관, 여기서 흡입되는 고속의 공기가 산화제로 연소챔버로 들어가기 위해 저속의 고압공기로 변화

연소챔버는 그 내부에서 고온, 고압의 가스가 생성되어 페텐셜 에너지가 운동에너지로 변환되는 봉입체(enclosure)이다. 액체연료 엔진에서 주사기는 연료와 산화제를 챔버 내로 함께 공급하며 고체연료 엔진에서 추진제는 이미 챔버 내에 보관되어 있다. 또한 연소챔버 내에 추진제 연소를 개시하기 위한 점화장치가 위치한다.

배기노즐은 연소챔버에서 생성된 가스가 관을 통해 외부로 빠져나가도록 기계적으로 설계된다. 노즐의 기능은 연료로부터 최대의 추력을 도출하기 위해 엔진 외부로 흐르는 고온 가스의 배출 속도를 증가시키는 것이다. 노즐은 그림 14-22와 같이 입(mouth), 목(throat), 출구(exit)로 구성된다.

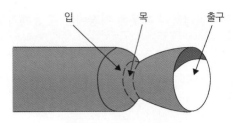

그림 14-22 노즐 구성품

정상 흐름(steady flow) 조건에서 베르누이의 정리에 의해 질량흐름률(mass flow rate)은 일정하게 유지된다. 따라서 가스/유체 밀도가 일정한 아음속 흐름에서는 일정한 질량흐름률을 유지하기 위해 단면적이 감소하는 곳에서 속도는 반드시 증가하여야 한다. 흐름이 아음속이라면 단면적이 증가할수록 속도는 감소할 것이다.

속도가 최고치에 도달하여 음속이 되는 점까지 노즐 목의 단면적을 감소시킬 수 있다. 그리고 노즐의 발산 부분(divergent section)을 적절하게 설계하면 흐름속도가 단면적이 증가함에 따라 초음속으로 팽창이 가능하다.

로켓 모터로부터의 추력은 초당 분출되는 배기가스의 운동량에 비례하며 운동량은 질량과 속도의 곱이기 때문에 적절한 노즐설계에 의해 배기속력이 극대화된다면 연료소비에 따른 추가비용의 지출 없이 추력효율(thrust efficiency)을 증가시킬 수 있다.

일반적으로 사용되는 높은 효율을 가지는 노즐 중 하나가 De Laval 노즐이다. 이 노즐은 흐름의 속력이 음속이 되도록 목에서 흐름을 한 점으로 모이게 한 후 초음속으로 팽창하도록 발산시킨다.

터보제트 엔진

터보제트 엔진이란 명칭은 배기출력의 일부로 터빈(turbine)을 동작하여 이와 연결된 공기압축기를 구동시켜, 입력 공기흐름을 압축시키는 사용하는 데에서 유래되었다. 현대의 터보제트는 그림 14-23과 같이 축 방향으로의 흐름을 가지도록 설계되는데 축류(축 방향의 흐름) 압축기(axial-flow compressor)는 다수의 고정자(stator)와 회전자(rotor)를 가진다는 것을 제외하고 프로펠러와 작동원리가 유사하다. 축 방향으로 설치된 압축기 회전자 블레이드(rotor blade)가 회전함에 따라 블레이드는 공기 흐름 에너지를 확산기(diffuser)에서 엔진 전면으로 들어오는 방향과 접선 방향으로 나눈다.

확산기 또는 흡입관의 역할은 공기 흐름을 최소 압력손실로 자유흐름 속도에서 압축기 단 또는

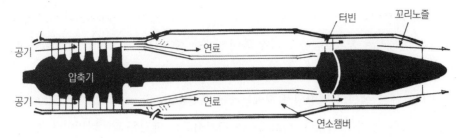

그림 14-23 터보제트 엔진에서 축 방향으로의 흐름

연소챔버 입구에서 원하는 속도로 변화시키는 것이다. 아음속 및 초음속 확산기 모두에서 공기 흐름은 입구로부터 엔진 압축기 단(compression section)까지 감속된다.

공기흐름은 엔진에 흡입되기 전까지 반드시 아음속이어야 하는데 이는 매우 중요한 사항이다. 고정자는 고정 위치에 설치되며, 고정자 블레이드의 각은 첫 번째 단(stage) 회전자 블레이드를 스쳐 지나간 공기가 두 번째 단 회전자 블레이드로 방향이 바뀌도록 사전에 설정된 각을 가진다. 더해진 속도는 공기를 압축시켜 압력이 증가함에 따라 결국 공기의 밀도를 증가시킨다. 이 일련의 사이클이 압축기의 각 단에서 반복된다. 따라서 단의 수를 증가시킴으로써 압력을 원하는 최종 값까지 증가시킬 수 있다.

공기흡입 시스템, 공기 압축기, 연소 시스템, 터빈으로 구성된 가스터빈은 제트흐름(jet stream)과 결합된 개방사이클(open-cycle) 가스터빈으로 가스터빈에 의해 구동된 압축기는 고압의 공기를 연소챔버로 공급하며, 연소챔버에서 연료와 공기가 혼합되어 연소된다. 터빈은 연소 에너지의 일부만을 흡수하며 나머지는 추력을 생성하는 데 사용된다.

일단 연소가 시작되면 연속적으로 발생한다. 1단 ~ 3단의 터빈과 함께 1단, 2단, 심지어 3단 압축기를 장착하는 등 다양한 형태로 터빈이 설계되나 가장 일반적인 형태는 2단 압축기이다.

흡입기와 노즐 설계는 모든 터빈엔진 성능에 매우 중요한 요소로 특히 마하 1 이상의 속력에서 동작하는 항공기의 경우 더욱 중요하다. 적절한 흡입기 또는 확산기 설계 없이는 제트-추진 항공기의 속력은 음속 이하로 제한되는데, 흡입기를 잘못 설계하면 충격파(shock wave)가 압축기 블레이드에서 발생하여 동작에 심각한 간섭을 발생시키기 때문이다.

일부 항공기는 단순형태의 고정 흡입기를 사용하여 마하 1이상의 속력에서 비행할 수 있으나 마하 2를 넘어서면 일반적으로 흡입기의 모양이 속력에 따라 변화하는 가변-흡입기(variable-geometry inlet)를 사용한다.

또한, 초음속 비행에는 가변-배기노즐(variable-geometry exhaust nozzle)이 반드시 필요한데 흡입기 모양을 변화시켜 공기흐름을 느리게 하여 압력을 증가시키는 것처럼 이 노즐은 배기 압력을 속력으로 변환하여 배기가스를 가속시킨다.

기본적인 터보제트 엔진의 변형된 유형에는 터보프롭(turboprop), 터보샤프트(turboshaft) 및 터보팬(turbofan)의 세 가지가 있다. 터보프롭과 터보샤프트 엔진은 파워터빈이라 불리는 2차 터빈 단(second stage)에 샤프트(shaft) 장착하여 터포프롭 엔진에서는 프로펠러를, 터보샤프트 엔진에서는 헬리콥터 로터를 회전시킨다. 즉, 후방으로 배출되는 배기가스의 흐름에 의해 생성되는 직접적인 추력은 프로펠러나 로터를 구동시키는 회전력(torque)으로 전환된다.

터보팬 엔진은 압축기의 1단이나 팬을 통과하는 공기의 흐름 중 일부를 바이패스시켜 연소챔버와 터빈을 거치지 않고 후부로 직접 내보낸다. 종종 바이패스시킨 공기가 터빈에서 나오는 공기와 합쳐지기도 한다. 낮은 바이패스 비(bypass-ratio)를 가지는 터보팬은 일반적으로 전투기와 같은 고성능 군용기에 사용되며, 높은 바이패스 비를 가지는 터보팬은 여객기와 같은 대형 수송기에 사용된다. 터보팬 엔진은 터보제트에 비해 일반적으로 열역학적으로 효율이 좋고 용도가 넓어 군 및 민간에서도 대부분 터보팬으로 교체되고 있다.

현재 다수의 미사일이 주 추진 기관으로 터보제트 및 터보팬을 사용하고 있는데 일반적으로 하푼, 토마호크, 공중발사 순항미사일(ALCM, Air-Launched Cruise Missile)과 같은 장거리 미사일이다.

램제트 엔진

초음속에서 가장 단순하고 효율적이기 때문에 가장 유망한 제트엔진이며 램(ram) 현상으로 동작하기 때문에 램제트(ramjet)라 한다.

램제트는 그림 14-24, 14-25와 같이 움직이는 부분이 없으며 내부 연료 주사시스템을 가지는 양 끝이 개방된 원통형 관으로 구성되어 있다. 램제트가 대기 중으로 이동함에 따라 공기가 확산부(diffuser section)의 전면을 통해 흡입되며 이 확산부는 고속 저압의 공기흐름을 저속 고압으로 전환시켜, 압력 장벽(pressure barrier)을 형성한다. 형성된 장벽은 연소가스가 엔진 앞쪽으로 이탈하는 것을 방지한다.

그리고 고압 공기는 연료 주사기(fuel injector)에 의해 엔진 내부로 연속적으로 뿌려지는 연료와 혼합된다. 연소는 점화플러그(spark plug)에 의해 개시되며, 이후 연소는 중단 없이 자체적으로, 즉 점화플러그의 추가 도움 없이 진행된다. 화염 제어기(flame holder)가 화염 면(front)이 엔진 후부로 너무 멀리 확장하는 것을 방지한다. 화염 제어기는 연소가 연소챔버 내에서만 일어나도록 제한하여 지속적인 연소가 발생하기에 충분히 높은 온도로 챔버를 유지한다.

연소가스 폭발 면이 확산기(diffuser) 측면 및 압력장벽에 부딪치며 앞 방향으로 가해는 힘을 발생시킨다. 가스는 배기노즐을 통해 후부로 배출되도록 되어 있기 때문에 앞 방향으로 가해지는 힘은 불균형하게 된다. 이러한 힘의 균형이 깨지는 정도는 배기 노즐을 통해 가스의 고압 에너지를 속도 에너지로 전환시켜 후방으로 움직이는 연소가스를 처리하는 배기노즐의 효율에 의존한다.

램제트 엔진의 주요 단점은 동작 특성상 정지상태의 추력, 정적 추력(static thrust)을 발생시킬 수 없다는 것이다. 그 이유는 정지 상태에서 발사되면 고압의 연소가스가 후면부뿐만 아니라 전면부로도 빠져나가니 때문이다. 따라서 램제트 엔진을 장착한 미사일이 적절하게 동작하기 전에 우선적으로 램제트가 동작하는 데 필요한 속도까지 다른 추진체계에 의해 가속(boost)되어져야 한다. 램제트 엔진은 또한 작동을 위한 공기가 반드시 필요하기 때문에 약 90,000 ft 이하의 고도로 사용이 제한된다.

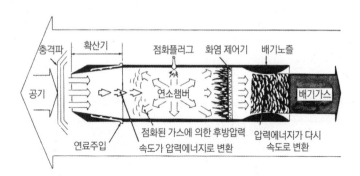

그림 14-24 초음속(low-supersonic) 램제트

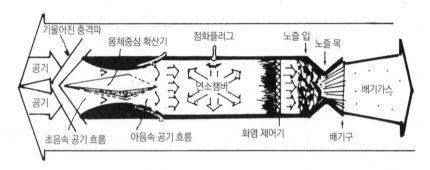

그림 14-25 극초음속(hypersonic) 램제트

새로운 형태의 램제트인 통합 로켓/램제트(integral rocket/ramjet)가 진보된 순항미사일에 사용하기 위해 개발 중에 있다. 로켓 추진제가 램제트의 연소챔버 내에 장착되며 램제트가 고속에 도달할 때까지 가속(boost)시킨다. 로켓 추진제가 연소되어 챔버가 비었을 때 램제트는 동작을 시작한다.

또한, 불충분한 산화제를 포함하는 고체연료를 연소시켜 산소가 부족한 연소물을 미사일 외부로부터의 공기와 결합시키는 고체연료 램제트(solid fuel ramjet)가 시험적으로 제작되었다. 특히 고체연료 램제트는 자체 산화제보다 주변 공기를 이용하면 사거리 증가 등의 이점을 가질 수 있어 매우 기대되는 추진 방식이다. 고체연료 램제트는 대공 및 대함 순항미사일의 속력과 사거리 모두를 증가시킬 수 있는 높은 가능성을 보여준다.

그림 14-26 극초음속 순항미사일 엔진, 이 미사일은 기존의 액체 탄화수소(hydrocarbon) 연료 사용

램제트는 마하 4의 속력까지 도달할 수 있으며 램제트의 개량형인 스크램제트(scramjet)는 이보다 빠른 속력까지 도달할 수 있다. 스크램제트는 "supersonic combustion ramjet"의 약어로 그림 14-26과 같이 기본 작동원리는 램제트와 같으나, 연소챔버 내로 초음속의 기류가 흐르도록 설계하여 마하 5 이상의 속력으로 비행할 수 있다.

표 14-1 반작용 추진의 유형별 장점

고체연료 로켓 (solid-fuel rocket)	액체연료 로켓 (liquid-fuel rocket)	램제트 (ramjet)	터보제트 (turbojet)
매우 단순	상대적으로 단순	매우 단순	큰 정적 추력 발생 가능
무한의 속도	실질적 속도제한 없음	외부 장착부가 없음 공기로부터 산소를 얻음	연료만을 소모; 산소는 공기로부터 얻음
임의의 매질 또는 진공에서 동작	임의의 매질 또는 진공에서 동작	제작 및 운용비가 상대적으로 저렴	추력이 실질적으로 속도와 무관
이륙 시 전 추력 사용	상대적으로 움직이는 부분이 적음	경량임	일반연료(액체) 사용
움직이는 부분이 없음	이륙 시 전 추력 발생	제작이 용이함	
부스터 불필요	공기흡입 엔진보다 부스터가 덜 필요	일반연료 사용 고체연료 사용 가능	
단(stage) 또는 클러터 (cluster) 사용 가능	액체 또는 고체 로켓과 결합하여 단형성 가능	고속 및 고고도에서 효율적 초음속	
항시 발사준비 상태에서 연료 만재상태로 저장 가능			

표 14-2 반작용 추진의 유형별 단점

고체연료 로켓 (solid-fuel rocket)	액체연료 로켓 (liquid-fuel rocket)	램제트 (ramjet)	터보제트 (turbojet)
높은 연료 소모율	높은 연료 소모율	동작하기 전에 반드시 고속으로 가속되어야 함	마하 3 이하의 낮은 아음속으로 제한
짧은 연소시간	짧은 연소시간	산소가 부족한 대기에서 작동 제한	많은 구동부를 가지는 복잡한 엔진형태
단을 장착하지 않는 한 비교적 짧은 사거리	단을 장착하지 않는 한 비교적 짧은 사거리	현재 속력 한계는 약 3,600 mph임	터빈 블레이드상의 응력에 의해 파워 제한
환경조건에 민감, 깨지기 쉬움	장기간 연료를 만재한 상태에서 보관 불가		산소가 부족한 대기에서 작동 제한
	발사 점검 시 장시간 소요		

중력-유형 추진

중력 추진은 자유낙하 및 활공폭탄(glide bomb) 그리고 반작용(reaction) 추진체계의 기능이 종료된 미사일에 사용되는 추진체계이다. 어느 경우든 미사일 또는 폭탄은 발사 플랫폼에서 주어지는 초기속도(initial velocity)를 가진다. 예를 들면, 항공기에서 투하되는 폭탄은 항공기 속력에 해당하는 초기속력을 가질 것이다. 무기가 일단 투하되면 활강 폭탄의 경우 중력(gravity), 항력(drag) 및 양력(lift) 등의 힘이 작용한다. 무기가 투하되어 중력에 의해 낙하될 때 무기의 위치에너지(무기의 고도)는 운동에너지(속도)로 변환된다.

무기 아키텍쳐(Weapon Architecture)

무기 구조는 탄두(warhead), 유도(guidance) 및 추진(propulsion) 등의 하부체계(시스템)를 지지하고 보호하도록 설계되며, 무기 운동에 의해 부가되는 가속도뿐만 아니라 환경적 힘을 견뎌야 한다. 고속 회전 동안 구부러짐이나 구조적 오류에 견딜 수 있는 충분한 강도를 가지면서 요구되는 속도와 적절한 사거리를 쉽게 얻기 위해 반드시 경량이어야 한다. 추가로 물리적 모양은 저장시설, 발사 메커니즘, 플랫폼에 적합하며 효율성을 가지기 위해 공기역학적이나 유체역학적이어야 한다. 무기 아키텍처는 크게 무기의 성공과 실패를 좌우한다.

미사일의 아키텍처

특정 기능을 수행하기 위한 미사일의 크기 및 유형은 표적, 발사 플랫폼, 사거리와 기동 요구사항, 고도범위(altitude envelope), 저장 요구사항에 기초한다. 최소 크기와 중량은 가장 효율적인 아키텍처가 아니며, 특정 설계나 정비 이점을 얻기 위해 미사일의 각 부분에 대한 다양한 유형의 구조를 사용하는 것이 종종 최선의 아키텍처가 된다. 미사일 아키텍처에 대한 설명에 앞서 비행 중 미사일이 받는 힘에 대해 반드시 고려하여야 한다.

그림 14-27 미사일에 작용하는 힘

공기역학적 힘은 두개의 평면성분으로 분해되어 분석되는데 양력(lift)은 비행 매질의 흐름방향과 직각으로 작용하는 힘이며, 항력(drag)은 비행 매질의 흐름방향과 평행하게 작용하는 힘이다. 양력과 항력은 그림 14-27과 같이 압력 중심(C.P. ; Center of Pressure)이라 불리는 점에 작용한다.

양력(Lift)

양력이란 상대바람(relative wind)에 수직으로 전개되는 알짜 힘(net force)이다. 여기서 상대바람이란 미사일이 공기 중을 움직이며 경험하는 공기흐름이다. 양력은 상대바람 내에 위치한 에어포일(air foil)에 의해 생성된다.

양력은 에어포일의 모양과 진행하는 매질과의 기울기(받음각, Angle of Attack)에 의해 발생하는 압력 분포에 의해 생성되며, 아래 식으로 나타낼 수 있다.

$$L = C_L \times S \times \frac{1}{2}\rho v^2 \tag{14-8}$$

여기서, L = 받음각(α)의 함수로서 양력(N)

C_L = 받음각(α)의 함수로서 양력계수

S = 표면적(m^2)

ρ = 공기밀도($\approx$ 1.2 kg/㎥)

v = 공기흐름에 대한 물체의 상대속도(m/s)

그리고 $(1/2)\rho v^2$ 을 동압력(dynamic pressure)이라 하며 단위는 N/㎡ 이다.

양력계수는 양력과 동압력에 표면적을 곱한 값의 비로 날개모양과 받음각만의 함수이다. 재래식 날개의 양력개수를 받음각에 따라 기점하면 그림 14-28과 같은 결과를 얻을 수 있다. 속력, 공기밀도, 날개 표면적, 무게, 고도 등에 의한 효과가 계수를 사용하여 정규화되어 실제 양력이 표시된다.

받음각이 압력분포를 제어하는 요소이기 때문에 개개의 받음각은 고유의 양력계수를 가지며, 받음각이 최대가 될 때의 양력계수, $C_L \max$ 까지 증가한다.

받음각이 $C_L \max$ 때의 받음각을 초과하면, 경계층 공기분자의 운동에너지가 에어포일의 상부 윤곽선을 따르는 공기흐름을 유지하기에는 부족하게 되는데, 이는 음의 압력기울기(pressure gradient) 때문에 발생한다. 그러면 상부 면에서 공기의 흐름이 분리(단절)되어 양력의 엄청난 손실이 발생하며 "형상항력(form drag)"이 증가하는데 이를 "실속(stall)"이라한다.

미사일에 작용하는 양력이라는 공기역학적 힘은 미사일 날개와 몸체의 압력분포에 의해 생겨난다. 미사일이 공기흐름에 대해 기울어져 미사일 전체가 에어포일로 작용하면 양력이 발생한다. 고속으로 비행하는 미사일은 몸체는 이 힘의 주요 원인이 된다.

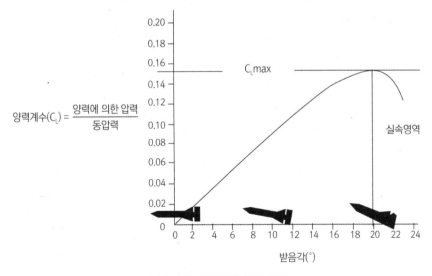

그림 14-28 전형적인 양력 특성

생성되는 양력의 양은 매질의 밀도 및 미사일 속도와 직접적으로 관련되어 있다. 따라서 고고도에서 매질의 밀도 감소에 의한 양력손실은 미사일 에어포일의 크기를 증가시킬 수 없기 때문에 받음각을 크게 하거나 속도를 증가시킴으로써 반드시 보상되어야 한다.

항력(Drag)

항력은 상대바람과 평행한 공기역학적 알짜 힘(aerodynamic net force)으로, 이 힘의 공급원은 표면 압력분포와 표면 마찰력(skin friction)이다. 항력은 공급원에 따라 유도항력(induced drag)과 기생항력(parasite drag)의 두 부분으로 나뉜다. 따라서 총 항력은 유도항력과 기생항력의 합이다. 공기흐름 속에 놓인 커다란 무딘 물체(blunt body)는 불균형 압력분포에 의한 형상항력이 우세하게 나타난다. 부드러운 윤곽선을 가지는 유선형 물체(streamlined body)는 표면마찰에 의한 항력이 우세하게 나타난다. 이 두 경우 모두 기생항력의 예이다. 양력을 생성하는 모든 물체는 항력도 생성한다.

총 항력 방정식(total drag equation)은 총 양력 방정식과 유사한데, 기초적인 항력 방정식은 아래와 같다.

$$D = C_D \times S \times \frac{1}{2}\rho v^2 \tag{14-9}$$

여기서, D = 받음각(α)의 함수로서 항력(N)

$\quad\quad C_D$ = 받음각(α)의 함수로서 항력계수

$\quad\quad S$ = 표면적(m^2)

$\quad\quad \rho$ = 공기밀도 ($\approx$ 1.2 kg/m^3)

$\quad\quad v$ = 공기흐름에 대한 물체의 상대속도(m/s)

다른 공기역학적 힘과 비슷한 방식으로 항력은 항력계수를 이용하여 분석할 수 있으며, 이때 항력계수는 동압력 및 표면적과는 무관하다. 이 식에서 항력계수는 양력계수와 유사하게 항력에 의한 압력(drag pressure)과 동압력(dynamic pressure)에 표면적을 곱한 값의 비이다. 그림 14-29는 전형적인 미사일의 항력계수를 받음각에 따라 나타낸다. 낮은 받음각 영역에서 항력계수 또한 낮으며 받음각의 변화에 따라 항력계수의 변화 또한 작다. 높은 받음각 영역에서는 항력계수 또한 크며 받음각의 작은 변화에도 항력계수가 크게 증가한다.

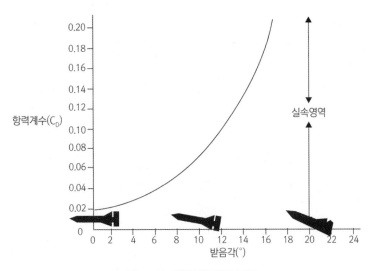

그림 14-29 전형적인 항력 특성

앞에서 언급하였듯이 미사일이 비행 중에 경험하는 총 항력은 유도항력과 기생항력의 합으로 각각의 항력에 대해 보다 자세히 살펴보자.

유도항력(induced drag) 날개가 양력을 생성하면, 날개의 상부와 하부 면에 압력차이가 존재한다. 즉, 양의 양력의 경우 상부 면의 정압(static pressure)이 하부 면의 정압보다 작다. 이와 같은 압력의 차이는 날개의 가장자리를 따라 자연스럽게 같아지면서, 날개 끝(wing tip)에서 하부 면에서 상부 면으로 날개 길이방향으로 공기흐름(spanwise flow)에 의한 매우 중요한 효과가 발생한다. 이 흐름을 날개끝 와류(tip vortex)라 하며 날개의 중심선에서 "0"으로 감소한다.

그림 14-30의 와류(vortex)는 내리흐름(downwash) 또는 공기흐름에 대한 내리흐름 속도성분(downwash velocity component), w 라 한다(그림 14-31 참조). 총 내리흐름 힘(total downwash force)은 내리흐름 각(ϵ)에서 날개에 작용하며, 이 효과로 에어포일에 영향을 받지 않는 원거리 공기의 자유 흐름(remote free stream)을 변화시켜 날개는 국부적 상대바람(local relative wind)을 만나게 된다. 그러면 양력은 국부적 상대바람에 수직 방향으로 작용하여 유효 양력벡터(effective lift vector)가 뒤로 기울어진다.

받음각(α)는 에어포일 시위선(chord line)과 원거리 공기의 자유 흐름 사이의 각이 된다. 유효 받음각(α_i)는 에어포일이 실제 경험하는 받음각으로, 그 값은 $\alpha - \epsilon$ 이다. 유효 받음각이 에어포일에 대한 양력계수를 결정하여, 날개는 실제 받음각(α)에 의한 양력보다 적은 양력을 생성한다.

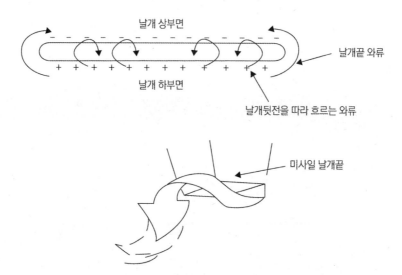

그림 14-30 날개끝 와류(wing tip vortex)

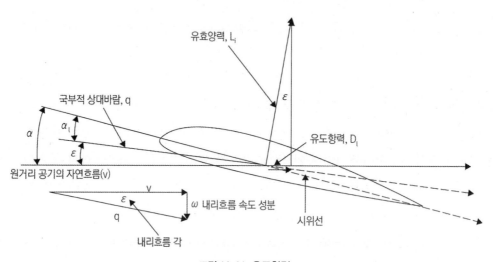

그림 14-31 유도항력

상대바람에 수직으로 생성되는 힘이라는 양력의 정의에 따라, 원거리 공기의 자유 흐름에 대한 국부적 상대바람의 기울어짐은 유효 양력벡터(L_i)의 수평성분, 즉 원거리 공기의 자유 흐름과 평행하고 방향이 같은 성분을 발생시킨다. 이 성분을 유도항력(D_i)라 하며, 양력을 전개하는 모든 장치에서 원치 않으나 피할 수 없는 성분이다. 그림 14-31은 유도항력의 생성과정을 나타낸다.

양력이 일정한 수평비행(level flight)에서 유도항력은 받음각에 따라 비례하여 변화하며, 속도 변화에는 반비례한다. 또한 양력, 유도항력 그리고 날개의 가로 세로의 비(wing aspect ratio) 사이의 관계를 나타낼 수 있다.

날개의 가로 세로의 비는 날개를 비교하는 방법으로, 날개길이의 제곱 값과 날개면적의 비로 정의된다.

식의 유도과정은 생략하고 양력, 유도항력 그리고 날개 가로 세로의 비 사이의 관계는 다음 식으로 나타낼 수 있다.

$$C_{D_i} = \frac{C_L}{\pi \times e \times AR} \hspace{3cm} (14\text{-}10)$$

여기서, C_{D_i} = 유도항력계수

C_L = 양력계수

AR = 날개의 가로 세로의 비(wing aspect ratio)

e = 항공기 형상효율(날개 형상은 60% ~ 95%)

양력을 생성하는 임의의 에어포일은 에어포일의 진행에 반대하는 힘을 경험한다는 것을 강조하기 위해 유도항력에 대해 상세하게 설명하였다. 유도항력은 피할 수 없는 비행 비용(cost of flying)으로 식 14-10은 유도항력을 이해하는 데 도움이 된다.

저속비행이나 기동비행(maneuvering flight)과 같은 양력계수가 큰 비행은 큰 유도항력을 발생시키는 반면 고속의 C_L 이 낮은 비행은 작은 유도항력을 발생시킨다. 따라서 고속 직선비행과 수평비행은 매우 작은 항력을 발생시킨다.

날개 가로 세로의 비의 효과를 살펴보면 이 비가 낮을수록 큰 항력을 발생시키는데 그 이유는 낮은 비를 가지는 에어포일은 최대 양력을 얻기 위해 큰 받음각을 유지해야 하기 때문이다. 날개 가로 세로의 비를 크게 하거나 날개에 "tip plate"나 "윙릿(winglet)"과 같은 장치를 부착하여 날개 길이방향으로 공기흐름(spanwise flow)을 감소하여 유도항력과 동역학 효과(내리흐름 각)를 줄일 수 있다.

기생항력(parasitic drag) 양력의 생성과 관계없는 모든 항력의 합을 기생항력이라 한다. 기생항력은 미사일 전면 공기의 변위와 미사일 표면의 공기흐름에 기인한 마찰력 때문에 발생하는 미사일의 운동에 반하는 힘이다. 일반적으로 기생항력은 형상항력(form drag), 마찰항력(friction drag) 및 간섭항력(interference drag)으로 나누어진다.

형상항력은 압력(pressure) 또는 프로파일 항력(profile drag)이라고도 하며, 표면에서 공기흐름의 분리(단절)와 분리에 의해 생성되는 "반류(wake)"에 의해 발생한다. 형상항력은 주로 물체의 형상에 의존한다.

마찰항력은 미사일 표면과 직접 접촉하는 공기와 관련된다. 거친 미사일 표면 위로 공기가 흐르면 마찰력이 발생된다. 표면 마찰력을 줄이면 미사일 표면 근처에서 공기의 흐름을 부드럽게 할 수 있다. 부드러운 경계층의 공기흐름을 층류(laminar flow)라 한다. 마찰력 및 간섭과 관계된 기생항력은 층류를 생성하는 특정 윤곽(configuration)을 사용하여 최소화할 수 있다.

간섭항력은 공기흐름 선(airflow streamline)의 혼합에 의해 생성된다. 흐름선의 갑작스러운 만남은 보다 큰 간섭항력을 발생하므로 흐름선이 점차적으로 만날 수 있도록 공평하게 유지하여야 한다. 미사일의 표면이 불규칙적이면 미사일 주변의 공기흐름에 교란(turbulence)이 증가하여 공기선의 부드러운 흐름을 방해할 것이다. 이러한 불규칙성을 최소화하여 미사일 표면에 근접한 공기층의 흐름을 보다 부드럽게 할 수 있다.

비록 기생항력이 양력의 생성과 직접적인 관계는 없지만 받음각과 양력에 따라 변화한다. 기생항력은 속도의 좌승에 정비례하므로 속도가 증가할수록 스트림라이닝(streamlining)이 가장 중요해진다.

그림 4-32는 전형적인 미사일에 대한 양력계수, C_L 과 기생항력 계수의 변이, C_{Dp} 을 나타낸다. 최소 기생항력 계수, $C_D\text{min}$ 은 일반적으로 "0"의 양력계수 근처에 위치하며 이 상의 값에서는 증가한다.

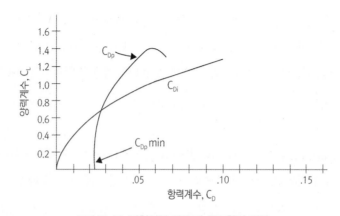

그림 14-32 전형적인 기생 및 유도항력 곡선

총 항력(total drag) 미사일의 총 항력은 기생 및 유도항력의 합이므로 비교를 위해 유도항력 계수 또한 그림 14-32에 나타내었다.

그림 14-32에서 C_{Di} 와 C_{Dp} 모두가 양력계수에 따라 변화하므로 받음각에 따라 변화함을 알 수 있다. 여기서 C_{Dp} 는 낮은 받음각에서 C_{Di} 와 달리 거의 일정함에 유의하라. 미사일은 일반적으로 고 추력(high thrust) 모터를 사용하여 높은 속도를 얻는데, 높은 속도는 양력을 생성하고 받음각을 매우 낮게 (〈 5°) 유지토록 하기 때문에 C_{Dp} 을 일정하다 가정할 수 있다.

식 14-9를 참고하면 균형 비행(balanced flight)에서 미사일에 대한 기생항력을 쉽게 풀 수 있다. 그러나 순항미사일은 균형 비행을 절대 하지 않기 때문에 예외가 된다. 동력비행(powered flight) 동안 미사일은 비선형 비율(non-linear rate)로 가속되며 모터가 연소되고 난 후 관성비행 동안 일정한 비율로 감속된다. 이 때문에 항력의 연속적인 변화가 발생한다.

미사일의 비행경로를 정확하게 예측하여 사격통제의 해를 얻기 위해서는 가속도, 속도, 진행거리를 계산할 때 기생항력을 반드시 고려하여야 한다. 가속도가 연속적으로 변화하는 미사일의 경우에 이를 위해서는 동력비행 동안에는 매우 복잡한 비선형 미분방정식의 해가, 관성비행 동안에는 선형 미분방정식의 해가 필요하다. 디지털 컴퓨터가 없다면 이는 매우 까다로운 작업이 될 것이다.

안정성(Stability)

중력은 미사일의 무게중심(C.G. ; Center of Gravity)에 작용하며, 양력(lift) 및 항력(drag force)은 압력중심(C.P. ; Center of Pressure)에 작용하는 것으로 간주된다. 양력 및 항력 벡터는 압력중심점에서 교차하며 무게중심과 압력 중심이 같은 위치에 있지 않을 때, 이는 흔한 경우로 이 점들에 작용하는 힘의 모멘트(moment)는 불안정한 비행조건을 유발할 것이다. 따라서 미사일 구조에 의해 결정되는 압력중심의 위치는 미사일 안정성에 있어 중요한 요소이다.

무게중심 주위로 회전(롤, 피치, 요)을 유발시키기 쉬운 모멘트에 추가하여 미사일 제어 면(control surface)의 이음새나 축 주위로 가해지는 모멘트가 존재한다. 이러한 압력을 나타내는 힘 벡터가 무게중심에 그 원점을 가질 때 이 축 주위로의 각 변위(angular displacement)의 항으로 미사일의 회전을 묘사하는 것이 가능하다.

미사일에 작용하는 모든 힘을 세 개의 축 성분으로 분해하면 미사일의 무게중심에 대한 미사일을 운동을 완벽하게 나타낼 수 있다.

미사일은 비행 중에 비행경로로부터 이탈을 발생시키는 교란 힘(disturbing force)이나 모멘트의 특성을 가지는 다양한 힘을 경험한다. 이 힘들은 바람, 돌풍 등과 같이 임의적이거나 추진 구성품의 정렬상태 불량과 같이 시스템적이다. 미사일이 설계상 안정할 때는 외력에 의해 교란된 후 자신의 이전 위치로 되돌아온다. 유도미사일은 비행 중 발생하는 임의 또는 시스템적인 교란 모두를 일정 정도까지 교정할 수 있다는 점에서 비유도미사일(unguided missile)에 비해 커다란 장점을 가진다.

제어면의 배치

유도미사일은 자신의 운동방향을 변화시킬 수 있는 수단을 가져야 한다. 함정의 방향타가 물의 흐름과 이루는 각을 변화시키는 것과 같이 미사일에 각을 변화시킬 수 있는 날개(airfoil)를 장착하면 날개 면에 수직인 평면으로 미사일 방향을 변화시키는 힘이 가해진다.

두 경우 모두 방향타와 날개의 각을 변화시키면 선체와 비행체를 회전시키는 받음각의 변화가 발생하며 제어 면 및 다른 날개의 설치 위치 변화는 미사일 성능에 중대한 변화를 가져올 수 있다.

커나드 제어(canard control)는 그림 14-33과 같이 비행체 후부에 주 양력 면(lifting surface)과 전부에 작은 제어 면을 가진다. 이 제어 면은 양의 방식(positive manner)으로 편향된다. 즉 앞쪽 가장자리가 양의 받음각을 제공하도록 들려진다.

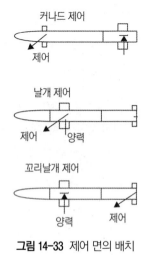

그림 14-33 제어 면의 배치

충분한 힘을 가하기 위해 커나드는 반드시 큰 받음각을 갖도록 위치되어, 이음새 및 미사일 구조에 큰 하중(load)을 발생시킨다. 따라서 힘과 추가적인 항력을 경험하는 전체 시간을 단축하기 위해 이 제어 면을 빠르게 위치하기 위한 많은 양의 파워가 필요하다. 커나드는 안정성을 향상시키기 위해 미사일 몸체 후부에 상대적으로 큰 고정 면을 필요로 한다.

날개 제어(wing control)는 몸체 중앙 부근에 제어 면과 주 양력 면을 가진다. 전체 양력 면이 조정 가능하여 제어 신호에 따라 양력의 증가 및 감소가 가능하다. 이 유형은 공기흐름에 대한 커다란 기울임 없이 미사일을 신속하게 기동시킬 수 있어, 항력을 최소화하고 미사일 고도와 방향의 변화를 최소화할 수 있다.

날개(wing)가 편향되는 순간에 기동은 개시되며 기동은 몸체 각(body angle)의 증가에 의존하지 않는다. 이 방법에서 미사일 방향 변화의 지연은 미사일 탐색기가 기동 중에 표적 접촉을 소실할 수 있기 때문에 이 제어면 배치 방식은 일부 유도시스템에 이롭지 못하다.

꼬리날개 제어(tail control) 방식에서 꼬리 제어 면은 몸체의 후부에 위치한다. 중앙부에 위치한 고정날개와 꼬리날개 제어면의 편향에 의해 제공되는 양력이 미사일의 받음각을 변화시키는 데 사용된다. 이와 같은 배치에서는 제어 면의 편향은 받음각의 편향과 반대방향이 되며, 편향이 최소화되어 제어면 선회 축이나 이음새에 작은 힘이 가해질 뿐만 아니라 제어 면과 몸체를 휘어지게 하는 하중 또한 작다. 그리고 주 양력용 날개(lifting airfoil)는 편향되지 않기 때문에 날개-꼬리 간 섭효과는 최소화된다.

무게중심으로부터 (긴)거리 때문에 제어면 크기를 작게 할 수 있어 항력을 최소화할 수 있다. 가용 체적이 작고 제어 면이 추진-시스템 배기 노즐의 주변에 위치했을 때 발생할 수 있는 심각한 열 환경 때문에 제어 메커니즘 설계에 제한이 따른다.

미사일 구성

미사일은 그림 13-34와 같이 아래의 다섯 가지 주요부로 구성된다.

1. 유도시스템(guidance system)
2. 탄두부(warhead section)
3. 자동항법장치(autopilot)
4. 추진체계(propulsion system)
5. 제어시스템(control system)

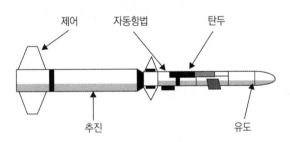

그림 14-34 유도 미사일의 기능 시스템

유도시스템(Guidance System)

호밍미사일에 사용되는 유도시스템은 공기역학적 커버로 보호되는 안테나 조립체나 광전(electro-optical) 장치로 구성되며, 이에 추가하여 표적으로부터의 신호를 분석하여 자동항법장치에 명령을 전달하는 전자 구성품을 가진다. 유도시스템에 사용되는 센서는 일반적으로 짐벌-장착(gimbal-mounted) 자동추적 센서로(간섭계 방법은 제외), 표적 조준선(LOS)을 추적하여 표적의 운동에 관한 신호를 유도 전자부(guidance electronics)에 전달한다.

탄두(Warhead)

탄두는 신관 조립체(fuze assembly), 부스터(booster), 주폭약 탄두(primary explosive warhead)로 구성된다. 신관 조립체는 일반적으로 안전 및 무장(S&A) 장치를 포함하며 공통적으로 접촉신관(contact fuze)을, 이에 추가하여 근접신관(proximity fuze)을 가진다. 접촉신관은 근접신관의 대리 기능성 신관으로도 사용된다. 근접신관은 표적탐지장치(TDD, Target Detection Device)라고도 하며, 유도시스템으로부터 신호를 수신하여 표적을 요격하기 바로 직전에 활성화되는데, 이는 가능한 비무장(안전) 상태를 유지하여 대응책(countermeasure)에 의한 오작동 가능성을 최소화하기 위함이다. 안전 및 무장 장치는 미사일이 발사 플랫폼으로부터 안전거리를 이탈할 때까지 탄두의 무장을 방지한다.

자동항법장치(Autopilot)

자동항법장치는 공기역학적 제어 면(핀)의 전기 액추에이터(모터)를 제어하는 전기적 기구와 전기 장치로 구성된다. 유도 컴퓨터로부터의 신호 부재 시 자동항법장치는 정확하게 미사일 고도를 유지하고 직선상으로 미사일 비행을 유지한다. 유도 컴퓨터로부터 가속도 신호에 따라 자동항법장치는 미사일의 안전성을 유지한 채 비행경로 내로 신호에 해당하는 변화를 액추에이터에 지시한다.

추진체계(Propulsion System)

앞에서 언급한 여러 추진방법 중 임의의 방법이 표적을 능가하는 속도 이점을 가지는 한 표적 요격용 미사일에 사용될 수 있다. 추진체계는 짧은 최소 사거리를 제공하며 기동표적 대응에 충분한 속도를 얻기 위해 미사일을 빠르게 비행속도로 가속시켜야 한다. 추력이 가해지는 비행은 대부분 무기의 사거리 동안 이루어지거나, 부스트-활공(boost-glide) 무기의 경우 비행 초기단계에서만 이루어질 수 있다. 부스트-활공 무기는 상당한 고도 차이를 가지거나 원거리에 위치한 고속기동 표적과의 교전에 제한점을 가진다.

제어시스템(Control System)

조향(steering)이나 제어단(control unit)은 제어 면(control surface)이 어디에 위치하느냐에 따라 미사일의 전부, 중앙 또는 후부에 위치할 수 있다. 제어 면은 전기 또는 유압에 의해 움직이며, 크기나 자동항법장치로부터 몸체상의 원격 위치까지의 신호전달에 어려움 때문에 일부 무기는 제어 액추에이터 위치 선정에 제한을 받는다.

함포탄의 아키텍쳐

함포의 사출탄(projectile)은 미사일과 그 기능이 유사하나 추진 및 안정화 방법이 다르다. 외부모양은 최소 항력을 경험하며 최대의 안정성을 얻을 수 있도록 설계된다. 사출탄의 내부구조는 표적의 유형과 강도, 포의 압력특성 그리고 원하는 탄도 유형에 따라 다르다.

중량분포는 최대 안정성을 얻기 위해 무게중심이 세로축(longitudinal axis) 및 압력중심의 전방에 위치하해야 한다. 균일한 비행특성으로 예측 가능한 탄착패턴(hit pattern)을 얻기 위해 높은 수준의 정확도가 포 제작 시 요구된다.

사출탄 구성품

소병기 및 기관총 사출탄은 고체 금속으로 만들어지나 20-㎜와 그 이상 구경의 포 사출탄은 많은 구성품을 가진다. 그림 14-35는 사출탄의 외형적 특성을 나타낸다. 사출탄의 앞쪽 끝단의 모양은 공기역학적 효율성을 고려하여 원뿔형 곡선(ogival curve)이다. 사출탄은 원통형 몸체를 가지며, 원뿔꼴 두부 뒤에 위치한 몸체에 사출탄 몸체보다 직경이 약간 큰 "bourrelet"을 가지는데 이 bourrelet은 포강(gun bore)과 접촉하는 사출탄의 표면적을 작게 하여 마찰력을 감소시킨다.

사출탄의 후부 끝단 부근에 사출탄의 후부를 지지하며 강선(rifle)에 맞추어져 포강을 밀폐하는 실질적으로 포강보다 직경이 약간 큰 회전대(rotating band)가 있다. 회전대는 강선 맞추기(rifling)를 통해 실질적으로 가스를 밀폐시킨다. 회전대 뒤쪽에 원통형 모양은 사출탄의 맨 끝단까지 계속되거나 보트 꼬리(boat tail)처럼 줄어든다. 원통형으로 끝까지 정돈된 기저부(base)는 추진가스를 밀폐하는데 더욱 효과적이어서 압력을 운동에너지로 변환한다. 이와 달리 보트 꼬리 모양의 기저부는 보다 우수한 공기역학적 특성을 가진다.

일부 사출탄은 그림 14-36과 같이 플라스틱 회전대와 기저부가 비행 중 떨어져 나가 보트 꼬리형 기저부를 남김으로써 회전대의 거친 면에 의한 공기마찰을 감소시킨다. 이 사출탄은 보다 적은 항력을 가져 유사 사출탄 보다 긴 사거리를 가진다.

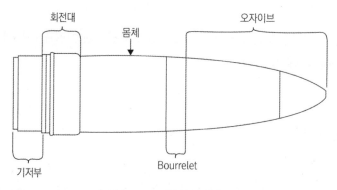

그림 14-35 사출탄의 상세도

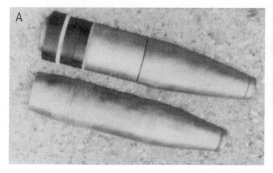 

그림 14-36 떨어져 나가는 기저부를 가지는 5인치 사출탄(위)과 재래식 사출탄(아래). 회전대가 떨어져 나가면 신형탄 기저부가 보트 꼬리 모양으로 가늘어짐에 유의(그림 B).

공기역학적 항력(Aerodynamic Drag)

모든 항력은 그림 14-37과 같이 압력중심에 작용하고 사출탄 운동의 반대방향이다. 또한 항력은 식 14-9를 이용하여 계산된다.

움직이는 사출탄의 비행형태는 사출탄의 표면 위로 공기의 흐름으로 나타낼 수 있다. 앞쪽 끝으로 갈수록 직경이 줄어들거나 끝이 뾰족한 사출탄은 끝이 무딘 사출탄에 비해 공기 중을 이동할 때 적은 저항을 받으며 끝으로 갈수록 직경이 줄어드는 기저부는 원통형 기저부에 비해 쉽게 공기가 흘러간다.

그림 14-38은 사출탄의 형태별 마하수(mach number)에 대한 항력계수(drag coefficient)를 기

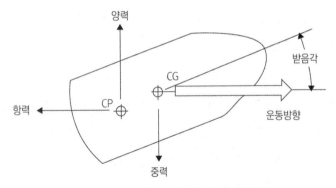

그림 14-37 사출탄에 작용하는 공기역학적 힘

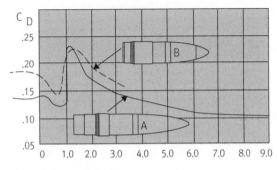

그림 14-38 마하수 대 항력계수(C_D)

점한 것으로 사출탄이 음속에 근접할수록 항력계수가 증가함을 알 수 있다. 이 영역에서 항력의 갑작스런 증가는 사출탄이 공기 중을 이동할 때 공기가 압축되어 사출탄 전면에 쌓이는 경향을 가지는데 마하 1 이하의 속력에서만 공기가 평탄하게 사출탄을 지나 흐를 수 있기 때문이다.

사출탄의 속도가 음속에 가까워짐에 따라 더 이상 공기는 사출탄의 표면을 지나쳐 흐르지 않고 공기흐름을 쪼개는 힘이 가해지는데 이 힘이 충격파를 생성하여 항력계수를 증가시킨다. 속력이 음속에서 더욱 증가하면 공기흐름의 특성이 완전히 바뀐다. 낮은 속도에서 사출탄은 주로 공기흐름과 사출탄 표면 사이의 표면 마찰에 의해 감속된다. 속도가 증가할수록 공기흐름이 기저판의 뒤쪽으로 접근할 수 없게 되며 사출탄의 뒤에 교란(turbulence) 즉, 반류(wake)가 발생한다. 그러면 사출탄은 표면마찰과 반류 둘 모두에 의한 항력계수를 극복하여야한다.

속도가 음속을 넘어 더욱 증가하면 충격파 형태로 저항이 발생한다. 따라서 초음속으로 비행하는 사출탄은 감속을 경험하는데 이때 감속은 표면마찰, 반류, 충격파의 결합된 효과에 의해 발생한다.

공기역학적 안정화(Aerodynamic Stabilization)

비행 중인 사출탄을 안정화하기 위해 핀 안정화(fin stabilization)와 스핀 안정화(spin stabilization)의 두 가지 방법이 사용된다. 대부분의 사출탄은 포강 내의 강선(rifle)에 의해 주어지는 스핀에 의해 안정화된다. 강선의 나선형으로 비틀어짐(twist)이 사출탄의 스핀 양을 결정한다. 강선의 나선형으로 비틀어짐은 균일하거나 40미리 포 등에서는 포구에 가까워 질수록 비틀어짐이 증가하며, 나선상 한 바퀴 돎은 일반적으로 강선 직경의 약 15에서 20배에 해당하는 거리에 해당한다.

어떻게 스핀이 강선에서 발생하는지와 무관하게 발생한 스핀은 비행 중 탄 안정화를 위해 사출탄에 작용하는 자이로 힘(gyroscopic force)을 발생시킨다. 강선이 없는 포에서 발사된 사출탄은 비행제어를 위해 핀을 사용한다.

사출탄은 일반적으로 아래와 같이 분류된다.

1. 관통(penetrating)
2. 파편(fragmenting)
3. 특수목적(special-purpose)

관통 사출탄

관통 (사출)탄은 종종 철갑(AP, Amor-Piercing)탄이라 불리며 운동에너지를 이용하여 중장갑(heavy armor)을 뚫는데 사용된다. 이탄의 작약(bursting charge)은 조기에 기폭되지 않고 장갑을 관통할 수 있도록 둔감해야 한다. 그림 14-39는 장갑 또는 콘크리트를 관통하기 위해 두꺼운 강철 탄체와 견고한 탄두 뚜껑을 장착하여 작약을 수용할 수 있는 공간이 적은 철갑탄의 아키텍처(architecture)를 나타낸다.

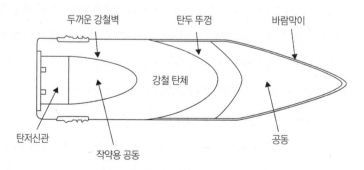

그림 14-39 철갑탄(armor-piercing projectile)

관통력이 우수한 탄의 모양은 공기역학적 형상이 아니기 때문에 원뿔 모양의 얇은 바람막이 (windshield)가 항력을 줄이기 위해 사용된다. 관통 (사출)탄은 중량이 가장 크기 때문에 가장 낮은 초속을 가지나 추가 질량 때문에 다른 사출탄처럼 속도가 급격하게 줄어들지 않는다.

파편 사출탄

그림 14-40의 파편 (사출)탄은 기폭 시 생성되는 고속의 파편에 의해 표적에 손상을 가한다. 이 탄은 눈금이 새겨진 얇은 외피(wall)와 작약을 위한 커다란 동공(cavity)을 가진다. 다중목적 신관을 사용하기 때문에 이 탄은 대공방어와 연안 포격 모두에 사용할 수 있다.

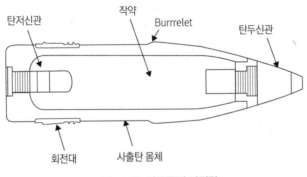

그림 14-40 다중목적 파편탄

특수목적 사출탄

특수목적 (사출)탄은 조명, 연막과 같이 표적 파괴를 지원하도록 설계된다. 페이로드에 폭약이 포함되면 소량으로 사출탄의 내용물을 방출하기 위한 것이다.

유도 사출탄(Guided Projectile)

유도 사출탄의 개념은 베트남에서 사용된 레이저-유도 폭탄(laser-guided bomb)의 우수한 성능에서 나왔다. 이 탄은 종말유도를 위해 사출탄 내에 소형의 충격에 견디는 반능동 레이저 탐색기나 소형의 접히는 제어 면(control surface)과 함께 GPS 수신기를 사용하며, 보조로켓(RAP) 모터를 사용하기도 한다. 미 해군은 특정 분야에 사용을 위해 육군 및 해병대와 함께 유도 미사일보다 훨씬 낮은 비용으로 명중률을 높일 수 있는 5인치, 155미리, 8인치 유도 사출탄을 개발하였다.

포 추진제의 구성

오래된 포는 견직물 자루에 채워진 추진화약(장약)을 사용하는 반면, 용기형 탄약을 사용하는 포(case gun)는 금속외피 내에 채워진 장약을 사용한다. 자루 형태의 장약은 원하는 사출탄의 초속을 얻기 위해서는 장약이 너무 무겁거나 체적이 커서 하나의 견고한 용기에 수용할 수 없는 대구경포에 제한적으로 사용된다. 화약을 자루에 채움으로써 전체 장약을 한 사람이 신속하게 취급할 수 있는 양으로 분할할 수 있다.

구분의 편리성을 위해 현재 사용 중인 탄약은 고정식과 반고정식으로 분류된다. 고정식 탄약(fixed ammunition)은 종종 카트리지(cartridge)라 하며 장약과 사출탄이 함께 결합되어 있으며 소구경 포에 사용된다. 일반적으로 구경이 76미리보다 큰 탄약의 경우 반고정식 탄약(semifixed ammunition)을 사용하며, 이 경우 장약과 사출탄은 서로 분리되어 있다가 포신에 장전하기 전에 결합되어 사용된다. 그림 14-41을 참조하라.

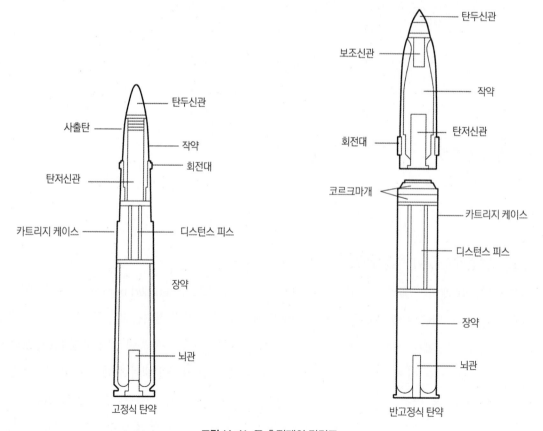

그림 14-41 포 추진제의 단면도

특례

보다 빠른 속도로 비행하는 사출탄에 대한 요구가 꾸준히 증가되고 있다. 고속 사출탄이 가지는 이점은 표적에 가해지는 운동에너지가 증가하고, 무기의 사거리가 증가하며, 사격통제문제가 보다 쉬워진다진다는 것이다. 기존의 포 제작기술을 높은 수준으로 개선하거나 변화시켜 특수 포와 사출탄에 대한 설계가 꾸준히 이루어지고 있다. 사출탄의 속도를 증가시키기 위해서는 포구속도(muzzle velocity)가 증가되거나 탄 자체가 포신에서 가속되는 형태를 바꾸어야 한다.

포구속도를 증가시키는 기본 원리는 사출탄 압력진행 곡선(pressure travel curve) 하부의 면적을 증가시키는 것이다. 최적의 포를 위해서는 압력진행 곡선을 가능한 평탄한 형태로 근접시켜야 한다. 다음에는 보다 높은 사출탄의 포구속도를 얻기 위해 사용되는 다양한 방법 중에 실례를 소개하고자 한다.

경량 사출탄(lightweight projectile) 재래식 포에서 기존보다 무게가 덜 나가는 사출탄을 발사하여 사출탄의 포구속도를 2,700 ft/s에서 4,000 ft/s로 증가시킬 수 있다. 이 유형의 탄은 공기에 영향을 많이 받기 때문에 짧은 거리에서만 유효하다.

구경이하 사출탄(subcaliber projectile) 포보다 구경이 작은 사출탄을 이용하여 사출탄의 무게와 비행 중 경험하는 저항을 줄일 수 있다. 사출탄을 포에 견고하게 앉히기 위해 탄저판(sabot)이라 불리는 경량의 부싱(bushing)을 사출탄에 부착하며 이 탄저판은 탄이 포구를 이탈한 후에 탄으로부터 떨어져 나간다.

고강도 초장거리 포(high-strength, extra-long gun) 높은 강도와 매우 긴 포신을 가지는 포에서 발사된 재래식 사출탄은 포가 견딜 수 있는 압력과 가용한 장약에 의해 전개되는 압력에 의해서만 초속에 제한을 받는다. 이 유형의 포는 중량이 많이 나가고 함정에 재래식 포에 비해 공간을 많이 차지하며, 마모율이 높기 때문에 포신이 재래식 사출탄에 비해 빠르게 사용할 수 없게 된다.

로켓보조 사출탄(rocket assisted projectile) 보다 높은 사출탄 속력을 얻는 또 다른 방법은 비행 중에 추진제를 사용하는 것이다. 이 사출탄은 그림 14-42와 같이 지연 점화장치를 장착한 고체-추진 로켓 모터, 작약이 채워진 탄두, 제어 면을 가지는 유도 패키지로 구성된다. 여기에 GPS, 마이

크로프로세서, 관성항법(inertial guidance)을 추가로 적용하면 재래식 포 시스템에 비해 정확도와 사거리를 증가시킬 수 있다.

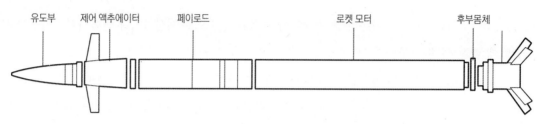

그림 14-42 지연 점화장치를 장착한 고체-추진 로켓 모터

어뢰의 아키텍처

유도미사일 개발에서 획득한 진보된 기술은 일반적으로 어뢰에 적용이 가능하다. 실제로 유체역학적 이론을 공기역학적 이론에 대입함으로써 논제에 대한 유사한 접근이 가능하기 때문에 호밍미사일(homing missile)과 호밍어뢰(homing torpedo) 사이에 직접적 유추가 가능하다.

공기와 물은 밀도, 질량의 차이와 일반적으로 물의 압축성이 부족한 점을 감안하면 일련의 같은 특성을 가지는 유체(fluid)이다. 어뢰에 작용하는 힘은 그림 14-43과 같이 부력이 포함되는 것을 제외하면 미사일과 유사하다.

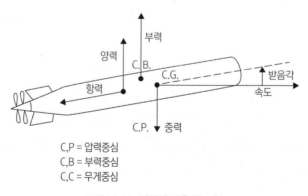

그림 14-43 어뢰에 작용하는 힘

어뢰가 어떻게 동작하는지 알기 위해서는 아래의 기능적 구성에 대한 연구가 필요하다.

1. 추진체계

2. 제어 및 유도시스템

3. 탄두 및 신관

그림 14-44는 액체연료 어뢰와 전기 어뢰의 주요 구성부를 나타낸다.

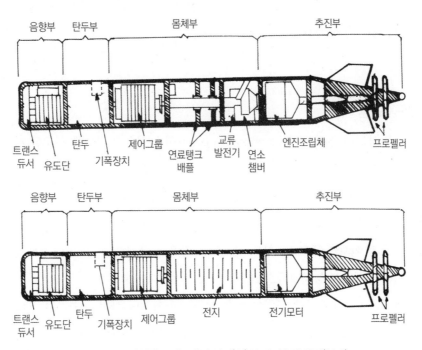

그림 14-44 액체연료 연소엔진 어뢰(위)와 전기추진 어뢰(아래)

추진체계

추진체계는 내부 또는 외부 연소-유형(combustion-type)의 엔진이거나 전지추진(electrical battery-powered) 엔진으로 어뢰의 중심부 및 후부에 위치한다. 해수가 유입됨에 따라 어뢰 추진체계는 활성화 된다. 액체연료 어뢰의 경우 액체연료가 연소챔버로 유입된다. 연료 연소에 의해 생성된 고온의 가스가 엔진을 구동시키거나 교류전동기를 돌려 전력을 생성하여 반대로 회전하는 두 개의 프로펠러로 어뢰를 추진시킨다.

이 엔진에 사용되는 연료는 단일 추진제(mono-propellant)로 연소에 필요한 산소를 자체에 포함하며 대부분의 액체연료처럼 매우 독성이 강하며 연소성과 부식성이 높다.

일부 어뢰에서는 엔진에 고온의 가스를 공급하기 위해 앞에서 언급한 로켓과 유사한 고체연료를 사용한다. 전기추진 어뢰는 전지(battery) 또는 연료전지(fuel cell)가 전기모터에 전력을 공급한다.

요구되는 어뢰의 출력이 수심 증가에 따라 증가하기 때문에 수심증가로 주변 압력의 증가에 따른 배기 흐름을 유지하기 위해 엔진출력의 증가가 필요하다. 이를 위해서 연료펌프상의 정수압(hydrostatic) 장치가 연소챔버에 공급되는 연료의 양을 증가시켜 고온가스 생성량 및 엔진출력을 증가시킨다. 이러한 연료소모의 증가는 수심이 깊은 곳에서 어뢰 주행시간 및 거리를 감소시키는 원인이 된다.

제어 및 유도시스템

진보된 어뢰는 발사된 후 자율제어(autonomous control) 능력을 가지도록 정교한 제어 및 전산처리(computing) 능력을 가진다.

어뢰는 능동 또는 수동호밍을 사용할 수 있으며 일부 경우 꼬리에 위치한 선(trailing wire)을 이용하여 유도명령을 수신할 수 있다. 능동호밍에서 어뢰는 음파를 송신하여 되돌아오는 반사음을 청취한다. 수동호밍 어뢰는 표적으로부터 방사되는 잡음을 탐지한다. 만일 어떠한 신호도 수신되지 않으면 어뢰는 자동으로 능동탐색으로 전환할 수 있다.

작동수심(operational depth)에 도달한 이후 어뢰는 원형이나 사전에 주입된 경로로 탐색을 한다. 수행되는 탐색의 유형은 발사 플랫폼, 어뢰 유형 및 표적의 범주에 의존한다.

어뢰는 음향에너지를 수신하여 표적을 탐지하는데, 접촉(contact)의 유효성 및 표적의 방위, 거리를 식별하기 위해 사용되는 음향에너지는 트랜스듀서(transducer)를 통해 평가된다. 트랜스듀서 배열은 11장에서 논의한 것과 같이 지향성 빔을 형성하고 빔의 방향을 변화하기 위해 전기적 주사 원리로 동작하는 많은 소자(element)로 구성된다.

넓은 수직 빔이 심해에서 양호한 표적획득을 위해서 사용되는 반면 좁은 수직 빔은 해면 및 해저 반향(reverberation)을 최소화하기 위해 천해 및 공격 국면에서 사용된다. 컴퓨터 또는 자동항법장치가 적절한 빔폭(beam width)을 결정한다.

어뢰가 능동모드로 탐색할 때 송신기는 컴퓨터에 의해 제어되며 지시에 따라 일련의 증폭기를 통해 에너지 펄스를 생성하여 트랜스듀서에 보낸다. 컴퓨터 입력은 파워, 지속시간(duration), 간격(interval)과 같은 펄스의 특성을 제어한다.

수신기의 기본 기능은 트랜스듀서로부터 표적정보를 수신하여 접촉이 유효한 표적인지를 결정하여 유효하면 유효한 표적신호를 컴퓨터에 보내는 것이다. 자체잡음(self-noise) 및 반향(reverbe-ration)은 표적 탐지에 있어 유해한 요소이나 배경으로부터 표적을 구분해내는 특수회로에 의해 극복할 수 있다.

컴퓨터는 제어신호와 송신기, 수신기 및 자동항법장치에 필요한 시간 토대(time base)를 제공한다. 어뢰가 탐색심도에 도달하면 자동항법장치는 컴퓨터가 기능을 하도록 신호를 보낸다. 이때 자동항법장치는 컴퓨터에 능동 또는 수동호밍을 사용할 것인지, 어떤 유형의 탐색패턴을 사용할 것인지에 대한 정보를 보낸다.

유효한 신호가 수신되면 어뢰는 송신과 수신 사이의 시간 간격을 계산하여 거리를 결정한다. 다음으로 컴퓨터는 다시 수신기에 이전 타당한 표적과 대략 같은 거리에 위치한 임의의 반사 음향의 수신을 억제하는 거리게이트(range gate)를 보낸다. 거리게이트 송신 후에 컴퓨터는 수신기로부터의 요 각(yaw angle) 신호를 우(right) 또는 좌(left) 명령으로 변환하여 자동항법장치로 보낸다. 이 명령은 어뢰가 표적방위로 향하도록 한다. 컴퓨터는 어뢰를 표적에 접근시키기 위해 매 반사음향 (수신) 후에 명령신호를 갱신한다. 이러한 공격국면 동안 적절한 시간에 파워, 수직 빔폭 및 빔축을 변화시키는 정보가 송신기에 보내진다.

자동항법장치는 발사 전에 어뢰 프로그램 정보를 수신하여 이 정보의 일부를 제어 및 유도 시스템내의 다른 구성부에 송신하며 수심기능을 제어하고 조향 엑추에이터(steering actuator)를 제어하기 위해 현재의 조건을 명령신호와 결합한다. 자동항법장치 내부에 있는 침로 자이로(course gyro)는 발사 시 사전 설정된 헤딩(heading)에 대하여 어뢰의 현 헤딩을 감지한다.

자동항법장치는 또한 요잉, 피칭, 및 롤링 적분자이로를 내장한다. 컴퓨터 또는 자동항법장치 자체에서 생성되는 피칭 및 요잉에 대한 조향신호는 레이트 자이로(rate gyro) 출력과 결합되어 엑추에이터 제어기에 정확한 명령신호를 보낸다. 즉, 자동항법장치는 현존하는 운동 조건과 원하는 결과를 결합하여 핀(fin)을 다시 위치시키기 위해 핀 제어기(fin controller)에 명령을 보낸다.

조향 제어 엑추에이터(steering-control actuator)는 파워단(power unit)으로부터의 신호에 의해 제어되는 세 개의 모터(motor)를 가진다. 모터의 출력은 어뢰의 운동을 제어하는 네 개의 핀을 움직인다. 상부와 하부 러더 핀(rudder fin)은 요잉 및 롤링을 제어하기 위해 별개의 엑추에이터에 의해 개별적으로 동작하며 좌현 및 우현 고각 핀(elevator fin)은 피칭 제어를 위해 공통의 엑추에이터에 의해 동시에 동작한다.

탄두부(Warhead section)

어뢰 탄두는 순수 폭풍탄두이거나 장갑 표적을 관통하기 위해 설계된 특수 탄두이다. 신관은 16장에서 탄두에 대해서는 18장에서 다룰 예정으로 여기서는 더 이상 다루지 않겠다.

기뢰의 아키텍처

기뢰는 미래 언젠가 원격이나 표적의 작용에 의해 기폭되도록 부설된 무기이다. 기뢰는 종종 기뢰장(mine field)이라 불리는 그룹으로 사용되는데 기뢰장이란 원하는 부설밀도와 부설지역(면적)을 가지도록 특정 패턴으로 기뢰를 배열하는 것이다.

기뢰는 일종의 무기이며 기뢰장은 특정 해역에 수상함 및 잠수함의 사용을 거부하는 매우 효과적인 수단(무기 사용술)이다. 기뢰는 실제 또는 가상으로 부설만하면 목적달성을 위해 아무것도 하지 않아도 되는 무기이다.

분류

기뢰는 부설수단, 부설방법, 작동방식(16장 신관에서 다룸)에 따라 분류된다. 가장 일반적인 부설수단은 항공기로 대규모의 기뢰장이 신속하게 필요하나 부설위치 정확성은 그리 중요하지 않을 때 사용한다. 수상함 및 잠수함은 보다 정확한 위치에 기뢰를 부설할 수 있고 잠수함은 은밀하게 기뢰를 부설할 수 있는 장점을 가진다. 기뢰는 다양한 부설수단 및 기술에 의해 부설될 수 있으며 현대에도 은밀 수단으로 매우 효과적이며 일반적으로 사용되고 있음에 유의하라.

기뢰는 의도된 최종 부설위치에 따라 양성부력이나 음성부력을 가지도록 설계된다. 부력과 무관하게 모든 기뢰는 방수를 위해 환경에 의한 부식에 견디도록 만들어진다. 다음은 부설위치에 따른 기뢰의 일반적인 명칭으로 그림 14-45를 참조하라.

계류기뢰(moored mine) 부력을 가지는 몸체가 앵커로 연결된 기뢰이다. 계류색(mooring cable) 길이를 조정하여 사전 설정된 수심에 기뢰를 부유시킨다. 양호한 수로학적 조사(hydrographic survey)와 조차(tidal range) 관련 지식이 이 유형 기뢰의 위치 선정에 반드시 필요하다.

해저기뢰(bottom mine) 이 유형의 기뢰는 해저에 자리 잡도록 설계되어 일반적으로 천해에서 사용된다.

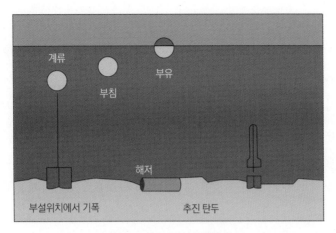

그림 14-45 기뢰의 부설위치

부침기뢰(oscillating mine) 종종 부류기뢰(drifting mine)이라 불리며 중성부력을 가져 사전 설정된 수심으로 줄을 풀어 떠오른다. 이 기뢰는 해류에 따라 떠다니기 때문에 결국에는 해상을 항해하는 모든 선박에 매우 큰 위협이 된다. 미 해군은 이 유형의 기뢰를 사용하지 않는다.

자항기뢰(mobile mine) 이 유형은 자체 추진력으로 부설위치를 잡아 해저기뢰가 되는 기뢰이다. 이 유형은 부설 플랫폼이 적 방어 구역으로부터 원거리에 위치하여 기뢰를 부설시킬 수 있기 때문에 보다 플랫폼의 안전성을 보장하는 기뢰이다. 이 기뢰부설 방법은 적에게 기뢰장의 존재를 숨기며 기습작전을 펼 수 있다.

추진탄두 기뢰(propelled warhead mine) 이 유형의 기뢰는 우선 해저 또는 계류기뢰로 기능을 시작한 후 움직이는 탄두가 된다. 표적이 탐지되면 자체-추진탄두(self-propelled warhead)가 표적으로 접근하기 위해 기뢰 케이스나 앵커로부터 분리된다. 이 유형의 기뢰는 어뢰 또는 수중 로켓-유형 무기가 될 수 있다. 미 해군의 "Captor mine"이 이 유형의 기뢰에 해당된다. 이 기뢰는 탐지거리 내에 위치한 표적으로 MK-46 어뢰를 방출한다.

기뢰 구성품

기뢰 구성품은 기뢰 유형과 사용목적에 따라 매우 다르다. 허나 모든 기뢰는 케이스(case)와 탄두부(warhead section)를 가진다. 다른 기뢰 구성품은 용도에 따라 기뢰 제어, 대응책에 대한 저항 및 무장 해제를 위해 제공된다.

기뢰 케이스는 기뢰의 주요 구성품으로 폭약시스템과 기뢰를 무장시키고, 표적을 탐지하고, 동작시키고 특정 경우에는 충수시키거나 무장해제시키는 모든 구성품이 들어간다.

계류기뢰에서 케이스와 앵커는 기뢰 부설 이전까지 결합되어 있다가 부설 시 분리된다. 앵커가 해저에 위치하면 기뢰 케이스는 계류색에 연결되어 앵커 위쪽에 위치한다. 그림 4-46과 4-47은 일반적인 계류기뢰와 주요 구성품을 나타낸다.

해저기뢰는 앵커가 없기 때문에 해저에서 기뢰가 안정한 상태에 있도록 기뢰 케이스가 충분한 무게를 가진다. 대량의 폭약을 가지는 것이 해저기뢰의 특성으로 적절하게 기폭되면 엄청난 손상을 줄 수 있다.

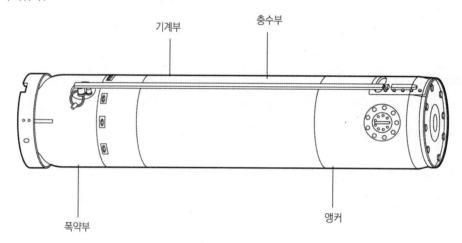

그림 14-46 잠수함 부설 계류기뢰

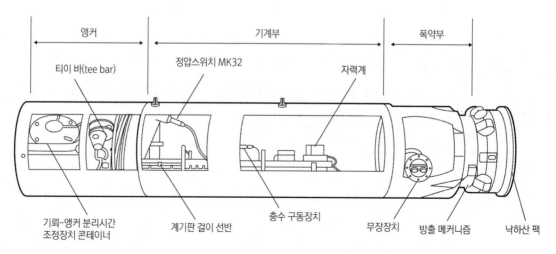

그림 14-47 대표적인 항공기 부설 계류기뢰

부설장치(laying agent)가 기뢰의 외부형태와 크기를 정하는 데 중요한 역할을 한다. 항공기-부설 기뢰(air-laid mine)는 항공기의 폭탄 스테이션(bomb station)에서 낙하되기 때문에 원통 형태를 가진다. 잠수함-부설 기뢰(submarine-laid mine)는 어뢰발사관이나 선체 외부의 벨트에 의해 부설되어 어뢰발사관 부설 기뢰는 긴 원통형 형태이나 벨트 부설 기뢰는 다양한 형태를 가진다.

수상함에 의해 부설되는 기뢰는 형태에 거의 제한이 없으며 일반적으로 구 또는 수정된 구 형태를 가지며 상자 모양의 앵커 상부에 위치한다.

기뢰 케이스는 일반적으로 강철로 만들어지며 알루미늄, 유리섬유(spun glass), 다양한 플라스틱이 사용되기도 한다. 기뢰 케이스의 열리는 구멍은 방수를 위해 개스킷(gasket)으로 밀봉되어 심해에서 대규모 해수압력에 견딜 수 있다.

탄두부는 모든 폭약-유형의 무기에 공통으로 사용되는 폭약 구성품, 즉 기폭관(detonator), 부스터(booster) 주작약(main charge)으로 이루어진다. 탄두가 어떻게 기능하고 표적을 탐지하는지는 16, 17, 18장에서 상세하게 설명하고자 한다.

요약

발사체계(launching system)의 목적은 무기를 가능한 빨리 비행경로에 위치시키는 것이다. 발사체계는 무기체계와 호환성 및 안전성을 가지는 반면 신속성과 신뢰성 또한 가져야한다. 발사체계의 기본 기능은 무기의 저장, 이송, 장전, 제어 및 발사이다.

중력, 충격, 반작용 등 세 가지 유형의 발사대가 있으며, 가장 경량이고 단순한 유형이 중력 발사대이고 충격 발사대는 특성상 무겁고 부피가 크다. 충격 발사대의 요구조건은 추진제 가스를 제어하고 주퇴시스템을 통해 추진제의 에너지를 방출하는 것이다.

반작용 발사대는 충격 발사대가 가지는 크기와 중량의 단점을 최소화한 발사대이며 반작용 발사대를 사용하는 무기는 특성상 중력 및 충격 발사대에서 사용하는 무기보다 복잡하다.

일단 무기체계에 할당된 발사대는 명령(order)이라 불리는 컴퓨터시스템이 보내는 에러신호에 반응하며, 이 명령들은 센서시스템에 의해 표적의 현재위치로부터 얻어지는 정보에 기초한다.

일단 무기가 발사되면 추진체계가 무기를 표적으로 추진시킨다. 주요 추진체계에는 충격, 반작용, 중력의 세 가지 유형이 있다. 충격 추진에는 내탄도학의 연구 및 현대의 포와 충격-추진 무기에 사용되는 추진제가 포함된다.

반작용 추진에서는 내부적으로 자체의 추진력을 가지는 시스템을 다루었다. 반작용-유형의 추진체계에는 로켓 엔진과 열 제트(공기-흡입) 엔진의 두 종류가 있다. 로켓 엔진 범주에는 액체 및 고체연료 엔진이 있으며 열 제트엔진 범주에는 터보제트와 램제트 엔진이 있다. 마지막으로 중력 추진은 폭탄투하에 사용되는 추진체계로 퍼텐셜(위치) 에너지가 운동 에너지로 전환되는 원리를 이용한다.

무기 아키텍처는 최적의 성능을 얻을 수 있도록 동작에 필요한 구성부를 적절한 질서와 구성으로 배치하는 것과 관계된다. 미사일 시스템의 경우 공기역학 및 센싱 시스템(sensing system)이 구조를 결정하고 포 시스템의 경우에는 페이로드와 균형(balance)이 가장 중요하다. 자율적으로 동작하는 어뢰는 매우 정확한 유도, 제어 및 센싱 시스템이 필요하다. 반면 기뢰는 장시간 환경에 견뎌야만 하는 설계상 제약을 가진다.

유도시스템

소개

미사일(missile)이라는 용어는 2차 세계대전 이후 유도미사일 기술의 무기전반에 대한 폭 넓은 영향으로 인해 "*유도미사일(guided missile)*"이라는 용어와 일반적으로 동일한 의미로 사용되고 있다. 비유도 미사일의 경우, 선회, 고각, 장약, 포신온도 등의 초기 조건과 외탄도학(exterior ballistics)이 "탄착점(fall of shot)"에 영향을 미치는 파라미터였다.

위협의 복잡성이 증가함에 따라 이에 대응하는 진보된 기술을 적용한 유도미사일의 개발은 무기의 최종 정확도에 심대한 증가를 가져왔다. 자동 제어(automatic control)는 아래 범주를 포함한 미사일 기술의 광범위한 분야에서 널리 사용되고 있다.

- 수중 호밍어뢰(underwater homing torpedo)
- 함대함 공기역학적 유도미사일(surface-to-surface aerodynamic guided missile)
- 대륙간 탄도미사일(inter-continental ballistic missile)
- 공대공 유도미사일(air-to-air guided missile)
- 함대공 유도미사일(surface-to-air guided missile)
- 공대지 유도폭탄(air-to-surface guided bomb)
- 유도 사출탄(guided projectile)

이장에서는 주로 공기역학적 유도미사일을 다룰 예정으로, 다양한 공기역학적 미사일의 비행경로를 소개하고 각각의 상대적 장점과 단점을 포함하여 간단한 분석을 제시할 것이다.

유도시스템 기초

목적 및 기능

모든 미사일의 유도시스템은 자세제어 시스템(attitude control system)과 비행경로제어 시스템(flight path control system)으로 구성된다. 자세제어 시스템의 기능은 미사일의 피칭, 롤링 및 요잉을 제어하여, 지시된 비행경로 상에 원하는 받음 각으로 미사일을 유지시키는 것이다. 자세제어 시스템은 자동항법장치로 동작하여 미사일이 지시된 비행경로로부터 편향하려는 변이(fluctuation)를 감쇠시킨다. 비행경로제어 시스템의 기능은 표적요격에 필요한 비행경로를 결정하여 이 경로를 유지하도록 자세제어 시스템에 명령을 생성하는 것이다.

위 설명으로부터 유도 및 제어 개념은 공간상에서 점 A 에서 점 B 로의 특정 비행체의 경로 유지뿐만 아니라 경로를 따르는 동안 그 비행체의 적절한 행동(동작)도 포함함을 명확히 숙지해야 한다. 사전에 설정된 표적까지의 절반정도에 해당되는 경로를 따르는 미사일은 공기역학적 부하(aerodynamic loading) 때문에 역학적으로 불안정하게 되거나 구조적 고장이 발생되어, 나머지 경로를 유지할 수 없게 된다. 적절하게 기능을 발휘하기 위해 이러한 비행체는 조종되거나 제어신호에 반응할 수 있어야 한다.

유도 및 제어 시스템의 동작은 피드백(feedback) 원리에 기초한다. 제어 단(control unit)은 유도에러가 존재할 때 미사일 제어 면(control surface)을 올바르게 조정하며, 또한 롤링, 피칭 및 요잉 중인 미사일을 안정화할 수 있도록 제어 면을 조정한다. 유도(guidance) 및 안정화(stabilization)를 위한 교정신호는 합하여져 그 결과가 전체 제어시스템에 에러신호로 인가된다.

센서(Sensor)

미사일의 유도시스템은 항공기의 조종사에 비교될 수 있다. 조종사가 비행기를 착륙장으로 유도하는 것과 같이 유도시스템은 표적을 찾아간다. 만일 표적이 너무 멀리 떨어져 있거나 감지할 수 없으면 라디오 또는 레이더 빔이 표적의 위치를 확인하여 미사일을 표적에 향하도록 하는데 사용될 수 있다. 열, 빛, 라디오파, 텔레비전, 지구 자기장, 관성항법(inertial navigation), 위성항법(GPS ; global positioning system) 등이 이러한 유도 목적에 적합한 것으로 알려져 있다.

전자기파 발생원(electromagnetic source)이 미사일을 유도하는데 사용될 경우 안테나 및 수신기가 센서 구성요소로 미사일에 설치되어 유도정보를 수집 또는 감지한다. 전자기적 방법 이외의 방법으로 유도되는 미사일은 다른 유형의 센서를 사용하나 반드시 "위치통보(position report)"를 수신하기 위한 특정 방법을 사용한다.

사용되는 센서의 종류는 최대 작동거리, 작동조건, 필요한 정보의 종류, 요구되는 정확도, 관측각(viewing angle), 센서의 무게와 크기, 표적 유형 및 속력과 같은 요소에 의해 결정된다.

가속도계(Accelerometer)

함정 및 미사일 관성항법 시스템의 핵심은 비행체 운동의 임의적 변화를 탐지하는 가속도계의 배열에 있다. 관성유도에서 가속도계의 사용을 이해하기 위해서 이와 관련된 일반원리를 확인하는 것이 도움이 된다.

가속도계는 그 명칭에서 알 수 있듯이 가속도를 측정하는 장치이다. 이 장치의 기본 형태는 단순한데 예를 들면 횡축 상에서 자유롭게 진동하는 진자(pendulum)는 미사일의 전-후부 축 방향의 가속도를 측정하는데 사용될 수 있다. 미사일에 앞쪽 방위로의 가속도가 가해지면 진자는 뒤쪽으로 처질 것이며 진자의 본래 위치로부터 실질적인 변위는 가속도를 발생시키는 힘의 크기의 함수가 될 것이다.

또 다른 단순 장치는 그림 15-1과 같이 운동방향이 정해져 있고 스프링의 압축정도를 측정할 수 있는 단순한 형태의 스프링에 매달린 질량(mass), m 을 가진 물체를 이용한다. 스프링의 힘이 질량에 작용하는 힘 즉, 스프링에 매달린 중량물의 질량에 가속도를 곱한 값과 일치될 때까지 가

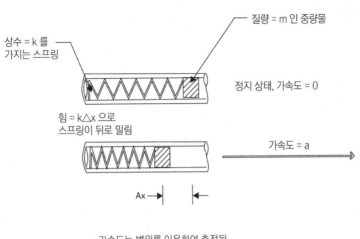

가속도는 변위를 이용하여 측정됨
$a = k\triangle x / m$

그림 15-1 가속도계(accelerometer)

속도에 의해 스프링이 압축된다. 스프링의 힘은 스프링의 길이변화, $\triangle x$ 에 따라 선형적으로 변화하므로 $f = kx$ 로 나타낼 수 있다. 여기서, k 는 스프링 상수이다. 따라서 스프링 길이의 변화를 측정하면 아래 식을 이용하여 가속도를 계산할 수 있다.

$$a = \frac{k\triangle x}{m}$$

(15-1)

만일 전후 축 방향의 가속도가 일정하면, 임의의 순간에 미사일 속력은 가속도에 경과시간을 곱하여 간단하게 구할 수 있다. 그러나 가속도가 시간에 따라 상당히 변하기 때문에 속력을 얻기 위해서는 적분이 필요하다.

미사일 속력이 일정하면 진행거리는 속력에 비행시간을 곱하여 얻을 수 있으나 가속도가 변하기 때문에 속력 또한 변화한다. 이 때문에 2차 적분이 필요하다.

질량의 운동은 "물체의 가속도는 물체에 작용하는 힘에 직접적으로 비례하며 물체의 질량에 반비례한다."는 뉴턴의 제 2법칙을 따른다.

가속도계의 움직이는 소자(element)는 전위차계(potentiometer) 또는 가변 유도자 중심(variable inductor core)에 연결되거나 소자의 변위에 비례하는 전압을 생성할 수 있는 다른 장치에 연결될 수 있다.

일반적으로 미사일에는 그림 15-2와 같이 거리, 고도, 방위의 세 개 방향에서 미사일의 진행거리를 연속적으로 측정하는 세 개의 2차 적분 가속도계가 존재한다. 2차 적분 가속도계는 가속도를

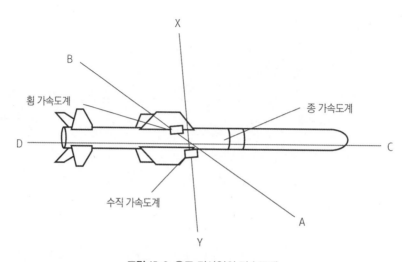

그림 15-2 유도 미사일의 가속도계

감지하는 장비로 2단계의 과정을 통해 거리를 측정한다. 이렇게 측정된 거리는 미사일에 사전 설정된 거리와 비교되어 미사일이 이 경로 상에서 이탈되어 있으면 교정신호(correction signal)가 제어시스템에 보내진다.

가속도계는 미사일 가속도뿐만 아니라 중력 가속도에도 민감하기 때문에 거리 및 크로스 레인지(cross range)를 측정하는 가속도계는 반드시 중력의 당김에 대해 변함없는 위치에 장착되어야 한다. 따라서 가속도계는 미사일 내의 자이로스코프(gyroscope)나 별-추적 망원경(star-tracking telescope) 등의 안정화된 플랫폼(stabilized platform)에 장착된다. 그러나 미사일이 지구상을 비행함에 따라 중력의 당김에 대해 변함없는 위치로 각각의 가속도계 감도 축(sensitive axis)을 유지하기 위해 이 안정화된 플랫폼이 반드시 움직이는데, 이는 미사일 비행시간이 증가함에 따라 관성 시스템의 정확도를 감소시키는 원인이 된다.

원치 않는 진동을 제거하기 위해 제동기(damper)가 가속도계 단(accelerometer unit)에 사용된다. 제동효과(damping effect)는 진동 발생을 방지할 만큼만 커야 하며, 여전히 중대한 질량의 변위가 발생해야 한다. 이러한 조건에서만 질량의 운동은 비행체의 가속도에 정확하게 비례할 것이다.

그림 15-3은 액체-제동 시스템(liquid-damped system)으로 용수철에 의해 매달려 있는 질량(M)을 나타낸다. 만일 이 용기가 화살표 방향으로 가속도를 경험한다면 점성 유체(viscous fluid)가 임의의 원치 않는 진동을 제동하는 동안 용수철은 질량의 아랫방향으로의 변위에 비례하는 저지력(restraining force)을 제공할 것이다.

그림 15-4는 전기적으로 제동된 시스템을 나타낸다. 질량(M)은 강철 심(C)에 대하여 앞뒤로 자유롭게 움직일 수 있다. 비행체가 가속도를 경험하면 질량의 변위에 비례하는 전압 (E)이 떼어 내어져 증폭되며, 또한 변위에 비례하는 전류 (I)가 강철 심 주위의 코일로 되돌려 보내진다. 이 전류에 의해 발생하는 코일 주위의 자기장은 질량의 진동을 제동시키는 힘을 생성한다. 이 시스템에서 가속도는 질량의 변위(X), 전압(E), 전류(I)에 의해 측정될 수 있다.

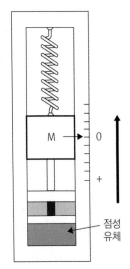

그림 15-3 액체-제동 시스템(liquid-damped system)

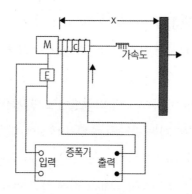

그림 15-4 전기적으로 제동된 가속도계(electrically damped accelerometer)

유도 단계(Guidance Phase)

미사일 유도(missile guidance)는 일반적으로 부스트(boost), 중간비행(midcourse) 및 종말(terminal)의 세 가지 단계로 나뉘며, 각 단계는 비행경로 상에 다른 부분을 나타낸다. 모든 미사일이 세 가지 단계를 모두 경험하는 것은 아니나 미사일의 비행을 구분하기에 편리하다.

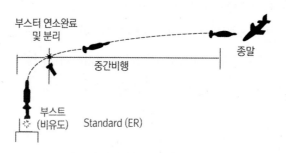

그림 15-5 미사일 비행에서 유도 단계

부스트 단계(Boost Phase)

부스트 단계는 발사(launch) 또는 초기(initial) 단계라고도 하며 미사일이 발사신호를 수신한 때부터 표적을 향해 안정된 비행을 할 때까지의 비행단계이다.

부스트 단계는 미사일이 발사대를 이탈하여 부스터(booster)가 자신의 연료를 소모할 때까지 지속된다. 연료가 완전히 연소되면 미사일은 부스터를 분리시켜 미사일에 작용하는 항력을 감소시킨다.

부스트 단계의 문제점과 이 문제를 해결하는 방법은 미사일과 미사일을 발사하는 방법에 따라 다르다. 하지만 기본적 원리는 같다. 발사대는 사격통제시스템의 명령에 따라 특정 방향으로 조준되어, 미사일이 부스트 단계에서 반드시 진행해야 할 경로(탄도 또는 비행경로)로 포축선(line of fire)을 형성한다. 부스트 단계의 마지막에 미사일은 사전에 계산된 안정된 비행 지점에 반드시 위치한다.

부스트 단계가 중요한 이유를 살펴보자. 호밍유도 기능을 가지는 미사일은 표적을 획득하기 위해 사전 설정된 방향을 반드시 바라봐야 한다. 사격통제시스템은 미사일을 발사하기 전에, 부스트 단계가 종료되었을 때 미사일 위치에 기초한 표적 예상위치를 계산하여, 이 정보를 미사일에 제공한다. 추가로 미사일이 발사된 후에 외부유도(external guidance)를 받아야 한다면 이 미사일의 부스트 단계는 이 신호를 수신할 수 있는 곳에서 끝나야 한다.

일부 미사일의 유도시스템 및 제어 면(control surface)은 부스트 단계동안 정 위치에 고정되는데, 움직이지 않는 제어 면은 다트(dart)나 화살의 꼬리처럼 미사일이 직선 경로로 비행하도록 한다.

중간비행 단계(Midcourse Phase)

모든 미사일이 중간비행 단계를 가지지는 않지만 일단 이 단계를 가지면, 대부분 미사일은 다른 단계에 비해 가장 긴 비행시간과 거리를 가진다. 이 비행단계 동안 미사일은 원하는 침로로 위치되고 이 침로 상에 확실하게 머물게 된다. 대부분의 경우 중간유도 시스템은 미사일을 표적 근처의 종말유도 단계에 사용되는 시스템이 유도를 넘겨받는 곳까지 위치시키는데 사용된다.

종말 단계(Terminal Phase)

종말 또는 최종(final) 단계는 매우 중요하다. 이 마지막 단계는 표적 요격을 위해 반드시 유도신호에 대한 빠른 응답뿐만 아니라 높은 정확도를 가져야 한다. 미사일 성능은 이 단계동안 결정적인 요소가 된다. 이 단계의 마지막 비행단계에서 미사일은 최대 기동성이 필요한데, 때로는 재빠른 회전(sharp turn)으로 빠른 속력으로 이동하며 회피 기동하는 표적을 따라잡아 맞출 수 있다.

일부 미사일의 경우 종말 단계의 초반부 동안 기동이 제한되기도 한다. 미사일이 표적에 접근할수록 미사일이 위치에러 신호에 보다 잘 반응하게 하여 종말 단계의 초반부에 과도한 기동을 하지 않게 할 수 있다. 이렇게 하면 회피 기동하는 표적에 효과적으로 대응하는 데 도움이 된다.

호밍로직(Homing Logic)

무기를 표적에 일정거리까지 접근시키는 방식을 호밍로직이라 한다. 각각의 표적에 적합한, 각 교전 단계별 무기가 어떻게 반응해야 하는가에 대한 많은 접근법이 존재한다.

유도무기는 일반적으로 전체 비행 동안 자연과 인공 힘이 복합된 영향 하에 놓이며 이 힘에 의해 비행경로가 생성된다. 인공적인 힘에는 그림 15-6과 같이 추력(thrust)과 방향 제어(directional control)가 포한된다.

임의 순간에 무기의 작용하는 자연 및 인공의 모든 힘의 벡터 합을 총력 벡터(total force vector)라 한다. 이 벡터의 크기와 방향은 시간의 함수이며 속도벡터 제어(velocity vector control)를 제공하고 적용되는 호밍로직 유형에 의존한다.

유도무기가 진행하는 경로는 사전설정(preset) 또는 가변(variable) 경로로 구분된다. 사전설정 경로의 비행계획은 비행 중에 변경되지 않지만, 가변경로 비행계획은 비행 중에 발생하는 조건에 따라 변화된다.

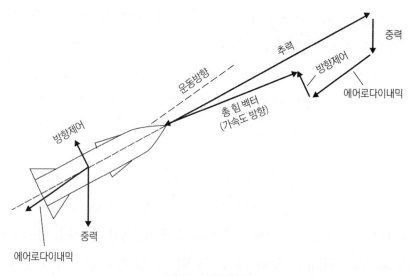

그림 15-6 벡터의 합

사전설정 호밍로직(Preset Homing Logic)

불변(constant) 유도무기의 사전설정 경로는 사전에 정해진 (비행)계획을 가진다. 이 계획에는 여러 개의 다른 단계가 포함되며 미사일이 일단 발사되면 계획은 변경할 수 없다. 매 단계에서 미사

일 비행은 반드시 원래 계획대로 수행된다. 가장 단순한 유형의 사전설정 유도무기 경로는 불변 사전설정(constant preset)이다. 여기서 미사일 비행은 단지 한 단계만을 가진다.

불변 사전설정이란 용어는 나머지 비행과 다른 특성을 가지는 짧은 발사 단계 이후에 변화 없는 (일정한) 비행을 포함하도록 확장될 수 있다. 불변 사전설정 유도무기 비행의 주 단계(main phase) 동안 무기는 사전에 주입된 것을 제외하고 어떠한 제어신호도 수신하지 않는다.

그러나 무기는 비행 중 유도단계(guided phase)를 통해 이러한 제어를 수신한다. 종종 무기는 지속적으로 추진력이 공급되기도 하는데, 불변 사전설정 유도 미사일 비행경로는 미사일에 어떻게(지속적으로 또는 초기에만) 추진력이 공급되는지와 비행 매질에 의존한다.

수상 표적을 요격하기 위해 잠수함에서 발사된 어뢰는 그림 15-7과 같이 직선의 불변 사전설정 유도 경로를 따르며 진행할 것이다.

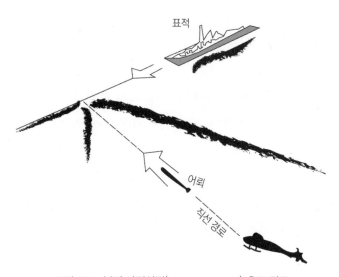

그림 15-7 불변 사전설정(constant preset) 유도 경로

프로그램(program) 보다 복잡한 유형의 사전설정 경로는 프로그램 사전설정(programed preset)이다. 이 방식에서 무기는 여러 단계를 가지고 진행하는데, 어뢰는 그림 15-8과 같은 여러 단계를 가지는 탐색패턴을 실행한다. 첫 번째 단계동안 어뢰는 원하는 최종 방향과는 다른 초기 방향으로 발사되어 자이로 및 수심설정(depth setting)과 같은 제어 메커니즘에 의해 점차적으로 원하는 방향을 찾는다.

그리고 어뢰는 표적이 근처에 있을 것으로 예상되는 곳으로 접근하기 위해 첫 번째 단계의 나머지 시간동안 그 방향을 유지한다. 두 번째 단계동안 어뢰는 표적을 획득하여 종말 단계로 전환되기 전까지 원형 또는 나선형의 패턴에 따라 탐색을 실시한다.

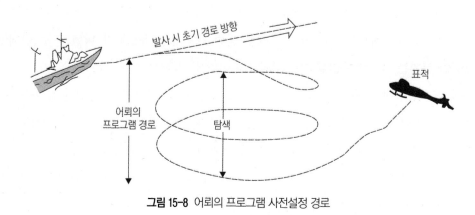

발사 시 초기 경로 방향

표적

어뢰의 프로그램 경로

탐색

그림 15-8 어뢰의 프로그램 사전설정 경로

가변 호밍로직(Variable Homing Logic)

추구(pursuit) 유도무기가 따를 수 있는 가장 단순한 경로는 항시 표적을 향하도록 경로 점을 유지하는 것이다. 이 방식에서 무기는 자신으로부터 표적으로의 조준선(LOS)을 따라 지속적으로 헤딩(heading)을 유지하며 진행하는데, 이때 무기의 진행 자취(trace)는 무기의 회전율이 조준선의 회전율과 같은 추구경로(pursuit path)를 생성한다.

진행의 마지막에는 무기의 비행경로가 표적의 앞이나 뒤를 향하게 되는데 일반적으로 표적의 뒤를 향하기 때문에 추구로직(pursuit logic)이라 한다. 순수 추구경로는 경로의 마지막 부분에서 크게 휘어지며 무기는 종종 마지막 유도 단계에 순수 추구경로를 유지하기 위한 기동성이 부족하기도 한다. 이 경우 무기는 추구 침로(pursuit course)가 다시 계속되는 곳에 도달하기 전까지 최대 회전률로 계속 회전하도록 설계될 수 있다.

추구 로직(pursuit logic)은 일반적으로 저속으로 이동하는 표적용 무기나 표적 근처에서 발사되는 미사일에 많이 사용된다. 설계는 간단하나, 표적에 빠르게 접근하기 위해서는 표적을 능가하는 높은 속력과 기동성이 요구된다.

추구(pursuit) 앞지름(lead) 또는 편향 추구 침로(deviated pursuit course)는 속도 벡터와 무기로부터 표적까지의 조준선이 이루는 각으로 고정된 침로로 정의된다. 쉬운 이해를 위해 그림 15-9에서는 앞지름 각을 "0"으로 가정하여, 순수 추구 침로만을 나타내었다 ($\theta_M = \beta$).

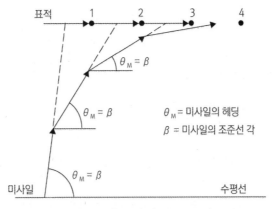

그림 15-9 추구 경로(pursuit path)

일정 방위(constant bearing) 추구 경로에 정반대에 해당하는 방식이 일정 방위 또는 충돌 경로(collision path)이다. 이 방식에서 무기는 자신과 표적이 동시에 도달할 수 있는 표적 전방의 점을 향한다. 따라서 이 방식은 일정 속력과 침로로 진행하는 무기에 대한 사격통제문제의 해를 구하는 것이다.

조준선은 무기와 표적이 동시에 도달할 수 있는 표적 전방의 점으로, 무기에 대해 회전하지 않는다. 따라서 무기 비행경로는 중력 및 공기역학적 힘의 효과가 허락되는 한 선형이다. 만일 표적이 회피를 위해 속도를 변경하면 이에 따라 새로운 충돌 침로가 계산되어 미사일의 비행경로가 반드시 변경되어야 한다. 이 침로의 두드러진 특징은 기동하는 일정-속력 표적에 대해 무기의 측면 가속도가 결코 표적의 측면 가속도를 초과하지 않는다는 것이다. 주요 단점은 제어 시스템이 미래의 표적 위치를 예상하기 위해 충분한 자료수집 및 처리장치를 필요로 한다는 것이다.

일정 방위(constant bearing) 그림 15-10과 같이 무기로부터 표적까지의 조준선이 공간상에서 일정한 방향을 유지하도록 하는 침로이다. 무기와 표적 속력 모두가 일정하면 충돌 침로가 생성된다.

$$\frac{\partial \beta}{\partial t} \ = \ \dot{\beta} \ = \ 0 \tag{15-2}$$

조준선(LOS) 이 방식에서 무기는 발사 소(launching station)로부터 표적으로의 조준선을 따라 비행하도록 유도된다. 조준선 경로의 다른 형태는 일정 앞지름 각 경로(constant lead angle path)로 이 방식에서 무기는 표적으로부터 일정하게 오프셋(offset)되어 조준선의 전방으로 유지되는 경로를 따른다. 조준선 경로의 주요 장점은 대부분의 유도장치가 발사 소에 위치하므로 유연성(flexibility)이

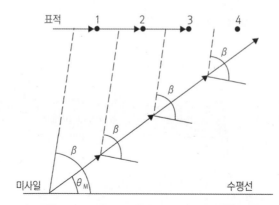

그림 15-10 일정 방위 경로(constant bearing path)

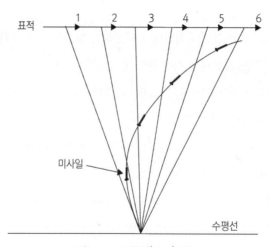

그림 15-11 조준선(LOS) 경로

우수하고 무기에 탑재되는 장치가 단순하다는 것이다.

조준선(LOS) 그림 15-11과 같이 표적과 발사 소의 무기 제어 점을 연결하는 선상에 무기(미사일)가 위치하게끔 유도되는 침로로 정의된다. 이 방법은 일반적으로 "빔 편승 (beam riding)" 라고 한다.

비례항법(proportional navigation) 보다 진보된 호밍무기(homing weapon)는 일종의 비례항법 형태를 사용하는데, 이 방식에서 무기의 유도 수신기(guidance receiver)는 실제적인 조준선(LOS) 변화 율 또는 방위 끌림(bearing drift)을 측정하여 이 정보를 자동항법장치에 조향 명령을 생성하

는 유도 컴퓨터에 넘겨준다. 무기의 헤딩 변화(변침)율은 일정하거나 조준선(LOS) 변화율의 배수이다. 이 배수를 항법 비율(navigation rate)이라 하며, 최적의 성능을 위해 무기 비행 중에 변화될 수 있다.

이 방법을 사용하는 무기는 비례항법 비율(proportional navigation ratio), K를 사용하며, 이 비율은 비행 초기에 속도를 보존하고 거리를 증가시키기 위해 1:1 보다 적을 수 있다. 비행이 진행됨에 따라 무기가 종말 비행단계에서 표적 기동에 충분히 대처할 만큼의 기동성을 가지기 위해 이 비율이 2:1이나 4:1, 심지어 그 이상까지 증가될 수 있다.

비례항법(proportional navigation) 그림 15-12와 같이 미사일 헤딩의 변화율이 미사일로부터 표적의 LOS 회전율에 직접적으로 비례하는 침로이다.

$$\frac{\partial \theta_M}{\partial t} = K \frac{\partial \beta}{\partial t} \quad \text{또는} \quad \dot{\theta}_M = K \dot{\beta} \qquad (15\text{-}3)$$

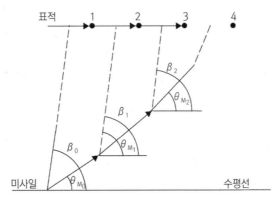

그림 15-12 비례항법 비행경로

유도시스템의 유형

유도시스템의 기능은 무기가 표적으로 확실하게 전달되어 표적에 타격을 가하도록 하는 것이다. 유도시스템은 작동방식에 따라 제어유도(control guidance), 호밍유도(homing guidance) 그리고 자체유도(self-contained guidance)의 세 범주로 나뉜다.

첫째 범주에는 레이더, 라디오 장치, 소나, 기타 수단에 의해 제어되는 무기가 포함되며 두 번째 범주인 호밍유도 무기는 유도에 필요한 특성 공급원(source)으로 표적 자체를 이용한다. 세 번째 범주에는 전기기계적(electromechanical) 장치나 별과 같은 자연 공급원과의 전자기적 접촉에 의존하는 무기가 포함된다.

제어유도(Control Guidance)

제어유도 무기는 통신경로(communication path)를 통해 명령을 수신하는 무기이다. 제어유도에는 일반적으로 제어 점과 무기를 연결하는데 레이더를 사용하는 레이더 제어, 라디오를 사용하는 라디오 제어 그리고 광섬유를 포함하는 선제어(wire control)가 있다.

이 장에서는 지금까지 가장 많이 사용되어온 레이더 제어유도를 모델로 설명하고자 한다. 여기서 설명된 원리들을 라디오(텔레비전 포함) 제어유도와 선 또는 광섬유 유도에 쉽게 적용할 수 있다.

제어유도는 두 범주로 나누어지는데 첫 번째 범주는 지령유도(command guidance) 방법, 두 번째는 빔-편승(beam-rider) 방법으로 실질적으로 첫째 방법의 변형이며 레이더가 다른 방식으로 사용된다.

지령유도(command guidance) 지령이란 용어는 모든 유도 지시나 명령이 무기 외부에 위치한 발생원으로부터 나오는 유도 방법을 나타내기 위해 사용된다. 무기에 장착된 유도시스템은 수신기를 통해 함정, 지상 국, 항공기로부터의 지시나 명령을 수신하며, 무기의 비행경로 제어시스템은 이 지령을 유도 정보로 전환하여 자세제어 시스템에 공급한다. 지령유도는 하나 또는 두개의 레이더를 무기와 표적을 추적하기 위해 사용한다.

그림 15-13은 지령유도 방법을 자세히 나타낸다. 레이더가 표적을 포착(lock on)하자마자 추적 정보가 컴퓨터에 공급된다. 그러면 미사일이 발사되고 표적을 추적하는 레이더나 별도의 레이더에 의해 미사일이 추적된다.

표적과 미사일의 거리, 방위, 고각 정보가 계속해서 무기 제어 플랫폼상의 컴퓨터에 공급된다. 이 정보는 컴퓨터에 의해 분석되어 미사일 요격을 위한 비행경로가 계산되고 적절한 유도신호가 미사일 수신기로 송신된다.

이때 이 유도신호는 미사일-추적 레이더의 빔 특성을 변화시키거나 별도의 라디오 송신기를 통해 보내진다. 레이더 지령유도 방법은 함정, 항공기 및 지상 무기 전달시스템(delivery system)에 사용될 수 있다.

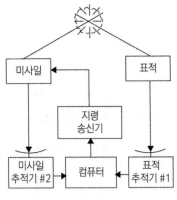

그림 15-13 지령유도 시스템

다른 지령유도 방법은 선(wire) 또는 광섬유 케이블을 사용한다. 대전차(anti-tank) 무기에서 이 선유도 시스템은 적외선 센서로 무기(대전차 미사일)에서 방출하는 적외선 시그너처(signature)를 추적하면서 표적을 추적하기 위한 광학 조준기(optical sight)를 사용한다.

표적 조준선(LOS)로부터 무기의 벗어남(deviation)이 감지되며 유도지령(guidance command)이 생성되어 직접적으로 선 링크(wire link)를 통해 비행중인 무기 제어시스템에 공급된다. 이 지령유도 방식의 무기는 탄두가 표적 조준선을 따라 진행함에 따라 풀려 나가는 선이 감겨진 스풀(spool)을 가진다.

현재 이 시스템은 상대적으로 경량이고 휴대가 가능하며 단거리에 위치한 장갑표적을 가장 효과적으로 공격할 수 있는 전장 환경에 사용된다. 또 다른 선유도 지령시스템은 소나 사격통제정보(sonar fire control information)를 선 링크를 통해 어뢰에 전달한다.

빔-편승(beam-rider) 방법 빔-편승 방법과 레이더 지령유도 방법의 주요 차이점은 미사일-추적 레이더의 빔 특성이 빔-편승 방법에서는 변화하지 않는다는 것이다. 무기(미사일)은 레이더 주사 축(scan axis)에 대한 자신의 위치에 기초하여 자체 교정신호를 생성하도록 설계된다.

이 기술은 5장의 원추형-주사 추적(conical scan tracking)의 원리를 복습하여 보면 잘 이해할 수 있다. 무기의 비행경로 제어 단은 유도 레이더의 주사 축으로부터 임의의 벗어남을 감지하며 적절한 비행경로 교정을 계산할 수 있다.

이 시스템의 장점은 하나의 레이더만 필요하다는 것이다. 물론 레이더는 표적을 추적하고 무기가 비행경로를 교정하기 위한 기준 축을 제공하기 위해 반드시 원추형-주사 특성을 가져야한다.

두 번째 장점은 무기 자체가 방향과 관련된 명령을 생성하기 때문에 복잡한 다중-미사일 지령시스템 없이 여러 발의 미사일을 동시에 유도할 수 있다.

그림 15-14은 전형적인 조준선(LOS) 침로상의 단순한 빔-편승 유도시스템을 나타낸다. 이 시스템의 정확도는 거리가 증가할수록 레이더 빔이 퍼지기 때문에 거리 증가에 따라 감소하며, 미사일을 빔의 중심에 유지하기가 어려워진다. 만일 표적이 빠르게 움직이면 미사일은 반드시 연속적인 변화경로를 따라야 하는데 이는 미사일에 과도한 횡방향의 가속도를 유발할 수도 있다.

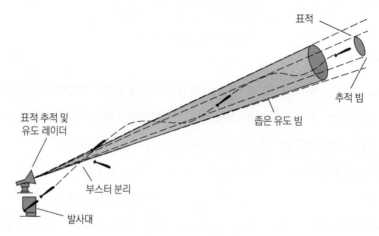

그림 15-14 단순 빔-편승(beam-rider) 시스템

호밍유도(Homing Guidance)

호밍유도 시스템은 표적의 구분 가능한 특성을 감지하는 무기 내 장치를 이용하여 비행경로를 제어한다. 호밍장치는 RF, 적외선, 반사된 레이저 파, 음파, 가시광선을 포함하여 다양한 에너지 형태를 감지하도록 제작된다. 표적에 호밍하기 위해 미사일 또는 어뢰는 반드시 앞에서 언급한 각 추적(angle tracking) 방법 중 하나로 최소한 표적의 방위 및 고각을 식별해야 한다.

일부 능동호밍(active homing) 미사일은 필요시 표적의 거리를 식별할 수 있는 수단을 가져야한다. 추적은 움직일 수 있는 탐색기 안테나(seeker antenna)나 고정식 전자식 주사 배열(electronically scanned array)에 의해 수행된다.

호밍유도 방법은 그림 15-15와 같이 능동(active), 반능동(semiactive), 수동(passive)의 세 가지 유형으로 분류되며 특수한 형태로 재전송 호밍(retransmission homing)이 있다. 이 방법들은 앞에서 언급한 임의 형태의 에너지를 탐색기 내에서 사용한다. 단, 일부 유도방법은 에너지 형태의 본질적 특성 때문에 사용될 수 없는데, 그 예로 수동 레이저 탐색기나 능동 또는 반능동 적외선 탐색기는 제작될 수 없다.

능동호밍(active homing) 능동호밍 무기는 송신기와 수신기 모두를 가지며 표적 탐색과 획득은 임의의 추적센서를 가지고 수행된다. 그림 15-15와 같이 표적으로부터의 되돌아오는 반사파가 송신된 에너지와 같은 경로를 진행하는 모노스태틱 배열(monostatic geometry)을 이용하여 표적이 추적된다. 무기에 장착된 컴퓨터는 표적을 요격하기 위한 침로를 계산하여 조향명령을 무기의 자동항법장치에 보낸다.

모노스태틱 배열은 가장 효과적으로 표적으로부터 에너지 반사를 가능케 하는데 이 배열을 사용하는 이유는 미사일의 크기가 작아지면 설계상 제한으로 송신기가 높은 주파수와 낮은 파워 출력을 가져, 탐색기가 짧은 표적 획득거리를 가지기 때문이다.

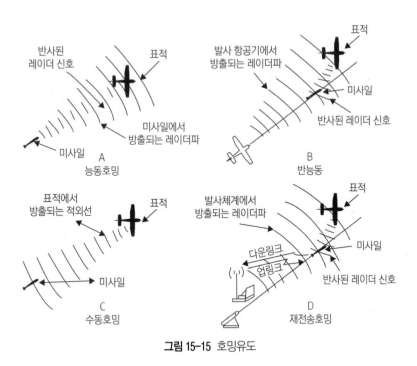

그림 15-15 호밍유도

반능동 호밍(semiactive homing) 반능동 호밍에서 표적은 발사소(station) 또는 다른 통제소에 위치한 추적레이더에 의해 조사된다. 미사일은 송신기 없이 레이더 수신기만을 장착하여 표적으로부터 반사되는 레이더 에너지를 이용하여 능동 방법에서와 같이 자체 교정신호를 생성한다.

그러나 반능동 호밍은 표적으로부터 바이스태틱 반사(bistatic reflection)를 이용하는데 이는 조사기 플랫폼과 무기 수신기가 동일한 위치에 있지 않기 때문으로 되돌아오는 반사파는 표적에 입사되는 에너지와 다른 경로를 따른다. 이원상태의 배치 형태와 구성 때문에 표적은 무기 방향으로 에너지를 효과적으로 반사시키지 않는다.

극단적인 경우 무기는 표적을 완전히 소실하여 요격에 실패할 수도 있다. 이러한 단점은 함정, 항공기 또는 지상 제어소의 조사장치가 가지는 보다 큰 파워와 보다 다양한 주파수 대역을 사용할 수 있는 능력과 그 이외에 짧은 경로길이에서 발생하는 적은 신호 손실에 의해 보완된다.

수동호밍(passive homing) 수동호밍은 그림 15-15의 C에서와 같이 추적 에너지로 표적에서 발생하는 에너지만을 사용한다. 이 에너지에는 수동호밍 어뢰의 경우 함정이나 잠수함에서 방사되는 소음; 대방사(ARM, Anti-radiation) 무기의 경우 표적 자체센서로부터의 RF 방사; 함정, 항공기, 비행체의 배기가스와 같은 열복사원; 온도 대조(콘트라스트) 또는 가시광선 환경 등이 포함되며 심지어 모든 물체에서 방출하는 적외선 영역의 복사도 포함된다.

다른 호밍방법에서와 같이 미사일은 통제소보다는 표적으로부터 수신된 에너지를 이용하여 자체 교정신호를 생성한다. 수동호밍의 장점은 역탐지(counter detection) 대한 문제를 감소시킬 수 있으며 넓은 범위의 에너지 형태 및 주파수를 사용할 수 있다는 것이다. 단점으로는 기만기(decoy)나 기만책에 민감하며 적으로부터 협조 즉, 적이 얼마나 에너지를 방사해 주느냐에 의존한다는 것이다.

재전송호밍(retransmission homing) 또는 미사일을 경유한 추적(TVM) 재전송호밍은 그림 15-15의 D와 같이 지령 및 반능동 호밍 유도 특성을 혼합한 것이다. 지령유도에서 미사일 조향명령은 발사점(launching point) 센서에서 공급되는 표적위치와 미사일 위치자료를 이용하여 발사점에서 계산된다. 재전송 호밍에서 미사일은 자신으로부터 표적까지의 방위와 고각을 식별한 후 이 자료를 데이터 다운링크(down link)를 이용 부호화하여 발사소에 송신하는 반능동 탐색기를 가진다. 발사소의 사격통제 시스템은 조향명령을 계산하여 데이터 업링크(uplink)를 이용하여 미사일에 송신하기 위해 자체 표적 추적자료, 미사일 추적 자료와 미사일 위치 자료를 사용할 수 있다.

이 기술은 미 해군의 스탠다드 미사일(standard missile)과 미 육군의 "Patriot" 시스템을 포함하는 일부 신형 대공방어 미사일시스템에 사용된다. 특정 재전송 또는 미사일을 경유한 추적(TVM ;

track via missile) 시스템은 이상적인 형태에서 다소 변화는 가능하나 모든 시스템은 발사소에서 조향 명령을 계산하여 미사일에 송신하기 위해 미사일로부터의 표적 각(target angle) 자료를 어느 정도 이용한다.

정확도(accuracy) 호밍은 이동하는 표적에 사용될 때, 유도 에러신호의 발생원으로 표적을 사용하기 때문에 모든 유도시스템 중 가장 정확한 시스템이다. 호밍장치가 움직이는 표적에 대해 미사일의 경로를 제어할 수 있는 방법에는 여러 가지가 있다. 이들 중에서 일반적으로 사용되는 방법에는 경로를 추구하는 방법(pursuit path)과 경로를 앞지르는 방법(lead flight path)이 있다.

무기 탐색기에 모노펄스(monopulse) 방법을 사용하면 다수의 이점을 가져, 현재 사용되는 무기에 많이 선택되어지기 때문에 이 방식의 두 가지 기초 유형에 대해 살펴보자.

진폭 비교 모노펄스(amplitude comparison monopulse) 이 방법은 앞에 5장에서 설명하였듯이 무기의 앞부분(nose section)에 레이돔에 의해 보호되는 짐벌(gimabal)로 자세를 유지하는 탐색기 안테나를 필요로 한다. 공기역학적 요구 때문에 레이돔 모양은 레이더 성능측면에서는 최적이 아니다. 단일 안테나의 시야각(FOV) 제한 때문에 표적을 획득하기 위해서는 안테나에 대한 매우 정교한 지시가 필요하다.

이 시스템에서 탐색기의 주파수 범위는 안테나의 크기에 의해 직접적으로 제한된다. 이 시스템의 주된 이점은 표적의 잠재적 속도 및 기동성 범위 전체에 걸친 일관된 성능이다.

간섭계(위상 비교 모노펄스) 간섭계는 움직이는 안테나가 불필요하기 때문에 기체의 가장자리 또는 날개의 끝단에 장착된 고정된 안테나를 가져 장치의 복잡성이 감소되고 넓은 시야각을 가진다.

그림 15-16과 같이 알고 있는 거리만큼 이격된 두개의 안테나가 무기의 각 기동 축(mobility axis)에 설치되어진다. 그림에서 안테나 A 및 B 는 거리 d 만큼 떨어져 표적으로부터 방사(수동 호밍) 또는 반사(반능동 호밍)되는 에너지를 수신한다.

표적까지의 거리가 상대적으로 크기 때문에 RF 에너지는 파장 λ 를 가지는 일련의 평면파(planar wave)처럼 도달한다. 4장의 전기적 주사(electronic scanning)에 대한 설명처럼 그림 15-16에서 안테나 B 에 의해 감지되는 위상은 안테나 A 에 의해 감지되는 위상과 θ 의 위상각(phase angle)만큼 차이가 있을 것이며 θ 는 $d \sin \beta$ 에 비례하기 때문에 아래와 같이 표현할 수 있다.

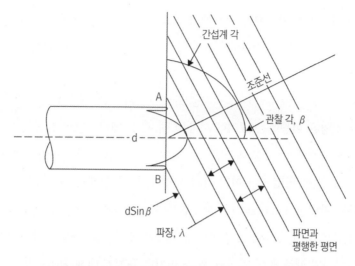

그림 15-16 몸체에 고정된 RF 간섭계(interferometer)

$$\theta \;=\; \frac{2\pi d}{\lambda}\sin\beta \tag{15-4}$$

만일 λ 을 알고 위상각 θ 가 식별되면 관찰 각(look angle) β 을 계산할 수 있다.

간섭계는 넓은 시야각, 기체 설계의 유연성, 시계를 가리지 않는 무기 내부 공간(활용가능) 및 안테나 크기에 제한됨이 없이 넓은 주파수 밴드를 사용할 수 있는 능력 등의 장점을 가진다. 안테나 사이의 간격은 일반적 배치에서 몸체 직경 또는 펼쳐진 핀(fin) 간격으로, 시스템 성능을 좌우한다.

간섭계의 단점은 특정 입사각에서 안테나 사이의 이격 거리보다 짧은 파장에 대해 존재할 수 있는 각 모호성이다. 만일 입사각 β 에서 안테나 사이의 거리가 $d\sin\beta$ 이며 λ 가 $d\sin\beta$ 보다 작으면 측정된 위상각 θ 는 θ 인지 $\theta + n\,2\pi$(여기서 n 은 정수) 라디안인지 식별할 수 없다. 그러나 이는 관찰 각 β 가 관찰 각의 변화율만큼 중요치 않기 때문에 대부분의 호밍시스템에서 중요한 문제는 아니다.

간섭계는 동일 크기의 무기에서 일반적인 진폭 비교 모노펄스 탐색기와 비교하여 두 배 거리에 위치한 다중 표적을 분해할 수 있는 이점을 가진다. 이를 통해 다중 표적의 중심 추적으로부터 하나의 특정 표적 추적으로 전환하는 데 필요한 시간을 두 배로 미사일에 제공할 수 있어 명중률을 증가시킬 수 있다.

복합 시스템 어떠한 시스템도 모든 유도단계에서 최상의 성능을 발휘할 수는 없다. 따라서 명중률

을 향상시키기 위해 양호한 중간유도 특성을 가지는 시스템과 종말 유도 특성이 뛰어난 시스템의 결합이 필요한데, 이렇게 결합된 시스템을 복합(composite) 유도시스템 또는 결합(combination) 시스템이라 한다.

많은 무기가 여러 유형의 유도방법을 결합하여 사용한다. 예를 들어 특정 무기는 표적으로부터 일정 거리에 접근할 때까지 지령유도를 사용하다 지령 유도가 백업 모드(back-up mode)로 전환되는 순간 호밍유도가 개시되며 호밍유도는 표적과의 충돌이나 근접신관이 탄두를 기폭시킬 때까지 사용된다.

이러한 복합유도 유형은 두 시스템의 장점을 취한다. 복합유도 시스템은 함정, 항공기, 지상기지 등의 발사 플랫폼상에 추적센서를 배치하여 무기에 자료를 송신함으로써 장거리 (타격)능력을 가진다. 또한 무기가 자신의 자세제어를 계산함으로써 사격통제문제가 단순화될 수 있다.

자체유도(Self-Contained Guidance)

자체유도는 모든 유도 및 제어장비가 미사일의 내부에 위치한다. 이러한 유형의 시스템에는 사전설정(preset), 관성(inertial), 천문(celestial), 지형(terrestrial), 위성항법(GPS; Global Positioning System)이 있다. 이 시스템들은 고정된 표적을 공격하는 무기와 전자전 대응책에 의한 영향을 최소화하고자 하는 무기에 가장 많이 사용되는데 그 이유는 위성항법을 제외한 자체유도 시스템은 신호를 송신하거나 수신하지도 않기 때문에 전자전 대응책에 상대적으로 쉽게 영향을 받지 않기 때문이다.

사전설정 유도(preset guidance)
사전설정이란 용어는 하나의 온전한 유도방법을 묘사한다. 사전설정 유도가 사용될 때 모든 제어장비는 무기 내부에 위치하는데 이는 무기가 발사되기 전에 무기가 비행해야할 탄도뿐만 아니라 표적위치와 관련된 모든 정보가 반드시 계산되어야 함을 의미한다.

이렇게 계산이 완료된 후 무기의 유도시스템은 무기가 표적으로의 침로를 따르고 원하는 고도로 유지하고, 속력을 측정하여, 정확한 시간에 비행의 마지막 국면을 개시하여 표적에 하강하도록 설정되어야 한다.

사전설정 유도의 주요 장점은 표적 추적이나 확인이 불필요하여 다른 유형의 유도방법과 비교 시 상대적으로 단순하다는 것이다.

사전설정 유도시스템의 초기 예로는 표적의 거리 및 방위가 사전에 결정되어 제어 메커니즘에 설정되는 독일의 V-2 가 있다. 최초 Polaris 미사일 또한 비행초기에 사전설정 유도를 사용하도록 설계되었으나, 곧 보다 나은 발사 유연성을 위해서 개조되었다.

사전설정 유도방법은 도시와 같은 크기가 큰 정지 표적에 대해서만 유용하다. 유도정보가 발사전에 완전하게 결정되기 때문에 함정, 항공기, 적 미사일 또는 움직이는 지상 표적에는 적합하지 못하다.

항법유도 시스템(navigational guidance system) 표적이 발사소(station)로부터 아주 멀리 떨어져 있을 때 일종의 항법유도가 사용되어야 한다. 장거리(비행)에서 정확도는 비행경로에 대한 정확하고 포괄적인 계산이 이루어져야만 얻을 수 있다.

이러한 유형의 항법문제에 대한 수학적 공식은 피칭, 롤링, 요잉의 세 가지 축 주위로 미사일의 운동을 제어하기 위한 요소를 포함할 것이며 이에 추가하여 뒤에서 부는 바람과 같은 외력과 미사일 자체의 관성에 의한 가속도를 고려하기 위한 요소도 포함할 것이다.

장거리 유도미사일에 사용되는 항법유도 시스템에는 관성, 천문, 지형, 위성항법 등 네 가지가 있다.

관성유도(inertial guidance) 유도의 가장 단순한 원리는 관성의 법칙이다. 농구공을 골대에 조준할 때 공의 궤적(탄도)이 골대에서 끝나도록 시도를 한다. 그러나 일단 공이 손을 떠나면 슈터는 더 이상 공을 제어할 수 없다. 만일 슈터가 부정확하게 조준하였거나, 정확하게 조준하였더라도 다른 사람이 공을 건드렸다면 공은 골대에서 벗어날 것이다.

그러나 공이 정학하게 조준되지 못했더라도 다른 사람이 골대를 맞출 수 있도록 공의 방향을 바꾸는 것은 가능하다. 이 경우 두 번째 선수는 유도(guidance)의 한 형태를 제공한 것이다. 관성유도 시스템은 미사일이 적절한 탄도를 유지할 수 있도록 중간 역할을 수행한다.

관성유도 방법은 사전설정 방법과 같은 목적으로 사용되며 실질적으로 이 방법을 세련되게(정밀하게) 개선한 것이다. 관성에 의해 유도되는 미사일 또한 발사 전에 프로그램된 정보를 수신한다. 발사소와 발사된 미사일 간에 어떠한 전자기적 접촉이 없더라도 자이로로 안정화된 플랫폼에 장착된 가속도계를 이용하여 비행경로를 제어함으로써 미사일은 놀라운 정밀도로 자신의 비행경로를 수정할 수 있다.

비행 중 발생하는 모든 가속도는 이 장치에 의해 연속적으로 측정되며 미사일 자세제어 장치는 적절한 탄도를 유지하기 위한 교정신호를 생성한다. 관성유도를 사용하여 장거리 미사일의 비행 중 대략적인 위치 추정이 가능하다. 미사일에 작용하는 예상치 못한 외력은 가속도계에 의해 연속적으로 감지되며 이로부터 생성되는 해는 미사일이 연속적으로 자신의 정확한 비행경로를 유지하게 한다. 관성유도 방법은 매우 신뢰도가 높은 장거리 유도방법으로 알려져 있다.

천체기준(celestial reference) 천문항법(celestial navigation) 유도시스템은 무기의 침로가 고정된 별을 기준으로 하여 사전 설정된 경로를 따르게 연속적으로 조정되도록 설계된 시스템이다. 이 시스템은 주어진 시간에 지표상의 한 점에 대하여 확실하게 알려진 별이나 다른 천체의 위치에 기초하는 시스템이다.

고정된 별 및 태양에 의한 항법은 그 정확도가 거리에 의존하지 않기 때문에 상당히 유용하다. 그림 15-17은 유도미사일에 사용된 천문유도 시스템을 보여준다.

무기는 반드시 지구에 대한 수평 또는 수직 기준, 이 기준에 대한 별 고각을 결정하기 위한 자동 별-추적 망원경(automatic star-tracking telescope), 시간토대(time base) 그리고 기계적이나 전기적으로 기록되는 항법용 별표(star table)를 제공받아야한다.

미사일 내부 컴퓨터는 현재 위치를 결정하기 위해 연속적으로 별 관측 자료를 미사일의 시간토대와 항법용 표와 비교한다. 이를 통해 미사일이 표적을 정확하게 향하게 조향되도록 적절한 신호가 계산된다.

미사일은 반드시 이렇게 복잡한 모든 장비를 운반해야 하고, 별을 보기 위해 구름 위로 비행해야한다. ICBM(intercontinental ballistic missile)과 SLBM(submarine launched ballistic missile)이

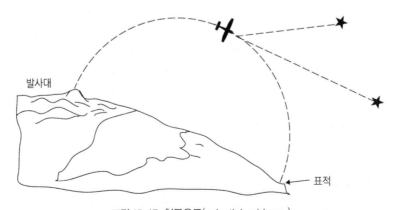

그림 15-17 천문유도(celestial guidance)

현재 천문유도를 사용한다.

지형유도(terrestrial guidance) 방법 컴퓨터 회로의 초소형화(microminiaturization)가 이루어지기 전에 제안된 지형유도 방법들은 심각한 제한점을 가졌다. 초기 제안된 시스템에는 관성기준 시스템(inertial reference system), 지표 영상을 제공하기 위한 텔레비전 카메라, 의도된 비행경로의 필름스트립(filmstrip)이 포함되었다. 이 유도시스템은 텔레비전 영상과 필름스트립 영상을 비교하여 두 상(image)의 다양한 셰이딩(shading)을 맞추어 미사일의 위치를 식별한다.

이 방법은 아음속 미사일의 위치자료를 제공하기에도 너무 느렸으며 또 다른 단점으로 지나치게 넓은 미사일의 잠재적인 비행경로에 대한 저고도 항공사진이 필요하였다. 항공 승무원의 위험성과 광범위한 사전 사진정찰에 의한 세력의 손실 때문에 이 시스템은 실현되기 어려운 것으로 간주되었다.

메모리의 용량증가와 컴퓨터 계산능력 향상으로 무기의 공간 및 무게에 대한 제한이 사라지면서 지형유도 방법은 실현가능하게 되었다. 높은 정밀도를 가지는 소형 레이더 고도계(radar altimeter)가 출현하여 영상 비교방법의 대체수단으로 사용되었으며 또한 이 새로운 방법은 기상이나 조도의 영향을 덜 받았다. 레이더 고도계는 지형의 특성을 높이로 확인할 수 있는 대략적인 수단으로 이 높이가 비행 예상지역의 미사일의 비행경로를 따르는 지형선(contour)을 저장한 데이터와 비교된다.

이 미사일 유도시스템은 무기의 예상된 지상 항적(ground track)의 좌우측에 지역평가 값(land evaluation value)을 가진다. 이를 통해 유도시스템은 무기가 저장된 데이터와 관측된 고도가 가장 근접하는 곳에 위치하는지 알 수 있다. 에러를 교정하기 위해 수정할 침로나 거리가 결정되면 무기는 원하는 항적으로 돌아가기 위해 회전한다.

이 방법을 지형대조 또는 TERCOM(terrain contour matching) 이라한다. 가장 성능이 우수한 TERCOM 시스템도 수백 마일의 비행경로 전체에 지형대조를 수행하는데 필요한 메모리를 가지지 못한다. 따라서 무기는 표적까지 비행하는 도중에 "TERCOM map"이라 불리는 일련의 작은 영역에 해당하는 지형자료를 제공받는다.

TERCOM map의 수와 그 간격은 지역에서 가용한 정보의 질과 미사일 관성항법 시스템의 정확도에 의해 결정된다.

다양한 공급원으로부터 TERCOM을 지원하기 위한 충분한 데이터가 가용하면, 교전 이전에 대부분의 표적 지역에 대한 정찰은 필요치 않다. TERCOM은 특정 지역 내에 위치한 대규모 군사기지를 찾을 수 있는 정확도를 가지나 미사일이 기지의 특정 구역을 타격할 수 있는 예를 들면, 비행장의 격납고를 타격할 수 있을 정도의 정확도를 가지지는 않는다. 이 때문에 TERCOM만 사용하는 미사일은 핵탄두를 필요로 한다.

재래식 고폭약(hig-explosive) 탄두를 운반하기 위해서는 TERCOM 이상의 정확도가 필요한데, 이 정확도는 비행 마지막 단계에서 광학장치를 사용하여 얻을 수 있다. 순항미사일은 비행특성상 자신이 획득한 영상을 발사점(launching point)으로 전송할 수 없는 비행고도 및 거리를 가진다. 그러나 디지털 영상기술의 발전으로 표적 주변의 회색조 전경(gray-shaded scene)을 컴퓨터에 저장할 수 있다.

디지털 전경은 미사일의 텔레비전 카메라가 획득한 영상과 비교되어 그림 15-18과 같이 미사일의 원하는 위치와 실재 위치가 일치되는지 결정하기 위해 회색 셰이딩(gray shading) 값이 대조된다. 미사일이 자신의 경로를 의도된 비행경로로 수정할 수 있으면 결국 표적을 찾아낸다.

이 방법을 영상대조 또는 DSMAC(digital scene matching area correlator) 이라 하며, 재래식 고폭약 탄두를 사용할 수 있을 정도의 정확도를 가진다. DSMAC 기술은 표적 전방 최종 수 마일에서만 사용되며 대부분의 비행경로에는 TERCOM이 사용된다.

두 방법 모두는 미사일 메모리에 로딩되는 디지털 TERCOM map과 DSMAC scene에 사용되는 정보의 정확도에 의해 그 성능이 제한된다. 따라서 이 데이터 파일들을 순항미사일에 사용하기 위

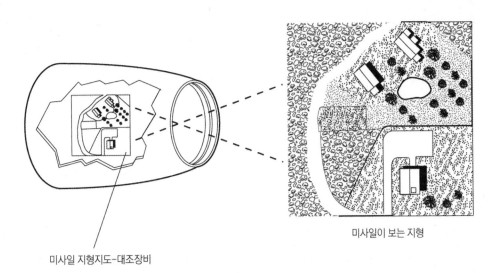

미사일이 보는 지형

미사일 지형지도-대조장비

그림 15-18 지형유도(terrestrial guidance)

해 작성하고 포맷팅(formatting)하는데 상당한 설비와 재능 있는 인력이 필요하다.

위성항법장치(GPS) 위성항법장치(global positioning system)는 위성기반 항법시스템으로 최대 24개 위성으로부터 1.5 GHz의 반송파 주파수에 실린 디지털신호를 사용한다. 이 항법 데이터를 이용하여 수신기는 각 위성뿐만 아니라 위성의 지리적 위치(GP ; geographical position)로부터의 정확한 거리를 식별할 수 있다. 지리적 위치(GP)란 위성 바로 아래 위치한 지구상의 위치로 그림 15-19와 같이 지표상에 위치선(LOP ; line of position)의 중심으로 설정된다.

다른 위성으로부터의 두 번째 위치선은 그림 15-20과 같이 수신기가 위치할 수 있는 곳을 두 군데로 좁힌다. 세 번째 위치선은 수신기를 지표상의 유일한 위치로 분해한다.

위성으로부터 거리는 신호가 수신되는 시간으로 식별할 수 있다. 위성신호는 신호를 보낸 시간을 포함하고 있어 이 시간을 수신기 시계의 시간과 비교하여 얻은 시간지연으로 거리를 식별할 수 있다.

위성은 주 제어국(master station)에서 업데이트되는 정확한 원자시계를 가지지만, GPS 수신기는 이러한 원자시계를 가지지 않는다. 따라서 정확한 시간을 식별하기 위해 GPS 수신기는 네 번째 위성에서 오는 신호를 사용하는데 이 신호는 수신기 시계의 에러를 식별하는 데 사용된다. 위 과정을 통해 결과적으로 수신기는 3차원적인 항법 고정위치(navigational fix)와 정확한 시간을 얻

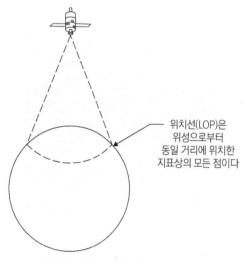

위치선(LOP)은 위성으로부터 동일 거리에 위치한 지표상의 모든 점이다

그림 15-19 단일 위성으로부터 지표상의 위치선(LOP)

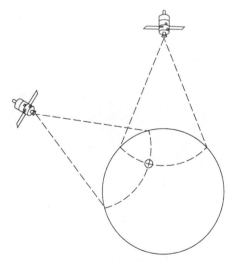

그림 15-20 지표상에 두 LOP로부터 얻은 수신기의 위치(2차원)

을 수 있다.

GPS가 제대로 동작하기 위해서는 수신기가 최소한 네 개의 위성을 볼 수 있어야 한다. 실제 총 21개의 위성과 3개의 예비위성이 있으며 이 위성들은 약 20,000 ㎞의 고도에서 지구 극궤도(polar orbit)를 매 12시간마다 공전한다.

21개의 위성이 지구의 4π 스테라디안(steradian)에 균일하게 위치한다고 가정하면, $4\pi/21$ = 0.6으로 1개 위성 당 0.6 스테라디안을 얻을 수 있다. 여기서 스테라디안은 입체각의 단위로 구의 표면적을 반지름의 제곱으로 나누어 얻을 수 있다. 그리고 수신기가 항상 하늘의 약 1/4 즉, π 스테라디안만을 볼 수 있다 가정하면 $\pi/0.6$ = 5로 5개의 위성을 관측할 수 있다. 따라서 21개의 위성으로 전 세계를 커버할 수 있다.

위성항법장치는 위성부분(space segment), 지상관제부분(control segment), 사용자부분(user segment)으로 구성된다. 위성부분은 그림 15-21과 같이 24개의 극궤도 위성으로 구성된다. 일반적으로 궤도상에는 수명을 다한 위성을 대체하기 위해 수개의 비활성 여분 위성이 존재한다.

지표상 20,000 ㎞의 고도에서 위성의 지리적 위치는 자오선을 따라 이동한다. 각각의 위성은 55°의 기울임 각을 가지는 여러 궤도에 나누어 배치된다.

지상관제부분은 미국 콜로라도 스프링스(Colorado Springs)에 위치한 주 제어국(MCS)과 하와이(Hawaii), 콰잘렌(Kwajalein), 디에고가르시아(Diego Garcia)에 위치한 세 개의 무인 부 제어국

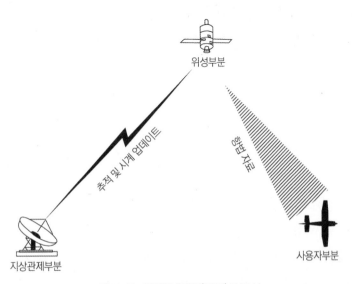

그림 15-21 위성항법장치(GPS)의 구성

으로 구성된다. 콰잘렌(Kwajalein), 디에고가르시아(Diego Garcia), 어센션 섬(Ascension island)에는 주 제어국으로 중계하는 세 개의 업링크(uplink) 안테나를 가진다. 부 제어국은 상공을 지나는 위성을 추적하고 거리와 거리변화율을 측정하여 주 제어국으로 보내며, 주 제어국은 정보를 취합해 위성이 제 궤도를 유지하도록 한다. 따라서 지상관제부분은 위성을 추적하고 위성의 궤도 파라미터와 내부시계를 업데이트한다.

사용자부분은 GPS 수신기로 구성되며 위성신호를 수신하여 위치, 고도를 식별하기 위한 계산 및 시간출력을 수행한다.

수신기 안테나는 1,575.42 (L1) MHz 와 1,227.60 (L2) MHz 중 하나의 원형편파된(circularly polarized) 위성신호를 수신하며 이 두 신호의 차이는 다음과 같다. 이 신호들은 기본적으로 항법데이터를 포함하는 50 bps BPSK(bipolar phase-shift-keyed) 디지털 신호로 구성된다. 실제 이 신호는 1,023 MHz의 넓은 스펙트럼 신호로 반송(carrying)되는데, 넓은 스펙트럼 신호는 위성의 정체(identity)를 부호화하고 신호 대역폭을 넓혀 좁은 대역 발생원으로부터 발생할 수 있는 간섭 위협을 줄일 수 있다.

위성항법장치의 정확도는 위치에 있어 53 ft, 속도에 있어 0.3 fps, 시간에 있어 100 ns 정도이다. 그러나 적 세력이 정확한 항법위치를 얻지 못하도록 130 ft에서 330 ft까지 의도적으로 에러를 삽입할 수 있다. 고의로 에러를 주입하지 않는 신호를 PPS(precise positioning system)이라하며 이 시스템이 작동하면 미국 정부로부터 승인을 받은 특수 해독 시스템(special decryption system)을 가진 사용자만 이 신호를 사용할 수 있다.

주입된 에러를 보상하기 위해 미 정부 프로그램이 아닌 외부에서 에러를 측정하여 보정하는 시스템이 개발되었는데 이 시스템을 DGPS(differential GPS)라 한다. 이 시스템의 동작원리를 위치가 잘 알려진 고정된 사이트에서 GPS의 위치신호를 획득하여 에러를 측정하고 보정된 값을 DGPS 사용자에게 제공한다.

WAAS(wide area augmentation system)와 같은 보다 최신의 방법이 개발되고 있는데 자이로동기 위성(gyrosynchronous satellite)을 이용하여 사용자에게 보정 값을 제공한다. 이 방법에서 보정을 통해 정확도를 향상시키는 방법은 DGPS와 유사하나, 정확도가 향상되는 면적이 매우 넓어지는데, 원리적으로는 위성의 신호가 미치는 지역 전체가 해당된다.

위성항법장치 정확도가 크게 향상되었음에도 무기를 표적으로 유도하려 할 때 좌표계를 생성하는 방법에 따라 에러상황에 직면한다. 이 에러는 항상 존재하지만 지금까지는 무기 정확도에 큰 문제가 되지 않았다. 그러나 위성항법장치의 출현으로 표적위치에러(TLE ; target location error)가 반드시 고려되어야 한다.

일반적으로 표적좌표(target coordinate)는 실체경의 상(stereoscopic imagery)에 근거하여 위도, 경도, 고도로 변환된다. 따라서 실재 표적위치와 GPS로 확인한 표적위치 사이에는 작은 에러가 항상 존재하는데 이를 표적위치에러라 한다.

요약

유도의 단계에는 부스트, 중간비행, 종말의 세 가지가 있다. 각 단계는 유도방법이 변경되는 위치보다는 주로 비행경로를 세부적으로 나누어 구분한다. 종말단계는 가장 중요한 단계로 이 단계에서 유도시스템의 최상의 성능이 요구된다.

유도시스템은 크게 인간이 만든 전자기 장치(electromagnetic device)를 사용하는 시스템과 다른 수단을 이용하는 시스템의 두 범주로 구분되며 세부 분류는 표 15-1과 같다.

유도미사일 경로는 사전설정(preset) 또는 가변(variable)으로 분류되며, 사전설정 경로는 갱신된 데이터에 따라 비행경로를 중간에 변경할 수 없는 계획된 경로를 가진다. 사전설정 경로 중 하나의 단계만을 가지는 경로는 일정 사전설정(constant preset)이라 하며, 여러 개의 단계를 가지는 경로를 프로그램 사전설정(programmed preset)이라 한다.

가변유도 비행경로는 비행중간에 경로를 수정할 수 있어 회피기동하는 표적을 성공적으로 요격이 가능하다. 표적위치가 연속적으로 재평가되어 예측되며 무기의 침로가 새로운 표적자료를 고려하여 다시 계산된다.

표 15-1 유도시스템 구분

인조 전자기 장치를 사용하는 유도시스템		자체유도시스템	
제어(control) 지령(command) 빔-편승(beam-rider) 수정된 빔-편승 (modified beam rider)	호밍(homing) 능동(active) 반능동(semiactive) 수동(passive)	사전설정(preset)	항법(navigational) 관성(inertial) 천문(celestial) 지형(terrestrial) 위성(GPS)
복합(composite system) TVM(command/semiactive)			

가변유도 비행경로에는 추구(pursuit), 일정방위(constant bearing), 조준선(LOS), 비례항법(proportional navigation)이 있다.

이동 표적에 대한 성공적인 미사일 요격은 미래 표적위치의 예측에 의존하며 특정 가정을 필요로 한다. 탄환, 탄도미사일 또는 사전설정 유도미사일을 사용할 경우 미사일 비행 중 표적운동은 일정한 상태로 변하지 않는 것으로 가정하며, 가변유도 무기를 사용할 경우 연속적 추적에 의해 측정이 이루어지는 임의의 순간에 표적운동은 짧은 시간간격 동안 변하지 않는 것으로 간주한다.

소개

신관은 표적 근처에서 탄두 메커니즘을 작동시키고 군수와 작전이전 국면 동안 탄두를 안전 상태로 유지하는 무기의 하부시스템이다.

신관은 근본적으로 안전(safety)과 무장(arming)의 이원 상태(binary state) 메커니즘이다. 무기체계 하드웨어의 맥락에서 신관 및 탄두는 확실한 표적과 교전하기 전까지 활동하지 않는 상태로 남아 있다가, 수백분의 1초 내에 의도된 기능을 수행하는 것에서 그 고유의 특성을 갖는다. 유도시스템은 순간적인 기능불량(malfunction)으로 부터 회복될 수 있고 표적추적 레이더는 심각한 유용성의 의심 없이 다수의 허위경보(false alarm)를 생성할 수 있으며 미사일 기체(airframe)는 구부러졌다가도 회복될 수 있다. 그러나 신관–탄두 과정은 유일하며 되돌릴 수 없다. 신관설계에 요구되는 품질 수준은 일반적으로 아래의 두 값에 의해 결정되는데, 먼저 기능 신뢰도(functional reliability)은 일반적으로 복잡한 미사일 신관의 경우 0.95에서 0.99까지의 값을 가지며, 사출탄 및 폭탄용 접촉신관(contact fuze)의 경우 0.99까지의 값을 가진다. 그리고 두 번째 안전 신뢰도(safety reliability)는 10^6 중에 1 이하의 실패율에 해당되는 값을 가지도록 설계되며, 야전에서 사용 이전에 반드시 검증되어야 한다.

신관시스템의 기능

무기의 신관시스템은 아래의 다섯 가지 기본 기능을 수행한다.

1. 무기를 안전하게 유지
2. 무기를 무장

3. 표적을 인지 또는 탐지

4. 탄두의 기폭 개시

5. 기폭방향의 결정(특수 신관만 해당)

그림 16-1은 위의 다섯 가지 기초적 기능을 가지는 일반적인 신관시스템으로 이 기능들은 다음 절에서 보다 자세히 다룰 것이다.

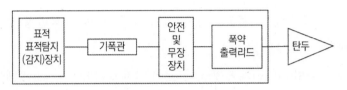

그림 16-1 기초적인 신관시스템

안전 및 무장(S&A)

선사시대 인간이 곤봉을 발가락에 떨어뜨렸을 때 그는 자신의 무기가 적뿐만 아니라 자기 자신에게도 손상을 줄 수 있음을 실감했을 것이다. 현대의 고성능 파괴무기의 경우 파괴하고자 하는 표적에 도달하기까지 기폭되지 않을 것이라는 높은 확신이 존재하는데 이 확신은 안전 및 무장(S&A ; safety and arming) 장치에 의해 제공된다.

S&A 장치는 무기가 의도된 모드로 발사되어 발사플랫폼으로부터 안전거리를 이탈하기 전까지 무기의 군수 및 작전 모든 국면에서 기폭관(detonator)을 탄두 부스터 차지(booster charge)로부터 분리시키는 신관 구성품이다. 그리고 S&A 장치는 탄도 내 임의의 점에서 폭발계열(explosive train)로부터 장벽을 제거하여 기폭관(장치)이 탄두를 기폭하도록 한다.

S&A 장치의 설계 시 반드시 충족시켜야 하는 일반조건은 아래와 같다.

1. S&A 장치는 무장 동인(arming agent)으로 무기발사 이전에 저장된 에너지를 사용해서는 안 된다.

2. 최대 안전을 위해 무기의 무장(arming)에 요구되는 에너지는 정상적 무기비행 중에 존재하는 환경적 파라미터로부터 얻을 수 있도록 설계되어야 한다.

3. S&A 장치는 실제 탄두의 외부에 존재하는 파라미터에 의해 개시되어서는 안된다.

4. 주 안전 메커니즘은 무기의 기능불량 시 탄두를 반드시 보호하여야 한다.

5. 탄두가 가지는 안전특성을 제거하는 절차는 유일한 일련의 사건(조치) 후에 수행한다.

6. 전투에 필요하거나 대응책(countermeasure)을 무력화할 필요가 있을 때 보조 안전시스템이 포함되어야 한다.

7. 높은 기능성을 보장하기 위해 설계 시 대리 가능성(redundancy)을 고려해야 한다.

S&A 장치는 자신의 중요한 기능을 수행하기 위해 다양한 방법을 사용한다. 일부 S&A 장치는 무기 발사 후 경과시간을 측정하여 (무장)기능을 수행하고, 다른 S&A 장치는 무기가 경험한 가속도를 감지하여 이를 이중 적분함으로써 발사장소로부터 진행한 거리를 확인한다. 탄도미사일에 사용되는 일부 장치는 재진입 단계(reentry phase) 동안 감속을 사용하며 폭뢰(depth charge)와 기뢰(mine)는 주변압력의 변화를 이용하여 무장된다.

추가로, 일부 장치는 공기 속도 또는 사출탄 회전(원심력)을 감지 및 적분하는 가하면, 다른 장치들은 로켓 모터 가스압력 및 가속도와 같은 무기의 탄도특성을 감지한다.

신관의 안전 신뢰성을 극대화하기 위해 S&A 장치는 반드시 자신이 감지하는 힘이 무기 고유의 것이어야 하며 의도적이나 우발적인 지상에서의 취급이나 발사 전 동작에서 작동되어서는 안 된다.

대부분의 미사일은 가속도-감지(acceleration-sensing) S&A 장치를 포함한다. 이 장치는 로켓 모터로부터의 가속도를 감지한다. 무기가 투석기에 의해 던져질 때 500g의 충격력(shock force)을 경험하는 반면 로켓 모터 추진은 10g의 힘만을 유도한다.

따라서 무기가 낙하되어 무장(arming)되는 것을 방지하기 위해 또 다른 특성이 반드시 사용되어야 하는데 이러한 특성은 가속도-감지 시스템이 최소한 2초 이상의 긴 시간 동안 가속도를 측정하여 얻을 수 있으며 그림 16-2는 이 시스템을 나타나 있다.

그림 16-2는 선형으로 움직이는 g-wight S&A 장치로 정렬이 되어있지 않은 폭약 리드(explosive lead)가 일반적으로 Geneva escapement에 의해 제어된 속도로 정렬상태로 구동된다. 이 때 제어 속도는 가속도의 크기에 매우 둔감하다.

의도된 발사신호는 솔레노이드의 전기자(armature)를 동작하여 무장이 전방으로의 가속도를 경험할 때 발사 빗장(launching latch)을 해제한다. g-weight는 후부 스프링의 힘을 받으며 뒤로 움직이나 이동 속도는 알람시계의 지동기구(escapement)와 같은 기능을 하는 Geneva escapement에

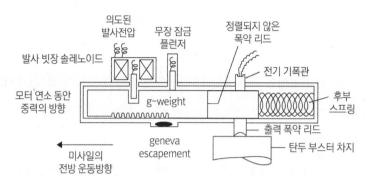

그림 16-2 가속도-적분(acceleration-integration) S&A 장치의 원리

의해 늦추어진다.

　시간 경과 후 기폭관(detonator), 정렬이 되지 않은 폭약리드(out of line explosive lead) 그리고 출력 폭약 리드(output explosive lead)가 정렬되어 기폭기로부터 탄두 부스터 차지(warhead booster charge)까지 연속적인 폭발계열을 형성한다. g-weight가 위치에 도달하면 두 번째 핀이 스프링에 의해 g-weight 내의 홈으로 밀려들어가서 g-weight를 장전위치로 잠근다.

　만일 로켓 모터에 문제가 있거나 예상되는 시간만큼 충분한 가속도를 유지하지 못하면 후부 스프링은 g-weight를 빠르게 원래 위치로 되돌려 보내며(실제 Geneva escapement는 빠른 역방향의 이동을 가능케 하는 톱니바퀴를 가진다), 발사 빗장(launch latch)은 g-weight 내로 다시 삽입되어 안전 위치로 잠겨진다. 이를 통해 탄두는 모터 오류에 의한 예기치 못한 무장조건 불만족 시에는 기폭되지 않는다.

　선형운동 g-weight 가속 적분기는 30-g를 초과하는 미사일의 측면가속 동안 g-weight와 관(tube) 사이의 마찰력이 증가하는 단점을 가진다. 이는 g-weight 축 방향의 운동을 지체시켜 무장거리(arming distance)를 증가시킨다. 보다 효율적인 디자인에서는 g-weight의 선형운동이 g-weight의 회전운동으로 전환된다. 미사일이 가속될 때 횡축 상에 편심으로 장착된 금속 판(disk)이 회전하여 폭발계열을 정렬한다.

　원하는 안전 신뢰도를 얻기 위해 발사 빗장, Geneva escapement 및 스프링이 장착된 g-weight와 같은 몇몇 구성품을 중복하여 가진다. 이를 통해 만일 임의의 하나가 실수하면(즉 무기가 떨어져 발사 빗장이 벗겨지면) 다른 하나가 부주의에 의한 무기의 무장(arming)을 방지할 수 있다(Geneva escapement가 g-weight가 뒤로 움직이는 것을 방지한다). 이러한 구성품의 중복 형태는 모든 S&A 장치에서 발견된다.

S&A 장치는 매우 양호한 품질로 제작되며 해군 미사일 S&A에서 일반적으로 요구되는 수준인 $1/10^6$ 보다 적은 안전 오류(실패) 가능성을 가지도록 설계된다.

지금까지의 논의는 무기가 표적에 도달하기 전까지 무기의 안전을 유지하는데 집중되었다. 그러나 무장이 표적을 명중하지 못한다면 안전을 위해 추가적인 S&A 장치가 발사경로 상에 필요하다. 그 예로 항공 표

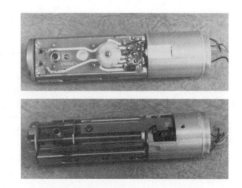

그림 16-3 토마호크의 안전 및 무장 장치

적을 명중시키지 못한다면 대공 사출탄 또는 함대공미사일(SAM)이 우군 지역에 떨어질 수 있다.

이러한 가능성을 배제하기 위해 함대공미사일은 추가적인 타이머 S&A 장치를 가진다. 이 장치는 발사에서 표적요격까지 예상되는 소요시간이 초과할 때 무기를 안전 상태로 전환시킨다.

타이머 S&A 장치 사용의 대안으로 일반 신관 시스템 내의 표적탐지장치에 추가로 타이머 폭발장치(firing device)를 둘 수 있는데, 만일 표적을 명중하지 못하면 이를 대신하여 선택된 타이머 (alternative timer) 장치가 기폭관에 기폭신호를 보낸다. 타이머는 일반적으로 요격소요 시간 보다 길게 설정되며 또한 무기가 공중에 떠 있는 동안 안전하게 기폭이 이루어지도록 설정된다. 안전 신뢰도를 향상시키는 이 대체 양자택일의 설계는 대부분의 대공 사출탄에 사용된다.

비록 S&A 장치를 가지는 신관이 무기의 주요 안전 구성품이나 탄두는 신관 개시 이외의 영향에도 민감함을 명심하여야한다. 재래식 및 핵탄두에 쓰이는 고폭약은 외부 공급원(external source)으로부터 충분한 열이나 에너지가 가해지면 기폭될 수 있는데, 전투 또는 의도되지 않은 기폭이나 화재에 의해 필요한 에너지가 공급될 수 있다.

표적 탐지 및 인지

표적탐지(detection) 및 인지(recognition)는 표적이 탄두의 손상범위 내에 포함될 만큼 충분히 접근하거나 근접신관(proximity fuse)이 이러한 조건이 언제 발생할 지 예측할 수 있을 때 반드시 이루어져야 한다. 이 기능은 여러 유형의 기계적이나 전기적 감지장치에 의해 수행되는데 사용되는 장치에 따라 신관 시스템의 유형을 분류한다. 일단 표적이 탐지 또는 감지(sensing)되면 탐지 및 인지 장치는 기폭관에 폭파신호(fire signal)를 보내거나 언제 보낼지를 예측한다. 표적 탐지 및 인지 장치에는 아래와 같은 기본적인 네 가지 범주가 있다.

충격(impact) 또는 접촉(contact) 이 감지장치는 무기와 물체(표적)의 첫 번째 충격을 탐지하며 이 장치의 출력은 기폭관을 개시시킨다. 일반적인 센서 메커니즘에는 관성질량의 변위, 압전결정(piezoelectric crystal)의 스트레스, 동축 전송선(coaxial transmission line)의 단락회로(short-circuiting), 전기회로의 차단이 포함된다. 착발신관(point detonating fuze)이 이 유형에 해당된다.

또한, 무기가 표적에 접촉된 후 관통효과를 최대화하기 위해 짧은 시간(마이크로 초 이내) 동안 기폭을 지연시키기는 지연 메커니즘(delay mechanism)이 포함되기도 한다.

주변(ambient) 비록 표적의 물리적 존재를 탐지할 수 없더라도 수심과 같은 표적을 발견할 수 있는 고유한 환경을 감지할 수 있다. 이러한 유형의 감지장치는 일반적으로 수심설정 폭탄(depth-bomb) 및 폭뢰(depth-charge)에서 사용된다.

추가로 공기압력은 기체폭탄(fuel-air-explosive)이나 핵폭탄 같은 대형 폭풍탄두의 폭발 고도를 결정하기 위해 사용된다.

시한(timer)/지령(command) 사전 설정된 시간이 경과된 후에 타이밍 장치는 폭파 신호를 기폭관에 보낸다. 표적의 감지(sensing) 또는 탐지는 사용자가 언제 표적이 손상체적(damage volume) 내에 위치할 것인지를 예측하는 계산에 기초하여 경과시간을 사전 설정함으로써 미리 결정된다. 포의 사출탄이 이러한 유형의 신관을 종종 사용한다. 폭탄은 지상에 부딪친 후 수분에서 수 시간까지 비활성 상태로 설정할 수 있는 가변시간 신관을 가질 수 있다.

그림 16-4 항공기 폭탄의 시한신관(time fuze)

근접(proximity) 이 장치는 표적과의 접촉없이 일정거리에서 표적의 물리적 존재를 감지할 수 있다. 따라서 이 장치는 표적이 탄두의 손상체적 내에 있는 것으로 예측될 때 폭발신호를 기폭관에 보낸다. 근접신관은 표적탐지장치(TDD, Target-Detecting Device)라 불리기도 하며 본장의 후반부에서 보다 자세히 다룰 것이다.

탄두 개시(Warhead Initiation)

탄두는 일반적으로 기폭약(primary explosive)으로부터의 열과 에너지에 의해서만 개시될 수 있는 강력하지만 상대적으로 민감하지 않은 고폭약을 포함한다. 기폭약은 신관 하부시스템의 구성품으로 일반적으로 기폭관에 사용된다. 기폭관이 적절하게 설계되었다면 기폭약은 표적 탐지 및 인지장치로부터 수신되는 고유의 폭발신호에 의해서만 활성화된다. 기폭관은 표적센서로부터 전기적 에너지(고전압) 또는 기계적 에너지(충격 또는 찌르기) 중 하나를 수신할 때 활성화되도록 설계될 수 있다.

신관 시스템 분류

신관 디자인은 무기의 특성과 임무에 따라 다르다. 해군 관습상 여러 신관 시스템 분류법이 사용되는데 편리한 방법은 아래와 같이 동작방식에 따라 신관을 분류하는 것이다.

1. 근접신관(proximity fuze)

   a. 능동(active)

   b. 반능동(semiactive)

   c. 수동(passive)

2. 시한신관(timer fuze)/지령신관(command fuze)

3. 충격신관(impact fuze) 또는 접촉신관(contact fuze)

4. 주변신관(ambient fuze)

근접신관

근접신관은 현재 가장 복잡한 신관유형으로 2차 대전 초기 영국에서 기원되었다. 대공포의 성능 향상 방안을 고민하던 작전 분석가가 사출탄에 장착된 근접감지(proximity-sensing) 신관이 사출탄을 정해진 비행시간에서 기폭시키는 것이 아니라 표적의 근처에서 사출탄을 기폭시킴으로써 독일 폭격기를 자신의 물리적 크기에 10배에 해당하게 만들 수 있음을 계산하였다.

따라서 표적으로부터 일정 거리에서 손상을 가할 수 있는 이러한 사출탄은 시한신관 사출탄과 비교 시 10배의 효과로 표적을 손상 또는 파괴할 수 있다. 흥미롭게도 근접신관은 실제 타이밍 원리에 따라 작용하지 않지만 자신의 특성을 감추기 위해 가변시간 또는 VT 신관이라 불렸고 이 명명법이 현재까지 이어지고 있다. 현대 유도미사일의 직접 명중률은 유도되지 않는 사출탄의 명중률보다 높으며 근접신관의 근본 원리 또한 여전히 타당하다.

근접신관은 탄두와 표적 간에 어떠한 접촉도 없이 "영향에 의한 감지(influence sensing)를 통해 자신의 임무를 수행한다. 이러한 신관은 표적과의 물리적 접촉보다는 표적의 일부 특성에 의해 동작되는데, 이러한 동작은 반사되는 라디오 신호, 유도 자기장, 압력 측정, 음향 충격(acoustic impulse), 적외선 신호에 의해 개시될 수 있다.

근접신관은 동작모드에 따라 능동, 반능동, 수동의 세 가지로 나눌 수 있으며 그림 16-5는 이 세 가지 모드를 나타낸다.

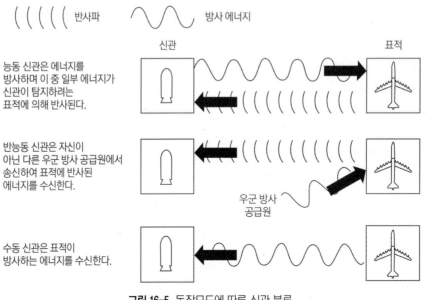

그림 16-5 동작모드에 따른 신관 분류

전자기 근접신관(Electromagnetic Proximity Fuzing)

개념적으로 전자기파 스펙트럼의 모든 영역이 표적탐지에 사용될 수 있지만 실제적으로 전파(propagation), 감쇠 및 방사에 영향을 주는 다른 파라미터에 대한 고려가 신관으로의 응용가능성을 결정한다. 가장 큰 이용성을 가지는 스펙트럼 부분은 라디오, 레이더(마이크로파)와 적외선이다.

특히 라디오 및 레이더 영역에서 동작하는 전자기 신관은 소형의 레이더와 매우 흡사하게 동작하도록 구성되는데 이 신관은 전자기 펄스를 송신하고, 수신하며 확인한다. 그리고 타당한 수신신호에 의해 탐지가 개시된다. 기초적인 능동 전자기 근접 표적탐지장치(TDD)는 다음과 같은 구성품을 가진다.

1. 전송에 필요한 충분한 파워를 전달할 수 있으며 미약한 반사 신호를 감지하기에 충분한 감도를 가지는 송수신기(transceiver)

2. 폭발 회로(firing circuit)를 작동하여 기폭관을 동작하기 위해 표적 반사 신호를 확대하기 위한 증폭회로(amplifying circuitry). 수신기 및 증폭회로는 타당한 신호를 선택하도록 설계된다.

3. 신관에 필요한 전원을 생성 및 공급하기 위한 전원 공급기

소형폭탄(bomblet)과 같은 수상 표적용 일부 무기는 집속탄(CBU ; Cluster Bomb Unit) 및 기체폭탄(FAE)이라 불리는 용기(canister)에 담겨 표적영역으로 운반되어 사전 설정된 고도에서 페이로드를 전개 및 확산시키는 근접신관을 사용한다.

단일탄두를 가지는 대인무기는 표적과 접촉 시보다는 표적영역 위에서 기폭될 때 더욱 효과적이다. 이 용도로 사용되는 근접신관은 라디오 고도계나 무기의 충격이 예측되는 투영 점상의 표면까지의 거리를 측정하는 사면거리측정(slant-range-sensing) 장치로써 기능을 수행한다.

신호를 선택하는 한 방법으로 송신 및 수신 펄스 간의 경과시간이 표적과 무기 사이의 거리의 함수라는 레이더 원리를 사용한다. 주어진 거리에 대한 거리-게이트(range-gate) 회로는 경과시간이 사전설정 값에 접근할 때 탄두를 개시시키는 신호를 보낸다. 이때 신관을 더 멀리 떨어져 있는 표적에 반응하지 않게 하는 신관 최대 거리 게이트를 표적탐지장치(TDD) 센서의 차단거리(RCO ; Range Cut Off)라 하며, 그림 16-6의 전자기 근접신관을 참조하라.

예를 들어 강우에 의한 후방산란의 관점에서 신관반응의 크기는 전체기간 내에 응답하는 비(rain)의 체적에 비례한다. 비의 체적이 차단거리에 의해 제한될 때 반사되는 비에 의한 신관반응은 신호에 응답하는 비의 체적 감소량에 비례하여 감소된다.

이 메커니즘은 특히 해면이 레이더 파의 매우 효과적인 반사체인 곳에서 저고도 표적일 때 중요하다.

신호를 선택하는 또 다른 방법은 수신되는 신호의 주파수가 무기와 표적 간에 상대속도의 함수

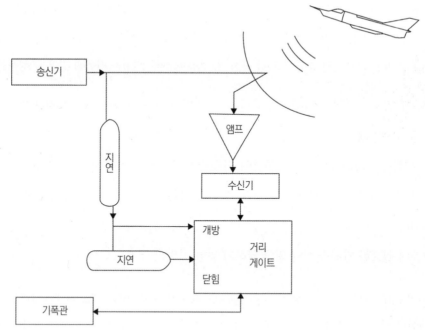

그림 16-6 전자기 신관 회로

로 변화한다는 도플러 원리를 이용한다. 이는 다양한 방사 공급원으로부터의 일련의 신호 내에서 관심 표적을 선택할 때 표적의 방사상 속도에 따른 표적 식별을 가능케 한다.

　또한, 도플러 주파수는 또한 탄두가 언제 기폭할 것인지를 결정하는 데 사용될 수 있다. 무기와 표적의 만남이 정면에서 발생한다면 신관회로 내에 사전 설정된 수준과 비교 시 상대적으로 높은 변화가 나타날 것이며, 표적을 명중(hit) 시키기 위해 탄두 기폭이 즉각적으로 이루어져야 탄두가 표적을 지나치지 않을 것이다. 표적 후방에서 무기가 추적하는 상황이라면 도플러 변이는 상대적으로 낮아 기폭 지연(delay)이 필요할 것이다. 이때 기폭은 최단 접근 점에서 도플러변이가 업(up)에서 다운(down)으로 변화할 때 발생한다.

그림 16-7 사출탄용 RF 근접신관

함대공(surface-to-air) 및 공대공(air-to-air) 무기에 사용되는 근접신관의 주 기능은 표적에 최대 손상을 가하기 위해 계산된 점에서 탄두를 기폭시켜 무기 탄도의 최종 에러를 보상하는 것이다. 무기, 표적 및 기폭 후 탄두 파괴 메커니즘 사이의 운동학적 관계 때문에 일반적으로 선호되는 기폭 지점은 무기가 표적에 최대로 근접하는 점이 아니다.

시스템 공학자는 무기가 사용되었을 때 경험함직한 탄도 중에서 소위 "치명적 폭발 간격(lethal burst interval)"이라 불리는 간격 내에서 탄두를 개시시키도록 신관을 설계하여야 한다. 여기서, 치명적 폭발 간격이란 탄두가 자신의 손상영역(vulnerable area) 내에서 표적을 명중하기 위하여 기폭되어져야 하는 탄도 상 간격을 의미한다.

물론 이상적인 상태는 절대로 실현되지 않으며, 이상적 설계는 반드시 실제 경험에 의해 조정되어야 한다. 이에 대한 타협으로 공학자는 실제적이고 허용가능하며 가정할 수 있는 모든 만남의 대표 예에서 치명적 기폭의 수를 최대화 할 수 있는 설계를 해야 한다.

주어진 무기와 표적의 만남에서 실제 기폭 점(detonation point)은 신관설계 파라미터, 무기 속도벡터 및 공격 각, 표적의 외형과 속도벡터, 무기성능 범위(envelop) 내에서 만남의 위치, 폭발통제 로직(burst control logic), 능동 또는 수동 대응책, 그리고 환경과 같은 다양한 다른 기여 요소가 결합되어 정하여 진다.

이해를 돕기 위해 전술미사일 탄두가 표적의 주변 특정 위치에서 기폭된다면 강력하지 않아 표적을 완전히 파괴할 수 없으며 미사일의 속력, 고도, 거리 및 기동성을 심각하게 훼손시키지 않고는 탄두를 보다 크고 무겁게 제작할 수 없는 상황이다. 따라서 탄두에서 방출되는 파편들은 가장 심각한 손상을 입힐 수 있는 표적의 영역(조종실, 엔진 압축기 단, 조종통제시스템)으로 전달되어야 하는데 이를 위해서는 정교하게 폭발을 통제할 수 있는 신관이 필요하다.

이에 추가하여, 치명적 손상거리(lethal range)를 최대화하기 위해 탄두 분출물(파편)이 미사일 피치 면(pitch plane) 내의 좁은 영역으로 제한되어 분출되도록 탄두를 설계해야 한다. 이를 통해 치명적 파편밀도가 파편이 등방성으로 확산될 때 보다 훨씬 먼 거리까지 유지될 수 있다. 근접신관은 이러한 집중(convergence) 문제 즉, 좁은 파편 패턴과 표적의 제한된 손상영역으로의 집중을 위해 사용된다. 그림 16-8은 이러한 파편의 집중이 어떻게 이루어지는지 나타낸다. 그림에서 미사일은 표적의 후방으로부터 접근하여 표적의 위 또는 아래를 지나친다(즉, 표적에 직접 부딪치지 않는다). 표적을 파괴(kill)시키기 위해 파편이 반드시 부딪쳐야 하는 표적의 취약 손상영역(vulnerable target region) 또한 나타나 있다.

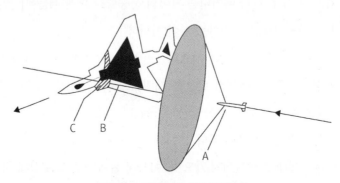

■ 파편에 충격되는 표적영역

■ 본보기 표적 취약 손상영역

✳ 표적이 신관의 감지패턴을 통과하는 위치

그림 16-8 대표적인 최종 교전상황

점 A 에서 근접신관은 신관의 감지패턴(sensory pattern)을 통과하는 표적의 끝단을 탐지한다. 이는 점 B 에서 탄두기폭을 발생시키는 일련의 사건을 개시한다. 미사일이 점 A 로부터 점 B 까지 이동할 때 시간지연은 아래 식으로 나타낼 수 있으며 시간지연, T 는 접근속도, V_c 의 함수이다.

$$T = \frac{M}{V_c} - N \qquad\qquad (16-1)$$

여기서, V_c = 접근속도 (m/s)

   T = 시간 (초)

   M 과 N = 상수 또는 변수, 선택된 단위와 신관의 복잡성에 의존

탄두가 점 B 에서 기폭되었을 때 미사일 속도, 탄두 확산 속도, 표적속도의 벡터 합은 영역 C 에 충격(충돌)되는 탄두 분출물을 생성하며, 생성된 파편이 표적의 일부 손상영역에 충돌하면 탄두는 성공적으로 기폭된 것이다.

표적과 미사일의 최종 만남(encounter) 상황은 표적 특성, 미사일 특성 및 미사일 발사시간에 위치관계에 의존하는 많은 파라미터의 상호작용에 영향을 받으며, 이 파라미터들의 가변성 및 불확실성은 표적 기동 및 대응책(countermeasure)에 의해 증가된다. 대부분의 미사일은 모든 방향에서 표적공격이 가능하며 표적의 속도가 큰 범위에 걸쳐 변화할 수 있기 때문에 위 시간지연 방정식에 사용되는 접근속도는 180 m/s ~ 1,800 m/s 또는 그 이상의 범위를 가진다.

미사일이 목표로 하는 표적의 범위에는 물리적 크기 면에서 소형, 중형, 대형 모두가 포함되나, 표적속도 측면에서는 주어진 V_c 에 따라 어느 정도의 시간지연을 발생시키는 적정 속도의 표적만을 효과적으로 공격할 수 있다, 즉 특정 속도의 표적은 성공적으로 공격가능하나, 다른 속도의 표적 공격은 실패할 수 있다.

게다가 높은 접근 각(crossing-angle)을 가지는 매우 긴 표적은 고작 1 ㎡나 이 보다 작은 취약 손상영역만을 가질 수 있다. 따라서 표적 전체 부피는 탄두의 최적 기폭 점을 측정하는 유용한 척도가 아니다.

센서장치의 본질적 특성상 신관은 실제 전술환경에서 넓은 스펙트럼 대역의 교란(disorienting)에 의한 영향을 받는다. 따라서 양호한 신관설계의 최우선 목표는 표적이 전기적 또는 광학적 대항책, 함대 환경의 강한 전자기적 방사 수준 특성, 채프(chaff), 강우, 탐지거리 밖의 표적, 미사일이 저고도로 비행할 때 발생하는 레이더 클러터(clutter)의 유무와 상관없이 모든 교란 영향으로부터 실제 표적으로부터 되돌아오는 신호를 식별할 수 있도록 센서시스템을 만드는 것이다.

전자광학 신관(Electro-Optical Fuze)

레이저와 같은 전자광학 장치는 표적을 탐지하는 수단이 될 수 있다. 능동 광학 표적탐지장치(active optical target detection device)는 일반적으로 레이저-방출 다이오드와 광센서 다이오드로 구성되며 이 둘이 미사일 전면부에 스포크(spoke) 형태로 정렬된다. 광센서 다이오드가 레이저 반사 신호를 수신하여 사전 설정된 문턱 값(threshold)을 넘으면 제어시스템은 미사일이 표적 근처에 있음을 인식하고 탄두동작을 개시시킨다. 그림 16-9는 커나드(귀날개) 제어 핀(canard control fin) 바로 뒤에 위치한 레이저-센서 쌍을 나타낸다.

그림 16-9 레이저 표적탐지장치(TDD)를 장착한 사이드와인더 미사일

정자기장 신관(Magnetostatic Fuze)

자기변형탐지장치(MAD ; magnetic anomaly detector)와 같은 자기센서는 지구자기장의 변화 또는 자기플럭스(magnetic flux) 발생원의 존재를 측정한다. 자기센서는 신관시스템에 사용될 경우 자기이상을 인식하여 신관기능을 하도록 설계된다.

이 표적탐지장치는 함 자기성분 중 하나에 의해 지구 장기장이 교란될 시 무장회로를 형성하도록 설계된다. 비록 사용되는 신관 타입이 표적 운동률을 이용하더라도 표적이 반드시 움직여야 하는 것은 아니다. 수중 기뢰가 일반적으로 이와 같은 신관원리를 사용하는데 이 기뢰가 "경사바늘(dip-needle)"로 알려진 감응기뢰(influence mine)이다.

또 다른 유형의 기뢰 표적탐지장치는 유도자(inductor) 메커니즘으로, 종종 탐색 셀(search cell)이라 불린다. 이 장치는 전도체에 자기장의 변화가 존재할 때 자기장이 전도체 내에 전류를 유도하는 원리를 이용한다.

탐색 셀에 유도되는 작은 전압은 증폭되어 무장회로를 활성화시켜 결국 기폭관을 동작시킨다. 이 장치는 매우 단순하기 때문에 높은 신뢰성을 가지며 대응책 사용이 어렵다.

정자기장 신관은 수상표적에도 사용되는데, 수상표적용 자기장교란신관(magnetic field disturbance fuze) 또한 주변 자기장의 변화에 의해 작동된다. 자기장 크기의 임의의 변화는 신관을 활성화한다. 자기장 유형 신관을 사용하여 표적과의 직접적인 접촉 없이 표적에 손상을 줄 수 있는데, 이는 선체아래 수 미터에서 탄두가 기폭할 때 손상 잠재력(damage potential)이 접촉(충격)에 의한 기폭보다 보다 크기 때문에 매우 유용하다.

함정 자기장에 의해 동작하는 대부분의 진보된 신관개시 방법은 전자기적 탐지시스템을 사용하는데 이 시스템은 어뢰용 전자기 탐지 신관에 사용되며 "발전기 원리(generator principle)"로 동작한다. 기본적으로 발전기는 전압을 생성하도록 자기장 내에 회전하는 권선(coil)으로 구성된다. 움직이는 표적이 접근하거나 자기장이 변화할 때 이와 유사하게 전자기적 탐지시스템의 권선(탐색권선, search coil)을 가로지르는 소량의 전압이 발생한다.

그러나 수중에서 어뢰 자체의 운동이 고유한 자기장 기울기의 변화를 생성하여 신관을 의도된 것보다 빠르게 동작시킴으로써 복잡한 문제를 발생시킨다. 이를 해결하기 위해 약 1 피트 이격되어 반대로 연결된 두개의 탐색권선을 가지는 어뢰 부착용 경도측정기(gradiometer)가 개발되었다. 자기적으로 균형을 이루는 어뢰가 지구 자기장 내를 움직인다고 할 때 등가의 반대극성을 가지는 전압이 권선에 유도되어 순 전압을 발생시키지 않는다.

강철재질의 함정 근처에서는 이 상황이 바뀌는데, 둘 중 하나의 권선이 다른 하나보다 함정에 좀 더 접근하면 소량의 전압 차이가 장치 내에 유도된다. 이 차이는 작아도 적당하게 증폭되어 기폭관이 탄두를 폭발시키도록 한다.

음향신관(Acoustic Fuze)

프로펠러, 기계류 소음, 선체 진동과 같은 음향교란(acoustic disturbance)은 함정이 수상(중)을 통항할 때 항상 발생한다. 이때 생성되는 음파세기는 함정 크기, 모양, 유형; 프로펠러 수; 기계류의 유형 등에 의존한다.

따라서 함정의 음향신호는 가변적이며, 음향신관은 반드시 페이로드의 유효 폭발반경을 초과하는 거리에서 신관을 동작시키는 강한 신호를 막을 수 있도록 설계되어야 한다. 그림 16-10은 기초적인 음향기뢰 메커니즘을 나타낸다.

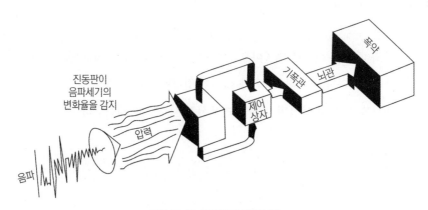

그림 16-10 음향기뢰 메커니즘

기뢰 유형의 시스템에 사용되는 음향신관은 표적의 존재를 감지하는 탐지기로 하이드로폰(hydrophone)을 사용한다. 일반적인 하이드로폰의 기능은 인간의 귀와 매우 유사한데, 진동판(고막에 해당)은 수중 음파의 충격에 의해 진동한다. 이 진동은 오일(oil) 매질을 통해 결정(crystal)에 전달되며 결정은 기계적 에너지를 발화 메커니즘을 개시하는 데 필요한 전기적 에너지로 변환한다.

발화 메커니즘의 감도(sensitivity)는 매우 정밀하여, 요구되는 특성을 가지는 펄스만이 기폭관에 보내진다. 감도는 기뢰에 수신되는 다양한 신호 때문에 필요하다. 음향장치는 물고기 떼가 지나가는 소리와 같은 표적이 아닌 물체가 내는 소리에는 반응하지 않도록 설계되어야 한다.

　또 다른 음향신관의 설계 요구사항은 근방에서의 폭발 같은 잡음에 발화되지 않도록 하는 것이다. 음향 근접신관은 일반적으로 사전 설정된 음파세기가 주어지며 그림 6-11과 같이 음파가 너무 빠르거나 느리게 증가하면 신관 회로에 내포된 식별 특성(discriminating feature)을 이용하여 신관이 동작하지 못하게 한다.

　따라서 대응책과 같은 잡음으로부터 원하는 신호를 식별해야 하기 때문에 음향발화 메커니즘은 매우 선택적인 청음 유형을 가져야 한다. 예를 들어, 4,000톤급 부정기 화물선은 다소 늦게 회전하는 하나의 큰 프로펠러를 가지는 반면 4,000톤급 구축함은 훨씬 빠르게 회전하는 두개의 프로펠러를 가진다. 음향발화 메커니즘은 화물선과 구축함을 구분하여 선택된 표적을 공격할 수 있다. 발화 메커니즘이 요구되는 특성(세기 및 세기 변화율 포함)을 가지는 음파를 탐지하면 메커니즘은 발화회로를 개시시켜 기폭관을 작동시킨다.

　음향 신관 메커니즘은 기뢰뿐만 아니라 어뢰에도 사용된다. 음향 어뢰에는 능동 및 수동 두 가지의 동작 모드가 존재한다. 수동 유형은 가장 강한 표적소음 방향으로 어뢰를 유도하는 호밍장치이다.

　능동 유형은 어뢰 내의 수신기로 되돌아오는 일련의 음파 핑(sonic ping)을 방사하는 소나를 사용하는데 원리상 레이더와 유사하다. 어뢰가 표적에 접근함에 따라 신호가 표적에 도달한 후 되돌아오는 시간이 감소하며, 사전 설정된 임계 거리에서 발사회로는 개시된다.

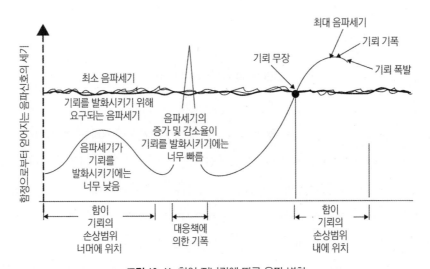

그림 16-11 함이 지나감에 따른 음파 변화

진동신관(Seismic Fuze)

진동신관은 일부 유형의 기뢰에 사용되는 음향감응 센서와 유사 유형의 발화 메커니즘을 가진다. 진동센서는 근본적으로 음향신관이나 무장-케이스의 진동과 같은 보다 낮은 대역폭에서 문턱신호를 수신한다. 이 센서는 극도로 민감하게 제작되어야 하며 지상기지 또는 수중 모두에서 사용이 가능하다.

이 신관은 광범위한 선택도로 설정이 가능하며 특정 대응책을 수행할 수 있는 등 순수 음향기뢰 신관이 가지지 못하는 장점을 가진다. 대부분의 신형 기뢰는 타당한 표적에 대한 무장 활성화를 보장하고 소해효과를 감소시키는 수단으로 다른 감응신관과 함께 진동신관을 사용한다.

정수압 신관(Hydrostatic Pressure Fuze)

해양의 너울 및 표면파(surface wave)는 상당한 진폭을 가지는 압력변화를 생성한다. 이동하는 함정은 그림 16-12와 같이 유한한 비율로 해수를 밀어낸다. 이러한 연속적인 물의 흐름은 일반적으로 해중에서 압력의 변화를 발생시키며, 이 변화는 함정으로부터 상당한 거리에서 측정이 가능하다. 다양한 압력-측정 메커니즘이 이러한 변화를 탐지하는 신관에 사용될 수 있다. 함정이 제한된 해수를 통해 움직일 때 압력 차이는 더욱 두드러지나 개방된 해양에서도 상당한 수심까지도 감지가 가능하다. 이러한 압력변화를 함정의 "압력 시그너처(pressure signature)"라 하며, 함정 속력과 배수량, 수심의 함수이다. 따라서 파동(파도)에 의한 조기발화를 피하기 위해서 압력-발화(pressure-firing) 메커니즘은 빠른 압력 변동에 영향을 받지 않도록 설계된다. 압력센서는 일반적으로 해저기뢰와 관련되어 있으며 일반적인 감응기뢰 대응기술(countermeasure technique)을 통

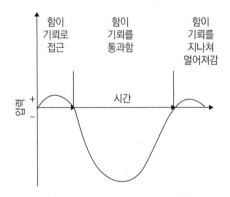

그림 16-12 함이 지나감에 따른 압력변화

해 대응(소해)하기가 극도로 어렵다. 압력-발화 메커니즘은 좀처럼 단독으로 사용되지 않으며, 일반적으로 다른 감응 발화장치와 함께 사용된다.

수중 전기퍼텐셜 신관(UEP ; Underwater Electric Potential Fuze)

기뢰에 사용되는 또 다른 유형의 근접신관은 함의 수중 전기퍼텐셜의 영향을 감지한다. 다양한 함 공급원(shipboard source)이 수중에서 탐지 가능한 전류를 생성한다. 함의 전기 공급원에는 해수 내 금속의 갈바니 전위차(galvanic potential), 함에 사용되는 능동 및 수동 부식방지시스템, 함 전원시스템(power system), 전기 장비에 의해 생성되는 포유 전자기장(stray electromagnetic field) 등이 있다. 개개의 효과는 미미하지만 탐지가능하며 환경으로부터 구분될 수 있다.

복합신관(Combination Fuze)

복합감응 시스템은 대부분의 기뢰 발화장치에 사용된다. 자기, 압력, 및 음향/진동(acoustic/seismic) 시스템의 복합이 서로의 장단점을 보완하기 위해 사용된다. 기뢰 대응책의 효과는 복합신관의 사용을 통해 크게 감소된다.

기뢰 성능자료(Mine Performance Data)

기뢰장 이론(minefield theory)은 이 책의 범위를 초과하는 상세하고 복잡한 분석을 포함한다. 전체 기뢰장은 반드시 기뢰부설(mining) 시나리오에서 하나의 무기로 고려되어야 하며 전체적 효과를 결정하기 위해 다중 표적이 프로그램되어야 한다. 여기서는 단순하게 하나의 표적에 대한 하나의 기뢰에 대한 논의로 제한한다. 앞에서 언급한 감응센서는 개별적이거나 복합적으로 고려될 수 있다.

감응방식과 상관없이 무기에 맞게 설정된 감도(sensitivity)에 기초하여 기뢰를 활성화하는 문턱 수준(threshold level)이 존재한다. 기뢰 활성화는 표적으로부터 일정거리에서 발생하는데, 그 거리는 기뢰가 민감하게 설정될수록 증가할 것이다. 이 거리는 발화거리(actuation distance)라 불리며 그림 16-13에 나타나 있다.

기뢰가 매우 민감하게 설정되면 기뢰가 표적에 손상을 가할 수 있는 거리의 바깥에서 표적을 감응하여 기폭을 발생시킬 수 있다. 여기서 기뢰가 표적에 손상을 줄 수 있는 거리는 "손상거리(damage distance)"라 한다. 이 손상거리 또한 그림 16-13의 원형 패턴과 유사하다.

기뢰장 계획의 관점에서 표적이 손상거리 내로 접근할 때까지 무기가 작동하지 않도록 기뢰 설정을 최적화하는 것이 가장 중요하다. 분명하게 작동거리는 기뢰 손상거리보다 작거나 같아야 한다. 실제 계획에서 문제는 더욱 복잡해지는데, 각각의 표적 등급은 손상에 대한 상대적 인성(toughness) 뿐만 아니라 고유의 시그너처(signature)를 가지며 함정-기뢰 만남(encounter)은 함의 헤딩과 속도, 환경적 상태 및 기뢰와 함정의 방향에 의해 크게 영향을 받는다.

모든 이러한 요소들을 정교하게 결정하는 것은 불가능하다. 따라서 다양한 정확도 수준에서 어림셈(approximation)이 이루어져야 한다. 기뢰 발화 확률(actuation probability) 및 손상 확률(damage probability)은 다양한 표적과 기뢰의 유형, 수심, 함 속력, 기뢰 감도 등에 기초하여 계산되며, 기뢰장 계획 방법론(mine field panning methodology)에 사용하기 위해 비밀로 분류된 정보로 발행된다.

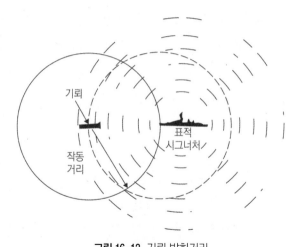

그림 16-13 기뢰 발화거리

비근접-유형 신관(Nonproximity-type Fuze)

시한신관(Time Fuze)

시한신관은 사전 설정된 특정 시간에 탄두를 기폭시키는 타이밍 장치이다. 타이밍 장치 또는 "시계 장치(clock mechanism)" 메커니즘은 미래 표적위치에 무기가 도달하는 데 필요한 비행시간을 신관에 제공하는 사격통제체계로부터의 신호에 의해 작동된다. 따라서 시계 장치는 표적에 손상을 가해야하는 정확한 순간에 페이로드를 기폭시킬 수 있다.

착발신관(Point Detonating Fuze)

착발(point detonating), 충격(impact), 접촉(contact) 신관은 같은 의미로 표적과 물리적 접촉에 의해 탄두를 기폭시키는 신관이다. 신관설계에 따라 기폭은 표적의 내부와 외부에서 이루어질 수 있다. 이 신관 동작은 질량의 가속도, 두 점의 접합, 장벽의 제거나 파괴에 의해 이루어진다.

충격신관을 적절하게 설계하면 표적 표면에서 내부로의 임의의 깊이에서 작약을 폭발시킬 수 있다. 충격신관의 전기 또는 기계적 동작은 일반적으로 발사 핀(firing pin)을 이동시키거나, 전기 회로를 형성하거나, 압전 트랜스듀서(piezoelectric transducer)가 전자식 기폭장치(electronic detonator)를 동작함으로써 개시된다. 그림 16-14는 사출탄에 사용되는 일반적인 충격신관 시스템을 나타낸다.

표적과 충격에 의해 개시되는 신관은 일반적으로 동작방식은 가장 단순하나, 설계는 결코 단순하지 않다. 충격신관 설계 시 어려움은 표적 표면이 탄두의 비행 방향에 수직한 단순 평면이 아니며 비행기와 같이 극도로 견고하지도 않다는 것이다. 비행기의 외피는 일반적으로 너무 얇아서 탄두가 관통할 때 충격소자(impact element) 활성화될 수 있을 정도로 탄두를 충분히 감속시키지 못한다.

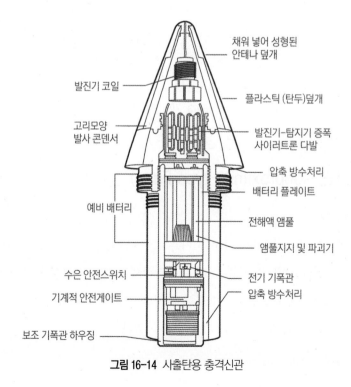

그림 16-14 사출탄용 충격신관

특히 고속 미사일의 경우 충격소자는 매우 높은 속력을 견디도록 설계되어야 한다. 게다가 불규칙적인 표적의 모양 때문에 탄두는 표적에 수직보다는 예각으로 부딪쳐 충분한 충격력을 받지 못하고 빗나갈 것이다.

만일 표적이 수상함 또는 잠수함과 같은 견고한 표면이라면 위 문제는 중요치 않다. 그러나 커다란 충격력 때문에 신관의 기능 신뢰성이 문제가 될 수 있다.

접촉신관은 기뢰에서 여러 형태로 응용된다. 기뢰용 접촉신관에는 전기화학적 혼(electrochemical horn), 스위치 혼(switch horn), 갈바니 신관(galvanic fuze)이 있다. 그림 16-15는 전기화학적 혼을 나타낸다. 여기서 충분한 힘으로 접촉이 이루어지면, 산(acid)이 담긴 유리병이 깨져 산(acid)이 아연(zinc) 및 탄소(carbon) 원소와 접촉하기 위해 들어와, 기폭을 개시하기 위해 사용되는 전기를 생성한다.

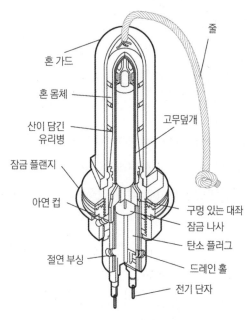

그림 16-15 기뢰용 충격신관

스위치 혼은 그림 16-16과 같이 기폭회로를 형성하는 단순한 레버이다.

갈바니 신관은 탄두로부터 떨어져 있기 때문에 신관과 감지소자(sensing element)가 결합된 것처럼 동작한다. 이 신관은 그림 16-17과 같이 작은 구리 부유물(copper float)을 긴 전선에 매달아, 해수를 전해액으로 이용한다. 선체가 부유물이나 전선에 닿으면 전류가 생성되어 기뢰를 작동시킨다.

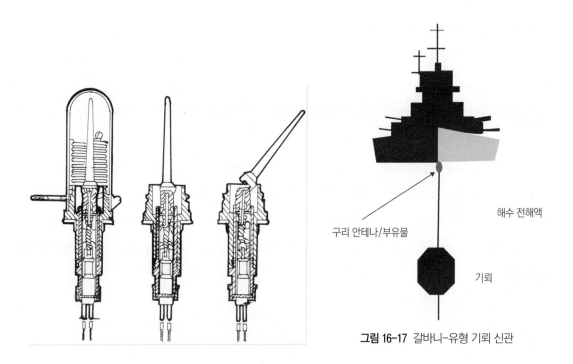

구리 안테나/부유물

해수 전해액

기뢰

그림 16-17 갈바니-유형 기뢰 신관

지연신관(Delay Fuze)

지연-동작 유형의 신관은 주로 철갑(amor piercing)탄이나 지상침투용 탄에 사용된다. 신관의 개시동작을 지연시키는 한 가지 방법은 지연 펠릿(delay pellet)을 사용하여, 이 펠릿을 사전 설정된 특정 시간 동안 연소시키는 것이다. 펠릿이 느리게 연소하고 나면 기폭관이 폭발하여 연쇄적으로 폭발계열(explosive train)을 폭발시킨다.

다른 지연 방법은 신관이 탄두의 감속을 감지하여 최대 감속이 발생한 후 일정 시간 경과 시 기폭관을 동작시키는 방법이다. 지금도 사용 중인 또 다른 방법은 탄두가 표적의 여러 층을 통과할 때 표적 구조 내 빈 공간을 감지할 수 있도록 공기압을 사용한다.

신관의 지연방법과 무관하게, 이 신관은 충격 후에 신뢰성 있게 기능할 수 있도록 튼튼하게 만들어져야한다. 특히, 표적을 관통하는 동안 신관을 보호하여 의도된 데로 높은 신뢰도를 가지고 기능할 수 있도록 신관의 위치가 적절하게 선정된다.

지령신관(Command Fuze)

지령신관은 무기 자체에 위치하지 않은 공급원으로부터 기폭명령을 수신하는 장치이다. 이 유형의 신관은 무기통제소(weapon control station)로부터 신호를 수신할 때까지 대기하다, 신호 수신 시 기폭절차를 수행한다.

신뢰도(Reliability)

표적 감지(sensing), 무장(arming), 페이로드 개시 등 기초적 신관기능의 신뢰도는 신관의 안전기능과 분명히 반하는 것이다. 표적에 충격 시에만 페이로드를 신뢰성 있게 기폭시켜야 할 신관 기폭관이 취급 중 부주의로 떨어뜨렸을 때에도 기폭한다면, 안전 신뢰도에 문제가 있다.

신관이 높은 신뢰도를 가지도록 안전하게 설계하기 위해 설계자는 무장(arming) 및 폭발(firing) 신뢰성을 절충하여야 한다. 신관 설계자가 거친 취급 시에 기폭하지 않도록 접촉 신관을 설계한다면 이 신관은 표적에 충격했을 때 폭발하지 않을 수도 있다. 또한 너무 높은 대기속도(airspeed)를 감지하도록 설계된 S&A 장치는 단거리 표적에 사용되었을 때 적절한 시간에 무장하지 않을 수도 있다.

설계자가 이와 같이 모순적인 기능의 신뢰도 절충 없이 무장(arming), 개시(initiation), 안전 신뢰도(safety reliability)를 향상시킬 수 있는 여러 방법이 존재한다.

기능 신뢰도(Functional Reliability)

신관 설계에 있어 안전이 중요하지만 주목적은 탄두를 적절한 순간에 기폭시키는 것이다. 따라서 S&A 및 표적-감지장치의 동작순서는 이 장치들이 고유의 입력을 수신했을 때 적절하게 기능할 높은 가능성을 가져야 한다. 그림 16-18에서 임의의 한 장치의 기능상 오류는 불발탄두(dud)를 발생시킨다.

누가 만들던 간에 신관 구성품은 지나치게 복잡한 기능을 피하기 위해 반드시 정상적인 설계에 기초해야 하며 신뢰도 기준(reliability criteria)이 확정되기까지 새로운 S&A 장치들은 광범위하게 시험되어야 한다.

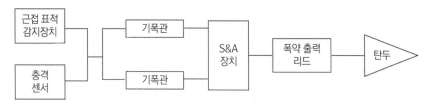

그림 16-18 신관시스템 대리기능성(redundancy)

정교한 무기는 천분에 1이하로 기능상 오류가 발생하는 고도의 신뢰도로 표적을 감지하고 무기를 무장(arming)할 수 있는 S&A 장치를 가진다. 기능상 오류는 안전상 오류와 다르며 적절한 환경적 조건에서 구성품이 설계된 데로 동작하지 못할 때 발생한다.

그림 16-18과 같이 전체 신관시스템의 신뢰도는 평행으로 위치한 병렬 센서를 가지며 S&A 장치에서 하나 이상의 기폭장치(관)를 가질 때 증가한다. 대부분의 미사일 신관시스템은 근접(proximity) 신관에 추가하여 하나 또는 그 이상의 백업용 충격센서(impact sensor)를 가지는데, 이 때문에 탄두 정상기능 가능성은 증가된다.

이로부터 아래와 같은 신관설계에 있어 기초원리를 이끌어 낼 수 있다.

폭발경로(firing path) 내에 병렬로 위치한 유사한 구성품 수의 증가에 따른 대리기능성 증가는 무장(arming) 및 폭발(firing) 신뢰도를 증가시킨다.

안전 신뢰도(Safety Reliability)

앞의 안전 및 무장에 대한 설명에서 지적하였듯이, 안전 신뢰성은 대리기능성 구성품의 성공적인 일련의 동작에 의존한다. 안전상 오류는 신관 구성품이 특정 이유로 신관을 안전 상태로 유지하지 못해 조기에 무장(premature arming)되었을 때 발생한다. 따라서 안전상 오류는 무기가 정상 발사절차를 통하지 않고 다른 절차로 무장된 것을 의미한다.

이 정의로부터 안전상 오류는 S&A 장치 내 직렬로 연결된 구성품이 무기가 무장되는 방식으로 동시에 기능불량이어야 발생된다. S&A 장치의 구성품이 기능상 오류를 가질 가능성은 일반적으로 매우 작기 때문에 3 ~ 4개의 구성품이 동시에 안정상 오류를 가질 가능성은 극히 적다.

직렬로 연결된 임의의 구성품이 오류를 가지면 무기는 전체적으로 무장상태(armed status)에 이를 수 없다. 따라서 아래와 같은 신관설계에 있어 유사한 기초원리를 이끌어 낼 수 있다.

폭발경로(firing path) 내에 직렬로 연결된 장치의 수와 유형의 증가에 따른 대리기능성 증가는 신관의 안전 신뢰도를 향상시킨다.

확률이론(Probability Theory)

무기의 신관과 같은 복잡한 시스템의 성능은 확률이론을 통해 결정된다. 앞에서 언급한 병렬 및 직렬 동작 원리로부터 구성품의 수나 배열과 관계없이 전체 시스템의 신뢰도를 결정하는 방법을 유도할 수 있다.

통계적으로 독립적인 사건(statistically independent event)과 상호 배타적인 사건(mutually exclusive event)에 대한 두 가지의 확률 기본원리가 신관 신뢰도를 결정하는데 사용된다.

통계적으로 독립적인 사건

동시에 발생하는 여러 통계적으로 독립적인 사건의 확률은 개별사건이 발생하는 확률들의 곱이다. 만일 사건 A 가 일어날 확률이 사건 B 의 발생여부에 영향을 받지 않고 그 역도 마찬가지라면 두 개의 사건 A 및 B 는 독립적이다. 따라서 사건 A 및 B 가 모두 발생할 확률은 A 가 일어날 확률 $p(A)$ 와 B 가 일어날 확률 $p(B)$ 의 곱으로 아래와 같이 표현된다.

$$p(A \text{ and } B) = p(A) \times p(B) \qquad (16\text{-}2)$$

상호 배타적인 사건

여러 개의 상호 배타적인 사건이 일어날 확률은 각 사건 확률의 합이다. 하나의 사건이 다른 사건의 발생을 방지하면 두 개의 사건은 상호 배타적이라 한다. 만일 사건 A 및 B 가 상호 배타적이며 각각의 발생확률이 $p(A)$ 와 $p(B)$ 라 하면 A 또는 B 가 발생할 확률은 아래와 같다.

$$p(A \text{ or } B) = p(A) + p(B) \qquad (16\text{-}3)$$

정의상 상호 배타적인 사건은 독립적이지 않으므로 하나의 사건이 발생하면 다른 사건은 발생하지 않는다. 즉, $p(A \text{ and } B) = 0$ 이다.

직렬시스템

직렬로 연결된 두개의 독립적 구성품으로 구성된 시스템을 가정하자 즉 시스템이 적절하게 동작하여 성공적으로 운용되기 위해서는 독립적 구성품들이 반드시 적정하게 순서대로 동작해야 할 것이다. 이 시스템을 도식적으로 표현하면 아래와 같다.

전체 시스템 성능 상 각 구성품의 성공(S) 및 실패(F)는 아래와 같이 표로 표현된다.

구성품 1	S	S	F	F
구성품 2	S	F	S	F
시스템	S	F	F	F

시스템은 두 구성품 모두가 성공(S)일 때만 성공(S)임에 주의하라. 시스템의 성공 가능성을 계산하기 위해 두 구성품 모두가 성공일 가능성을 계산하는 것이 필요하다. S_1 및 S_2 을 각각 구성품 1 및 구성품 2가 성공할 가능성이라 하고 이 구성품들이 독립적이라 놓으면 시스템 성공 가능성은 아래와 같이 표현할 수 있다.

$$p(S) = S_1 \times S_2 \tag{16-4}$$

또한 성공 및 실패는 상호 배타적이며 모든 가능한 시스템 출력을 포함하므로

$$p(S) + p(F) = 1 \tag{16-5}$$

또는

$$p(F) = 1 - p(S) = 1 - (S_1 \times S_2)$$

만일 시스템이 직렬로 연결된 두 개의 구성품보다 많은 구성품으로 이루어졌다면 이 시스템의 성공 가능성은 개별 구성품 성공 가능성의 단순 곱이 된다.

$$p(S) = S_1 \times S_2 \times S_3 \times \ldots \tag{16-6}$$

그리고

$$p(F) = 1 - p(S) = 1 - (S_1 \times S_2 \times S_3 \times \ldots)$$

예제 16-1 : S&A 장치가 무장(arming) 상태가 되기 위해 반드시 직렬로 동작하는 세 개의 독립 구성품을 가진다하자. 그러면 시스템을 아래와 그림과 같이 표현할 수 있다. 이때 이 장치의 성공적인 무장(arming) 가능성을 구하라.

발사 빗장(launching latch) 솔레노이드(solenoid) $S_1 = 0.98$	G-weight/ Escapement $S_2 = 0.97$	무장 잠금 플런저 (Arm Lock Plunger) $S_3 = 0.99$

풀이 : 이 장치에 대한 성공적인 무장 가능성은 아래와 같이 계산된다.

$$p(S) = S_1 \times S_2 \times S_3 = 0.98 \times 0.97 \times 0.99 = 0.9411$$

또한 실패 확률은

$$p(F) = 1 - p(S) = 1 - 0.9411 = 0.0589$$

병렬시스템

병렬로 연결된 두개의 독립적 구성품으로 구성된 시스템을 가정하자. 이는 시스템이 성공적으로 동작하기 위해서는 구성품 중 하나만이 성공적이면 됨을 의미한다. 이 시스템은 아래와 같이 표현된다.

각 구성품의 성공, S 또는 실패, F 가 전체 시스템에 미치는 효과는 아래의 표와 같다.

구성품 1	S	S	F	F
구성품 2	S	F	S	F
시스템	S	S	S	F

병렬시스템에서 시스템은 모든 개별 구성품이 동시에 실패할 때만 실패할 수 있다. 시스템의 성공 가능성을 계산하는 것은 그 가능성이 구성품 1과 구성품 2 모두가 성공이거나 구성품 1이 성공이고 구성품 2가 실패이거나 구성품 1이 실패이고 구성품 2가 성공일 때의 가능성이기 때문에 보다 복잡하다.

$$p(F) = F_1 \times F_2 \tag{16-7}$$

그러면 시스템 성공 및 실패가 상호 배타적이기 때문에

$$p(S) = 1 - p(F) = 1 - (F_1 \times F_2) \tag{16-8}$$

예제 16-2 : 병렬로 연결된 각기 0.95의 성공 가능성을 가지는 두 개의 기폭장치로 구성된 시스템을 고려해 보자.

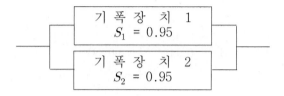

풀이 : 이 시스템의 성공 가능성은 아래와 같이 주어진다.

$$p(S) = 1 - (F_1 \times F_2)$$

이때 각각의 개별 구성품에 대한 성공과 실패는 상호 배타적이기 때문에

$$S + F = 1$$

또는

$$F = 1 - S$$

따라서

$$p(S) = 1 - (F_1 \times F_2) = 1 - [(1 - S_1) \times (1 - S_2)]$$
$$= 1 - [(1 - 0.95) \times (1 - 0.95)]$$
$$= 1 - (0.05 \times 0.05)$$
$$= 1 - 0.0025$$
$$= 0.9975$$

예제 16-3 : 신관 시스템 신뢰도. 노출된 부대에 해안 포격을 위해 VT-NSD(Variable Time-Non-Self-Destruct) 탄약을 사용한다하자. 이 유형의 사출탄에 대한 신관 시스템은 지상으로부터 100 ft에서 기폭되도록 설계된 근접센서와 근접센서 실패 시 백업용으로 충격센서를 가진다. 그림 16-19는 전체 신관 시스템의 도식적 표현으로 각각 구성품의 성공적인 동작 가능성은 아래와 같이 주어진다.

그림 16-19 신관 시스템 신뢰도 예

풀이 : 신관 시스템의 신뢰도(성공 가능성)를 계산하기 위해서 우선적으로 이 시스템은 병렬 및 직렬 요소들의 복합임을 주의하여야 한다. 표적탐지장치(TDD) 기능 성공의 가능성이 먼저 계산되면 이 시스템은 세 개의 직렬로 연결된 기능적 요소로 감소된다. 먼저 표적탐지장치 기능성공의 가능성을 계산하면,

$$P_{TDD}(S)$$
$$= 1 - p_{TDD}(F) = 1 - (F_1 \times F_2) = 1 - [(1 - S_1) \times (1 - S_2)]$$
$$= 1 - [(1 - 0.94) \times (1 - 0.98)] = 0.9988$$

이때, 세 개의 직렬로 연결된 기능 소자들의 전체 성공 가능성을 계산하면,

$$p(S) = P_{TDD}(S) \times S_3 \times S_4$$
$$= 0.9988 \times 0.95 \times 0.99$$
$$= 0.9394$$

따라서 이 신관 시스템은 94%의 신뢰도로 탄두를 성공적으로 기폭시킬 것이다.

화약

서론

폭발(explosion)이란 급격하고 격렬하게 에너지를 방출하는 물질상태의 변화로 기계적, 화학적, 핵의 세 가지 유형으로 나눌 수 있다. 스팀 라인이나 보일러의 파괴와 같은 기계적 폭발은 군사적 응용에 그리 중요치 않아 본 책자에서는 논의하지 않겠다. 본장에서는 군사용으로 사용되는 화학적 폭발을 일으키는 폭약인 화약(chemical explosive)에 대해 다루고 핵폭발은 19장에서 다룰 것이다.

폭약(explosive)이란 자발적이 아닌 통제에 의한 개시 이후 매우 빠르게 자체 분해되어 아래와 같은 결과를 가져오는 (화학 또는 핵) 물질로 정의될 수 있다.

1) 보다 안정된 물질 형성

2) 열 방출

3) 직접 생성되거나 인접한 기체에 열작용을 통한 갑작스런 압력(효과)의 전개

군사적 목적의 탄두는 탄두로부터 표적으로의 급격한 에너지 전달을 통해 표적에 손상을 가하도록 설계된다. 이때 전달되는 에너지는 일반적으로 역학에너지(mechanical energy)로 충격파(shock wave)나 탄두 용기의 파편을 통하거나 이 둘 모두를 통해 자신을 나타낸다. 탄두가 효과를 가지기 위해서는 극도로 짧은 시간에 대량의 에너지가 방출되어야 하며 대부분의 탄두는 에너지가 화학적 폭약(화약) 내에 저장된다.

폭약의 분류

폭약은 높은 에너지를 가질 뿐만 아니라 격렬하게 반응한다. 높은 반응속력은 반응초기 작은 체적으로부터 대량의 에너지를 생성하는 데 필수적 요소이다. 폭약반응 시 표적이 충격파에 의한 영

향을 받지 않게 하려면 반응속력을 느리게 하여 방출되는 에너지를 흩어지게 할 수 있다.

그러나 폭발 시에는 충격파가 발생하여 폭발 원점으로부터 외부로 금속 용기를 부수어 파편을 외부로 분출하거나 압력파(pressure wave)가 생성되어 폭풍파(blast wave)가 폭발원점 부근의 표적을 통과하거나 지나치며 손상을 가한다. 이때 에너지 방출이 너무 늦으면 충격파가 점진적으로 확장되는 특성을 가져 초기 파편속도(initial fragment velocity)가 낮아진다. 그러나 격렬한 폭약 반응에서는 매우 날카롭고 짧은 시간 동안 지속되며 높은 압력을 가지는 충격파가 생성되어 초기 파편속도 또한 높다.

충격파의 특성은 폭약 물질뿐만 아니라 폭약을 얼마나 제한된 체적에 국한시키느냐와 관련된다. 수류탄 및 폭탄 용기와 같이 소량의 폭약을 제한된 곳에 모아 배치하여 폭발시키면 많은 양의 폭약을 제한되지 상태에서 폭발시켰을 때와 동일한 효과를 얻을 수 있다. 따라서 반응의 신속성 또는 분해 속력은 폭약을 분류하는 데 있어 매우 중요한 요소이다.

고폭약(High Explosive)

폭약은 매우 격렬하게 반응하여 거의 순간적으로 분해되는데 이러한 특성을 가지는 폭약을 고폭약이라 한다. 이렇게 극도로 빠른 화학적 변형을 기폭(detonation)이라하며, 이러한 특성 때문에 고폭약은 탄두내의 주 폭약(main charge) 즉, 작약을 폭발시키는 데 사용된다. 고폭약은 알루미늄, 가소성 오일(palsticizing oil), 왁스와 같은 분말금속이 첨가된 순수 화합물이나 여러 화합물의 혼합물로 첨가물은 안정성과 특정 성능을 얻기 위해 사용된다.

고폭약의 기폭은 충격파를 생성하여 폭약(물질)을 통해 약 1,000 m/s ~ 8,500 m/s 범위의 초음속으로 진행한다. 고폭약은 충격, 마찰, 열, 전하에 대한 감도(sensitivity)에 따라 다음과 같이 세부적으로 분류된다.

기폭약(primary high explosive) 충격, 마찰, 열, 스파크에 극도로 민감하며 점화되면 빠르게 연소하거나 기폭한다. 기폭약은 주로 기폭관(detonator)으로 사용되며 탄두의 부스터(booster) 및 주 폭약(main charge)과 연결되어 이 들의 폭파의 원인이 되는 힘을 제공한다.

2차 고폭약(secondary high explosive) 기폭약에 비해 충격, 마찰, 열에 덜 민감하며 반응을 개시하기 위해 상당한 원인 힘이 필요하다. 2차 고폭약은 주로 탄두의 부스터나 주 폭약으로 사용된다.

저성능 폭약(low explosive) 주 고폭약과 달리 일부 화학 물질은 제어되는 형태로 느리게 분해되거나 연소되는데 이를 저성능 폭약이라 한다. 이와 같이 상대적으로 느린 폭약의 분해를 폭연(deflagration)이라하며 폭약을 통해 약 400 m/s에 이르는 아음속 충격파를 생성한다.

이 과정도 다량의 에너지를 방출하지만 상대적으로 느린 반응속력 때문에 폭발가스를 생성하여 사출탄을 이동시키는 추진제(장약)로 사용되는데 그 예로 흑색화약(black powder)과 무연화약(smokeless powder)이 있다.

이장의 앞부분에서 살펴보았듯이 폭약물질의 분해와 관련된 충격파 성질은 폭약물질을 얼마나 제한된 체적에 제한시키느냐에 따라 결정된다. 따라서 저성능 폭약을 폭연재료에서 기폭재료로 변하도록 적절한 상황을 부여할 수 있으며, 반대로 고폭약을 기폭재료에서 폭연재료로 변하도록 적절한 상황을 부여할 수 있다.

기폭순서와 폭발계열

앞에서 언급했듯이 기폭약 및 2차 고폭약은 전형적인 탄두의 일련의 기폭반응에 사용되며 이 폭약의 배열 형태는 그림 17-1과 같다. 안전성을 고려하여 폭약은 기폭약과 2차 고폭약으로 구분되며 무기는 발사 이전까지 최대로 인원을 보호하도록 설계된다.

폭발계열(explosive train)의 세 구성부분 중에 기폭약은 기폭관으로 사용되어 무기가 발사되거

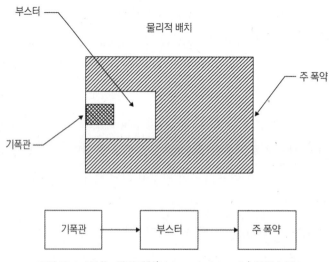

그림 17-1 고성능 폭발계열(high explosive train) 동작순서

나 안전거리를 이탈할 때까지 기폭 연속동작에서 물리적으로 분리되어 있다. 이러한 물리적 분리는 앞의 16장에서 설명하였듯이 안전 및 무장장치(S&A device)라 불리는 기폭관과 부스터를 연결하는 소형의 물리적 포트(port)를 화약계열이 통과하도록 힘을 가함으로써 이루어진다.

예를 들어 이 포트가 중심에서 이격된 구멍을 가지는 두 개의 회전판으로 구성되었다 하면 회전판이 정렬되어 두 구멍이 줄을 맞추어 위치할 때 기폭 충격파는 부스터로 전파될 수 있다. 이를 무기가 무장(arming)되었다 한다. 이와 다르게 구멍이 정렬되지 않으면 기폭관이 발화되더라도 충격파가 부스터에 전달되지 않아 부스터는 안전한 상태로 남게 된다. 이 형태의 다른 장치도 의도되지 않은 기폭을 방지하고 원하는 시기에 기폭이 발생하도록 하는 동일한 기능을 수행한다.

폭발계열의 첫 번째 구성요소인 기폭관(프라이머)은 기폭약으로 만들어지며 기폭관의 기폭은 탄두의 신관 메커니즘에 의해 개시된다. 기폭관에서 생성된 충격파는 충분한 에너지를 가지며 부스터 폭약에 이 에너지를 전달할 수 있도록 적절하게 정렬된다.

비록 2차 고폭약으로 분류되지만 부스터는 일반적으로 기폭관 내의 기폭약과 주 폭약인 2차 고폭약의 중간 정도 감도를 가진다. 일부 책자에서는 본 교재와 달리 이러한 중간 감도를 가지는 고폭약의 특성을 별도로 설명하기도 한다. 부스터는 자신의 기폭 파(detonation wave) 에너지를 기폭관 에너지에 추가하여 주 작약(main bursting charge)이 실제 폭발할 수 있도록 지향된다.

원하는 효과에 따라 세 가지의 기본 구성요소 외에도 다른 구성요소가 추가될 수 있는데 그 예로 기폭장기가 기폭된 후 일정시간동안 부스터 기폭을 지연시키기 위해 기폭관과 부스터 사이에 추가되는 지연장치가 있다.

폭발계열에 일반적으로 추가되는 또 다른 구성요소는 릴레이(relay)로 부스터 동작이 개시되는 것을 지연시키기 위해 충격파를 지연시키는데 사용된다. 표 17-1은 기초적인 폭발계열에 사용되는 구성요소별 대표적인 화합물을 나타낸다.

표 17-1 일반 폭약 및 용도

기폭관	보조 작약(부스터)	주 작약
뇌홍(mercury fulminate)	Tetrytol	RDX
아지드화납(lead azide)	PETN	Comp-A, B, C
lead styphnate	테트릴(tetryl)	Cyclotol
테트라센(tetracene)	TNT	HBX-1, 3
디디엔피(DDNP)		H-6
		MINOL 2

군사용 폭약의 특성

군사용으로 사용되는 폭약의 특성은 민간에서 사용되는 폭약에 비해 훨씬 엄격한 기준을 가진다. 건설, 광업 또는 다른 공학 분야에 사용되는 폭약은 사용목적에 따라 최적의 상태로 엄격하게 통제되는 반면 군사용 폭약은 온도변화, 압력, 기상 등 극한의 조건에서 사용될 수 있어야 한다. 따라서 많은 폭약들이 군사용으로 사용하기 적합한지 오랜 기간 동안 조사된다.

이중 여럿이 군사용으로 사용하기에 부족한 것으로 조사되지만 일부는 허용기준을 만족시킨다. 본 교재에 제시된 여섯 개의 폭약은 오랜 세월 동안 사용되고 있으며 현재 사용 중인 대부분 무기의 탄두 폭약으로 사용되거나 폭약의 핵심 구성요소로 사용되고 있는 것이다. 폭약의 군사적 사용 적합성을 결정하기 위해 사용되는 특성을 다음에서 소개하고자 한다.

가용성 및 비용 군사적 소요를 충족시키기 위해 엄청난 양의 폭약이 생산되어야 하므로, 다량의 값싸고 전략상 중요하지 않은 원재료로부터 군사용 폭약을 제조할 수 있어야 한다. 추가로 재료를 모으고, 처리하며 최종 생산물을 배달하는 제조공정이 단순하고, 가격이 싸며 안전해야 한다.

감도 폭약감도(explosive sensitivity)란 열, 압력, 충격, 전하의 네 가지 개시방법에 의해 폭약이 기폭될 수 있는 용이성을 의미한다. 특정 충격에 대한 폭약의 상대 감도(relative sensitivity)는 마찰에 대한 감도에 따라 크게 변화한다. 따라서 각각의 폭약은 다양한 개시방법에 대한 감도를 식별하기 위해 일련의 시험과정을 거친다.

폭약 취급중 경험할 수 있는 사고환경과 동일하거나 유사한 환경에서 다수의 시험이 수행된다. 이외에도 감도는 특정 효과에 적절한 폭약을 선택하는 데 중요한 고려사항이다. 감도 식별을 위해 사용되는 시험방법 중 일부를 아래와 같이 소개한다.

1. **충격시험(impact testing)** : 충격감도는 물질을 폭발시키기 위해 표준 중량물을 떨어뜨려야 하는 거리의 항으로 표현된다. 중량물 낙하시험(drop-weight test)에서 일정 소량의 폭약이 다양한 높이에서 낙하되는 중량물(weight)의 밑에 위치한다. 중량물을 낙하시켜 반응이 생성되는 높이가 기록되어 폭약 물질별로 표로 정리된다.

   여러 형태의 표준기계가 폭약 산업에서 사용되며 시험에 사용되는 기준은 크기, 형태, 낙하되는 중량물, 표본의 양과 성공적인 반응을 생성하는데 필요한 샘플의 백분율에 따라 다르다. 가장 많이 사용되는 표준기계에는 PAM(Picatinny Arsenal Machine), BMM(Bureau of Mines Machine), LANL(Los Alamos National Laboratory Machine), LLNL(Lawrence Livermore National Laboratory Machine) 등 네 가지가 있으며, 표 17-2에 여섯 개 대표적인 폭약에 대한 각 표준기계별 결과를 나타내었다.

표 17-2 일반 폭약의 충격감도(impact sensitivity)

폭 약	PAM(in.)	BMM(cm)	LANL/LLNL(m)
HMX	9	32	0.32
니트로글리세린	7	15	0.20
PETN	6	17	0.13-0.16
RDX	8	32	0.28
테트릴(tetryl)	8	26	0.37
TNT	14	95	1.48

2. **마찰(friction)** : 마찰감도는 중량을 가진 추(pendulum)가 폭약물질을 가로지르며 마찰할 때 발생하는 반응으로 표현된다. 추를 이용한 마찰시험(friction pendulum test)은 20 kg의 강철이나 섬유 슈즈(fiber shoe)를 가지는 추를 사용한다. 슈즈는 약 7 g의 폭약 표본을 장착한 홈이 파인 모루(anvil) 스쳐 지나간다. 이때 표본의 반응을 확인하여 기록하는데 그 반응은 폭발(explode), 딱(툭)하고 부러짐(snap), 치직하는 소리를 냄(crackle), 영향 없음(unaffected) 등 네 가지로 구분된다.

표 17-3 추를 이용한 마찰시험 결과

폭 약	강철 편자	섬유 편자
HMX	폭발	영향 없음
니트로글리세린	폭발	폭발
PETN	치직하는 소리를 냄	영향 없음
RDX	폭발	영향 없음
테트릴(tetryl)	치직하는 소리를 냄	영향 없음
TNT	영향 없음	영향 없음

3. **열(heat)** : 열감도는 섬광 또는 폭발이 발생하는 폭약 물질의 온도로 표현된다. 폭발온도 시험(explosion temperature test)은 다양한 온도에서 주어진 폭약이 기폭하는 데 필요한 노출시간을 측정하는데 그 결과가 표 17-4에 나타나 있다.

표 17-4 폭약 폭발시험 온도(℃)

폭 약	0.1초	1.0초	5초	10초
HMX	380	–	327	306
니트로글리세린	–	–	222	–
PETN	272	244	225	211
RDX	405	316	260	240
테트릴(tetryl)	340	314	257	238
TNT	570	520	475	465

4. **정전하(electrostatic charge)** : 세계적으로 표준으로 사용되는 폭약의 정전기 스파크 시험(electrostatic spark test)은 없지만 여러 시험방법이 고안되어 제시되었다.

　이외에도 라이플탄 충격시험(rifle bullet impact test), skid test, 순폭시험(gap test) 등 여러 시험들이 폭약의 감도를 측정하기 위해 사용된다.

안정성(stability) 안정성은 심각한 품질의 저하나 화학적 분해 없이 폭약이 저장될 수 있는 시간으로 나타내며 폭약의 안정성에 영향을 주는 요소는 아래와 같다.

1. **화학적 조성** : 일부 일반적 화합물이 가열되었을 때 폭발할 수 있다는 사실은 이 화합물 구조 내에 불안정한 무엇이 존재함을 나타낸다. 이에 대해 정확히 설명하지는 않겠지만 본질적으로 NO_2(nitro dioxide), NO_3(nitrate), N_3(azide)와 같은 특정 그룹은 내부긴장(strain) 상태에 있으며 열을 통해 내부긴장이 증가하면 분자의 갑작스런 분열을 일으켜 결국 폭발이 발생한다. 일부 경우에는 분자의 불안전성이 상온에서 분해를 일으킬 만큼 매우 크다. 하지만 통상적인 저장온도에서는 대다수 화합물 분자의 불안전성은 폭약 질의 저하 및 분해만을 일으킨다.

2. **저장온도** : 폭약의 분해율은 온도가 높을수록 증가한다. 모든 표준 군용폭약은 −10°에서 +35°의 온도에서 높은 수준의 안정도를 가지는 것으로 간주되나 각각은 분해율이 빠르게 증가되고 안정성이 감소되는 온도를 가진다. 경험에 의하면 70℃를 초과하는 온도에서 대부분의 폭약들은 불안정한 위험상태가 된다.

3. **태양의 자외선에 노출** : 폭약이 태양광의 자외선에 노출되면 질소계열을 포함하는 많은 폭발 화합물은 빠르게 분해되어 안정성에 영향을 준다. 그러나 일반적으로 대부분 폭약은 무기 하우징이나 용기에 밀봉되기 때문에 무기가 손상되어 내부폭약이 직접 태양빛에 노출

되었을 때에만 심각한 위험에 직면하게 된다.

파워(power) 폭약의 파워 또는 보다 적절한 표현으로 폭약성능(explosive performance) 항은 폭발 물질에 적용될 때 폭발 물질의 일할 수 있는 능력을 말한다. 실재적으로 파워란 에너지 전달 (즉, 파편, 공중폭발, 고속 분출, 수중 기포 에너지)의 방식으로 의도된 바를 수행할 수 있는 능력으로 정의된다. 폭약 파워 또는 성능은 폭약의 의도된 사용을 위해 폭발 물질에 적용되는 일련의 시험으로 평가된다. 아래의 시험목록 중 원통형 팽창(cylinder expansion) 및 공중폭발(air-blast) 시험이 대부분의 시험 프로그램에 공통으로 사용된다.

1. **원통형 팽창시험(cylinder expansion test)** : 표준량의 폭약이 일반적으로 구리로 제작된 원통에 장전된다. 원통의 방사상 팽창률과 최대 원통벽 속도(cylinder wall velocity)와 관련된 자료가 수집된다. 이를 통해 Gurney constant, α 또는 다음 장에 설명할 $\sqrt{2E}$ 을 구한다.

2. **원통형 파편시험(cylinder fragment test)** : 표준 강으로 제작된 원통에 폭약이 충전되어 톱날 모양의 구덩이(sawdust pit)에서 폭발된다. 파편이 수집되며 크기분포가 분석된다.

3. **기폭압력(Chapman-Jouget)** : 표준크기 원통형 폭약의 기폭에 의해 수중에서 전파되는 충격파(shock wave)의 측정으로 기폭압력 자료를 구한다.

4. **임계직경 식별** : 이 시험은 특정 폭약 충전물(charge)이 자체의 기폭 파(detonation wave)를 유지하는 물리적 최소 크기를 확인하는 데 사용된다. 이 절차에는 기폭 파 전파의 관찰이 어려울 때까지 직경이 다른 일련의 충전물의 기폭이 포함된다.

5. **무한직경 기폭속도(infinite diameter detonation velocity)** : 기폭속도란 충격파가 폭약물질을 통해 전파되는 속력으로 밀도, 충전물 직경 및 그레인(grain) 크기에 의존한다. 기폭속도를 측정하는 절차는 동일 밀도와 물리적 구조를 가지면서 직경이 다른 일련의 폭약 충전물을 점화시켜 발생하는 기폭속력이 무한직경의 충전물에서 발생하는 기폭속도를 예측하기 위해 중간 값으로 사용된다.

6. **압력 대 비교거리(scaled distance)** : 특정 크기의 충전물이 기폭되면 압력효과가 표준거리에서 측정된다. 이렇게 얻어진 값은 TNT에 대한 값과 비교된다.

7. **충격 대 비교거리** : 특정 크기의 충전물이 기폭되면 충격량(압력-시간 곡선의 하부 면적)이 거리에 대해 측정된다. 이 결과는 표로 작성되며 TNT와 등가로 표현된다.

8. **상대적 기포 에너지(RBE, relative bubble energy)** : 5에서 50 kg의 충전물이 수중에서 기폭되면 압전 게이지(piezoelectric gauge)가 최대 압력, 시간 상수, 충격량, 에너지를 측정하는데 사용된다.

파괴력(brisance) 파괴력이란 주어진 물질을 산산이 부수는 폭약의 능력을 나타낸다. 이 특성은 폭탄 용기(bomb casing), 수류탄과 같은 파편을 발생시키는 폭약의 능력을 결정하는데 실재로 중요하다. 폭약이 자신의 최대 압력에 도달하는 신속성은 폭약의 파괴력의 척도이다. 이 특성을 평가하도록 여러 시험방법이 사용된다.

모래시험(sand test)의 경우 0.4 g의 폭약이 200 g의 특수모래에 묻혀 기폭된다. 이때 흩어진 모래의 양으로 폭약의 파괴력을 평가하며 동일 방식으로 평가된 다른 폭약의 측정값에 대한 상대크기를 알 수 있다. 다른 평가방법에는 폭발 시 생성되는 움푹 팬 곳의 크기로 파괴력을 평가하는 plate dent test와 폭발된 사출탄의 파편 수, 크기, 속도로 파괴력을 측정하는 explosive projectile test가 있다.

밀도(density) 충전 밀도(loading density)는 폭약의 단위 체적 당 무게로 ㎤ 당 그램(g)으로 나타낸다. 여러 충전방법이 사용가능하며 폭약의 특성에 따라 충전법이 정해진다. 가용한 방법에는 팔레트 충전(pallet loading), 캐스트(cast) 충전, 프레스(press) 충전 등이 있다.

사용방법에 따라 충전물의 평균밀도는 폭약의 이론적 최대밀도의 80~95% 정도이다. 높은 밀도로 충전하면 알갱이들을 내부 마찰에 의한 영향을 덜 받아 안정됨으로 감도(sensitivity)를 감소시킬 수 있다. 단, 개별 결정들이 부서질 정도로 밀도가 증가하면 폭약은 더욱 민감해진다. 또한, 증가된 충전밀도는 보다 많은 폭약사용을 가능하게 함으로써 탄두의 세기(strength)를 증가시킬 수 있다.

휘발성(volatility) 휘발성 또는 물질의 기화 용이성은 군용폭약에서 원치 않는 특성 중 하나인데 그 이유는 과도한 휘발성은 종종 탄약 내에 압력을 형성시키며 혼합물을 성분별로 분리시키기 때문이다. 따라서 폭약은 반드시 충전되는 온도나 최대 저장온도에서 최소한의 휘발성을 가져야한다.

앞에서 설명하였듯이 안정성이란 폭약 질의 저하 없이 저장조건하에서 폭약을 유지하는 능력이다. 휘발성은 폭약의 화학적 조성에 영향을 주어, 안정성에 현저한 감소를 발생시켜 취급상 위험을 증가시킨다.

흡습성(hygroscopicity) 흡습성은 물질이 습기를 흡수하는 정도의 척도로 사용된다. 폭약에 습기의 이입은 폭약 그레인의 연속성(continuity)을 감소시키는 비활성 물질로 작용하여 폭약의 감도, 세기 및 기폭속도를 감소시키기 때문에 매우 바람직하지 못하다.

또한, 습기는 기폭동안 증발할 때 열을 흡수하여 반응온도를 감소시키고, 화학적 반응을 유발시키는 용매(solvent medium)로서 작용하여 폭약의 분해를 촉진시키며 금속 용기의 부식을 유발하는 등 폭약에 부정적 영향을 미친다. 비록 습기성분은 기폭 시 증발되지만 물이 증발할 때 잠열의 흡수 때문에 발생하는 에너지 손실은 반응온도를 감소시키고 폭약의 효율을 전체적으로 감소시킨다. 이러한 이유로 흡습성은 군용폭약에서 절대 간과되어서는 안된다.

유독성(toxicity) 화학적 구조 때문에 대부분의 폭약은 어느 정도 유독성을 가진다. 독성효과가 약한 두통에서 내부 장기의 심각한 손상까지 다양하기 때문에 군용폭약 내의 유독성을 최소화하기 위한 적절한 취급과 보호장구 착용 등의 세심한 주의가 필요하다.

대부분의 군사용 폭약은 용기에 밀봉되어 무기가 물리적으로 손상되어 페이로드가 개방되지 않는 한 심각한 위험을 발생시키지는 않는다. 높은 유독성을 가지는 폭약은 군사용으로 사용하기 어렵다.

폭약 반응의 측정

신형탄약을 개발하기 위해서는 지속적인 연구와 개발 프로그램이 필요하다. 특정 목적에 사용을 위한 폭약은 지상시험(ground test) 및 사용시험(service test)을 거쳐 채택된다. 그리고 이러한 시험 전에 열화학(thermochemistry) 원리를 이용하여 폭약특성의 사전 예측이 이루어진다.

열화학은 화학반응에서 에너지, 원리적으로 열의 내부 변화와 관련된 화학의 한 분야이다. 폭발은 초기 반응 물질의 분해와 재결합으로 폭발 산출물 형성을 위해 전개되는 일련의 반응으로 구성되며 매우 큰 발열성을 가진다.

폭약반응에서 에너지의 총 변화는 알려진 화학법칙이나 부산물의 분석에 의해 계산된다. 대부분 반응의 경우 이전 조사에서 얻은 표를 이용하여 에너지 변화를 빠르게 계산할 수 있다. 최종 산출물만을 쉽게 분석할 수 있기 때문에 간접적이나 이론적 방법이 최대 온도와 압력 값을 식별하기 위해 종종 사용된다.

이러한 이론적 계산에 의해 결정될 수 있는 폭약의 중요 특성은 아래와 같다.

1) 폭발 산출물의 체적 (V)
2) 산소평형 (OB%)
3) 폭발열 ($\triangle H_{\text{exp}}^0$)
4) 폭약의 파워지수 (PI)

계산과 무관하게 폭약반응식(explosive reaction equation)의 상쇄(balancing)가 이론적 계산의 완전한 값을 구하기 위해 필요하다.

폭약반응(Explosive Reaction)

많은 화학반응은 에너지를 방출한다. 화학반응 중에 에너지가 방출되면 이 반응을 발열성 반응이라 한다. 만일 반응이 느리게 진행되면 방출되는 에너지는 온도증가 이외의 몇몇의 눈에 띄는 효과와 함께 주변 환경으로 흩어진다. 이와 달리 반응이 매우 빠르게 진행되면 막대한 양의 에너지가 상대적으로 작은 체적으로 방출될 수 있으며, 이는 빠르게 팽창하는 고온가스와 충격파나 외부로 고속으로 추진되는 용기파편을 생성한다.

화학적 폭발은 반응이 매우 신속하게 이루어져 다른 발열성 화학반응과 구분되는데, 이 격렬한 에너지 방출에 추가하여 화학적 폭발은 화학적 에너지를 역학적 에너지로 전환하는 수단을 제공한다. 역학적 에너지로의 전환은 폭발 시 생성되는 빠르게 팽창하는 가스 산출물을 통해 이루어지며, 이 전환을 통해 근처에 위치한 물체에 손상을 가하거나 탄두 용기를 산산이 부술 수 있는 충분한 힘을 가지는 역학적 충격파를 생성한다.

화학적 폭발은 고체나 액체의 폭약 화합물을 폭약의 원래 체적에 10,000 ~ 15,000배에 해당하는 체적을 가지는 기체로 변환한다. 이로 인해 발생하는 충격파의 속도는 약 8,000 m/s이며 온도는 3,000℃ ~ 4,000℃ 이다. 만일 가스 부산물(by-product)이 형성되지 않는다면 방출되는 에너지는 고체나 액체 생성물(product)에 열로 남게 되어 표적으로 어떠한 효과적 에너지도 전달될 수 없다.

산소평형(OB%; Oxygen Balance)

산소평형은 폭약이 산화될 수 있는, 즉 산소와 반응할 수 있는 정도를 나타낼 뿐만 아니라 폭약의 효율을 나타낸다. 폭약 분자가 초과됨이 없이 자신의 탄소를 이산화탄소로, 수소를 물로, 금속을 산화금속으로 전환할 수 있는 충분한 산소를 포함하면 분자는 "0"의 산소평형을 가졌다고 하며 물질의 사용에 있어 완전한 효율을 가진 것으로 간주한다.

분자가 필요이상의 산소를 포함하고 있으면 양의 산소평형을, 필요 이하의 산소를 포함하고 있으면 음의 산소평형을 가졌다고 한다. 양 또는 음 어느 경우에도 폭약반응은 이상적이지 못한데, 산소가 필요 이상으로 많은 경우 과잉 산소가 차지하는 공간 때문에 폭약물질의 물리적 밀도의 손실을 가져오며 산소가 부족한 경우는 부족한 산소 때문에 일부 물질이 반응하지 않은 채 남아 있게 된다.

폭약의 감도(sensitivity), 세기(strength), 파괴력(brisance) 모두는 어느 정도 산소평형에 의존하며 산소평형이 "0"에 접근할수록 최대치에 접근하는 경향을 가진다.

산소평형(OB%)은 탄소를 이산화탄소로, 수소를 물로, 금속을 산화금속으로 완전히 전환하는데 필요한 산소의 백분율을 구하는 아래의 화합물 경험공식을 이용하여 계산된다.

$$OB(\%) = \frac{-16 \, g/mol}{\text{화합물의 분자량}} \times \left(2C + \frac{H}{2} + M - O\right) \times 100 \qquad (17\text{-}1)$$

여기서, C = 탄소원자의 수

H = 수소원자의 수

O = 산소원자의 수

M = 금속원자의 수

이 계산식으로 100 g의 폭약 화합물에 대한 과잉 또는 부족한 산소원자의 그램 수를 알 수 있다.

이해를 돕기 위해 아래 예제를 통해 TNT($C_7H_5N_3O_6$)와 니트로글리세린($C_3H_5N_3O_9$)에 대해 위 계산을 수행하여 보자.

예제 17-1 : TNT($C_7H_5N_3O_6$)의 산소평형(OB%)을 구하라.

풀이 : TNT의 분자량은 227.1 g/mol

C = 7 (탄소원자의 수)

H = 5 (수소원자의 수)

O = 6 (산소원자의 수)

M = 0 (금속원자의 수)

$$TNT\text{의 } OB\% = -\frac{1,600}{227.1}\left(2 \times 7 + \frac{5}{2} + 0 - 6\right) = -74\%$$

예제 17-2 : 니트로글리세린($C_3H_5N_3O_9$)의 산소평형(OB%)을 구하라.

풀이 : 니트로글리세린의 분자량은 227.1 g/mol

$$C = 3$$
$$H = 5$$
$$O = 9$$
$$M = 0$$

니트로글리세린의 $OB\% = -\dfrac{1,600}{227.1}\left(2 \times 3 + \dfrac{5}{2} + 0 - 9\right) = +3.52\%$

감도, 파괴력, 세기는 복잡한 폭약 화학반응에 기인한 특성으로 산소평형처럼 단순한 관계는 보편적이고 일관된 결과를 생산하기 어렵다. 일반적으로 폭약의 특성을 예측하기 위해 산소평형을 사용할 때 영에 가까운 산소평형을 가지는 폭약이 보다 파괴력이 좋고, 강력하며 민감할 것이다.

그러나 이 규칙에는 많은 예외가 존재하며, 다음 절에서 논할 보다 복잡한 예측 계산법을 통해 보다 정확한 예측이 가능하다. 산소평형은 폭발 혼합물(explosive mixture)이나 합성물(explosive composite)의 화학작용에도 적용할 수 있다.

아마톨(amatol)이라 불리는 폭약류는 질산암모늄(ammonium nitride)과 TNT의 혼합물이다. 질산암모늄은 +20%의 산소평형을 가지며 TNT는 −74%의 산소평형을 가지므로 혼합물의 한 구성성분을 양의 산소평형을 가지도록, 나머지 구성성분을 음의 산소평형을 가지도록 혼합하여 혼합물을 개별 성분보다 강력하고, 민감하며, 파괴력이 좋게 만들 수 있다. 영의 산소평형을 생성하는 혼합물은 최상의 폭약특성을 가질 수 있다.

실제로 80% 무게의 질산암모늄과 20% 무게의 TNT는 +1%의 산소평형을 생성하여 모든 혼합물 중에 가장 좋은 특성을 가지며 세기(strength)가 TNT의 30%까지 증가된다.

질산암모늄과 연료유의 94/6 혼합물인 ANFO는 −0.6%의 산소평형을 가진다. 폭약 합성물은 일반적으로 "0"에 가까운 산소평형을 가지도록 설계되며, 다수 폭약은 가소제(plasticizer)나 왁스 같이 폭약 혼합물에 안정성을 제공하는 비활성 물질을 포함한다. 표 17-5는 대표적인 합성물 폭약(composite explosive)을 나타낸다.

표 17-5 합성물 폭약(composite explosive)

명 칭	물질의 구성	분자식
아마톨(amatol)	80/20 질산암모늄/TNT	$C_{0.62}H_{4.44}N_{2.26}O_{3.53}$
ANFO	94/6 질산암모늄/#2디젤 연료유	$C_{0.365}H_{4.713}N_{2.000}O_{3.000}$
Comp A-3	91/9 RDX/WAX	$C_{1.87}H_{3.74}N_{2.46}O_{2.46}$
Comp B-3	64/36 RDX/TNT	$C_{6.851}H_{8.750}N_{7.650}O_{9.300}$
Comp C-4	91/5.3/2.1/1.6/ RDX/Di(2-ethyhexyl) sebacate/polyisobutylene/motor oil	$C_{1.82}H_{3.54}N_{2.46}O_{2.51}$

화학적 폭발 반응 상쇄

대부분의 화학적 폭발은 복잡하지만 일련의 간단한 반응으로 나타내도록 모델화할 수 있다. 화학적 폭발 식의 상쇄를 위해 표 17-6의 부분적 반응을 적용할 수 있으며 각각의 부분적 반응은 이 표에 나열된 우선순위에 따라 반응 산출물을 생성할 것이다. 주어진 화합물과 관계없는 단계의 경우 해당 단계의 적용을 생략하며 순서대로 다음 단계로 진행한다.

반응의 전체 합은 모든 단계를 함께 계산하여 구한다. 폭약반응 매우 빠르게 발생하기 때문에 대기가 아닌 폭약 물질의 분자구조에 산소가 있을 경우에만 폭발에 참여한 것으로 간주한다.

표 17-6 우선순위

우선순위	폭약 조성 (Composition of Explosive)		분해 산출물 (Products of Decomposition)
1	금속 + 염소	→	금속성 염화물 (고체)
2	수소 + 염소	→	HCl (기체)
3	금속 + 산소	→	산화금속 (고체)
4	탄소 + 산소	→	CO (기체)
5	수소 + 산소	→	H_2O (기체)
6	일산화탄소 + 산소	→	CO_2 (기체)
7	질소, 산소, 수소(과잉)	→	N_2, O_2, H_2 (기체상태 원소)

산소평형이 -40%이하일 때 수정된 우선순위

4(수정)	수소 + 산소		H_2O (기체)
5(수정)	탄소 + 산소		CO (기체)
6(수정)	일산화탄소 + 산소		CO_2 (기체)

다음의 두 예제를 통해 두 종류의 많이 사용되는 폭약인 TNT와 니트로글리세린(nitroglycerin)에 대해 표 17-5를 사용하는 방법을 학습하여 보자.

예제 17-3 : TNT($C_7H_5N_3O_6$)의 폭발연소(explosive combustion)를 상쇄하라.

풀이 : 예제 17-1에 따라 -74%의 산소평형을 가지므로 수정된 우선순위를 적용하며 TNT는 금속이나 염소를 포함하지 않기 때문에 우선순위 1, 2, 3은 적용하지 않는다.

우선순위 4(수정) : 수소(H) + 산소(O)는 물(가스 상태)을 생성한다.

$$5H \ + \ 2.5O \ \rightarrow \ 2.5H_2O_{(g)}, \ 3.5O, \ 7C, \ 3N \text{을 남김}$$

우선순위 5(수정) : 탄소 + 산소는 일산화탄소(CO)를 생성한다.

우선순위 6(수정) : 우선순위 5(수정)에서 모든 산소를 소모하여 남아 있는 산소가 없기 때문에 적용할 수 없다.

우선순위 7 : 질소(과잉)는 N_2(기체원소 상태)을 생성한다.

$$3N \ \rightarrow \ 1.5N_{2(g)}, \ 3.5C \text{를 남김}$$

전체 반응은

$$C_7H_5N_3O_{6(s)} \ \rightarrow \ 2.5H_2O_{(g)} \ + \ 3.5CO_{(g)} \ + \ 1.5N_2(g) \ + \ 3.5C_{(s)}$$

예제 17-4 : 니트로글리세린($C_3H_5N_3O_9$)의 폭발연소(explosive combustion)를 상쇄하라.

풀이 : 니트로글리세린은 금속이나 염소를 포함하지 않기 때문에 우선순위 1, 2, 3은 적용하지 않는다.

우선순위 4 : 탄수 + 산소는 일산화탄소(가스 상태)를 생성한다.

$$3C \ + \ 3O \ \rightarrow \ 3CO_{(g)}, \ 6O, \ 5H, \ 3N \text{을 남김}$$

우선순위 5 : 수소 + 산소는 수중기를 생성한다.

$$5H \ + \ 2.5O \ \rightarrow \ 2.5H_2O_{(g)}, \ 3.5O, \ 3N \text{을 남김}$$

우선순위 6 : 일산화탄소와 산소가 이산화탄소(가스 상태)를 생성한다.

$$3CO_{(g)} \ + \ 3O \rightarrow 3CO_{2(g)}, \ 0.5O, \ 3N \text{을 남김}$$

우선순위 7 : 질소(과잉)는 N_2(기체원소 상태)을 생성한다.

$$3N \ \rightarrow \ 1.5N_{2(g)}, \ 0.5O \text{를 남김}$$

$$0.5O \ \rightarrow \ 0.25O_{2(g)}$$

전체반응은

$$C_3H_5N_3O_{9(s)} \rightarrow 2.5H_2O_{(g)} + 3CO_{2(g)} + 1.5N_{2(g)} + 0.25O_{2(g)}$$

본 교재에서는 금속화합물이나 염소를 포함하지 않는 여섯 종류의 폭약만을 다루지만 미국 병기창(arsenal)에서 취급하는 무기는 이 물질들을 포함하는 폭약을 사용하기 때문에 표 17-5에 제시한 우선순위는 이를 포함하여 나타내었다.

폭발 산출물의 체적

아보가드로(Avogadro)의 법칙에서 온도 및 압력이 같은 조건하에 있는 모든 가스들이 동일 체적 내에 있을 때는 같은 수의 분자를 포함한다. 이 법칙으로부터 특정 가스의 분자부피(molecular volume)는 임의의 다른 가스의 분자부피와 같다. 0℃ 및 일상 기압 하에서의 분자체적은 거의 22.4 리터 또는 22.4 데시미터(decimeter)의 3승이다.

따라서 니트로글리세린의 반응을 살펴보면

$$C_3H_5N_3O_{9(s)} \rightarrow 2.5H_2O_{(g)} + 3CO_{2(g)} + 1.5N_{2(g)} + 0.25O_{2(g)}$$

1 몰(mole)의 니트로글리세린 분자의 폭발은 2.5 몰의 기체상태 H_2O, 3 몰의 CO_2, 1.5 몰의 N_2, 0.25 몰의 O_2 를 생성한다. 따라서 1 몰의 니트로글리세린은 총 7.25(3 + 2.5 + 1.5 + 0.25) 몰의 기체를 생성한다. 이 기체들의 분자부피(molecular volume) 즉, 분자들이 실제 차지하는 부피는 표준 온도 및 압력 조건(STC ; standard temperature and pressure)인 온도 0℃ 및 1 대기압에 있다 가정하면 아래와 같다.

$$V_{stp} = 7.25\,mol \times \frac{22.4\,l}{mol} = 162.4\,l \qquad (17-2)$$

니트로글리세린의 밀도는 1.591 g/ml 로, 1 몰은 아래 식 17-3에 따라 0.142 리터의 부피를 점유한다.

$$\frac{227\,g}{mol} \times \frac{1ml}{1,591\,g} \times \frac{1l}{1,000\,ml} = 0.142\,\frac{l}{mol} \qquad (17-3)$$

이로부터 반응이 완료되면 0℃에서 부피가 1,160 배 증가하였음을 알 수 있다.

여기에 샤를의 법칙(Charles's law)을 적용하여, 임의 온도에서 주어진 폭약의 임의 양의 폭발에 의한 산출물의 부피를 예측할 수 있다. 샤를의 법칙은 완전기체(perfect gas)에 대해 온도와 기체 산출물의 전체 부피 사이의 관계를 나타낸다.

$$V_T = \left(\frac{V_{STP}}{273\,^\circ K}\right) \times T \tag{17-4}$$

여기서, V_T = 온도 T 에서 부피

V_{STP} = 표준 온도 및 압력에서 부피

T = 절대온도($^\circ$K)

이 법칙은 일정한 압력 하에서 완전기체는 매 1°K 온도증가에 대해 그 부피가 0°C에서의 부피에 1/273 배씩 팽창함을 의미한다. 예를 들어 위 니트로글리세린 반응의 온도가 3,000°K라 하면, 1 몰의 니트로글리세린 폭발로 발생하는 산출물이 점유하는 몰부피(molar volume)는 아래와 같이 구할 수 있다.

$$V_{3,000\,^\circ K} = \left(\frac{162.4\,l}{273\,^\circ K}\right) \times 3,000\,^\circ K = 1,784\,l$$

이 몰부피는 최초 니트로글리세린 부피의 대략 12,500배에 해당하는 값이다.

TNT의 경우, 고체 탄소는 반응하지 않는다(예제 17-1 참조). 따라서 TNT의 경우에 형성되는 기체의 몰수는 10 몰로 표준 온도 및 압력 하의 224 리터에 해당된다.

생성되는 기체의 총 몰부피는 초기 제시된 폭약의 몰수에 따라 고정된 값을 가지지만, 폭약 화합물이 기체로 갑작스럽게 변형에 의해 발생되는 손상효과(damage effect)와 폭발 중 생성되는 고열에 의해 생성되고 증가되는 충격파에 의한 손상효과를 간과해서는 안된다.

폭발열(Heat of Explosion)

변형(transformation) 동안 흡수 또는 방출되는 열의 양을 생성열(heat of formation)이라 하며, 표준상태(standard state)에서 생성열은 기호로 $\triangle H_f^0$ 로 나타낸다.

폭약반응에서 발견되는 고체 및 기체에 대한 생성열은 온도 15°C 및 대기압의 표준상태에서 식별되며, 표 17-7은 주요 물질에 대한 생성열을 나타낸다. 기타 물질의 생성열은 "*CRC Handbook of Chemistry and Physics*"에서 확인할 수 있다.

양의 생성열 값은 구성원소로부터 화합물의 형성 동안 열이 흡수됨을 나타내며, 이러한 반응을 흡열반응(endothermic reaction)이라 한다.

열화학적 계산에서 표준상태와 모든 온도에서 모든 원소의 열용량(heat content)을 "0"으로 정의하며, 여기서 표준상태란 원소들이 자연적 상태로 발견되는 상태나 주변조건으로 정의된다.

표 17-7 일반폭약과 분해 산출물의 생성열

명 칭	분자식	분자량(g/mol)	$\triangle H_f^0$ (kJ/mol)
Ammonium chloride	$AlCl_3$	133.3	−696.4
Ammonium perchlorate	NH_4ClO_4	117.5	−289.0
Ammonium picrate	$C_6H_2(NO_2)_3O \cdot NH_4$	246.1	−326.8
Ammonium nitrate	NH_4NO_3	80.0	−367.9
Carbon monoxide	CO	28.0	−111.8
Carbon dioxide	CO_2	44.0	−393.5
Copper picrate	$[C_6H_2(NO_2)_3O]_2Cu$	44.0	−253.1
Cupic oxide	CuO	79.5	−146.2
RDX	$C_3H_6N_6O_6$	222.1	+83.8
HMX	$C_4H_8N_8O_8$	296.0	+104.8
Hydrochloric acid	HCl	36.5	−92.3
Lead azide	PbN_6	291.3	+443.7
Lead oxide	PbO	223.2	−219.8
Lead nitrate	$Pb(NO_3)_2$	331.2	−453.8
Lead styphnate	$C_6H(NO_2)_3(O_2)Pb$	450.3	−187.9
Mercuric oxide	HgO	216.6	−90.9
Mercury fulminate	$Hg(CNO)_2$	284.6	+270.3
Mercury picrate	$[C_6H_2(NO_2)_3O]_2Hg$	656.3	+179.3
Metriol trinitrate	$C_5HgN_3O_8$	255.1	−434.0
Nitroglycerin	$C_3H_5N_3O_9$	227.1	−333.7
Nitromethance	CH_3NO_2	61.0	−115.6
PETN	$C_5H_8N_4O_{12}$	316.2	−514.6
Picric acid	$C_6H_2(NO_2)_3OH$	229.1	−234.6
Tetryl	$C_7H_5N_5O_8$	287.1	+38.9
TNT	$C_7H_5N_3O_6$	227.1	−54.4
Water	H_2O	18.0	−240.6
Zinc Oxide	ZnO	81.4	−353.4
Zinc picrate	$[C_6H_2(NO_2)_3O]_2Zn$	521.6	−430.7

화합물의 생성열은 화합물의 열용량과 각 원소의 열용량 간의 순 차이이고 관례상 후자는 "0"으로 간주되기 때문에 화합물의 열용량은 대략적인 계산에서는 생성열과 같은 것으로 취급한다.

이를 통해 최초 및 최종 상태(initial and final state)의 원리에 도달하게 되는데, 이 원리란 변형(transformation)이 일정한 체적 또는 일정한 압력에서 발생한다면 시스템의 임의의 화학적 변화에서 방출 또는 흡수되는 열의 순량은 시스템의 최초 및 최종 상태에만 의존한다는 것이다. 즉, 이 열의 양은 중간 변형과 반응에 필요한 시간에 완전하게 독립적이다.

이로부터 연속적인 반응을 통해 일어나는 변형에서 방출되는 열은 여러 반응들에서 방출 또는 흡수되는 열의 대수학적 합임을 알 수 있다. 따라서 폭발동안 방출되는 열의 순 양은 폭발 산출물질 생성열의 합에서 반응물질(본래 폭약물질) 생성열을 빼어 구할 수 있다.

화학반응에서 산출물질과 반응물질 생성열의 순 차이를 반응열(heat of reaction)이라 하며, 산화의 경우 반응열을 연소열(heat of combustion)이라고도 한다.

폭약기술에서는 발열성 물질(exothermic material)만이 관심의 대상이다. 따라서 반응열은 사실상 모두 음의 값이다. 반응은 일정한 압력이나 일정한 부피에서 발생하기 때문에 반응열은 일정한 압력이나 일정한 부피에서 표현될 수 있다. 따라서 아래 식과 같이 폭발열을 반응열(생성열)로 표현할 수 있다.

$$\triangle H^0_{expl} = \sum \triangle H^0_f (\text{산출물질}) - \sum \triangle H^0_f (\text{반응물질}) \qquad (17-5)$$

여기서, $\triangle H^o_{expl}$ = 폭발열(heat of explosion)

$$\sum H^0_f (\text{산출물질}) = \text{산출물의 생성열}$$

$$\sum H^0_f (\text{반응물질}) = \text{반응물의 생성열}$$

예제 17-5 : TNT의 폭발열을 구하라

풀이 : 앞의 TNT에 대한 상쇄된 폭발연소 공식으로부터

$$C_7H_5N_3O_{6(s)} \rightarrow 2.5H_2O_{(g)} + 3.5CO_{(g)} + 1.5N_{2(g)} + 3.5C_{(s)}$$

식 17-5를 적용하여 풀면

$$\triangle H^0_{expl} = [2.5 \times (-240.6) + 3.5 \times (-111.8) + (0) + 3.5 \times (0)]$$

$$- [-54.39] = -938.4 \, kJ/mol \quad TNT$$

음의 값은 분해 동안 열이 방출되는 즉, 발열성 반응을 나타내는데, 이 음의 부호는 화학에서 관례적으로 사용되고 있다. 이원자 기체분자(diatomic molecular gas)는 표준상태에 있는 것으로 간주된다. 따라서 N_2, H_2, O_2 는 "0"의 생성열을 가진다. 고체상태 탄소 또한 자연 상태에 있는 것으로 간주되어 생성열이 "0"이다.

단위 질량당 폭발열은 기호 Q 로 나타내는데 이 값은 폭발열을 구하고, 이 값을 분자량으로 나누어 구할 수 있으며 식으로 나타내면 아래와 같다.

$$Q = \triangle H^0_{\exp l} \times \frac{1 \, mol \; 폭약}{폭약의 \; 분자량} \tag{17-6}$$

TNT의 경우 TNT 1 g당 폭발열을 계산하면,

$$Q = \left(-938.4 \frac{kJ}{mol \; TNT}\right) \times \left(\frac{1,000 \, J}{1 \, kJ}\right) \times \left(\frac{mol \; TNT}{227 \, g \; TNT}\right) = -4,134 \, J/g \; TNT$$

따라서 TNT는 1 g당 4,134 J의 열을 방출한다. 니트로글리세린에 대해 같은 계산을 수행하면 이 폭약은 1 g당 6,380 J을 방출함을 알 수 있다.

폭약 파워 및 파워지수(Power Index)

폭발열은 다양한 폭약을 비교하는데 유용하지만 폭발 시 수반되는 부피변화를 고려할 수 없는 값이다. 독립적으로 계산되는 Q 값과 형성된 기체의 체적 V_{STP} 을 결합하며 폭약의 파워를 아래 식으로 나타낼 수 있다.

$$폭약 \; 파워(exploisive \; power) = Q \times V_{STP} \tag{17-7}$$

다양한 폭약의 파워를 기준 폭약(reference explosive)과 비교하여 백분율의 상대파워로 나타내는 것은 폭약성능의 비교에 있어 매우 유용하다. 편의상 일반적으로 TNT가 기준 폭약이 된다. 단위 질량당 폭약의 파워를 기준 폭약에 대한 비율로 나타낸 값을 파워지수라 하며 아래와 같이 나타낸다.

$$파워지수(power \; index) = \frac{Q \times V_{STP}}{Q(TNT) \times V_{STP}(TNT)} \times 100 \tag{17-8}$$

니트로글리세린 파워를 TNT 파워와 비교하면,

$$파워지수 = \frac{-6,380 \frac{J}{g} \times 162.4 \, l}{-4,134 \frac{J}{g} \times 168 \, l} \times 100 = 149 \, \%$$

따라서 니트로글리세린은 TNT에 비해 폭약 파워에서 149% 우수하다.

18 | 무기 손상효과

소개

무기의 기본 기능은 적 표적에 파괴력을 전달하는 것이다. 오늘날 표적에는 군사기지, 공장, 교량, 수상 함정, 잠수함, 탱크, 미사일 발사소, 지하형 요새, 병력 집결지 등이 포함된다. 각 유형의 표적은 각기 다른 물리적 파괴 문제를 제시하기 때문에 각각의 표적을 최대 효과로 공격하기 위해서는 비용과 군수 가용성의 범위 내에서 다양한 일반 및 특수목적 탄두가 필요하다.

탄두가 표적 근처에서 기폭되면 표적이 어느 정도 손상을 입을 것인지 예측은 하지만, 표적이 파괴되거나 무능화되리라고 보장할 수 없는데 그 이유는 교전결과를 변경시킬 수 있는 관련 요소들이 너무 많기 때문이다. 따라서 표적의 손상정도를 예측하는 것은 반드시 확률로 표현되어야 한다.

손상정도의 측정(Quantifying Damage)

무한 스펙트럼의 결과를 이해하기 위해서는 흑백논리(black-and-white)가 유용하다. 대부분의 군사적 교전에서 교전행위에 의해 표적을 제거하는 것이 중요한 문제인데, 이러한 맥락에서 표적은 교전에 의해 손상을 받은 것으로 간주된다. 손상 가능성(probability of damage), P_d 는 표적이 특정 방식으로 기능을 상실하거나 잠재적으로 파괴될 공산(likelihood)의 통계적 척도이다. P_d 는 탄두가 표적에 얼마나 근접했는가와 표적의 취약성(target vulnerability) 그리고 충격파, 파편 등의 탄두효과(warhead effect)에 의존한다.

표적에 대한 탄두의 근접성은 탄두 운반수단 정확도의 척도가 되며 일반적으로 원형공산오차(CEP; Circular Error Probability)라는 양으로 나타낸다. 표적 취약성 및 탄두효과는 모든 표적은 무기에 따라 다른 방식으로 영향을 받기 때문에 두 가지가 밀접히 연관되어 있다.

실제 응용에 있어 총 P_d 에 기여하는 많은 요소들이 존재하며 이 요소에는 사격통제문제의 많은 구성요소 전부가 포함되는데 예를 들면 탐지, 위치 찾기(localization), 발사, 유도, 신관 성능,

그림 18-1 GPS 능력을 보유한 관성유도 폭탄, JDAM

탄두효과 등이 있다.

무기선택 및 타격 계획의 수립에 있어 특정 유형의 표적에 대한 무기의 유효성을 미리 계산하는데 많은 시간과 노력이 요구된다. 이 데이터는 Joint Munitions Effectiveness Manuals 또는 JMEMs라 불리는 시리즈 간행물에 통합되어 있다. JMEMs는 손상 가능성, 표적 취약성, 무기 정확도 데이터(weapon accuracy data)를 포함하여 수백 권의 데이터와 지침으로 구성되어 있다. 다행히도 대부분의 사용자는 이들 중 일부만이 필요하며 데이터의 많은 부분이 컴퓨터 소프트웨어로 통합되고 있다.

손상등급(Damage Description)

일반적으로 표적은 다른 피해수준을 가지는데 각 피해수준은 무기유형과 그 무기의 명중 탄수와 연관되어 있다.

표 18-1 비유도 500-pound 폭탄의 차량에 대한 손상 가능성(P_d)

가벼운 손상 (light damage)	경미한 손상, 일부 기능이 상실되었으나 동작가능	0.9
중간 손상 (moderate damage)	광범위 손상, 많은 기능이 상실되었으나 감소된 유효성으로 여전히 동작 가능	0.5
심각한 손상 (heavy damage)	동작 불가	0.1

표 18-1의 예에서 가벼운 손상(light damage)은 일부 기능이 상실되며 타격(hit)을 받았을 때 90%의 발생 가능성을 가진다. 여기서 주의할 점은 발생 가능성이 90%이지, 표적의 90%가 경미한 손

상을 입는다는 의미가 아니라는 것이다.

다른 범주의 손상이 이륙하려는 항공기, 발사하려는 미사일, 이동하려는 차량에 대해 묘사될 수 있다.

다른 표적은 표 18-2에서와 같이 다른 범주를 가진다.

표 18-2 비유도 500-pound 폭탄의 이동형 미사일 발사대에 대한 P_d

피해수준	설 명	P_d
기동성(mobility)	차량이 움직일 수 없음	0.7
발사전원(firepower)	미사일이 발사될 수 없음	0.4
대규모 손상(catastrophic)	광범위 손상	0.1

손상 가능성을 향상시키는 한 가지 방법은 보다 정확도가 높은 무기를 사용하는 것이다. 만일 GPS-유도 폭탄이 발사된다면 표 18-3과 같이 손상 가능성이 크게 증가할 것이다.

표 18-3 GPS-유도 500-pound 폭탄의 이동형 미사일 발사대에 대한 P_d

피해수준	설 명	P_d
기동성(mobility)	차량이 움직일 수 없음	0.9
발사전원(firepower)	미사일이 발사될 수 없음	0.9
대규모 손상(catastrophic)	광범위 손상	0.9

손상 가능성이 세 가지 피해수준에 대해 같은 값을 가짐을 알 수 있다. 따라서 표적은 90%의 가능성을 가지고 피해를 격을 것이며 이는 향상된 무기의 정확도 때문이다. 따라서 정확도를 높임으로써 무기 치사율(weapon lethality)이 증가된다. 손상 가능성을 보다 자세히 살펴보기 위해 변수별로 분리하여 아래 식으로 나타낼 수 있다.

$$P_d = P_{d/h} \times P_h \qquad\qquad (18-1)$$

여기서, $P_{d/h}$ = 주어진 타격에 의한 손상 가능성(probability of damage given hit)

P_h = 타격 가능성(probability of hit)

앞에서 설명하였듯이 손상 가능성에 기여하는 두 개의 성분이 있는데 첫째가 주어진 타격에 손상 가능성으로 이는 표적 취약성 및 무기 치사율의 함수이다. 두 번째는 타격 가능성으로 이는 정확도 또는 원형공산오차의 함수이다.

원형공산오차(Circular Error Probable)

목표한 표적에 대한 탄두의 근접성 또한 본질적으로 통계적 문제이다. 만일 다수의 탄두가 표적을 향해 발사되었다면 관심사는 충돌(impact) 및/또는 기폭(detonation) 점으로부터 표적까지의 가장 바람직한 거리이다. 단일 발사대로부터 가장 개연적인 결과(probable outcome)는 이 거리 값의 함수로 나타낼 수 있다.

표적으로부터 임의의 방향에서 주어진 거리 내에 충돌할 확률이 정확하게 50%이면 이 거리를 원형공산오차(CEP)라 한다. 달리 표현하면 CEP는 아래와 같이 정의된다.

원형공산오차(CEP) = 발사된 무기의 50%가 충돌 및/또는 기폭될 것으로 예상되는 목표점을 둘러싸는 원의 반경

다음 설명을 통해 가정을 전개하여 CEP에 관한 수학적 식을 도출하여 보자.

이산(Discrete) 및 연속 분포(Continuous Distribution)

목표한 표적 주위로 개별 탄들이 충돌될 때 표적으로부터 오차(빗맞힘) 거리(miss distance)는 이산변수(discrete variable)에 해당된다. 일련의 발사된 탄들이 표적 도처에 분포하는데 이산형 분포를 통해 발사 탄들이 어떻게 분포되어 있는지 정리할 수 있다.

5발의 탄이 발사되었고 빗맞힘 거리는 표 18-4와 같이 직교 좌표계에서 측정되었다고 가정하자. X와 Y에 대한 분포가 존재하며 X 좌표에 관한 분포는 표 18-5와 같이 나타낼 수 있다.

표 18-4 5발에서 얻은 데이터

발사 탄(shot) 번호	X 좌표	Y 좌표
1	2	3
2	3	1
3	-1	3
4	1	4
5	0	2

표 8-5를 기점하면 막대그래프(histogram)를 얻을 수 있다. 여러 "빈(bin)"으로 구성된 좌표의 거리를 임의로 정할 수 있다. 일반적으로 대표적 분포를 제공하기 위해서는 충분한 빈이 있어야

한다. 그러나 많은 빈들이 빈 내에 0 또는 1의 값을 가져서는 안 된다.

표 18-5 5발의 분포

X 좌표에서 거리	거리대별 탄의 수
$\lvert X \rvert < 0$	1
$0 < \lvert X \rvert < 2$	3
$\lvert X \rvert > 2$	1

이산 분포들은 기술통계학(descriptive statistics)에 의해 다음과 같이 기술된다.

1. 평균(mean)은 중심점을 기술한다.
2. 표준편차(standard deviation)는 평균을 중심으로 그 변량이 얼마나 흩어져 있는지를 기술한다.

표준편차는 부호와 상관없이 중심으로부터 평균거리의 척도이다. 달리 해석하면 표준편차는 단일 발사 탄(shot)의 변이(variation)로 즉, 탄이 중심으로부터 얼마나 멀리 탄착되는지 예상치를 나타내는 것이다.

엄밀히 말해, 이 값은 예상 정확도를 나타내기 때문에 무기 설계자에게 관심 있는 양이 된다. 이산 분포로부터 평균과 표준편차를 계산하기 위해 아래의 잘 알려진 식을 사용한다.

$$\bar{x} = \frac{1}{N} \sum_{i=1}^{N} x_i \qquad (18\text{-}2)$$

$$\sigma_x = \sqrt{\frac{1}{N} \sum_{i=1}^{N} (\bar{x} - x_i)^2} \qquad (18\text{-}3)$$

앞에서 소개한 일련의 데이터를 대입하면

$$\bar{x} = \frac{1}{5}(2 + 3 + (-1) + 1 + 0) = 1.0$$

그리고

$$\sigma_x = \sqrt{\frac{1}{5}((1-2)^2 + (1-3)^2 + (1-(-1))^2 + (1-1)^2 + (1-0)^2)} = 1.41$$

　분포의 특성을 이해하기 위해 해석함수(analytic function)를 이용하여 이들을 나타낼 수 있다. 이는 연속 분포함수를 생성하며 이 함수는 표본점(sample point)들의 다수가 어디에 위치했는지에 대한 극단적인 경우로, 보다 작은 빈(bin)들의 사용을 가능하게 한다.

　특정 빈 내에 위치한 탄(shot)의 수를 x_i 라 하면 이산 및 연속 분포 사이의 관계는 아래 식으로 나타낼 수 있다.

$$x_i = f(x_i)dx \tag{18-4}$$

　분포함수 $f(x)$는 이산 경우(discrete case)에 대한 "smooth approximation" 이다. 많은 임의 사건(random event)들은 같은 분포함수를 가지는데 이를 정규분포(normal distribution)이라 하며 이 분포함수는 아래 식으로 주어진다.

$$f(x) = \frac{1}{\sigma\sqrt{2\pi}} \int_{-\infty}^{+\infty} e^{\frac{-(x-\bar{x})^2}{2\sigma^2}} \tag{18-5}$$

　그림 18-12는 정규분포를 나타낸다.

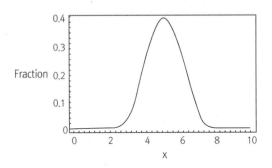

그림 18-2 정규분포(normal distribution)

　이 경우 평균($\bar{x}$)은 5이며 표준편차(σ_x)는 1이다. 수직축은 정규화된 분포(normalized distribution)에서 전체에 대한 부분을 나타내어 전체에 대해 적분하면 1을 얻을 수 있다.

　원형공산오차(CEP)는 x 및 y 가 정규분포를 가진다고 가정하여 구한다. x 및 y 분포가 결합하여 이변량분포(bivariate distribution)를 생성한다. x 및 y 가 동일한 분포를 가지는 경우 원형공산오차가 결합된 이변량분포로부터 계산된다. 만일 x 및 y 가 동일하지 않고 근소한 차이가 있다면 표준편차의 평균, $\sigma = (\sigma_x + \sigma_y)/2$ 을 취해 동일하게 만들 수 있다. 원형공산오차란 발사된 무기가 50%의 명중 확률을 가지는 목표점을 둘러싸는 원의 반경이므로 이 경우의 CEP는 아래 식으로 나타낼 수 있다.

$$원형공산오차\,(CEP) \;=\; 1.17\sigma \tag{18-6}$$

그림 18-3은 무기의 빗맞힘 거리를 기점한 것이다. 여기에는 무기가 경험한 두 가지 에러가 존재한다. 첫 번째 에러는 조준점(aim point) 주변으로의 임의산란(random scattering)으로 랜덤오차(random error)라 한다. 두 번째 에러는 탄착점이 오른쪽 상부 사분면에 집중되어 있는데 이는 계통오차(systematic error)라 한다.

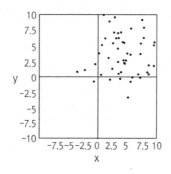

그림 18-3 빗맞힘 거리(miss distance)의 기점

이 데이터로부터 아래의 통계자료를 얻을 수 있다.

$$\overline{x} = 4.2 \qquad \sigma_x = 3.06$$

$$\overline{y} = 3.6 \qquad \sigma_y = 3.20$$

랜덤오차(Random Error)

σ_x 와 σ_y 가 다르기 때문에 평균 표준편차가 필요하다.

$$\sigma_R \;=\; \frac{3.06 + 3.20}{2} \;=\; 3.13 \tag{18-7}$$

표준편차는 모든 탄착점의 중심 또는 평균 탄착점(MIP; Mean Impact Point) 주변의 랜덤변이(R variation)를 나타내는데 이 변이는 여러 요소에 기인하는데, 대표적으로는 조준점을 향해 무기(탄)를 발사했을 때 무기발사 장치(포)의 무능력(inability)과 다른 요소로 개별 탄의 크기 및 모양이 서로 다름 등이 있다.

평균 탄착점 주변의 랜덤오차의 반경은 원형공산오차에서 했던 것과 동일한 방법으로 구할 수 있다.

$$평균\ 탄착점\ 주변의\ 반지름\ =\ 1.17\sigma_R \tag{18-8}$$

주어진 예에서 1.17(3.13) = 3.66 은 발사 탄수의 50%가 탄착하는 $(\overline{x},\ \overline{y})$에 중심을 둔 원의 반경을 나타낸다. 만일 랜덤오차만 있다면 발사탄수가 증가할수록 $\overline{x}$ 와 $\overline{y}$ 는 조준점(0, 0)으로 접근할 것이며 원형공산오차와 랜덤오차 원의 반경이 일치될 것이다. 그러나 랜덤오차가 유일한 오차 성분이 아니기 때문에 원형공산오차는 반드시 무기체계와 관련된 모든 오차를 고려해야 한다.

계통오차(Systematic Error)

이 예에서 조준점은 중심이지 오른쪽 위가 아니기 때문에 이 오차 또한 고려해야 한다. 무기체계에서 이 유형의 오차는 오로지 계통적 원인(systematic source)에 의해 발생한다. 여기서 "계통적"이란 정확히 오차방향(error direction)을 알 수 없음을 의미하나 일반적으로 발사된 개개의 탄과 모든 탄에 대해 계통오차는 특정 양과 방향 내에 존재한다. 이는 교정오차(calibration error), 바람에 의한 오차, 다른 원인 등에 의해 발생한다. 비록 계통오차는 일관성이 있고 교정될 수 있으나 사전에 알 수 없기 때문에 오차에 포함된다.

조준점으로부터 모든 탄착점 중심의 변위가 계통오차의 크기가 되며 아래 식으로 나타낼 수 있다.

$$\sigma_S\ =\ \sqrt{\overline{x}^2 + \overline{y}^2}\ =\ \sqrt{4.2^2 + 3.6^2}\ =\ 5.53$$

그러면 계통오차에 대한 표준편차, σ_S 와 랜덤오차에 대한 표준편차, σ_R 등 두 개의 표준편차가 존재한다. 두 오차가 독립적이므로 전체 분포는 아래의 표준편차로 나타낼 수 있다.

$$\sigma\ =\ \sqrt{\sigma_s^2 + \sigma_R^2} \tag{18-9}$$

그러면 이번에도 CEP는 1.17σ 이다.

보다 자세한 설명을 위해 표본 데이터를 조사해 보자. 그림 18-4는 기술통계(descriptive statistic)로 얻은 연속 분포함수에 x 및 y 데이터를 겹쳐 나타낸다. 이 데이터는 일반적인 모양을 가지지만, 이상적인 경우에 비해 여전이 많은 변이(variation)를 가짐을 알 수 있다.

이 데이터와 조준점으로부터 모든 탄(shot) 중심의 변위인 계통오차를 이용하면 원형공산오차는 중심으로부터 7.44 가 된다. 그림 18-5에서 두 개의 원은 아래의 의미를 가진다.

1. 탄착점 중심 주변 랜덤변이(random variation)

2. 원형공산오차(CEP)로 표현된 전체오차(total error)

만일 당신이 발사된 탄(shot)을 셈한다면 약 50%의 탄이 원형공산오차 내에 탄착함을 확인할 것이다.

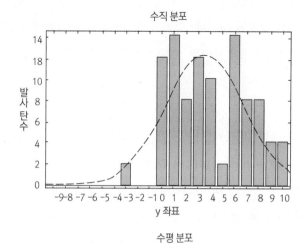

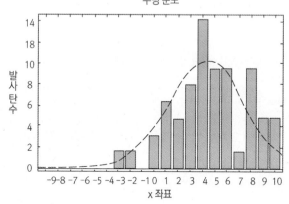

그림 18-4 x 및 y에 대한 데이터

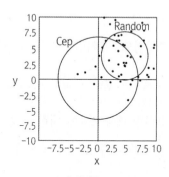

그림 18-5 원형공산오차(CEP)와 랜덤오차 원(random error circle)

탄두특성

탄두로부터 표적으로 파괴에너지를 전달하는 것을 에너지 커플링(energy coupling)이라 한다. 페이로드가 기폭될 때 에너지는 열(thermal), 운동(kinetic), 화학(chemical), 핵(nuclear) 형태로 방출된다. 이에 추가하여 부산물로 압력 또는 충격파가 발생한다. 에너지 전달의 효과는 표적위치와 방어; 에너지원(화학 또는 핵); 폭약물질(explosive agent)의 세기(strength), 파워(power), 효율(efficiency); 감쇠(attenuation)와 전파(propagation) 경로; 환경조건에 의한 효율의 손실 등을 포함하는 많은 요소에 의존한다. 그리고 표적에 대한 탄두의 손상효과는 손상체적, 감쇠, 전파 등의 세 가지 파라미터와 직접적으로 연관이 있다.

손상체적(Damage Volume)

파괴물질의 초점(focal point)으로서의 탄두는 탄도를 따라 팽창하는 껍질에 봉해져 있다고 생각할 수 있다. 이 껍질에 봉해진 체적으로 페이로드가 가지는 파괴효과의 한계를 정할 수 있다.

감쇠(Attenuation)

충격파와 파편이 원점을 떠나면서 단위 면적당 파괴퍼텐셜의 감소가 발생한다. 감쇠는 단위 면적당 에너지가 일정하게 감소하는 팽창하는 구(sphere)에 비유될 수 있다.

전파(Propagation)

기폭 시에 탄두에서 방출된 에너지가 폭발이 발생한 매질을 통해 진행하는 방식이다. 그림 18-6과 같이 페이로드의 전파가 모든 방향으로 균일할 때 "등방성(isotropic)"이라 하며 그렇지 않을 때 "비등방성(nonisotropic)"이라 한다.

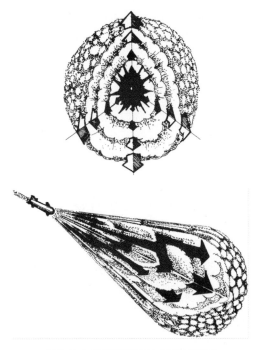

폭풍탄두(Blast Warhead)

폭풍탄두는 폭풍효과(blast effect)를 통해 표적에 주요 손상을 가하도록 설계된 탄두이다. 고폭약(high explosive)이 기폭될 때 고폭약은 거의 순간적으로 매우 높은 압력과 온도의 기체로 변환된다. 따라서 기체가 형성되는 압력에서 용기(case)는 팽창하여 파편으로 분해된다. 용기를 둘러싸고 있는 공기는 압축되어 충격(폭풍)파가 공기 중으

그림 18-6 등방성(위) 및 비등방성(아래) 폭풍패턴(blast pattern)

로 전달된다. 고폭약 무기가 가지는 일반적인 초깃값은 200킬로바(kilobar)의 압력(1bar = 1대기압)과 4,000℃의 온도이다.

폭발에 의해 생성되는 충격파는 마이크로 초 이하의 짧은 시간 동안 대기압에서 최고 과도압력(peak overpressure)까지 도달하는 압축파(compression wave)이다. 이 압축파는 백분에 1초 동안 느리게 대기압으로 하강한다. 이 부분을 충격파의 양의 국면(positive phase)이라 한다. 이후 압력은 계속 강하하여 대기압 이하로 떨어졌다 정상으로 복귀한다. 이 부분을 음의 국면 또는 흡입 국면(suction phase)이라 한다.

두 국면의 지속시간(duration)을 양 및 음의 지속시간이라 한다. 양의 국면동안 압력-시간 곡선 하부의 면적은 양의 충격량(impulse)을 나타내며 음의 국면동안 압력-시간 곡선하부의 면적은 음의 충격량을 나타낸다. 이러한 양과 음의 압력변화는 표적 상에 밀고/당기는 효과(push/pull effect)로 나타나며, 이는 큰 체적의 표적이 내부 압력에 의해 효과적으로 폭발하도록 한다. 충격 파 내에서 압력 차이 때문에 공기는 높은 압력에서 낮은 압력으로 흐르는데, 이 흐름은 실제 속력이 100mph를 초과하는 폭풍(blast wind)을 생성한다. 폭풍은 1초 이하 동안에 지속되며 음의 국면 동안에는 방향이 바뀐다. 그림 18-7은 과도압력과 동압력(dynamic pressure)에 대한 압력-시

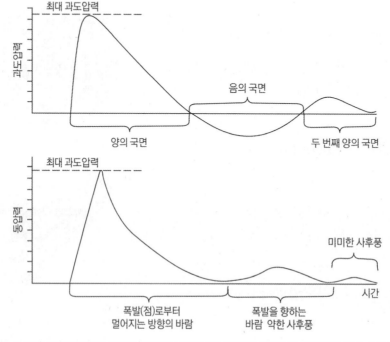

그림 18-7 폭풍 중심으로부터 주어진 거리에서 폭풍파의 최대 과도압력 및 동압력과 시간 사이의 관계

간 곡선을 나타낸다.

바람이 물체에 흐르면 물체는 그림 18-8에서와 같이 항력(drag)에 기인한 동압력을 느낀다. 물체가 경험하는 동압력은 항력에 관한 친숙한 식으로 구할 수 있다.

$$P_{dyn} = \frac{1}{2} C_d \rho v^2 \tag{18-10}$$

여기서, C_d = 특정물체에 대한 항력계수

ρ = 공기 밀도(일반적으로 ≈ $1.2\,kg/m^3$)

v = 폭풍(blast wind)의 속도

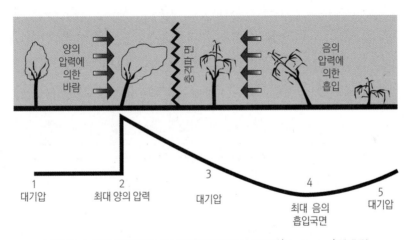

그림 18-8 폭발 중심으로부터 주어진 거리에서 폭풍파(blast wave)의 효과

과도압력은 충격파 면(shock front)에서 갑작스런 과도압력의 증가로 최대가 되며 양의 국면의 지속시간은 일반적으로 5/100 초 이하로 짧다. 음의 국면은 양의 국면보다 5내지 6배 동안 지속되나 최대 양의 압력에 수분에 1에 해당하는 최대 압력을 가진다.

충격파가 폭발 중심으로부터 외부로 이동함에 따라 충격파의 최대 과도압력은 빠르게 감소한다. 이러한 압력 감소의 원인 중 하나는 충격파가 지나가면서 주변 공기를 가열하여 발생하는 에너지 손실이다. 또 다른 원인은 폭풍파 이후에 기체 체적의 팽창률이다. 만일 폭풍압력(blast pressure)이 그 발생원으로부터 구 형태로 외부로 팽창한다고 하면 폭풍압력은 구의 체적이 증가할수록 감소할 것이다.

달리 표현하면 폭풍압력은 폭풍중심으로부터 거리의 3승($1/R^3$)에 반비례한다. 실제 조건에서 냉각 효과, 비이상적인 팽창, 탄두 용기의 파열, 파열에 따른 파편의 생성 등이 이론에서 제시한 것보다 큰 감쇠 요인으로 작용한다.

공기 중에서 폭발 시 과도압력의 또 다른 양상으로 마하효과(mach effect)라 불리는 마하반사 (mach reflection)가 있다. 그림 18-9는 반사면 상 임의의 거리에서 기폭 후 다섯 개의 연속적인 시간 간격에서의 공중 폭발을 나타낸다.

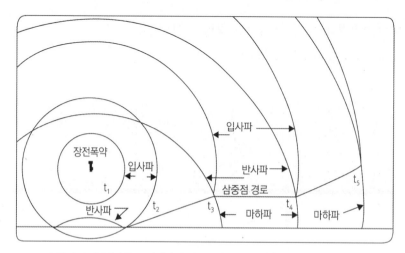

그림 18-9 폭풍파의 표면반사와 이로 인한 마하스템(mach stem)의 형성

폭탄이 지상의 일정거리에서 기폭될 때 반사파는 본래의 입사파라 불리는 본래의 충격파를 따라잡아 이와 결합하여 지상에 거의 수직인 파면을 가지는 세 번째 파를 형성한다. 이 세 번째 파를 마하파(mach wave) 또는 마하스템(mach stem)이라 하며 이 세 종류의 파가 교차하는 점을 "삼중 교차점(triple point)"이라 한다. 마하스템은 옆으로 퍼질수록 높이가 증가하며 마하스템의 높이가 증가할수록 삼중교차점은 증가한다. 마하스템에서 입사파는 반사파에 의해 강화되며 최대압력 및 충격량 모두가 폭발 점(explosion point)으로부터 동일 거리에 있는 본래 충격파의 압력 및 충격량 보다 상당히 높은 최댓값을 가진다.

마하반사 현상을 이용하여 폭탄의 유효반경을 상당히 증가시킬 수 있다. 탄두를 지상의 최적의 높이에서 기폭시킴으로써 주어진 압력 및 충격량에서 최대반경을 특정 경우 지면에서 기폭된 동일한 폭탄의 반경보다 거의 50%까지 증가시킬 수 있다. 이렇게 되면 유효면적 또는 손상체적 (damage volume)은 100%까지 증가된다.

모든 폭발은 방출되는 에너지의 일부를 폭풍으로 방출한다. 현재 사용되는 유일한 재래식 순수 폭풍탄두(blast warhead)는 기화폭탄(FAE ; Fuel-Air-Explosive)이다. 물론 모든 핵탄두(nuclear warhead)는 폭풍탄두이며 대부분이 표적 상에 마하스템 효과를 이용할 수 있는 고도에서 기폭될 것이다.

폭풍효과는 주로 회절로딩(diffraction loading)과 항력로딩(drag loading)의 두 가지 방식으로 표적에 손상을 준다. 회절로딩은 충격파가 표적을 지나가며 표적의 지붕을 포함한 모든 면에 빠르게 압력을 가하는 폭풍파면(blast front)의 최대 과도압력에 의해 발생한다. 충격파가 구조물 주위로 회절하면 그림 18-10과 같이 여러 방향에서 동시에 압착(squeezing)이 발생한다.

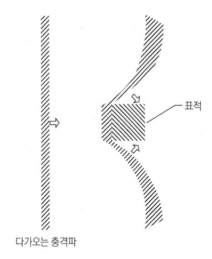

다가오는 충격파

그림 18-10 회절로딩(diffraction loading)

이러한 충격파의 회절은 표적 상에 최초 충격파면(shock front) 과도압력의 최소 2배에 해당하는 압력을 빠르게 형성한다. 이 압력에 의해 유리, 콘크리트와 같이 깨지기 쉬운 물질은 산산이 부서지고 나무, 금속과 같은 연성 물질은 으깨지거나 뒤틀려진다. 표적이 경험하는 로딩은 다음에서 소개하는 예제에서처럼 최대 과도압력으로 예측할 수 있다.

예제 18-1 : 25 psi의 최대 과도압력을 가지는 충격파가 단층 주거건물에 입사하였을 경우를 고려하여 보자. 이 집의 표면적은 아래와 같이 예측되었다. 이때 총 로딩(total loading)을 구하라.

앞면 면적(frontal area) = 40 ft × 10 ft

측면 면적(side area) = 25 ft × 10 ft

지붕 면적(roof area) = 40 ft × 13.3 ft

총면적(total area) = 1,432 ft^2 × (144 in.^{2}/ft^2) = 206,200 in.^{2}

풀이 : 모든 최대 과도압력이 집의 전면부와 지붕면 등에 동시에 가해졌다면, 총 로딩은

로딩 = 25 psi × 206,200 in.^{2} = 5.2 × 10^6 lbs

이 로딩 값은 대략 2,600 톤에 해당한다.

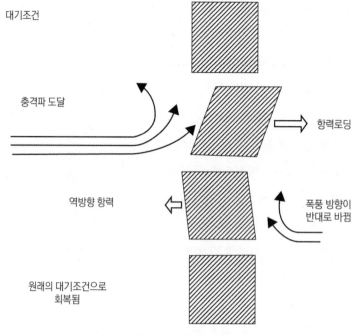

대기조건

충격파 도달

항력로딩

역방향 항력

폭풍 방향이 반대로 바뀜

원래의 대기조건으로 회복됨

그림 8-11 항력로딩(drag loading)

표적 상에 항력로딩은 동압력에 의해 발생한다. 이 유형의 구조적 로딩(structural loading)은 충격파면에 수직인 면으로 작용하는 공기역학적 힘(aerodynamic force)이다.

동압력이 일반적으로 과도압력보다 작기 때문에 구조적 로딩은 표적에 영향을 덜 미친다. 그러나 그림 18-11과 같이 동압력은 긴 시간 동안 구조물에 가해지고 방향이 변하기 때문에 이 효과는 상당히 중요하다.

상대적으로 유연성이 있는 일부 표적은 회절로딩에 영향을 받지 않지만 항력로딩에 취약하다. 견고하게 고정되지 않은 표적은 힘에 의해 던져져서 수 미터 이상의 변위를 가질 수 있다. 사람은 이 유형의 피해에 매우 취약할 뿐만 아니라 폭풍에 의해 날려 온 다른 물체와 파편에 의해 2차 피해를 받기 쉽다. 항공기 및 경장비(light equipment) 또한 항력로딩에 피해를 입기 쉽다.

예제 18-2 : 예제 18-1과 동일한 단층의 주거건물에 3 psi의 동압력을 적용하여 항력로딩을 계산하라.

풀이 : 건물이 받는 항력로딩은

항력로딩 = 동압력(dynamic pressure) × 전면 면적(frontal area)

$$= (3 \text{ psi})(40 \text{ ft} \times 10 \text{ ft})(144 \text{ in.}^2/\text{ft}^2)$$

$$= 172,800 \text{ lbs}$$

이 항력로딩 값은 약 86톤에 해당한다.

폭발의 복잡한 성질 때문에 폭풍효과의 크기 예측은 쉽지 않다. 그러나 1 kg의 TNT를 기준 폭발로 정하고, 1 kg의 TNT 폭발에서 얻은 광대한 실험적 데이터가 수집되어 있다.

임의의 폭발에 대한 값들은 스케일링 법칙(scaling law)이라 불리는 관계식을 통해 이 기준 폭발 값을 이용하여 구할 수 있다. 상이한 폭발 양에 대해 동일 효과를 가지는 거리에 관한 관계에 대해 살펴보자. 스케일링 계수(scaling factor)는 $W^{1/3}$로 여기서 W는 해당 폭발물의 kg 단위의 TNT 등가 양으로 아래식과 같이 폭발물의 질량에 해당 폭발물의 파워지수(PI; power index)를 곱하여 얻을 수 있다.

$$d_w = d_1 \times W^{1/3} \tag{18-11}$$

여기서, d_1 = 1 kg TNT에서 거리

d_W = W kg의 TNT와 등가의 해당 폭발물에서 거리

식 18-11은 최대 과도압력과 동압력 모두에서 적용할 수 있다. 최대 과도압력 및 동압력은 그림 18-12의 TNT 1 kg에 대한 그래프에서 구할 수 있다.

예제 18-3 : 식 18-11과 그림 18-12의 사용법을 이해하기 위해 다음 예를 살펴보자.

10 kg의 TNT에 해당하는 폭발물로부터 사람이 5 m 이격되어 폭풍에 직면할 때 최대 과도압력과 동압력을 계산하라.

풀이 : 그래프를 이용하기 위해 거리가 기준거리 조건으로 축소되어야 한다.

$$d_1 = \frac{d_W}{W^{1/3}} = \frac{5m}{10^{1/3}} = 2.3\,m$$

그래프를 이용하면,

최대 과도압력(peak overpressure) = 23 psi

동압력(dynamic pressure) = 2.0 psi

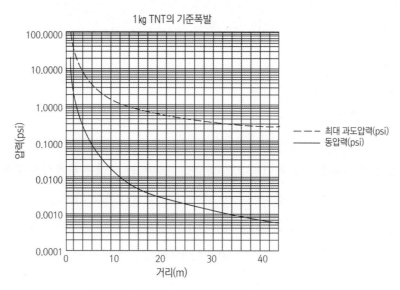

그림 18-12 TNT 1kg 에 대한 최대 과도압력과 동압력

표 18-6 폭발효과에 대한 본보기 손상기준 · 단위 : psi

표적	손상 메커니즘	가벼운(light)	중간의(moderate)	심각한(heavy)
빌딩	회절(diffraction)	3	5	15
도로 및 교량	회절	5	8	12
경장갑	항력(drag)	1	4	7
중장갑	회절	10	100	200
개활지에서 병력	항력	1	3	5
벙커 내의 병력	회절	5	30	100
얕게 매몰된 구조물	회절	30	175	300
대기 항공기	항력	0.7	1.5	3
함정	항력	2	5	7

예제 18-4 : 2,000 파운드의 TNT에 해당하는 폭탄에 의해 경장갑(차량)이 파괴되는 거리를 구하라.

풀이 : 그림 18-12에서 1 kg의 TNT 폭발을 기준으로 작성된 동압력 대 거리 곡선에서 7 psi의 동압력(표 18-6 참조)은 약 1.5 m의 거리에서 느낄 수 있다.

표 18-6은 단순히 학습목적을 위해 제공되었다. 이 표는 여러 표적에 대한 손상 메커니즘, 해당 피해수준을 얻기 위한 압력이 제시되어 있다. 특정 표적에 대한 정확한 값을 얻기 위해서는 실제 시험과 엄격한 연구가 필요하다.

스케일링 계수, $W^{1/3}$을 얻기 위해 탄두질량을 kg 단위로 변환하면:

$$2,000\,lb \;=\; 910\,kg\;TNT$$

$$W^{1/3} \;=\; 910^{1/3} \;=\; 9.7$$

따라서, 효과(7 psi 동압력)가 미치는 거리는 아래와 같이 구할 수 있다.

$$d_{910} \;=\; d_1 \;\times\; W^{1/3} \;=\; 1.5\,m \;\times\; 9.7 \;=\; 14.5\,m$$

파편탄두(Fragment Warhead)

밀폐된 용기 내에서 고폭약(high explosive) 충전물이 기폭할 때 용기는 다수의 파편으로 분리된다. 이 파편들은 고속으로 바깥방향으로 던져져 사실상 사출탄은 자신의 손상가능 범위(lethal range) 내에 있는 물체에 손상을 가할 수 있게 된다.

탄도학, 사출탄 운동에 관한 과학적 연구는 파편탄두 설계에 막대한 공헌을 하였다. 특히 종말탄도학(terminal ballistics)은 폭발하는 다양한 형태의 용기로부터 생성되는 파편의 속도와 분포, 크기, 모양 및 주 충전작약의 폭발에 의한 손상양상을 지배하는 법칙 및 조건을 결정하기 위한 연구이다.

파편탄두는 원리적으로 공중표적 파괴, 인명살상, 경장갑의 군사용 장비 공격을 위한 수단으로 사용된다.

폭약기폭에 의해 방출되는 에너지의 약 30%가 용기를 조각내어 파편의 운동에너지로 전달되며 가용 에너지의 나머지는 충격파면(shock front)과 폭풍효과(blast effect)를 생성하는 데 사용된다. 파편은 고속으로 추진되어 짧은 거리를 진행한 후 충격파를 추월한다.

폭풍감소(blast decrease)를 수반하는 충격파면의 속도 감소율은 일반적으로 공기마찰에 의해 발생하는 파편속도의 감소보다 훨씬 크다. 따라서 파편손상 반경은 표적에 따라 차이가 있지만 공기 중 폭발에서의 유효 폭풍손상 반경을 상당히 초과한다.

이상적인 폭풍 페이로드의 효과는 대략 $1/R^3$ (여기서 반경 R은 폭발 원점으로부터 측정)의 비율로 감쇠되는 반면 이상적 파편효과의 감쇠는 페이로드의 설계에 따라 $1/R^2$ 또는 $1/R$ 의 비율로 변화한다. 여기에 파편 페이로드의 원리적 이점이 존재하는데 이는 보다 큰 빗맞힘 거리(miss distance)를 허용할 것이며 효과의 감쇠가 상대적으로 적기 때문에 상당한 빗맞힘 거리에서도 효과를 유지한다.

이 유형 탄두의 단점은 파편에 의해 표적에 생성된 구멍들은 특히 파편효과가 미치는 최대 거리에서는 표적이 기능을 상실할 정도의 큰 손상을 주지 못하기 때문에 폭풍탄두(blast warhead)에서 얻을 수 있는 갑작스럽고 엄청난 결과를 얻을 수 없다는 것이다.

파편속도는 두 부분으로 나눌 수 있다. 하나는 초기 파편속도이고 또 하나는 원점으로부터의 거리의 함수로서 속도이다.

탄두의 초기 파편속도는 아래의 3가지 요소에 주로 의존한다.

1. 충전폭약 대 금속 비(charge-to-metal ratio), C/M, 여기서 C 는 사출탄의 단위 길이당 폭약의 질량이며, M 은 사출탄의 단위 길이당 금속의 질량이다.

2. 충전폭약의 특성, 특히 폭약 충전물의 폭파력(brisance) 및 세기(strength)

3. 파편탄두의 형상

탄두의 초기 파편속도는 아래 식으로 나타낼 수 있다.

$$V_0 = \sqrt{2 \triangle E} \sqrt{\frac{\dfrac{C}{M}}{1 + K\left(\dfrac{C}{M}\right)}} \qquad (18\text{--}12)$$

여기서, $\sqrt{2 \triangle E}$ = 폭약물질의 Gurney 상수 (표 18-7 참조). E 는 J/kg 단위의 폭발열.
Gurney 상수의 단위는 속력(m/s)으로 폭발속력의 대략적인 척도이며, 해당 충전폭약의 퍼텐셜에너지와 관계가 있다.

C = 폭약 중량

M = 용기 중량

K = 구조 상수(평판 = 1/3; 원통 = 1/2; 구 = 3/5)

표 18-7 Gurney 상수

폭약(explosive)	Gurney 상수(m/s)
TNT	2,320
H-6	2,350
Composition B	2,680
Octol	2,560
PBX-9404	2,637

표 18-8은 충전폭약 대 금속 비와 파편 초기속도(V_0) 사이의 관계를 나타낸다. 이 경우에는 TNT로 채워진 5.1 ㎝의 내부직경을 가지는 원통이 사용되었다. 충전폭약 대 금속 비가 증가함에 따라 파편속도 또한 증가함을 알 수 있다.

표 18-8 탄두 벽두께와 TNT에 대한 C/M 비율의 함수로서 파편속도

벽두께(㎝)	C/M 비	초속, V_0(m/s)
1.27	0.165	875
0.95	0.231	988
0.79	0.286	1,158
0.48	0.500	1,859

파편이 용기에서 외부로 던져짐에 따라 공기저항(항력)이 파편속도를 떨어뜨리기 시작한다. 사출탄의 운동방정식을 풀면 진행거리(S)의 함수로 파편속도는 아래 식으로 주어진다.

$$V_s = V_0 e^{-C_D \rho \frac{A}{2m} s} \tag{18-13}$$

여기서, C_D = 항력계수 (파편모양과 어느 정도까지는 속도에 의존)

ρ = 공기밀도 (일반적으로 1.2 kg/㎥)

V_0 = 파편의 초속 (m/s)

A = 파편의 단면적 (㎡)

m = 개별 파편의 질량 (kg)

따라서 공기 중을 비행하는 동안 개별 파편의 속도는 공기저항 때문에 감소한다. 파편속도는 파편의 무게가 작아질수록 거리증가에 따라 더욱 빠르게 감소한다. 초기 파편속도를 1,825 m/s라 가정하면 500 그레인(32.5 g)으로 이루어진 파편은 53.34 m을 진행한 후에 초기속도의 절반을 잃는 반면, 5 그레인(0.324 g)으로 이루어진 파편은 11.25 m을 진행한 후에 초속의 절반을 잃을 것이다.

탄두의 파편은 용기 표면에 거의 수직방향으로 진행하며 원통형 탄두의 경우 7° ~ 10°의 앞지름각이 존재한다. 그림 18-13은 대표적인 파편 패턴을 나타낸다. 후부 스프레이(tail spray) 및 전부 스프레이(nose spray)는 45° 원뿔이라 불리며 밀도가 높지 않은 파편 영역을 나타낸다. 페이로드가 비행 중에 기폭되면 밀도가 높은 측면 스프레이(side spray)는 탄의 비행 속도만큼 증가되는 약간 앞쪽으로의 추력을 가질 것이다.

그림 18-13에서 측면 스프레이의 각은 이러한 파편을 형성하는 페이로드의 빔폭(beam width)으로 정의될 수 있다. 파편 빔폭은 유용한 파면밀도가 이루는 각으로 정의되며 탄두형상과 충전폭약 내에 기폭관(detonator) 위치의 함수이다.

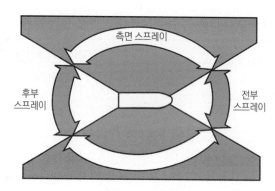

그림 18-13 파편분포

최신의 공중표적용 탄두는 고속의 파편을 좁은 빔 내로 방출하도록 설계된다. ABF(Annular Blast Fragmentation)이라 불리는 이 유형의 탄두는 가공할 파괴퍼텐셜을 가지고 링(ring) 형태로 외부로 확대되는 파편패턴을 가진다.

또 다른 유형의 탄두는 지향성 탄두(SAW; Selectively Aimable Warhead)로 이 스마트(smart) 탄두는 높은 밀도의 파편이 표적으로 향하도록 설계되는데 이는 표적이 어디에 위치했는지 탄두에 알려줘 표적상에 최대의 에너지 밀도를 가할 수 있도록 탄두를 기폭시키는 신관시스템(fuze system)을 사용한다.

일반적으로 탄두파편에 의해 발생하는 손상에 대한 해당 표적의 취약성은 파편의 운동에너지에 의존한다. 초기 에너지는 Gurney 분석(analysis)을 통해 얻을 수 있으며 거리의 함수로 속도는 항력방정식(drag equation)으로부터 구할 수 있다. 파편의 운동에너지와 파편 질량 및 거리 S에서 파편의 속도와의 관계는 아래 식으로 나타낼 수 있다.

$$KE = \frac{1}{2} m V_s^2 \tag{18-14}$$

여기서, KE = 운동에너지 (J)

m = 개별 파편의 질량 (kg)

V_S = 거리 S에서 파편의 초속 (m/s)

특정 표적을 관통하는 데 필요한 운동에너지의 양은 개략적인 근사를 통해 식별할 수 있다. 대표적인 탄도 수치에 따르면 100 J의 에너지는 인간에 대한 최소의 치명적 운동에너지(lethal kinetic energy)이다. 이 에너지는 대략 라이플총(rifle)에서 발사된 속력 1,000 fps의 22-구경 탄환(40 그레인)과 등가이다.

다음 수준의 손상은 1,000 J로 이 에너지는 속력 1,400 fps의 0.375-구경 jacketed soft-point 탄환(158 그레인)과 등가이다. 이탄은 사람의 보호되지 않는 부위에 탄착했을 때 치명도가 상당하다.

마지막으로 약 4,000 J는 방탄복을 뚫을 수 있는 충분한 에너지이다. 이 에너지는 속력이 2,759 fps인 7.62미리 완전 금속피복 탄이나 0.30-06 철갑탄(166 그레인)과 등가이다.

항공기는 일반적으로 경금속(light metal)으로 제작된다. 낮잡아 평가하면 항공기 외관은 방탄복과 등가로 간주될 수 있다. 따라서 항공기 외관을 관통하기 위해서는 약 4,000 J의 운동에너지가 필요하다.

장갑차량이 파편탄두에 의해 정지할 수 있다고 가정하는 것은 현명치 못한 판단이다. 실제 장갑의 정도에 따라 전문화된 사출탄을 필요로 한다. 예를 들어 경장갑 차량에는 탄저판을 장착한 탄(saboted shell)을 사용한다. 이탄은 0.30-구경을 가진 내부 관통자(penetrator)를 0.50-구경의 탄저판이 외부에서 감싸준다. 이탄은 약 4,000 fps에서 3/4인치 강철판을 관통할 수 있다. 장갑이 약 15인치까지 증가하면 무게가 3.5 kg 이상이고 700 m/s로 비행하여 운동에너지가 약 850 kJ에 달하는 특수목적 탄을 사용한다.

경험법칙(rule of thumb)에 의해 강철을 관통하기 위해서는 강철 1 ㎝ 당 약 10 kJ의 운동에너지가 필요함을 예측할 수 있다. 표 18-9는 파편탄두에 취약한 표적에 대한 피해 기준을 나타낸다.

표 18-9 파편효과에 대한 본보기 피해 기준

	파편에너지(kJ)		
표적	가벼운 손상 ($P_{d/hit} = 0.1$)	중간 손상 ($P_{d/hit} = 0.5$)	심각한 손상 ($P_{d/hit} = 0.9$)
사람	0.1	1	4
항공기	4	10	20
장갑차량	10	500	1,000

파편의 탄도는 외탄도(external ballistics) 원리에 의해 예측되는 경로를 따른다. 거의 모든 파편탄의 유효성을 결정하기 위해 파편의 아음속 탄도는 무시될 수 있다. 결과적으로 주어진 방향에서

파편밀도는 무기(탄두)로부터의 거리 좌승에 반비례한다. 보호되지 않은 특정 표적에 명중된 파편의 수는 노출된 투영 면적(projected area)에 비례하며 무기로부터 거리의 좌승에 반비례($1/R^2$)한다. 등방성 탄두의 경우 표적에 명중이 예상되는 파편의 수는 아래와 같이 나타낼 수 있다.

$$N_{hits} = \frac{A_t N_0}{4 \pi r^2} \tag{18-15}$$

여기서, N_{hits} = 표적에 명중이 예상되는 파편의 수

N_0 = 탄두로부터 초기 파편의 수

A_t = 탄두를 가리키는 표적의 전부 면적(frontal area)

r = 표적에서 탄두까지의 거리

하나의 파편탄두에 의해 다수의 파편이 명중할 가능성 즉, 명중률(P_d)은 아래 식으로 구할 수 있다.

$$P_d = 1 - (1 - P_{d/hit}) N_{hits} \qquad N_{hits} > 1 \text{ 일 때} \tag{18-16}$$

또는

$$P_d = N_{hits} \times P_{d/hit} \qquad N_{hits} \leq 1 \text{ 일 때} \tag{18-17}$$

연결봉 탄두(Continuous-Rod Warhead)

연결봉 탄두는 항공기에 사용하도록 개발된 특수한 유형의 파편탄두이다. 짧고, 직선형태의 봉(rod)을 가진 초기 형태의 탄두실험에서 이 봉이 프로펠러의 날개, 엔진 실린더, 날개를 잘라내어 일반적으로 전투기에 심각한 손상을 가하는 것으로 알려졌다. 그러나 봉 탄두(rod warhead)는 대부분의 폭격기 구조가 치명적 손상이 발생하지 않는 한 항공기 외판에 다수의 짧은 베인 상처를 용납하기 때문에 대형 항공기에 대해서는 효과적이지 못한 것으로 알려졌다. 그러나 길고 연속적인 베임(cut)은 폭격기에 상당한 손상을 발생시킬 수 있기 때문에 연결봉 탄두가 개발되었다.

기폭 시 연결봉 페이로드는 그림 18-14와 같이 고리(ring) 형태로 방사상으로 팽창한다. 이 패턴으로 팽창하는 연결된 봉들은 표적을 베어 손상을 유발한다. 각각의 봉은 끝단이 교호로 연결되어 주 충전폭약 주위에 방사상으로 묶음형태로 정렬된다. 버스터(buster)는 기폭 시 폭약의 힘이 연결봉 묶음이 길이를 따라 균등하게 분배되도록 설계되는데 이는 각각의 봉이 자신의 형태를 유

지하여 확장하는 원의 형태가 균일한 모양을 유지하게 한다.

그림 18-15는 주 충전 폭약에 정렬된 묶음의 일부분으로, 이 부분이 팽창하기 시작할 때 아코디언과 같은 형태를 나타낸다.

일반적인 파편탄두의 금속 밀도는 거리의 좌승에 반비례($1/R^2$)하여 감쇠한다. 그러나 연결봉 탄두는 비등방성이기 때문에 연결봉 페이로드의 금속밀도는 기폭 점으로부터의 거리에 반비례($1/R$)하여 감쇠한다.

기폭 시 봉이 연결된 상태로 있게 하기 위해 봉의 최대 초속은 1,050 - 1,150 m/s로 제한된다. 그러나 파편탄두의 최초 파편속도는 1,800 - 2,100m/s 이므로 연결봉 탄두는 파편탄두 만큼 높은 파괴 에너지를 생성하지 못한다.

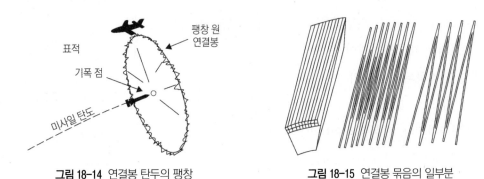

그림 18-14 연결봉 탄두의 팽창   **그림 18-15** 연결봉 묶음의 일부분

성형작약 탄두(Shaped Charge Warhead)

성형작약 효과, 속빈 충전폭약 효과(hollow charge effect), 공동효과(cavity effect), 먼로효과(Munroe effect) 등 다양한 명칭으로 불리는 효과의 발견은 1880년대로 거슬러 올라간다. Charles Munroe 박사는 뉴포트 로드아일랜드(Rhode Island)의 해군 어뢰국(Naval Torpedo Station)에 근무하면서 원뿔형으로 파서 글자를 새겨 넣은 면화약(guncotton) 블록(block)을 강철판에 맞대어 기폭시키면 글자가 강철판에 새겨지는 것을 발견하였다.

이 효과는 1880년대 독일 및 노르웨이에서도 발견되었으나 실용화되지 못하고 한동안 잊혀졌다.

이후 휴대용 대전차무기로 인해 성형작약 연구는 매우 중요하게 되었다. 2차 세계대전 동안 주요 국가는 광범위한 연구를 진행하여 미국의 바주카(bazooka) 및 독일의 판저 파우스트(panzerfaust)와 같은 장갑을 관통할 수 있는 성형작약 탄두를 배치하였다.

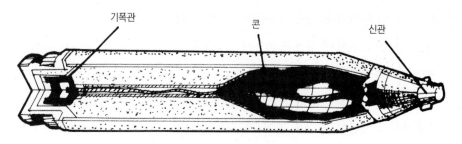

그림 18-16 성형작약 탄두

성형작약 탄두는 기본적으로 금속물질의 속이 빈 라이너(hollow liner)로 구성되며 이 라이너는 일반적으로 구리 또는 알루미늄 재질로 원추, 반구 또는 다른 형태이며 폭약은 볼록한 측의 뒤에 위치한다. 공기역학용 얇은 두부 콘(nose cone)이 신관(fuze)과 함께 탄두를 감싸며 그림 18-16 과 같이 부스터(booster)는 탄두의 기저(base)에 위치한다.

탄두가 표적을 때리면 신관이 끈 모양의 기폭관(detonator)을 발화시키며 기폭관에 의해 부스터 (보조작약)가 점화되어 탄두의 후부로부터 주 충전폭약(작약)을 기폭시킨다. 기폭파(detonation wave)는 전방으로 진행하여 금속 원추형 라이너를 그 정점 으로부터 붕괴시킨다. 원추형 라이너의 붕괴는 연속적인 고 속의 융해된 라이너 물질의 제트(jet)를 형성하여 분출한다.

제트의 끝단 속도가 1,500 m/s 정도인 반면 제트의 첨단 속도는 8,500 m/s 정도에 달한다. 이 속도 기울기는 제트가 원기둥 모양의 미세 입자들로 분리되기까지 제트를 늘어지 게 한다.

그러면 라이너 질량의 약 80%에 해당하는 작은 금속 덩 어리인 슬러그(slug)가 제트의 뒤를 따른다. 슬러그는 600 m/s 정도의 속력을 가진다. 이해를 돕기 위해 성형작약의 동작 순서를 그림 18-17에 나타내었다.

강력한 제트가 장갑판 또는 연강(mild steel) 표적에 부딪 칠 때 수백 킬로바의 압력이 접촉부에 생성된다. 이 압력은 철의 항복강도(yield strength)보다 훨씬 큰 스트레스를 생성 하여 표적물질은 제트 진행경로의 외부로 유체처럼 흐른다.

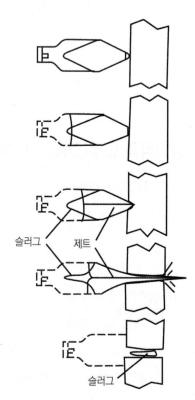

그림 18-17 성형작약의 동작 순서

이때 생성되는 동공(cavity)은 열 효과(thermal effect)가 아니라 엄청난 압력에 의한 금속의 측면이동 때문임을 유념하라. 이 현상을 유체역학적 침투(hydrodynamic penetration)라 한다.

이러한 흐름과 관련된 방사상의 운동량(momentum)이 존재하며, 제트와 구멍 사이에 직경의 차이는 표적물질의 특성에 의존한다. 구멍의 직경은 장갑판의 밀도와 경도가 연강보다 크기 때문에 연강이 장갑판보다 크다. 침투깊이 또한 두꺼운 연강 평판이 균일한 장갑판보다 크다.

일반적으로 침투깊이는 아래의 다섯 가지 요소에 의존한다.

1. 제트의 길이

2. 제트첨단(jet tip)의 속도

3. 제트의 밀도

4. 표적물질의 밀도

5. 제트의 정밀도(똑바로 진행 또는 발산)

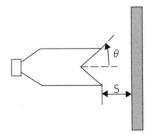

그림 18-18 성형작약 설명

제트의 길이가 길수록 침투깊이는 커진다. 따라서 그림 18-18에서와 같이 표적에서 원추형 라이너(cone) 기저까지의 거리인 이격 거리(S, standoff distance)가 클수록 좋다. 이격 거리와 침투깊이의 관계는 제트가 입자화되거나 부서질 때까지 유효하며 이 점은 콘의 기저에서 대략 콘 직경의 6 ~ 8배에 해당하는 거리이다. 입자화(particulation)는 제트 내의 속도 기울기에 의해 발생하며 제트에서 분리될 때까지 제트를 늘어뜨린다.

침투깊이는 제트첨단의 속도와 라이너 및 표적물질의 밀도를 이용하여 근사될 수 있다. 그리고 제트첨단 속도는 아래의 식으로 구할 수 있다.

$$V_0 = \frac{0.6002\, D\, \dfrac{C}{M}}{\cos\theta\,\left(2 + \dfrac{C}{M}\right)} \tag{18-18}$$

여기서, V_0 = 제트첨단(jet tip)의 속도

D = 기폭속도

C = 충전폭약의 질량

M = 라이너의 질량

θ = 성형작약 각(angle)

식 18-18과 표적과 제트의 밀도 비(target jet density ratio)를 이용하고, 침투에 필요한 최소 속력을 1,000 m/s 정도라 가정하면 제트의 침투거리(관통하지 않음)는 아래 식으로 주어진다.

$$P = S \left[\left(\frac{V_0}{\left(1 + \sqrt{\frac{\rho_t}{\rho_j}}\right)(V_{\min})} \right)^{\sqrt{\frac{\rho_j}{\rho_t}}} - 1 \right] \tag{18-19}$$

여기서, P = 침투거리(penetration distance)

S = 이격 거리 ($0 \leq S \leq 3 \times$ 충전폭약의 직경)

ρ_t = 표적물질의 밀도

ρ_j = 라이너 물질의 밀도

$V_{\min}$ = 1,000 m/s $\approx$ 제트응집(jet cohesion)을 유지하기 위한 최소 속도

제트의 정밀도(jet precision)는 제트의 직진성(straightness)을 나타낸다. 제트가 일부 진동 또는 파동적 운동과 함께 형성되면 침투깊이는 감소한다. 이는 라이너의 품질과 최초 기폭위치의 정확도와 함수관계가 있다. 추가로 성형작약 탄두의 성능은 탄두가 회전할 때 감소되는데 성능저하는 초당 10회전부터 시작된다.

이러한 성능저하는 제트의 각속도가 물질의 항복강도(yield strength)를 초과하는 원심력을 발생시켜 제트를 찢어 놓을 때 발생한다. 따라서 회전을 통해 안정화되는 사출탄(spin-stabilized projectile)은 세로로 홈이 새겨진 라이너(fluted liner)를 사용하거나 탄두 제작 시 금속가공학적(metallurgical) 스핀 보상 기술을 사용하여 제트에 스핀 보상이 이루어지지 않는 한 성형작약 탄두로 사용되지 않는다.

성형작약 페이로드의 성능은 탄두의 부딪침 속도와 무관하다. 실제로 탄두의 부딪침 속도는 페이로드의 기폭이 최적 이격거리(standoff distance)에서 발생되도록 고려된다. 그러면 제트는 효과적으로 표적을 관통할 수 있다.

탱크가 성형작약의 제트에 의해 관통되었을 때 탱크 내에서 발생하는 작용에 관한 다양한 이론이 제시되었다. 시험에서 무게가 15 파운드이거나 그 이하인 성형작약 탄두의 경우 탱크 내부에 감지할 수 있을 정도의 폭풍효과, 압력상승, 온도상승이 없음을 확인하였다. 제트는 장갑판으로부터 빠져 나올 때 콘 형태의 스프레이(spray)로 퍼지지 않는다. 피해는 대부분 제트 및 장갑판의 뒷면에서 떨어져 나온 물질의 작용으로 발생한다.

제트가 충분한 에너지로 장갑판을 관통했다면 제트는 원래의 경로를 따라 진행하여 탄약, 연료 등에 화재를 발생시키거나 운용자를 사망에 이르게 할 것이다.

손상은 실제로 제트를 구성하는 라이너 금속의 작고 고온이며 고속의 파편에 의해 생성된다. 이탈하는 표적장갑과 성형작약 제트가 합류하는 물질의 작용을 스폴링(spalling)이라 한다. 스폴링의 정도는 페이로드 내의 폭약 양과 표적 장갑특성의 함수이다.

특수목적 탄두

폭풍, 파편, 성형작약, 연결봉 외에 표적을 공격하는 다른 유형의 탄두가 있는데 여러 유형의 페이로드들이 특정 기능을 수행하기 위해 보다 전문화되어 있다. 다음에서 이중 몇몇을 소개하고자 한다.

철갑(Amor Piercing) 탄두

탱크 장갑의 광범위하고 혁신적인 발전으로 성형작약 탄두의 직경은 증가되었고, 다른 유형의 탄두가 개발되었는데 이중 가장 많이 사용되는 탄두에는 운동에너지 관통자(kinetic energy penetrator)와 "plastic amor defeat charge"가 있다.

운동에너지 탄두는 초고속으로 진행하는 매우 무겁고 견고한 "metal-core penetrator"를 사용한다. 이 관통자는 핀으로 안정화되고 발사 시 포신에 맞게 탄의 크기를 증가시키기 위해 탄저판(sabot)을 이용한다. 따라서 이 관통자에 의해 장갑판은 연성파괴(ductile failure), 소성유체 실패(plastic flow

그림 18-19 120미리 운동에너지 대전차탄(antitank projectile)

failure) 또는 쿠키 모양을 찍는 데 쓰는 모형을 사용할 때 일어나는 전단변형(shearing)에 의해 파괴된다. 이 탄두는 관통자 끝 형상이 파괴 메커니즘의 결정적 요소이다. 이 탄두를 가지는 탄은 날개안정분리철갑탄(APFSDS; amor-peircing, fin-stabilized, discarding-sabot)이라고도 한다.

고폭약, 소성 파괴 메커니즘(plastic defeat mechanism)은 장갑면에 큰 방울 또는 원뿔 모양의 가소성폭약(plastic explosive)을 효과적으로 배치하기 위해 충격을 받으면 변형이 발생하는 가소성폭약 충전재(high-explosive plastic filler)를 사용한다. 기저에 위치한 기폭관(base detonator)의 기폭 타이밍이 최대 효과를 얻기 위해 매우 중요하다.

기화폭탄(FAE ; Fuel-Air-Explosive)

기화폭탄(연료기화탄)은 에틸렌 등과 같은 가연성 연료를 에어로졸 구름상태로 공기와 혼합한 후 점화시켜 폭발을 일으킨다. 빠르게 팽창하는 과도압력 파(overpressure wave)는 폭발중심 부근에 인접한 모든 물체를 납작하게 만든다. 이것이 기화폭탄과 화학적 고폭탄과 중요한 차이점이다.

화학적 폭발은 폭발에 의한 높은 폭풍 과도압력이 상대적으로 짧은 시간동안 나타나는 반면 기화폭탄의 폭풍 과도압력(blast overpressure)은 낮고 지속시간이 훨씬 길다. 따라서 보다 강한 폭풍 충격파(blast impulse)를 생성한다. 기화폭탄은 증기구름(vapor cloud)의 군사적 응용으로, 다양한 산업현장을 괴롭혀 왔던 분진폭발 사고(dust explosion accident)와 유사하며 폭풍에 취약한 표적에 매우 효과적이다.

열탄두(Thermal warhead)

열탄두의 목적은 화재를 일으키는데 있다. 열탄두의 페이로드는 통제가 불가능한 2차 화재로 진행시키기 위해 화학에너지를 사용하거나 2차 화재 외에 직적접인 열적 파괴를 유발하기 위해 핵에너지를 이용한다. 화학 유형의 열 페이로드는 소이(incendiary) 또는 방화(fire) 페이로드라 불린다. 다수의 지역 표적들을 폭풍이나 파편보다는 방화에 의해 보다 효과적으로 공격할 수 있다.

네이팜(napalm)과 같은 소이 물질은 극도로 연소하기 쉬운 젤(jel)상태로 만들기 위해 단순히 재래식 연료(가솔린 또는 JP-5 제트 연료)에 이를 걸쭉하게 만드는 물질을 혼합하여 만든다.

다른 유형의 열탄두는 금속을 혼합하여 만드는데, 예를 들어 테르밋(thermite)은 금속 알루미늄과 산화철의 혼합물로 연소하면 융해된 철을 생성한다. 테르밋은 융해된 철의 조각들을 전개시켜 차례로 2차 화재를 발생시킨다.

이 탄두는 충돌 점 주변지역을 연소시켜 병력뿐만 아니라 지피 식물(ground cover)을 제거할 수 있는 효과적인 방법으로 사용된다. 일반적으로 소이 탄두는 전개되었을 때 표면에 잘 들러붙는 가연성이 높은 물질을 내포한다.

생화학 탄두(Biological and Chemical Warhead)

생물학 탄두는 질병 또는 사망을 유발시키기 위해 세균 또는 다른 생물학적 작용제(agent)를 사용하며 시설 또는 물질의 손상 없이 생명을 파괴할 수 있기 때문에 극도의 전략적 중요성을 가진다. 급수에 독을 넣는 행위는 아마 적의 인적 파괴를 위한 가장 단순한 방법일 것이다. 이를 이용하면 화기, 유도탄 발사소와 같은 적의 전쟁수행 능력이 공격요원만 처리된 채 손상 없는 상태로 남게 된다.

생물학 작용제는 적 살상보다는 일시적인 무력화를 위해 선택될 수 있어 적 설비를 상대적으로 쉽게 포획하도록 제작할 수 있다. 생물학 페이로드 내에 포함된 소량의 폭약 충전물은 생물학 작용제의 효과적인 초기 분산에 사용된다.

화학 탄두 페이로드는 유독성 물질을 방출하여 인명살상을 발생시킨다. 이 탄두의 페이로드는 두 개의 불활성 부분으로 나뉘어 저장되다가 적절한 시기에 신관이 동작하면 치명적 페이로드를 형성하기 위해 결합된다. 이 주제는 19장에서 보다 자세히 살펴보고자 한다.

방사능 탄두(Radiation Warhead)

모든 핵무기는 방사능을 방출한다. 그러나 강화된 방사능 무기는 이 효과를 극대화하도록 설계된다. 이 주제 또한 19장에서 자세히 살펴보고자 한다.

파이로기술 탄두(Pyrotechnic Warhead)

파이로기술(pyrotechnic)은 대표적으로 신호, 조명, 표적표시(marking)에 사용된다. 가장 단순한 형태는 손에 쥘 수 있는 장치이며 보다 정교한 탄두의 페이로드에는 다음과 같은 것들이 있다.

1. 조명(illumination) - 이 탄두는 일반적으로 섬광 또는 마그네슘 촉광자(magnesium candle)를 페이로드에 포함하며 소량의 충전화약에 의해 방출되어 지상으로 낙하산에 의해 하강된다. 하강되는 동안 화염이 발화된다.

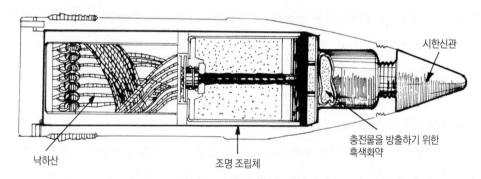

시한신관

충전물을 방출하기 위한
흑색화약

낙하산

조명 조립체

그림 18-20 대표적인 조명 (사출)탄

조명 탄두는 야간공격 동안 적 요새를 밝히는 데 매우 유용하다. 조명 탄두는 지상표적 및 잠수함에 대한 공격을 돕기 위해 항공기 조명탄 및 조명 로켓(flare rocket)으로 사용된다. 이러한 조명탄들은 사고로 점화되면 소화하기 어렵기 때문에 취급 시 최대한 주의가 요구된다. 그림 18-20은 대표적인 조명 사출탄(projectile)을 나타낸다.

2. 연막(smoke) – 이 탄두는 주로 병력이동을 차폐하기 위해 사용되며 전장에서 전술적으로 매우 중요한 역할을 한다. 흑색화약 충전물이 점화되어 흰색, 황색, 적색, 녹색, 보라색 연막을 방출하도록 설계된 케니스터(canister)를 방출시킨다.

3. 표적표시(marker) – 일반적으로 흰색 인광체(phosphorus)가 적의 위치를 표시하기 위해 페이로드로 사용된다. 특히 높은 농도를 가질 시 극도로 위험하다. 이 물질은 공기 중에서 자체 발화될 수 있으며 물로 소화되지 않고 이후에 공기에 노출 시 다시 발화한다. 신체접촉은 심각한 화상을 유발할 수 있다. 황산구리(copper sulphate)가 재발화를 방지하기 위해 사용된다.

견고 표적 침투탄두(Hard Target Penetrator)

깊게 매장된 지하 표적이나 두꺼운 층의 콘크리트로 보호된 표적에 대해서는 견고 표적 침투탄두가 사용된다. 이 탄두는 운동량을 얻어 표적 내로 깊게 침투하기 위해 밀도가 높은 금속으로 용기를 만들거나 밀도가 높은 금속 밸러스트(ballast)를 사용한다.

이 탄두는 가속도계-기반 전자기신관(accelerometer-based electronic fuze)을 사용하여 보호층의 침투거리나 시간을 계산하여 기폭 점(detonation point)을 제어한다. 가속도계는 표적을 관통할 때 감속에 의해 탄두에 가해지는 중력부하(g-load)를 감지한다. 신관은 지표, 콘크리트, 바위, 공기 등을 구분할 수 있다. 이 탄두는 20 ft 이상의 강화 콘크리트를 관통할 수 있으며 100 ft 이상의 지표를 관통할 수 있다.

대인탄두(Anti-Personnel Warhead)

이 탄두는 인명을 살상하거나 물질을 기능을 수행할 수 없을 만큼 파괴하도록 설계된다. 야전포를 사용하는 전투에서 사용되는 화살촉탄(flechette)나 비하이브(beehive) 탄이 대인탄두의 예이다. 이 사출탄의 페이로드는 핀으로 안정화된 다트(fin-stabilized dart) 형태의 8,000 개의 강철-철사(steel-wire)를 포함한다. 기폭 시 다트 또는 화살촉은 일반적으로 기폭 점으로부터 60 ft 이내로 방사상으로 퍼져 나간다. 개활지나 밀집된 숲에서 대인공격에 효과적이다.

채프탄두(Chaff Warhead)

채프는 적의 무기를 기만하거나 적 레이더를 눈멀게 하기 위해 사용된다. 페이로드는 일반적으로 기만하려는 RF 에너지 파장에 따라 적절한 길이로 잘려진 금속이 코팅된 섬유유리(fiber glass) 조각으로 구성된다. 채프는 사출탄 및 로켓 등의 다양한 탄두에 의해 운반된다.

클러스터 폭탄(CBU; Cluster Bomb Unit)

이 폭탄은 공중에서 투하되는 무기로 대인, 장갑차량, 함정과 같은 다양한 표적에 사용하기 위해 그림 18-21과 같이 수백 개의 작은 소형폭탄(bomblet)을 내포하는 케니스터이다. 일단 공중에서 개방되면 소형폭탄이 넓은 형태로 퍼진다. 이 탄두의 장점은 투하 시 보다 큰 오차 허용범위를 가지도록 넓은 영역을 사정(coverage)에 두는 것이다.

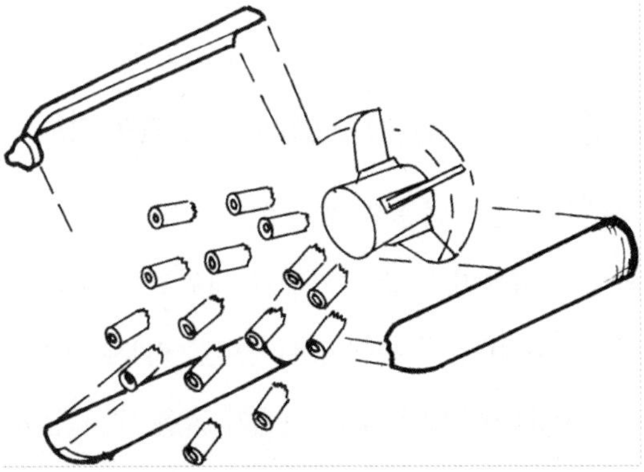

그림 18-21 클러스터 폭탄의 분리

대인용 다트(antipersonnel dart), 지뢰, 대전차용 성형작약 탄두, 발전설비 파괴를 위한 "carbon graphite filament"와 같은 다양한 페이로드를 가지는 여러 유형의 특수목적 소형폭탄이 있다.

심리 탄두(Psychological Warhead)

이 유형의 탄두는 치명적이거나 파괴적인 작용제를 운반하지 않으며 대신 실제 손상보다는 심리적 영향을 줄 수 있는 물질을 운반하도록 설계된다. 심리전을 위한 전단(propaganda leaflet), 위험해 보이는 이상한 물체, 불활성이거나 더미(dummy) 탄두 등이 이 심리 탄두의 페이로드로 사용된다. 그림 18-22는 전단폭탄을 나타낸다.

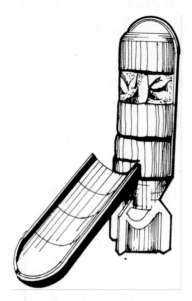

그림 18-22 전단폭탄(leaflet bomb)

수중 탄두(Underwater Warhead)

수중폭발 메커니즘은 공기보다 밀도가 높은 매질과 관련된 흥미 있는 현상들을 제공한다. 수중폭발이 발생하면 고압의 기체로 채워진 동공(cavity)이 생성되며 이 동공은 외부 정수압(hydrostatic pressure) 반하여 물을 방사상으로 외부로 밀어낸다.

폭발순간에 일정 양의 기체가 고온 및 고압에서 순간적으로 생성되어 기포(bubble)를 생성한다. 이에 추가하여 폭발 시 발생하는 열은 일정 양의 해수를 증발시켜 기포의 체적에 더하여 진다. 이 작용은 즉각적으로 폭풍파면(blast front)과 접하고 있는 해수에 바깥 방향으로 힘을 생성하기 시작한다. 가지고 있던 압력에 의한 기포의 위치에너지가 점진적으로 운동에너지로 해수에 전달된다.

해수의 관성(inertia)에 의해 기포는 자신의 내부압력이 해수의 외부압력과 같아지는 점을 초과한다. 그러면 기포는 기체가 희박하게 되어 기포의 방사상 운동이 중지된다. 이때 해수에 의한 외부압력이 기체가 희박해진 기포를 압축한다. 다시 평행상태를 지나치며 이 과정에서 에너지 손실이 없다고 가정하면 기포는 폭발 순간과 동일한 압력 및 체적에서 정지된다. 허나 실제로는 에너지가 음향 및 열복사로 손실된다.

그러면 기체가 압축된 기포는 다시 팽창하고 이 사이클이 반복되어, 팽창과 수축을 반복하는 기포가 팽창 시 충격파(shock wave)를 생성하며 수면으로 부상한다. 기포 에너지의 약 90%가 첫 번째 팽창과 수축 후에 발산된다. 이 현상은 수중폭발(underwater explosion)이 다른 폭발과 달리 폭발이후 어떤 현상이 발생하는지 잘 설명해 준다. 팽창과 수축의 시간간격은 초기폭발 강도에 따라 변화한다. 수중폭발에 의해 형성된 기포의 빠른 팽창은 충격파를 생성하여 전 방향으로 해수를 통해 전달된다. 수중에서의 충격파는 세부적으로는 차이가 있지만 일반적으로 공기 중에서의 충격파와 유사하다.

공기 중과 마찬가지로 충격파면(shock front)에 과도압력(overpressure)의 급격한 증가가 발생하나 해수에서는 최대 과도압력이 공기 중에서와 같이 거리에 따라 빠르게 감소하지는 않는다. 따라서 동일 폭발 시 동일거리에서 해수에서의 최댓값이 훨씬 크다.

해수에서의 음파속도가 약 초당 1마일로 공기 중의 속도에 5배에 해당한다. 따라서 충격파의 지속시간은 공기 중보다 짧다.

상부 및 하부경계에 바로 밀접한 근처에서 즉 해수 및 해저면 근처에서 진행하는 충격파는 반사와 굴절에 의해 복잡한 충격파 패턴을 생성한다. 또한 초기 기포 팽창에 의해 생성된 초기 충격파에 추가하여 반복되는 기포 팽창 및 수축에 의해 주기성 충격파가 생성된다. 이러한 주기적 충격파는 초기 충격파에 비해 진폭이 작고 긴 지속시간을 가진다.

최대압력은 1,550 m/s의 속력으로 폭발중심에서 외부로 팽창하여 약 1,450 m/s까지 느려진다. 압력은 탄두 크기와 거리의 함수로 아래의 식을 이용하여 구할 수 있다.

$$P_{\max} = 53.1 \left(\frac{W^{1/3}}{r} \right)^{1.13} \tag{18-20}$$

여기서, $P_{\max}$ = 최대압력 (MPa)

W = TNT 탄두 중량 (kg)

r = 폭발 중심으로부터 거리 (m)

수중폭발의 흥미로운 또 다른 현상은 표면차단(surface cutoff)이다. 표면에서 수중을 진행하던 충격파가 해수면과 같이 밀도가 작은 매질을 만나면 반사파가 해수로 되돌아가며 이것이 흡입파(suction wave)이다.

해수면 바로 아래 위치에서 반사된 흡입파와 직접 입사파가 결합하여 수중 충격파 압력(water shock pressure)이 급격하게 감소되는데 이 현상을 표면차단(surface cutoff)이라 한다. 그림 18-23은 해수면으로부터 그리 멀지 않는 수중의 특정 점에서 폭발이 일어난 후 시간에 따른 충격파의 과도압력의 변화를 나타낸다.

충격파가 폭발중심으로부터 주어진 위치까지 진행하기까지의 짧은 시간이 경과된 후 충격파면의 도착으로 과도압력이 갑자기 증가한다. 그리고 일정시간 동안 공기에서와 같이 압력이 일정하게 감소한다.

바로 이후에 해수면으로부터 반사된 흡입파의 도착은 압력을 해수의 일반적인 정수압 이하로 빠르게 떨어지게 한다. 이와 같은 음의 압력국면은 짧은 시간 동안 지속되어 표적에 가해지는 손상정도를 감소시킨다.

수중의 특정 위치(표적 위치)에서 직접 충격파의 도착과 반사파가 도달하였음을 알리는 신호인 차단(cutoff) 사이의 시간간격은 폭발심도, 표적심도, 폭발 점으로부터 표적까지의 거리에 의존한

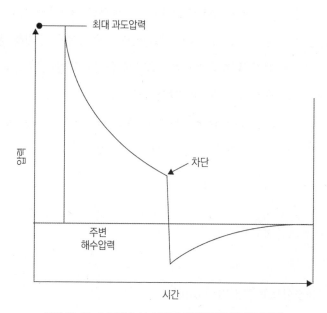

그림 18-23 수중폭발 시 시간과 압력의 관계(표면 근처)

다. 일반적으로 심도조정 폭탄(depth bomb)은 표적심도 또는 표적심도 아래에서 기폭되며, 해면 근처의 표적이 손상에 덜 취약하다.

수중 충격파에 노출된 표적은 공기 중에서와 같이 회절 및 항력로딩의 영향을 받는다. 충격파가 짧은 시간동안 지속되기 때문에 매우 작은 병진운동(translation)이 발생하고 운동 중인 물체는 주변 해수의 항력에 의해 빠르게 정지상태가 된다.

내부 장비고장과 미사일 위험(missile hazard)에 의한 상당한 피해가 발생한다. 예를 들면 공기 중에서 배 안으로 물건이 던져진 것과 같다. 효과를 극대화하기 위해 수중탄두는 폭발에 의해 생성되는 기포와 표적 외피(hull)와의 상호작용을 이용한다. 이 상호작용은 해수면에 위치한 표적과 수중에 위치한 표적에 대한 두 가지 상황으로 구분할 수 있다.

탄두가 수상함의 하부에 근접한 위치에서 기폭되면 그림 18-24와 같이 기포가 초기에 함정의 중앙부를 위로 들어올린다. 이는 함정의 용골을 약화시킨다. 기포가 최대 최적에 도달한 후 주변 해수압력으로 인해 수축된다.

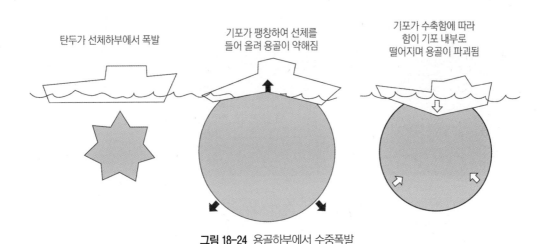

탄두가 선체하부에서 폭발　　기포가 팽창하여 선체를 들어 올려 용골이 약해짐　　기포가 수축함에 따라 함이 기포 내부로 떨어지며 용골이 파괴됨

그림 18-24 용골하부에서 수중폭발

그러면 함정은 기포로 떨어지기 시작하는데 여전히 함정의 양 끝단은 기포에 의해 지지된다. 그러면 함정 자체무게에 의해 용골이 파괴된다. 기포의 압축에 의해 온도가 상승되며 기체는 수차례 진동한다. 함정은 첫 번째 진동(팽창과 수축)에서 생존하였더라도 뒤따르는 진동에 의해 파괴된다.

탄두가 수중표적에 대해 기폭되었을 경우에는 보다 큰 주변압력과 주변해수의 부력이 이 기술의 사용을 어렵게 한다. 그러나 기포와 수중표적 선체와의 상화작용을 통해 심각한 피해를 유발하여 잠수함의 선체를 파괴할 수도 있다.

　이 과정은 표적에 근접하여 폭발이 발생하면 기포가 선체에 도달하여 달라붙는다. 이 위치에서 기포는 잠수함 선체에 주기적인 스트레스를 가해 선체를 약화시키거나 파괴한다. 만일 잠수함의 압력선체(pressure hull)가 견고하게 제작되지 않았으면 잠수함은 살아남기 어렵게 된다. 이 과정이 그림 18-25에 잘 나타나 있다.

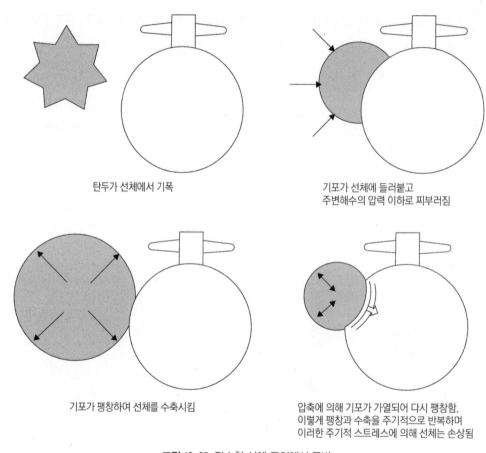

탄두가 선체에서 기폭	기포가 선체에 들러붙고 주변해수의 압력 이하로 찌부러짐
기포가 팽창하여 선체를 수축시킴	압축에 의해 기포가 가열되어 다시 팽창함. 이렇게 팽창과 수축을 주기적으로 반복하며 이러한 주기적 스트레스에 의해 선체는 손상됨

그림 18-25 잠수함 선체 근처에서 폭발

기뢰탄두(Mine Warhead)

기뢰 탄두는 수상함 또는 잠수함 표적에 손상을 가하기 위해 앞에서 설명한 수중폭발(underwater blast) 원리를 사용하는 탄두이다. 전달되는 손상 에너지는 초기 충격파(initial shockwave)와 팽창 기포(expanding gas bubble)로 거의 동등하게 나누어진다. 만일 기포가 표적 사이로 팽창하면 불균등한 지지력을 받게 되어 둘로 쪼개어 진다.

　기폭심도가 증가할수록, 특히 180 ft(55m)를 초과하면 손상을 유발하는 기포효과는 크게 감소한다. 따라서 해저기뢰(bottom mine)는 180~210 ft(55m ~ 64m)를 초과하는 수심에서는 좀처럼 사용되지 않는다.

어뢰탄두(Torpedo Warhead)

어뢰탄두는 수상함 및 잠수함에 손상을 줄 수 있어야 한다. 스크루(screw) 상에 호밍하여 함정의 기동성을 상실하게 할 수 있으며 선체 중앙의 용골 하부에서 기폭하여 앞의 기뢰에서 설명한 심각한 기포손상을 유발할 수 있다. 이때 수심이 300 ft(91.4m) 이내이면 반사되는 충격파가 실재적으로 손상을 증가시킬 수 있다.

　실제 수상함 및 잠수함 선체를 공격하는 어뢰는 이중선체(double hull/void) 구조를 극복해야 한다. 특히 선체가 두꺼워 심해 잠항이 가능한 잠수함에는 고도의 전문화된 탄두가 필요하다.

19 | 대량살상 무기

소개

화학, 생물학, 방사능 무기(종종 NBC 즉 핵, 생물학, 화학 무기라 불림)는 대규모 파괴와 다수의 인명피해가 가능하여 이를 한데 묶어 대량살상 무기(WMD ; Weapons of Mass Destruction)라 한다. 현대와 같은 불확실한 세계에서 대량살상 무기는 모든 국가에 심각한 위협이 된다. 이러한 위협은 자신의 의사를 관철하는 수단으로 대량살상 무기를 구하는 국가 및 테러집단 모두에 존재한다.

이 장에서는 대량살상 무기에 대한 세부적인 내용을 다루기보다는 대량살상 무기에 대한 기초적인 이해와 이 무기가 가지는 파멸적 능력에 대해 살펴볼 것이다.

핵무기(Nuclear Weapon)

초강대국 간의 핵 보복 위협이 사려졌다하더라도, 지속적인 핵관련 기술의 확산과 깡패국가 또는 테러조직이 핵무기를 획득할 수 있는 기회의 증가로 국지적 핵 보복 가능성은 증가되고 있다. 가용한 모든 핵무기를 사용하는 대규모 핵전은 관련 국가의 완전한 파괴로 귀결되지만, 재래식 무기와 함께 제한된 시간에 제한된 수량의 핵무기만을 사용하는 소규모의 핵전 또한 가능하다.

소규모 핵전 상황 하에서 효과적인 군사작전의 지속을 위해서는 핵무기 효과에 대한 장교들의 기본적 이해가 반드시 요구된다.

동작 원리

핵탄두(nuclear warhead)는 반응개시 형태에 따라 핵분열 및 핵융합 탄두로 분류된다. 이 둘 모두는 원자핵의 형태변화와 관련된 동일한 기본원리가 적용되나 원자핵의 형태가 변화하는 방식이 근본적으로 다르다.

핵융합은 하나 또는 그 이상의 가벼운 원자핵이 보다 무거운 원자핵으로 결합하는 반면, 핵분열은 무거운 원자핵이 둘 또는 그 이상의 가벼운 원자핵으로 나누어진다. 두 경우 모두 평화나 파괴 목적의 상당량의 핵에너지가 방출된다.

원자핵(nucleus)은 핵자(양성자와 중성자)로 구성되며 핵자(nucleon) 사이에는 인력인 강한 핵력이 작용한다. 원자핵의 형태를 변화시키는 것은 일반적으로 원자핵의 결합에너지를 변화시키는 것이다.

결합에너지(BE ; Binding Energy)란 원자핵을 양성자와 중성자로 분리하는 데 필요한 에너지, 역으로 양성자와 중성자가 결합하여 원자(핵)를 이룰 때 방출되는 에너지이다. 결합에너지가 증가하면 원자핵 내에 저장되는 에너지는 감소되며 여분의 에너지는 원자핵으로부터 방출된다.

이 힘들은 분자 결합을 위해 원자의 최외각 껍질에서 작용하는 일반적인 전자기력 보다 10에 수승배 이상 크다. 따라서 핵결합 에너지(nuclear binding energy)가 분자결합 에너지(molecular binding energy) 보다 매우 크다.

예를 들어, 헬륨 원자에서 두개의 전자 중 하나를 떼어 내는 데 약 24 eV(전자볼트)가 필요하며 나머지 하나를 떼어 내는 데는 약 54 eV가 필요하다. 따라서 두개의 전자 모두를 떼어 내는 데는 총 78 eV가 필요하다. 이와 대비하여 헬륨 원자핵 내의 두개의 양성자와 두개의 중성자를 각기 떼어내는 데는 약 28 MeV가 필요하다.

따라서 헬륨의 핵결합 에너지는 분자결합 에너지보다 3.6×10^5 정도 크다. 핵결합 에너지가 매우 크기 때문에 핵반응 시 방출되는 에너지 또한 매우 크다. 따라서 동일한 양이 사용되었을 경우 핵폭발이 재래식 폭약보다 훨씬 강력하다.

핵분열 대 융합

핵자 수가 늘어남에 따라 핵결합 에너지가 증가하나 일정 수를 초과하면 원자핵 크기의 증가에 따라 핵자 사이의 인력이 감소하기 시작한다. 그림 19-9는 원자핵 크기증가에 따라 핵자당 결합에너지의 변화를 보여준다.

핵자당 결합에너지는 핵자의 개수가 약 56개인 원소 철(Fe)에서 최대가 된다. 원자번호가 56이하인 원소는 이론적으로 에너지를 방출을 위한 융합반응에 활용이 가능하나 실질적으로는 중수소(^2_1H)와 삼중수소(^3_1H)만이 군사적 용도의 융합반응을 위해 사용된다.

분열의 경우 원자번호가 매우 높을 때 가장 강력하게 발생한다. 매우 큰 원자핵의 경우 이 반응

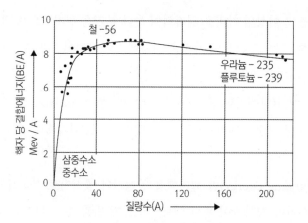

그림 19-1 핵자 당 결합에너지(BE/A) 곡선

은 규칙성을 가지고 자발적으로 일어난다. 핵자당 결합에너지가 최대가 되는 분열되기 전의 원자핵에 근접할수록 이 과정의 반복적인 일어남은 줄어든다.

핵분열 탄두에 가장 많이 사용되는 연료는 ^{235}U 과 ^{239}Pu 이다. 일반적으로 ^{235}U 가 분열할 때 약 210 MeV의 에너지를 방출하는데 원자핵이 두 분분으로 동일하게 약 118개의 핵자를 가지는 두 부분으로 쪼개진다고 가정하여 이를 예측할 수 있다.

핵분열 이전 ^{235}U 원자핵은 핵자 당 약 7.5 MeV 또는 총 1,763 MeV의 에너지로 결합되어 있다. 쪼개진 이후 두 부분은 약 8.5 MeV의 핵자당 에너지 또는 2,000 MeV의 총에너지를 가진다. 이둘 간의 차이인 237 MeV가 반응 중에 방출된다.

그러나 단일 융합반응은 실질적으로 분열반응보다 적은 에너지를 생성한다. 삼중수소(한 개의 양성자와 두개의 중성자로 구성)와 중수소 원자핵(한 개의 양성자와 중성자로 구성)이 융합되어 아래의 식과 같이 하나의 헬륨($^{4}_{2}He$) 원자핵, 여분의 중성자($^{1}_{0}n$), 에너지를 생성한다.

$$^{2}_{1}H + {}^{3}_{1}H \rightarrow {}^{4}_{2}He + {}^{1}_{0}n + 18\,MeV \tag{19-1}$$

이 경우 방출되는 에너지 18 MeV는 반응 이전과 이후의 결합에너지 차에 해당한다.

$$결합에너지(반응전) = -2\,MeV(중수소) + -8\,MeV(삼중수소)$$

$$결합에너지(반응후) = -28\,MeV(헬륨)$$

따라서

$$\text{방출되는 에너지} = -10\,MeV - (-28\,MeV) = +18\,MeV \tag{19-2}$$

1 kg의 중수소-삼중수소 혼합물 내의 모든 원자핵이 핵융합반응을 하면 약 3.5×10^{14} 주울(J)의 에너지가 방출될 것이다.

$$(1{,}000\,g\,\text{중수소} - \text{삼중수소}) \times \left(\frac{1\,mol}{5\,g}\right) \times \left(\frac{6.02 \times 10^{23}\,\text{원자핵}}{1\,mol}\right)$$
$$\times \left(\frac{1.8 \times 10^{7}\,eV}{\text{원자핵}}\right) \times \left(\frac{1.6 \times 10^{-19}\,J}{1\,eV}\right) = 3.5 \times 10^{14}\,J \tag{19-3}$$

동일한 무게의 TNT가 방출하는 에너지가 $4.680 \times 10^{6}\,J$ 이므로 1 kg의 중수소-삼중수소 혼합물은 TNT 대비 약 75억 배의 세기지수를 가진다.

$$\text{세기지수}(PI) = \left(\frac{3.5 \times 10^{14}\,J}{4.680 \times 10^{6}\,J}\right) \times 100 = 7.5 \times 10^{9}\% \tag{19-4}$$

실질적으로 핵융합이 핵분열보다 원자반응(atomic reaction) 당 방출되는 에너지가 작지만 분열에 사용되는 물질보다 융합에 사용되는 물질의 동일 무게에 원자의 수가 많아 매우 큰 폭발을 일으킬 수 있다.

분열탄두(Fission Warhead)

원자폭탄 개발을 위한 초기 설계와 연구를 통해 극한의 신뢰성과 신속성(완전한 반응이 1마이크로 초안에 발생)을 가지고 분열반응을 일어나게 할 수 있는 조건이 만들어졌다. ^{238}U 와 ^{239}Pu 같은 자연적으로 존재하는 동위원소는 자발적으로 분열하며 자연적으로 보다 작은 원자핵으로 붕괴되어지는 것으로 알려져 있다.

자연적 붕괴과정의 느린 반응속도(reaction rate)는 자연적으로 존재하는 우라늄에 ^{235}U 동위원소(isotope)의 양을 증가시켜, 물질에 부가적인 중성자를 이입함으로써 증가될 수 있다. 자연 상태 우라늄 약 0.7%의 ^{235}U 만을 함유하며 나머지는 매우 안정한 동위원소 ^{238}U 이다.

평균적으로 ^{235}U 의 분열반응은 2.54개의 중성자를 생성하며 그림 19-2와 같이 이 중성자가 분열성 물질 내에서 추가적 분열반응을 일으킨다. 중성자 생성에서 추가적 중성자 생성까지의 시간을 중성자 수명주기(neutron life cycle)라 하며, 이러한 분열들을 연쇄반응(chain reaction)이라 한다.

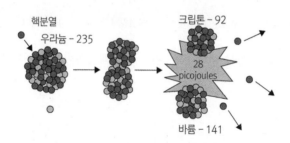

그림 19-2 ^{235}U 의 일반적인 분열과정

초임계질량(supercritical mass) 이전 과정보다 이후 과정에서 보다 많은 중성자 생성이 가능하게 분열물질이 충분히 크고 밀도가 높을 경우 초임계 연쇄반응(supercritical chain reaction)이 생성되며, 중성자 수와 이후 분열이 기하급수적으로 증가한다. 초임계 연쇄반응은 핵분열 무기의 기초 원리이다.

임계질량(critical mass) 연쇄반응을 통해 일정수의 중성자가 생성되며 이는 원자력 발전소로부터 전력 생성의 기초가 된다.

임계이하질량(sub-critical mass) 분열과정에서 생성되는 중성자의 수가 이전 과정보다 이후 과정에서 감소한다.

핵분열 탄두의 기폭은 분열물질에서 초임계 연쇄반응을 유발하여 전체 질량이 소진되거나 연료 교체, 분열과정이 중지될 때까지 분열을 지속 증가시키는 데 필요한 조건의 생성으로 개시된다. 이는 연료로 선택된 분열물질의 종류, 분열물질의 형태 및 밀도와 같은 무기 구성부의 물리적 배치와 물질의 온도와 압력에 의존한다.

개시(kick-start) 반응을 위해서는 일반적으로 원하는 시기에 초임계적 연쇄반응을 시작하기 위해 중성자가 무기 내로 주입된다. 반응은 제어불가능하며 1×10^{-8}초 내로 급격하게 진행되어 그 결과로 막대한 양의 에너지가 믿기 어려울 정도의 열, 방사(radiation)와 엄청난 파괴력을 지닌 압력 충격파(pressure shock wave)로 방출된다. 무기의 조기폭발을 방지하기 위해 분열물질은 기폭이 개시되기까지 임계이하질량 상태로 유지된다.

포탄형태 탄두(Gun Design Warhead)

그림 19-3과 같은 단순한 포탄형태 탄두가 최초 핵무기 설계에 반영되었다. 자발적 분열에 의한 의도치 않은 기폭을 방직하기 위해 두개의 임계이하질량으로 분리된 ^{235}U가 기폭 개시와 함께 신속하게 밀도가 높은 초임계질량 상태가 되며 이와 동시에 새롭게 형성된 초임계질량 내로 중성자가 주입된다. 히로시마에 사용된 "리틀 보이(Little Boy)"의 위력은 TNT 약 15킬로톤(kT)에 해당한다.

이 형태의 핵무기 효율은 매우 낮다. 비록 두개의 반구형태의 분열물질이 합쳐져 초임계질량을 형성하지만 기폭이 시작된 직후 장치는 팽창한다. 분열물질이 떨어져 나가기 때문에 밀도가 임계이하질량 상태가 되어 연쇄반응은 중단되므로 효율은 낮아지고 분열물질의 낭비가 발생한다. 또한 잔여 분열물질은 방사성 물질로 인류에게 추가적인 위험이 된다.

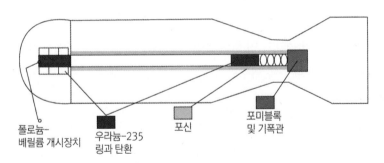

풀로늄-베릴륨 개시장치   우라늄-235 링과 탄환   포신   포미블록 및 기폭관

그림 19-3 포탄형태 핵분열 탄두 리틀 보이(Little Boy)

내폭형 탄두(Implosion Warhead)

포탄형태 핵탄두에는 두 가지 문제점이 있는데 이는 과도한 중성자 누출과 연쇄반응의 너무 이른 종료이다. 중성자 누출이란 중성자가 연료와 반응치 않고 연료물질을 빠져나가는 것이다. 과도한 중성자 누출은 전체 중성자 밀도를 감소시켜 연쇄반응의 증가율을 낮춘다. 탄두를 중성자 반사기(reflector)로 감싸거나 반사재(tamper)를 이용하여 중성자 누출을 줄일 수 있다.

반사재와 반사기란 용어는 상호 바꾸어 쓸 수 있으나 미묘한 차이가 있다. 반사기 물질은 누출되는 중성자를 산란시켜 원래의 분열물질로 되돌아 오도록 도와서 주어진 중성자 효율을 향상시키는 반면, 반사재는 누출된 중성자에 분열을 위한 또 다른 기회를 부여한다. 실제로 반사재는 부가적 목적으로 사용된다.

반사재로는 일반적으로 베릴륨-9 또는 우라늄-238이 쓰이는데, 이 반사재는 팽창하는 분열물질 폭발을 제한함으로써 분열과정이 멈추기 이전까지 보다 충분한 팽창시간을 가지도록 돕는다. 이렇게 분열물질의 팽창률을 감소시킴으로써 반사재는 추가적인 분열이 발생할 수 있도록 하여 탄두의 효율(efficiency)과 수율(yield)을 증가시킨다. 단, 반사재는 주어진 수율을 얻는 데 필요한 분열물질의 질량을 감소시킨다.

두 번째 문제는 "절반의 분열물질"이 나머지 절반의 분열물질과 거리를 두고 있을 때 반응개시가 발생할 가능성이다. 만약 절반의 분열물질이 나머지 절반의 분열물질을 향해 충분히 가속되지 않는다면 조기폭발이 발생하여 "fizzle"이라 불리는 매우 낮은 수율의 폭발(low-yield explosion)이 발생된다.

이 문제를 극복하기 위해 내폭탄두를 설계하여 보다 긴 시간동안 연쇄반응이 지속될 수 있게 하였다. 임계이하 밀도의 분열물질이 구형태의 고폭약(high explosive) 내부에 봉해지며 고폭약이 폭발되면 분열물질이 초임계 밀도로 압축되어 핵폭발이 개시된다.

분열물질이 짧은 시간동안 계속하여 압축되며 무기의 효율이 엄청나게 증가된다. 결국 물질은 핵폭발에 의한 팽창 압력에 때문에 외부로의 힘을 받아 더 이상 초임계질량을 유지할 수 없게 되어 연쇄반응이 종료된다.

그림 19-4의 개량된 형태의 내폭탄두는 포탄형태 탄두와 연계하여 개발되어 "패트 맨(Fat Man)" 폭탄에 채워져 나가사키에 사용되었다. 이 무기는 대략 12kT의 수율(yield)을 가진다.

두꺼운 반사재와 현대 탄두에서 고에너지 폭약의 사용으로 분열물질 양이 과거에 비해 크게 감소되었다.

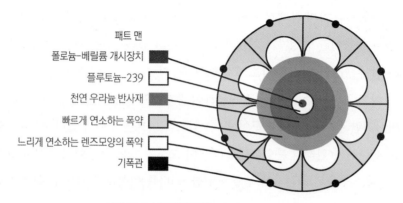

패트 맨

- 폴로늄-베릴륨 개시장치
- 플루토늄-239
- 천연 우라늄 반사재
- 빠르게 연소하는 폭약
- 느리게 연소하는 렌즈모양의 폭약
- 기폭관

그림 19-4 내폭형 탄두(implosion warhead)

융합탄두(Fusion Warhead)

융합탄두는 극도의 신뢰성과 신속성으로 융합반응을 일어나게 하는 조건을 필요로 한다. 원자핵들을 결합시키기 위해서는 태양 내부와 같이 극도로 높은 온도 및/또는 압력을 필요로 하는데, 무기 내에서 이러한 조건을 만들어 융합반응을 개시하기 위해 융합 기폭장치가 사용된다. 따라서 모든 융합 폭탄(fusion bomb)에는 융합 개시장치가 있다. 이장의 후반부에서 다룰 융합반응에서 생성되는 감마선 방출(gamma radiation)은 융합물질에 필요한 에너지를 전달한다.

융합 기폭장치는 상당한 양의 압력과 온도를 생성하여 융합물질 내에서 융합반응을 개시한다. 이때 융합탄두는 압력이 $5 \times 10^{12} N/m^2$ $(7 \times 10^8 \, psi)$, 대기압의 5천만 배 이상까지 증가할 수 있다. 이 압력은 융합물질을 압축하여 단열적으로 가열한다.

융합물질의 온도는 압력증가와 거의 같은 비율로 증가하여 $10^{10} \, K$ 이상까지 상승하는데, 이와 같이 높은 온도에서 원자의 열운동은 융합이 충분히 가능할 정도의 에너지를 가진다. 따라서 이 과정을 *열핵융합*(thermonuclear fusion)이라 한다.

모든 열핵탄두는 "primary" 또는 "트리거(trigger)"라 불리는 분열탄두에 의해 개시된다. 감마선을 집중시켜 2차 융합연료와 상호작용이 일어나도록 양호한 감마선 반사기로 전체 탄두를 감싼다. 매우 무거운 원자들이 반사기로 가장 적합하여, ^{238}U은 우수한 감마선 반사기(reflector)로 사용되며 또한, 주 연료의 반사재(tamper) 역할을 한다. 그림 19-5는 전형적인 융합탄두의 개념도를 나타낸다.

안전

의도치 않는 부주의한 기폭이나 인가되지 않은 인원에 의한 기폭을 방지하는 것은 핵무기 안전에 있어 최우선 사항이다.

핵을 포함한 모든 탄두는 원하지 않는 기폭을 방지할 수 있는 특성을 가진다. 핵탄두는 재래식 고폭약에 의해 반응이 개시되기 때문에 재래식 탄두에 사용되는 것과 같은 다수의 신관(안전장치)을 가지며, 이 장치는 모든 안전조건이 충족될 때까지 탄두의 무장을 방지하는 물리적 및/또는 전기적 잠금장치로 구성된다.

추가로 내폭탄두는 분열물질을 대칭적으로 압축하기 위해 정교한 고폭약 배치를 필요로 하는데, 이 요구조건을 만족하기 위해 신관의 적절한 배치가 무기 설계에 반영되어야 한다. 만일 고폭약의 일부가 신관에서 비대칭적으로 이격되어 있다면 정교한 고폭약 배치를 얻을 수 없어 핵 출력

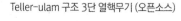

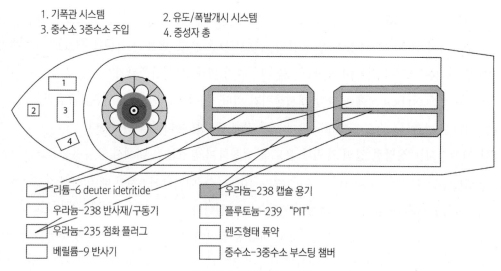

Teller-ulam 구조 3단 열핵무기 (오픈소스)

1. 기폭관 시스템   2. 유도/폭발개시 시스템
3. 중수소 3중수소 주입   4. 중성자 총

리튬-6 deuter idetritide   우라늄-238 캡슐 용기
우라늄-238 반사재/구동기   플루토늄-239 "PIT"
우라늄-235 점화 플러그   렌즈형태 폭약
베릴륨-9 반사기   중수소-3중수소 부스팅 챔버

그림 19-5 융합탄두 디자인

이 생성되지 않을 수도 있다.

인가되지 않은 폭발의 방지는 현재 보유하고 있는 무기의 안전을 보장하고 핵무기의 확산을 방지하는 이중의 목적을 가진다. 핵무기에 취해지는 안전조치는 접근 통제, 무장경계, 저장시설 방호, 방벽설치, 움직임 감지장치 등으로 통상적인 고가치 또는 위험 목표에 취해지는 조치와 일반적으로 차이가 없다.

이러한 안전장치에는 인원보안도 포함되는데, 어떠한 경우에도 개인이 핵무기를 취급해서는 안되며 최소한 둘 이상이 취급하여야 한다.

다른 한편으로 개인, 조직 또는 국가가 핵무기를 개발하는 것을 방지하는 것은 중요 기술통제의 관점에서 매우 어렵다. 핵무기 생산에 필요한 중요 사항을 정리하면 다음과 같다.

- 우라늄 농축 프로그램을 통한 분열물질 생산
- 증식로(breeder reactor) 프로그램을 통한 플루토늄 분열물질 생산 또는
- 핵폭탄-등급 물질(bomb-grade material)의 획득 및
- 강력하고 정교한 내폭을 생성할 수 있는 고폭약 설계
- 중성자원(neutron source) 기술 개발
- 고출력 핵무기 생산에 필요한 고도로 전문화된 기술 획득

핵폭발의 특성

핵폭발은 그림 19-6과 같이 폭풍파(blast wave), 열펄스(thermal pulse), 핵방사(nuclear radiation)의 세 가지 주요 효과를 가진다. 이 세 가지 효과가 대부분의 손상을 유발하기 때문에 핵폭발 효과를 예측하는 데 중요하다. 많은 부가효과가 있지만 전체손상의 정도를 예측하는 데 그리 유용한 것은 아니다.

폭풍파(Blast Wave)

수소폭탄(thermonuclear bomb)은 동일 질량의 재래식 폭탄의 약 7억 배에 해당하는 에너지를 방출한다.

그림 19-6 핵폭발(nuclear explosion)

앞에서 논의하였듯이 재래식 폭약은 자신의 에너지 대부분을 열로 방출하며 연소가스가 팽창하여 탄체파편이 고속으로 외부로 퍼져 나가도록 하고 주변공기를 압축하여 충격파를 생성한다. 핵폭발 또한 자신의 에너지 대부분을 열로 방출하는데, 핵과 재래식 폭발의 차이는 그 크기에 있다.

재래식 폭발 시 연소가스가 팽창하기 직전 온도는 수천 도에 달하는 반면 핵폭발은 가스가 팽창하기 이전에 수백만 도에 이른다. 수천 도의 물체는 가시광선 영역의 에너지를 방사하며 최대방사가 일어나는 파장은 빈의 변위법칙(Wien's displacement law)으로 알 수 있다.

$$\lambda = \frac{2,898 \, \mu K}{T} \tag{19-5}$$

여기서, T = 물체의 절대온도($^\circ$K)

재래식 폭탄의 폭발온도가 $5,000 \, ^\circ K$에 이르면 최대 방사파장은 579.6 ㎚가 되며 이 파장은 빛은 녹황색에 해당한다. 핵폭발에서는 온도가 약 2백만 도에 달하며 최대 방사파장은 X-선에 해당하는 1.4 ㎚가 된다.

X-선은 공기와 강렬하게 상호작용하기 때문에 에너지가 주변공기 내에서 상대적으로 짧은 거리만을 진행한다. 주변공기가 X-선을 흡수함에 따라 매우 뜨거워지며 1 마일을 초과하는 직경을 가지는 화구(fireball)가 형성된다. 화구내 3,000℃ ~ 14,000℃의 고온으로 가열된 공기는 적외선(IR)에서 자외선(UV) 범위에 걸치는 파장의 빛을 방사한다. 이와 같은 강력한 방사를 열펄스라 하

며, 이 펄스는 폭발중심으로부터 10 마일 이상 떨어진 가연성 물질을 자연적으로 점화시키기에 충분하다.

화구의 빠른 외부로의 폭발은 폭발 점으로부터 전파되는 충격파를 생성한다. 핵폭발에 의한 충격파는 보다 강력하고 먼 거리에서 충격파 영향을 감지할 수 있는 것 외에는 재래식 폭발에 의한 충격파와 차이가 없다.

앞에서 소개한 스케일링 법칙(scaling law)으로부터 특정 무기의 효과를 감지할 수 있는 거리를 예측할 수 있는데, 예를 들어 100-kT(kiloton)의 핵탄두(1-kT = TNT 1,000톤 또는 10^6kg)를 1,000-kg 재래식 폭탄과 비교하면 그 효과는 아래 식에 의해 약 10배가 된다.

$$\left(\frac{W_1}{W_2}\right)^{1/3} = \left(\frac{1 \times 10^6\,kg}{1 \times 10^3\,kg}\right)^{1/3} = 10 \qquad (19\text{-}6)$$

모든 충격파의 특성을 자세히 살펴보면 최대 과도압력(overpressure)이 높을수록 보다 강한 폭풍이 뒤따른다. 재래식 폭발의 경우 풍속이 100 mph 이나 핵폭발의 경우 최대 풍속이 1,000 mph 를 넘을 수 있으며 이후 10초 동안 천천히 감쇄한다.

따라서 이 폭풍의 동압(dynamic pressure)은 해당지역을 황폐화시킬 수 있다. 예를 들어 1,000 mph의 바람은 약 40 psi의 동압을 생성한다. 이 정도의 바람은 일반적 사람에 56,000 파운드의 힘을 가해 200 파운드의 사람을 10,000 ft/sec^2 으로 가속시켜 순간적으로 사망에 이르게 한다. 참고로 0.1 psi의 동압(70 mph의 풍속에 해당)은 약 150 파운드의 힘을 생성한다.

이 폭풍은 100 kT의 폭발로부터 거의 3 마일 이격된 거리에서도 느낄 수 있다. 표 19-1은 동압과 풍속과의 관계를 나타낸다.

또한 충격파가 진행하면서 폭풍은 그림 19-7과 같이 방향을 바꾼다. 이러한 바람 방향의 역전은 빠르게 발생하는데, 외부로 팽창하는 압축된 공기가 충격파가 지나가는 공간상에 국부적인 음의 압력 차(희박해짐)를 생성함으로써 발생한다.

표 19-1 최대풍속과 동압

동압(psi)	최대풍속(mph)
0.1	70
1.0	210
10	590
100	1,600

음의 과도압력은 음의 압력으로 공기의 급격한 내부이동을 발생시키는데, 이러한 폭풍(blast wind) 방향의 역전은 특히 최초 충격파에 의해 구조물을 한 반향으로 구부러지게 한 후 빠르게 반대방향으로 구부러지게 하여 구조물을 황폐화시킬 수 있다.

결국 음의 압력국면에서 폭풍의 방향이 폭발 점을 향해 되돌아옴에 따라 훨씬 작은 크기의 국부적 과도압력이 다시 발생하여 첫 번째보다 훨씬 완만한 풍향의 역전이 발생한다.

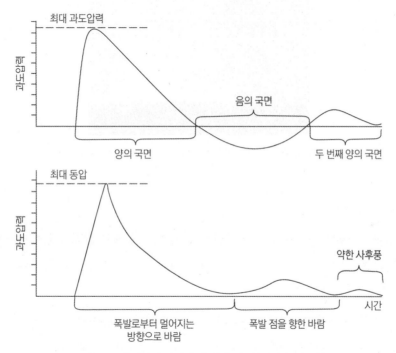

그림 19-7 충격파가 지나갈 때 최대 과도압력과 최대 동압

핵폭발만이 가지는 고유 특성으로 대기 중으로 상승하는 거대한 화구에 의해 발생하는 후폭풍(afterwind)이 있다. 화구가 상승하여 속력이 300 mph에 달하면, 주변공기가 팽창하며 상승하는 화구에 의해 생성되는 진공 속으로 빨려든다. 이 바람은 강하지만 앞에서 언급한 폭풍 효과와 비교하여 심대한 손상을 발생시키지는 않는다. 그러나 화구가 상승하며 냉각되어 그림 19-8과 같이 화구 아래 흡입을 통해 먼지와 부스러기들을 끌어 모아 그림 19-8과 같은 특정 버섯구름을 형성한다.

그림 19-8 수중 핵폭발에 의해 형성되기 시작한 버섯구름

열펄스(Thermal Pulse)

핵무기가 폭발한 후 즉시 생성되는 화구는 열 및 가시광선 형태로 급격하게 에너지를 방출한다. 열에너지 효과는 꽤 강력하여 세 가지 주요 효과 중에서 가장 멀리 확장하며 가연성 물질의 자연 적인 점화를 일으키기에 충분하다.

핵폭발에 노출된 사람은 화상을 입기 쉬운데, 100 kT 탄두의 경우 폭심지(ground zero) 즉, 폭 발점(detonation point) 바로 하방에 위치한 지표상의 점으로부터 5 마일까지 1도 화상을 입을 수 있다. 그리고 화구의 표면이 충분히 냉각되어 열에너지의 심각한 방사를 멈추기까지 대략 10초가 걸린다.

핵방사(Nuclear Radiation)

핵방사 즉, 방사선 방출은 모든 핵폭발에서 발생하는데 이 중 가장 큰 효과는 중성자 및 감마선 방 사(gamma radiation), 두 가지 유형이다. 이 두 가지 유형은 특히 생명체에 해로운데 그 이유는 중 성자 및 감마선이 대부분의 물질을 침투할 수 있기 때문이다. 중성자는 핵반응 자체로부터 방사되 는데 분열반응의 부산물로 생성된다. 감마선은 다음 세 가지 공급원으로부터 방출되는데, 세 가지 공급원은 핵반응으로부터 직접방사, 분열 부산물의 방사성 붕괴, 중성자를 흡수한 물질과의 이차

붕괴 반응이다.

핵폭발 후 최초 1분 내에 즉발(prompt) 또는 초기방사(initial radiation)이라 불리는 중성자와 감마선 방사가 발생한다. 폭발로부터 1분 이후에 이루어지는 잔여방사는 상대적으로 절반 정도의 수명을 가지는 방사성 분열 부산물(radioactive fission by-product)에서 발생하는 강력한 감마선 방사이다.

열 효과와 비교하여 핵방사의 치명적 방출거리는 상대적으로 짧다. 100-kT 탄두의 경우 1.2마일 내에 사람은 추후 30일 내에 사망할 수 있는 방사량을 경험할 수 있다. 이때 사람들은 또한 약 100 cal/㎠의 열에너지(10 cal/㎠ 는 3도 화상을 유발시키기에 충분하다) 뿐만 아니라 10 psi의 최대 과도압력 및 300 mph의 바람을 경험할 수 있으며 이들 중 하나가 치명적으로 작용할 수 있다.

다른 치명적 효과가 이 시기에는 존재하기 때문에 초기 핵방사 효과는 사망 또는 파괴의 유일한 원인이라 보기 어렵다. 따라서 중요 관심사는 주변지역을 오염시켜 보다 오랜 수명을 가지는 방사성 부산물이다. 화구 및 버섯구름 내에서 확산 때문에 방사성 부산물의 오염은 그 범위가 증가될 것이며 강풍을 만나는 경우 기폭위치로부터 그 범위는 상당히 증가될 것이다.

특히 수명이 긴 동위원소는 생물체에 의해 흡수되어 노출 이후 상당 기간 위험을 초래할 수 있다. 이러한 오염은 계측장비 없이는 탐지가 불가능하기 때문에 물이나 음식을 통해 점진적으로 확산되어 자연계의 먹이사슬로 흡수될 수도 있다.

핵폭발에 의해 직접적으로 영향을 받는 지역에는 수십 년 동안 방사능 오염상태가 되는데 이에 따른 부가적인 생리학적 효과에 대해서는 본장의 후반부에서 다룰 예정이다.

부가효과

핵폭발에서 방출되는 엄청난 양의 에너지는 다양한 부가효과를 생성한다. 폭발 직후 엄청난 세기의 가시광은 영구적이나 임시적으로 기폭방향을 바라보는 사람의 망막에 손상을 입히며 손상정도는 폭발 점으로부터의 거리에 의존한다.

폭발 외부로의 불균일한 이온 흐름에 의해 생성된 엄청난 전위(electric potential)가 전자기 펄스(EMP ; electromagnetic pulse)를 생성한다. 전자기펄스는 "TREE"와 "blackout" 의 두 가지 주요 효과를 유발한다. TREE는 "Transit Radiation Effects on Electronics" 의 두문자어로 펄스에 의해 유기되는 전압/전류에 의해 발생한다. 이 효과는 회로 상에 10,000V 이상의 고전압을 유도하여 일시적이거나 영구적으로 전자부품에 손상을 줄 수 있다.

또한 전자기펄스는 대기를 일시적, 여러 시간 또는 수일 동안 이온화시켜 라디오 통신을 방해시키는 "blackout"이라 알려진 현상도 유발한다.

전자기펄스의 영향 범위와 크기는 상당히 변화가 심한데, 고도가 높을수록 대기가 희박하여 이온화 비율이 높아지기 때문에 폭발 고도가 클수록 효과도 커진다. 표 19-2는 100 kT 탄두 폭발 시 여러 효과에 대한 손상범위를 나타낸다.

표 19-2 100 kT 핵폭발에 노출된 사람의 치명 손상범위

효과	거리(마일)
폭발에 의한 과도압력 (40 psi)	0.5
폭풍 (600 mph)	0.8
핵방사 (500 rem)	1.4
열펄스 (10 cal/㎠)	3.1

주 : "렘(rem)" 은 뢴트겐(인체에 주는 피해정도에 입각한 방사선량의 단위)을 의미

핵무기의 폭발 유형

폭풍파, 열펄스, 핵방사의 핵폭발 효과는 크게 핵무기의 기폭 고도에 의해 결정된다. 핵폭발은 고고도, 공중, 표면, 수중, 표면하 폭발 등으로 분류된다.

고고도 폭발(high-altitude burst) 이 폭발 유형은 무기가 30 km 이상의 고도에 폭발되었을 때 발생하는데 폭발초기 생성된 X-선이 공기분자의 훨씬 큰 체적 내에서 열에너지로 소모된다. 따라서 화구가 훨씬 크고 보다 빠르게 팽창하나 지상에 이르지는 못한다.

고고도 폭발로부터 이온화 방출은 흡수되기 까지 수백 마일에 이르며, 전리층에 심각한 이온화가 발생하여 통신에 심각한 장애를 일으킨다.

또한 이 폭발은 강력한 전자기펄스(EMP)를 생성하여 정교한 전자장비의 성능을 심각하게 저하시키거나 파괴시킨다.

공중폭발(air burst) 고도 30 km 이하의 상당한 높이에서 폭발된 무기는 화구가 지표에 이르지 않으며, 폭발 이후 폭풍전면(blast front)은 심각한 손상 및 부상을 유발한다. 마하파 전면(mach front), 최대 열 효과, 원하는 방사효과 또는 이들 효과의 조화된 결합을 이용하여 해당 탄두의 최대 폭발

효과를 얻기 위해 공중폭발 고도가 변경된다.

노출된 피부에 화상이 발생하는 영역이 수 평방마일을 초과하고 시력 손상이 이보다 넓은 지역에서 유발된다. 공중폭발 시 초기 핵방사는 소형 핵무기여도 심각한 위험이 되나 방사성 낙진에 의한 위험은 무시해도 좋은데 이는 국지적 낙진이 발생하지 않기 때문이다.

분열 생성물은 일반적으로 국지적 강우가 없는 한 구 형태로 지구상 넓은 지역으로 퍼져나간다. "폭심지(ground zero)" 주변에 중성자가 유발하는 좁은 위험지역이 존재하는데, 이는 이 지역을 통과하는 군대에 위험이 된다. 전술적으로 공중폭발은 지상세력을 향해 가장 많이 사용된다.

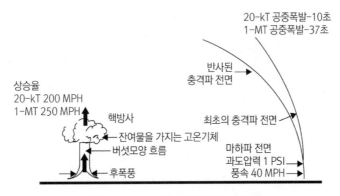

그림 19-9 20 kT 핵탄두의 공중폭발 후 10초

표면폭발(*surface burst*) 무기가 지상 또는 지상의 바로 위에서 폭발하여 화구가 실질적으로 육상 또는 수면을 강타한다. 이 조건에서 폭풍, 열방사, 초기 핵방사에 영향을 받는 지역은 유사 출력의 공중폭발에 비해 광범위하지 못한데 그 이유는 파괴력이 집중되는 "폭심지" 지역을 제외하고 지표면이 폭발 시 방출되는 에너지의 많은 부분을 흡수하기 때문이다.

공중폭발과 달리 표면폭발에 의한 국지적 낙진은 폭풍 및 열방사에 의해 영향을 받는 영역보다는 풍하 방향의 훨씬 큰 영역을 위험지역으로 만드는데 그 이유는 근접폭발 때문에 흙이나 물이 위로 상승, 방사성 입자들을 끌어들여 공중폭발 시보다 지상을 향해 훨씬 빠르게 하강하기 때문이다. 전자기펄스 효과 또한 국지적으로 매우 강하다.

표면폭발은 일반적으로 꼭 필요한 손상을 가하는 데 최대 효과가 필요한 단일 표적에 사용된다.

수중폭발(*underwater burst*) 수중폭발은 핵무기가 폭발되는 매질의 밀도가 높기 때문에 보다 큰 최대 과도압력과 보다 짧은 지속시간을 가지는 충격파를 생성한다. 최대 과도압력은 바로 진행하는 최초의 압력파와 표면에서 반사되는 압력파의 상쇄간섭에 의해 표면 근처에서 일정 값 이하로 제한된다.

심해 폭발의 경우 잠수함에 손상을 주고자 사용하는 반면 천해 폭발은 수상함 공격을 위해 사용된다. 천해 폭발의 경우 그림 19-10과 같이 화구가 표면을 뚫고 나와 "폭심지"로부터 수마일 외부까지 방사상으로 퍼져 나가며 100 ~ 200 ft 정도의 대규모 파도가 생성된다.

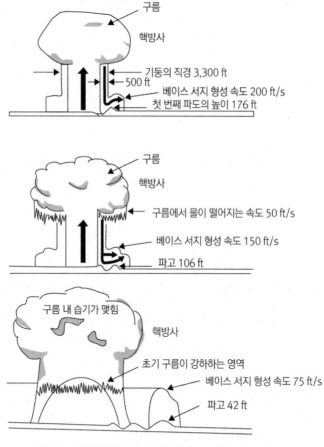

그림 19-10 천해에서 100 kT 핵폭발 시 시간경과에 따른 전개

표면하(지하)폭발(subsurface burst) 이 경우 핵무기가 지표 바로 아래에서 폭발된다. 그림 19-11와 같이 표면폭발 시 생성되는 구덩이와 같은 형태의 구덩이가 표면하 폭발에서도 일반적으로 생성된다. 폭발이 표면을 파괴하지 못할 정도로 깊은 곳에서 발생하면 폭발의 유일한 효과는 지상층

격(ground shock)이며, 폭발이 표면을 파괴할 정도로 낮은 곳에서 발생하면 폭풍, 열 그리고 초기 핵방사 효과가 존재하지만 핵출력(yield) 면에서는 표면폭발에 못 미친다. 그러나 표면하 폭발 시 다른 폭발에 비해 국지적 낙진이 매우 많이 발생한다.

지하폭발은 특히 벙커표적에 유용하며 관통형 탄두 설계가 필요하다.

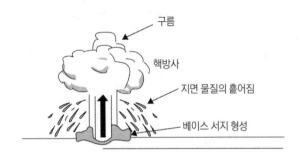

그림 19-11 낮은 지하에서의 100 kT 핵탄두 폭발 후 45초

이온화 방사선 효과(Ionizing Radiation Effect)

우라늄 원자가 분열될 때 매번 같은 조건에서 분리되지 않는다. 두개의 분열 조각은 우라늄보다 낮은 원자량을 가진 원소가 되며 원래의 우라늄 원자가 가지는 핵자와 전자를 가진다. 물론 우라늄 원자가 분열되면 더 이상 우라늄으로 존재하지 못하며 80개 이상의 분열 물질(fission product)이 생성된다. 이들 각각은 새로운 구조와 관련된 고유의 화학적 특성을 가지며 이온화 방사를 할 수 있는 추가적 가능성을 가진다.

이온화란 원자나 분자로부터 전자를 떼어 내어 양의 전하를 띠게 하는 과정이다. 이온화는 원자의 최외각 궤도 껍질로부터 대상이 되는 전자를 제거하는데 필요한 충분한 에너지가 전자에 전달될 때 가능하다.

이온화 방사선은 산란이나 흡수 중 하나 또는 둘 모두의 방식으로 물질과 상호작용하며 상호작용의 결과로 표적물질에 에너지를 쌓이게 한다. 특히 인체조직에 흡수는 생체학적 손상을 유발할 수 있기 때문에 흡수 메커니즘에 세심한 관심을 기울여야 하며, 이때 흡수정도나 상호작용의 유형이 방호 조건을 결정하는 주요 요소가 된다.

각 분열반응에서 약 두개의 중성자가 방출되어 또 다른 분열 원자를 때려 소위 연쇄반응이라 불리는 보다 많은 분열을 발생시킨다. 분열은 방사성 분열 생성물(radioactive fission products)을 만드는데, 이 생성물은 방사 즉, 방사선을 방출하여 공기 또는 물속이나 주변의 다른 매질에 존재하는 물질의 화학적 구조를 약간 변화시킨다. 중성자 또한 인접한 물질에 흡수되어 방사성 물질로 만들며, 물질의 화학적 성질에 영향을 준다. 약 300개의 상이한 방사성 화학물질이 각각의 연쇄반 응에서 생성될 수 있다.

방사선에 의한 물질의 이온화 외에 많은 종류의 방사성 입자(radioactive particle)는 다른 이유 로 생물학적으로 유독하다. 플루토늄은 화학적으로 뼈에 달라붙어 자연적으로 방사성 화학물질인 라듐이 된다. 단 뼈의 표면에 응집되는 플루토늄은 주변 세포에 집중된 알파–선을 전달하는 반면, 라듐은 뼈에 균일하게 확산되어 플루토늄보다 작은 국부적 세포 손상을 발생시킨다. 따라서 플루 토늄은 동일 량의 라듐에 비해 생물학적으로 훨씬 유독하다.

내부로 퇴적된 방사능 입자에 의한 세포 손상은 이들을 포함하는 장기에 문제를 발생시킨다. 예 를 들어 뼈 속에 박혀 있는 방사성 핵종(radionuclide)은 골수를 손상시켜 골수암 또는 백혈병을 발생시키며 폐에 박힌 방사성 핵종은 호흡기 질병을 발생시킨다.

방사효과(Radiation Effect)

핵반응은 부산물로 방사성 분열 생성물을 생성한다. 감마(또는 엑스)선, 중성자, 알파 입자 및 베 타 입자 등 네 가지 유형의 방사가 핵반응으로부터 생성되어 물질을 통과하며 이온화시킨다.

핵폭발 1분 내에 발생하는 초기 방사는 감마선과 중성자, 수명이 짧은 분열 생성물의 방사능 붕 괴, 중성자를 흡수하여 방사성이 된 동위원소의 붕괴에 의한 주변공기와 상호작용에 의해 일어난다.

핵폭발 1분 후에 일어나는 잔여 방사는 주로 수명이 긴 다양한 방사성 분열 생성물의 베타–감 마선 붕괴에 의해 일어나며 폭발 후 상당 기간 동안 존재한다.

감마선 방사(gamma radiation) 감마선은 고에너지 광자로 X–선 보다 파장이 짧으며 광전(photo-electric) 효과, 콤프톤산란(Compton scattering), 쌍 생성(pair production) 등 세 가지 과정에 의해 이온화를 일으킨다. 광전효과에서 감마선 광자는 궤도를 돌고 있는 전자와 상호작용으로 자신의 모든 에너지를 전달하여 전자를 원자로부터 이탈시킨다. 이때 광전자(photoelectron)의 운동에너 지는 입사되는 감마선 광자에서 전자의 구속에너지를 뺀 것과 같다.

콤프톤산란은 입사되는 감마선 광자가 궤도를 돌고 있는 전자를 이탈시키는데 필요한 에너지를 잃고 나머지 에너지를 입사된 감마선 광자와는 다른 방향으로 방사하는 낮은 에너지의 감마선 광 자가 되는 상호작용이다.

쌍 생성은 감마선 광자와 원자핵의 쿨롱(Coulomb) 힘이 미치는 곳에서의 상호작용으로 입사되는 광자의 에너지는 전자-양전자(electron-positron) 쌍으로 자발적으로 변화된다. 여기서 양전자란 양의 전하를 띤 전자이다. 이온화 방법과 무관하게 물질로 퇴적되는 에너지는 상호작용을 통해 생명체 세포에 심각한 생물학적 손상을 유발시킨다. 생명체의 죽음 여부는 방사에 노출되는 양과 직접적으로 관련이 있다.

감마선은 분열반응으로부터 직접 발생하며 방출되는 에너지의 약 3.5%에 해당된다. 감마선 방사는 납을 이용하여 가장 효과적으로 막을 수 있다. 불행하게도 10배 정도 방사에 대한 노출 감소를 위해서는 약 2 인치의 납이 필요하다. 위와 같이 10분의 1로 줄이는 데 필요한 두께는 다양한 물질에 필요한 노출에 대한 방호의 상대적 척도로 사용된다. 예를 들어 감마선 방출의 경우 콘크리트 12 인치 또는 물 24 인치가 노출을 10분의 1로 줄이는 데 필요한 물질의 두께에 해당하며 2 인치 두께의 납을 대신하여 사용할 수 있다.

중성자 방사(neutron radiation) 핵전(nuclear warfare)에서 이온화 방사에 의한 대부분의 손상이 앞에서 설명한데로 감마선 방출에 기인하지만 핵폭발 시 이탈되는 상당량의 고에너지 분열 중성자 또한 상당한 거리에서 심각한 위험을 초래할 수 있다.

중성자는 입자이기 때문에 전자기파 방사와는 근본적으로 다르며, 또한 전하를 띄지 않는다는 점에서 다른 입자(알파 및 베타선) 방사와도 다르다. 결과적으로 중성자는 원자의 궤도전자와 상호작용을 하지 않는 대신 특히 낮은 원자번호를 가지는 원자핵과 직접적으로 상호작용하여 탄성 및 비탄성 충돌을 통해 자신의 에너지를 표적 원자 및 분자에 전달한다.

유사한 질량의 두 물체 간의 충돌에서 더 많은 에너지가 전달되기 때문에 중성자는 무거운 원자핵보다는 수소와 같은 낮은 원자량을 가지는 물질의 표적 원자핵에 더 많은 에너지를 전달할 수 있다. 이러한 이유로 중성자는 70%가 수분인 인체에 심각한 손상을 일으킬 수 있다. 일부 경우에는 양성자가 원자핵으로부터 이탈되어 전자기 상호작용으로 부차적인 이온화를 일으키기도 한다. 중성자는 근본적으로 분열 및 융합반응의 직접적 산물이며 잔여 방출이 아니다.

물 또는 폴리프로필렌 차폐물(polypropylene shielding)과 같은 가벼운 원자핵을 다수 가지는 다른 물질은 중성자 방출을 중지시키는 데 가장 효과적이다. 대략 물 10 인치 또는 콘크리트 24 인치가 방출을 10분의 1로 줄이는 두께에 해당된다.

알파입자(alpha particle) 알파입자는 헬륨 원자핵으로 핵력에 의해 강하게 구속되어 있는 두 개의 양성자와 두 개의 중성자로 이루어져 있다. 알파입자는 전자가 없기 때문에 양의 전하를 가지며 전자의 약 7,000배에 해당하는 질량을 가지고 방사능 원자의 핵으로부터 방사된다.

알파입자의 강한 양의 전하는 물질을 통과할 때 다른 전자 및 원자핵과의 전자기적 상호작용을 통해 이온화를 유발한다. 알파입자는 모든 물질과 강력하게 상호작용하지만 깊이 침투하지는 못하는데 이는 강한 상호작용을 통해 자신의 에너지를 빠르게 전달하기 때문이다.

대부분의 알파입자 방사는 우라늄, 플루토늄과 같은 사용되지 않은 분열물질에서 발생하는데 이 물질은 자연적으로 방사성 성질을 가지며 알파입자 방출을 통해 붕괴한다. 알파입자는 인체의 표피층에서 정지되나 이 과정에서 손상을 유발할 수 있다.

베타 입자(beta particle) 베타입자 붕괴(decay)는 원자핵 내에서 중성자의 양성자 및 전자로의 변환과 관련된다. 이때 양성자는 원자핵 내에 위치하고 있지만 베타 입자(전자)는 자신의 운동에너지에 해당하는 속도로 원자핵으로부터 이탈된다. 베타입자의 작은 질량과 방출시 상대적으로 높은 에너지 때문에 알파입자와 비교하여 이온화 효과는 덜하나 더 깊이 침투한다.

베타입자의 전하는 다른 전자 및 원자핵과의 전자기적 상호작용을 통해 이온화를 유발하며 모든 유형의 물질과 강력하게 상호작용한다. 대부분의 방사능 분열 생성물은 베타입자 방출을 통해 감쇠하여 베타방출의 주요 공급원이 된다. 많은 방사성 원소들이 낙진(fallout)에서 발견되며 광범위한 방사능 오염(radioactive contamination)을 유발하다.

의복을 포함한 거의 모든 물질을 이용하여 베타입자를 효과적으로 차폐할 수 있다. 베타방사의 주요 위험은 알파방사와 같이 베타입자를 방사하며 붕괴하는 방사성 입자를 포함하는 오염물질에 호흡이나 섭취를 통해 인체 내부가 노출될 때 발생한다.

알파와 베타입자 모두는 피부에 침투하는 것보다 쉽게 세포막에 침투할 수 있다. 따라서 음식물의 섭취, 호흡 또는 방사능 화학물질의 흡수는 알파 및 베타입자의 방사를 통해 폐, 심장, 뇌 또는 신장과 같은 장기에 심각한 위협을 줄 수도 있다.

방사능 측정(Measuring Radiation)

방사능 측정의 한 가지 방법은 단위 초당 주어진 단위의 방사능 물질에서 발생하는 핵붕괴의 수를 세는 것이다. 이 측정방법은 첫 번째로 고안되었으며 널리 사용되는 방사성 물질인 라듐 원소를 기준으로 한다. 1 g의 라듐은 초당 3.7×10^{10} 번의 핵붕괴를 한다.

1 g의 라듐의 이러한 능력을 1 퀴리(Ci)라 하며 폴란드 태생 프랑스 화학자(1867-1934) 퀴리 부인의 이름을 따서 명명하였다. 최근의 방사선방호기준(radiation protection guide)에는 퀴리가 베크렐(becquerel)로 대체되고 있으며 베크렐은 초당 발생하는 원자의 핵붕괴 능력으로 정의된다. 따라서 1 g의 라듐은 1 퀴리 또는 3.7×10^{10} 베크렐이다.

예를 들어 라듐 1 그램의 방사능은 1 백만 그램 이상의 우라늄의 능력에 해당한다. 즉, 1백 만 그램의 우라늄과 1 그램의 라듐 모두 1 Ci로 측정된다.

핵붕괴에서 방출되는 에너지는 여러 방법으로 측정된다. 에르그(erg)는 에너지의 매우 작은 단위로 1 그램의 물질을 1 센티미터 들어 올리는 데 약 1,000 에르그가 필요하다. 100 erg/g(1g 당 100 erg)에 노출된 물질은 1 라드(rad)의 방사선 흡수선량(radiation absorbed dose)을 가진다고 한다. 원자의 핵붕괴 능력과 관련된 퀴리와 조직에 흡수되는 에너지인 래드와의 직접적인 변환방법은 없다.

때론 방사능은 가이거계수관(Geiger counter)상에 분당 횟수로도 측정된다. 계측기에 의해 측정 가능한 에너지 범위 내에 핵 변형을 측정하며 기록을 위해서는 표적에 충분히 근접해야 한다. 대부분의 가이거계수관은 플루토늄과 같은 알파입자를 방사하는 물질을 탐지할 수 없다.

측정단위

방사선 세기(방사능)와 관련하여 보다 깊은 이해를 위해서는 단위가 필요한데 주로 사용되는 단위에서는 뢴트겐(roentgen), 라드(rad)와 렘(rem)이 있다.

뢴트겐(roentgen) 뢴트겐은 이온화 방사선에 노출정도를 나타내는 단위로 1 뢴트겐은 표준상태(STP ; standard condition)인 온도 0℃, 기압 760 mmHg에 있는 1 ㎤의 건조공기 내에서 2.08×10^9 개의 이온쌍을 생성시키는 감마선의 조사량을 나타낸다. 정의에 따라 뢴트겐은 감마선과 X-선에만 사용할 수 있다.

라드(rad) / 방사선 흡수선량 라드(radiation absorbed dose)는 얼마나 많은 조사량이나 에너지가 흡수되었는지를 측정하는 단위로 1 라드는 흡수한 방사선의 에너지가 물질 1g 당 100 에르그(erg)

일 때 흡수선량이다. 신체 표면이나 표면 근처 조직에서 1 뢴트겐의 감마선 및 X-선에 노출은 대략 1 라드의 흡수 방사선량을 가진다. 그러나 이러한 등가관계는 다른 물질에는 적용되지 않는다.

$$1 \text{ 뢴트겐의 노출} = \text{신체조직에서 1 라드의 흡수 조사량} \tag{19-7}$$

렘(rem ; roentgen equivalent to man) 방사선의 신체조직에 미치는 영향이 가장 중요하기 때문에 방사선이 생물체에 미치는 작용을 결정하는 흡수선량의 가장 적절한 단위로 렘을 사용한다. 렘은 흡수선량에, 생체에 대한 방사선 종류의 영향을 보정한 선량의 단위로, 인체가 방사선에 피폭되었을 때의 영향을 나타내는 단위이다. 생체조직에 대한 방사선 영향의 정도는 흡수선량이 같더라도 방사선의 종류에 따라 다르기 때문에 방사선 방호에서는 흡수선량(rad) 값에 방사선의 종류마다 생물학적 영향의 정도를 나타내는 표 19-3의 선질계수(quality factor), Q를 곱하여 구한다. 방사선 인체 노출 시 즉시적 효과의 경우 Q는 일반적으로 "1"이 값을 가져, 서로 바꾸어 쓸 수 있다.

표 19-3 다양한 방사선에 대한 선질계수(Q)

방사선 유형	선질계수(Q)
감마	1
열중성자(thermal neutron)	2
고속 중성자(fast neutron)	10
알파(인체 내부)	20
베타	1

인체 내의 알파선을 포함하여 방사선에 의해 발생하는 백내장, 백혈병, 유전적 변화 등 장기간에 걸친 생물학적 손상을 계산하기 위해서는 흡수선량(rad)에 선질계수, Q를 곱하여 렘을 구해야 한다. 인체 내부에 포함된 알파 입자가 조직(tissue), 뼈, 장기에 흡수될 때, 20배에 해당하는 손상을 가한다. 예를 들어 피부에 2 렘(또는 라드)에 해당하는 알파 입자는 흡입되었을 때 허파조직에 40 렘에 해당하는 영향을 미친다.

이론적으로, 렘 값은 생물학적 손상정도를 측정하기 때문에 동일한 렘 값을 가지면 X-선에 의한 손상은 알파 입자와 같은 손상정도를 가진다. 즉, 방사선 유형과 상관없이 동일한 손상 정도를 가진다. 따라서 인체조직에 동일한 손상을 유발하는 렘(선량당량) 값은 아래 식을 이용하여 구할 수 있다.

$$\text{램}(rem) = \text{라드}(rad) \times Q \tag{19-8}$$

라드(rad)와 렘(rem)은 국제단위인 그레이(Gy)와 시버트(sivert, Sv)로 사용되기도 한다. 흡수선량의 국제단위인 1 그레이는 물질(인체조직) 1 kg당 1 주울(J)의 에너지가 흡수될 때의 흡수선량에 해당한다. 따라서 1 Gy는 100 rad, 1 cGy는 1 rad와 같다. 시버트는 선량당량을 나타내는 국제단위로, 1 시버트는 100 렘, 1 센티시버트(cSv)는 1 렘에 해당한다.

방사선에 노출되었을 때 유발되는 인체세포에 미치는 다양한 영향(cell effect)의 빈도와 정도를 알아보기 위해 1,000개의 살아 있는 세포집단이 척추 X-선 검사 시 흡수선량인 1 라드의 X-선에 노출되었다 하면 둘 또는 세 개의 세포가 죽고, 둘 또는 셋의 세포 내 DNA에 돌연변이나 회복 불가한 변화가 발생하였으며 대략 100,000개의 이온화가 발생되어 세포당 11~460개의 이온화가 발생한다. 일부 세포는 회복이 가능하지만 모두 회복되기는 어렵다.

1 라드의 중성자에 노출되었을 때 중성자는 상대적으로 높은 선질계수(Q)를 가져 보다 많은 세포가 죽고 돌연변이가 발생할 것이다. 이온화는 세포 당 145 ~ 1,100개의 범위를 가진다. 이때 알파 입자가 자연적으로 발생하여 대략 10배 정도의 세포를 죽게 하고 돌연변이를 발생시키며 세포당 3,700 ~ 4,500개의 이온화가 발생할 것이다.

체세포 효과(Somatic Effect)

이온화 방사는 그 정의에 따라 물질을 통과하며 이온을 생성한다. 인체조직에서 이온은 염색체 파괴, 세포핵의 부풀림, 세포질(cytoplasm) 점성증가, 세포막(plasma membrane)의 투과성 증가, 유사분열(mitosis)의 지연 또는 방해 등의 다양한 방식으로 세포를 손상시키거나 변화시킨다.

어느 세포가 손상되었느냐에 따라 전체 유기체에 다양한 효과가 발생하다. 인체 전체가 노출되었을 경우 특정 기관(organ) 및 조직(tissue)이 이온화 방사에 가장 심각한 영향을 받는다. 100 ~ 1,000 렘의 중간 정도 노출의 경우 조혈조직(hematopoietic tissue)이 가장 큰 위험에 직면한다.

인체 전체가 중간 정도 방사선에 노출되면 몸 전체가 이온화 방사에 커다란 영향을 받는데 백혈구의 수가 감소하여 신체가 감염에 저항능력을 잃어버리게 된다. 방사선량이 높으면 광범위한 세포가 손상을 입어 건강에 직접적으로 영향을 미친다. 1,000이나 그 이상의 라드에 해당하는 방사선량이 인체에 침투하면 즉각적인 뇌사(brain death)와 중추신경계 마비를 발생시킨다.

30일 이내에 50%의 치사율을 가지는 방사선량을 LD 50/30이라하며 400에서 500 렘 정도이다. 250에서 1,000 라드 사이에서 주 사망원인은 골수와 혈관의 손상 때문이다. 100 라드 이상의 투과된 방사선량은 심각한 피부화상을 유발한다. 50 라드 이상의 방사선량은 구토와 설사를 일으킨다.

개인에 따라 생의 다른 시기나 환경에서 다르게 반응한다. 30 라드 이하의 방사선량에서 대부분의 사람은 외부에서 침투하는 방사선의 영향을 바로 느끼지 못한다. 세포손상 메커니즘은 인체 내에 들어온 소량의 방사능 화학물질에서 설명한 메커니즘과 유사하다. 장기 또는 인체 시스템의 기능을 방해할 정도로 충분한 세포가 손상되었을 때만 영향이 확실해진다.

무증상 노출량(subclinical dose, 0-100 rem) 총 선량당량이 100 렘 이하인 경우로, 생존율이 90% 이상이다. 단기간 영향이 있더라도 어떠한 의학적 치료도 필요 없어 무증상 노출량으로 간주한다. 100 렘 근처에서 현기증이나 매스꺼움을 느낄 수 있으나 수일 내로 회복된다.

치료가 필요한 노출량(therapeutic dose, 100-1,000 rem) 총 선량당량이 100 ~ 1,000 렘인 경우로 의학적 치료를 통해 생존 가능성을 높일 수 있으나, 선량당량이 증가할수록 사망률이 높아진다.

치명적 노출량(palliative dose, 1,000 rem 이상) 총 선량당량이 1,000 렘 이상인 경우로 사망률이 90%를 넘는다. 대부분의 경우 즉시 사망하며 치료는 고통을 완화시킬 뿐이다. 선량당량이 많을수록 빠른 영향을 느낄 수 있다. 5,000 렘 이상에 노출된 사람은 즉시 무능력하게 되어 사망하게 된다.

100 렘 이상에 노출된 모든 사람은 다양한 형태의 방사선 노출질환(radiation sickness)으로 고통 받을 수 있다. 방사선 노출 질환은 초기, 잠복, 최종의 세 국면으로 구분할 수 있다.

초기국면(initial phase) 초기국면은 방사선에 노출된 후 15분에서 6시간 사이에 시작되며, 이 국면 동안 일련의 증상이 나타나는데, 일반적인 증상에는 메스꺼움, 구토, 두통, 어지럼증, 으스스한 느낌 등이 있다. 초기국면은 1 ~ 2일 정도 지속된다.

잠복국면(latent phase) 잠복국면은 1 ~ 4주 정도 지속되며, 초기국면에 발생했던 모든 증상이 일시적으로 사라져 종종 환자는 완전히 회복되었다 느끼기도 한다. 그러나 인체에 대부분의 손상은 이 기간 동안 효력을 발생하기 시작한다. 백혈구 수가 감소하여 인체가 감염되기 쉬운 상태가 된다.

100 ~ 1,000 렘에 노출된 경우 개인적으로 회복이 가능하다. 치료는 조혈조직에 손상을 회복하고 감염을 막는데 주력해야 한다. 일반적인 치료방법에는 수혈, 골수 이식, 항생제 처방 등이 있다.

표 19-4 이온화 방사에 노출되었을 때 건강에 미치는 영향

인체전체의 노출량(rem)	즉시적 효과	지연효과
1,000 또는	즉각적인 무능력화 및 사망	없음
600-1,000	힘이 빠짐, 구역질, 구토, 설사이후 눈에 띄는 상태호전. 수일 이후: 발열, 설사, 내장 출혈, 후두, 호흡관, 엽기관지 또는 폐출혈, 피를 토함 및 혈뇨.	약 10일 이내 사망. 검시에서 골수, 림프절, 지라를 포함하여 조혈조직 파괴를 보임; 창자, 생식기, 내분비선 상피세포의 팽창 및 변질
250-600	구역질, 구토, 설사, 탈모, 힘이 빠짐, 권태, 내장 또 는 신장 출혈, 코피, 잇몸 및 생식에서 출혈, 피하 출 혈, 발열, 인두 및 위 염증 그리고 생리불순. 골수, 림프절의 뚜렷한 파괴 그리고 비장이 혈구 특 히, 과립구와 혈소판을 감소시킴.	방사에 의해 유발되는 뇌하수체, 갑상선 및 부신 등 내분비선 위축(atrophy). 노출이후 3주에서 5주 사이에 사망여부는 백혈구 감소증 정도와 밀접하게 관련됨. 이 시기에 50% 이상이 사망. 생존자는 켈로이드(keloid), 안과학적 장애, 조혈장애, 악성종양을 경험.
150-250	첫날 구역질 및 구토. 설사 및 피부화상. 그 후 약 2주간 확실한 상태호전. 임신 중이면 태아사망.	위에서 지적했듯이 으스스한 느낌의 증상. 노출 전 건강이 안 좋은 사람이나 심각하게 감염된 사람은 살아남기 어려움. 건강한 어른은 다소 건강한 상태로 회복하는데 약 3개월 걸림. 영구적으로 건강에 손상을 입은 남녀는 암에 걸리거나 종양이 발생하며, 수명이 단축될 수 있음. 유전적 영향 및 기형이 나타날 수 있음.
50-150	격심한 방사선증(radiation sickness) 및 피부화상 을 경험하나, 다량의 방사능에 노출된 것보다는 심 하않음. 갑작스러운 유산(abortion)이나 사산.	조직손상효과는 비교적 심하지 않음. 림프구와 호중구가 줄어들어 사람을 임시적으로 매우 감염에 취약하게 함. 유전적 손상이 피폭자나 후손으로 이어지고, 악성종양, 조기노화가 발생하며 수명이 단축될 수 있음. 유전적 영향 및 기형이 나타날 수 있음.
10-50	대부분의 사람이 약간의 반응을 보이거나 즉각적인 반응은 없음. 민감한 사람은 방사선증을 경험할 수 있음.	림프구와 호중구에 일시적인 효과. 조기노화, 유전적 효과와 약간의 종양발생 위험
0-10	없음	조기노화, 후손에게 양호한 돌연변이(mild mutation), 제한치를 초과하는 종양(excess tumor). 유전적 영향 및 기형이 나타날 수 있음.

최종국면(final phase) 최종국면은 8주간 지속되며, 초기국면에 경험했던 증상이 다시 발생한다. 추가 증상으로 피부 출혈(purpurea), 설사, 탈모(epilation)가 나타난다. 인체 면역시스템이 약해지기

때문에 사망의 대부분이 감염에 의해 발생한다. 최종국면에서 사망에 이르기도 하나 완전한 회복도 가능하다. 표 19-4는 이온화 방사에 노출수준별 인체에 미치는 영향을 나타낸다.

방호기준(Protection Standard)

여러 해 동안 최대 방사선 상한치(upper limit)가 국제방사선방호위원회(ICRP)와 미국방사선방호측정심의회(NCRP)에 의해 표 19-5와 같이 계속 수정되고 있다. 이 표준은 일본에 투하된 핵무기 생존자 연구에 그 기원을 둔 방사선 효과 모델링에 기초하여 정하여진다.

표 19-5 NCRP에 의해 설정된 방사선 제한치

1993년 NCRP에 의해 설정된 현 기준		
범 주	연 상한치	연 상한치에 노출 시 예상위험성
통계적 효과에 대한 직업종사자의 전신 연간 상한치	5 rem	1년에 1,000명 중 2명 위험
직업상 생애 상한치	1 rem × 나이(년)	70세 100명 중 3명 위험
결정론적 효과에 대한 직업종사자의 연간 상한치	15 rem 눈의 수정체	상한치를 미초과 시 최소 위험
	50 rem 장기나 조직	
연속적인 노출에 대한 일반인의 전신 연간 상한치	100 mrem	1년에 10,000명 중 1명 위험
간헐적인 노출에 대한 일반인의 전신 연간 상한치	500 mrem	1년에 10,000명 중 1명 위험
무시해도 좋은 개인 상한치	1 mrem	10,000,000명 중 1명 위험

방사선효과(radiation effect)는 결정론적 효과와 확률적 효과의 두 범주로 구분할 수 있다. 결정론적 효과(deterministic effect)에는 노출 직후 나타나는 피부 화상, 혈구계수효과(blood count effect), 백내장 등이 있다. 이 효과는 조직 내 이온화 세포의 심각한 기능장애나 죽음을 유발한다.

확률적 효과(stochastic effect)는 DNA의 변형으로 발생하기 때문에 보다 난해하다. 일반적으로 암이 장기간에 걸쳐 나타나는 것이 대표적 효과 중 하나이다.

이러한 효과를 전망하기 위해 일상의 방사선 공급원을 조사하고 있다. 태양에서 방출하는 우주선(cosmic radiation)은 해수면에서 년당 약 25 mrem 정도이며, 중고도에 위치한 도시, Denver와 Albuquerque에서는 연간 선량당량이 약 두 배에 달하며, 고도 9,350 ft에 위치한 Quito, Ecuador에서는 선량당량이 4배에 달한다.

방사성 핵종(radioactive nuclide)의 붕괴 시 방출되는 감마선은 전 세계 평균이 연간 46 mrem에 달한다. 미국의 경우 연당 15-150 mrem 의 값을 가진다.

마지막으로 실내 라돈(indoor radon)은 연 배경 선량당량에 가장 크게 기여한다. 평균 가정에

서 지속적으로 머무를 경우 리터(liter)당 약 1.25 피코퀴리(picocurie)로 전신에 연간 400 mrem 의 선량당량에 해당된다. 미국가정의 약 6%가 리터당 4 피코퀴리를 초과하여 교정조치가 필요한 수준을 형성한다.

핵무기 손상예측(Nuclear Weapon Damage Prediction)

손상기준(Damage Criterion)

핵폭발 시 손상범위를 성공적으로 예측하기 위해서는 관련된 손상 메커니즘에 대한 이해가 반드시 필요하다. 다양한 표적이 다양한 형태의 손상효과에 노출될 수 있기 때문에 표적의 취약성을 통해 표적을 공격하는 최적의 방법을 결정할 수 있다. 핵폭발은 충격파(shock wave), 열펄스 (thermal pulse), 핵방사(nuclear radiation)의 세 가지 주요 효과를 생성한다. 표적은 이 효과중 하나나 둘에 아니면 세 가지 복합효과에 취약성을 가질 수 있다.

충격파와 관련된 손상은 재래식 무장에서 설명한데로 두 가지 범주로 나뉜다. 회절로딩(diffraction loading)은 폭풍파(blast wave)의 최대 과도압력과 관련된 반면, 항력로딩(drag loading)과 이와 관련된 손상은 동압효과(dynamic pressure effect)에 기인한다. 모든 구조물이 폭풍파 내에서 동시에 이 두 가지 힘에 영향을 받더라도 구조물에 따라 둘 중 한 가지 힘에 보다 많은 영향을 받는다.

회절로딩(diffraction loading) 표적은 사실상 입사되는 폭풍파의 효과에 의해 산산이 부서진다. 이 충격파는 표적을 둘러싸며 주변으로 회절이 발생하는데 이 결과로 생기는 힘이 구조물에 엄청한 스트레스를 가한다. 게다가 표적이 모든 면이 충격파에 의해 동시에 둘러싸이지 않으면 충격파가 구조물을 지나갈 때 구조물의 각 면에 서로 다른 압력이 가해질 수 있다. 이러한 압력의 차이로 물체가 부수어지는데 그 이유는 큰 힘이 짧은 특정시간에만 구조물에 가해져 갑작스런 충격력이 발생하기 때문이다. 손상 정도는 최대 과도압력에 의존한다. 손상범위는 앞의 18장에서 설명한 재래식 탄두에 의해 발생하는 회절로딩의 범위와 동일하다.

항력로딩(drag loading) 충격파면(shock front)과 관련된 높은 압력과 충격파면을 뒤 따르는 낮은 압력 때문에 강력한 바람이 생성된다. 이 바람은 표적 구조물에 가로방향 힘(lateral force)을 가하

여 바람의 동압에 의해 구조물을 이동(병진운동)시키거나 구부러지게 한다. 항력로딩은 동압뿐만 아니라 구조물의 물리적 크기에 의존한다. 이 효과에 영향을 받기 쉬운 일반 표적은 일반적으로 경량이거나 구부러지기 쉽다.

손상정도는 최대 동압이나 최대 풍속에 의존한다. 다시 강조하면, 손상기준은 재래식 탄두와 동일하다. 표 19-6은 최대 과도압력, 동압, 풍속 사이에 상관관계를 보여준다.

표 19-6 해수면에서 과도압력, 동압, 풍속

최대 과도압력(psi)	최대 동압(psi)	최대 풍속(mph)
200	330	2,080
150	223	1,778
100	123	1,414
72	80	1,170
50	40	940
30	16	670
20	8	470
10	2	290
5	0.7	160
2	0.1	70

그림 19-12 시험장면. 폭풍파면(blast front)이 도달하기 이전 열펄스(thermal pulse)에 주의

화재/화상(fire/burn) 핵폭발은 물체를 자연발생적으로 점화시켜 숯으로 만든다. 손상정도는 총 열복사 노출에 의존하며 열복사의 단위는 cal/㎠이다. 목재 구조물, 연료탱크, 인원이 열복사에 특히 취약하다.

표 19-7은 가벼운(light), 중간의(moderate), 심각한(heavy) 손상을 발생시키는 데 필요한 열복사에 노출량을 나타낸다. 특히 인원에의 노출량(화상정도)을 나타낼 때는 1도, 2도, 3도 화상으로 나타낸다.

방사(radiation) 본 교재의 목적상 방사에의 노출 계산은 기폭 후 1분 이내의 초기 방사선량만을 대상으로 한다. 고체 전자부품(solid-state electronics)도 방사선에 영향을 받을 수 있지만 사람만이 방사선 노출에 취약한 것으로 간주한다. 참고로 고체 전자부품에 방사선의 일시적인 영향을 "TREE(transient radiation effect on electronics"라 한다.

예측방법 (prediction methodology) 손상정도는 최초 1분간 흡수한 총 방사선량에 의존한다. 이 양은 라드 또는 렘 단위로 측정되며 외부적 노출만을 가정하기 때문에 같은 의미로 사용된다.

손상을 예측하는 첫 번째 단계는 표적이 받을 수 있는 손상 메커니즘을 식별하는 것이다. 다음 단계는 원하는 수준의 손상을 결정하여 단순화를 위해 가벼운, 중간의, 심각한의 세 가지 범주로 나누는 것이다. 손상기준표에서 얻은 정보와 원하는 효과를 결합하여 주어진 핵폭발에 대한 크기를 얻을 수 있다.

표 19-7은 여러 표적에 대한 손상 자료를 나타낸다. 첫 번째 열은 표적의 유형을 두 번째 열은 표적에 가해지는 손상 메커니즘을, 나머지 열은 각각의 손상수준을 얻기 위해 필요한 압력, 열, 방사 효과를 나타낸다.

표 19-7 표적별 손상자료

표적유형	손상메커니즘	가벼운 손상	중간의 손상	심각한 손상
산업 빌딩	회절(최대 과도압력)	3 psi	5 psi	15 psi
도로 및 교량	회절(최대 과도압력)	5 psi	8 psi	12 psi
경장갑	항력(동압)	1 psi	4 psi	7 psi
중장갑	회절(최대 과도압력)	10 psi	100 psi	200 psi
노지상 인원	항력(동압)	1 psi	3 psi	5 psi
벙커 내의 인원	회절(최대 과도압력)	5 psi	30 psi	100 psi
매몰된 구조물	회절(최대 과도압력)	30 psi	175 psi	300 psi
대기 중인 항공기	항력(동압)	0.7 psi	1.5 psi	3 psi
함정	항력(동압)	2 psi	5 psi	7 psi
거주 구조물	화재(열복사)	10 cal/cm²	20 cal/cm²	50 cal/cm²
인원	화상(열복사)	3 cal/cm²	5 cal/cm²	10 cal/cm²
인원	감마선/중성자 방사 (핵방사)	150 rem	500 rem	1,000 rem

핵폭풍 효과 예측(Predicting Nuclear Blast Effect)

다음의 그림 19-13부터 19-16까지 네 개의 그래프는 충격파 효과(shock wave effect)를 나타내는 자료로 1-킬로톤(kiloton) TNT와 등가의 폭발을 기준으로 정한 최대 과도압력과 최대 동압을 나타내는 곡선들이다.

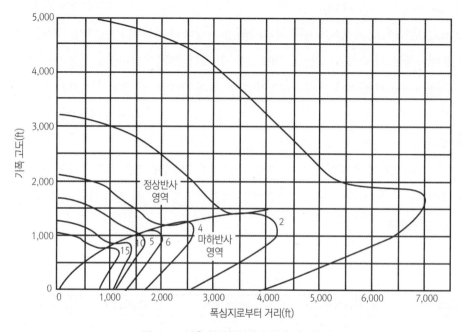

그림 19-13 낮은 압력영역에서 최대 과도압력

이 그래프를 탄두 크기에 적용하기 위해 재래식 무기에서 논의하였던 축척비 법칙(scaling law)을 적용하자. 기준 탄두가 1 kT이기 때문에 재래식 탄두에 관한 식을 아래와 같이 수정할 수 있다.

$$\left(\frac{W_{탄두}}{W_{1kT}}\right)^{1/3} = \left(\frac{h_{탄두}}{h_{1kT}}\right) = \left(\frac{d_{탄두}}{d_{1kT}}\right) \tag{19-9}$$

위 식에서 분수의 분자는 실제 탄두의 크기($W_{탄두}$), 기폭 고도($h_{탄두}$), 특정 탄두의 폭심지로부터 측정된 효과가 미치는 거리를, 분모는 1 kT의 폭발을 기준으로 한 손상 메커니즘에 의한 고도와 거리를 나타내며 세부 값이 각각의 그래프에 나타나 있다.

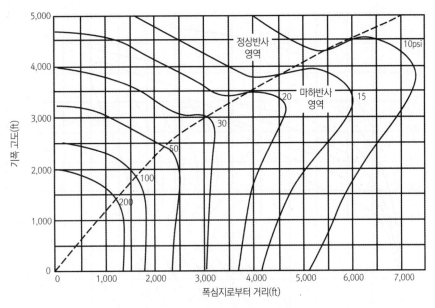

그림 19-14 중간 압력영역에서 최대 과도압력

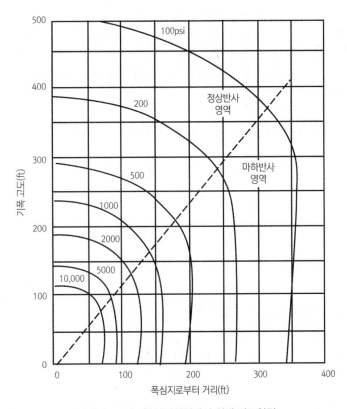

그림 19-15 높은 압력영역에서 최대 과도압력

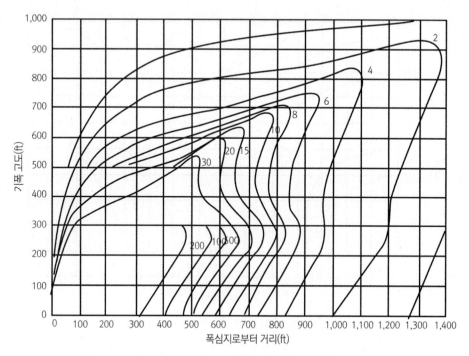

그림 19-16 1 kT 탄두 기폭 시 최대 동압의 수평성분

예제 19-1 : 1,000 kT 탄두가 지표상 2,000 ft 고도에서 기폭했을 때 폭심지로부터 3,000 ft 이격된 거리에서 최대 과도압력을 구하라.

풀이 : 축척비 법칙을 이용하여 1 kT 폭발에 해당하는 기폭 고도를 구하면

$$\left(\frac{W_{탄두}}{1}\right)^{1/3} = \left(\frac{h_{탄두}}{h_{1kT}}\right) \Rightarrow \left(\frac{1,000\,kT}{1}\right)^{1/3} = \left(\frac{2,000\,ft}{h_{1kT}}\right)$$

$$\Rightarrow h_{1kT} = \left(\frac{2,000\,ft}{(1,000\,kT)^{1/3}}\right) = 200\,ft$$

이와 같은 방법으로 1 kT의 폭발에 의해 영향이 미치는 거리를 구하면,

$$\left(\frac{W_{탄두}}{1}\right)^{1/3} = \left(\frac{d_{탄두}}{d_{1kT}}\right) \Rightarrow \left(\frac{1,000\,kT}{1}\right)^{1/3} = \left(\frac{3,000\,ft}{d_{1kT}}\right)$$

$$\Rightarrow d_{1kT} = \left(\frac{3,000\,ft}{(1,000\,kT)^{1/3}}\right) = 300\,ft$$

예제에서 제시한 1,000 kT의 탄두 폭발 시 고도와 거리를 1 kT 탄두의 폭발 시 값으로 효과적으

로 변환하였다. 이 파라미터를 적당한 곡선에 넣어 각 그래프의 교차지점을 기록하여 문제의 해를 구하면 160 psi를 얻는다. 그림 19-17을 참조하고 곡선들 간에 보간이 필요함에 유의하라. 계산 목적상 그래프 선 사이의 공간은 선형 보간되었다고 가정한다.

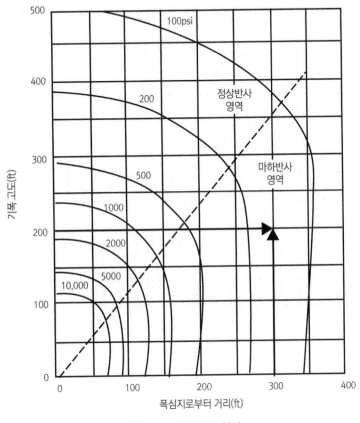

그림 19-17 최대 과도압력

예제 19-2 : 100 kT의 무기가 산업용 빌딩을 지나치며 심각한 손상(heavy damage)을 발생시킬 수 있는 거리에서 기폭될 때 최적 기폭고도(HOB ; optimum height of burst)를 구하라. 여기서 최적 기폭고도란 표적을 타격하는 거리를 최대로 하는 압력곡선 상의 고도이다.

풀이 : 표 19-7은 산업용 빌딩이 회절로딩(최대 과도압력 곡선)에 의한 손상자료를 나타내며 심각한 손상(heavy damage)을 발생시키기 위해서는 15 psi가 필요함을 알 수 있다. 그림 19-18과 위의 최적 기폭고도의 정의를 이용하면 1 kT에 대해 필요한 정보를 얻을 수 있다.

1 kT의 탄두에 대한 최적 기폭고도는 대략 660 ft 이므로 100 kT 탄두에 대한 값을 얻기 위해 축

척비 법칙을 이용하면 아래의 결과를 얻을 수 있다.

$$\left(\frac{W_{탄두}}{1}\right)^{1/3} = \left(\frac{h_{탄두}}{h_{1kT}}\right) \Rightarrow \left(\frac{100\,k\,T}{1}\right)^{1/3} = \left(\frac{h_{탄두}}{660\,ft}\right)$$

$$\Rightarrow h_{100\,kT} = (660\,ft) \times 100\,k\,T)^{1/3} = 3,063.4\,ft$$

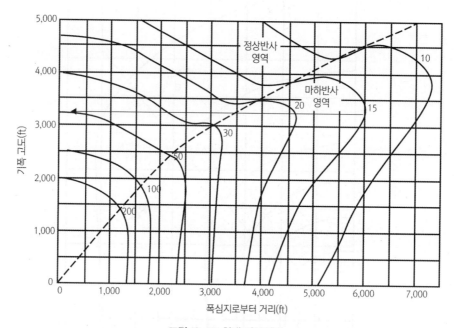

그림 19-18 최대 과도압력

열복사 예측(Thermal Radiation Prediction)

입력 파라미터로 경사거리(slant range)와 탄두 수율(warhead yield)을 필요로 하는 열 효과를 하나의 그래프로 나타낼 수 있다. 경사거리를 구하는 문제는 단순히 피타고라스의 정리를 이용하여 해결할 수 있다. 앞의 예제에서 요구되는 거리는 폭심지(ground zero)로부터 측정된 반면, 경사거리는 기폭으로부터 지표에서 효과가 측정되는 점까지의 실제 직선거리이다.

그림 19-19는 이 개념을 나타내며, 탄두가 입력 파라미터를 포함하고 있기 때문에 축척비의 법칙을 사용할 필요가 없다.

따라서 경사거리는 다음 식으로 구할 수 있다.

$$경사거리 = \sqrt{d^2 + (최적\ 기폭고도)^2} \tag{19-10}$$

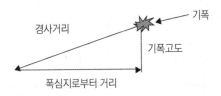

그림 19-19 경사거리와 최적 기폭고도와의 관계

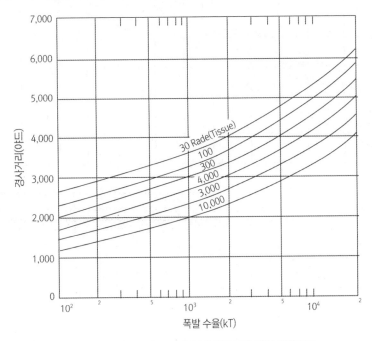

그림 19-20 지상근처 표적의 특정 감마선에 대한 경사거리

경사거리는 사용하는 그래프에 따라 다른 단위를 사용함에 유의해야 하며, 그림 19-20, 19-21, 19-22를 참조하라. 열곡선(thermal curve)에서 경사거리는 마일로 표현되며 중성자나 감마선 방사의 경우 경사거리는 야드로 표현된다.

그림 19-21은 마일로 표현되어 있는데, 그 이유는 열 효과(thermal effect)가 폭풍 또는 방사효과보다 훨씬 멀리 확장되기 때문이다. 또한, 곡선이 3 cal/㎠ 이하로 내려가지 않는데, 그 이유는 이 보다 낮은 열 노출은 생물학적으로 중요하지 않기 때문이다. 이와 마찬가지로 어떠한 곡선도 50 cal/㎠ 이상을 초과하지 않는데, 그 이유는 이 수준의 노출은 취약한 표적에 대량(치명적) 손상을 일으키기에 충분하기 때문이다.

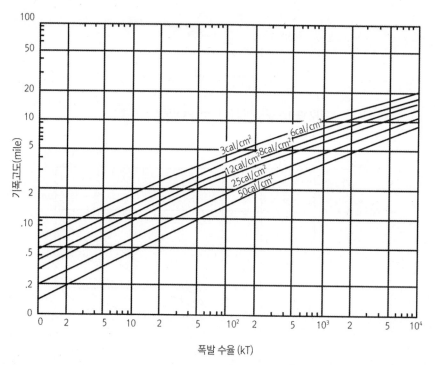

그림 19-21 시정 12 mile일 때, 고도 15,00 ft에서 공중폭발 시 에너지 수율의 함수로 지상에서 특정 방사에 의한 열 노출 경사거리

예제 19-3 : 75 kT의 탄두가 300 ft에서 기폭될 때 2 마일 떨어진 곳에서 복사노출(radiant exposure)을 구하라.

풀이 : 앞에서 살펴본 관계식을 이용하여 경사거리를 계산하면

$$경사거리 = \sqrt{d^2 + (최적\ 기폭고도)^2}$$
$$= \sqrt{(2\,mile)^2 + \left(\frac{300\,ft}{5,280\,ft/mile}\right)} = 2.00\,mile$$

경사거리 2.00 mile과 100 kT의 탄두 수율을 그림 19-21에 입력하여 해를 구하면 약 22 cal/㎠을 얻을 수 있다. 선 사이의 보간(interpolation)이 필요할 수도 있으며 두 개별 선 사이의 보간은 선형적이라 가정한다.

방사선량 예측(Radiation Dose Prediction)

여러 그래프가 이온화 방사선량(radiation dose)을 결정하는 데 사용될 수 있다. 이 그래프를 사용

하는 방법은 열 방사선량(thermal dose)을 결정하는 방법과 유사하다.

그림 19-22와 19-23은 "라드(rad)" 단위의 방사선량을 예측한다. 이 그래프는 30 rad 이하의 값은 나타낼 수 없는데 이유는 이 정도의 방사선량은 신체에 주목할 만한 영향을 미치지 않기 때문이다. 마찬가지로 10,000 rad(rem) 이상의 방사선량의 경우 즉각 사망에 이르게 한다.

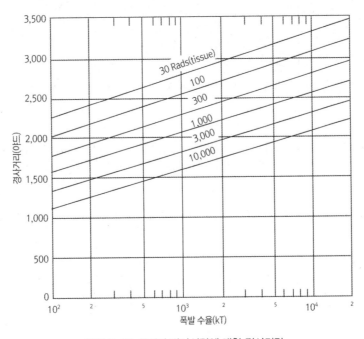

그림 19-22 중성자 방사선량에 대한 경사거리

예제 19-4 : 200 kT 탄두가 750 ft에서 기폭될 때 폭심지로부터 2,000 야드 이격된 곳에서 감마선 방사선량을 구하라.

풀이 : 경사거리를 계산하면

$$경사거리 = \sqrt{d^2 + (최적\ 기폭고도)^2}$$

$$= \sqrt{(2,000\,yd)^2 + \left(\frac{750\,ft}{3\,ft/yd}\right)^2} = 2,015.6\,yd$$

그림 19-23의 경사거리가 야드 단위로 측정되었으므로, 그림 19-23에 2,025.6 야드의 경사거리와 200 kT의 탄두 수율을 입력하면 개략적인 해로 925 렘(rem)을 얻을 수 있다.

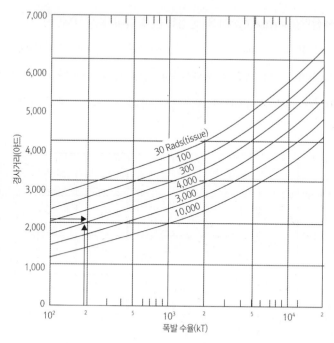

그림 19-23 특정 감마선 방사선량에 대한 경사거리

생화학 무기

화학 및 생물학 무기(CBW ; chemical and biological weapon) 즉, 생화학 무기의 위협은 잠재적 사용자와 사용 환경이 매우 다양하다. 이 무기는 적대국가나 테러조직에 의해 사용될 수 있으며, 전장이나 민간인에 대해 사용될 수 있다. 과거 생화학 무기 위협은 전투원이 대상이었으나 현재는 민간 표적(domestic target)에 대한 위협이 보다 확실시되고 있다.

테러리스트에 의한 생화학 무기의 사용은 국경을 초월한 가장 위급한 위협이다. 다른 강대국의 부재와 압도적인 미군 능력은 테러리스트의 선택권을 크게 제한한다. 따라서 증가추세에 있는 테러집단은 자신의 목적달성을 위해 비대칭적 수단을 찾고 있다.

국제사회는 생화학 무기의 확산을 방지하기 위해 화학무기금지협약(Chemical Weapons Convention)과 생물무기금지협약(Biological Weapons Convention)을 채택하였다. 이러한 노력에도 불구하고 조약(treaty)의 결점으로 확산문제가 계속 악화되고 있다.

조약 내용은 주권국의 개발 프로그램에만 집중되어 있고, 테러리스트에 의해 사용될 수도 있는 소량의 생화학 작용제(agent)에 관한 내용은 전혀 포함되어 있지 않다. 추가로, 조약은 "민군겸용

(dual-use)" 품목을 효과적으로 규제하지 못하는데, 여기서 민군겸용 품목이란 생화학 무기를 제조하는데 사용되는 물질이이지만 또한 화공 및 제약 산업에서 기초생산에 중요한 물질이다.

이러한 이유 때문에 화학무기 협정(convention)에는 무기에 사용될 수 있는 다수의 유독성 산업용 화학제품이 포함되지 않는다. 게다가 이 무기들이 과거 생산하거나 조작하기 어려운 것으로 간주되었을 때 이 조약들이 만들어졌다. 기술과 유전 공학의 진보로 이 작용제들을 생산하고 조작할 수 있게 되어 전술 무기에 사용된다.

생화학 무기 특성

핵 및 재래식 무기와 달리 생화학 무기는 인체와 상호작용만을 통해 사람을 무능력하게 하거나 죽음에 이르게 한다. 화학 무기는 피부, 눈, 폐, 혈액, 신경 또는 다른 장기를 통해 인체 내로 들어와 생명시스템에 영향을 미치는 독물이다.

생물 무기는 박테리아(bacteria), 리케차(rickettsia), 바이러스(virus)와 같이 질병을 일으키는 미생물이나 독소(toxin)로, 여기서 독소란 화학적 독(chemical poison)과 같은 방식으로 인간, 식물, 동물과 상호작용하는 생물에 의해 생성되는 화학물질이다.

기초적인 화학 및 생물학 무기는 최소한의 기술만을 필요로 하여 생산하고자 하는 대부분의 국가에서 사용가능하다. 기초적인 화학전 작용제인 머스터드 가스(mustard gas)는 1823년에 최초 합성되었고, 고 순도 신경 작용제를 포함하여 진보된 화학 또는 생물학 무기는 화학공학, 의약품 산업, 생물공학산업을 보유한 거의 모든 국가 및 사회조직에서 생산이 가능하다.

화학 및 생물학 기술에의 접근성은 정보교환을 촉진시키는 경제상황, 의약품 및 생물공학산업의 세계화, 과학 및 공학자의 교류 등 다양한 요인에 의해 향상되고 있다. 표 19-8은 화학 및 생물학 무기의 일반적 특성을 나타낸다.

화학 및 생물학 무기 고유의 특징은 위협에 대응하기 위한 통합된 방어태세를 요구한다는 것이다. 이 무기로부터의 위협은 죽음이나 무능력에 이르게 하는 것이 아니라 죽음이나 무능력을 유발시키는 방법에 있어 독특하다.

또한 화학 및 생물학 무기는 보이지 않기 때문에 특히, 준비되지 않은 경우 공격부대도 두려움을 일으킨다. 따라서 경고 없이 타격이 가능하다. 공중에서 연기나 증기 구름 내에 사용되면 생화학 무기는 무정형이며 탄환처럼 몸을 피할 수도 없다. 이 무기는 글자 그대로 갈라진 틈을 통해 침투한다.

생화학 무기가 표적을 죽음에 이르도록 설계되더라도 손상정도는 무기의 전달 방법과 정확도에 의해 결정된다. 이 무기의 궁극적인 효과는 무기의 사용 환경과 무관하게 다음 요소에 의해 결정된다.

- 작용제의 전달(delivery)
- 표적에 전달되는 작용제의 양(dose)
- 아랫바람 분산(downwind dispersal)
- 흡입 또는 흡수된 작용제의 양(dose)
- 증상(sympton)
- 임무수행능력저하(performance degradation)

표 19-8 생화학 작용제 비교

특징	화학작용제	생물학작용제
영향지역	상대적으로 작음(전술적)	작용제의 퍼짐에 따라 범위가 넓음
탐지용이성	어려움	매우 어려움
탐지/식별 소요시간	수초; 일부 작용제는 매우 빠름	수 십분; 광범위한 의료시설 필요
효과개시까지 소요시간	일반적으로 수분	일반적으로 수일
의학적 치료	제한됨; 증상만을 치료할 수 있음	사실상 어려움; 작용제에 따라 다름

작용제 전달 생화학무기를 표적으로 전달하는 방법은 사실상 수없이 많다. 전장에서 전달시스템에는 순항 또는 탄도미사일, 포, 로켓, 기뢰, 폭탄, 압축공기 탱크(spray tank) 등이 포함된다. 작용제 전달에 대한 방어 방법에는 방어 미사일과 생화학 무기 관련 장소의 선제 타격 등이 포함된다. 그러나 테러리스트가 사용하는 전달시스템은 상상을 초월한다.

생화학 무기의 분산은 다양한 형태로 이루어지는데 가용한 방법은 다음과 같다.

- 표적에 빗겨 맞도록 공격(off-target attack)은 에어로졸 살포기(aerosol disseminator)를 이용하여 바람에 수직인 경로를 따라 움직인다. 전달수단에는 항공기, 무인항공기, 순항미사일, 수상이나 수중, 지상 운송수단(vehicle) 등이 포함된다. 또한 이 공격방법은 다수의 기폭/분무 장치(multiple-source detonation/spray device)를 은밀하게 표적의 풍상(upwind)에 위치시켜 원격 또는 시한장치(timing device)에 의해 개시될 수도 있다.
- 표적을 정확히 조준한 공격(on target attack)은 다양한 형태의 신관을 가지는 탄약(munition)에 포함된 작용제를 지표 근처에서 폭발시켜 작용제를 살포하거나 분무한다. 이 형태의 탄에는 탄도 및 순항 미사일 탄두, 항공기 무기, 로켓포, 함포탄 등이 있다.

- 지역거부 공격(area-denial attack)은 적 세력이 지나가는 지상 지역 및 물 이동통로(교차점)에 통상 지속적으로 화학작용제를 밀집된 형태로 쌓이도록 한다. 전달수단에는 항공기 무기, 포, 지뢰(기뢰) 등이 있다.

표적상 작용제의 양(dose on target) 무기가 표적으로 일단 전달되면 표적 상에 존재하는 작용제의 양을 식별하는 것이 매우 주요하다. 적의 관점에서 보면 생화학 무기를 사용할 때 표적 상에 존재하는 작용제의 양이 가장 중요하고 판단하기 어려운 요소이다.

따라서 표적상 작용제의 양은 생화학 작용제를 무기로 사용할 때 가장 강조되는 요소이다. 예를 들어 보툴리눔 독소(botulinum toxin)와 같은 일부 작용제는 극도로 치명적이나 에어로졸 상태로 만들기 어려운 반면 툴라레미아(tularemia)와 같은 작용제는 매우 낮은 치사율을 가지나 에어로졸로 만들기 쉬워 무기로 사용된다. 방어방법에는 조기경보시스템이나 작용제에 노출을 피하는 전술이 있다.

아랫바람 분산(downwind dispersal) 분산은 작용제의 유형, 전달시스템, 지리 및 기상 조건에 따라 다르다. 기온이 차고 바람이 없는 밤에 농축된 수포성 작용제(vesicant agent)는 아랫바람 위험은 크게 발생시키지 않지만 충격 또는 분산점에서 가장 큰 위험을 발생시킨다. 이와 달리 탄저(anthrax)와 같은 생물 작용제가 최적의 조건에서 단일 분무기(sprayer)에서 분산되면 천 제곱미터를 초과하는 치명적인 아랫바람 위험지역을 생성한다.

따라서 전달 특성에 따라 의도한 표적지점에서 수 킬로미터까지 작용제를 분산시켜 작용제를 회피하거나 탐지하기 어렵게 할 수 있다. 탐지 및 경보시스템이 이러한 위험에 대항하기 위해 필요하다. 또한 제독 시스템(decontamination system)이 작용제의 확산이나 다시 에어로졸이 형성되는 것을 방지하기 위해 사용된다.

흡입 또는 흡수된 작용제의 양(inhaled or absorbed dose) 일단 작용제가 전달되면 인원은 흡입이나 피부를 통해 생화학 작용제의 위험에 노출된다. 생물 작용제는 흡수도 가능하지만 주로 흡입에 의해 위험에 노출된다. 화학 작용제는 접촉과 흡입 모두를 통해 치명적 영향을 받는다. 이러한 위협에 대한 방어방법에는 마스크, 보호의(suit), 장갑, 집단방호시스템(collective protection system) 및 대피호 등이 있다.

증상(symptom) 인원이 생화학 작용제에 노출되면 다양한 증상이 발생한다. 증상은 신경 작용제의 경우처럼 바로 나타나거나 생물 작용제처럼 수일 경과 후 나타날 수도 있다. 증상의 범위는 구역질 및 어지럼증에서 마비 및 사망까지 다양하다. 백신(vaccine)을 사용하면 생화학 작용제 노출효과를 회피하거나 최소화할 수 있다. 백신을 사용할 수 없을 때에는 치료 및 투약 등의 조치가 가능하다.

임무수행능력 저하(performance degradation) 방어가 효과적이지 못하거나 인원이 작용제에 노출되었을 때 증상을 나타내면 아군 세력의 임무수행 능력이 현저하게 저하된다. 효과적인 희생자 관리(casualty management)를 통해 희생자의 수를 줄여 임무에 복귀할 수 있도록 해야 한다. 훈련을 통해 생화학 작용제에 대한 보호 장구를 착용하고 심리적 공포를 가지지 않도록 하여 임무수행 능력이 저하되는 것을 막을 수 있다.

전장 상황에서 여러 부가적 요소들이 관련된다. 교전세력에 대한 생화학 작용제 사용의 미래 시나리오는 많은 국가들이 추구해 온 대규모 생화학전 프로그램과 관련된 과거 시나리오와 다르지 않다.

아래에 나열한 표적 중에 첫 번째 범주는 전염성 작용제에 가장 취약한데, 이 작용제는 효과를 나타내는 시기는 상대적으로 느리지만 대규모 지역에 영향을 미친다. 둘 및 세 번째 범주의 표적은 광범위한 생화학 작용제에 취약하다. 네 번째 범주의 표적은 화학 및 독소-유형(toxin-type)의 작용제에 가장 취약한데, 이 작용제는 상대적으로 신속하게 효과가 개시되나 동일 중량의 작용제 사용 시 상대적으로 적은 지역에 효과를 나타낸다.

1. 고가치, 대규모 기지 및 작전 전구 내외의 표적: 지도부, 정치 본부, 군사령부; 산업, 상업, 인구 밀집지역

2. 전구-지원 군사기지(theater-support military facility): 지휘 및 통제, 병영(barrack), 항공기지(air base), 미사일 발사장, 군항, 군수 이송/저장기지

3. 교전지역 부근의 군자산; 병력이송, 숙영지, 낙하 지점(drop zone), 활주로, 대공방어시스템, 포병지원기지(artillery support base), 해군 기동부대(naval task force)

4. 교전세력: 보병, 해병, 기계/장갑 내부

화학전 작용제(Chemical Warfare Agent)

화학전 작용제란 생리학적 작용을 통한 살상이나 심각한 손상 또는 무능화를 위해 군사작전에 사용되는 화학물질이다. 화학 작용제는 피부, 눈, 폐, 혈액, 신경계통 및 다른 기관을 통해 생물에 영향을 미치는 독이다.

화학 작용제는 일반적으로 신경, 혈액, 호흡, 수포의 네 가지 범주로 구분된다. 이 중에서 치명적 신경, 혈액, 호흡 작용제는 명칭에서 알 수 있듯이 노출된 인원을 사망에 이르게 한다.

단, 수포 작용제는 접촉하는 피부, 눈과 같은 조직 또는 호흡기에 손상을 주며 지역, 시설 및 물자를 오염시키는데 사용할 수 있다.

화학 작용제는 G-계열 신경작용제처럼 비지속성과 그 이외의 신경 작용제와 수포 작용제와 같이 지속성으로 분류된다. 지속성은 살포 후 환경조건하에서 작용제 효과의 지속기간을 나타내는데 일반적으로 사용된 후 전장 환경에서 지속기간으로 측정된다.

지속성 작용제는 일반적으로 접촉 및 호흡 위험성 물질인 반면 비지속성 작용제는 단지 호흡 위험성 물질이다. 지속성 작용제는 생성물의 점성을 높이고 진하게 만들기 위해 화학적 작용제 내에서 폴리머-폴리스티렌 또는 고무 생성물-를 용해시켜 얻을 수 있다. 이를 통해 작용제의 지속성 및 접착성을 증가시키고 제독을 어렵게 할 수 있다. 표 19-9에 화학전 작용제의 특성이 요약되어 있다.

신경 작용제(Nerve Agent)

신경 작용제는 신경 접합부에서 효소(enzyme)를 억제함으로써 신경계 내에서 자극 전달을 교란시킨다. 안정적이고, 쉽게 퍼지며 높은 독성을 가지는 신경 작용제는 흡수 또는 흡입됨에 따라 인체 내에서 빠르게 작용한다. 순수 상태의 신경 작용제는 무색의 액체이다.

선행물질(precursor)이라 불리는 신경 작용제의 성분은 "화학무기금지협약(Chemical Weapons Convention)"과 같은 국제 협약에 의해 통제되지만 쉽게 구할 수 있다. 가장 흔한 신경 작용제에는 타분(GA), 사린(GB), 소만(GD), cyclosarin(GF), V/X 가 있다.

매우 유독하며 효과가 빠른 신경 작용제는 호흡, 피부를 통한 흡수 또는 오염된 식품이나 식수 섭취를 통해 인체에 들어온다. 신경 작용제가 효과를 개시하는 시기는 노출방법의 함수이다. 호흡으로의 노출은 가장 빠른 전달방법인데 그 이유는 작용제가 혈액순환계로 빠르게 확산될 수 있기 때문이다.

신경 작용제의 중독 증상에는 타액(saliva) 분비증가, 가슴통증, 동공수축, 두통, 피로, 불명료한 말하기, 환각, 구역질, 호흡곤란, 기침, 경련 및 구토, 전율, 의식 잃음 등이 있다. 독소의 영향은 공기로부터 흡입한 작용제의 농도와 노출시간에 따라 다르다.

의료조치가 취해진다면 즉각 반응하여 효과를 나타낼 것이다. 아트로핀과 같은 신경 작용제 해독제를 포함하는 자동주사기는 가장 대표적인 치료 방법 중 하나이다.

주사 이후 희생자는 의료진에 의해 치료를 받을 수 있으며 의료진은 우선 추가 해독제와 다이아제팜(diazepam)과 같은 진정제를 주사할 수 있다. 심각한 작용제 중독으로부터 회복하기까지는 최소한 2주가 소요되며 기억상실증, 불안, 근육약화 그리고 수면 및 집중력 장애 등을 나타낸다.

표 19-9 화학전 작용제

종류	기호	증상	효과	작용율
신경 (nerve)	GA GB GD GF VX	호흡곤란; 발한, 침 흘림, 경련, 시력 약화	저농도 시 무능력화; 고농도 시 사망. VX는 지속적이나 나머지는 비지속적.	증기:수초~수분 피부:2~18시간
혈액 (blood)	AC CK	호흡 가빠짐, 경련, 혼수상태	충분한양 사용 시 사망. 비지속적.	즉시
수포 (blister)	HD HN HL L	조기증상 없음; 화끈거림, 눈/피부 /점막 쑤심	수포(수시간~수일 지연); 즉시 고통발생. 지속적.	증기:4~16시간 피부:2~48시간
호흡 (choking)	CG DP	호흡곤란. 쥐어뜯는 듯한 눈의 통증	폐에 물참. 비지속적.	즉시~3시간

혈액 작용제(Blood Agent)

대부분의 혈액 작용제는 비지속성이며 호흡에 의해 우선적으로 흡수된다. 혈액 작용제는 산소운반에 필요한 혈액 내의 효소에 영향을 주어 산소를 흡수하는 능력을 차단함으로써 신체능력에 지장을 준다. 두 가지 주요 혈액 작용제에는 시안화수소(AC; hydrogen cyanide)와 염화시안(CK; cyanogen chloride)이 있다.

비록 작용제의 휘발성이 사용상 문제를 일으킬 수 있지만 기체 및 액체상태의 시안화수소 모두

피부로 흡수되어 체내로 인입될 수 있다. 단, 제한된 공간에서 사용될 경우 시안화수소의 농도가 급격하게 치명수준에 다다를 수 있다.

시안화수소 중독 증상은 다양하며 중독 경로, 총 사용량, 노출시간 등에 따라 다르다. 시안화수소를 흡입하였을 경우에 초기증상으로 안절부절못하며 호흡률이 상승된다. 다른 초기증상에는 구토, 경련, 호흡불능, 무의식을 수반하는 어지러움, 두통, 가슴이 두근거림, 호흡곤란 등이 있다. 고농도의 시안화수소 작용제에 의해 중독이 빠르게 발생하면 증상이 나타나기도 전에 사망할 수 있다.

시안화수소 중독에 대한 어떠한 해독제도 존재하지 않는다. 현재 치료법은 혈액내의 시안화물을 배출하기 위해 신체 자체의 능력을 향상시키는 것이다.

호흡 작용제(Choking Agent)

호흡 작용제는 주로 코, 목, 폐 등의 호흡기를 통해 노출된 인원을 사망에 이르게 하고 보호되지 않은 인원에 손상을 주도록 제작된다. 호흡 작용제는 보호되지 않은 인명을 질식사시키는데, 이에 노출시 점막이 부어오르며 분비액이 발생하여 폐를 채우고 산소부족으로 죽음에 이른다. 이러한 사망형태를 "건성익사(dry land drowning)"라 한다.

주요 호흡 작용제에는 포스겐(CG)과 이인산염(DP)이 있다. 포스겐은 짧은 퍼짐 상태의 지속시간을 가지는 화학작용이다. 이인산염 또한 포스겐과 유사한 냄새를 가지는 무색의 가스이다. 이인산염은 포스겐 보다 눈물을 많이 흘리게 하기 때문에 보다 쉽게 알아차릴 수 있으며 증상 및 효과는 포스겐과 유사하다.

수포 작용제(Blister Agent)

수포 작용제는 수포를 발생시키는 작용제를 말하는데 세포조직의 염증, 수포 및 쇠약 등을 유발시킨다. 손상받기 쉬운 부위에는 노출된 조직(tissue)뿐만 아니라 눈, 호흡기관, 내부 장기 등이 포함된다. 수포 작용제는 효과가 지연되어 발생하는데 최초 증상이 노출 후 2에서 24시간까지 발생하지 않는다.

수포의 정도는 작용제의 농도 및 접촉 시간과 직접적으로 관련이 있다. 작용제는 자연에서 지속성을 가짐으로 보급품 또는 시설물을 오염시키는 데 사용될 수 있다. 수포 작용제는 머스터드, 비소화합물(arsenical), 어티컨트(urticant)의 세 유형으로 나뉜다.

머스터드(Mustard) 순수 상태에서 머스터드 작용제는 무색이며 거의 냄새가 없다. 머스터드란 불순물을 섞어 겨자 냄새가 나는 작용제를 생산하는 초기 제작방법 때문에 수폭 작용제 "H"에 주어진 명칭이다. 또한 머스터드 작용제는 썩은 양파와 유사한 특정 냄새를 가진 것으로 알려져 있다. 그러나 후각이 몇 번의 호흡 후에는 둔감해지기 때문에 냄새를 더 이상 구분할 수 없게 된다. 게다가 머스터드 작용제는 인간의 후각이 탐지할 수 없을 만큼 낮은 농도에서 호흡기에 손상을 유발할 수 있다.

머스터드 작용제는 가스 또는 액체 형태이든 피부, 눈, 폐, 위장관(gastrointestinal track)을 공격한다. 작용제가 피부 또는 폐를 통해 흡수되거나 인체로 인입되어 내부 장기가 손상될 수 있다.

머스터드 작용제는 접촉 시 어떠한 즉각적인 증상도 유발하지 않으며 지연 효과를 가진다. 희생자는 2에서 24시간이 경과한 후 고통을 느끼기 때문에 이때 작용제에 노출된 사실을 알 수 있게된다. 그러나 이때는 이미 세포손상이 발생한 이후이다.

머스터드 작용제의 중독 증상은 다양하다. 경상에는 다량의 눈물, 다량의 눈물을 동반한 눈의통증, 피부염증, 점막의 염증, 쉰 소리, 기침, 재치기 등이 있으며 일반적으로 의학적 치료행위가필요치 않다. 의학적 치료가 필요한 증상에는 심각한 호흡곤란을 동반한 시력상실을 유발하는 눈의 손상, 피부에 수포의 형성, 메스꺼움, 구토, 설사 등이 있다.

머스터드 작용제에 의한 손상 원인에 대처하기 위한 어떠한 치료 및 해독제도 없다. 대신 증상에 대한 완화조치만 취할 수 있다. 현재까지 가장 중요한 조치는 신속하며 철저한 환자 제독(오염제거)으로 이를 통해 추가적인 노출을 방지할 수 있다. 이러한 오염제거는 의료진의 노출 위험 또한 감소시킬 것이다.

오염제거 작업은 의복을 제거하고 적정한 오염제거제로 피부의 오염을 제거하며 비누와 물로 씻고 오염되었을 시 머리를 깎고 최소 5분 이상 눈을 물 또는 생리적 식염수로 행구는 것으로 진행된다.

의학적 치료로 항생물질을 이용하여 감염을 통제하는 노력이 이루어져야 하며 고통은 국부 마취로 경감될 수 있다. 피부손상이 치료된 후 성형 수술이 필요할 수도 있다. 폐 손상은 기관지확장제에 의한 치료가 필요하다. 기침을 완화시키는 약품과 코르티손(cortisone)이 사용될 수도 있다. 눈 손상은 진통제로 국부적으로 치료되며 필요시, 항생물질이 사용된다. 치료에도 불구하고 염증 및 빛에 민감하게 반응하는 현상은 오랫동안 지속될 수 있다.

비소 화합물(arsenical) 비소화합물은 화학적 구조의 기본 원소로 비소(arsenic)를 가지는 한 무리의

수포 작용제이다. 비소 화합물은 피부와 점막에 머스터드와 거의 동일한 손상을 유발하며, 인체 전체에 영향을 미치는 독이 되는 부가적 효과를 가진다. 비소 화합물은 갈색 액체로 머스터드보다 빠르게 증발하며 과일이나 제라늄(geranium)향이 난다. 비소 화합물은 증기보다는 액체 상태에서 더 위험하다.

액체 작용제의 경우 오염된 인원에 대한 즉각적인 제독이 요구되나 기체 작용제에 노출되었을 경우에는 통증이 없으며 제독하지 않아도 된다. 증기에 노출되었을 때 재채기와 기도상부에 자극이 나타날 수 있다. 세 가지 주요 비소 화합물에는 루이사이트(L; lewisite), 머스터드-루이사이트 혼합물(HL; mustard-lewisite mixture), PD(phenyldichloroarisine)가 있다.

*어티컨트(urticant)*는 수포 작용제로 즉각적으로 심각한 불타는 듯한 감각(burning sensation) 이후 심각한 고통과 저림을 느낀다. 가장 일반적인 어티컨트는 CX(phosgene oxime)로 불쾌하고 찌르는 듯한 향을 가지며 무색의 결정성 고체(crystalline solid)나 액체이다. CX는 눈과 코의 점막에 격렬한 자극을 유발한다.

CX에 노출된 인원은 우선 작용제와 접촉한 피부 부위에 붉은 고리형태로 둘러싸여진 창백한 피부 부위가 발생한다. 벌에 쏘였을 때와 유사한 자국이 30분 내에 형성되며, 그 부위가 24시간 내에 갈색으로 변하며 일주일 내에 딱지(scab)가 생긴다. 치료는 최소 2달 동안 늦춰진다. CX에 노출된 피부는 가능한 빨리 대량의 흐르는 물에 제독되어야 한다.

작용제 생산(Agent Production)

화학공업을 보유한 모든 국가는 수포 및 신경 작용제를 제조할 수 있는 능력을 가진다. 작용제 제조에 필요한 기본적인 화학 약품과 생산절차는 현대의 살충제를 생산하는 것과 유사하다. 수포 작용제의 생산철차는 비교적 간단하여 하나 또는 두 단계를 거친 후 정화(purification)하면 된다. 일단 정화되면 수포 작용제는 매우 안정하며 수년간 보관할 수 있다. 이와 다르게 신경 작용제는 보다 복잡하여 여러 제조 단계를 거쳐야한다.

이러한 화학 작용제 생산에 있어 상업적으로 가용한 산업용 화학 약품이 시작 물질 또는 선구 물질(precursor)로 사용된다. 선구 물질은 많은 개발도상국을 포함하여 다수의 국가에서 제조되기 때문에 이를 화학 작용제 생산에 사용하는 것을 제한하기 힘든 실정이다. 대부분의 선구 물질은 대량으로 합법적 사용이 가능하다.

비용, 원재료 또는 선구 물질의 가용성, 안정성 그리고 영향을 받은 인원에 대한 의학적 치료의 어려움 또한 화학 작용제의 제조를 결심하는 주요 요소이다. 신경 작용제 타번(tabun), 사린(sarin), VX, 소만(soman) 그리고 수포 작용제인 머스터드(mustard), 루이사이트(lewisite)와 같은 대표적인 화학 작용제 모두는 예측 가능한 특성을 가지며 다수의 잘 알려진 합성 방법으로 만들어지기 때문에 화학전 무기를 개발하는 국가에서 이를 선택한다. 작용제를 제조하는 데 필요한 기술 수준 또한 다른데, 머스터드는 제조가 가장 쉬우며, VX가 가장 어렵다.

화학전 작용제의 무기화(Weaponization)

화학전 작용제의 무기화는 다양한 방식으로 이루어진다. 가장 일반적인 방법은 발사하거나 떨어뜨려 표적으로 자유 비행하는 탄(munition)이다. 무기화는 일원 및 이원적 형태로 이루어지며 대형 탄이 다수의 자탄을 가지도록 할 수 있다. 분무탱크(spray tank) 또한 항공기나 지상에 설치된 에어로솔 발생기(aerosol generator)로부터 작용제를 살포하기 위해 사용될 수 있다.

대부분의 재래식 탄은 치명적이거나 치명적이지 않은 화학 작용제를 수용하도록 개조될 수 있다. 전형적인 화학탄(chemical munition)에는 공중 투하 폭탄, 로켓, 포탄, 수류탄, 지뢰, 미사일 탄두, 분무기(sprayer)와 분무탱크 등이 포함된다. 화학탄은 일반적으로 작용제로 둘러싸여진 작약(burster charge)을 포함한다. 작약이 폭발하여 작용제를 연속적 흐름이나 작은 입자의 구름 형태로 살포한다.

공중 또는 지상에 설치된 에어로솔 발생기는 화학 작용제를 보다 잘 제어하여 살포하기 위해 사용된다. 화학탄은 일반적으로 하나의 범주나 일원 또는 이원의(binary) 두 개의 범주로 구분된다. 일원 화학탄(unitary munition)은 탄에 작용제 자체를 수용하며, 이원 화학탄(binary munition)은 두 개의 선구 물질을 수용하여 비행 전이나 비행 중에 혼합되어 작용제를 생성한다. 일원 화학탄이 더 많은 작용제를 수용할 수 있지만 이원 화학탄은 비교적 덜 위험한 선구 물질을 사용하기 때문에 보다 안전하게 저장할 수 있다.

화학전 작용제는 자탄이나 소형 폭탄(bomblet)에 의해 운반되기도 한다. 지상 특정 고도에서 주 탄두로부터 자탄이 방출되어 임의의 패턴으로 지상에 탄착되어 기폭됨으로써 일반 탄약에서 전개된 것보다 훨씬 넓은 지역을 커버할 수 있다.

테러조직의 경우 상대적으로 기술에 덜 의존하는 살포 방법을 선택하는데, 집에서 만든 폭약이나 살포장치를 사용한다. 1995년 도쿄 지하철 시스템에 사린(sarin) 공격 시 옴진리교 단체(Aum

Shinrikyo cult)는 작용제가 담긴 비닐봉지를 우산 끝으로 찔러 살포하였다.

어떤 살포 방법을 사용하든 간에 화학 작용제가 일단 사용되면 기상, 지형, 건축물은 작용제에 영향을 미친다. 강풍, 집중호우 또는 영하 이하의 기온은 화학 작용제의 효과를 감소시킨다. 공격 이후 표적영역으로부터 이격된 거리에서 예상되는 호흡에 의한 효과에 영향을 미치는 요소로 기상이 가장 중요하다. 이와 유사하게 기상조건은 지상오염 효과에 영향을 미친다.

공격 이후 주 화학 작용제 구름이 바람에 따라 이동한다. 풍속(wind velocity)에 따라 표적영역으로부터 작용제 구름의 이동거리가 결정된다. 높은 풍속에서는 구름의 통과시간이 짧아 보호되지 않은 소수의 인원만 부상을 당하는 반면 풍속이 낮으면 보다 많은 부상자가 발생한다. 결국 약한 바람이 강한 바람보다 원거리에서 효과적이다.

풍속은 또한 주 구름이 움직이는 속도에도 영향을 준다. 부드러운 바람이 불면 희생자가 사전에 경보를 수신할 가능성이 높지만 매우 약한 바람에서는 구름이 매우 먼 곳까지 이동하지 못한다. 게다가 이런 상황에서는 바람의 방향이 많이 바뀌기 때문에 화학전 작용제 공격 시 원형 지역이 공격에 대비를 해야 하는 이유가 된다.

주 구름의 농도 또한 차가운 기온, 특히 영하의 기온에서에서는 감소한다. 농도가 낮은 이유는 살포할 때 증발되는 화학전 작용제의 양이 적어지기 때문이다. 이는 지상오염에 기여하는 작용제의 양이 더 커짐을 의미한다.

응결(precipitation) 또한 농도를 감소시키는데 그 이유는 가스/에어로솔이 습식 침적(wet deposition)되기 때문이다. 응결과 관련된 겨울에 발생하는 중요한 문제로 오염된 눈이 신발이나 의류에 묻어 대피호, 차량, 건물로 이동된 후 따뜻해지면 작용제가 증발하여 가스의 농도가 증가하게 된다.

약한 비가 지상오염을 더욱 심각하게 할 수 있는데 그 이유는 비가 토양 내부의 기공(pore)을 막아 토양 내부로 물질이 침투하는 것을 막기 때문이다. 그러나 강한 비는 지상오염을 씻어 내리는 반면 많은 눈은 오염을 덮어버린다. 두 경우 모두 접촉에 의한 위험은 줄어든다.

삼림지대와 기복이 있는 지형에서는 주 구름에 의한 위험 거리가 줄어드는데 그 이유는 바람이 보다 큰 교란(turbulence)에 노출되기 때문이다. 삼림지역에서 건성 침적(dry deposition) 또한 특정 양의 가스와 에어로솔을 흡수한다.

그러나 표적영역으로 접근할 때 삼림지대, 함몰지반, 구덩이, 좁은 거리는 공격효과를 연장할 수 있다. 특히 바람이 약하고 안정된 성층(stratification)에서의 가스와 에어로솔이 이 지역에 오래 머

물 것이다. 가장 긴 위험거리는 구름이 평원이나 호수 위를 지나가거나 골짜기의 윤곽을 따라 지나
갈 때 얻을 수 있다. 가스/에어로솔 구름이 지나가는 효과가 천막, 건물, 차량 내부에서는 지연된
다. 이러한 공간에서 낮은 공기 순환율 때문에 구름이 이 공간 내부로 침투하는 데 시간이 더 걸린
다. 특정 양의 화학전 작용제는 벽 및 표면에서 되돌아 튀어나오는데 이 또한 작용제의 농도를 감소
시킨다.

결국, 이 상황에서는 가스 구름의 지나감 효과에 특정한 감소가 존재함을 예상할 수 있다. 일반
적인 건축물에서 문과 창문을 닫고, 환기장치를 끄고 테이프를 이용하여 틈을 봉함으로써 작용제
에 대한 방호능력을 향상시킬 수 있다.

지상 환경 또한, 지상오염에의 접촉위험에 있어 중요한 요소이다. 건조하고, 딱딱하고, 다공성
표면 즉, 아스팔트나 콘크리트는 접촉위험을 보다 작게 만든다. 부드러운 지표면 예를 들어 잔디,
이끼, 모래, 눈의 경우에는 밑에 놓인 표면을 관통한 화학전 작용제와 접촉이 보다 쉬워진다. 밀집
한 삼림지대에서 지상오염은 감소되며 균일하지 않게 되는데, 그 이유는 떨어지는 작은 작용제 방
울들이 어느 정도 수관에 걸리기 때문이다. 반면에 수풀로 덮여진 지형은 접촉위험이 매우 커진다.

생물학전 작용제(Biological Warfare Agent)

생물학전이란 인간 또는 동물을 살상하거나 식물 또는 물질에 손상을 가하기 위해 병원체(pathogen)
나 독소(toxin)를 사용하는 것으로 정의한다. 여기서 병원체는 생물(living organism)이지만 독소
는 생명체의 유독한 부산물(poisonous by-product)이다.

병원체는 박테리아(bacteria), 바이러스(virus), 리케차(rickettsia)와 같은 질병을 유발하는 미생
물이다. 병원체는 자연적으로 발생하거나 돌연변이 또는 유전공학(genetic engineering)에 의해
변화된다.

독소(toxin)는 생물의 대사활성(metabolic activity)에 의해 생성되는 독(poison)이다. 고전적인
생물학 작용제에는 보툴리눔 독소(botulinum toxin), 천연두(smallpox), 툴라레미아(tularemia), Q
열(Q fever), 리친(ricin), 바이러스성 출혈열(viral hemorrhagic fever), 페스트(plague) 등이 있다.

생물학 작용제는 본질적으로 화학 작용제보다 독성이 강하며 동일 페이로드 사용 시 영향을 미
치는 지역이 넓다. 또한 잠재적으로 화학 작용제보다 효과가 우수한데 그 이유는 대부분의 생물학
작용제는 박테리아나 바이러스처럼 장기에서 자연적으로 생겨나 자기 재생(self-replication)하여

목표한 특정 생리적 효과를 나타내는 반면, 화학 작용제는 화학 약품으로 제조되어 일반적으로 생리적 경로(pathway)를 교란시키기 때문이다.

생물학 작용제에 사용하는 물질의 잠재적 범위에는 제한이 없으나 생물학 작용제는 군사적 사용을 위해 반드시 아래의 특성을 여럿 지녀야 한다.

필요조건 :

1. 지속적으로 죽음, 무능력(disability), 식물 재해(plant damage) 등 주어진 효과를 생성해야 한다.
2. 대량생산이 가능하여야 한다.
3. 생산 및 탄(munition)에 저장과 이송 시 안정해야 한다.
4. 효과적으로 살포할 수 있어야 한다.
5. 살포 이후에 안정해야 한다.

바람직한 특성 :

1. 사용하는 세력은 작용제에 방호가 가능해야 한다.
2. 잠재적 적에 의한 작용제 탐지 및 방호가 어려워야 한다.
3. 잠복기(incubation period)가 짧고 예측 가능하여야 한다.
4. 오염지역을 아군이 점령 시 지속기간이 짧고 예측 가능해야 한다.
5. 다음의 능력을 보유해야 한다.

   - 한 종류 이상의 표적을 감염시키기 – 예를 들면 사람과 동물
   - 다양한 수단으로 살포시키기
   - 원하는 생리적 효과를 발생시키기

생물학 무기는 사람, 식물, 동물 또는 물질에 직적 또는 간접적으로 사용된다. 음식 특히, 샐러드 바(salad bar)에서의 조리하지 않은 음식; 상수도(water supply) 등에 의해 위험에 노출되기 쉽다. 사람은 생물학 작용제에 직접 감염되거나, 천연두나 페스트처럼 작용제에 노출된 개인을 통한 2차 오염을 통해 간접적으로 감염될 수 있다.

확인 가능한 공중공격과 은밀한 공격 모두 다수의 사상자를 발생시킬 수 있다. 흡입에 의한 화학 작용제의 공격을 방호하는 방법은 생물학 작용제 공격에도 대부분 유효한데, 특히 방호 장비가 아니라 마스크를 착용하더라도 효과가 있다. 그러나 공격이 수행되었다는 것을 인지하는 것이 가장 중요하며 중요 문제가 된다.

병원균의 유형이 빠르게 식별되지 않고 의학적 치료가 가용하지 않으면 대량의 사상자가 발생할 수 있다. 공격시간부터 잠복기까지 사상자가 발생하지 않으며 사용된 작용제에 따라 최대 사상자가 탄저균(anthrax)의 경우 수일에서 브루셀라병(brucellosis)의 경우 2달까지 발생하며 이는 의료인원 및 설비에 급속한 과부하를 초래할 것이다.

생물학 공격을 받았을 때 작용제에 노출되었으나 증상은 나타나지 않는 개인에 대한 치료가 필요하며, 이를 통해 작용제의 최대 효과를 완화시킬 수 있다. 표백제(bleach), 따뜻한 비눗물, 햇빛이 가장 손쉽게 얻을 수 있는 최적의 제독수단이다.

생물학 작용제 공격이나 사고에 의한 효과를 완화시키는 데 초기탐지가 매우 중요하다. 다음의 활동들이 생물학적 사고를 방지하고 탐지하는 데 최적의 방법이다.

- 생활용수 및 음식 검사 프로그램
- 환경 모니터링 프로그램
- 재난 모니터링 프로그램
- 적절한 육체 방호설비와 개인 보호 장구(protective equipment)
- 법의학 식별(forensic identification) 프로그램
- 백신 및 진단 프로그램
- 훈련 및 인지 프로그램
- 양호한 첩보 및 사건 통지 프로그램

작용제 생산(Agent Production)

생물학 작용제는 전술적 위협뿐만 아니라 전략적 위협이 된다. 이 작용제는 사용의도에 따라 사망, 무능화, 전염성 또는 비전염성의 다양한 유형의 피해를 줄 수 있다. 생물학 작용제는 사령부, 함정, 항공기 승무원, 병력 집결지 등의 군사표적뿐만 아니라 민간인 밀집지역에도 효과적으로 사용할 수 있다. 미사일, 에어로솔 발생기 또는 은밀한 방법이 작용제를 전달하는 데 사용된다. 미생물과 독소

를 포함하는 일부 작용제는 광범위한 감염 및 쇠약(debilitation)을 발생시킬 수 있다. 신뢰성 있는 생물학 작용제 탐지장치가 거의 없으며 생물학 작용제는 일반적으로 인간의 눈으로 확인할 수 없다.

증상개시의 지연 때문에 공격시간 및 장소를 식별하기 어렵다. 생물학적 공격은 자연적 발발 (outbreak)이나 유행병의 탓으로 돌릴 수 있기 때문에 공자(attacking party)는 이를 이유로 공격 을 부인할 수 있다.

백신이나 제약공장을 생물학 작용제 생산시설과 구분하기 어렵다. 사실상 생물학 작용제 생산 에 필요한 모든 장비와 기술은 민군겸용이다. 프로그램을 실행하고 운영하는 데 필요한 기술적 숙 련도는 미생물학(microbiology) 기본 절차에서 얻을 수 있으며 추가적인 관련지식도 장비 공급자 가 제공하는 교육과정이나 과학기술 회의에서 얻을 수 있다.

제약 산업이 적절하게 발전한 국가는 생물학 작용제 생산에 필요한 기술적 기반을 가지고 있다. 생물학 작용제 생산에 필요한 장비는 사실상 민군겸용이며 생물학 작용제 연구실은 일반적으로 평화적 연구 활동을 하는 연구시설과 유사하다.

테러리스트 조직 옴진리교 단체의 사례를 통해 생물학 작용제의 무기화가 얼마나 쉬운지 알 수 있다. 이 사례에서 사용된 보툴리눔독소(Botulinum)는 단체 일원의 농장 토양에서 얻은 보툴리누 스균(clostridiumbotulinum bacteria)에서 얻은 것이다.

최근 생명공학 연구의 진보로 최적의 무기로써의 잠재력을 가지는 생물학 작용제를 개발할 수 있는 능력이 향상되었으며 대량생산을 위해 기초 연구로부터 새로운 생물학 작용제를 개발하는 시간 또한 단축되었다. 이에 추가하여, 생명 공학기술의 복잡성 증가로 평화적 연구와 생물학전 목적의 연구를 구분하기 더욱 어려워졌다. 이 때문에 점점 많은 국가가 진보된 생명 공학기술을 이용하고 있다.

현대에는 국가 또는 테러리스트 조직이 대량의 생물학 무기를 저장할 필요가 없는데 그 이유는 소규모의 종군배양(starter culture)을 이용하여 충분한 양의 작용제를 신속하게 생산할 수 있기 때 문이다.

생물학전 작용제의 무기화(Weaponization)

다음과 같은 두 가지 생물학전 작용제 살포방법이 있다.

1. 선 공급원(line source) : 이 기술은 트럭이나 공중 분무기(sprayer)에서 사용하는 가장 효 과적인 기술로 온도반전이 유지되는 동안 바람에 수직으로 이동하며 살포가 이루어진다.

여기서 온도반전이란 공기의 온도가 고도 증가에 따라 증가하여 표면의 공기와 오염물을 아래에 유지하는 상태이다. 온도반전은 일반적으로 새벽, 해질 무렵 또는 밤에 일어난다.

2. 점 공급원(point source) : 이 기술은 포화모드(saturation mode)로 전개되는 소형 폭탄에 사용된다. 포화기술은 선 공급원 살포에서 필요한 기상학적 요구를 극복할 수 있는 방법이다. 작용제가 건물의 난방 및 환기 공기조화시스템으로 인입되거나 음식 또는 식수 오염을 통해 인입된다. 또한, 소형 용기나 봉투가 작용제를 살포하기 위해 사용될 수 있다.

표 19-10 병원균 특성

병원균	감염경로	전달형태	치료불가 시 사망률(%)	잠복기	치료방법
탄저균 (anthrax)	피부, 소화, 호흡	에어로솔	피부 – 25% 미만 호흡 – 거의 100%	1~4일	항생물질(증상 발생 이후에는 효과제한)
페스트 (plague)	매개체, 호흡	에어로솔 또는 매개체	선(bubonic) – 50% 폐 – 50~90%	2~3일	항생물질
툴라레미아 (tularemia)	매개체, 피부, 호흡	에어로솔	30~40%	1~10일	항생물질
Q열(Q fever)	매개체, 호흡	은밀 수단 또는 에어로솔	1% 미만	14~26일	항생물질
브루셀라병 (brucellosis)	소화, 호흡	에어로솔	6% 미만	5~21일	항생물질
천연두 (smallpox)	직접 접촉	은밀 수단	30~40%	7~14일	지지 치료 (support care)만 가능
바이러스성 출혈열 (Ebola, Marburg)	직접 접촉	에어로솔	40~90%	4~21일	지지 치료만 가능

화학전 작용제를 무기화하기 위해 사용되는 많은 기술 및 절차가 생물학적 작용제의 무기화에 적용될 수 있다. 공중 투하 폭탄, 로켓, 포, 미사일 탄두(자탄 장착 또는 미장착) 그리고 살포시스템이 생물학전 작용제를 전달하기 위해 사용된다. 전달방법은 작전목적, 역량(capability), 전략 및 전술적 교리(doctrine)에 의존한다.

에어로솔 공격 및 음식과 식수 오염 공격 모두 대량의 사상자를 발생시킬 수 있다. 개인적으로 제독이 가능하더라도 생물학 공격 이후 사용된 작용제에 따라 지역 제독(area decontamination)을 통해 사상자를 추가로 줄일 수 없을 수도 있다.

특별한 문제가 지하실과 낮은 지역, 잡석더미(rubble file), 부스러기 돌 더미 또는 다공성 표면에 내려앉아 머무르는 오염과 관계되어 발생한다. 이러한 작용제의 집결은 생물학 작용제의 치사기간(lethality period)을 연장시킨다.

표 19-10과 19-11은 대표적인 생물학 작용제의 치명적임과 관련된 자료를 나타낸다.

표 19-11 독소(toxin) 특성

독소 (toxin)	자연 공급원 (natural source)	작용시간	반수치사량[*]	효 과
보툴리눔독소 (Botulinum)	보툴리누스균 (clostridium botulinum bacteria)	1~12시간	0.0003~0.01 μg/kg	동공확장, 복시(double vision), 구강건조(dry mouth), 마비
파상풍 (Tetanus)	파상풍균(clostridium tetani bacteria)	1~12시간	0.0025 μg/kg	근육경련, 턱 근육에서 자주 발생
펠리톡신 (Palytoxin)	palythoa (아열대산 강장동물)	5분	0.08	근육수축, 심장이상, 뻣뻣하게 마비됨
바트라코톡신 (Batrachotoxin)	남아메리카 개구리 (south american frog)	5분~1시간	0.1~2 μg/kg	신체 조정력 상실, 저림, 두통, 불규칙한 심장박동, 호흡마비
리신 (Ricin)	아주까리씨 (castor bean)	5분~1시간	3.0 (구강) μg/kg	메스꺼움, 구토, 복통, 코피, 설사, 호흡곤란, 근육의 씰룩거림
삭시톡신 (Saxitoxin)	조개류 (shellfish)	5분~1시간	5~12 (구강) μg/kg; 1 (에어로솔) μg/kg	쑤심, 저림, 힘이 없음, 이완성 마비(flaccid paralysis)
테트로도톡신 (Tetrodotoxin)	복어 (puffer fish)	5분~1시간	30 (구강) μg/kg	구토, 쑤심, 저림, 근육제어 곤란, 실성증(loss of voice), 팔다리 마비
Tricothecene(T2) mycotoxin	감염된 곡식 상의 붉은 곰팡이(fusarium)	1~12시간	50~240 (에어로솔) μg/kg	가려움, 쑤심, 구토, 출혈, 혈변(bloody diarrhea)
Staphylococcus enterotoxin Type B (SEB)	황색포도상구균 (Staphylococcus aureus bacteria)	1~12시간	200 (에어로솔) μg/kg	구토, 복통, 메스꺼움, 설사, 매우 힘이 없음

* 치사량은 체중 1 kg당 μg의 작용제 양으로 나타냄

찾아보기